Windows Server 2019 配置、管理与应用

闵　军　闵罗琛　主　编

覃芳婷　罗　腾　罗　泓
岳　敏　马　兴　　　副主编

清華大学出版社

北　京

内 容 简 介

本书遵循高校、高职院校新版教学大纲和课程质量标准的要求，立足学思践悟，突出学以致用，以中小型企业服务器系统的规划、建设和管理为工程背景，结合大量实例，由浅入深，系统地讲解 Windows Server 2019 操作系统的安装、配置和应用。借助虚拟化技术，只需一台计算机便可搭建完整的网络学习环境，利用 WinPE、Acronis 和 Windows 10 系列操作系统自动适配硬件驱动的新特性，真正实现一次精心安装配置到处都能部署使用的梦想。读者按照书中示例一步一步地实践，便可轻松掌握 Windows Server 2019 各种基本操作方法和大量安全高效的服务器管理技术。

本书共分为 13 章，主要包括 Windows Server 2019 概述、搭建 ESXi 虚拟化工作平台、安装 Windows Server 2019、Windows Server 2019 基本系统配置、Windows Server 2019 安全配置、系统备份与移植、磁盘管理、服务器远程管理、IIS 网站架设与管理、DNS 服务器配置与管理、DHCP 服务器配置与管理、流媒体服务器配置与管理、Windows Server 2019 Core 简介等内容。

本书面向广大计算机系统管理和系统维护人员编写，可作为高校、高职院校相关专业和技术培训的教学用书。

图书在版编目(CIP)数据

Windows Server 2019 配置、管理与应用/闵军，闵罗琛主编. —北京：清华大学出版社，2022.3(2024.9 重印)
ISBN 978-7-302-60241-5

Ⅰ. ①W… Ⅱ. ①闵… ②闵… Ⅲ. ①Windows 操作系统—网络服务器 Ⅳ. ①TP316.86

中国版本图书馆 CIP 数据核字(2022)第 035949 号

责任编辑： 章忆文 桑任松
装帧设计： 李 坤
责任校对： 周剑云
责任印制： 沈 露
出版发行： 清华大学出版社

网 址： https://www.tup.com.cn, https://www.wqxuetang.com
地 址： 北京清华大学学研大厦 A 座 **邮 编：** 100084
社 总 机： 010-83470000 **邮 购：** 010-62786544
投稿与读者服务： 010-62776969, c-service@tup.tsinghua.edu.cn
质量反馈： 010-62772015, zhiliang@tup.tsinghua.edu.cn
课件下载： https://www.tup.com.cn, 010-62791865

印 装 者： 三河市龙大印装有限公司
经 销： 全国新华书店
开 本： 185mm×260mm **印 张：** 29.75 **字 数：** 720 千字
版 次： 2022 年 5 月第 1 版 **印 次：** 2024 年 9 月第 2 次印刷
定 价： 78.00 元

产品编号：088468-01

前　言

当今信息技术和企业发展广泛使用线上运营和云平台管理，网络服务器已经成为在线服务的核心堡垒，需要保证服务器系统 7×24 小时全天候安全稳定地正常运行。Windows Server 2019 作为微软公司 2018 年 10 月正式发布的新一代服务器操作系统，围绕超融合架构、混合云、安全性和应用程序平台等四大关键主题，进一步融合企业级超融合基础架构(Hyper-Converged Infrastructure，HCI)、Windows Server 2019 GUI、Honolulu 项目、更高安全性、更小巧高效的容器、Linux 上的 Windows 子系统等众多云计算、大数据时代的新特性，在常规功能、混合云、安全性、存储、应用程序平台等方面增添了许多新的功能，实现了诸多创新与提升，为用户提供了一整套安全性、扩展性、先进性更为优秀的服务器系统。

本书写作之初，市场上还没有 Windows Server 2019 方面的中文图书，本书是 Windows Server 2019 方面第一批出版的高校、高职院校教材。Windows Server 服务器操作系统课程是理论与实践相结合，培养学生动手能力、创新能力的一门重要课程，可以作为操作系统原理的实训课程，也可以作为应用创新课程或技术培训课程单独开设。本教材遵循高校、高职院校新版教学大纲和课程质量标准的要求，注重学用结合，既广泛描述了 IT 行业的发展趋势，也详细展示了完整清晰的实际操作过程。教材结合大量实例，侧重实用性和可操作性，由浅入深，采用边操作边讲解的方式，便于边学边练，让学生通过发现问题、分析问题、运用所学知识解决问题的实践过程，有效地提升动手能力和创新能力，在了解业界相关新技术的同时，显著提升综合技术素质。

本书立足学思践悟、突出学以致用，利用云时代领先的 VMware vSphere 搭建虚拟环境，只需一台计算机就可创建完整的网络学习环境；利用 Windows 平台主流的网络操作系统 Windows Server 2019，搭建企业级超融合基础设施；利用 Symantec 等网络安全管理技术，全方位部署企业级服务器安全；利用 Radmin、RealVNC 等远程管理系统，打造多层次系统管理架构；借助 ESXi 虚拟化技术，搭建安全稳定的服务器虚拟操作系统，同时也能还原到物理计算机和笔记本电脑中作为桌面系统使用；利用 WinPE、Acronis 和 Windows 10 系列操作系统自动适配硬件驱动等系统技术，构建稳定高效的服务器安装维护体系，真正实现一次精心安装配置到处都能部署使用的梦想。本书共分为 13 章，主要内容概括如下。

第 1 章为 Windows Server 2019 概述。主要介绍 Windows Server 2019 的新功能、硬件要求、版本划分和版本选择等内容。

第 2 章讲述搭建 ESXi 虚拟化工作平台。详细介绍什么是虚拟化、安装 VMware ESXi 6.5、通过 Web 界面管理 ESXi 服务器、通过 SSH 管理 ESXi 服务器、通过 VMware Workstation 管理 ESXi 虚拟机、通过 VNC 远程访问 ESXi 虚拟等内容。

第 3 章讲述安装 Windows Server 2019。详细介绍 Win10PE64、安装前的准备工作、设置和启动虚拟机、高效管理和安装硬盘分区、全新安装 Windows Server 2019、升级安装 Windows Server 2019、用 Dism++优化系统配置和集成系统映像等内容。

第 4 章讲述 Windows Server 2019 基本系统配置。详细介绍安装配置服务器常用管理软件、网络连接配置、系统个性化配置、系统显示配置、系统属性配置、用户环境配置、管理硬件设备和驱动程序、SNMP 配置、激活 Windows Server 2019、使用 ATIH2018x32 及时进行增量备份等内容。

第 5 章讲述 Windows Server 2019 安全配置。详细介绍 Windows Server 2019 的安全选项设置、Windows 安全中心简介、配置和管理系统病毒和威胁防护、配置和管理系统防火墙、Windows 安全中心的其他功能、系统更新、Symantec Endpoint Protection 安装配置等内容。

第 6 章讲述系统备份与移植。详细介绍通过“Windows Server 备份”创建备份、使用“Windows Server 备份”恢复备份、ATIH2018x32 的选择及备份操作、使用 ATIH2018x32 恢复备份、Win2019 映像恢复到物理计算机中使用、使用 sysprep 封装移植系统、ESXi 6.5 虚拟机的导出导入等内容。

第 7 章讲述磁盘管理。详细介绍磁盘接口变化、基本磁盘的管理、动态磁盘的管理、修复镜像卷与 RAID-5 卷、磁盘碎片整理与错误检查等内容。

第 8 章讲述服务器远程管理。详细介绍远程管理作用、远程桌面连接、Radmin 3.x 的安装和使用、RealVNC 6.x 的安装和使用、Radmin 2.x 的安装和使用、自编软件 UnifyRemoteManager 的应用、IMM 远程管理系统、Dell 服务器的 iDRAC6 远程管理系统、HP 服务器的 iLO2 远程管理系统等内容。

第 9 章讲述 IIS 网站架设与管理。详细介绍如何安装 IIS 10、设置与管理 Web 站点、管理应用程序与虚拟目录、管理应用程序池、强化 Web 服务器安全机制、设置 FTP 服务等内容。

第 10 章讲述 DNS 服务器配置与管理。详细介绍什么是 DNS、安装 DNS、认识 DNS 区域、设置 DNS 服务器、测试 DNS、使用木云科技智能 DNS 服务器等内容。

第 11 章讲述 DHCP 服务器配置与管理。详细介绍 DHCP 服务器的作用、应用 DHCP 服务器、配置 DHCP 服务器的安全性、配置 DHCP 中继、汇聚层实现 DHCP 服务等内容。

第 12 章讲述流媒体服务器配置与管理。主要介绍什么是流媒体、Windows Server 的流媒体服务技术、利用 Windows Azure Media Services 实现视频直播、基于开源软件的本地流媒体直播系统、开源流媒体系统的安装配置等内容。

第 13 章为 Windows Server 2019 Core 简介。主要介绍 Windows Server 2019 Core 安装前的准备工作、全新安装过程、管理工具选择、初始化配置，以及 Windows Admin Center 的安装部署、添加管理节点、管理服务器等内容。

关于本书介绍的相关软件和工具，以及由于篇幅限制所精简的内容，读者可以到 http://www.tup.tsinghua.edu.cn/index.html 查询。

本书由闵军、闵罗琛、张红丽、李伽、罗腾、覃芳婷、罗泓、岳敏、马兴等人编写。第 1～2 章、第 13 章由闵军编写，第 3～4 章由闵罗琛编写，第 10～11 章由张红丽编写，第 7～8 章由李伽编写，第 9 章、第 12 章由罗腾编写，第 5～6 章由覃芳婷编写，罗泓也参与了部分章节内容的编写，后期教学 PPT 制作、教学资料上传维护工作由张红丽担任。全书由闵军、闵罗琛统稿和整理。本书的作者都是长期从事网络教学的一线教师或从事 Windows 应用的工程师。

由于作者水平有限，书中不足之处在所难免，恳请广大读者批评指正。

作者工作单位：
(1) 宜宾学院质量管理与检验检测学部
(2) 宜宾学院人工智能与大数据学部

编 者
于宜宾学院

目　录

第 1 章　Windows Server 2019 概述 1

1.1　Windows Server 2019 新功能介绍 1

1.1.1　新增的常规功能 1

1.1.2　混合云方面新增功能 3

1.1.3　安全方面新增功能 3

1.1.4　存储方面新增功能 5

1.1.5　故障转移群集 6

1.1.6　应用程序平台方面新增功能 7

1.1.7　Windows Server 2019 实际使用体验 9

1.2　Windows Server 2019 的硬件要求 11

1.2.1　Windows Server 2019 的最低系统要求 12

1.2.2　处理器 12

1.2.3　内存 12

1.2.4　存储控制器和磁盘空间 13

1.2.5　网络适配器 13

1.2.6　其他要求 13

1.3　Windows Server 2019 版本介绍 14

1.3.1　Windows Server 2019 版本按技术支持时间分类 14

1.3.2　Windows Server 2019 版本按许可数量分类 16

1.3.3　Windows 操作系统的内部版本号 17

1.4　Windows Server 2019 版本选择 19

1.4.1　Windows Server 2019 版本概要 19

1.4.2　Windows Server 2019 的定价与许可 19

1.4.3　Standard 版本和 Datacenter 版本之间的主要区别 20

1.4.4　Windows Server 2019 版本选择建议 20

本章小结 21

第 2 章　搭建 ESXi 虚拟化工作平台 22

2.1　虚拟化简介 22

2.1.1　x86 平台虚拟化 22

2.1.2　VMware ESXi 介绍 23

2.1.3　虚拟化的优势 24

2.2　安装 VMware ESXi 6.5 24

2.2.1　ESXi 版本和安装方式选择 24

2.2.2　ESXi 集成第三方网卡驱动 25

2.2.3　ESXi 6.5 启动 U 盘的制作 33

2.2.4　使用启动 U 盘安装 ESXi 6.5 39

2.2.5　通过 Web 界面登录和激活 ESXi 6.5 46

2.3　通过 Web 界面管理 ESXi 服务器 49

2.3.1　管理数据存储 49

2.3.2　创建虚拟机 55

2.3.3　虚拟机统一存放管理 58

2.4　通过 SSH 管理 ESXi 服务器 61

2.5　通过 VMware Workstation 管理 ESXi 虚拟机 61

2.6　通过 VNC 远程访问 ESXi 虚拟机 61

本章小结 62

第 3 章　安装 Windows Server 2019 63

3.1　Win10PE64 简介 63

3.1.1　WinPE 及其主要作用 63

3.1.2　本书统一使用 Win10PE64 和 ATIH2018x32 64

3.1.3　本书 Win10PE64 的特点 65

3.1.4 Win10PE64 启动后自动设置 IP、加载 Radmin 和 FTP 服务 66
3.2 安装前的准备工作 68
3.2.1 准备和上传光盘映像和 PE 等工具 69
3.2.2 配置虚拟机启动参数 71
3.2.3 配置虚拟机硬盘 72
3.3 设置和启动虚拟机 74
3.3.1 设置虚拟机随 ESXi 服务器一起启动 74
3.3.2 第一次打开虚拟机电源 75
3.3.3 设置虚拟机 BIOS 启动顺序 77
3.3.4 第一次启动到 Win10PE64 79
3.4 高效管理和安装硬盘分区 80
3.4.1 硬盘分区规划 80
3.4.2 高效安装硬盘分区 81
3.4.3 准备和安装 PublicData_D 工具分区 88
3.4.4 使用 ATIH2018x32 进行全新备份 91
3.5 全新安装 Windows Server 2019 91
3.5.1 全新安装 Windows Server 2019 的两种方式 91
3.5.2 全新安装 Windows Server 2019 的具体过程 91
3.5.3 第一次登录 Windows Server 2019 桌面 97
3.5.4 为新安装的 Windows Server 2019 系统理顺盘符 98
3.5.5 修改 Windows Server 2019 启动菜单 99
3.5.6 使用 ATIH2018x32 进行增量备份 100
3.6 升级安装 Windows Server 2019 101
3.6.1 Windows Server 升级安装的官方说明 101
3.6.2 准备升级的 Windows Server 2016 分区情况 102
3.6.3 从 Windows Server 2016 进行升级安装 103
3.7 用 Dism++优化系统配置和集成系统映像 108
本章小结 108

第 4 章 Windows Server 2019 基本系统配置 109
4.1 安装配置服务器常用管理软件 109
4.1.1 安装配置 SEP 安全防护软件 109
4.1.2 安装配置 Radmin Server 远程管理软件 110
4.1.3 安装配置 Serv-U FTP 服务软件 112
4.2 网络连接配置 113
4.2.1 在桌面上显示“网络”图标 113
4.2.2 配置 TCP/IP 协议 114
4.2.3 解决 Autoconfiguration IPv4 问题 116
4.2.4 安装无线网卡和共享手机热点上网 118
4.3 系统个性化配置 122
4.3.1 配置系统管理策略 122
4.3.2 系统用户安全强化 126
4.3.3 配置系统用户自动登录 127
4.4 系统显示配置 129
4.4.1 显示分辨率和桌面缩放 130
4.4.2 让屏幕字体更为清晰 132
4.4.3 调整桌面图标 134
4.5 系统属性配置 137
4.5.1 文件夹选项配置 137
4.5.2 高级系统设置 139
4.5.3 关闭休眠功能 142
4.5.4 为所有可登录用户设置屏幕保护 143
4.5.5 彻底禁用系统自动更新 144
4.6 用户环境配置 146

4.7 管理硬件设备和驱动程序 146
4.8 SNMP 配置 146
4.9 激活 Windows Server 2019 146
4.10 使用 ATIH2018x32 及时进行增量备份 146
本章小结 147

第 5 章 Windows Server 2019 安全配置 148

5.1 设置 Windows Server 2019 的安全选项 148
5.1.1 设置账户锁定策略，加固登录安全 148
5.1.2 封堵虚拟内存漏洞 149
5.1.3 禁用或删除未使用的端口 150
5.1.4 关闭不常用的服务 151
5.2 Windows 安全中心简介 153
5.2.1 Windows 安全中心的重要安全信息 153
5.2.2 Windows 安全中心的主要功能 154
5.3 配置和管理系统病毒和威胁防护 155
5.3.1 Windows Server 2019 的“病毒和威胁防护”管理界面 155
5.3.2 查看和管理当前威胁 156
5.3.3 病毒和威胁防护的设置 158
5.3.4 病毒和威胁防护的更新 159
5.3.5 勒索软件的防护 160
5.4 配置和管理 Windows Server 2019 防火墙 160
5.4.1 管理 Windows Defender 防火墙的几种方法 161
5.4.2 Windows Defender 防火墙的初级配置 161
5.4.3 高级安全 Windows Defender 防火墙的基本配置 163
5.4.4 高级安全 Windows Defender 防火墙的规则管理 170
5.5 Windows 安全中心的其他功能 182
5.5.1 应用和浏览器控制 182
5.5.2 设备安全性 183
5.6 系统更新 184
5.6.1 Windows 补丁程序简介 184
5.6.2 彻底禁用系统自动更新 185
5.6.3 微软官方的 Windows Update 目录网站 185
5.6.4 手动安装系统补丁 185
5.7 Symantec Endpoint Protection 安装配置 189
本章小结 189

第 6 章 系统备份与移植 190

6.1 使用“Windows Server 备份”创建备份 190
6.1.1 “Windows Server 备份”简介 190
6.1.2 安装“Windows Server 备份” 191
6.1.3 创建备份计划 192
6.1.4 一次性备份 197
6.1.5 “一次性备份”比“计划备份”快得多 201
6.1.6 优化备份性能 202
6.1.7 查看备份日志 202
6.2 使用“Windows Server 备份”恢复备份 203
6.2.1 在 Windows Server 2019 系统中恢复备份 203
6.2.2 启动 WinRE 的几种方式 206
6.2.3 启动到 WinRE 中恢复备份 211
6.3 ATIH2018x32 的选择及备份操作 214
6.3.1 本书统一使用 ATIH2018x32 214
6.3.2 使用 ATIH2018x32 创建备份 217
6.4 使用 ATIH2018x32 恢复备份 224

6.4.1 在 Win2019 中恢复文件和文件夹 225
6.4.2 在 Win10PE64 中恢复系统 229
6.5 Win2019 映像恢复到物理计算机中使用 233
6.5.1 准备物理计算机和启动介质 233
6.5.2 在物理计算机上恢复 Win2019 映像 234
6.5.3 后续配置 236
6.6 使用 sysprep 封装移植系统 237
6.7 ESXi 6.5 虚拟机的导出导入 237
本章小结 237
第 7 章 磁盘管理 238
7.1 磁盘概述 238
7.1.1 磁盘接口类型 238
7.1.2 MBR 与 GPT 分区格式 241
7.1.3 基本磁盘与动态磁盘 244
7.1.4 卷的五种类型 245
7.1.5 RAID 简介 246
7.2 基本磁盘的管理 247
7.2.1 “磁盘管理”工具与 DiskPart 命令 247
7.2.2 初始化新磁盘 251
7.2.3 新建简单卷 253
7.2.4 压缩基本卷 258
7.2.5 扩展基本卷 260
7.3 动态磁盘的管理 261
7.4 修复镜像卷与 RAID-5 卷 262
7.5 磁盘碎片整理与错误检查 262
本章小结 262
第 8 章 服务器远程管理 263
8.1 远程管理简介 263
8.2 远程桌面连接 264
8.2.1 远程桌面计算机设置 264
8.2.2 使用“远程桌面连接”连接远程桌面 269
8.2.3 远程桌面连接高级设置 272
8.2.4 解决 Windows 远程桌面不能修改 DPI 问题 277
8.3 Radmin 3.x 的安装和使用 278
8.3.1 Radmin 概述 279
8.3.2 Radmin 服务器端的安装和配置 280
8.3.3 Radmin Viewer 3.5.2 客户端的安装和使用 283
8.4 RealVNC 6.x 的安装和使用 286
8.4.1 RealVNC Server 6.x 的安装和配置 286
8.4.2 RealVNC Viewer 6.x 的安装和配置 289
8.4.3 RealVNC 6.x 软件的使用 290
8.5 Radmin 2.x 的安装和使用 293
8.6 自编软件 UnifyRemoteManager 的应用 294
8.7 IMM 远程管理系统 294
8.8 Dell 服务器的 iDRAC6 远程管理系统 294
8.9 HP 服务器的 iLO2 远程管理系统 294
本章小结 295
第 9 章 IIS 网站架设与管理 296
9.1 认识 IIS 296
9.1.1 IIS 的概念 296
9.1.2 IIS 的基本工作原理 297
9.1.3 IIS 和 ASP.NET 297
9.1.4 IIS 的版本 297
9.2 安装 IIS 10 297
9.2.1 在“服务器管理器”中添加角色和功能 297
9.2.2 选择需要安装的“Web 服务器(IIS)”相关组件 299
9.2.3 确认和完成安装 300
9.3 设置与管理 Web 站点 302
9.3.1 基本概念 302
9.3.2 创建 Web 站点 302

9.3.3 设置默认文档 303
9.3.4 设置 HTTP 重定向 305
9.4 管理应用程序与虚拟目录 306
9.4.1 网站、应用程序和虚拟目录的区别 306
9.4.2 创建虚拟目录 307
9.4.3 创建应用程序 309
9.5 管理应用程序池 309
9.5.1 基本概念 309
9.5.2 添加应用程序池 310
9.5.3 查看应用程序池中的应用程序 311
9.5.4 回收应用程序池 311
9.6 强化 Web 服务器安全机制 312
9.6.1 开启日志审计 312
9.6.2 自定义 404 错误页面 313
9.6.3 限制上传目录执行权限 314
9.6.4 关闭目录浏览 315
9.6.5 解决 IIS 短文件名漏洞 316
9.6.6 设置独立站点账户 317
9.6.7 设置独立应用程序池 319
9.7 设置 FTP 服务 320
9.7.1 添加 FTP 服务器 320
9.7.2 新建 FTP 站点 321
9.7.3 启用 FTP 身份验证 323
本章小结 325

第 10 章 DNS 服务器配置与管理 326

10.1 认识 DNS 326
10.1.1 域名系统概述 326
10.1.2 DNS 的工作原理 328
10.2 安装 DNS 329
10.2.1 图形界面安装 DNS 服务 329
10.2.2 PowerShell 方式安装 DNS 服务 333
10.3 认识 DNS 区域 335
10.3.1 DNS 区域类型 335
10.3.2 DNS 服务器类型 336
10.3.3 资源记录 337
10.4 设置 DNS 服务器 338
10.4.1 创建正向查找区域和记录 338
10.4.2 创建反向查找区域和记录 342
10.4.3 设置 DNS 转发器 345
10.4.4 配置 DNS 客户端 347
10.5 测试 DNS 347
10.5.1 测试正向查询 347
10.5.2 测试反向查询 348
10.5.3 DNS 的故障排除 349
10.6 使用木云科技智能 DNS 服务器 351
10.6.1 复杂网络的 DNS 需求 351
10.6.2 DNS 的原始规划 352
10.6.3 解决方案规划 352
10.6.4 配置木云科技智能 DNS 服务器 353
10.6.5 测试智能 DNS 357
本章小结 358

第 11 章 DHCP 服务器配置与管理 359

11.1 DHCP 服务器概述 359
11.1.1 DHCP 简介 359
11.1.2 DHCP 服务器的工作原理 361
11.2 应用 DHCP 服务器 363
11.2.1 安装 DHCP 服务器 363
11.2.2 创建作用域 367
11.2.3 管理作用域 372
11.2.4 学生区作用域创建 373
11.2.5 配置 DHCP 客户端 374
11.2.6 管理超级作用域 375
11.2.7 创建保留地址 377
11.2.8 拆分作用域 378
11.3 配置 DHCP 服务器的安全性 381
11.3.1 配置审核对 DHCP 实施监视 381
11.3.2 对 DHCP 管理用户限制 382
11.3.3 备份与还原 DHCP 服务器 383

11.4 配置 DHCP 中继 385
11.4.1 认识 DHCP 中继 385
11.4.2 网络配置环境 385
11.4.3 配置 DHCP 中继 387
11.4.4 故障排除 387
11.4.5 解决 DHCP 环境下私自搭建 DHCP 服务器的方法 388
11.5 汇聚层实现 DHCP 服务 389
11.5.1 通过汇聚层提供 DHCP 服务提高网络响应速度 389
11.5.2 汇聚层实现 DHCP 的网络配置 389
本章小结 390
第 12 章 流媒体服务器配置与管理 392
12.1 认识流媒体 392
12.1.1 流媒体的定义 392
12.1.2 传统媒体与流媒体对比 393
12.1.3 相关名词 393
12.1.4 流媒体技术原理 393
12.1.5 流媒体传输协议 394
12.1.6 流媒体传输方式 396
12.1.7 流媒体播放方式 397
12.2 Windows Server 的流媒体服务技术 398
12.2.1 Windows Media Service 398
12.2.2 IIS Media Services 398
12.2.3 Windows Azure Media Services 399
12.3 利用 Windows Azure Media Services 实现视频直播 400
12.3.1 准备工作 401
12.3.2 创建媒体服务基础环境 401
12.3.3 注入视频流 405
12.3.4 预览视频 410
12.3.5 播放媒体内容 411
12.3.6 使用 API 管理流媒体服务 412
12.4 基于开源软件的本地流媒体直播系统 415
12.4.1 软件介绍 415
12.4.2 实现思路 416
12.5 开源流媒体系统的安装配置 416
12.5.1 安装和配置 EasyDarwin 416
12.5.2 安装 FFmpeg 418
12.5.3 使用 FFmepg 推流 419
12.5.4 配置防火墙 420
12.5.5 使用 VLC 拉流 423
本章小结 424
第 13 章 Windows Server 2019 Core 简介 425
13.1 安装前的准备工作 425
13.1.1 创建虚拟机 425
13.1.2 上传和挂载光盘映像 426
13.1.3 配置虚拟机启动参数 427
13.1.4 配置虚拟机硬盘 428
13.1.5 第一次打开虚拟机电源 429
13.1.6 设置虚拟机 BIOS 启动顺序 430
13.2 全新安装 Windows Server 2019 Core 432
13.2.1 安装 Windows Server 2019 Core 432
13.2.2 第一次登录 Windows Server 2019 Core 435
13.2.3 使用 ATIH2018x32 进行全新备份 437
13.3 Windows Server 2019 Core 管理工具选择 437
13.3.1 Windows Server 2019 Core 可以选择的管理方式 437
13.3.2 推荐使用 Sconfig 和 Windows Admin Center 438
13.4 Windows Server 2019 Core 初始化配置 438
13.4.1 修改计算机名称 438

13.4.2 修改计算机 IP 地址 440
13.5 Windows Admin Center 安装部署 ... 442
13.5.1 Windows Admin Center 概述 442
13.5.2 Windows Admin Center 的几种部署方式 443
13.5.3 安装 Windows Admin Center.................................. 444
13.6 在 Windows Admin Center 中添加管理节点... 448
13.6.1 访问 Windows Admin Center 网站 448
13.6.2 添加管理节点和查看扩展模块 449
13.7 使用 Windows Admin Center 管理服务器... 451
13.7.1 配置管理节点的存储.......... 452
13.7.2 与管理节点之间传送文件 453
13.7.3 启用管理节点的远程桌面 456
13.7.4 为管理节点添加角色和功能 458
13.7.5 激活管理节点的 Win2019Core....................... 460
13.7.6 使用 ATIH2018x32 进行增量备份 462
本章小结 462

第 1 章　Windows Server 2019 概述

本章要点：

- Windows Server 2019 新功能介绍
- Windows Server 2019 的硬件要求
- Windows Server 2019 版本介绍
- Windows Server 2019 版本选择

本章主要介绍 Windows Server 2019 的新功能、硬件要求、版本知识和版本选择，为用户了解 Windows Server 2019、IT 运维的发展趋势，以及进行版本选择提供翔实的参考信息。

Windows Server 2019 于 2018 年 10 月发布，是当前微软官方发布的最新服务器操作系统(见图 1-1)。建立在 Microsoft Windows Server 2016 的强大基础之上，Windows Server 2019 在超融合基础架构、混合云、安全性和应用程序平台等方面做出了诸多新的突破。Windows Server 2019 是一个版本繁杂的多样化操作系统，用户在进行版本选择时，需要考虑系统更新方式的选择、用户和设备许可数量的选择以及价格等诸多因素，这将有助于选择最符合自己需求的 Windows Server 2019 版本。

图 1-1　Windows Server 2019 服务器操作系统

1.1　Windows Server 2019 新功能介绍

Windows Server 2019 围绕超融合基础架构、混合云、安全性和应用程序平台四大关键主题，在常规功能、混合云、安全性、存储、应用程序平台等诸多方面实现了创新与提升，增添了许多新的功能。这些重要改进，有助于更好地满足用户对系统安全性、可扩展性、先进性方面的要求。详情参见 https://docs.microsoft.com/zh-cn/windows-server/get-started-19/whats-new-19。

1.1.1　新增的常规功能

1. Windows Admin Center

Windows Admin Center 是本地部署的基于浏览器的管理平台，用于管理服务器、群集、超融合基础设施和运行 Windows 10 系统的计算机。它不会在 Windows 之外产生额外费用，并可以在生产环境中使用。

可将 Windows Admin Center 安装在 Windows Server 2019、Windows 10 以及更低版本的 Windows 和 Windows Server 上，并可用它来管理和运行 Windows Server 2008 R2 及更高版本的服务器和群集。如图 1-2 所示。

图 1-2　Windows Admin Center 管理平台

2. 桌面体验

Windows Server 2019 的长期服务频道(LTSC)包含桌面体验版本和 Server Core(服务器核心)版本(见图 1-3)，半年频道(SAC)不包含桌面体验版本。与使用 Windows Server 2016 一样，在安装 LTSC 操作系统时，用户可以选择安装桌面体验版本或 Server Core 版本。

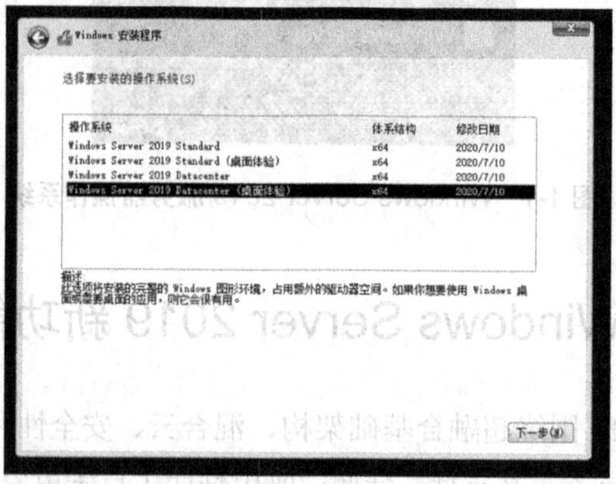

图 1-3　Windows Server 2019 长期服务频道包含桌面体验版本和服务器核心版本

3. 系统预测

系统预测(System Insights，系统洞察力)是 Windows Server 2019 中提供的一项新功能，以本机方式为 Windows Server 带来本地预测分析功能。这些预测功能中的每种功能都受机器学习模型支持，可在本地分析 Windows Server 系统数据(例如性能计数器和事件)，提供服务器功能预测，有助于减少相关 Windows Server 部署中产生的问题和管理成本。

1.1.2　混合云方面新增功能

混合云(Azure)方面新增了按需安装功能(Feature on Demand，FOD)。Server Core 版本具备应用兼容性按需安装功能，已经包含了桌面体验的 Windows Server 的一部分代码和组件，不需要依赖 Windows Server 桌面体验，因此显著提高了 Windows Server 核心安装选项的应用兼容性。这项措施可以增强 Server Core 的功能和兼容性，同时尽可能地保持系统的精干性(参见图 1-4)。

按需安装功能是可选项目，在单独的 ISO 上提供，可以通过 DISM 将其仅添加到 Windows Server 核心安装和映像中。

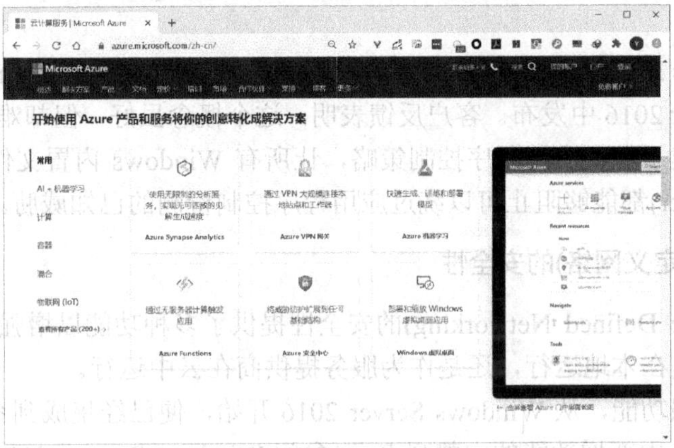

图 1-4　混合云方面的新增功能

1.1.3　安全方面新增功能

1. Windows Defender ATP(高级威胁防护)

如图 1-5 所示，ATP(Advanced Threat Protection)的深度平台传感器和响应操作可侦测内存和内核级别攻击，并通过抑制恶意文件和终止恶意进程进行响应。

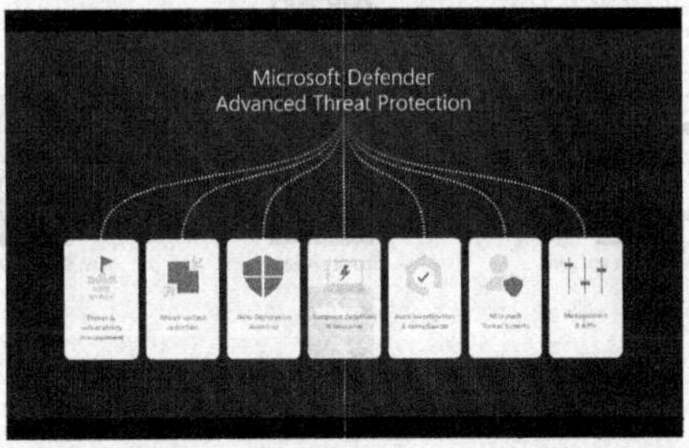

图 1-5　Windows Defender 高级威胁防护(ATP)

(1) Windows Defender ATP 攻击防护是一组新的主机入侵防护功能。Windows Defender 攻击防护的四个组件旨在锁定设备，使其免受各种不同攻击媒介的威胁，并阻止恶意软件攻击中常见的行为，同时让你能够在安全风险和工作效率要求之间实现平衡。

(2) 缩减攻击面(Attack Surfaces Reduction，ASR)是一组控件，企业可以通过它们阻止可疑的恶意文件(例如 Office 文件)、脚本、横向移动、勒索软件行为和基于电子邮件的威胁，防止恶意软件入侵计算机。

(3) 网络保护可通过 Windows Defender SmartScreen 阻止设备上的出站进程访问不受信任的主机/IP 地址，保护终端免受基于 Web 的威胁。

(4) 受控文件夹访问权限可阻止不受信任的进程访问受保护的文件夹，保护敏感数据免受勒索软件的威胁。

(5) Exploit Protection(开拓防护)是针对漏洞利用的一组缓解措施，可以轻松地进行配置以保护系统和应用程序，用以代替 EMET(Enhanced Mitigation Experience Toolkit，增强缓解体验工具包)。

(6) Windows Defender 应用程序控制也称为代码完整性(Code Integrity，CI)策略，已经在 Windows Server 2016 中发布。客户反馈表明，这个概念虽好，但却难以实施。为了解决此问题，我们构建了默认应用程序控制策略，让所有 Windows 内置文件和 Microsoft 应用程序(如 SQL Server)都能够阻止可以绕过应用程序控制检测的已知威胁。

2. SDN(软件定义网络)的安全性

SDN(Software Defined Networking)的安全性提供了多种功能以增强客户对运行工作任务的信心，不管是在本地运行，还是作为服务提供商在云中运行。

这些安全增强功能，从 Windows Server 2016 开始，便已经集成到系统的全面 SDN 平台之中。有关 SDN 中新增功能的完整列表，可参阅 Windows Server 2019 的 SDN 新增功能。

3. 改进受防护的虚拟机(见图 1-6)

1) 分支机构改进

我们可以利用新的后备 HGS(Host Guardian Service，主机监护服务)和脱机模式功能，让运行受保护虚拟机的计算机可以间歇性地连接 HGS。后备 HGS 允许用户为 Hyper-V 配置第二组 URL，以备在无法连接主 HGS 服务器时发挥作用。

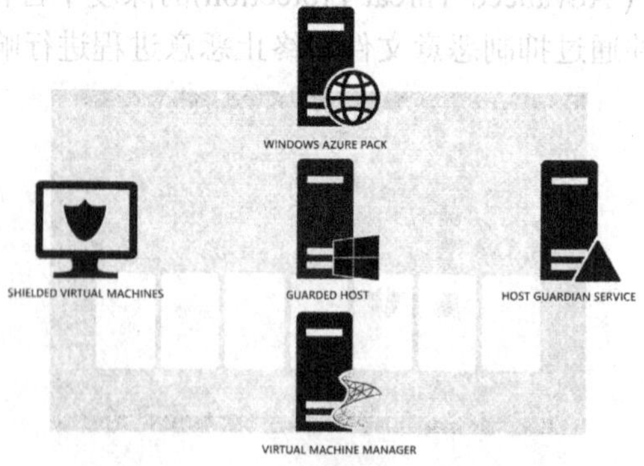

图 1-6 改进受防护的虚拟机

使用脱机模式时，即使不能访问 HGS，也可继续启动受防护的虚拟机，只要虚拟机 VM(Virtual Machines)已成功启动一次并且主机安全配置并未改变即可。

2) 故障排除与改进

通过启用对 VMConnect 增强会话模式和 PowerShell Direct 的支持，简化了受防护虚拟机的故障排除。这些工具尤其适用于到虚拟机的网络连接已断开，需要更新其配置才能恢复访问的情况。

这些功能不需要进行配置。将受防护的虚拟机置于运行 Windows Server 1803 或更高版本的 Hyper-V 主机上时，这些功能会自动变为可用状态。

3) Linux 支持

如果用户需要运行混合 OS(Operating System，操作系统)环境，现在可以通过 Windows Server 2019 在受防护的虚拟机内运行 Ubuntu、Red Hat Enterprise Linux 和 SUSE Linux Enterprise Server。

4. HTTP/2 实现更快、更安全的 Web

(1) HTTP/2 改进了连接合并，可提供不间断且严格加密的浏览体验。

(2) 升级了 HTTP/2 的服务器端加密套件协商，用以降低连接故障以及轻松进行部署。

(3) 已将默认 TCP 拥塞提供程序更改为 Cubic，为系统提供更大的吞吐量。

1.1.4 存储方面新增功能

下面是 Windows Server 2019 在存储方面进行的一些改进。

1. 存储迁移服务

存储迁移服务是一种新技术，可以更轻松地将服务器迁移到更新版本的 Windows Server 环境。它提供一个图形工具，可以整理服务器数据，并将数据和配置传输到更新的服务器，然后选择将旧服务器的标识转移到新服务器，这样应用和用户就不必进行任何更改。

2. 存储空间直通

下面是存储空间直通中的新增功能的情况(见图 1-7)。有关详细信息，请参阅存储空间直通中的新增功能，https://docs.microsoft.com/zh-cn/windows-server/storage/whats-new-in-storage#storage-spaces-direct。另请参阅 Azure Stack HCI，https://docs.microsoft.com/zh-CN/azure-stack/hci/overview?view=azs-2108，了解如何获取经过验证的存储空间直通系统。

(1) 用于 ReFS 卷的重复数据删除和压缩。

(2) 持久性内存的本机支持。

(3) 边缘处双节点超融合基础设施的嵌套复原。

(4) 使用 U 盘作为见证的双服务器群集。

(5) Windows Admin Center 支持。

(6) 性能历史记录。

(7) 纵向扩展到每个群集 4PB。

(8) 镜像加速奇偶校验速度是原来的 2 倍。

(9) 驱动器延迟异常检测。

(10) 手动分隔卷的分配以提高容错能力。

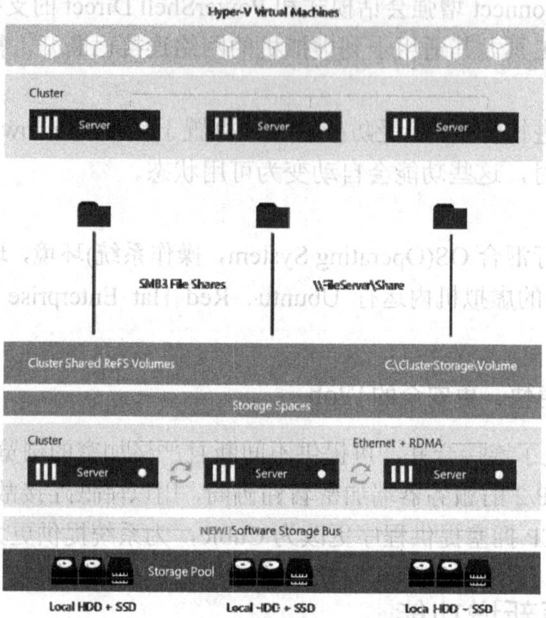

图 1-7 存储空间直通中的新增功能

3. 存储副本

下面是存储副本中的新增功能情况。

(1) 存储副本现在适用于 Windows Server 2019 标准版。

(2) 测试性故障转移是一项新功能，允许安装目标存储以验证复制或备份数据。有关详细信息，可参阅有关存储副本的常见问题。

(3) 存储副本日志性能改进。

(4) Windows Admin Center 支持。

1.1.5 故障转移群集

以下是故障转移群集中的一系列新增功能情况。

(1) 群集集合。

(2) Azure 群集侦测。

(3) 跨域群集迁移。

(4) USB 认证。

(5) 群集基础结构改进。

(6) 群集感知更新支持存储空间直通。

(7) 文件共享认证增强。

(8) 群集强化。

(9) 故障转移群集不再使用 NTLM(NT LAN Manager)身份验证。

1.1.6　应用程序平台方面新增功能

1. Windows 上的 Linux 容器

现在可以使用相同的 Docker(应用程序容器引擎)守护程序，在同一容器主机上同时运行 Windows 和 Linux 容器(见图 1-8)。这样就可以使用异构容器主机环境，同时应用程序开发人员也有一定的灵活性。

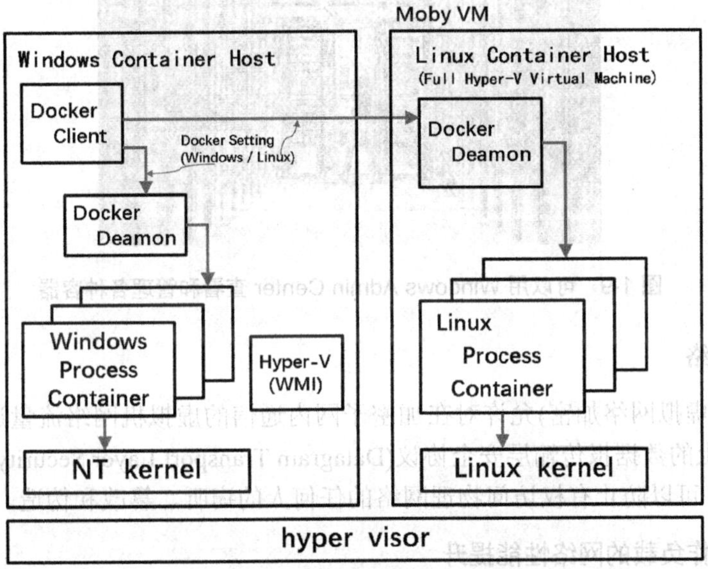

图 1-8　同一容器主机可以同时运行 Windows 和 Linux 容器

2. 针对 Kubernetes 的内置支持

Windows Server 2019 通过推出半年频道版本不断改进计算、联网和存储功能，以支持 Kubernetes(自动化容器操作的开源平台)在 Windows 上运行。

(1) Windows Server 2019 中的容器网络，通过增强平台网络弹性和对容器网络插件的支持，大大提高了 Windows 上 Kubernetes 的可用性。

(2) 在 Kubernetes 上部署的工作任务，能够利用网络安全性来保护使用嵌入式工具的 Linux 和 Windows 服务。

3. 容器改进

(1) 改进了集成身份验证。简化了容器中的集成 Windows 身份验证并提高了其可靠性，解决了早期 Windows Server 版本中的几个限制。

(2) 提高了应用程序兼容性，让基于 Windows 的应用程序容器化变得更加简单。提高了现有 Windows Server Core 映像的应用兼容性。对于具有其他 API 依赖项的应用程序，现在还增加了第三个基本映像：Windows。

(3) 占用空间更小，性能更高。基本容器映像的下载大小、在磁盘上的大小和启动时间都得到了改善，这可以提升容器的工作效率。

(4) 使用 Windows Admin Center 的管理体验。现在，使用 Windows Admin Center 的新扩展，用户可以比以往更加轻松地查看和管理计算机上正在运行的各个容器。可以在 Windows Admin Center 中查找公共源中的“容器”扩展(见图 1-9)。

图 1-9 可以用 Windows Admin Center 查看和管理各种容器

4. 加密网络

加密网络(虚拟网络加密)允许对在加密子网内通信的虚拟机网络流量进行加密。它还利用虚拟子网上的数据报传输层安全协议(Datagram Transport Layer Security，DTLS)来加密数据包。DTLS 可以防止有权访问物理网络的任何人的窃听、篡改和伪造。

5. 虚拟工作负载的网络性能提升

改进虚拟工作负载的网络性能，可以最大限度地提升虚拟机的网络吞吐量，而无须用户不断调整或过分配置主机。这样既可以降低操作和维护成本，同时也能提升主机的可用性。 这些新功能包括以下两项：

(1) 在 vSwitch(virtual Switch，虚拟交换机)中接收段合并(RSC，Receive Segment Coalescing)。

(2) 动态虚拟机多队列(Dynamic Virtual Machine Multi-Queue，d.VMMQ)。

6. 低额外延迟后台传输

低额外延迟后台传输(Low Extra Delay Background Transport，LEDBAT)，是一款针对延迟进行优化的网络拥塞控制支持程序，旨在自动保障为用户和应用程序分配的带宽，同时在网络未使用时使用整个可用带宽。此技术用于在整个 IT(Information Technology)环境中部署较大的关键更新，而不会影响面向客户的服务和关联带宽。

7. Windows 时间服务

Windows 时间服务包括符合 UTC(Coordinated Universal Time，世界协调时间，UTC 是

英文 CUT 和法文 TUC 缩写的妥协)标准的闰秒级支持，称为精确时间协议的新时间协议并具有端到端可追溯性。

8. 高性能 SDN 网关

Windows Server 2019 中的高性能 SDN (Software Defined Networking，软件定义的网络)网关极大地提高了 IPsec(Internet Protocol Security)协议和 GRE(Generic Routing Encapsulation，通用路由封装)协议连接的性能，在显著降低 CPU 占用率的同时，提供超高性能吞吐量(见图 1-10)。

图 1-10　Windows Server 2019 高性能 SDN 网关可以极大地提升网络性能

9. 为 SDN 提供全新架构的用户界面和 Windows Admin Center 扩展

借助 Windows Server 2019，可以轻松地利用全新架构的用户界面和 Windows Admin Center 扩展进行部署和管理，使任何人都可以利用 SDN 的功能。

10. 对 Hyper-V VM 持久性内存的支持

为了利用虚拟机中持久性内存(也称为存储类内存)的高吞吐量和低延迟，现在可以将其直接投影到虚拟机中。这有助于大幅减少数据库事务延迟，或者在发生故障时降低数据库在快速内存中的恢复时间。

1.1.7 Windows Server 2019 实际使用体验

在长期的安装和维护过程中，从实际使用体验上感到 Windows Server 2019(属于 Windows 10 系列，简称 Win2019)与 Windows Server 2008 R2(属于 Windows 7 系列，简称 Win2008R2)相比，在性能和效率上有明显的提升。以下并非全面严谨的对比，只是一些实际使用体验而已。

1. FTP 网络传输速度明显提升

1000Mb/s 的网络，安装 Windows Server 2008 R2，FTP 传输速率为 300～500Mb/s，FTP 服务器端为 Serv-U-10.4-x32，客户端为 FlashFXP 5.x。图 1-11 是 2016.2.11 在两台 Windows Server 2008 R2 之间进行的 FTP 实际传输测试，一台是 ESXi5.10a 虚拟机 Windows Server 2008 R2(已安装 VMtools)，另一台是 Dell Optiplex 980 物理计算机 SSD 硬盘安装 Windows Server 2008 R2，在 2TB 机械硬盘之间(西数红盘 WD20EFRX)传输 1.47GB 文件，平均传输速率为 61.2MB/s(或者大约 490Mb/s)。

1000Mb/s 的网络，安装 Windows Server 2019，FTP 传输速率一般为 600～1000Mb/s，FTP 服务器端为 Serv-U-15.1.5.10-x64，客户端为 FlashFXP 5.x。图 1-12 所示为 2020 年 11 月 20 日在两台运行 Windows Server 2019 的计算机之间进行的 FTP 实际传输测试，两台 Dell Optiplex 980 物理计算机，SSD 硬盘，安装 Windows Server 2019 英文版，装 Windows 10

网卡驱动，在 8TB 的机械硬盘(希捷 ST8000AS0002)之间传输 8.72GB 文件，平均传输速率为 98.70MB/s(或者大约 790Mb/s)。

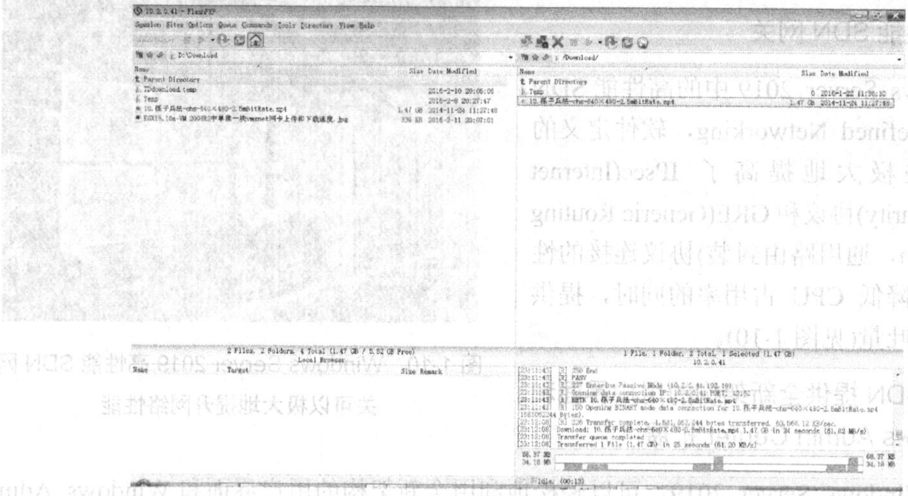

图 1-11　Windows Server 2008 R2 之间的 FTP 传输测试

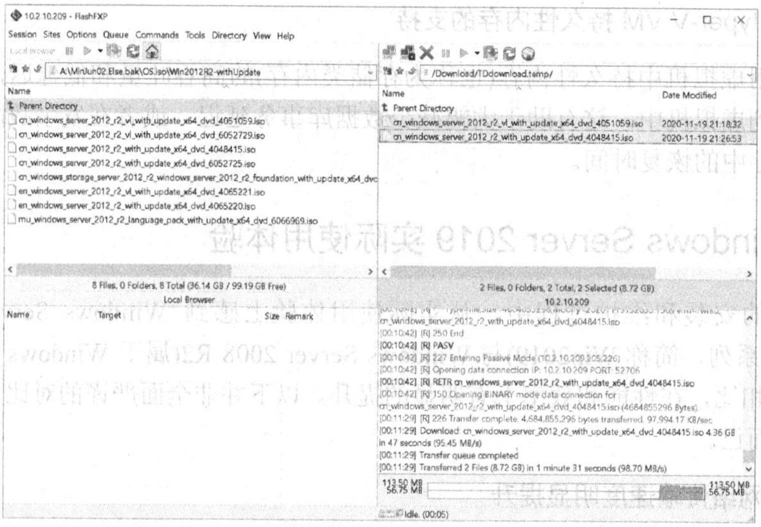

图 1-12　Windows Server 2019 之间的 FTP 传输测试

2. 电脑 USB 连接手机，通过手机上网，Windows Server 2019 更方便快捷

电脑 USB 连接手机，通过手机上网(连接互联网)，在 Windows Server 2008 R2 下面，需要进行许多安装设置，很麻烦；在 Windows Server 2019 下面，基本不用安装设置，便可以直接实现。下面以三星 S10 手机为例，简单介绍操作步骤。

(1)　在手机上开启 Wi-Fi 或通过移动数据上网。

(2)　为避免混淆，可以先禁用 Windows Server 2019 电脑上的所有网卡。

(3)　用 USB 线连接手机和电脑，手机上会提示“是否允许(电脑)访问手机数据”，根据需要选择“允许”或“拒绝”都行，这并不影响电脑通过手机上网。

(4) 在手机上进入“设置”|“连接”|“移动热点和网络共享”界面，开启”USB 网络共享(共享该手机的互联网连接)”，见图 1-13。

图 1-13　在手机上开启“USB 网络共享(共享该手机的互联网连接)”

(5) 第一次连接时，Windows Server 2019 可能会有提示，实际含义是在微软网络共享环境中“想要允许你的电脑被此网络上的其他电脑和设备发现吗?”根据需要选择“是”或“否”都行，这并不影响电脑通过手机上网。

(6) 已安装好的 Windows Server 2019，就不用进行其他任何安装设置，便可以自动检测到新的互联网连接，并通过该连接上网。

3. 改变桌面缩放 dpi 时，Windows Server 2019 立即生效

改变桌面缩放 dpi 时，在 Windows Server 2008 R2 下，需要注销后重新登录才能生效，但还是有许多地方无法正常显示，需要重新启动计算机才能正常显示；在 Windows Server 2019 下，则不用注销重启，立即就可以生效，显示完全正常。

4. Windows Server 2019 中文输入法切换违反习惯

当然，感到 Windows Server 2019 最不方便的是中文输入法切换违反中国用户习惯，只好专门安装“Win10 输入法经典切换”(见图 1-14)小工具来解决该问题，可参见后面章节的介绍。

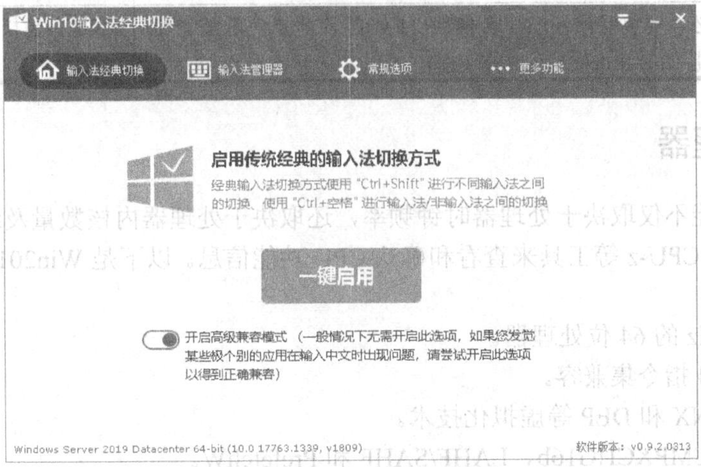

图 1-14　“Win10 输入法经典切换”小工具

1.2　Windows Server 2019 的硬件要求

Windows Server 2019 是 2018 年 10 月发布的服务器操作系统，对系统硬件有相应的具体要求。下面介绍的是安装运行 Windows Server 2019 的最低系统要求。用户需要注意的是，

因为实际部署方案千差万别，所以“推荐的”系统要求可能有些不切实际，只是大体适合而已。用户要根据实际需求查阅相关文档，以获得最佳效果，建议进行实际测试来确定特定部署方案的系统要求。可参见https://docs.microsoft.com/zh-cn/windows-server/get-started-19/sys-reqs-19。

1.2.1 Windows Server 2019 的最低系统要求

这里描述的是安装运行 Windows Server 2019 的最低系统要求，见表 1-1。如果计算机未满足最低系统要求，将无法正确安装本产品。实际要求将因系统配置和所安装应用程序及功能而异。除非特别说明，最低系统要求适用于 Windows Server 2019 所有版本的所有安装选项。Windows Server 2019 的所有版本包括 Essentials、Standard 和 Datacenter 版本，所有安装选项包括带桌面体验的服务器、服务器核心模式和 Nano Server 模式(容器操作系统模式)。

表 1-1 Windows Server 2019 的最低系统要求

硬　件	最低系统要求	实际运行系统需求
处理器	最低：1.4GHz(x64 处理器)	1.4GHz(x64 处理器)或以上
内存	最低：512MB ECC RAM(GUI 安装最低为 2GB)	桌面体验的服务器需 4GB 或以上
可用磁盘空间	最低：32GB 或以上 注意：配备 16GB 以上 RAM 的计算机将需要更多的磁盘空间，以进行分页处理、休眠及转储文件	100GB 或以上
其他	必须安装受信任的平台模块(TPM)芯片才能使用某些功能(如 BitLocker 驱动器加密)	不是必需

1.2.2 处理器

处理器性能不仅取决于处理器时钟频率，还取决于处理器内核数量及缓存大小。可以使用 Coreinfo、CPU-z 等工具来查看和确认 CPU 功能信息。以下是 Win2019 对处理器的最低要求。

(1) 1.4GHz 的 64 位处理器。

(2) 与 x64 指令集兼容。

(3) 支持 NX 和 DEP 等虚拟化技术。

(4) 支持 CMPXCHG16b、LAHF/SAHF 和 PrefetchW。

(5) 支持二级地址转换(EPT 或 NPT)。

1.2.3 内存

系统对内存(RAM)的最低要求为 512MB(对桌面体验服务器安装选项为 2GB)，支持 ECC 纠错或类似技术。

注意，如果你要使用支持的最低硬件参数(1 个处理器核心，512MB 内存)创建一个虚拟机，然后尝试在该虚拟机上安装此版本，则安装将会失败。为了避免这个问题，请执行下列操作之一。

(1) 为安装 Windows Server 2019 的虚拟机分配 800MB 以上内存。在完成安装后，可以根据实际情况更改内存分配，最少分配 512MB。如果使用其他语言和更改了安装程序的启动映像，则需要 800MB 以上的内存，否则无法完成安装。

(2) 可以使用 Shift+F10 组合键中断此版本在虚拟机上的引导进程。打开命令提示符，运行 Diskpart.exe，创建并格式化一个安装分区，然后指定虚拟内存。运行 Wpeutil createpagefile /path=C:\pf.sys(假设创建的安装分区为 C:)，关闭命令提示符并继续安装。

1.2.4 存储控制器和磁盘空间

运行 Windows Server 2019 的计算机必须配有符合 PCI Express 体系结构规范的存储适配器。不支持早期的 PATA 并口硬盘。Windows Server 2019 不支持 ATA/PATA/IDE/EIDE 等传统硬盘作为启动驱动器、页面驱动器或数据驱动器。

系统分区最低要求为 32GB。注意，32GB 应视为确保成功安装的最低值。满足此最低值应该能够以“服务器核心”模式安装包含 Web 服务(IIS)服务器角色的 Windows Server 2019。“服务器核心”模式下的服务器容量比 GUI 模式下的同一服务器要小 4GB 左右。

以下情况，系统分区都需要更多额外的磁盘空间。

(1) 通过网络安装系统。

(2) 内存超过 16GB 的计算机还需要为页面文件、休眠文件和转储文件分配额外磁盘空间。

1.2.5 网络适配器

系统对网络适配器的最低要求如下。

(1) 至少带有千兆以太网适配器。

(2) 符合 PCI Express 体系结构规范。

(3) 支持网络调试(KDNET)的网络适配器很有用，但不是最低要求。

(4) 支持预启动执行环境(PXE)的网络适配器很有用，但不是最低要求。

1.2.6 其他要求

如果要从 DVD 媒体安装 Windows Server 2019 操作系统，计算机还需配备 DVD 驱动器。以下并不是严格需要的，但某些特定功能需要。

(1) 基于 UEFI 2.3.1c 的系统和支持安全启动的固件。

(2) 受信任的平台模块。

(3) 支持超级 VGA(1024×768)或更高分辨率的图形设备和监视器。

(4) 键盘和 Microsoft 鼠标(或其他兼容的指针设备)。

(5) Internet 访问(可能需要付费)。

(6) 尽管必须安装可信任平台模块(Trusted Platform Module，TPM)芯片才能使用某些功能(如 BitLocker 驱动器加密)，但它不是安装 Windows Server 2019 的硬性要求。如果你的计算机使用 TPM，则它必须满足以下要求。

① 基于硬件的 TPM 必须实现 2.0 版本的 TPM 规范。

② 实现 2.0 版的 TPM 必须具有 EK 证书，该证书可以由硬件供应商预配给 TPM，或者在首次引导期间由设备检索。

③ 实现 2.0 版的 TPM 必须附带 SHA 256 PCR 库，并为 SHA-256 实现 PCR 0～23。可以将 TPM 与单个可切换 PCR 库一起使用，该库可用于 SHA-1 和 SHA-256 测量。

④ 不要求关闭 TPM 的 UEFI 选项。

1.3 Windows Server 2019 版本介绍

Windows Server 2019 是一个多样化的操作系统，能够适应各种物理设备和虚拟设备的具体环境，满足用户不同规模数据中心的需要。从技术支持时间的长短划分，Windows Server 2019 分为 LTSC(长期维护版本)和 SAC(半年版本，包含 Nano)两个版本或两个频道；从用户和设备许可数量划分，Windows Server 2019 分为 Essentials(基础版)、Standard(标准版)和 Datacenter(数据中心版)三个版本。注意，Windows Server 2019 只有 64 位版本，没有 32 位版本。

1.3.1 Windows Server 2019 按技术支持时间分类

从 Windows Server 2016 开始，Windows Server 按技术支持时间长短分为两个发行版本(Channel)，分别是 LTSC(Long-Term Servicing Channel，长期维护版本)，以及 SAC(Semi-Annual Channel，半年版本)。请注意，SAC 不是 LTSC 的加强版，也不是 LTSC 的升级版，所以不能直接从 LTSC 版本升级到 SAC 版本，两者是完全独立且不同的服务器操作系统；Nano Server(轻量级服务器，容器服务器)是在 SAC 半年频道中作为容器操作系统提供的。另外，还有一种两周更新一次的 Windows Server Insider Preview 版本，不过，该版并非发行版本，只是内部测试和预览频道，参见 https://www.microsoft.com/en-us/software-download/WindowsInsiderPreviewServer。

1. 长期维护版本 LTSC

(1) LTSC 版本同时支持桌面体验(Desktop Experience)与服务器核心模式(Server Core)。

(2) 每 2～3 年推出一个 LTSC 版本。

(3) 享有 5 年主流技术支持与另外 5 年的延伸技术支持。

(4) 系统更新只会包含安全性更新，不会包含新功能更新。

(5) LTSC 版本可以通过现有的微软销售渠道购买。

2. 半年版本 SAC

(1) SAC 版本仅支持服务器核心模式(Server Core)，完全没有 GUI 接口，只能使用命令提示符与 PowerShell 来管理服务器。

(2) 每半年推出一个 SAC 版本。

(3) 仅享有 18 个月的技术支持。

(4) 系统更新包含安全性更新和新功能更新。

(5) 通常下一代 LTSC 版本会包含曾经在 SAC 推出的新功能。

(6) SAC 版本只允许持有微软批量授权(Volume License)的客户使用，通过 Azure Marketplace 购买。

3. Nano Server 容器操作系统

Nano Server 是在 SAC 半年频道中作为容器操作系统(主要用于云计算、物联网)提供的。如果你已经在运行 Nano Server，应该会熟悉 SAC 半年频道服务模式，因为该模型以前是由 Current Branch for Business(CBB，营业网点)模型提供服务的。Windows Server 的 SAC 半年频道只是 CBB 同一模型的新名称而已。在此模型中，Nano Server 的功能更新发布每年会有两到三次。

但是，从 Windows Server 1803 版开始，Nano Server 仅作为基于容器的 OS(Operating System，操作系统)映像提供。必须将其作为容器宿主(例如 Windows Server 的 Server Core 安装)中的容器来运行。在此版本中运行基于 Nano Server 的容器与早期版本在以下方面有所不同。

(1) Nano Server 已针对.NET Core 应用程序进行了优化。

(2) Nano Server 的大小甚至比 Windows Server 2016 版本还小。

(3) 默认情况下，不再包含 PowerShell Core、.NET Core 和 WMI，但是在构建容器时可以包括 PowerShell Core 和.NET Core 容器软件包。

(4) Nano Server 中不再包含服务堆栈。Microsoft 将更新的 Nano 容器发布到用户重新部署的 Docker(应用程序容器)中。

(5) 可以使用 Docker 对新的 Nano 容器进行故障排查。

(6) 现在，可以在 IoT(Internet of Things，物联网)核心版上运行 Nano 容器。

4. 查询 Windows Server 技术支持生命周期

在微软官网 https://support.microsoft.com/zh-cn/lifecycle/search?alpha=Windows %20Server，可以查询 Windows Server 操作系统的技术支持生命周期。从该网站可以查询到，截至 2020 年 9 月，Windows Server 2012 以及之前的 Windows Server 版本都已经超出主要技术支持周期。现在，仍在主要技术支持周期内的 Windows Server 操作系统，按照推出的时间顺序，共有以下 5 个版本。

(1) Windows Server 2016 (LTSC)(最初的 Build 序号为 14393.0)。

(2) Windows Server, version 1809 (SAC)(最初的 Build 序号为 17763.107)。

(3) Windows Server 2019 (LTSC)(最初的 Build 序号为 17763.107)。

(4) Windows Server, version 1903 (SAC)(最初的 Build 序号为 18362.30)。

(5) Windows Server, version 1909 (SAC)(最初的 Build 序号为 18363.418)。

从上述版本编号来看，你会发现 Microsoft 在 SAC 频道的版本中，完全从产品名称中移除了 2016、2019 字样，取而代之的就是 1809、1903 或 1909 之类的 ReleaseId。

1.3.2 Windows Server 2019 版本按许可数量分类

从支持的用户和设备许可数量划分，Windows Server 2019 分为 Essentials(基础版)、Standard(标准版)和 Datacenter(数据中心版)三个版本。

1. Windows Server 2019 Essentials

此版本是为拥有 25 个用户和 50 个设备以内的小型公司所设计的。微软鼓励其用户从 Windows Server Essentials 迁移到 Microsoft 365，这是微软针对小型企业客户的最新解决方案。根据其文档，Microsoft 365 提供了用于数据存储、共享、保护等的新功能，参见 https://docs.microsoft.com/zh-cn/windows-server-essentials/get-started/get-started。不过，Windows Server Essentials 只支持桌面体验模式，不支持服务器核心模式，参见 https://www.gigxp.com/windows-server-2019-standard-vs-essentials/。

就像 Windows Server 2016 Essentials 一样，2019 版本也允许与 Azure Site Recovery 服务相融合。此功能旨在帮助用户在虚拟机或其宿主机发生故障时，保持业务继续进行。此功能使你可以将虚拟机实时复制到 Azure 中的备份存储库。如果发生故障，你可以将服务迁移到其他设备上。

Windows Server 2019 Essentials 还可以与 Azure 通过虚拟网络相融合。将资源转移到云中可能是一个复杂的过程。正确的方法是为该过程留出足够的时间并逐步执行它。反过来，Windows Server 2019 Essentials 使 Azure 中运行的资源和进程看起来就像位于本地网络上一样。这使得企业可以将其资源无缝地迁移到云中。

Windows Server 2019 Essentials 与 2016 版的区别在于，体验角色功能在 2019 版本中被移除。这意味着你必须手动执行与管理和配置有关的所有任务。此外，客户端备份和远程 Web 访问也同样被移除。

2. Windows Server 2019 Standard

Windows Server 2019 Standard 是为物理机环境或轻量级虚拟化环境而设计的。一般来说，标准版提供了 Windows Server 的所有核心功能(包括但不限于 Windows Server 2019 Essentials 的所有功能)，同时支持桌面体验与服务器核心模式。

Windows Server 2019 Standard 支持在 Azure 环境中进行混合操作。用户可以将数据、安全设置以及其他配置从旧系统迁移到 Windows Server 2019 或 Azure 云。Windows Server 2019 Standard 允许你通过将文件服务器同步到 Azure 来集中公司的文件共享，来保证本地文件服务器的灵活性和高性能。此外，在本地网络中运行的应用程序可以在云中使用各种云端的新功能，例如人工智能或物联网功能。

在虚拟化方面，Windows Server 2019 Standard 为每个许可证提供两个 OSE(操作系统环境)或 VM 的许可，以及一个 Hyper-V 主机。如果你的基础架构中需要更多的 VM，则必须购买其他许可证。而 Windows Server Datacenter 中支持的 VM 数量是无限的。

另外值得注意的是，Windows Server 2019 Standard 最多仅支持两个 Hyper-V 容器。不过该版本支持的 Windows 容器数量是无限的。容器和微服务技术可用于帮助用户创建云应用程序以及使传统应用程序现代化。因此，Linux 和 Windows 容器可以运行在相同环境之中。

还有一个不同之处在于存储备份，该功能允许你在服务器之间进行复制以实现高可用性的故障转移与恢复。使用该功能时，Windows Server 2019 Standard 中限制了卷大小，不能超过 2TB，而 Datacenter 版则没有任何限制。

3. Windows Server 2019 Datacenter

Windows Server 2019 Datacenter 适合于高度虚拟化的数据中心和云环境。它提供 Windows Server 2019 Standard 的所有功能，并且不受任何限制，同时支持桌面体验与服务器核心模式。你可以创建任意数量的虚拟机，每个许可证可以创建一台 Hyper-V 主机。如上所述，Datacenter 版本支持无限数量的 Windows 和 Hyper-V 容器。另外，还有一些在其他版本中不提供的功能。

Windows Server 2019 Datacenter 独有的功能之一是网络控制器。它允许集中式地管理基础网络结构，并为你提供了自动化的监控功能，以及配置虚拟化网络环境以及对虚拟化网络环境进行故障排除的工具。网络控制器可用于自动执行网络配置，而无须手动配置网络设备和服务。

Windows Server 2019 Datacenter 另一独占的功能是“主机保护者 Hyper-V 支持功能”(Host Guardian Hyper-V Support feature)，也就是只有 Datacenter 版才能作为 HGS(Host Guardian Service，主机防护服务)服务的主机。HGS 功能能够让你的 Hyper-V 虚拟机具有虚拟 TPM，使用 BitLocker 加密等。此外，此服务可以帮助你管理启动受保护的 VM 所需的密钥。尽管无法更改 Hyper-V 主机的安全设置，但 HGS 服务的脱机模式允许在无法访问该服务的情况下打开受保护的 VM。

值得注意的是，Windows Server 2019 Datacenter 提供了用于构建超融合基础架构的功能。目前，这是创建软件层面数据中心的最具成本效益和可扩展性的解决方案之一。超融合基础架构的功能允许你将计算、存储和网络资源整合到一个群集中，这是一种既提高性能又节省成本的方法。

1.3.3 Windows 操作系统的内部版本号

虽然 Windows 的命名取决于很多因素，形式各不相同，但是其内部版本号却是一脉相承的。从最初的 Windows 1.0 到现在的 Windows 10，再到 Windows Server 2019，其内部版本号的变化为 1.0 到 10.0。Windows Server 2019 用户可以打开 CMD 窗口，运行 ver 命令，便可以查看当前操作系统的内部版本号，如图 1-15 所示。

表 1-2 所示为一个简单的总结，可以帮助 Windows 用户了解各版本 Windows 操作系统的内部版本号。参见 https://docs.microsoft.com/zh-cn/windows/win32/sysinfo/operating-system-version?redirectedfrom=MSDN。

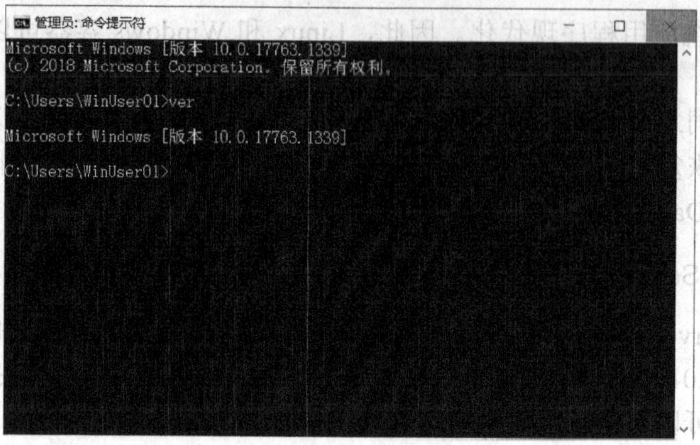

图 1-15　当前操作系统的内部版本号

表 1-2　Windows 操作系统的内部版本号

操作系统	版本号
Windows Server 2019	10.0
Windows 10	10.0
Windows Server 2016	10.0
Windows Server 2012 R2	6.3
Windows 8.1	6.3
Windows Phone 8	6.2
Windows Server 2012	6.2
Windows 8	6.2
Windows 7	6.1
Windows Server 2008 R2	6.1
Windows Server 2008	6.0
Windows Vista	6.0
Windows Server 2003 R2	5.2
Windows Server 2003	5.2
Windows XP	5.1
Windows 2000	5.0
Windows Me	4.9
Windows 98	4.1
Windows NT 4.0	4.0
Windows 95	4.0
Windows 3.0	3.0
Windows 2.0	2.0
Windows 1.0	1.0

1.4 Windows Server 2019 版本选择

1.4.1 Windows Server 2019 版本概要

Windows Server 2019 是一个版本繁杂的多样化操作系统，我们可以从两个方面(或两个方向)来划分该产品的不同版本。按技术支持时间的长短可分为LTSC(长期维护频道)、SAC(半年频道，包含 Nano)、两周更新一次的 Windows Server Insider Preview 非公开发行的内测预览频道；按用户和设备的许可数量多少可分为 Essentials(基础版)、Standard(标准版)和Datacenter(数据中心版)。下面是 Windows Server 2019 版本一览表，见表 1-3。

表 1-3 Windows Server 2019 版本一览表

技术支持时间长短	版本		
	Datacenter (数据中心版)	Standard (标准版)	Essentials (基础版)
LTSC 长期维护频道	许可无限制，适用于高虚拟化数据中心和云环境；包括桌面体验模式和服务器核心模式	许可有限制，适用于物理或最低限度虚拟化环境；包括桌面体验模式和服务器核心模式	最多 25 位用户或 50 台设备的小型企业；只包含桌面体验模式
SAC 半年频道(包含 Nano)	许可无限制；只通过微软云提供 VL 版本；只有服务器核心模式，包含 Nano Server 容器操作系统	许可有限制；只通过微软云提供 VL 版本；只有服务器核心模式，包含 Nano Server 容器操作系统	无
Insider Preview 内测频道(两周更新一次)	只提供给已经注册的微软内测用户，不公开发行，用户选择时不用考虑		

1.4.2 Windows Server 2019 的定价与许可

用户在进行版本选择时，需要先了解 Windows Server 2019 的定价与许可，见表 1-4，可参见 https://www.microsoft.com/zh-cn/windows-server/pricing#OneGDCWeb-ContentPlacementWithRichBlock-8bra924。

表 1-4 Windows Server 2019 的定价和许可

Windows Server 2019 版本	适 用 于	许可模式	CAL 要求 [1]	定价(美元)[3]
Datacenter [2]	高虚拟化数据中心和云环境	基于内核	Windows Server CAL	$ 6 155.00
Standard [2]	物理或最低限度虚拟化环境	基于内核	Windows Server CAL	$ 972.00
Essentials	最多 25 位用户或 50 台设备的小型企业	专业服务器(服务器许可证)	无须 CAL	$ 501.00

[1] 访问服务器的每位用户或每台设备都需要 CAL(Client Access License，客户端访问许可)。

[2] 16 个内核许可证的 Datacenter 和 Standard 版本定价。为了提供多云环境下更加流畅的许可体验，Datacenter 和 Standard 版本从基于处理器的许可过渡到基于内核的许可。

[3] 定价以美元显示，可能会因国家/地区而异。如需了解详细定价，可联系 Microsoft 经销商。

1.4.3 Standard 版本和 Datacenter 版本之间的主要区别

表 1-5 所示为 Windows Server 2019 Standard 标准版和 Datacenter(数据中心版)的对比概要，二者之间的详细区别可参见 https://docs.microsoft.com/zh-cn/windows-server/get-started-19/editions- comparison-19。

表 1-5 Windows Server 2019 标准版与数据中心版的对比

功 能	Datacenter(数据中心版)	Standard(标准版)
Windows Server Core(服务器核心)模式	Yes	Yes
混合集成	Yes	Yes
超融合基础架构	Yes	No
OSEs/Hyper-V 容器	无限制	每个许可证支持两个
Windows Server 容器	无限制	无限制
HGS 主机保护者服务	Yes	Yes
作为 HGS 服务的主机	Yes	No
存储副本	Yes	Yes(单卷最大 2TB)
部署受保护的虚拟机	Yes	No
软件定义的网络(SDN)	Yes	No
软件定义的存储	Yes	No

1.4.4 Windows Server 2019 版本选择建议

1. 一般建议选择 LTSC 长期维护版本

用户在进行 Windows Server 2019 版本选择时，需要考虑更新方式和许可数量两个方面的选择。在考虑系统更新方式的选择时，若需要长期使用 Windows Server 2019，建议选择同时支持桌面体验和服务器核心模式的 LTSC 长期维护版本；对于具备命令行管理能力的用户，若只需测试或短期使用 Windows Server 2019，可以选择仅支持服务器核心模式的 SAC 半年版本。至于两周更新一次的 Windows Server Insider Preview 版本，只提供给已经注册的微软内测用户，不公开发行，用户选择时不用考虑。

2. 条件允许的话，建议选择 Datacenter 版本

在考虑用户和设备许可数量的选择时，Windows Server 2019 Essentials 版非常适合小型基础结构的需求，Standard 版适用于物理或最低限度的虚拟化环境，而 Datacenter 版提供了 Microsoft 所有服务器操作系统中最为广泛的功能。目前，Windows Server Datacenter 可以看作是整个 Microsoft 服务器操作系统家族中最全面的版本，与标准版相比，它提供了最多的工具和功能选择，每个许可证的限制最少。不过，仅当你的基础架构足够大，以便你可以充分利用该版本的功能时，才应该选择 Datacenter 版本，因为，Datacenter 版本的价格明显高于 Standard 版本。

本书将以 LTSC 频道的 Windows Server 2019 Datacenter 桌面体验版为主进行详细说明，

另外也将简要介绍 Windows Server 2019 Core 模式，所述内容也适用于 Windows Server 2019 的其他版本。

本 章 小 结

Windows Server 2019 通过其内置的 Windows Admin Center、超融合基础设施、ATP 高级威胁防护，以及连接 Azure 的混合云服务，大幅提高了现代化服务器的管理部署效率、与云端服务无缝连接的灵活性，全面深化了系统的安全防护，使得 Windows Server 2019 保持了其作为服务器操作系统一如既往的可靠性与稳定性。

Windows Server 2019 中附带的混合云服务，标志着企业服务正在从自建服务器逐步向云端服务迁移，这是 IT 运维发展的趋势。尤其是中小型企业，可以降低自建服务器和部署运维的成本，转而选择相对廉价的 Azure 云服务。或是通过 Windows Server 2019 的混合云服务，将部分业务动态地迁移至云端，不仅能降低服务器的负荷，同时也能提高业务的高可用性与容灾能力，保护企业业务的稳定运行。

第 2 章　搭建 ESXi 虚拟化工作平台

本章要点：

- 虚拟化简介
- 安装 VMware ESXi 6.5
- 通过 Web 界面管理 ESXi 服务器
- 通过 SSH 管理 ESXi 服务器
- 通过 VMware Workstation 管理 ESXi 虚拟机
- 通过 VNC 远程访问 ESXi 虚拟机

安装 Windows Server 2019 之前，需要搭建虚拟化工作平台，为服务器的安装配置做好充分的准备。本章将详细介绍 VMware ESXi 的安装配置、操作使用方法，以及如何创建和管理 VMware ESXi 虚拟机。需要注意的是，本书介绍的各种工具和软件都仅供教学培训之用，请读者注意软件版权保护。

2.1　虚拟化简介

现在，IT 运维已经向虚拟化、云平台转移。为了顺应虚拟化、云时代的要求，高效安全地安装和配置 Windows Sever 2019 操作系统，我们将利用一台 Dell Optiplex 980 普通计算机来搭建虚拟化工作平台，先在虚拟机中安装和配置好操作系统，然后再迁移到物理机中使用。下面，我们先来简单了解 x86 虚拟化和 VMware ESXi。

2.1.1　x86 平台虚拟化

1. 什么是云平台

简单地说，云平台就是存放和管理各种虚拟 IT 软硬件资源的集成系统。这些虚拟软硬件资源包括虚拟主机、虚拟存储、虚拟网络、虚拟系统、虚拟应用等。云平台便是由海量的虚拟软件、虚拟硬件及其管理程序构成的一个庞大系统，可以为用户提供存储、网络、计算、应用等各种服务。

2. x86 硬件虚拟化

虚拟化是云平台的基础。从硬件层面划分，硬件虚拟化技术分为主机级虚拟化(比如 IBM System Z)、小型机虚拟化(比如 IBM Power VM)和 x86 平台虚拟化。我们在这里介绍的主要是基于 x86 平台的硬件虚拟化技术。

传统的 x86 硬件是专门为运行单一操作系统和单个应用程序而设计的，因此大部分计算机资源远未得到充分利用。借助虚拟化技术，我们可以在单台物理机上同时运行多个虚拟机，每个虚拟机都可以共享同一物理机的资源，不同的虚拟机可以运行不同的操作系统以及多个应用程序。为了适应虚拟化市场需求，x86 平台的两大硬件厂商 Intel 和 AMD，在 2000 年后分别推出支持虚拟化的硬件技术 Intel VT-x(Virtualization Technology，x 是针对不同硬件设备的虚拟化技术)和 AMD-V(Virtualization)，这便是现在主流的 x86 硬件虚拟化技术。

3. 虚拟化软件平台

与 x86 硬件虚拟化相配合，许多软件厂商也纷纷推出基于 x86 硬件环境的虚拟化软件平台。包括原 EMC 公司的 VMware(威睿)、微软公司的 Hyper-v(基于 Windows Server 2008 到 Windows Server 2019 操作系统)、Citrix(思杰)公司的 XEN、基于 Linux 内核的 KVM、Redhat 的 RHEV 等。

2015 年 EMC 公司被 Dell(戴尔)收购，不过 Dell 只是控股 VMware，VMware 仍继续独立运营，所以其官网并未挂在 Dell 官网下面，而是独立网站 https://www.vmware.com/cn.html。现在，VMware 虚拟化技术全球市场占有率第一，下面我们将以 VMware 虚拟化为主进行介绍。

2.1.2 VMware ESXi 介绍

1. VMware vSphere 的三个组成部分

VMware 云平台称为 VMware vSphere(Virtual Sphere，虚拟地球，虚拟云平台)，其基本架构包括虚拟化层、管理层和接口层三个组成部分。

(1) 在 vSphere 中，VMware ESXi 是 VMware 公司发布的企业级虚拟化平台，是提供虚拟功能的虚拟化层，用于将主机硬件转换为一组标准化资源进行聚合，并将其提供给虚拟机使用。这样，我们便可以在独立 ESXi 主机或由 vCenter Server 管理的 ESXi 主机上运行各种虚拟机。VMware ESXi，简称 ESXi，ESXi 是 Elastic Sky X Integrated 的缩写，大意是超级可扩展虚拟云系统；VMware ESXi 也被称为 VMware vSphere Hypervisor(VMware 云平台管理程序)。

(2) vCenter Server 及其各种配套组件是配置和管理虚拟化环境的管理层，用于将多个 ESXi 主机的资源加入系统并管理这些资源，可以有效地监控和管理物理和虚拟基础架构，完成管理虚拟机资源、置备虚拟机、任务调度、日志统计、模板创建等任务。

(3) Web Client、vSphere Client 是访问管理虚拟化环境的接口层，用于访问和管理 vCenter Server、ESXi 主机和虚拟机。

2. VMware Workstation 和 VMware ESXi 的主要区别

除了 VMware ESXi 之外，VMware 还有一种单机版本——VMware Workstation。二者的主要区别如下。

(1) VMware Workstation 是基于软件的虚拟化，通过已有操作系统调用硬件资源来实现虚拟化。而 ESXi 则是基于硬件的虚拟化，无须操作系统中介，直接调用硬件资源来实现虚拟化。

(2) VMware Workstation 需要安装在 Windows、Linux 等操作系统之中，安装好之后，再进行虚拟机的安装管理。而 ESXi 本身就相当于一个 Linux 操作系统，直接像 Linux 一样进行安装，安装好之后，通过 Web 客户端连接管理，然后再安装管理虚拟机。

(3) 由二者的安装方式决定了 VMware Workstation 中安装的虚拟机，其稳定性和性能依赖其宿主操作系统；而 ESXi 中安装的虚拟机，直接基于硬件虚拟化技术，不依赖其宿主操作系统，其稳定性和性能不亚于普通硬件服务器，而且更易于管理和维护。

VMware ESXi 是 vSphere 的基础构件，可以单独安装使用。安装了 VMware ESXi 之后，便可以在其中创建和管理各种虚拟机。本书将基于独立的 VMware ESXi 平台来搭建和配置 Windows Sever 2019 的虚拟化环境。

2.1.3 虚拟化的优势

虚拟化能够成为 IT 发展潮流，必然具有各方面的优势，主要表现如下。

(1) 提高资源利用率，可以在单个计算机上运行多个操作系统，包括 Windows、Mac OS X、Linux 等。

(2) 降低 IT 总体成本，可以降低能耗、减少硬件需求、提高管理效率。

(3) 整合服务器资源，确保企业级应用实现最高的可用性和性能。

(4) 提高运营灵活性，由于采用动态资源管理，加快了服务器调配并改进桌面和应用程序部署，因此可以及时响应市场变化。

(5) 通过优化容灾策略提升业务连续性，并在整个数据中心实现高可用性。

(6) 提高系统可管理性和安全性，几乎可以在所有标准台式机、笔记本电脑或平板电脑上部署、管理和安全监视桌面环境，无论是否能连接到网络，用户都可以在本地或以远程方式对这种环境进行访问。

(7) 改进企业桌面管理控制，加快桌面部署，降低管理和维护成本。

2.2 安装 VMware ESXi 6.5

VMware ESXi 是 vSphere 的基础构件，可以单独安装使用。为了搭建安装和配置 Windows Sever 2019 的虚拟化工作平台，我们将在一台普通计算机上安装和配置 VMware ESXi。

2.2.1 ESXi 版本和安装方式选择

1. ESXi 版本选择

VMware ESXi 的现在最新版本是 ESXi 7.0，不过，ESXi 6.5 之后的版本已不支持许多旧有的 CPU，如果硬件环境支持，建议读者选择安装较新版本。ESXi 6.x 版本已经比较稳定，能支持中文文件名，若不小心断电，或者直接关闭电源(当然不建议这样做，应该尽量避免)，重启后一切仍然正常，但 ESXi 5.x 却不行。从功能配备和许可数量划分，VMware ESXi 分为 Essentials、Essentials Plus、Standard、Enterprise、Enterprise Plus 等诸多版本，参见 https://www.vmware.com/cn/products/vsphere.html。

为适应大多数应用环境，本书将以 ESXi 6.5 Standard 为例介绍安装和配置方法，安装映像文件全名为 VMware-VMvisor-Installer-6.5.0.update02-8594253.x86_64.iso，这里介绍的方法也同样适用于其他 ESXi 6.x-7.x 版本的安装和配置。

2. ESXi 安装方式选择

在服务器上，可以通过多种方式安装 ESXi，比如通过远程映射 ISO 映像、刻录 CD、U 盘、移动硬盘等方式进行安装。下面，主要介绍比较方便实用的 U 盘方式进行安装。

2.2.2 ESXi 集成第三方网卡驱动

ESXi 的 ISO 安装映像中已经集成了大量硬件设备的驱动程序，但有些第三方网卡驱动并未包含，比如 Realtek(瑞昱)网卡驱动。如果网卡不能被 ESXi 正确识别，就需要为 ESXi 的 ISO 安装映像集成第三方网卡驱动。下面，我们将在 Windows Server 2019 中以 ESXi 集成 Realtek 8168 千兆网卡驱动为例进行说明，如果你的计算机上的网卡在 ESXi 中能够被正确识别，可以跳过这一步。

需要注意的是，ESXi 集成第三方网卡驱动看似简单，但操作即很烦琐，坑比较多，读者需要小心对待、仔细操作。

1. 下载 ESXi 离线包

在 ESXi 中集成第三方网卡驱动，需要下载 ESXi 对应的离线包。

(1) 安装 ESXi 服务器的媒体一般都是 ESXi 的 ISO 映像，比如我们上面准备的：

```
VMware-VMvisor-Installer-6.5.0.update02-8594253.x86_64.iso
```

从以上 ESXi 的 ISO 映像可以看出，其版本为 6.5.0 update02，该版本没有特别标注是 Essentials、Standard 或 Enterprise，默认就是 Standard。要查询其对应的离线包，可以访问 VMware 官网进行查询：https://www.vmware.com/cn.html

(2) 在主页面中依次单击“下载” | “产品下载” | vSphere 链接，见图 2-1。

(3) 弹出“下载 Vmware vSphere”页面，在“选择版本”下拉列表框中，选择对应的 6.5 选项；然后找到对应的 Standard 版，单击其下面的“VMware vSphere Hypervisor (ESXi)6.5U3a”项右侧的“转至下载”链接，见图 2-2。

(4) 弹出“下载产品”页面，在“选择版本”下拉列表框中，选择对应的 6.5.0U2 选项；然后，单击 VMware vSphere Hypervisor (ESXi ISO)image (Includes VMware Tools)下面的“了解更多信息”链接，确认对应的 ESXi ISO 文件名称与我们上面准备的 ISO 文件名称一致：

```
VMware-VMvisor-Installer-6.5.0.update02-8594253.x86_64.iso
```

(5) 确认之后，再单击同一页面中 VMware vSphere Hypervisor (ESXi) Offline Bundle 下面的“了解更多信息”链接，在此便可以查找到该版本 ESXi 对应的离线包名称(见图 2-3)：

update-from-esxi6.5-6.5_update02.zip

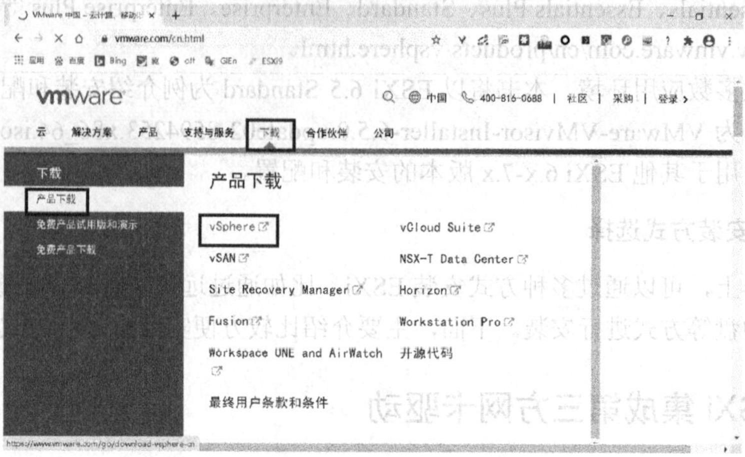

图 2-1　单击 vSphere 链接

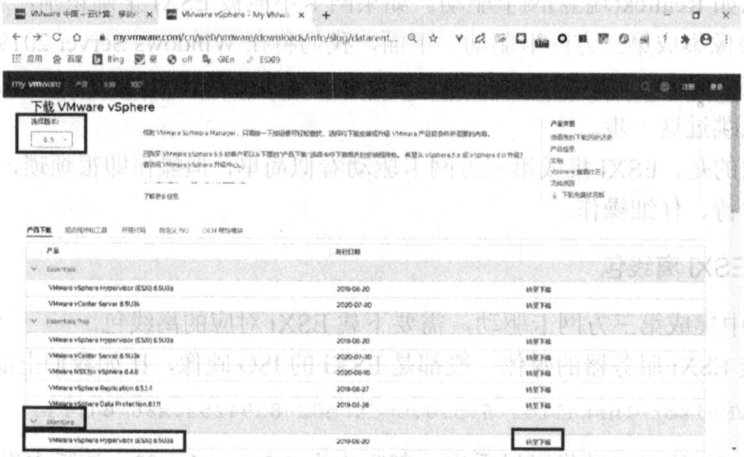

图 2-2　在 vSphere 下载页面选择对应的版本

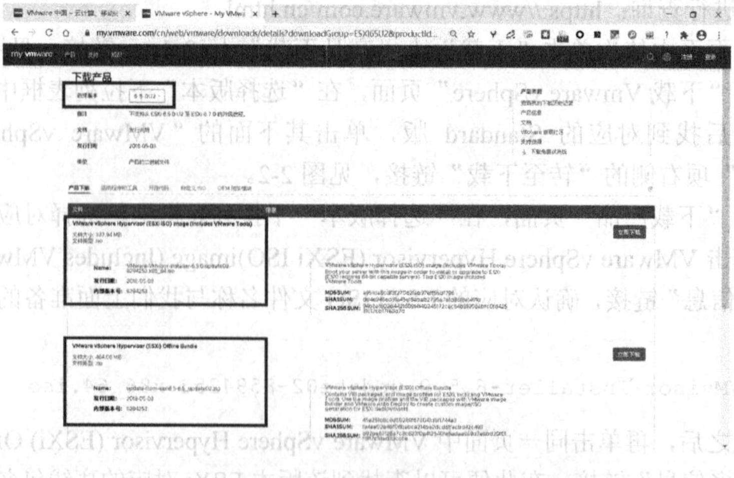

图 2-3　在 vSphere 下载页面查询对应的离线包

(6)　如果有 VMware 的注册账户，在此登录后便可以直接下载 ESXi 对应的离线包。也可以搜索其他第三方网站下载，比如：

```
http://vcloudtip.com/vmware-esxi-6-5-update-1-build-8294253/
https://ldpan.com/VMware%20vSphere%20%E5%90%88%E9%9B%86/VMware%20vSphere
%206.5/VMware%20ESXi%206.5
```

2. 查看网卡硬件 id，下载网卡驱动程序

(1)　将网卡插入一台普通计算机，启动 Windows 操作系统。按 Win+R 组合键，运行 devmgmt.msc，打开设备管理器。双击该网卡，打开“属性”对话框，切换到“详细信息”选项卡，在“属性”下拉列表框中选择“硬件 Id”，在“值”列表框的第一行信息中便可以查询到该网卡的硬件 id(identity，身份标识)。比如 Realtek 8168 千兆网卡的硬件 id 为 10ec:8168，见图 2-4。

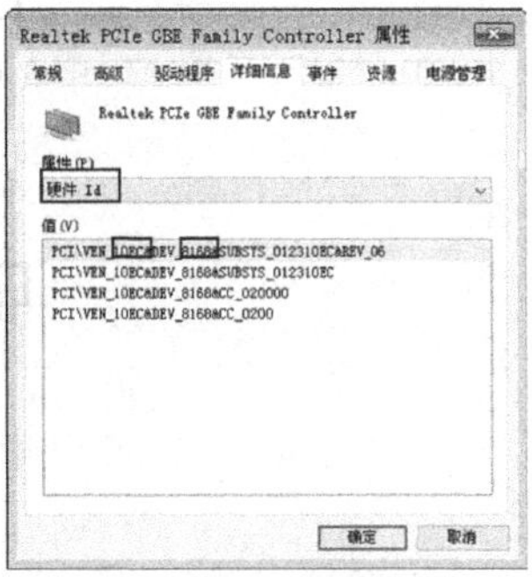

图 2-4　查询网卡的硬件 id

(2)　访问第三方网卡驱动网站 https://vibsdepot.v-cfront.de/wiki/index.php/List_of_currently_available_ESXi_packages，在搜索栏中输入上面查到的网卡硬件 id：10ec:8168，查找对应的网卡名称，见图 2-5 和图 2-6。

(3)　单击查看找到的两项搜索结果，第一项 Net51-drivers 适用于 ESXi 5.1 - 6.5 版本，第二项 Net55-r8168 适用于 ESXi 5.5 - 6.7 版本。我们准备安装的是 ESXi 6.5，可以单击版本较新的第二项搜索结果 Net55-r8168 链接，在打开的新页面中找到该网卡的 vib(VMware vSphere Installation Bundle Package，VMware 离线驱动安装包)驱动程序，将其下载到本地(见图 2-7)：

```
http://vibsdepot.v-front.de/depot/RTL/net55-r8168/net55-r8168-8.045a-
napi.x86_64.vib
```

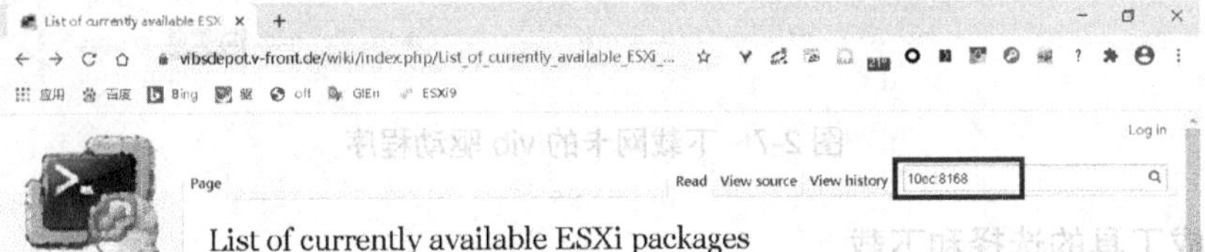

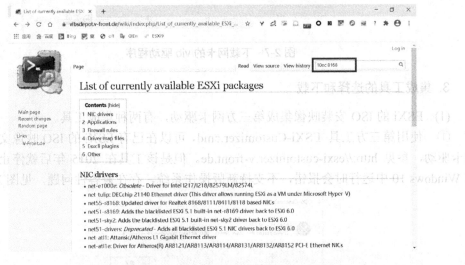

图 2-5　在第三方网卡驱动网站中搜索网卡硬件 id

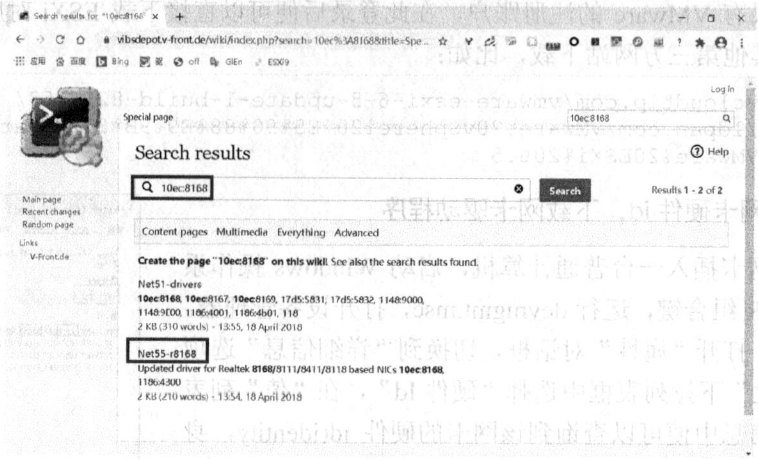

图 2-6　找到对应的网卡名称

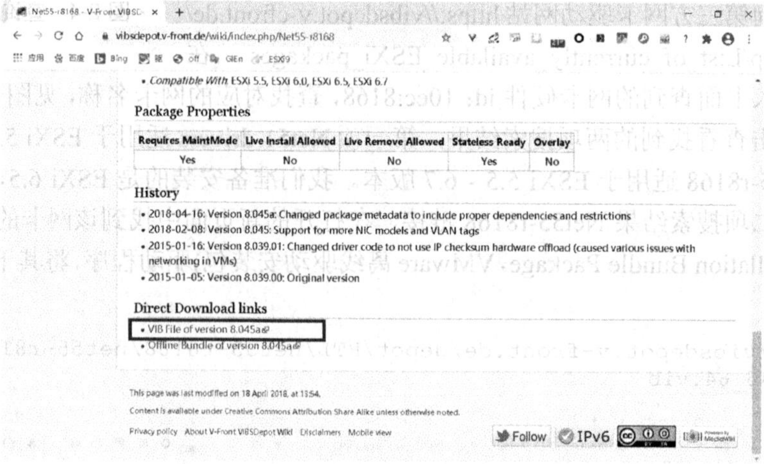

图 2-7　下载网卡的 vib 驱动程序

3. 集成工具的选择和下载

(1) ESXi 的 ISO 安装映像集成第三方网卡驱动，有两种集成工具。

① 使用第三方工具 ESXi-Customizer.cmd，可以在已有 ESXi 的 ISO 映像文件中添加网卡驱动，参见 http://esxi-customizer.v-front.de。但是该工具在 2015 年后就停止更新，当在 Windows 10 中运行时会报错，不支持新版操作系统，存在兼容性问题，见图 2-8。

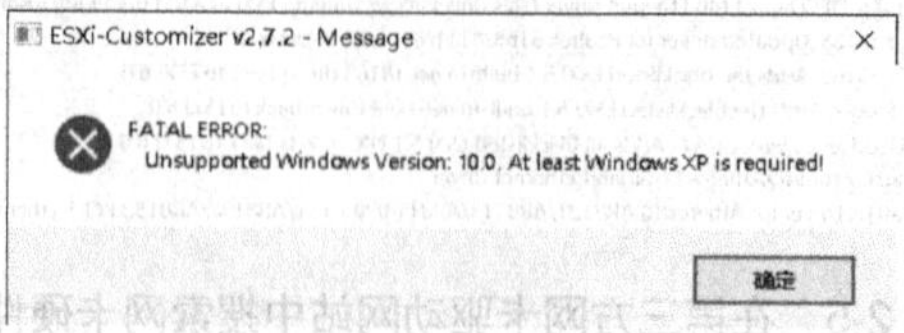

图 2-8　ESXi-Customizer.cmd 工具在 Windows 10 中运行报错

② 使用第三方脚本 ESXi-Customizer-PS 工具，配合 VMware PowerCLI 环境，可以在

线指定网卡驱动和 VMware ESXi 映像一起打包下载，当然也支持 ESXi 离线打包驱动，参见 https://www.v-front.de/p/esxi-customizer-ps.html。

(2) 选择 ESXi-Customizer-PS 工具进行离线集成。

这里，我们选择在 Windows Server 2019 中采用 ESXi-Customizer-PS 工具进行操作，其他 Windows 10 系列操作系统也类似。在线打包需要开启代理，速度比较慢，还容易超时导致失败；所以，在下面我们都采用离线打包方式。

(3) 下载 ESXi-Customizer-PS 工具。

访问 https://www.v-front.de/p/esxi-customizer-ps.html，找到 ESXi-Customizer-PS 的下载地址 http://vibsdepot.v-front.de/tools/ESXi-Customizer-PS-v2.6.0.ps1 进行下载。

也可以搜索其他第三方网站进行下载，比如 http://down.whsir.com/downloads/ESXi-Customizer-PS-v2.6.0.ps1。

4. 整理拷贝文件和目录

接下来，我们需要整理和拷贝上面准备好的各种文件，以便后面能够顺利进行集成操作。

(1) 创建自定义目录，比如 E:\Temp\。

(2) 将上面准备的 ESXi-Customizer 集成工具和 ESXi 离线包都拷贝到 E:\Temp\:

```
ESXi-Customizer-PS-v2.6.0.ps1
update-from-esxi6.5-6.5_update02.zip
```

(3) 将上面下载的网卡 vib 驱动程序 net55-r8168-8.045a-napi.x86_64.vib，拷贝到 E:\Temp\net55-r8168\中。

(4) 创建输出目录 E:\Temp\ISO\，用于存放集成网卡驱动后的映像文件和日志文件；准备好后，E:\Temp\下的文件目录结构如图 2-9 所示。

5. 下载和安装 VMware PowerCLI

ESXi-Customizer-PS 集成工具，需要在 VMware PowerCLI 环境中运行，所以，需要下载安装 VMware PowerCLI。

(1) 下载 VMware PowerCLI 工具 VMware-PowerCLI-6.5.0-4624819.exe。访问 https://my.vmware.com/group/vmware/details?downloadGroup=PCLI650R1&productId=614，需要注册登录后，才能下载。也可以搜索其他第三方网站下载，比如：

```
http://down.whsir.com/downloads/VMware-PowerCLI-6.5.0-4624819.exe
```

(2) 如果是在 Windows 7 系统中安装 VMware-PowerCLI-6.5.0-4624819.exe，会弹出下载 PowerShell 3.0 的提示，下载地址为 https://download.microsoft.com/download/E/7/6/E76850B8-DA6E-4FF5-8CCE-A24FC513FD16/Windows6.1-KB2506143-x64.msu。我们需要先安装 PowerShell 3.0 并重启之后，才能成功安装 VMware PowerCLI。Windows 10 系统可跳过该步骤。

(3) 如果是 Windows 10 系统，可以直接双击 VMware-PowerCLI-6.5.0-4624819.exe，依次单击 Next 按钮，接受协议，进行默认安装即可，如图 2-10 所示。

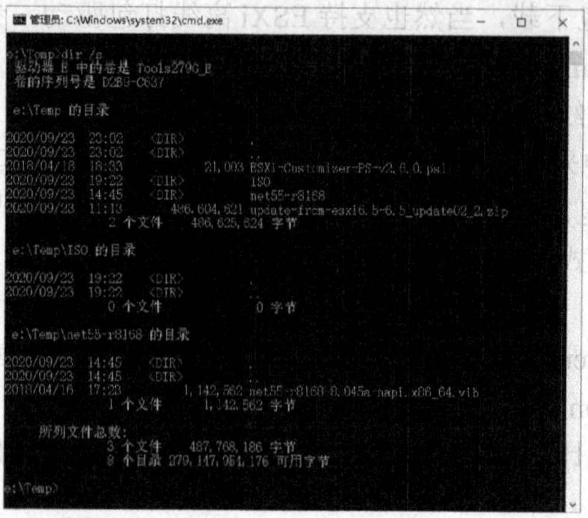

图 2-9　E:\Temp\下的文件目录结构

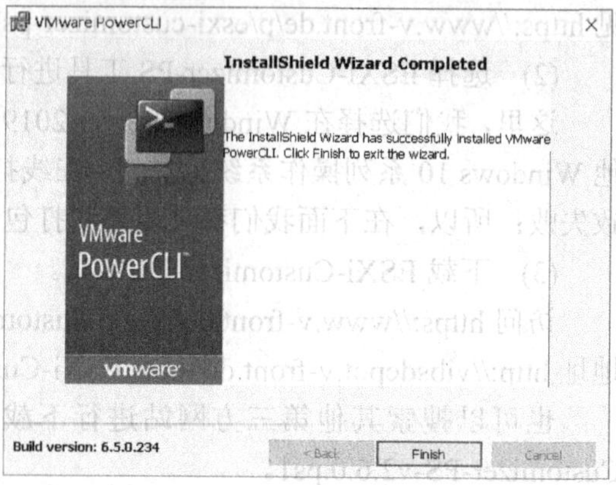

图 2-10　默认安装 VMware PowerCLI

6. 配置 VMware PowerCLI

VMware PowerCLI 安装完成之后，还必须进行配置，才能正常使用。

(1) 在 Windows 7 系统中配置 VMware PowerCLI。

① 安装 VMware PowerCLI 会在桌面上创建快捷方式，右击桌面上的 VMware PowerCLI 快捷方式图标，在弹出的快捷菜单中选择“以管理员身份运行”命令。

② 在 Windows 7 系统中，第一次运行 VMware PowerCLI 可能会出现红色报错信息。需要运行以下两条命令，将 Powershell 设置为无限制状态(见图 2-11)：

```
Set-ExecutionPolicy Unrestricted          (提示时输入 Y，回车)
get-ExecutionPolicy                       (进行确认，应该显示 Unrestricted)
```

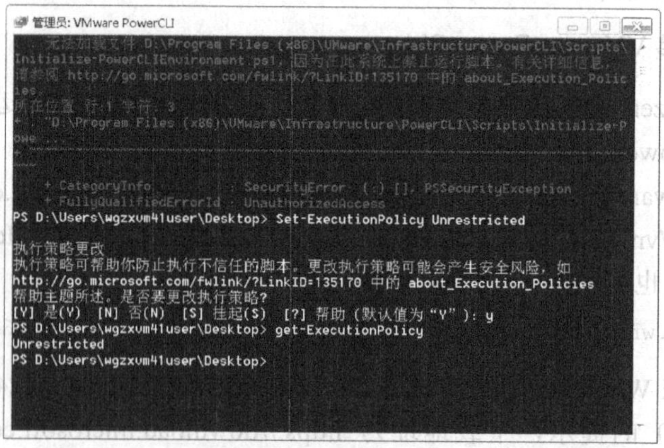

图 2-11　Windows 7 系统中配置 VMware PowerCLI

③ 关闭 VMware PowerCLI 窗口，再以管理员身份重新启动 VMware PowerCLI，便能够成功显示默认设置，当命令行出现提示时直接按 Enter 键即可，如图 2-12 所示。

(2) 在 Windows 10 系列系统中配置 VMware PowerCLI。

① 安装 VMware PowerCLI 会在桌面上创建快捷方式，右击桌面上的 VMware PowerCLI

快捷方式图标，在弹出的快捷菜单中选择“以管理员身份运行”命令。

② 在 Windows 10 系统中，第一次运行 VMware PowerCLI 时，能够成功显示默认设置，命令行出现提示时直接按 Enter 键。然后运行以下两条命令，将 Powershell 设置为无限制状态即可(见图 2-13)：

```
Set-ExecutionPolicy Unrestricted      (提示时输入 Y，按 Enter 键)
get-ExecutionPolicy                   (进行确认，应该显示 Unrestricted)
```

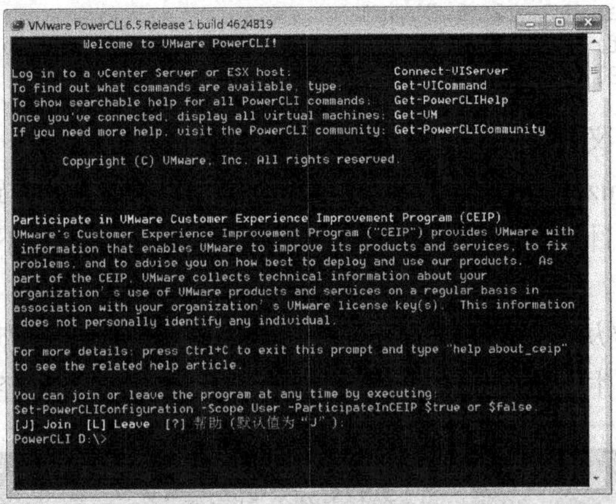

图 2-12 Windows 7 系统中，VMware PowerCLI 安装和配置完成

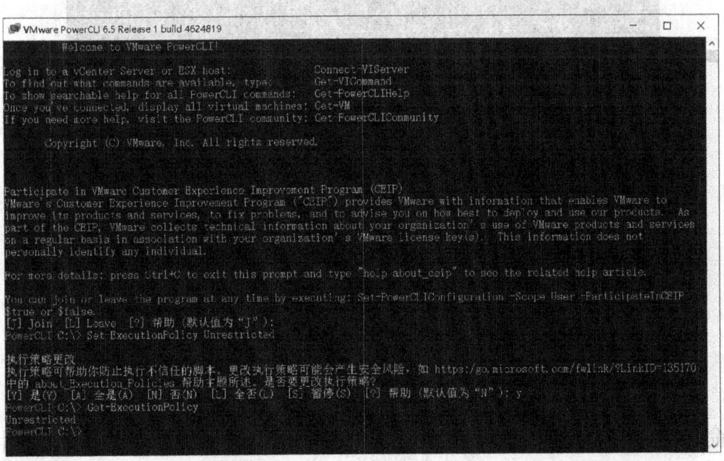

图 2-13 Windows 10 系统中，VMware PowerCLI 安装和配置完成

③ 经试验，在 Windows 10 系统中这一步可以跳过。get-ExecutionPolicy 显示的默认状态为 RemoteSignes 状态，不用改变状态，也能够成功完成 ESXi ISO 集成网卡驱动的操作。

此时，VMware PowerCLI 便安装并配置完成。

7. 集成驱动

完成以上各项准备工作之后，现在便可以开始在 ESXi ISO 中集成网卡驱动了。

(1) 由于我们采用的是离线集成方式，所有需要的文件都已经下载到本地，并已经在

E:\Temp\目录中整理准备好了，集成过程无须访问网络，所以不用设置防火墙。

(2) 右击桌面上的 VMware PowerCLI 快捷方式图标，以管理员身份启动 VMware PowerCLI，运行以下命令，切换到上面准备的 E:\Temp\目录：

```
E:
cd \Temp\
```

(3) 在 E:\Temp\位置，运行以下命令(执行结果见图 2-14)：

```
.\ESXi-Customizer-PS-v2.6.0.ps1
-izip .\update-from-esxi6.5-6.5_update02_2.zip -pkgDir
E:\Temp\net55-r8168\ -outDir E:\Temp\ISO
```

命令中各部分的含义如下。

① .\ESXi-Customizer-PS-v2.6.0.ps1：执行的脚本文件，后面跟参数。

② -izip：从本地目录读取离线包，后面跟离线包路径。若不用此参数，便从网上下载离线包，有 300 多兆，下载速度很慢，很容易超时而导致失败。

③ -pkgDir：指定从本地读取需要添加的驱动程序，后面跟驱动程序路径。

④ -outDir：指定生成的 ISO 映像文件和日志文件的输出路径。

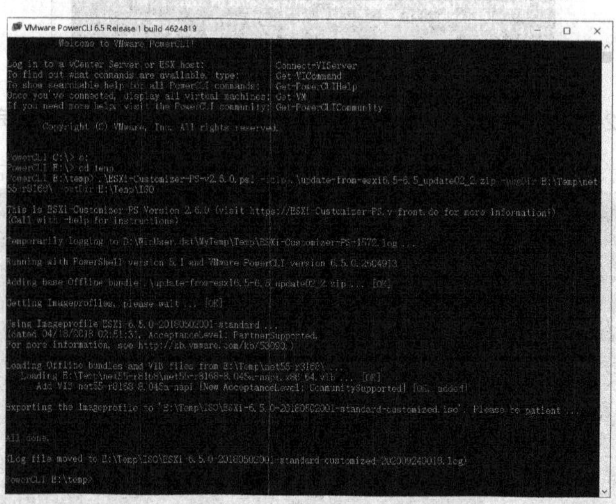

图 2-14 使用 ESXi-Customizer-PS 在 ESXi ISO 中集成网卡驱动

(4) 以上命令执行完成后，便会在 E:\Temp\ISO 中生成已经集成指定网卡驱动的 ESXi ISO 文件，见图 2-15，该文件便可用于在配有相应网卡的计算机上安装 ESXi 虚拟机系统。

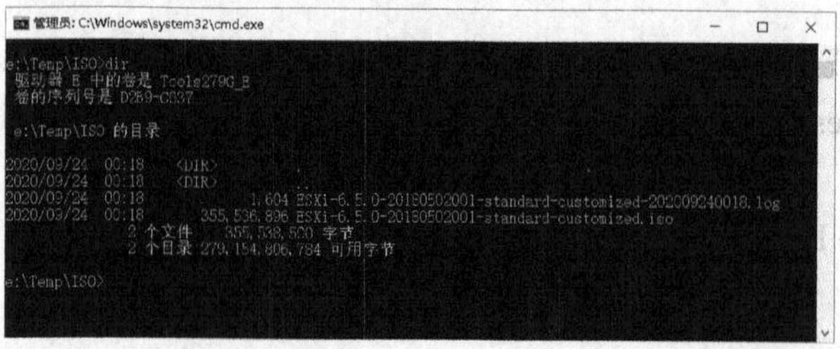

图 2-15 已经集成网卡驱动的 ESXi ISO 文件

8. 实际安装测试

我们在 Optiplex 980 计算机上进行实际安装并测试。

(1) 将 Realtek 8168 千兆网卡插入计算机。

(2) 启动后在 BIOS 中禁用主板自带网卡，见图 2-16。说明：在 Optiplex 980 上禁用主板自带网卡后，便无法使用主板自带的 AMT(Intel 主动管理技术)连接计算机进行截图。我们使用了 Ez2pc 云手 IP-KVM 连接计算机进行截图，截图效果没有 AMT 好。

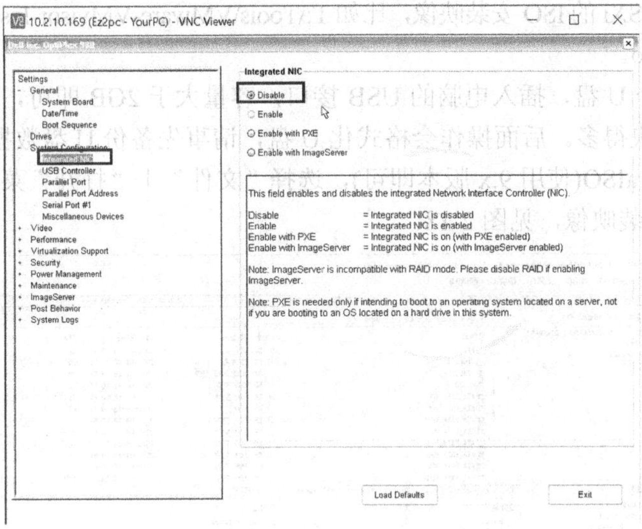

图 2-16　禁用主板自带网卡

(3) 经实际安装测试，用上面制作的集成 Realtek 8168 千兆网卡驱动的 ESXi ISO 文件，在插有 Realtek 8168 千兆网卡的计算机上安装成功，使用完全正常，如图 2-17 所示。

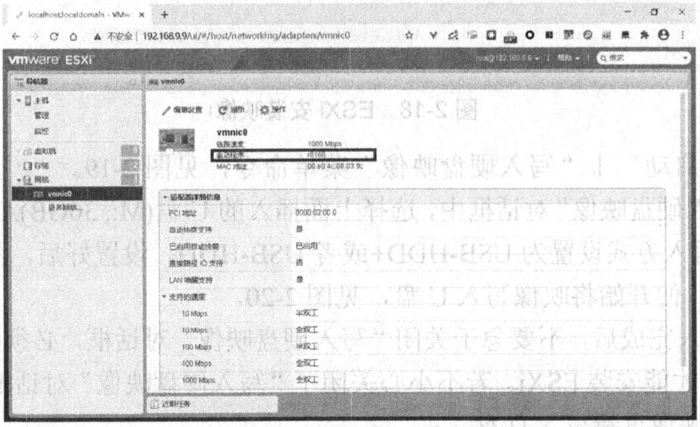

图 2-17　集成 Realtek 8168 网卡驱动的 ESXi ISO 安装成功，使用完全正常

2.2.3　ESXi 6.5 启动 U 盘的制作

现在启动 U 盘的制作软件不少，比如 Rufus、Unetbootin、老毛桃、U 启动、大白菜等。

不过，经过我们实际测试，从稳定可靠的角度，推荐使用 UltraISO(软碟通)，或者 EasyU(优启通)。

1. 使用 UltraISO 制作 ESXi 启动 U 盘

UltraISO 是一款使用广泛的老牌光盘映像处理工具，它可以编辑制作 ISO 文件、处理系统启动信息，轻松制作可启动光盘、U 盘和移动硬盘。但制作过程较为烦琐，安装不同版本的 ESXi 都需要重新制作。

(1) 准备好 ESXi 的 ISO 安装映像，比如 T:\Tools\VMware-VMvisor-Installer-6.5.0.update02-8594253.x86_64.iso。

(2) 准备一个 U 盘，插入电脑的 USB 接口，容量大于 2GB 即可，建议使用 USB 3.x 的 U 盘，速度要快得多。后面操作会格式化 U 盘，请事先备份 U 盘数据。

(3) 启动 UltraISO(使用 9.x 版本即可)，选择"文件"｜"打开"菜单命令，打开上面准备好的 ESXi 安装映像，见图 2-18。

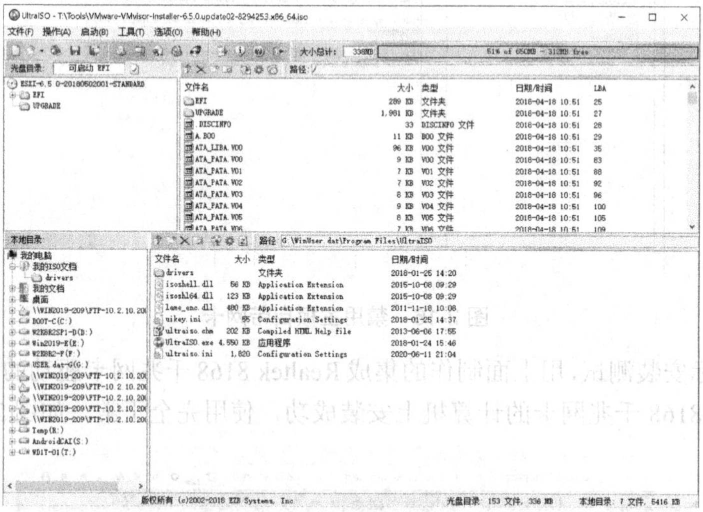

图 2-18　ESXi 安装映像

(4) 选择"启动"｜"写入硬盘映像"菜单命令，见图 2-19。

(5) 在"写入硬盘映像"对话框中，选择上面插入的 U 盘(M:, 30GB)ADATA USB Flash Drive 1100，将写入方式设置为 USB-HDD+或者 USB-HDD。设置好后，依次单击"写入"按钮、Yes 按钮，便开始将映像写入 U 盘，见图 2-20。

(6) 映像写入完成后，不要急于关闭"写入硬盘映像"对话框，必须执行下面的操作，制作的启动 U 盘才能安装 ESXi。若不小心关闭了"写入硬盘映像"对话框，需要重复上面的操作，将启动映像重新写入 U 盘。

(7) 当安装映像写入 U 盘完成后，需要单击右下方的"便捷启动"按钮，在弹出的下拉菜单中选择"写入新的驱动器引导扇区"｜Syslinux 命令，单击 Yes 按钮确认，见图 2-21。成功后会显示"引导扇区写入成功"。

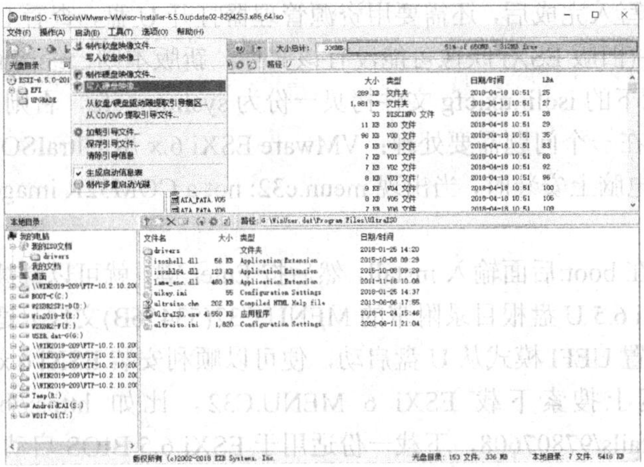

图 2-19　选择“写入硬盘映像”命令

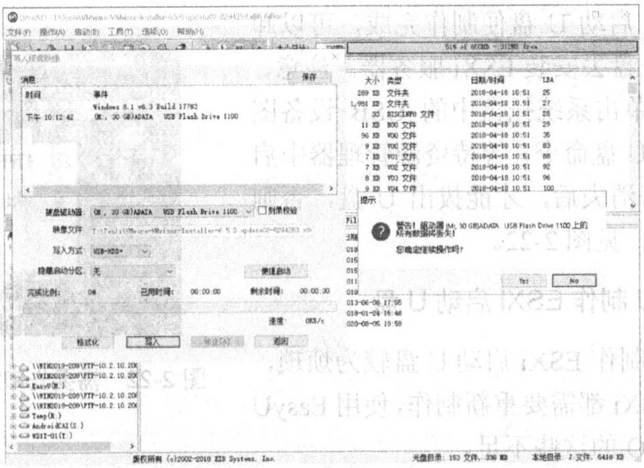

图 2-20　选择要写入的 U 盘和写入方式，将映像写入 U 盘

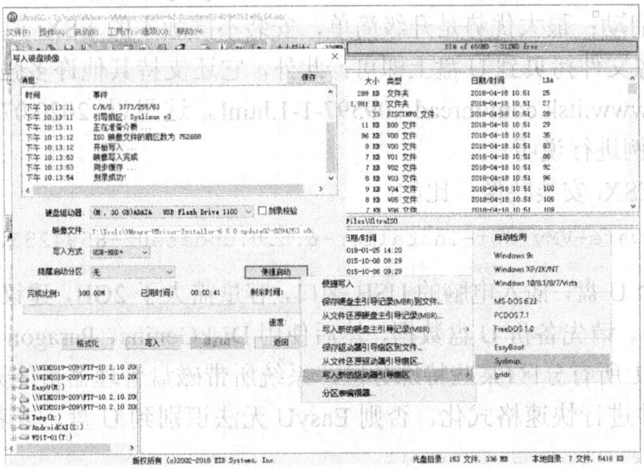

图 2-21　在 U 盘中写入新的 Syslinux 引导扇区

(8) 引导扇区写入完成后，还需要用资源管理器打开 U 盘，查看 U 盘根目录下是否存在 syslinux.cfg 文件(旧版 ESXi 映像可能没有该文件，新版本则已经带有该文件)。若没有，需要将 U 盘根目录下的 isolinux.cfg 文件拷贝一份为 syslinux.cfg，否则启动会失败。

(9) 最后还存在一个问题需要处理：VMware ESXi 6.x 用 UltraISO 写入 U 盘后，在只支持 BIOS 启动的电脑上安装时，当出现 meun.c32: not a COM32R image 报错，可以选择以下方法之一解决。

① 启动时，在 boot:后面输入 install，然后按 Enter 键，就可以继续安装，boot: install。

② 由于 ESXi 6.5 U 盘根目录附带的 MENU.C32(53456B)文件只适用于 UEFI BOOT，若电脑支持，可设置 UEFI 模式从 U 盘启动，便可以顺利安装 ESXi 6.x。

③ 可以在网上搜索下载 ESXi 6 MENU.C32，比如 https://blog.csdn.net/weixin_30580943/article/details/97807608，下载一份适用于 ESXi 6.5 BIOS 启动的 MENU.C32(比如 55140B)文件替换 U 盘根目录的 MENU.C32 文件，这样，便可以在只支持 BIOS 启动的电脑上顺利安装 ESXi 6.x。

到这里，ESXi 启动 U 盘便制作完成，可以卸载 U 盘，使用该 U 盘去安装 ESXi 服务器。注意，制作完成后，需要单击系统托盘中的 USB 设备图标，选择卸载启动 U 盘命令，等待资源管理器中启动 U 盘对应的盘符消失后，才能拔出 U 盘，否则可能导致数据损坏，见图 2-22。

图 2-22 需要先卸载 U 盘，才能拔出 U 盘

2. 使用 EasyU 制作 ESXi 启动 U 盘

使用 UltraISO 制作 ESXi 启动 U 盘较为烦琐，安装不同版本的 ESXi 都需要重新制作，使用 EasyU 则可以克服 UltraISO 的这些不足。

EasyU 是 IT 天空推出的一款 U 盘 PE 系统，是处理系统启动信息的后起之秀。它可以一键制作可启动 U 盘，兼容性强，同时支持 BIOS(Legacy)、UEFI 两种启动模式；同时支持多个 ISO 映像启动；最大优势是升级简单，安装不同版本的 ESXi 时无须重新制作，只需将新版 ISO 映像文件拷贝到 U 盘上即可；此外，它还支持其他许多强大的系统功能，具体可参见 https://www.itsk.com/thread-409597-1-1.html。这里以 2020.07.18 发布的优启通 v3.6.2020.0620 为例进行说明。

(1) 准备好 ESXi 安装映像，比如：

```
T:\Tools\VMware-VMvisor-Installer-6.5.0.update02-8594253.x86_64.iso
```

(2) 准备一个 U 盘，插入电脑的 USB 接口，容量需大于 2GB，建议使用 USB 3.x 的 U 盘，速度要快得多。请先备份 U 盘数据，然后使用 DiskGenius、Paragon Hard Disk Manager 等工具删除 U 盘上所有分区(某些特殊分区，系统所带磁盘管理器可能无法删除)；再创建一个 NTFS 分区并进行快速格式化，否则 EasyU 无法识别到 U 盘，或者制作的 U 盘启动失败。

(3) 注意，EasyU 制作过程中会在本地系统盘中随机生成临时文件目录，比如

E:\142pu4kj11ip\。所以，EasyU 制作之前必须彻底禁用 SEP(Symantec Endpoint Protection，参见后面章节介绍)等防病毒软件，并添加对 E:\的扫描和嗅探两项例外，否则可能会有许多程序被报警隔离，导致制作的 U 盘启动失败，见图 2-23。

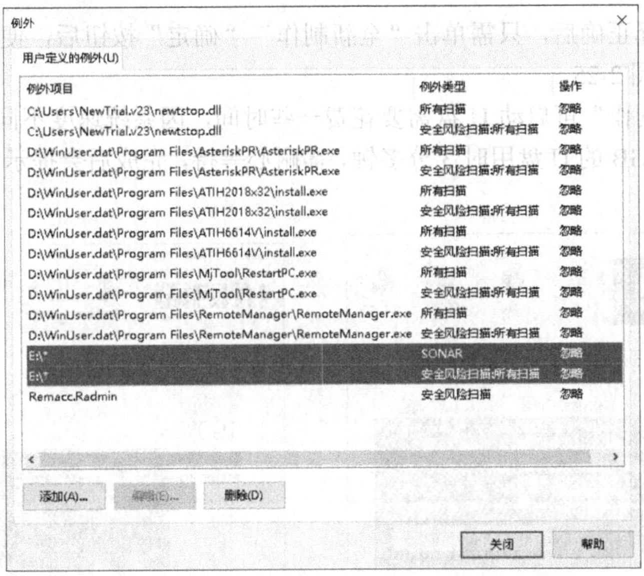

图 2-23　添加对 E:\的扫描和嗅探两项例外

(4)　EasyU 是绿色软件，下载后只需解压到上面已经添加例外的某个目录中即可，比如 E:\Win2019-Work\EasyU_3.6.2020.0620\，然后直接运行该目录下的 EasyU_v3.6.exe 启动 EasyU，见图 2-24。

图 2-24　插入 U 盘后启动 EasyU

(5)　启动 EasyU 后，在“选择磁盘”下拉列表框中选择前面插入的 U 盘：(hd3)M: ADATA USB Flash Drive 28.9g，将写入模式设置为 USB-HDD，将“分区格式”设置为 NTFS。这里准备的是 30GB U 盘，EasyU 系统要占用约 3.5GB 空间，剩余可用空间约 26.5GB。实际上，顺利的话 EasyU 启动后默认已经自动设置好了，读者只需确认选择正确即可。

提示： 其他默认设置建议不要改动。分区格式建议设置为 NTFS，NTFS 可以兼容 4GB 以上的 ISO 或者大文件，而 FAT32 不支持超过 4GB 的单文件；若无须兼容 Windows XP 等老系统，推荐理论上兼容性最好的 exFAT 格式，支持单文件超过 4GB，大部分

Linux 和 FreeBSD 等系统可直接读写，但是 Windows XP 及更早的 Windows 默认不识别 exFAT 格式，需要打补丁才可以，很多早期的 Linux 也需要更新后才支持 exFAT。

(6) 确认选择正确后，只需单击“全新制作”“确定”按钮后，便可以开始一键制作可启动 U 盘，见图 2-25。

(7) “全新制作”可启动 U 盘需要花费一些时间，因系统速度不同，一般需要 3～15 分钟，USB 3.0 30GB 的 U 盘用时 3 分多钟，需耐心等待，完成后会提示“操作已经完成”，见图 2-26。

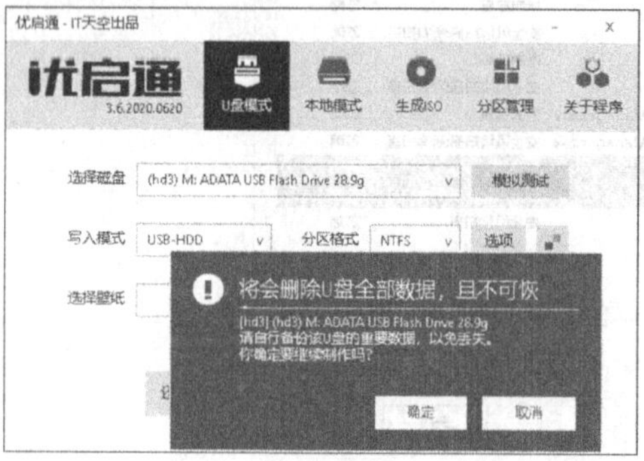

图 2-25　EasyU “全新制作”可启动 U 盘

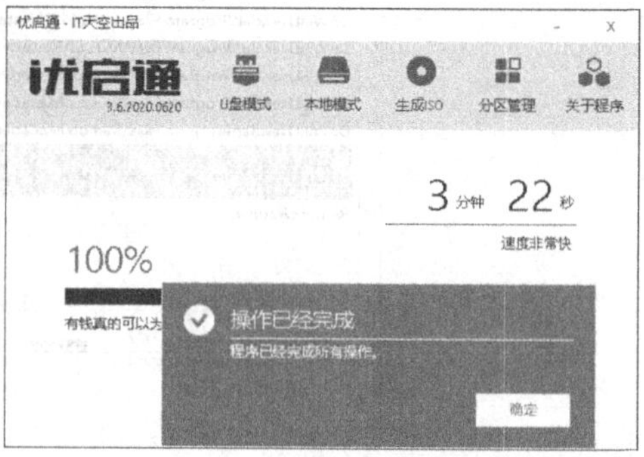

图 2-26　EasyU 完成制作可启动 U 盘

(8) 现在可以关闭 EasyU 程序，制作过程已完成了一大半。接下来，打开资源管理器或 TotalCMD(Total Commander，参见后面介绍)，在该 U 盘根目录下创建 ISO 目录，注意必须在根目录，目录名称必须是 ISO。然后把用于启动系统的*.iso 映像文件拷贝到该目录中即可。正如读者所期待的，只要 U 盘剩余空间足够，便可以向该目录中拷贝多个 ISO 映像文件，启动时可以进行选择，见图 2-27。

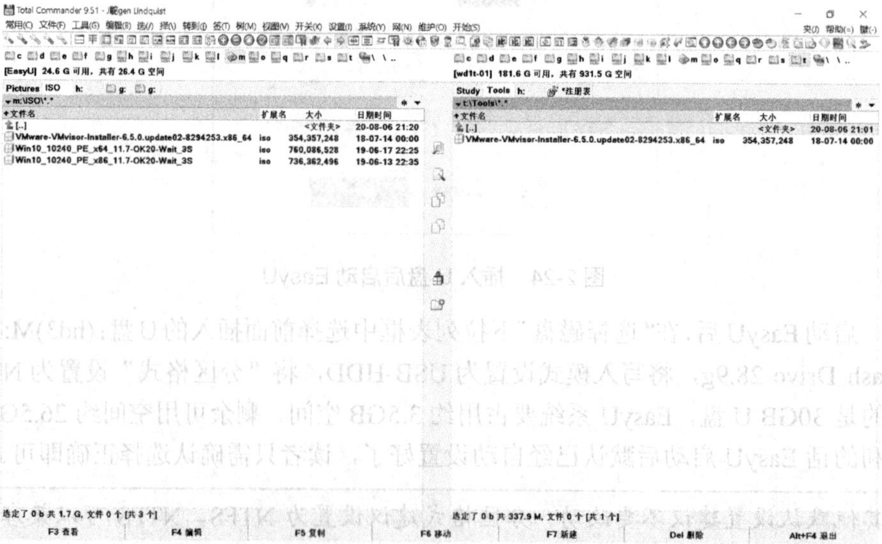

图 2-27　EasyU 启动 U 盘可以存放多个 ISO 映像文件，启动时可以进行选择

到这里，ESXi 启动 U 盘便制作完成，可以卸载 U 盘，使用该 U 盘去安装 ESXi 服务器。注意，制作完成后，需要单击系统托盘中的 USB 设备图标，选择卸载启动 U 盘命令，等待资源管理器中启动 U 盘对应的盘符消失后，才能拔出 U 盘，否则可能导致数据损坏(见图 2-22)。

ESXi 启动 U 盘制作完成后，一定记着取消对 E 盘扫描和嗅探的两项例外，并启用 SEP，以免留下系统安全隐患。

2.2.4 使用启动 U 盘安装 ESXi 6.5

下面，我们将使用通过 EasyU 制作的启动 U 盘来安装 ESXi 6.5。为了方便安装和截图，下面的操作过程是通过 AMT 远程连接 Dell Optiplex 980 电脑进行安装截图的，所介绍的安装方法同样适用于普通电脑。AMT 是 Intel 主动管理技术 Intel Active Management Technology 的缩写，参见 https://www.intel.cn/content/www/cn/zh/architecture- and-technology/intel-active-management-technology.html。

1. 开启 BIOS 中的虚拟化技术支持

ESXi 6.5 的详细硬件要求可以参见“VMware 兼容性指南”，网址为 http://www.vmware.com/resources/compatibility。其中对 CPU、内存的要求可简单概括为 CPU 至少是双核或更多；我们要安装的 Windows Server 2019 只有 64 位版本，必须安装在 64 位虚拟机中，所以必须使用 64 位 CPU，并且必须支持硬件虚拟化技术 Intel VT-x 或者 AMD-V；至少 4GB 或以上物理内存。

我们准备的实验计算机 Dell Optiplex 980 符合上述硬件要求，只是在安装之前需要在 BIOS 中开启硬件虚拟化技术，具体操作步骤如下，其他主板操作也类似。

(1) 将计算机启动，进入 BIOS。

(2) 展开 Settings | Virtualization Support 选项，在界面右侧选中 Enable Intel Virtualization Technology 复选框，见图 2-28。

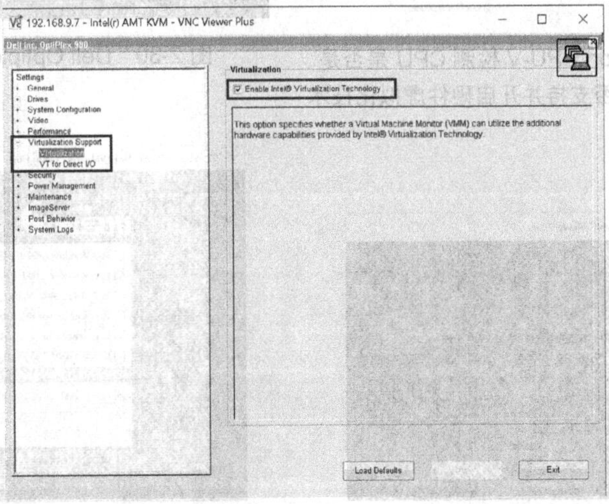

图 2-28 开启 Dell Optiplex 980 IOS 中的虚拟化技术支持

(3) 在界面左侧选中 VT for Direct I/O 选项，在右侧选中 Enable Intel VT for Direct I/O 复选框。

(4) 设置好后，单击 Apply 按钮，然后再单击 Exit 按钮退出。

(5) 用户可以在 Windows 系统中使用小工具 LeoMoon CPU-V.exe 检测计算机是否支持，以及是否开启硬件虚拟化技术，见图 2-29。需要确认以下 3 项内容。

① 处理器架构为 64 位。

② VT-x 支持状态为绿色对钩。

③ VT-x 启用状态为绿色对钩。

符合以上 3 项，便表示该计算机的 CPU 是 64 位，支持并已经开启了硬件虚拟化技术，满足安装 ESXi 6.5 的硬件要求。

2. U 盘启动后选择 ESXi 6.5 映像进行安装

(1) 将上面用 EasyU 制作好的 ESXi 6.5 启动 U 盘插入电脑。

(2) 设置电脑从 U 盘启动，或者在启动时按屏幕提示的快捷键(比如 Dell Optiplex 980 的快捷键是 F12 键)选择从 U 盘启动，见图 2-30 和图 2-31。

(3) 在启动界面中，选择“[7]运行其他工具”选项，见图 2-32。

图 2-29 用 LeoMoon CPU-V 检测 CPU 是否是 64 位，是否支持并开启硬件虚拟化技术

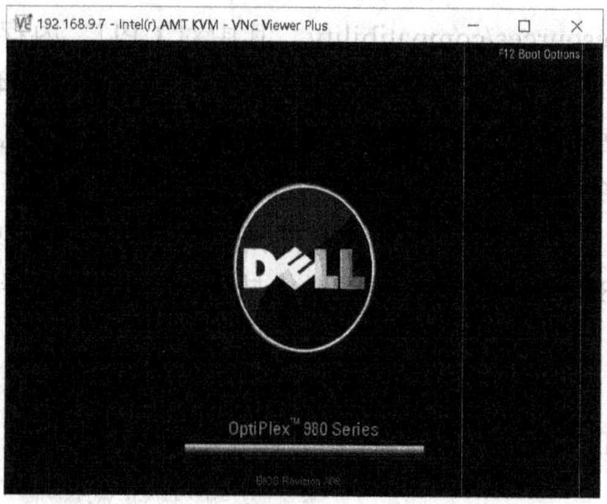

图 2-30 Dell Optiplex 980 启动界面

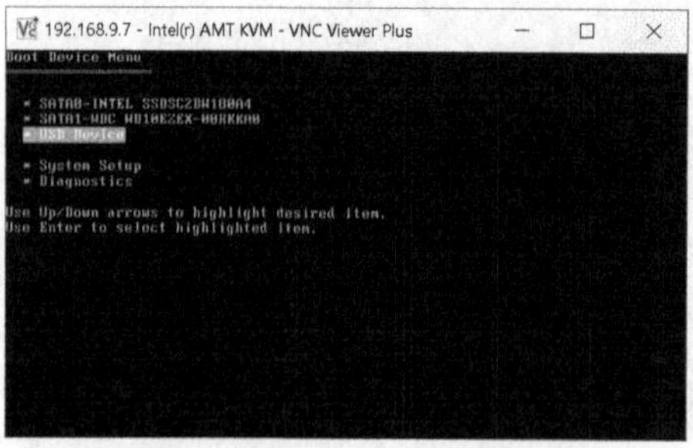

图 2-31 设置从 U 盘启动

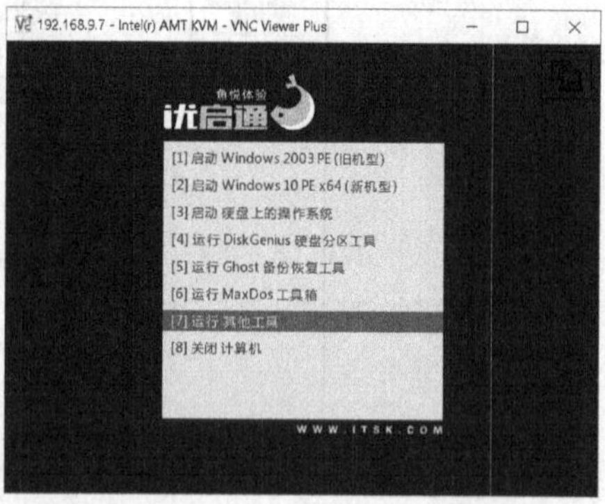

图 2-32 选择“[7]运行其他工具”选项

(4) 按 Enter 键，再选择“[3]运行自定义映像”选项并按 Enter 键，见图 2-33。

(5) 界面中出现在制作时拷入启动 U 盘根目录 ISO 下面的所有*.iso 映像文件。选择要安装的 ESXi 6.5 映像文件后按 Enter 键，便开始 ESXi 6.5 的引导安装，见图 2-34。

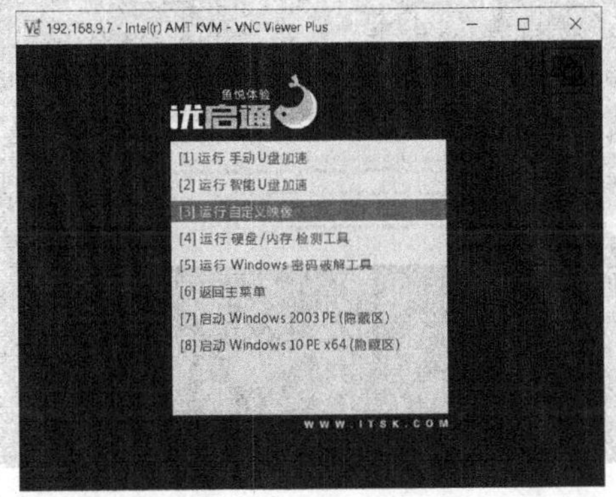

图 2-33　选择“[3]运行自定义映像”选项

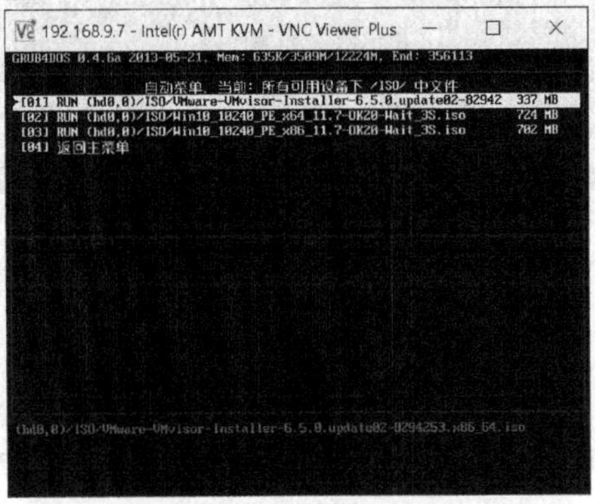

图 2-34　开始引导安装

注意，上面几步是使用 EasyU 制作的启动 U 盘安装 ESXi 才有的步骤，若是使用 UltraISO 制作的启动 U 盘安装 ESXi，则没有上面这些步骤，会直接进入下面的 ESXi 引导安装界面。

3. 安装 ESXi 6.5

(1) ESXi 6.5 引导安装后会进入 ESXi 启动菜单，见图 2-35；默认选中第一项 ESXi-6.5.0-20180502001-standard installer，然后按 Enter 键进入 ESXi 安装界面，见图 2-36。

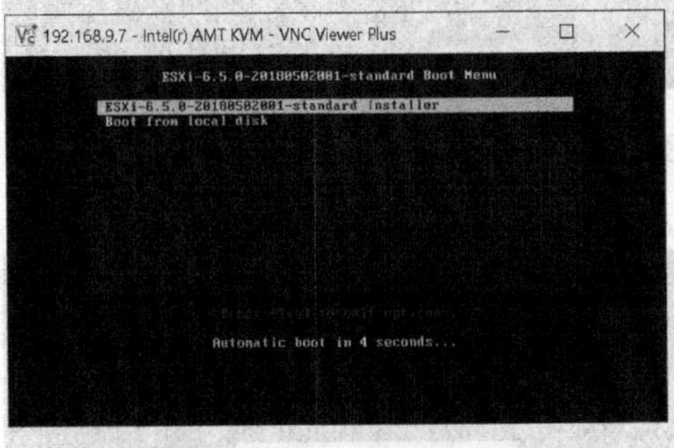

图 2-35　ESXi 6.5 启动菜单

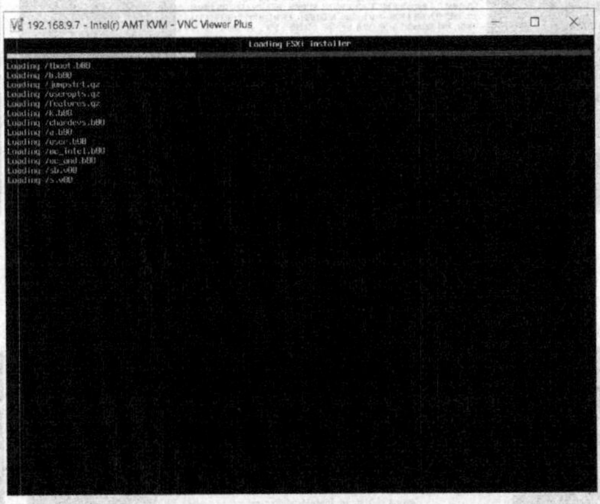

图 2-36　ESXi 6.5 安装程序调用安装文件

(2) ESXi 安装程序将加载相关组件，见图 2-37；完成后，会弹出欢迎界面，见图 2-38，直接按 Enter 键。

(3) 在用户协议界面，按 F11 键接受相关用户协议后继续，见图 2-39；安装程序会扫描计算机中的相关硬件设备，见图 2-40。

(4) 扫描硬件完成后，用户需要选择安装的目标磁盘，比如 Intel SSD 180GB(也可以安装到 U 盘中，便于移植使用)，选中磁盘后按 Enter 键继续，若选中的磁盘中包含数据，还需要用户进行确认，见图 2-41；在弹出的键盘布局界面中使用默认的 US Default 选项，然后按 Enter 键，见图 2-42。

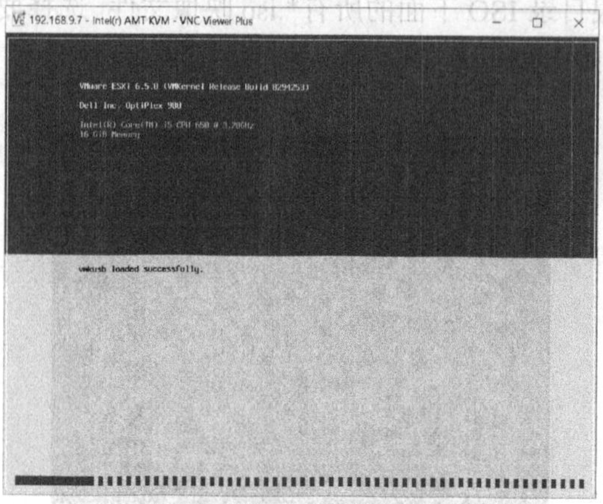

图 2-37　ESXi 6.5 安装程序加载相关组件

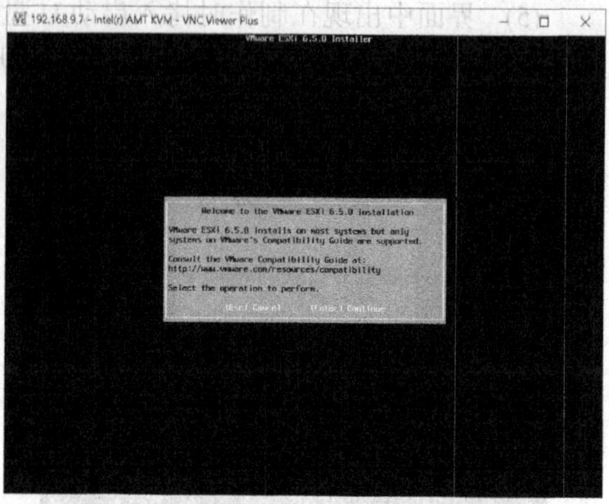

图 2-38　ESXi 6.5 安装程序欢迎界面

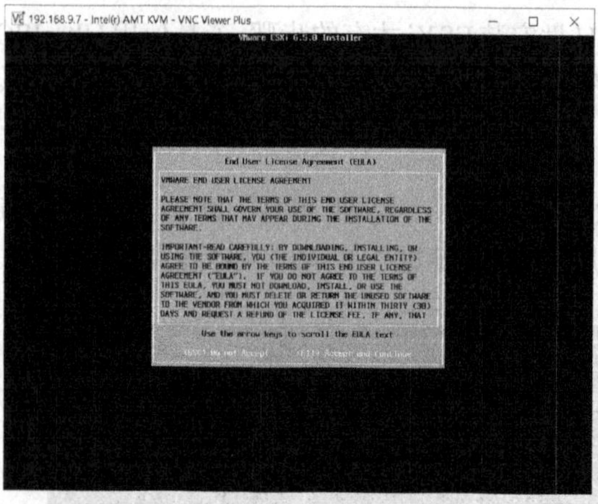

图 2-39　ESXi 6.5 安装程序用户协议

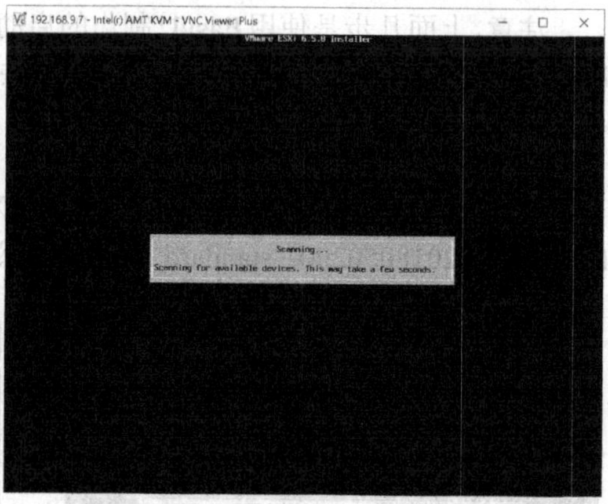

图 2-40　ESXi 6.5 安装程序扫描硬件设备

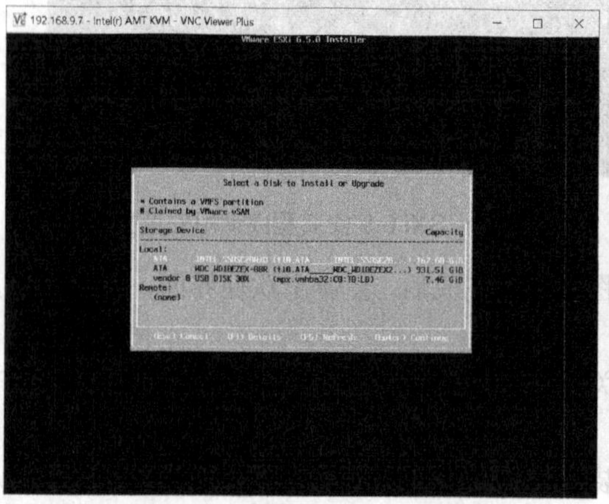

图 2-41　设置安装的目标磁盘

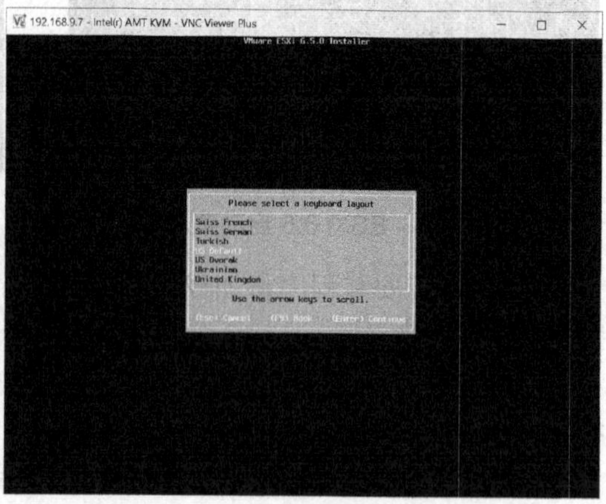

图 2-42　设置键盘布局

(5) 输入 root 用户密码后按 Enter 键，密码需要有一定的复杂程度，比如 Abcd$1234，见图 2-43；安装程序将进行系统扫描，扫描完成后会有提示：将来发布的 ESXi 新版本可能不再支持该电脑的 CPU，不过现在并不影响使用，直接按 Enter 键继续，见图 2-44。

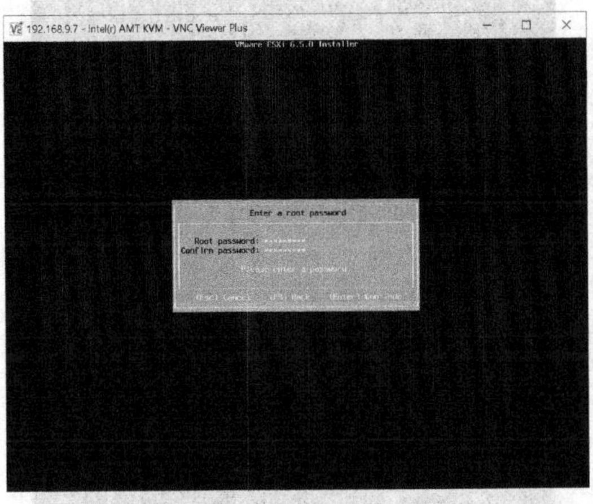

图 2-43　输入 root 用户密码

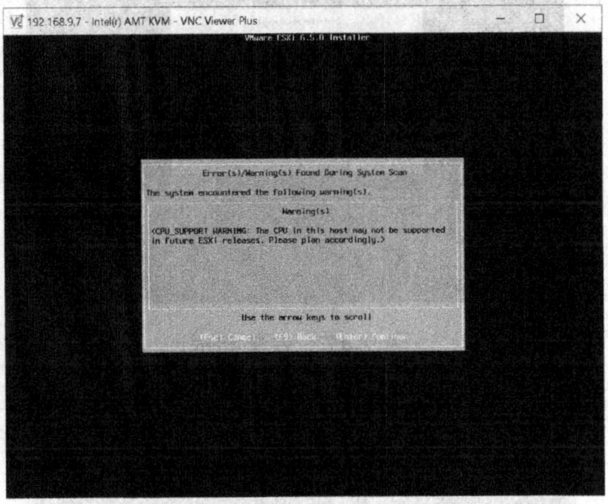

图 2-44　安装程序进行系统扫描

(6) 进入安装确认界面，按 F11 键确认安装，见图 2-45；然后将显示安装进度条，见图 2-46；安装完成后将弹出安装成功对话框，见图 2-47。移除安装 U 盘后，按 Enter 键重新启动计算机即可。

(7) 在出现“重新启动”界面(见图 2-48)后，ESXi 将重新启动，见图 2-49，至此，ESXi 6.5 安装过程全部完成。

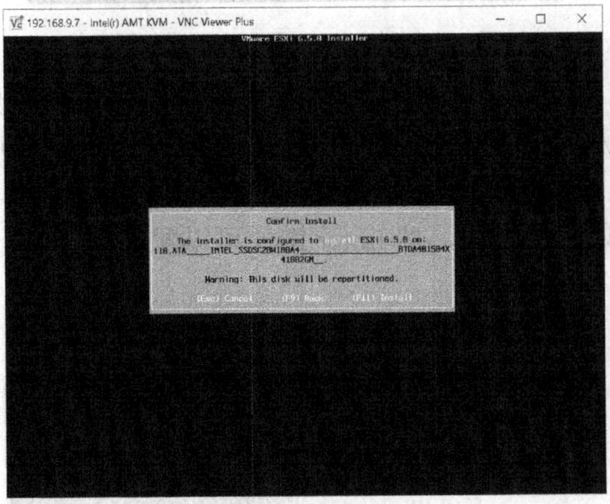

图 2-45　确认安装

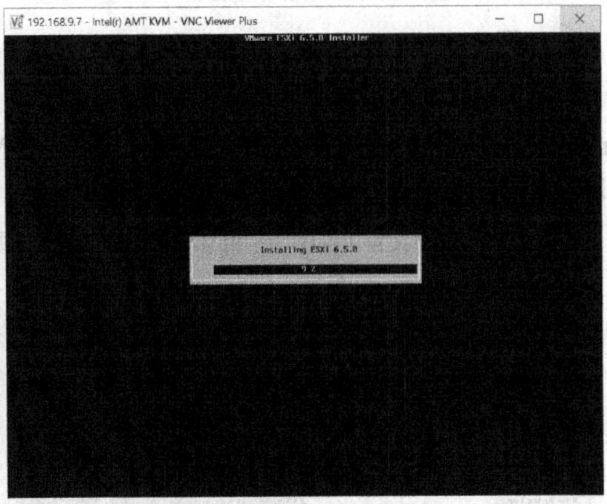

图 2-46　显示安装进度条

4. 配置 ESXi 6.5 管理 IP

(1) ESXi 6.5 安装完成并重新启动后，ESXi 默认是通过 DHCP 获取 IP 地址，若网络中有 DHCP 服务器，便能够成功获取 IP 地址，见图 2-49。

(2) 为了安全可靠地管理 ESXi 6.5 服务器，一般都要为服务器配置静态 IP。在 ESXi 6.5 服务器启动后，按 F2 键，输入 root 用户密码，便可以登录 ESXi 系统配置界面，见图 2-50。

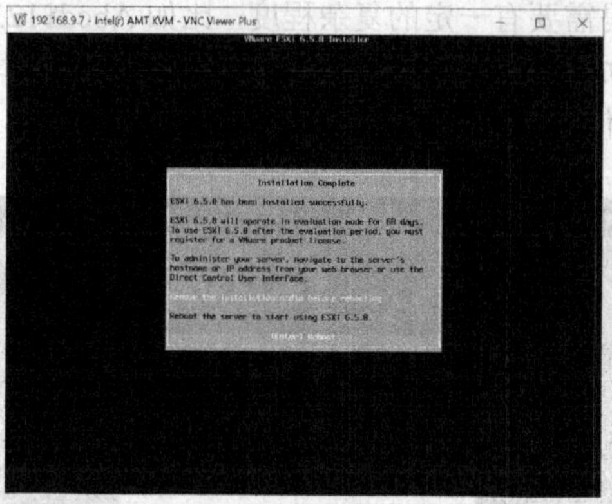

图 2-47　安装完成

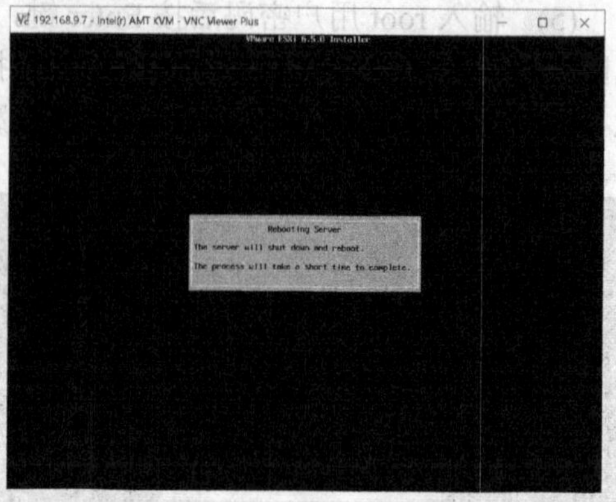

图 2-48　提示将重新启动

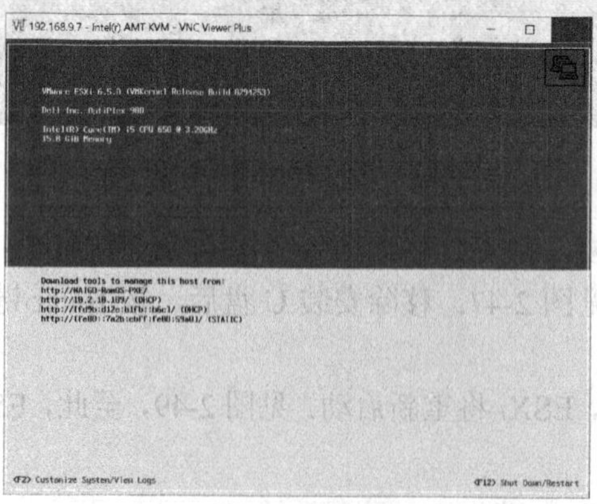

图 2-49　VMware ESXi 6.5 安装成功

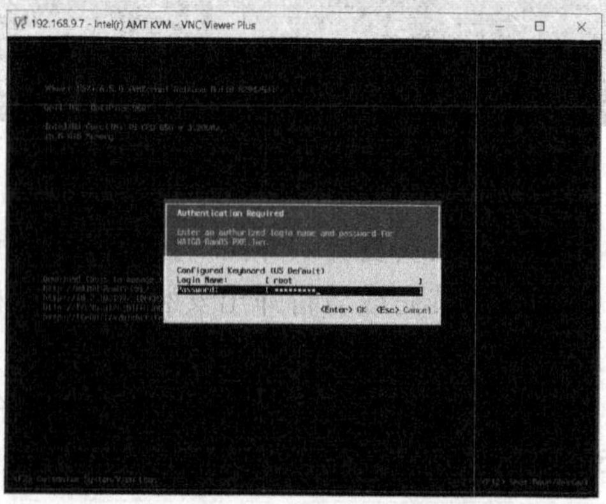

图 2-50　输入 root 用户密码进行登录

(3)　在 ESXi 6.5 服务器系统配置界面中，可以进行一些最基本的管理操作，包括修改 root 用户密码、管理 IP 等。选择 Configure Management Network 选项，按 Enter 键，便可以进入修改管理 IP 界面，见图 2-51。

(4)　在修改管理 IP 界面中，选择 IPv4 或 IPv6 选项，按 Enter 键便可以配置管理 IP，见图 2-52。

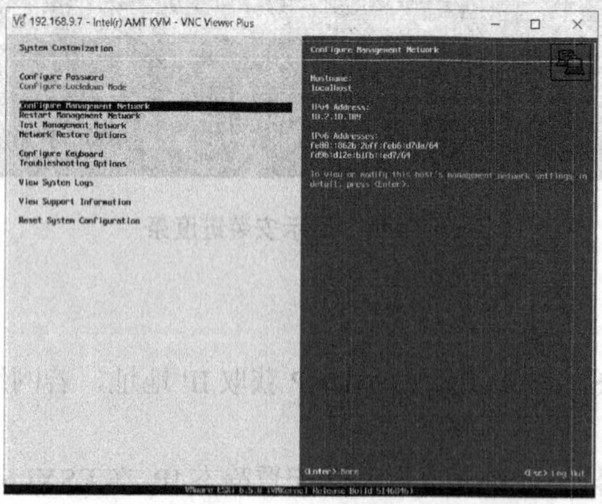

图 2-51　ESXi 6.5 服务器系统配置界面

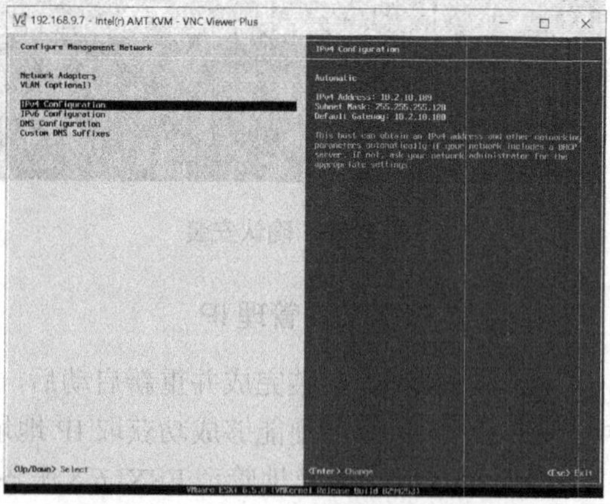

图 2-52　ESXi 6.5 配置管理 IP 界面

(5) 在配置 IPv4 界面中，选中 Set static IPv4 address and network configuration，按空格键，便可以配置静态 IP。依次修改下面的 IP 地址、子网掩码、默认网关后，按 Enter 键确认，见图 2-53。

(6) 返回 Configure Management Network 界面后，按 Esc 键会提示确认，按 Y 键确认便可以保存所做更改，见图 2-54 和图 2-55。

(7) 要使管理 IP 修改立即生效，还需要在 System Customization 界面中选择 Restart Management Network 选项，然后按 Enter 键(见图 2-56)，并按 F11 键确认(见图 2-57)，重启系统管理网络配置，然后按 Esc 键退出管理界面，见图 2-58。

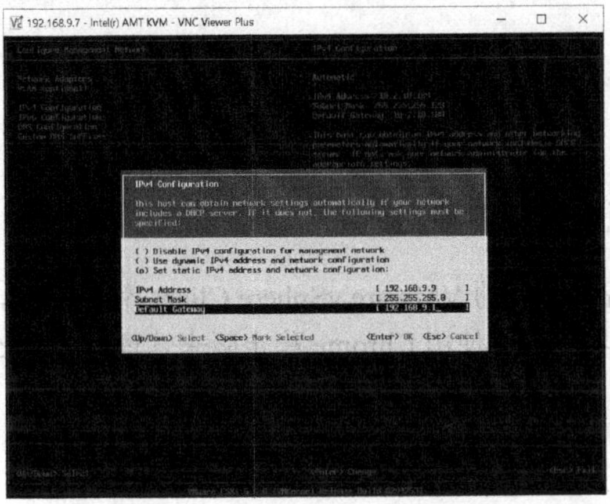

图 2-53　配置管理 IPv4 界面

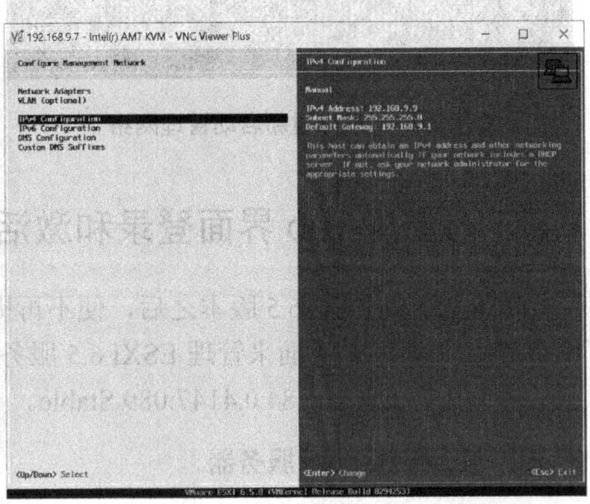

图 2-54　已经修改 ESXi 6.5 管理 IP

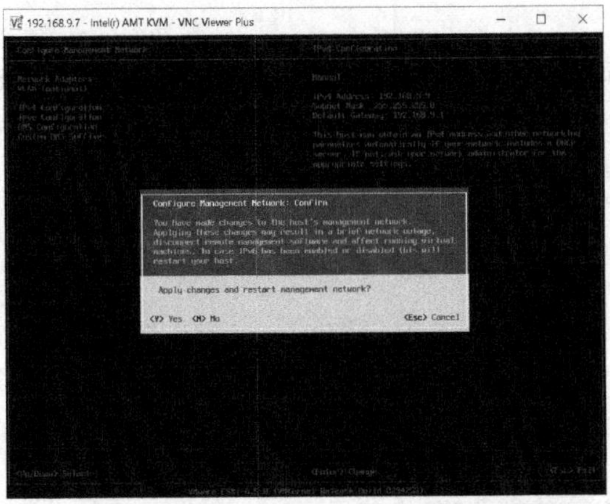

图 2-55　确认修改 ESXi 6.5 管理配置

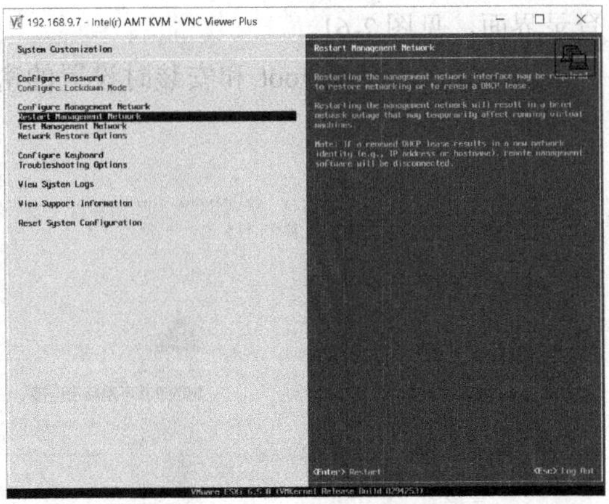

图 2-56　选择 Restart Management Network 选项

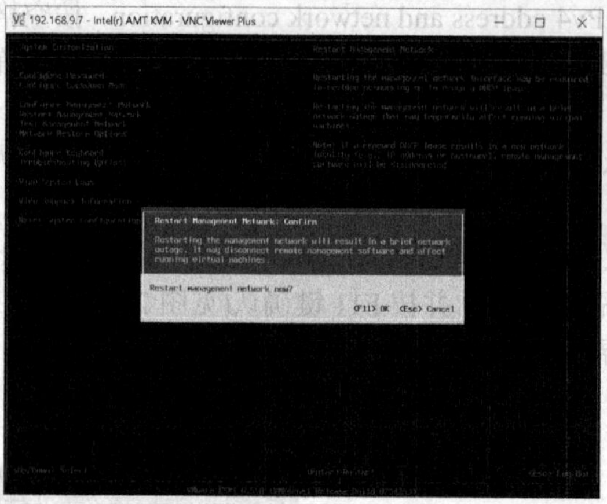

图 2-57　确认重新启动管理网络

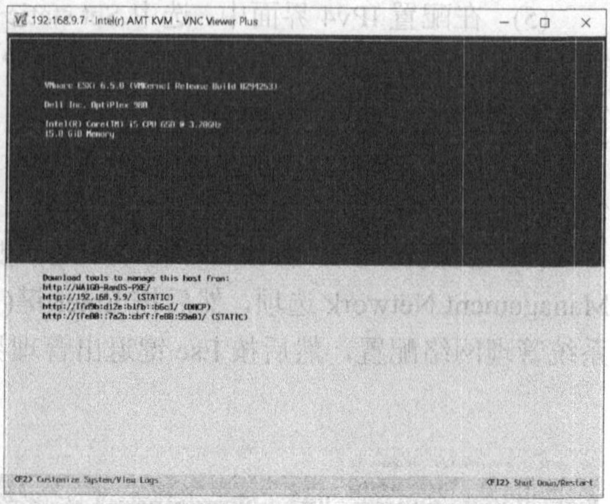

图 2-58　完成 ESXi 6.5 管理 IP 修改

2.2.5　通过 Web 界面登录和激活 ESXi 6.5

VMware 从 ESXi 6.5 版本之后，便不再提供独立的 VMware vSphere Client 管理软件，用户需要通过 Web 界面来管理 ESXi 6.5 服务器。建议使用 Chrome 稳定版来管理 ESXi 6.5 服务器，比如 Chrome 84.0.4147.089 Stable。

1. 登录 ESXi 6.5 服务器

(1)　在电脑中打开 Chrome 浏览器，访问 ESXi 6.5 服务器，比如 https://192.168.9.9，若是第一次访问该网址，会给出警告信息，见图 2-59，只需单击下面的“高级”按钮，再单击“继续前往 192.168.9.9(不安全)”链接，见图 2-60，将弹出 ESXi 6.5 服务器的 Web 登录界面，见图 2-61。

(2)　输入用户名 root 和安装时设置的密码，便可以成功登录 ESXi 6.5 服务器的 Web 管理界面，见图 2-62。

图 2-59　浏览器第一次访问 https://192.168.9.9

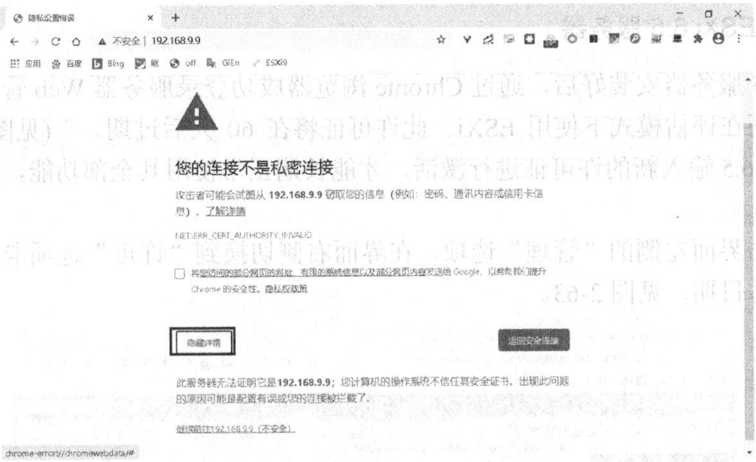

图 2-60　继续前往 192.168.9.9

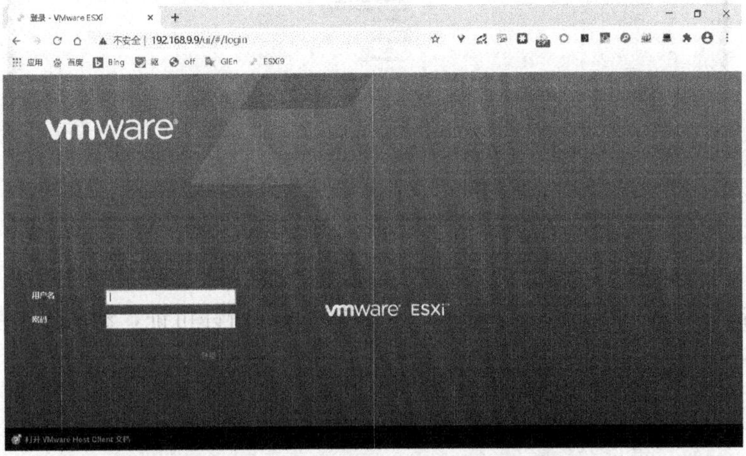

图 2-61　ESXi 6.5 服务器的 Web 登录界面

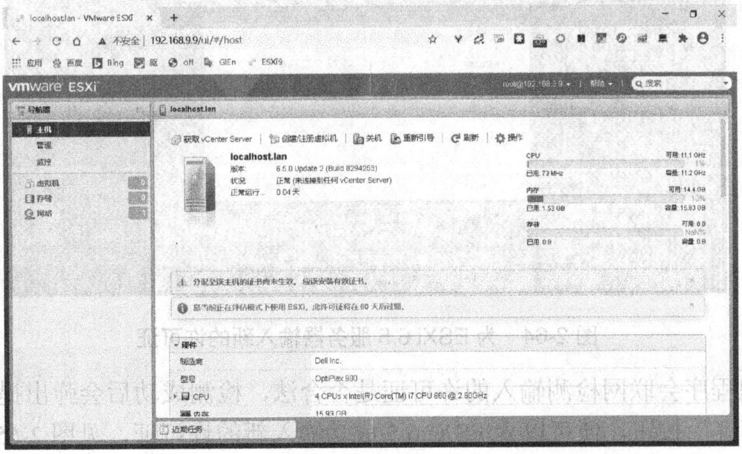

图 2-62　ESXi 6.5 服务器的 Web 管理界面

2. 激活 ESXi 6.5 服务器

ESXi 6.5 服务器安装好后，通过 Chrome 浏览器成功登录服务器 Web 管理界面，会提示“您当前正在评估模式下使用 ESXi。此许可证将在 60 天后过期。”(见图 2-62)。我们需要为 ESXi 6.5 输入新的许可证进行激活，才能长期正常使用其全部功能，具体操作步骤如下。

(1) 单击界面左侧的“管理”选项，在界面右侧切换到“许可”选项卡，可以看到试用过期的具体日期，见图 2-63。

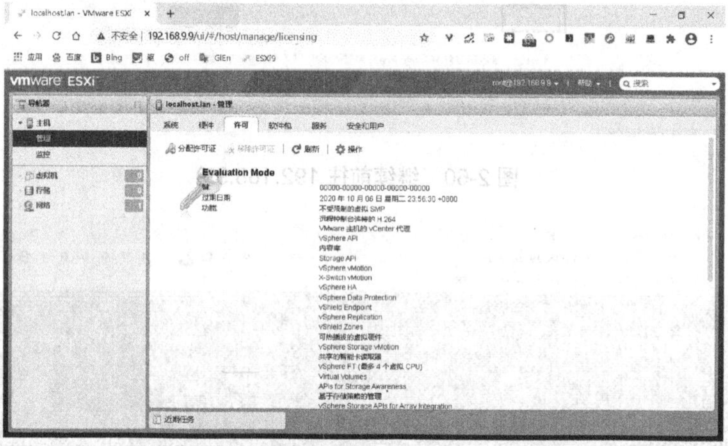

图 2-63　查看 ESXi 6.5 服务器试用过期的具体日期

(2) 单击“分配许可证”按钮，输入已经准备好的新许可证，然后单击“检查许可证”按钮，见图 2-64。

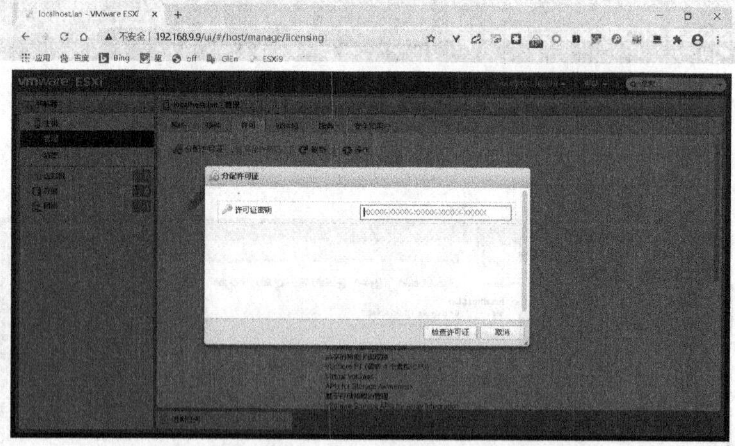

图 2-64　为 ESXi 6.5 服务器输入新的许可证

(3) 管理程序会联网检测输入的许可证是否合法，检测成功后会弹出提示对话框，单击“分配许可证”按钮，便可以为 ESXi 6.5 成功输入新的许可证，见图 2-65。

(4) 为 ESXi 6.5 成功输入新的许可证进行激活后，许可页面的过期日期便会显示为“从不”，这样，我们便能够长期正常使用其全部功能了，见图 2-66。

通过上面 ESXi 服务器的安装配置，我们便搭建好了安装配置 Windows Server 2019 的虚拟化工作平台。

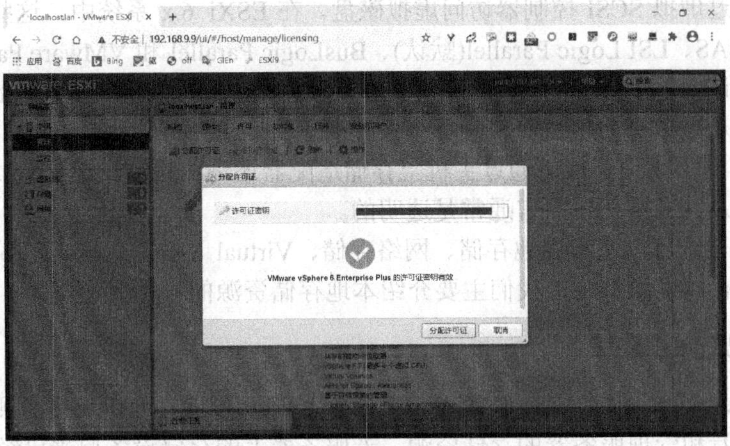

图 2-65　新许可证检测成功

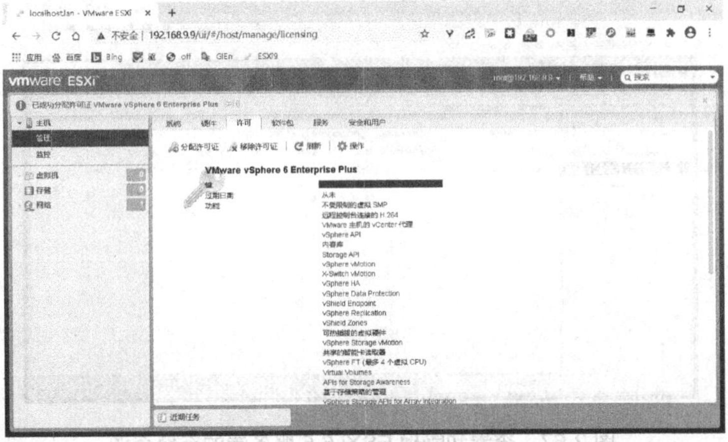

图 2-66　输入新许可证进行激活后，便不会过期了

2.3　通过 Web 界面管理 ESXi 服务器

通过 Web 界面，我们可以远程管理 ESXi 6.5 服务器，进行服务器、存储、虚拟机、网络等方面的虚拟化管理和配置操作。

2.3.1　管理数据存储

1. 虚拟化存储

虚拟化存储是 VMware vSphere 虚拟化环境中重要的组成部分，它为 ESXi 虚拟化环境管理和优化物理存储资源提供了一个抽象层。ESXi 虚拟机使用一个或多个虚拟磁盘来存储其操作系统、程序文件和其他数据。虚拟磁盘是一个较大的物理文件或一组文件，可以像处理任何其他文件一样复制、移动、归档和备份虚拟磁盘文件。

虚拟机通过虚拟 SCSI 控制器访问虚拟磁盘。在 ESXi 6.x 系统中，这些虚拟控制器包括 LSI Logic SAS、LSI Logic Parallel(默认)、BusLogic Parallel 和 VMware Paravirtual，虚拟机只能查看和访问以上类型的 SCSI 控制器。每个虚拟磁盘都位于物理存储上部署的一个数据存储之中。从虚拟机的角度而言，每个虚拟磁盘看上去都好像是与 SCSI 控制器连接的 SCSI 驱动器。至于物理存储是通过主机上存储适配器还是网络适配器进行访问，这对于虚拟机操作系统及其应用程序而言通常是透明的。

ESXi 6.x 系统可以使用本地存储、网络存储、Virtual SAN、Virtual Volumes、裸设备映射(RDM)等存储资源，这里我们主要介绍本地存储资源的管理。

2. 查看已有数据存储

在 Chrome 浏览器中，登录 ESXi 6.5，进入其 Web 管理界面，选中左侧的“存储”选项，便可以查看和管理服务器的存储资源。若服务器上的存储设备原来已经包含 ESXi 6.5 支持的数据存储，这里便会直接显示出该数据存储的信息，见图 2-67。

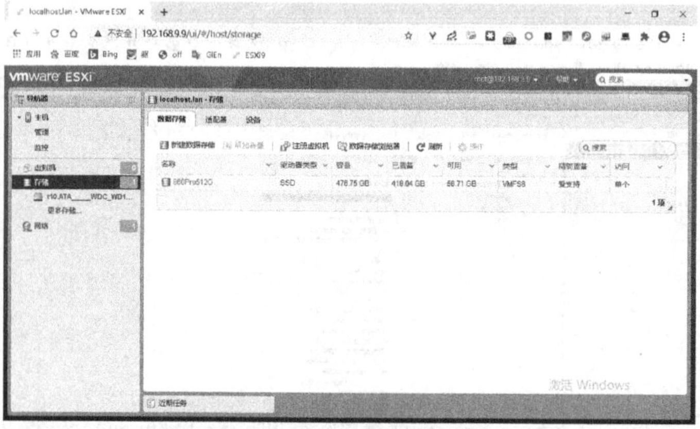

图 2-67　查看和管理 ESXi 6.5 服务器的存储资源

3. 新建数据存储

选择已有存储设备新建数据存储前，应事先备份已有数据，具体操作步骤如下。

(1) 在“localhost.lan-存储”页面中切换到“设备”选项卡，可查看服务器上已经识别到的存储设备，见图 2-68。

(2) 选择一个还未使用的存储设备，比如一块 1000GB 的西数机械物理硬盘：t10.ATA_WDC_WD10EZEX2D00RKKA0 _WD2DWCC1S0168254，便会显示该设备的详细信息，见图 2-69。

(3) 单击“新建数据存储”按钮，输入新的数据存储名称，比如 WD1000G，单击“下一页”按钮，见图 2-70。

(4) 在“选择分区选项”页面中，在左侧的下拉列表框中选择“使用全部磁盘”或“自定义”选项，在右侧的下拉列表框中选择 VMFS6 或 VMFS5(用于兼容使用 VMFS5 的系统)选项。这里我们使用默认选择，选择“使用全部磁盘”、VMFS6 新建数据存储，直接单击

“下一页”按钮，见图 2-71。

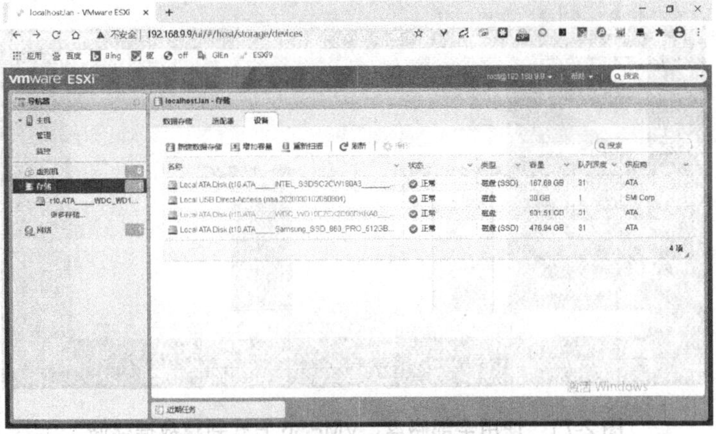

图 2-68　查看存储设备

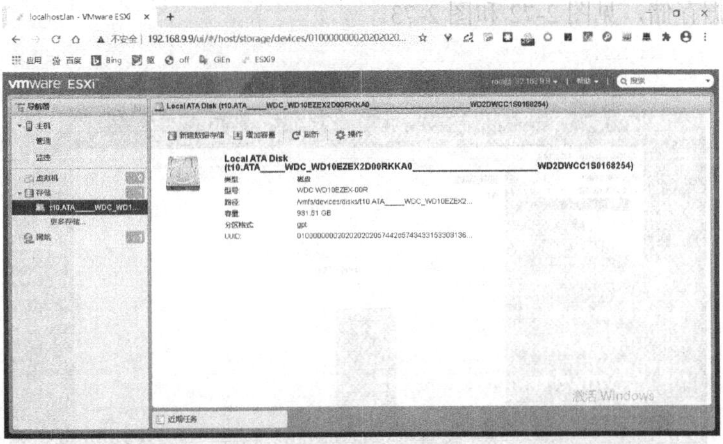

图 2-69　选择存储设备：1000GB 的西数机械物理硬盘

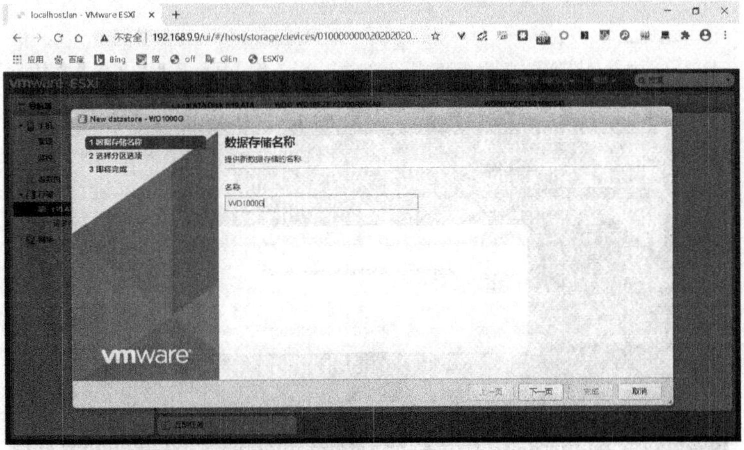

图 2-70　设置名称为 WD1000G

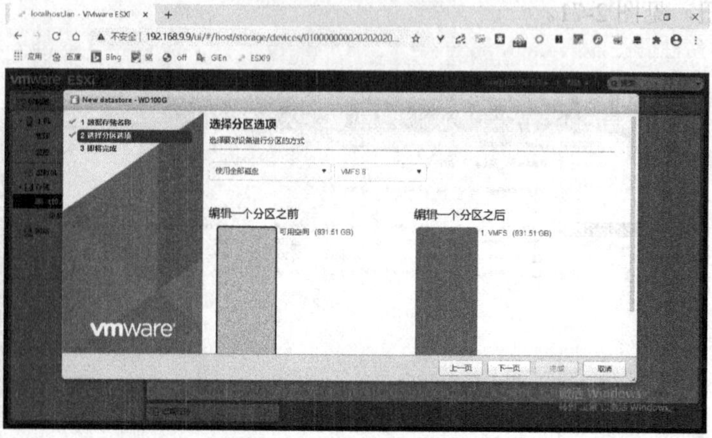

图 2-71　使用全部磁盘、VMFS6 方式新建数据存储

(5) 依次单击“完成”按钮、“是”按钮进行确认，便能够根据上面的设置成功地创建一个新的数据存储，见图 2-72 和图 2-73。

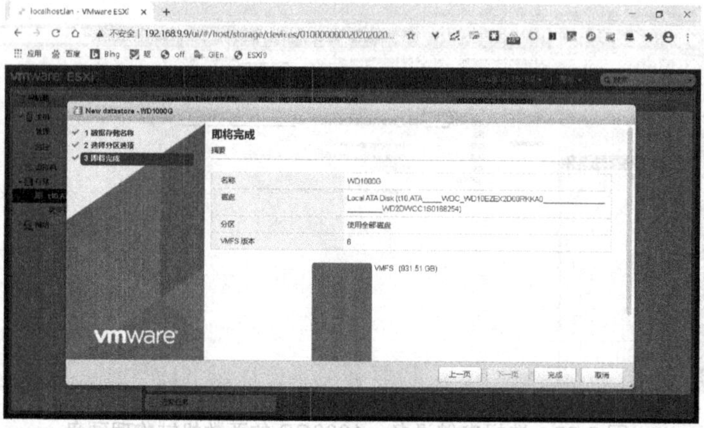

图 2-72　单击“完成”按钮

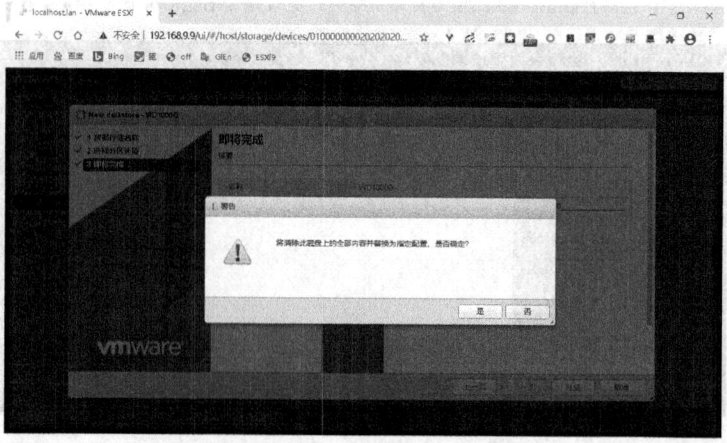

图 2-73　单击“是”按钮

(6) 创建完成后，切换到“数据存储”选项卡，便可以看到新创建的数据存储信息，见图 2-74。

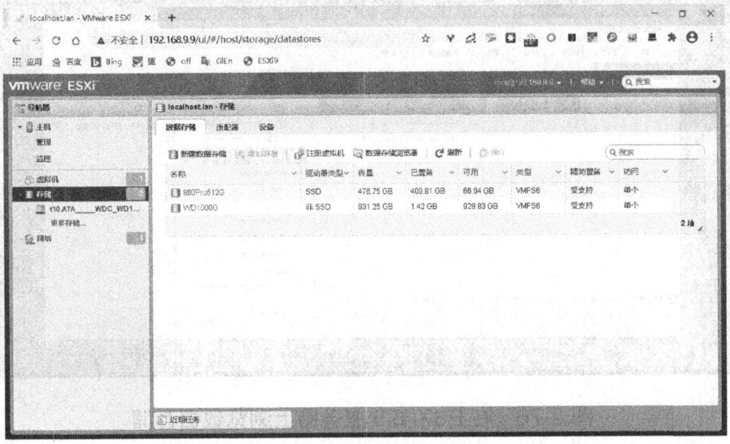

图 2-74　查看新创建的数据存储 WD1000G

4. 上传数据到数据存储

(1) 在 ESXi 6.5 的 Web 管理界面中，单击左侧的“存储”选项，在右侧切换到“数据存储”选项卡，可看到服务器上已有数据存储的信息，见图 2-75。

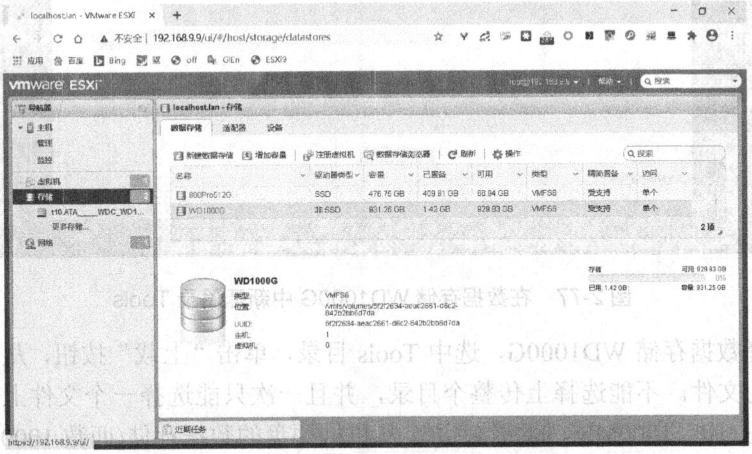

图 2-75　查看 ESXi 6.5 服务器上已有数据存储

(2) 单击“数据存储浏览器”按钮，弹出“数据存储浏览器”对话框，见图 2-76。对话框左侧第 1 列显示服务器已有存储名称列表，用户可以选择需要存取的数据存储；中间数列随目录层级自动增减，后面两列显示文件列表和文件信息。可以拖动下面的“三竖线”手柄调节每列的宽度；支持多选；可以进行上传、下载、删除、移动、复制、创建目录、刷新等操作。

(3) 选择需要存取的数据存储，比如 WD1000G，然后单击“创建目录”按钮，新建一个 Tools 目录，见图 2-77。

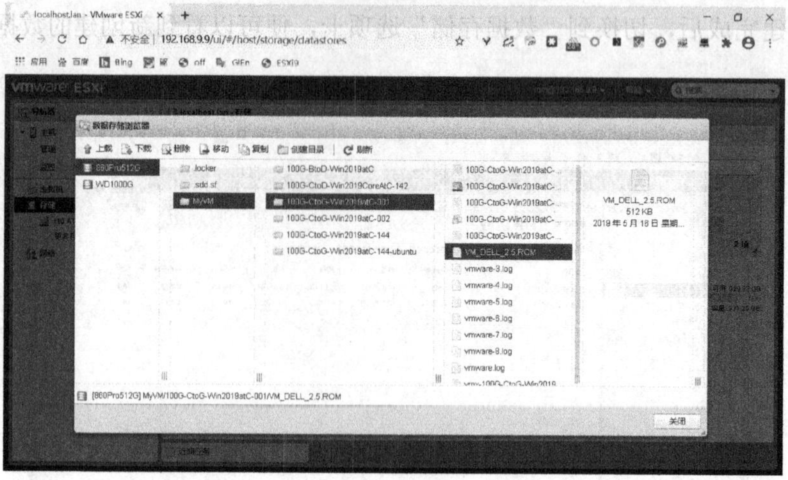

图 2-76　在 ESXi 6.5 服务器上浏览数据存储

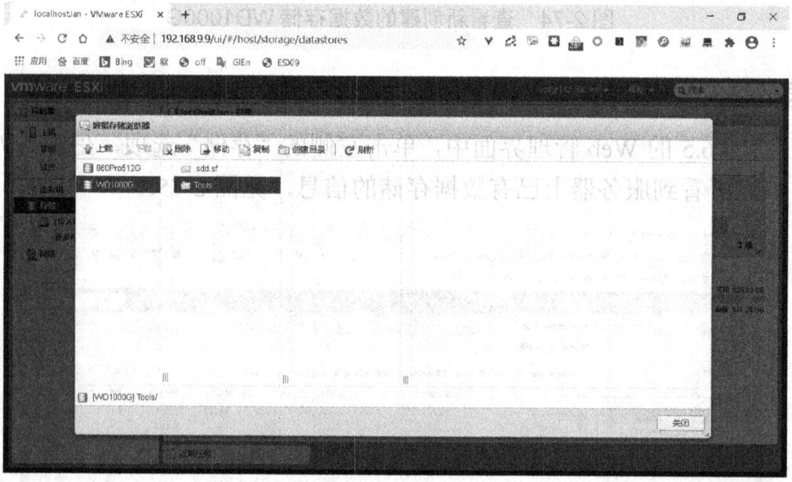

图 2-77　在数据存储 WD1000G 中新建目录 Tools

(4) 选择数据存储 WD1000G，选中 Tools 目录，单击“上载”按钮，从本地计算机选择需要上传的文件。不能选择上传整个目录，并且一次只能选择一个文件上传。经实际测试上传速度还不错，1000Mb/s 的网络环境，从机械硬盘的数据存储(西数 1000GB 机械硬盘)上传 5700MB 的单个文件到 ESXi 6.5 的数据存储，用时大约 5 分钟，传输速率平均跑到 200Mb/s，见图 2-78。

(5) 这里将下面几个文件(大约 6.8GB)都上传到数据存储 WD1000G 的 Tools 目录中，为后面安装 Windows Sever 2019 虚拟机做好准备，见图 2-79。

```
PEtools-192.168.9.4.iso
SW_DVD9_Win_Server_STD_CORE_2019_1809.5_64Bit_ChnSimp_DC_STD_MLF_X22-343
32.ISO
Win10_10240_PE_x64_11.7-OK20-Wait_3S.iso
Win10_10240_PE_x86_11.7-OK20-Wait_3S.iso
```

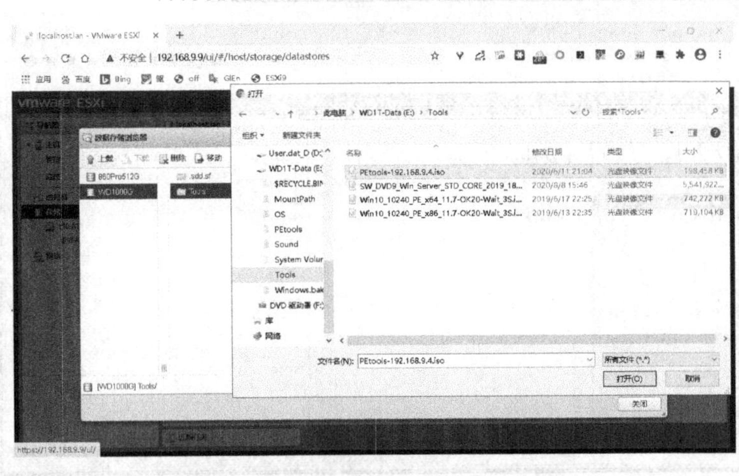

图 2-78　从本地计算机选择需要上传的文件

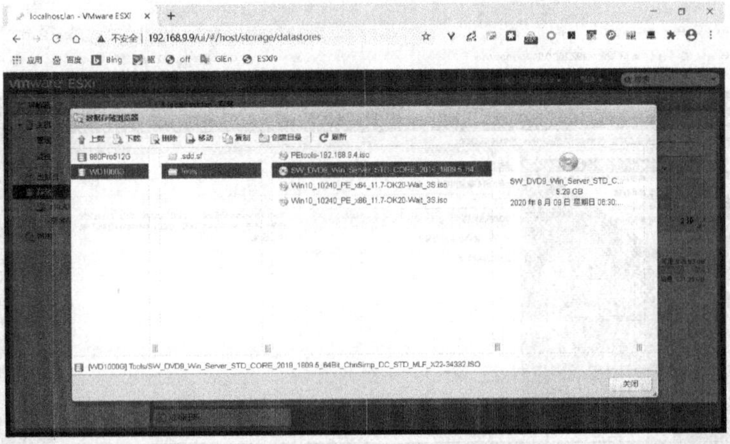

图 2-79　将几个文件(大约 6.8GB)上传到数据存储 WD1000G 的 Tools 目录中

2.3.2　创建虚拟机

在 Chrome 浏览器中登录 ESXi 6.5，进入 Web 管理界面，选中左侧的“虚拟机”选项便可以查看和管理虚拟机。若服务器上已有虚拟机，便会列出已有虚拟机的信息。下面，我们就着手新建一台虚拟机。

(1) 在 ESXi 6.5 的 Web 管理界面中，选中左侧的“虚拟机”选项，然后在界面右侧单击“创建/注册虚拟机”按钮，见图 2-80。

(2) 在弹出的“新建虚拟机”对话框中，根据需要选择虚拟机类型，选择“创建新虚拟机”选项，单击“下一页”按钮，见图 2-81。

(3) 在“选择名称和客户机操作系统”界面中，设置“名称”为 100G-BtoD- Win2019atC (用户可以定制有一定含义的名称，比如：磁盘容量为 100GB，分区盘符为 B 到 G，Win2019 安装在 C 盘)；设置“客户机操作系统系列”为 Windows，设置“客户机操作系统版本”为 Microsoft Windows Server 2016(64 位)，设置好后单击“下一页”按钮，见图 2-82。

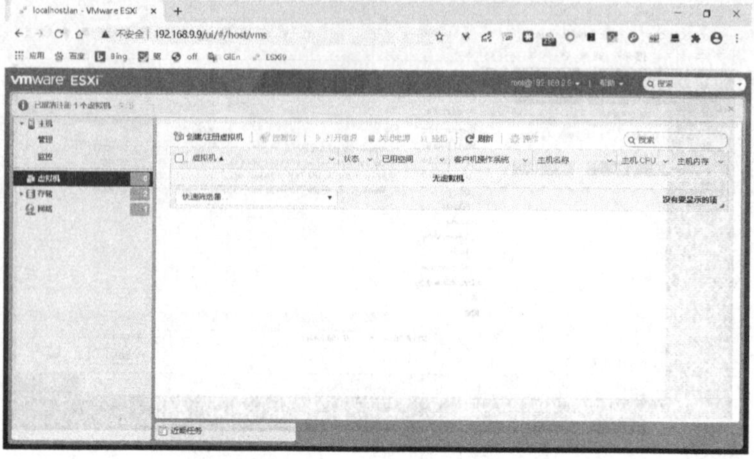

图 2-80　单击“创建/注册虚拟机”按钮

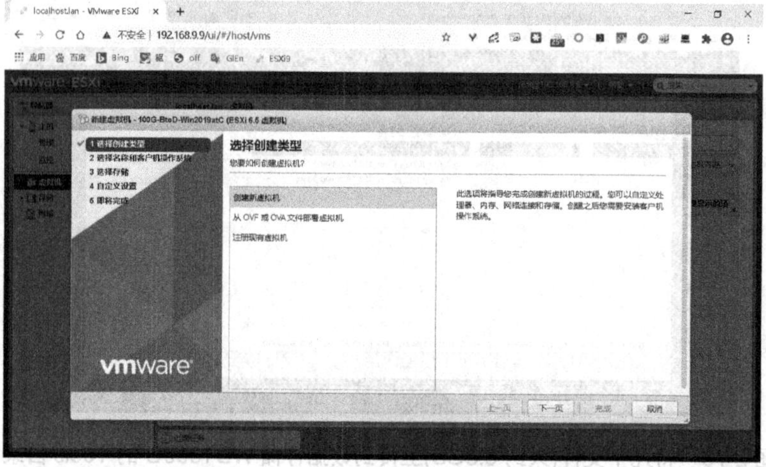

图 2-81　选择“创建新虚拟机”选项

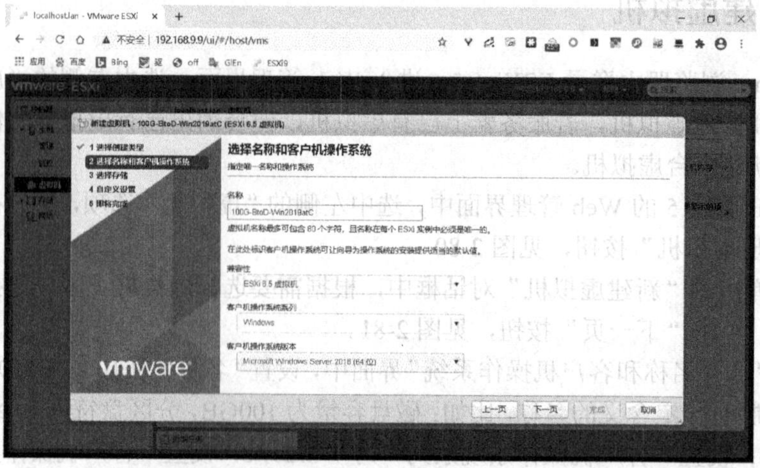

图 2-82　设置虚拟机名称和客户机操作系统

(4)　在“选择存储”界面中，需要为虚拟机选择一个目标存储位置，注意目标存储剩余空间要足够用于创建虚拟机硬盘。这里选择 860Pro512G，单击“下一页”按钮，见图 2-83。

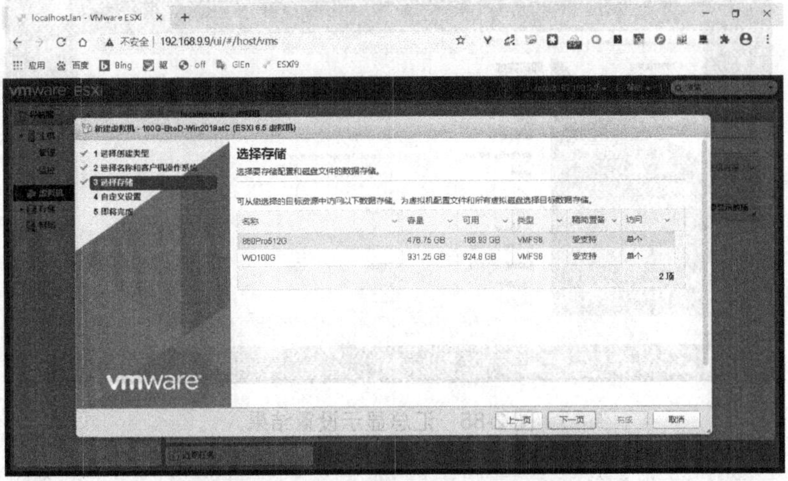

图 2-83　为虚拟机选择一个目标存储位置

(5)　在“自定义设置”界面中，设置 CPU 为 4 核、“内存”为 8192MB、“硬盘 1”为 100GB(注意目标存储剩余空间要足够)，“USB 控制器 1”为 USB 3.0，其余保持默认设置，设置好后单击“下一页”按钮，见图 2-84。

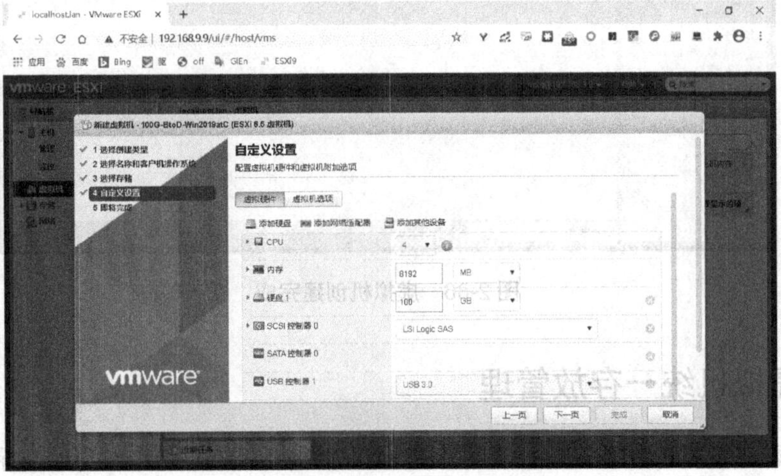

图 2-84　为虚拟机设置硬件配置

(6)　汇总显示上面的设置结果，确认无误后，单击“完成”按钮开始创建虚拟机，见图 2-85。

通过上面一系列操作后，完成虚拟机的创建，在“虚拟机”选项右侧已经显示新创建的虚拟机 100G-BtoD-Win2019atC 的信息，见图 2-86。

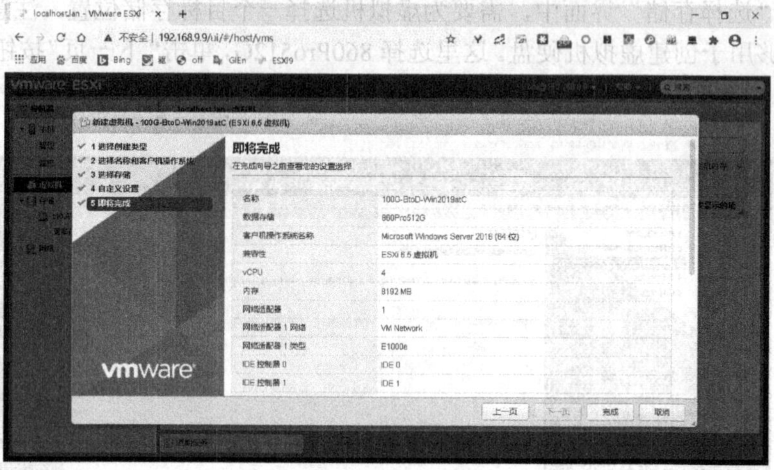

图 2-85　汇总显示设置结果

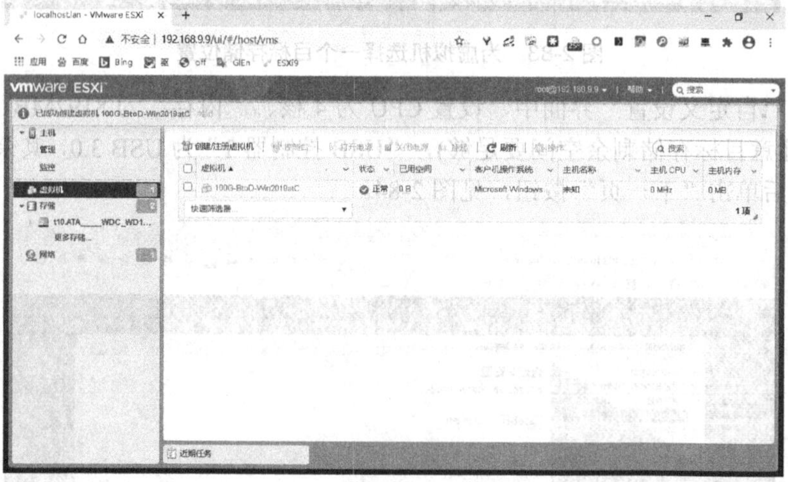

图 2-86　虚拟机创建完成

2.3.3　虚拟机统一存放管理

为了规范虚拟机的管理，我们将所有虚拟机都统一存放在一个专门的目录中，便于进行统一管理。

(1)　在 ESXi 6.5 的 Web 管理界面中，选中界面左侧的“虚拟机”选项，在界面右侧便会列出已有虚拟机信息。

(2)　右击刚刚新建的虚拟机 100G-BtoD-Win2019atC，在弹出的快捷菜单中选择“取消注册”命令，在弹出的对话框中单击“是”按钮。该操作只是在 ESXi 服务器中取消注册，其实并没有删除该虚拟机，见图 2-87。

(3)　选中左侧的“存储”选项，单击界面右侧的“数据存储浏览器”按钮，弹出“数据存储浏览器”对话框。选中数据存储 860Pro512G，单击“创建目录”按钮，在数据存储根目录中新建 MyVM 目录，用于统一存放系统中的虚拟机，见图 2-88。

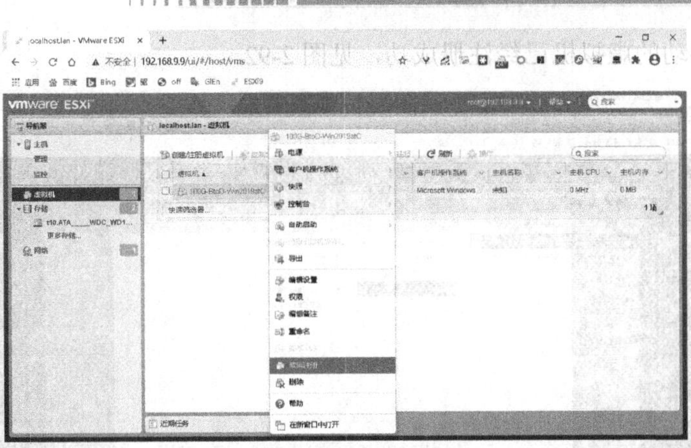

图 2-87　取消注册虚拟机

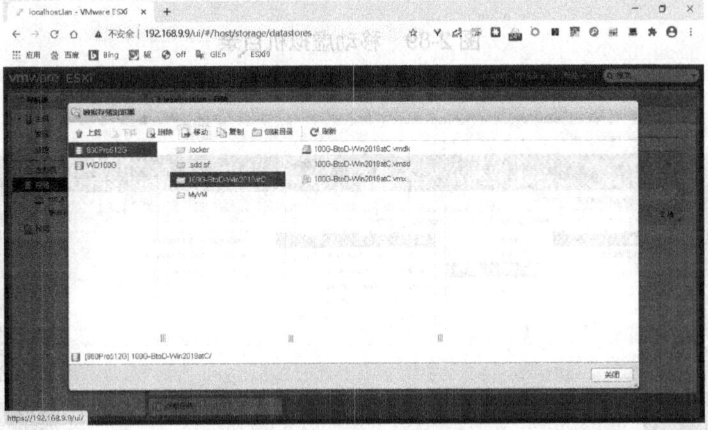

图 2-88　新建 MyVM 目录

(4) 新建的虚拟机默认存放在用户选择的数据存储根目录中。选中虚拟机 100G-BtoD-Win2019atC，单击“移动”按钮；再选择移动到目标目录/vmfs/volumes/860Pro512G/MyVM/，然后单击“移动”按钮，见图 2-89。

提示： “/vmfs/volumes/860Pro512G/MyVM/”是 ESXi 服务器中存储路径的表示方法，它代表数据存储 860Pro512G 根目录下的 MyVM 目录。其中，/vmfs/volumes/代表 ESXi 服务器保存数据存储的根目录；860Pro512G 是用户创建的数据存储名称；随后的目录和文件名用斜杠“/”分割，一般情况下，若末尾带斜杠“/”，表示末尾名称是目录而非文件，若末尾不带斜杠“/”，表示末尾名称是文件。

(5) 移动完成后，在/vmfs/volumes/860Pro512G/MyVM/目录下面，便会看到 100G-BtoD-Win2019atC 子目录，见图 2-90。

(6) 右击/vmfs/volumes/860Pro512G/MyVM/目录下面的 100G-BtoD-Win2019atC.vmx 虚拟机配置文件，在弹出的快捷菜单中选择“注册虚拟机”命令，便可以快速注册该虚拟机，见图 2-91。

(7) 关闭“数据存储浏览器”对话框，选中 Web 管理界面左侧的“虚拟机”选项，便可以看到经过移动的虚拟机已经注册成功，见图 2-92。

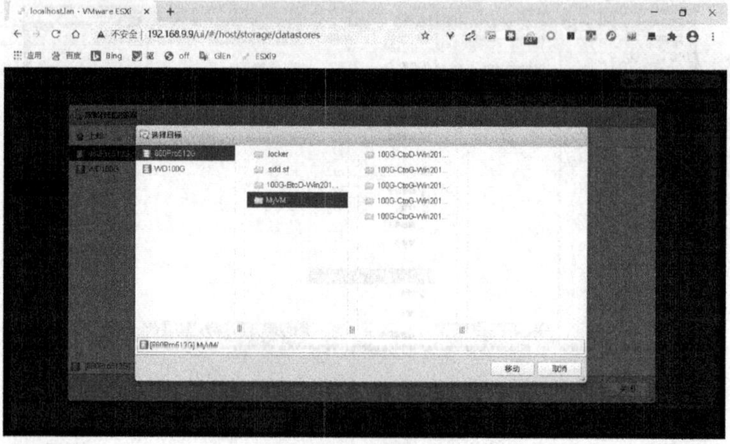

图 2-89　移动虚拟机目录

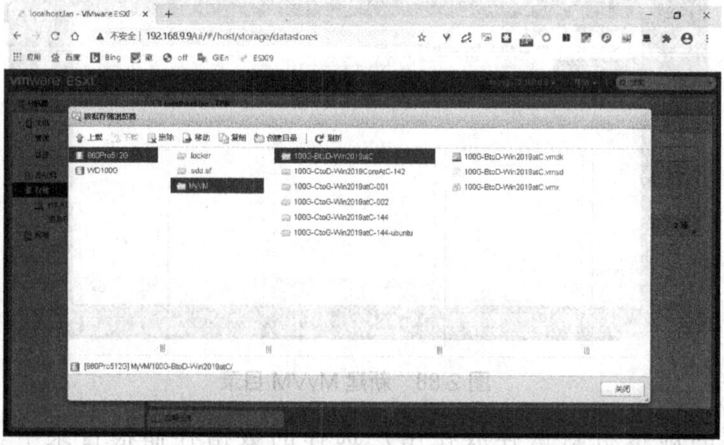

图 2-90　虚拟机目录移动后的情况

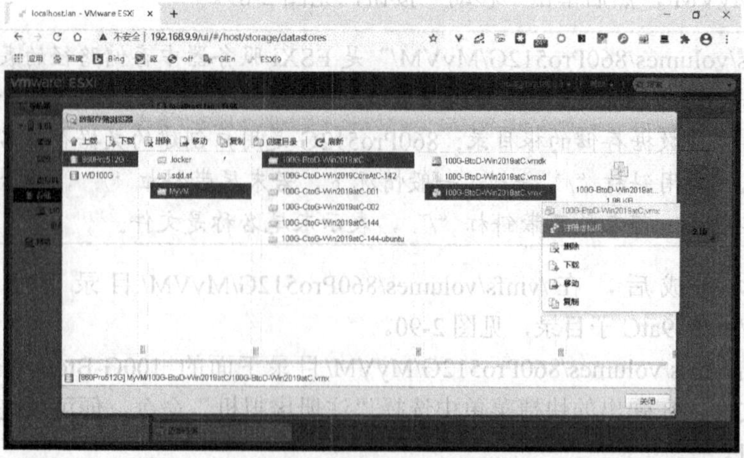

图 2-91　重新注册虚拟机

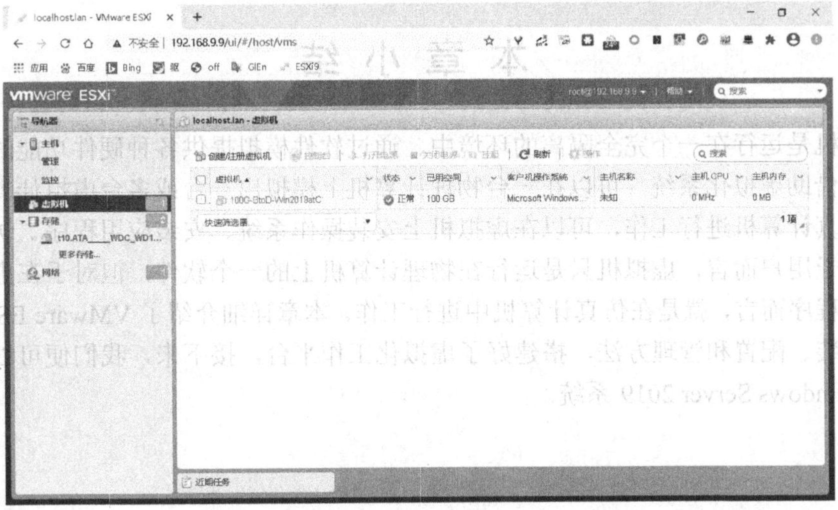

图 2-92 经过移动的虚拟机已经注册成功

2.4 通过 SSH 管理 ESXi 服务器

在维护管理 ESXi 服务器时，使用 FlashFXP、SecureCRT 等工具可以大大提高管理效率，完成一些必须在命令行才能执行的操作。通过 FlashFXP 访问 ESXi 服务器，可以传输整个目录(包括子目录和多个文件)，同时选中多个文件和目录进行传输；使用 SecureCRT 等工具的 SSH(Secure Shell，安全登录界面)登录 ESXi 服务器，可以进行专业的命令行管理，比如将物理硬盘映射为裸设备添加到虚拟机中使用等。不过，使用这些工具前，必须先启用 ESXi 服务器的 SSH 服务。

注意：由于篇幅限制，该部分内容的具体介绍读者可以通过相关网站进行查询。

2.5 通过 VMware Workstation 管理 ESXi 虚拟机

VMware Workstation Pro 延续了 VMware 的传统，可以远程管理 vSphere、ESXi 或其他 Workstation 服务器，可以启动、控制和管理虚拟机和物理主机，具体可参见 https://www.vmware.com/cn/products/workstation-pro.html。

2.6 通过 VNC 远程访问 ESXi 虚拟机

对于 ESXi 6.x 系统，使用 Web 来管理 ESXi 服务器并不是很方便，单击次数很多，效率也很低。但是，我们可以通过 VMware 自带的 VNC 控制台来提高管理效率。

注意：由于篇幅限制，该部分内容的具体介绍，读者可以通过相关网站进行查询。

本 章 小 结

虚拟机是运行在一个完全隔离的环境中、通过软件模拟提供各种硬件功能的完整计算机系统。借助虚拟化系统，可以在一台物理计算机上模拟出一台或多台虚拟计算机，这些虚拟机仿真计算机进行工作，可以在虚拟机上安装操作系统、安装应用程序、访问网络资源等。对于用户而言，虚拟机只是运行在物理计算机上的一个软件，但对于在虚拟机中运行的应用程序而言，就是在仿真计算机中进行工作。本章详细介绍了 VMware ESXi 虚拟机系统的安装、配置和管理方法，搭建好了虚拟化工作平台，接下来，我们便可以在其中安装配置 Windows Server 2019 系统。

第 3 章 安装 Windows Server 2019

本章要点：

- Win10PE64 简介
- 安装前的准备工作
- 设置和启动虚拟机
- 高效管理和安装硬盘分区
- 全新安装 Windows Server 2019
- 升级安装 Windows Server 2019
- 用 Dism++优化系统配置和集成系统映像

服务器需要提供每周 7 天、每天 24 小时不间断的各种服务，因此，服务器对硬件要求很高，对操作系统的安装也要求严谨细致，既要保证安全稳定，又要便于维护管理。

本章将在第 2 章搭建的虚拟化工作平台的基础上，详细讲解安装前的准备工作、Win10PE64 启动后自动设置 IP 地址和加载服务、全新安装和升级安装 Windows Server 2019，以及怎样优化系统配置和集成系统映像等内容。前已述及，本书将以 LTSC 频道的 Windows Server 2019 Datacenter 桌面体验版为主进行介绍，所述内容也适用于 Windows Server 2019 的其他版本。开始安装之前，请检查计算机是否满足第 1 章介绍的安装 Windows Server 2019 的最低硬件需求。

本书提到的相关资料，读者可参考 https://www.cnblogs.com/ybmj/。

3.1 Win10PE64 简介

WinPE 是系统安装维护、故障排除、备份恢复的有效工具，本书介绍的 Windows Server 2019 安装配置，许多地方都要用到 WinPE 工具，下面先对 WinPE 进行简单介绍。

3.1.1 WinPE 及其主要作用

1. WinPE 是系统安装维护的有效工具

WinPE 是 Windows Preinstallation Environment(Windows 预安装环境)的缩写，也称为 PE、Windows PE，它是由微软官方提供的一种基于 Windows 内核构建的最小化操作系统，参见 https://docs.microsoft.com/en-us/windows-hardware/manufacture/desktop/download-winpe--windows-pe。WinPE 虽然仅包含有限的系统服务，但经过改造完善之后，几乎所有的基本功能全部都能实现，是一种系统安装维护、故障排除、备份恢复的有效工具。

2. WinPE 的主要作用

兼容性好的 WinPE 可用于启动大部分常见 PC 和虚拟机，可以在系统光盘、系统维护光盘、U 盘启动维护盘、硬盘启动维护盘中使用，既可以与正常系统并存，也可以在无系统或系统无法进入的环境下进行各种维护操作。以下是 WinPE 的一些主要作用。

(1) 在安装操作系统前对磁盘进行分区。

(2) 可以启动到 WinPE 中安装操作系统。

(3) 可以启动到 WinPE 中，使用 ATIH2018x32 等工具备份和恢复操作系统。

(4) 当操作系统出现问题无法修复，但需要读取磁盘数据时，可以启动到 WinPE 中读取磁盘数据。

(5) 若忘记系统登录密码，电脑无法正常使用，不一定要重装系统，可以选择启动到 WinPE 中进行密码重置。

(6) 若系统中存在某些顽固文件无法删除，可以启动到 WinPE 中，使用一些专门工具来彻底地删除这些顽固文件。

(7) 如果电脑开机后无法正常进入系统，可以启动到 WinPE 中，尝试使用 BootICE、DiskGenius 等工具进行修复。

(8) 执行 WinPE 环境的 PECMD 命令行操作。

3.1.2 本书统一使用 Win10PE64 和 ATIH2018x32

由于 Windows Server 2016、Windows Server 2019 都只有 64 位系统，安装维护需要 64 位系统环境，所以本书统一选择使用 Win10PE64，而 Win10PE32 作为备用。

ATIH2018x32(或称为 ATIH2018x86)是 Acronis True Image Home 2018 x86(或称 x32)的缩写，是由安克诺斯公司推出的一套备份恢复软件，参见 https://www.acronis.com/zh-cn/，下同。本来 64 位系统使用 ATIH2018x64 更合理，但是，ATIH2018x64 偶尔会出现不稳定现象。比如，我们在服务器维护中不止一次实际遇到过，启动到 Win10PE64 使用 ATIH2018x64 恢复系统完成后，当提示“和操作系统同步中...”时卡死，强制重新启动 Win10PE64，系统已恢复成功，见图 3-1。另外，在实际使用过程中发现 ATIH2019x32、ATIH2019x64 不是很稳定、问题较多，不建议使用。

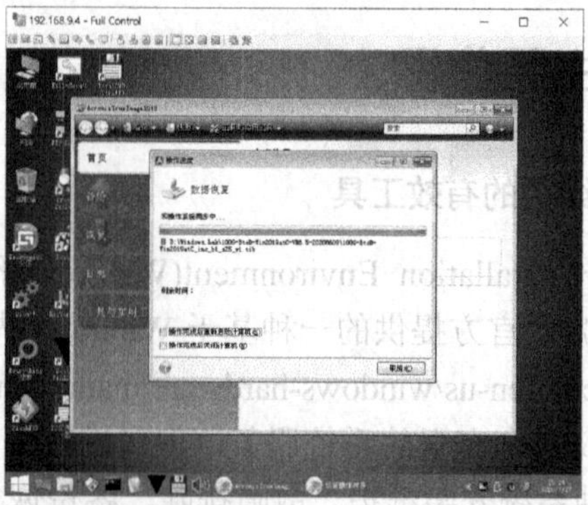

图 3-1　ATIH2018x64 恢复系统完成后在“和操作系统同步中...”卡死

ATIH2018x32 则更为成熟稳定一些，本书使用的 64 位系统环境都支持运行 x86 程序，所以，本书统一使用 Win10PE64 系统和 ATIH2018x32 备份恢复软件。这里主要介绍 Win10PE64，而 ATIH2018x32 将在后面章节进行具体说明。

3.1.3　本书 Win10PE64 的特点

1. 本书 Win10PE64 基于 Win10 RS3 16299 PE x64

网络上的 WinPE 版本众多，读者可以根据需要进行下载修改，但在使用过程中请注意版权保护。本书介绍的 Win10PE32、Win10PE64 是在 Win10 RS3 16299 PE x86+x64 版本的基础上，经过定制修改而来，具体可参见“无忧启动”论坛 http://bbs.wuyou.net/forum.php?mod=viewthread&tid=378234&extra=&page=1。Win10PE64 启动后的桌面见图 3-2。

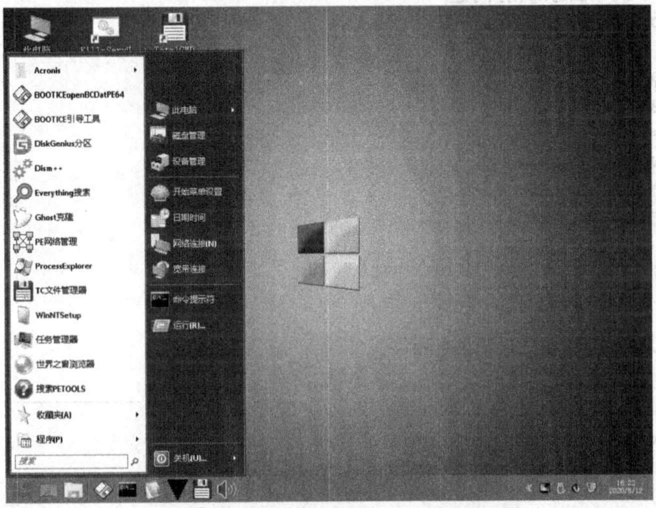

图 3-2　Win10PE64 启动后的桌面

2. 本书 Win10PE64 的定制修改

本书介绍的 Win10PE64 所有内容都保存在前面提到的 PE64.wim 文件中，对应的 Win10PE32 所有内容都保存在 PE32.wim 文件中。该 Win10PE64 是基于上面提到的 Win10 RS3 16299 PE x64 版本，经过定制修改而来的。主要修改包括以下方面。

(1)　升级 BootICE、DiskGenius 等常用工具。

(2)　新增 ATIH2018x32、ATIH2018x64、TotalCMD、WinRAR 等软件。

(3)　优化开始菜单内容和结构，提高操作效率。

(4)　调整系统字体和界面设置，解决字体模糊问题，让桌面组件更加清晰美观。

(5)　在启动脚本中新增自动搜索执行功能。Win10PE64 启动后，将逆序遍历所有磁盘分区，包括 U 盘、光盘、移动硬盘、本地硬盘等，搜索每个分区根目录的\PEtools\SetIP.ini(PECMD 命令)或 SetIP.CMD 文件，若找到便自动运行，随后结束。

3.1.4 Win10PE64 启动后自动设置 IP、加载 Radmin 和 FTP 服务

1. 准备 SetIP. CMD 文件

这里我们主要使用 SetIP.CMD 文件，我们可以在该文件中添加自动设置 IP 地址、启动远程管理服务、启动 FTP 服务等命令。本书实际使用的 SetIP.CMD 文件内容如下，该文件位于前面提到的 PEtools-192.168.9.4.iso 映像文件中的\PEtools\SetIP.CMD，其中 rem 引导的为注释行。需要注意的是，用户应根据实际情况修改文件中的 IP 地址，确保操作的主机能够访问该 IP。

```
@echo off
cls
rem 解决有的 PE64 目录映射问题
set path=%path%;%windir%\Sysnative

rem  需要根据实际网络环境进行修改
Set MyIP=192.168.9.4
Set MyMask=255.255.255.0
Set MyGateway=192.168.9.1
Set MyDNS1=218.6.200.139
Set MyDNS2=119.6.6.6

Set MyEthernetAdapter="Ethernet0"
call :Sub01_SetIP

Set MyEthernetAdapter="以太网"
call :Sub01_SetIP

rem  关闭防火墙
PECMD exec !wpeutil.exe disablefirewall

rem  搜索启动 Radmin Server 3.5.x
for %%a in (C,D,E,F,G,H,I,J,K,L,M,N,O,P,Q,R,S,T,U,V,W,X,Y,Z) do (
    if exist "%%a:\PEtools\Program Files\Radmin Server 3.5.1 x86 and x64
Portable-20171011\RadminInstall.cmd" (
        call "%%a:\PEtools\Program Files\Radmin Server 3.5.1 x86 and x64
Portable-20171011\RadminInstall.cmd"
        goto RadminInstalled
    )

    if exist "%%a:\PEtools\Program Files\Radmin Server 3.5.2 x86 and x64
Portable-20171231\RadminInstall.cmd" (
        call "%%a:\PEtools\Program Files\Radmin Server 3.5.2 x86 and x64
Portable-20171231\RadminInstall.cmd"
        goto RadminInstalled
    )
)
:RadminInstalled
rem  搜索启动 Serv-U-10.4-x32
for %%a in (C,D,E,F,G,H,I,J,K,L,M,N,O,P,Q,R,S,T,U,V,W,X,Y,Z) do (
    if exist "%%a:\PEtools\Program Files\Serv-U-10.4-x32\Serv-U.exe" (
        PECMD kill Serv-U.exe
```

```
        PECMD kill Serv-U-Tray.exe
        PECMD exec "%%a:\PEtools\Program Files\Serv-U-10.4-x32\Serv-U.exe"
        PECMD exec "%%a:\PEtools\Program
Files\Serv-U-10.4-x32\Serv-U-Tray.exe"
        goto ExitCMD
    )
)

goto ExitCMD

rem  批处理子程序
:Sub01_SetIP
    rem 在 windows 中用 netsh 命令修改 ip 地址、网关和 DNS 等
    netsh interface ip set address name=%MyEthernetAdapter%
source=static %MyIP% %MyMask% %MyGateway% 1
    netsh interface ip set dns %MyEthernetAdapter% static %MyDNS1%
    netsh interface ip add dns %MyEthernetAdapter% %MyDNS2% 2
goto :eof

rem  退出前清理临时环境变量
:ExitCMD
Set MyIP=
Set MyMask=
Set MyGateway=
Set MyDNS1=
Set MyDNS2=
Set MyEthernetAdapter=
```

2. 将 SetIP.CMD 拷贝到\PEtools\目录

准备好 SetIP.CMD 文件后，需要将该文件拷贝到虚拟机某个磁盘分区(包括光驱)根目录的\PEtools\下面。既可以存放到光盘映像文件中，比如 PEtools-192.168.9.4.iso 中的\PEtools\SetIP.CMD，然后将光盘映像刻盘或挂载到本地光驱中；也可以存放到某个磁盘分区中，比如 E:\PEtools\SetIP.CMD，用户可以根据实际情况进行选择。

3. 挂载 PE64.wim

本书介绍的 Win10PE64 所有内容都保存在 PE64.wim 文件中。可以通过两种方式使用该 PE64.wim 文件。

(1) 第一种方式是将 PE64.wim 文件拷贝到硬盘上，比如 b:\WinPE\PE64.wim。然后使用下面介绍的方法，使用 BootICE 工具在系统 BCD 菜单中添加指向该 PE64.wim 的启动项，比如 Boot from WIM Win10PE64，这样便可以通过 BOOTMGR 启动 Win10PE64。

(2) 第二种方式是将 PE64.wim 文件拷贝到 ISO 光盘映像中进行启动，比如前面提到的 Win10_10240_PE_x64_11.7-OK20-Wait_3S.iso。路径是光盘根目录\boot\PE64.wim，可以使用 UltraISO 等工具进行替换；还可提取该光盘的 BCD 启动菜单文件\boot\bod(见图 3-3)，用 BootICE 工具修改启动顺序和延迟时间后，再覆盖回光盘(见图 3-4)；然后，将制作好的 ISO 光盘映像刻盘或挂载到本地计算机上，便可以启动该 Win10PE64。

4. Win10PE64 启动后自动设置 IP 地址、启动 Radmin 服务和 FTP 服务

通过以上修改，并在系统某一分区准备好\PEtools\SetIP.CMD 文件，通过 Win10PE64

启动系统后，便会自动搜索运行\PEtools\SetIP.CMD 文件，自动设置 IP 地址、自动启动 Serv-U-10.4-x32、Radmin Server 3.5.x。Win10PE64 启动后的桌面见图 3-2。

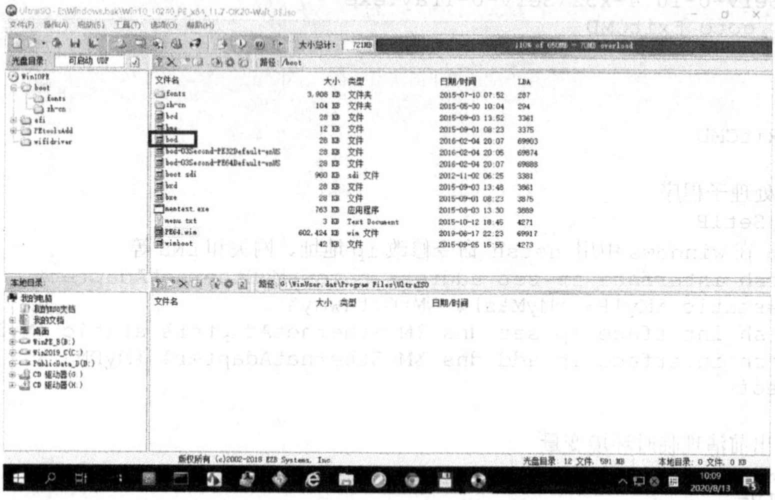

图 3-3　使用 UltraISO 修改 Win10_10240_PE_x64_11.7-OK20-Wait_3S.iso

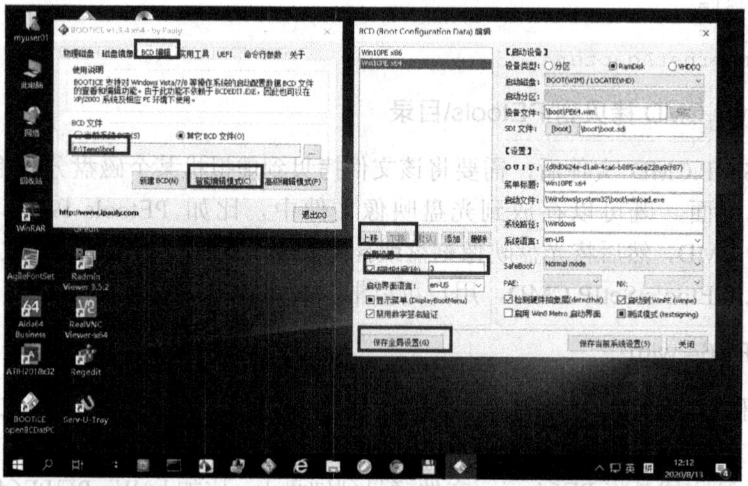

图 3-4　用 BootICE 修改 bod 中启动项目的启动顺序和延迟时间

Win10PE64 启动成功后，如果操作的主机能够访问 SetIP.CMD 文件中配置的 IP 地址，便可以使用 UnifyRemoteManager(或者 Radmin Viewer 3.5.x)远程连接 Win10PE64 主机，使用 FlashFXP 访问 FTP 服务。

3.2　安装前的准备工作

在开始安装 Windows Server 2019 之前，做好准备工作，会起到事半功倍的作用。服务器安装是严谨细致的技术工作，每一步都要力求做到精益求精，以确保服务器能够长期安全稳定地运行。

3.2.1　准备和上传光盘映像和 PE 等工具

1. Windows Server 2019 的两类官方安装映像

安装之前，首先需要准备好 Windows Server 2019 Datacenter 安装映像。常见的 Windows Server 2019 官方安装映像分为两大类。

一类安装映像通常是从 MSDN(Microsoft Developer Network，可参见 https://msdn.itellyou.cn/)下载的，比如以 cn_(中文版)、en_(英文版)开头的安装映像。这类安装映像在安装时，必须输入产品密钥(key)才能安装，若输入的是 Datacenter 版 key 便会安装 Datacenter 或 Datacenter(桌面体验)版本，若输入的是 Standard 版 key 便会安装 Standard 或 Standard(桌面体验)版本，安装后需要激活，才能长期正常使用。比如：

```
cn_windows_server_2019_updated_july_2020_x64_dvd_2c9b67da.iso
en_windows_server_2019_updated_july_2020_x64_dvd_94453821.iso
```

另一类安装映像通常是从批量许可中心(VLSC：Volume Licensing Service Center，MLF：Microsoft Licensing Fulfillment，参见 https://www.microsoft.com/Licensing/servicecenter/default.aspx)下载的，比如以 SW_(Software)开头的安装映像。这类安装映像在安装时不用输入产品密钥(key)，可以选择安装 Datacenter、Datacenter(桌面体验)、Standard、Standard(桌面体验)版，等安装完成后再输入产品密钥(key)进行激活，便可以长期正常使用。比如：

```
SW_DVD9_Win_Server_STD_CORE_2019_1809.5_64Bit_English_DC_STD_MLF_X22-343
33.ISO
SW_DVD9_Win_Server_STD_CORE_2019_1809.5_64Bit_ChnSimp_DC_STD_MLF_X22-343
32.ISO
```

这两类安装映像安装完成后功能并没有区别，区别只是安装时输入产品密钥(key)的先后不同、已经安装版本的选择方式不同而已。这两类官方安装映像，用户可以根据实际情况进行选择，其他非官方安装映像则不建议选用。

2. 本书选择以“SW_”开头的批量许可安装映像进行安装

下面，我们选择以“SW_”开头的批量许可安装映像为例，介绍 Windows Server 2019 的安装过程，所述方法也适用于其他版本 Windows Server 2019 的安装。该安装映像的具体信息如下：

```
File:
SW_DVD9_Win_Server_STD_CORE_2019_1809.5_64
Bit_ChnSimp_DC_STD_MLF_X22-34332.ISO
SHA-1:
F9AB25CC8CAEC8B2FD255B30037DAA6B65F73322
Szie: 5, 674, 928, 128 Bytes
```

安装之前，建议使用 Hasher 等工具校验核对安装映像的 SHA-1 码(大约需要 30 分钟)，确认安装映像的完整性，见图 3-5。

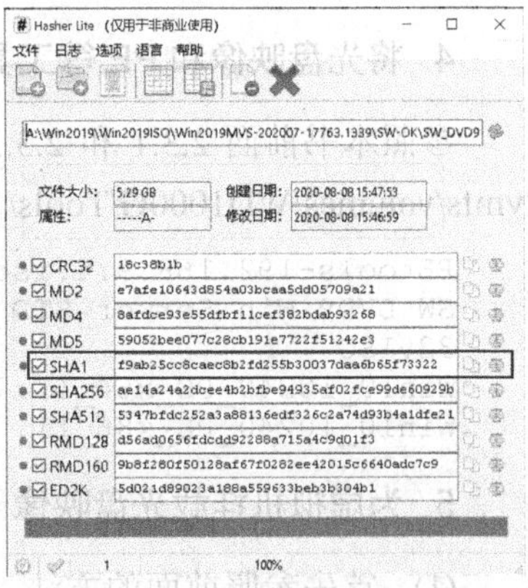

图 3-5　用 Hasher 等工具校验核对安装映像的 SHA-1 码

3. 配置 PEtools-192.168.9.4.iso 映像中的 IP 地址

若工作电脑与 ESXi 6.5 服务器位于同一 VLAN(Virtual Local Area Network，虚拟局域网)中，通过设置 WinPE 的启动脚本和 IP 设置命令，便可以让虚拟机启动 WinPE 后便自动设置 IP 地址，并自动启动 Radmin 等远程管理服务。这样，启动后便可以直接使用 UnifyRemoteManager(或者 Radmin Viewer 3.5.x)连接虚拟机，进行安装维护工作。若条件不具备，或用户没有这一需求，可以跳过这一步的设置工作。

(1) 使用 UltraISO(或其他 ISO 工具)提取 PEtools-192.168.9.4.iso 映像中的“\PEtools\SetIP.CMD”文件(见图 3-6)，将文件中的 IP 地址修改为用户网络环境能够使用的 IP 地址，其余内容不要改动。比如：

```
Set MyIP=192.168.9.4
Set MyMask=255.255.255.0
Set MyGateway=192.168.9.1
```

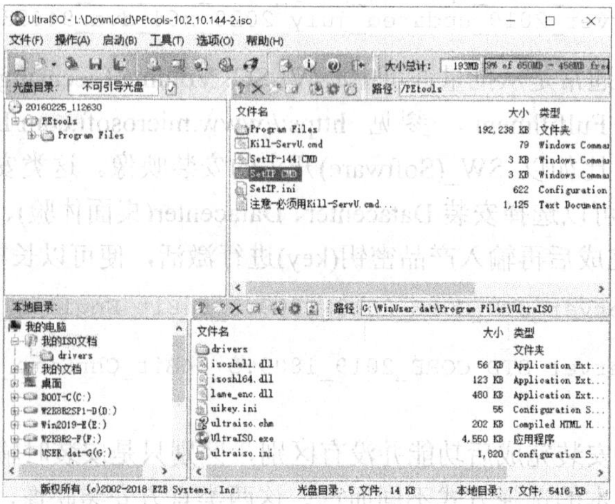

图 3-6 用 UltraISO 工具提取修改映像中的\PEtools\SetIP.CMD 文件

(2) 修改好后，再以 UltraISO 工具用已修改的 SetIP.CMD 替换 PEtools-192.168.9.4.iso 映像中的\PEtools\SetIP.CMD 文件，并保存映像即可。

4. 将光盘映像和 PE 等工具上传到 ESXi 数据存储中

参照本书前面 2.3.1 和 2.3.3 的介绍，确定已经上传下面几个文件到 ESXi 数据存储的 /vmfs/volumes/WD1000G/Tools/目录中：

```
PEtools-192.168.9.4.iso
SW_DVD9_Win_Server_STD_CORE_2019_1809.5_64Bit_ChnSimp_DC_STD_MLF_X22-343
32.ISO
Win10_10240_PE_x64_11.7-OK20-Wait_3S.iso
Win10_10240_PE_x86_11.7-OK20-Wait_3S.iso
```

5. 为虚拟机挂载光盘映像

(1) 首先参照前面的方法，打开虚拟机“100G-BtoD-Win2019atC”|“编辑设置”界面，单击“添加其他设备”为该虚拟机新添加一个 CD/DVD 驱动器。

(2) 为该虚拟机的第一个 CD/DVD 驱动器挂载光盘映像。在虚拟机“100G-BtoD-Win2019atC”|“编辑设置”界面，单击“CD/DVD 驱动器 1”右侧第一行，选择“数据存储 ISO 文件”(默认是“主机设备”)，并定位到数据存储中的光盘映像/vmfs/volumes/WD1000G/Tools/Win10_10240_PE_x64_11.7-OK20-Wait_3S.iso。

(3) 务必记住在“CD/DVD 驱动器 1”的“状态”一行选中“打开电源时自动连接”，否则虚拟机启动时无法使用该光驱，见图 3-7。

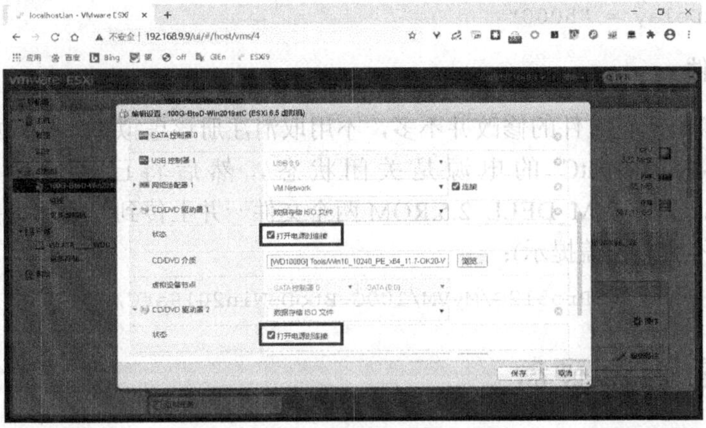

图 3-7　为虚拟机光驱挂载光盘映像

(4) 以同样的方法，为该虚拟机的“CD/DVD 驱动器 2”挂载光盘映像，定位到数据存储中的光盘映像/vmfs/volumes/WD1000G/Tools/PEtools-192.168.9.4.iso。

(5) 还需记住在“CD/DVD 驱动器 2”的“状态”一行选中“打开电源时自动连接”，否则虚拟机启动时无法使用该光驱。

3.2.2　配置虚拟机启动参数

1. 准备 OEM SLIC 永久激活

(1) 用 Chrome 登录 ESXi 6.5 的 Web 管理界面，单击左侧的“存储”，并单击右侧“数据存储浏览器”按钮，打开“数据存储浏览器”界面。请参照本书 2.3.3 的介绍，将下面的文件下载到本地：

```
/vmfs/volumes/860Pro512G/MyVM/100G-BtoD-Win2019atC/100G-BtoD-Win2019atC.vmx
```

(2) 请先备份 100G-BtoD-Win2019atC.vmx，然后再用文本编辑软件编辑该文件，在末尾加上下面一行，让虚拟机启动时加载包含 SLIC 2.5 信息的 BIOS：

```
bios440.filename = "VM_DELL_2.5.ROM"
```

2. 修改虚拟机启动延迟时间

(1) ESXi 的虚拟机启动界面一闪而过，要想进入 BIOS 很困难，即使你狂按 F2 键或 Esc 键(Esc 键用来选择启动项目；F2 键用来进入 BIOS Setup)，绝大部分时候都无法进入 BIOS。这是因为虚拟机启动界面默认显示时间太短，系统无法识别按键而直接启动系统。

使用 ESXi 6.5 之前附带的 VMware vSphere Client 版本或 VMware Workstation 等工具，可以设置虚拟机启动时强制进入 BIOS，但 ESXi 6.5 的 Web 控制台则不行。

(2) 解决 ESXi 6.5 虚拟机进入 BIOS 困难的问题，还有一种方法是修改虚拟机配置文件，添加 bios.forceSetupOnce = "TRUE"一行，强制开机进入 BIOS(用完后还需要再手动改回 FALSE)；添加 bios.bootDelay = "5000"(毫秒)是修改启动画面等待时间。若用户需要，可以在虚拟机配置文件末尾加一行(延迟时间可以根据实际情况调整)：

```
bios.bootDelay = "5000"
```

3. 上传文件

这里对虚拟机配置文件的修改并不多，不用取消注册该虚拟机。修改好后，确定虚拟机 100G-BtoD-Win2019atC 的电源是关闭状态，然后将已经修改的 100G-BtoD-Win2019atC.vmx 文件、VM_DELL_2.5.ROM 两个文件一并上传到下面路径并覆盖原有文件(会直接覆盖，不会有覆盖提示)：

```
/vmfs/volumes/860Pro512G/MyVM/100G-BtoD-Win2019atC/
```

3.2.3 配置虚拟机硬盘

前面 2.3.2 小节在创建 100G-BtoD-Win2019atC 虚拟时，我们只为该虚拟机创建了一个 100GB 的主硬盘。下面，我们再创建一个 279GB 的工具硬盘，挂载到该虚拟机上(279GB 的容量主要是为了便于区分，具体容量可以根据实际情况调整)，保存到数据存储的/vmfs/volumes/WD1000G/Tools/目录中。若已有工具硬盘，只需挂载已有硬盘即可。具体方法如下。

(1) 创建新硬盘，可以在 ESXi 6.5 的 Web 管理界面中，单击左侧“虚拟机”，然后在右侧右击需要挂载新硬盘的虚拟机“100G-BtoD-Win2019atC”，在弹出的快捷菜单中选择“编辑设置”命令，见图 3-8。

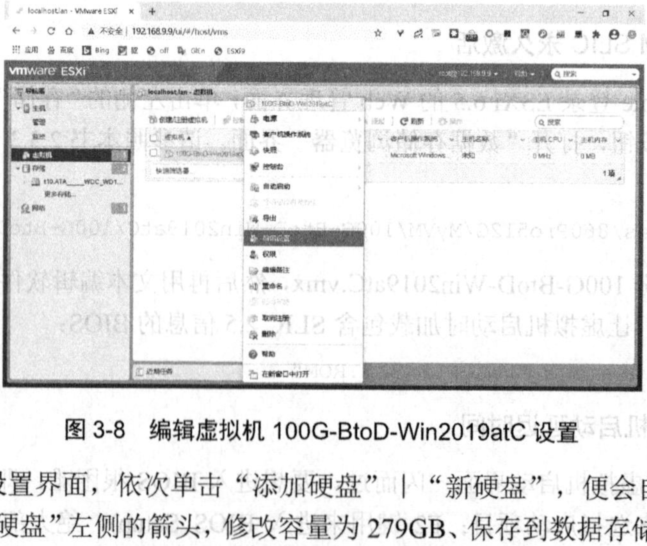

图 3-8　编辑虚拟机 100G-BtoD-Win2019atC 设置

(2) 在编辑设置界面，依次单击“添加硬盘”|“新硬盘”，便会自动新建挂载一个硬盘。再点开“新硬盘”左侧的箭头，修改容量为 279GB、保存到数据存储的/vmfs/volumes/WD1000G/Tools/目录。设置好后单击“保存”按钮即可，见图 3-9。

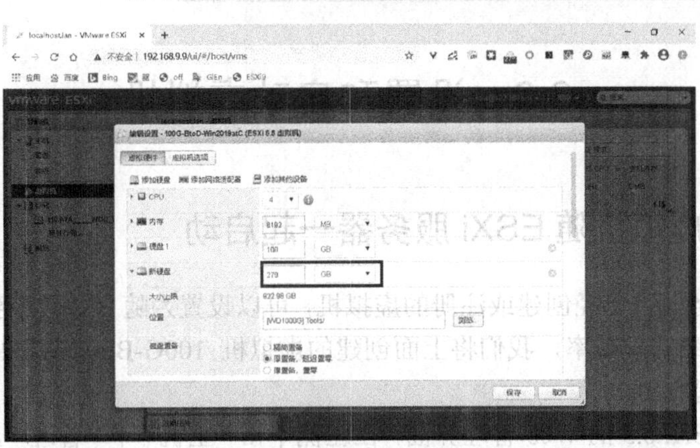

图 3-9　为虚拟机添加新硬盘

(3)　若要挂载已有虚拟硬盘，可以在编辑设置界面，单击“添加硬盘”|“现有硬盘”(见图 3-10)按钮，在数据存储中定位到已有虚拟硬盘目录，选中已有的*.vmdk 虚拟硬盘，再依次单击“选择”按钮、“保存”按钮即可，见图 3-11。

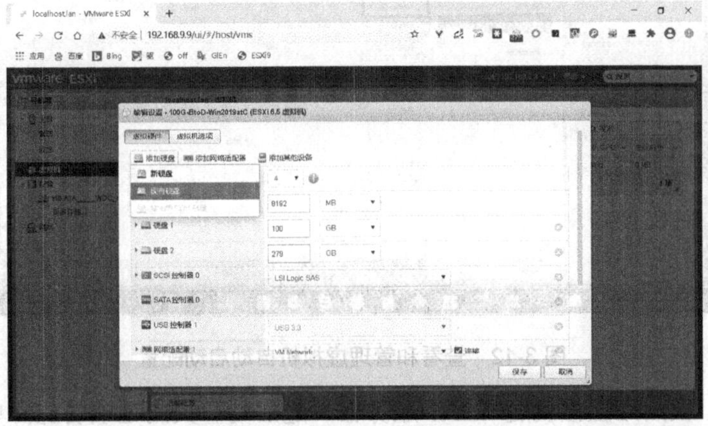

图 3-10　为虚拟机挂载已有虚拟硬盘

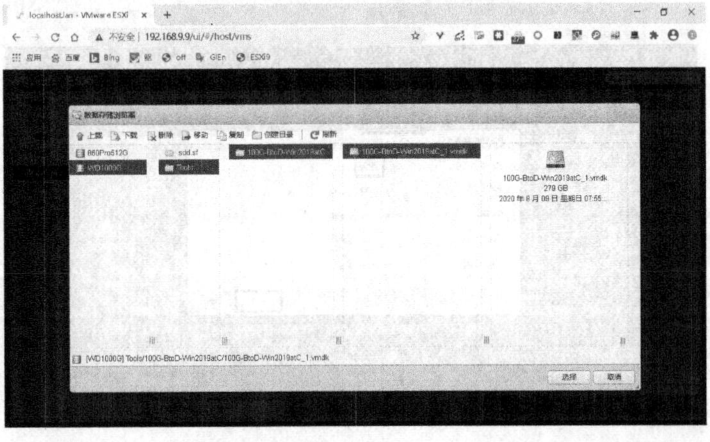

图 3-11　在数据存储中定位到已有的*.vmdk 虚拟硬盘

3.3 设置和启动虚拟机

3.3.1 设置虚拟机随 ESXi 服务器一起启动

在 ESXi 服务器上已经创建或注册的虚拟机，可以设置为随 ESXi 服务器一起启动和关闭。为了提高安装管理效率，我们将上面创建的虚拟机 100G-BtoD-Win2019atC 设置为随 ESXi 服务器一起启动。

(1) 登录 ESXi 6.5 的 Web 管理界面，在左侧单击“主机”|“管理”，在右侧单击“系统”|“自动启动”，便可以查看和管理虚拟机自动启动配置，见图 3-12。

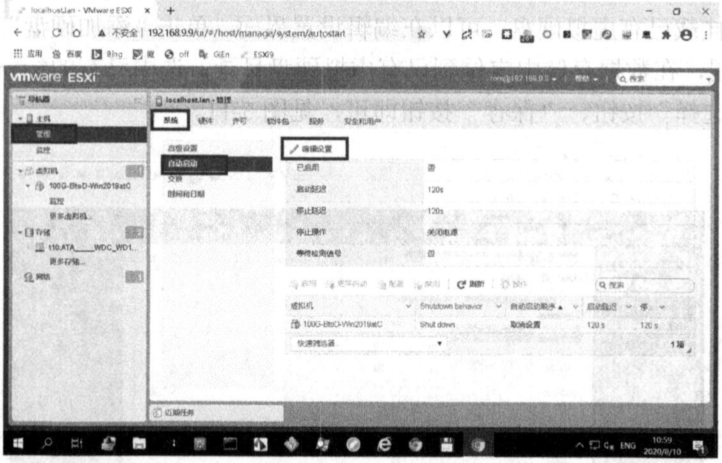

图 3-12　查看和管理虚拟机自动启动配置

(2) 首先，要启用虚拟机随 ESXi 服务器一起启动和关闭这项功能，单击右侧“编辑设置”按钮，选择“是”单选按钮，单击“保存”按钮，便可以启用该项功能，见图 3-13。

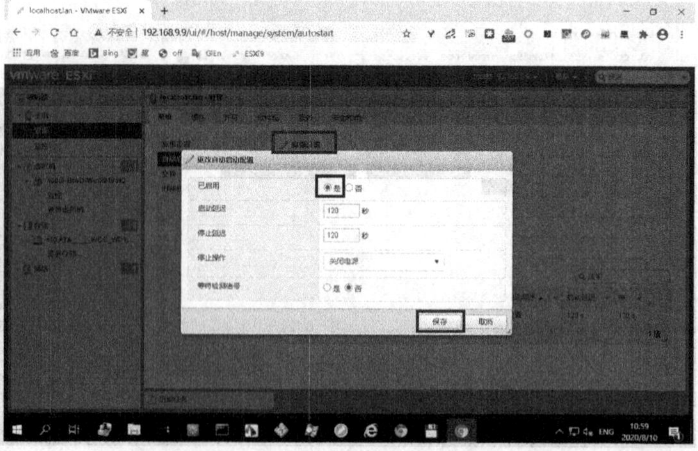

图 3-13　启用或禁用虚拟机自动启动功能

(3) 启用该项功能后，便可以选择服务器上已有虚拟机，设置为随服务器一起启动和关闭。该页面列出了服务器上已经创建或注册的虚拟机，我们选中上面创建的虚拟机 100G-BtoD-Win2019atC，然后单击中间的“启用”按钮即可，之后该按钮将变为“更晚启动”，见图 3-14。若要取消该虚拟机随服务器一起启动和关闭，只需选中该虚拟机后，单击中间的“禁用”按钮即可，见图 3-15。

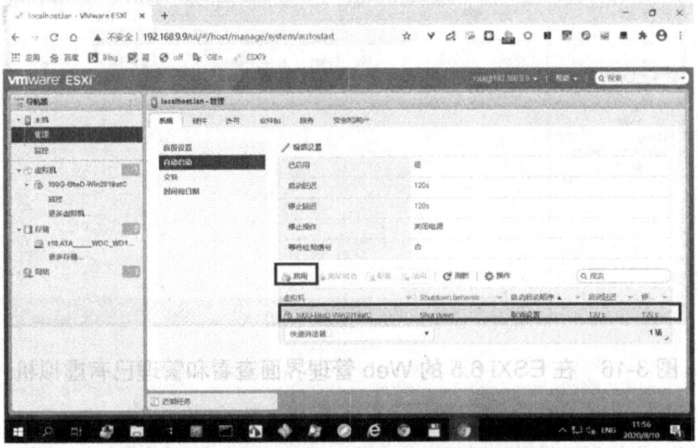

图 3-14　启用某一虚拟机自动启动

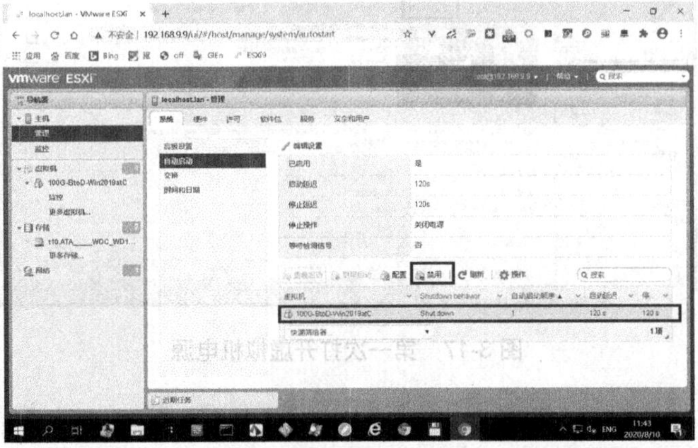

图 3-15　禁用某一虚拟机自动启动

3.3.2　第一次打开虚拟机电源

前面我们已经在 ESXi 6.5 服务器上创建好虚拟机 100G-BtoD-Win2019atC，并为其做好了各种配置，现在便可以启动该虚拟机。

(1) 登录 ESXi 6.5 的 Web 管理界面，单击左侧“虚拟机”便可以查看和管理已有虚拟机，见图 3-16。

(2) 单击左侧的虚拟机 100G-BtoD-Win2019atC，在出现的 100G-BtoD-Win2019atC 虚拟机管理界面，单击“打开电源”按钮，见图 3-17。如果询问：“此虚拟机可能已被移动或复制？”，选择“我已复制”，此选项会为虚拟机网卡生成新的MAC地址(避免冲突)，以便顺利启动虚拟机，见图3-18。当然，如果用户确认第一次启动的虚拟机是新建的，或者是从其他位置移动而来的，可以选择“我已移动”。

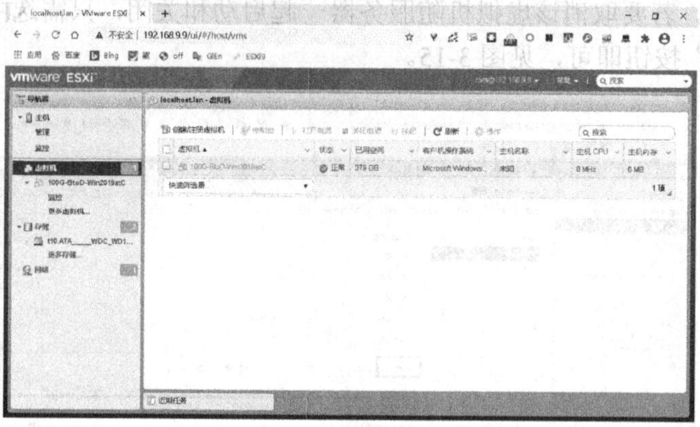

图3-16　在ESXi 6.5的Web管理界面查看和管理已有虚拟机

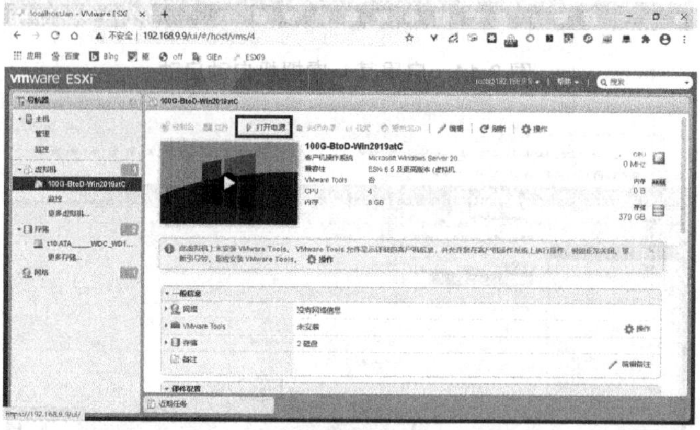

图3-17　第一次打开虚拟机电源

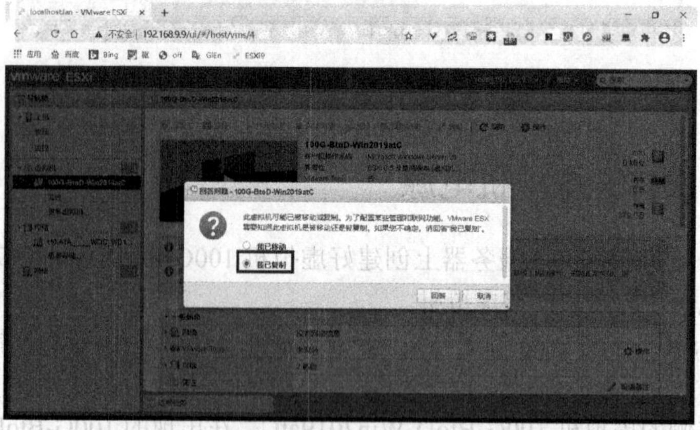

图3-18　第一次打开虚拟机电源时选择“我已复制”

(3) 等待虚拟机电源开启完成后，再单击“控制台”|“在新窗口中打开控制台”按钮(便于管理控制)，就会在新窗口中打开虚拟机控制台，见图 3-19。

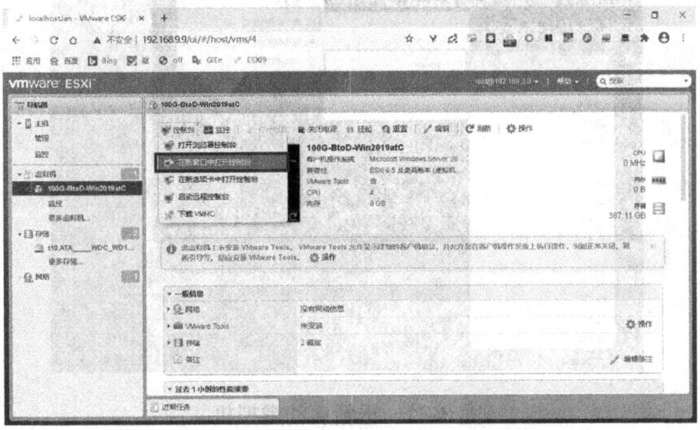

图 3-19　选择“在新窗口中打开控制台”

3.3.3　设置虚拟机 BIOS 启动顺序

(1) 虚拟机第一次启动时若不能自动找到启动介质，便无法启动操作系统，见图 3-20。

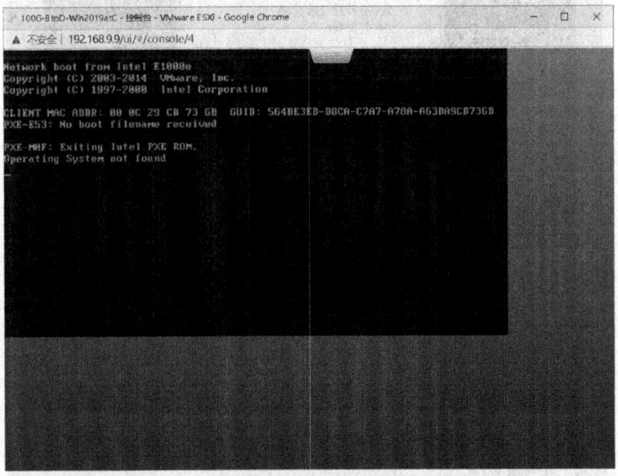

图 3-20　开始安装 Windows Server 2019

可以单击“虚拟机控制台”上侧中间的“三横按钮”|“客户机操作系统”|“发送键值”|“Ctrl-Alt-Delete”，或者单击“三横按钮”|“电源”|“重置”重启虚拟机，见图 3-21，并注意在虚拟机重启画面显示时及时按下 Esc 键(显示启动菜单)或 F2 键(直接启动到 BIOS)，进入 BIOS，见图 3-22。

(2) 在 BIOS 设置界面，使用箭头键移动到 Boot 选项卡，选中需要调整的项目再按“+”号键上移，将 CD-ROM Drive 上移到最上面，Hard Drive 移到第二位，见图 3-23；然后按 F10 键(可单击上面“三横按钮”发送键值 F10)、单击 Yes 按钮确认，下次虚拟机便会从 CD-ROM 开始启动。

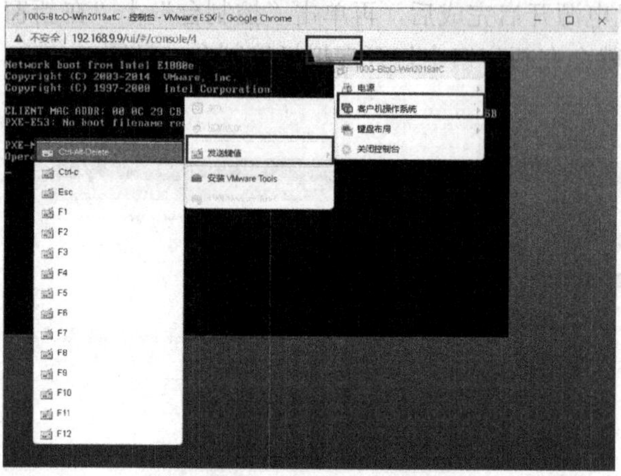

图 3-21　重新启动虚拟机

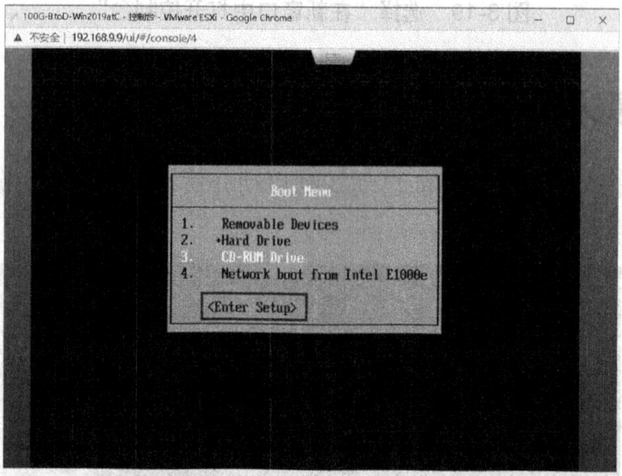

图 3-22　重新启动虚拟机进入 BIOS 设置界面

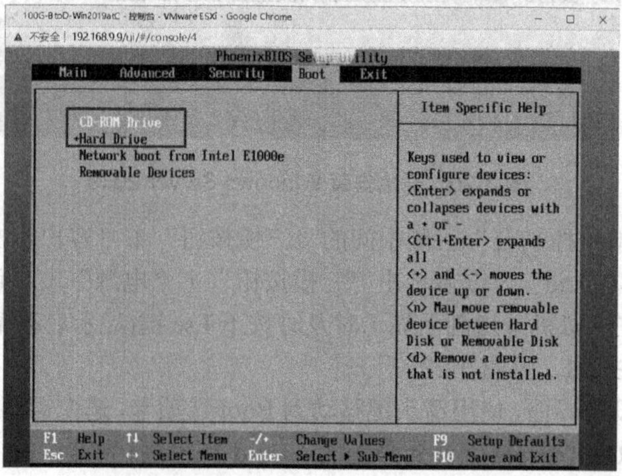

图 3-23　在 BIOS 界面调整启动顺序

3.3.4 第一次启动到 Win10PE64

(1) 通过上面诸多设置准备，现在虚拟机 100G-BtoD-Win2019atC 启动后，便会首先从 CD-ROM 开始启动，启动到我们前面挂载的 Win10PE64，见图 3-24。

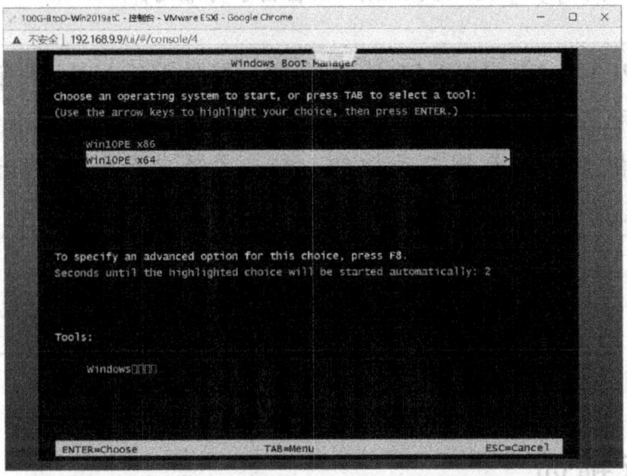

图 3-24 虚拟机首先从 CD-ROM 开始启动

(2) 如果已经配置好 PEtools-192.168.9.4.iso 映像中的 IP 地址，Win10PE64 启动后便可以直接使用 UnifyRemoteManager(或者 Radmin Viewer 3.5.x)连接虚拟机进行后续安装维护，这比使用 ESXi 自带的浏览器控制台要高效灵活得多，见图 3-25。若没有配置好远程访问环境，就只有使用笨拙的浏览器控制台了。

图 3-25 Win10PE64 桌面

(3) 该 Win10PE32、Win10PE64 的默认连接信息为：

```
Radmin Server 服务器：某分区根目录\PEtools\Program Files\Radmin Server 3.5.x
IP        : 192.168.9.4
Use port       : 8899
Radmin security:
    User     : admin
```

```
    PW   : abcd*1234

FTP 服务器: 某分区根目录\PEtools\Program Files\Serv-U-10.4-x32\
Security: Allow only SSL/TLS sessions
192.168.9.5:9906
User:    MinjunA - MinjunZ
PW: yjhy$1234(其中 yjhy 为"异机还原"拼音首字母缩写)
```

提示： 由于该 Win10PE32、Win10PE64 使用的桌面组件 WinXShell 有小问题，导致 Radmin 远程登录后，程序最大化时会覆盖任务栏。可以在每次 Radmin 远程登录后，单击桌面上或任务栏上的黑色倒三角按钮，重启系统桌面组件 WinXShell(见图 3-25)，临时解决该问题。

3.4 高效管理和安装硬盘分区

3.4.1 硬盘分区规划

下面，我们将在前面所创建的 100G-BtoD-Win2019atC 虚拟机中安装配置 Windows Server 2019。上面我们已经为该虚拟机挂载了两块虚拟硬盘，第一块为 100GB 的主硬盘，第二块为 279GB 的工具硬盘，这两块硬盘的分区规划见表 3-1。

表 3-1 分区规划表

硬盘	分区类型	盘符	分区格式	卷标	分区大小	分区用途
第一块为主硬盘	主分区(活动分区)	B	NTFS	WinPE_B	5GB	存放 BOOTMGR(Windows Boot Manager)、WinPE 等，可启动多种操作系统
	主分区	C	NTFS	Win2019_C	60GB	安装 Windows Server 2019 操作系统
	主分区	D	NTFS	PublicData_D	35GB	存放用户公用程序和数据
第二块为工具硬盘	主分区	F	NTFS	Tools279G_E	279GB	存放各种系统映像和工具软件

这种规划既安全稳定，也便于维护管理。B 盘用于存放系统启动数据、WinPE 等，可启动多种操作系统；D 盘存放用户公用程序和数据；由于 Windows 系统安装在 C 盘，可以使用 sysprep(System Preparation Tool，系统准备工具)进行系统封装、通过 ESXi 克隆进行移植使用。系统备份恢复时，只需备份恢复 100GB 的主硬盘即可。通过几年的实际使用，证明这是一种优秀的服务器分区规划模式。

通过特殊安装方式，虽然可以将 Win2019 安装到非 C 盘的其他分区，这样有利于增强系统的安全性和可管理性。但是这样安装的 Win2019 可移植性有缺陷，不能使用 sysprep 进行系统移植。为增加可移植性，便于使用 sysprep 工具将已安装的系统映像部署到不同的计算机上，避免在 VMware 中克隆 Win2019 系统后造成 SID 冲突，必须将 Win2019 安装在 C 盘。

3.4.2　高效安装硬盘分区

以上硬盘分区规划可以借助 ATIH2018x32 进行高效管理和安装。具体安装步骤如下。

1. 为虚拟机硬盘创建分区

(1) Win10PE64 成功启动后，在“开始菜单”中选择“磁盘管理”命令，见图 3-26。由于我们前面为虚拟机挂载的两块硬盘都没有使用过，所以会提示两块硬盘都需要初始化，选用默认的 MBR 即可(若磁盘容量超过 2TB 就要选择 GPT)，单击“确定”按钮即可，见图 3-27。

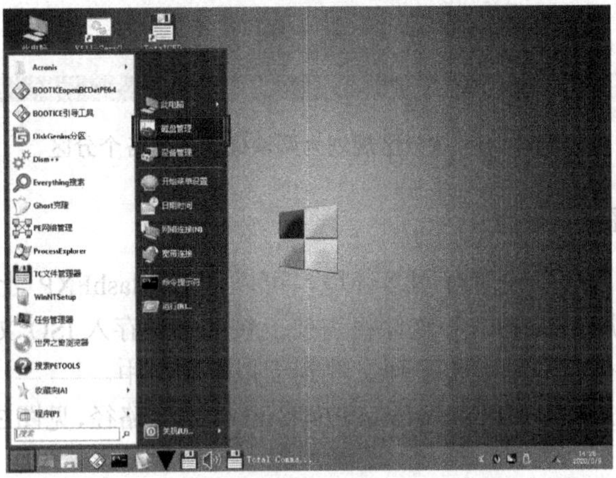

图 3-26　在 Win10PE64 中启动“磁盘管理”工具

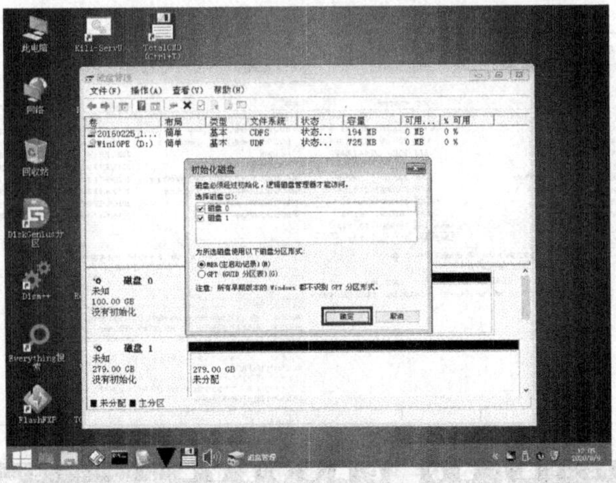

图 3-27　在“磁盘管理器”中初始化两块硬盘

(2) 接下来，我们便按照前面的分区规划，分别为两块硬盘创建好各个分区。操作很简单，可以在“磁盘管理”工具中，依次按照前面规划好的容量、盘符和卷标一一创建简单卷，快速格式化即可，创建好后的分区情况见图 3-28。

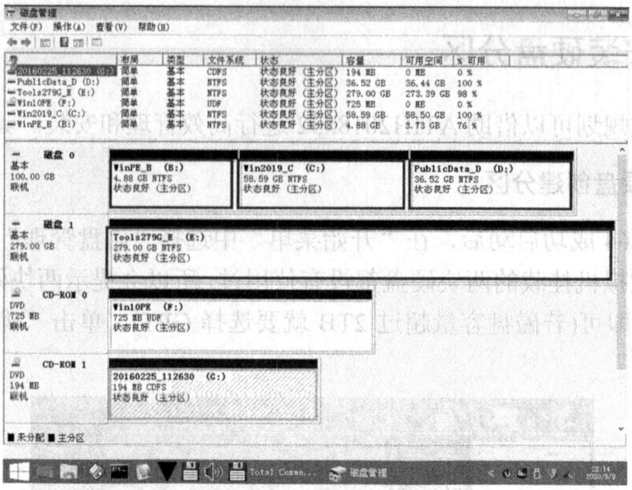

图 3-28　按分区规划为两块硬盘创建各个分区

2. 拷贝文件到虚拟机硬盘中

若虚拟机启动后已自动设置好网络环境，可以使用 FlashFXP 上传文件。若不能使用 FTP 上传，可以通过用 UltraISO 等软件将需要上传的文件存入 ISO 文件中，然后再挂载到虚拟机光驱的方式上传。分别上传下列文件到虚拟机硬盘中。

(1) 通过 FlashFXP 上传 PE32.wim、PE64.wim 到下面路径，见图 3-29，这是启动 WinPE 的映像文件：

```
b:\WinPE\PE32.wim
b:\WinPE\PE64.wim
```

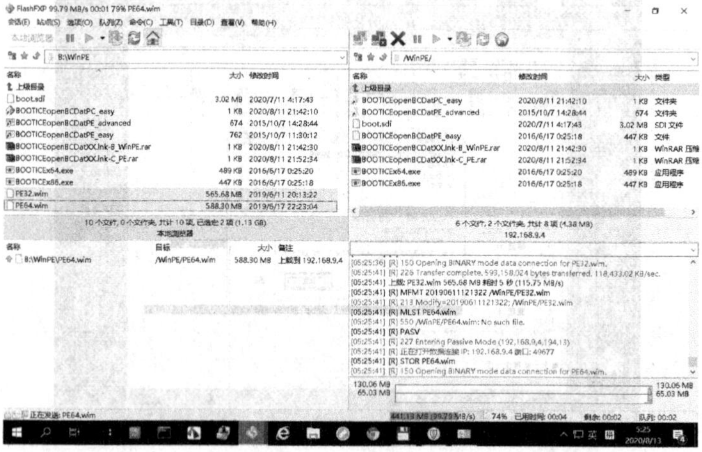

图 3-29　通过 FlashFXP 上传 PE32.wim、PE64.wim

(2) 通过 FlashFXP 上传 Windows Server 2019 的 ISO 安装映像到下面路径(见图 3-30)：

```
E:\OS\SW_DVD9_Win_Server_STD_CORE_2019_1809.5_64Bit_ChnSimp_DC_STD_MLF_X
22-34332.ISO
```

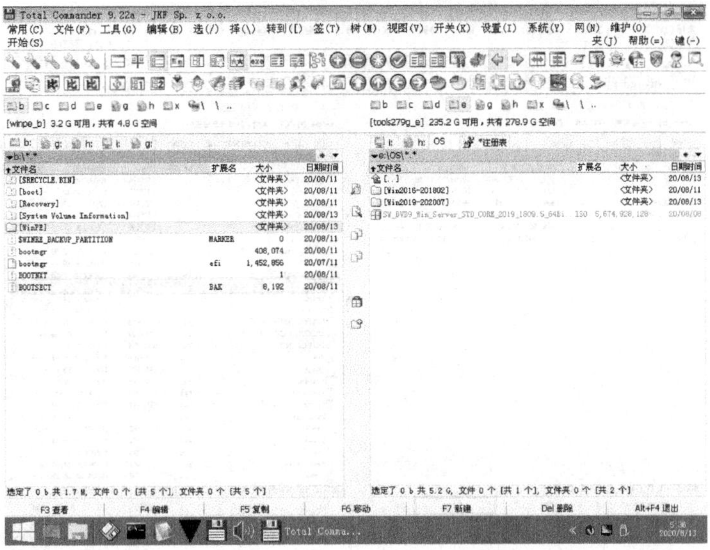

图 3-30　通过 FlashFXP 上传 Windows Server 2019 的 ISO 安装映像

(3)　拷贝 BOOTMGR 启动文件。在 Win10PE64 中双击桌面上的 TotalCMD，定位到上面已经上传的 Windows Server 2019 的 ISO 安装映像文件，直接按 Enter 键，便可以打开映像文件(当然，也可用 UltraISO 工具提取，只是没有这么方便快捷，下同)。从 ISO 映像文件根目录拷贝下面两个文件到 B 盘根目录，bootmgr 用于 BIOS 启动、bootmgr.efi 用于 EFI 启动：

```
b:\bootmgr
b:\bootmgr.efi
```

再将 ISO 映像文件根目录的\boot\boot.sdi 文件拷贝到下面路径，这是用于挂载 wim 系统盘启动 WinPE 的虚拟内存盘文件：

```
b:\WinPE\boot.sdi
```

(4)　使用 TotalCMD 拷贝 BootICEx86.exe、BootICEx64.exe 系统启动配置工具。TotalCMD 拷贝文件的方法很简单，只需在某一侧(图中是右侧)选中需要拷贝的文件和目录，另一侧定位到目标路径，然后按 F5 键便开始拷贝，见图 3-31。在 Win10PE64 中双击桌面上的 TotalCMD，定位到 PE32.wim、PE64.wim 映像文件，直接按 Enter 键，便可以打开映像文件(当然，也可用后面介绍的 Dism++等工具挂载提取，只是没有这么方便快捷，下同)。利用 TotalCMD 将映像文件中的 PE32.wim\Program Files\BootICEx86.exe、PE64.wim\Program Files\BootICEx64.exe 两个文件拷贝到下面路径：

```
b:\WinPE\BootICEx64.exe
b:\WinPE\BootICEx86.exe
```

(5)　把 G 盘光驱(挂载的是 PEtools-192.168.9.4.iso)中的 G:\Petools 整个目录拷贝到 E 盘根目录 E:\Petools。

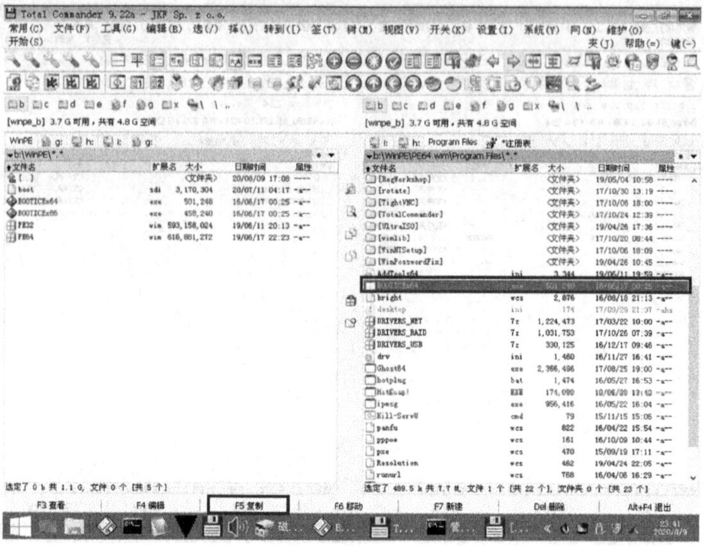

图 3-31　拷贝 BootICEx86.exe、BootICEx64.exe 启动配置工具

3. 为虚拟机硬盘配置启动分区

接下来，我们要设置 WinPE_B 分区为可启动分区，为启动该分区上的 WinPE 以及后面安装 Windows Server 2019 做准备。下述方法，也适用于制作可启动系统的移动硬盘。

(1) 在 Win10PE64 中单击“开始菜单”启动右侧的“磁盘管理”工具。在打开的“磁盘管理”窗口中，右击主分区“WinPE_B”，在弹出的快捷菜单中选择“将分区标记为活动分区”命令(见图 3-32)，便可以将分区 WinPE_B 设置为可以启动系统的活动分区。注意，必须是主分区才能设置为活动分区，见图 3-33。

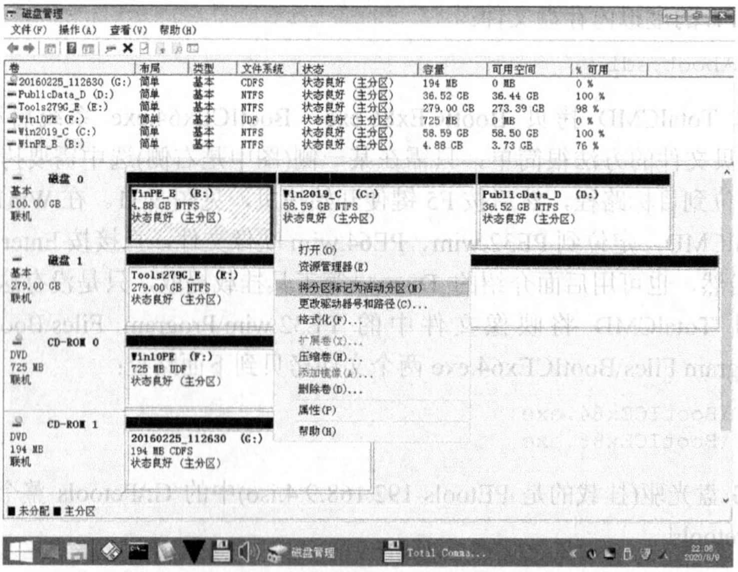

图 3-32　将主分区 WinPE_B 设置为活动分区

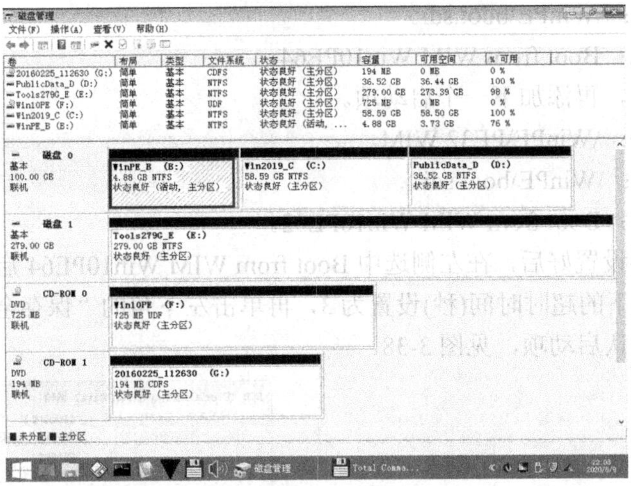

图 3-33　主分区 WinPE_B 已经设置为活动分区

(2)　在分区 WinPE_B 中创建目录 B:\boot。

(3)　然后打开“开始菜单”，启动“BootICE 引导工具”，切换到“BCD 编辑”选项卡；选择“其他 BCD 文件”，单击下面的“新建 BCD”按钮；定位到 B:\boot 目录，新建 B:\boot\BCD 文件，见图 3-34。该文件便是系统 BOOTMGR 的启动菜单文件。

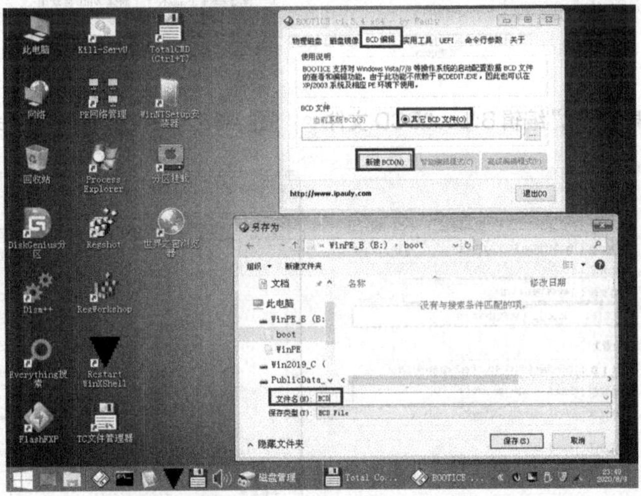

图 3-34　新建 B:\boot\BCD 启动菜单文件

(4)　B:\boot\BCD 文件创建好后，再单击“BCD 编辑”选项卡下面的“智能编辑模式”按钮(见图 3-35)，在弹出的“BCD 编辑”窗口中单击“添加”|“新建 WIM 启动项”，见图 3-36。

(5)　然后依次修改和输入下列信息，其余默认，其中\WinPE\代表启动盘根目录下面的子目录，这里是 B:\WinPE\，下同。然后单击“保存当前系统设置”|“确定”，便成功添加一个启动项，见图 3-37。

①　设备文件：\WinPE\PE64.WIM。

② SDI 文件：\WinPE\boot.sdi。

③ 菜单标题：Boot from WIM Win10PE64。

(6) 如法炮制，再添加下一个启动项。

① 设备文件：\WinPE\PE32.WIM。

② SDI 文件：\WinPE\boot.sdi。

③ 菜单标题：Boot from WIM Win10PE32。

(7) 启动项都设置好后，在左侧选中 Boot from WIM Win10PE64 启动项，单击左侧的“默认”按钮，左下的超时时间(秒)设置为 3，再单击左下角的“保存全局设置”按钮，便可以将其设置为默认启动项，见图 3-38。

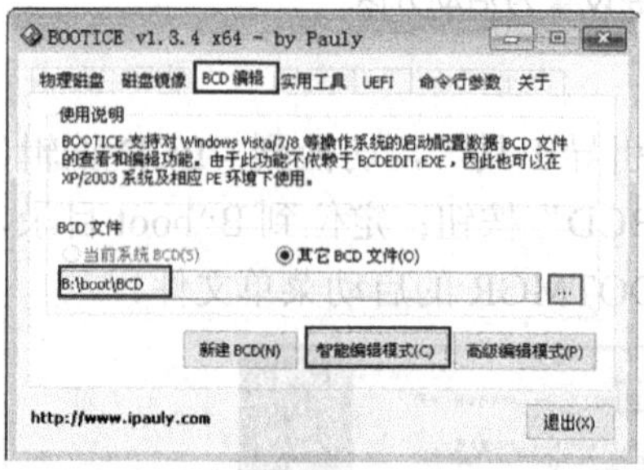

图 3-35 启动“智能编辑模式”编辑 B:\boot\BCD 文件

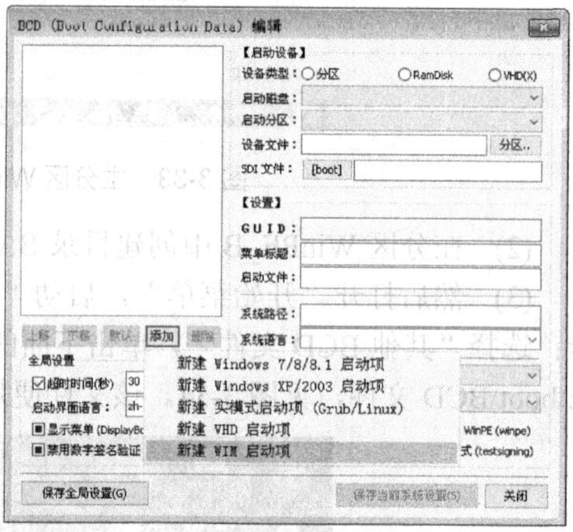

图 3-36 在“智能编辑模式”编辑 BCD 文件

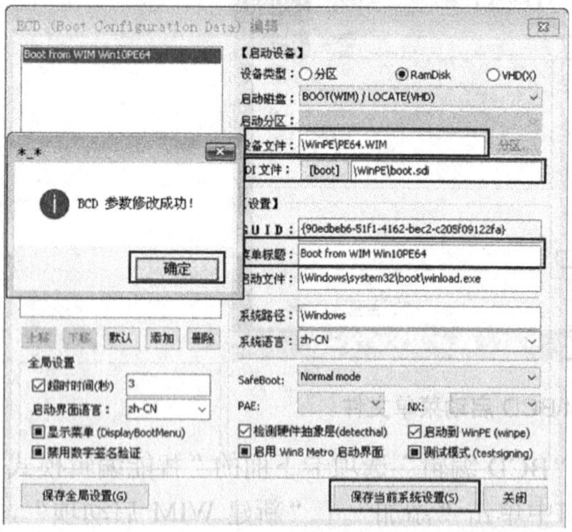

图 3-37 成功添加启动项 Boot from WIM Win10PE64

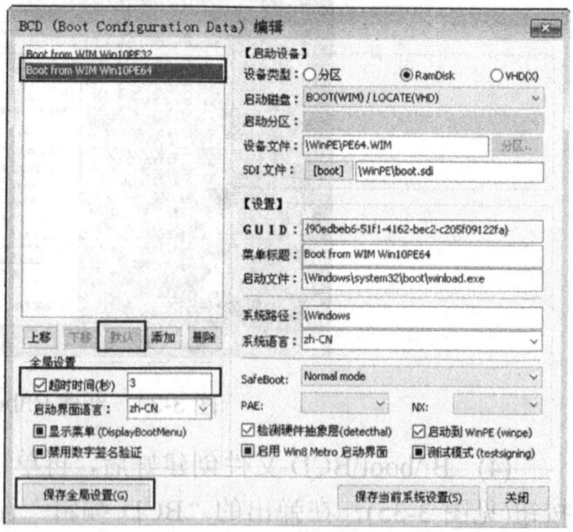

图 3-38 将 Boot from WIM Win10PE64 设置为默认启动项

(8) 拷贝和创建文件完成后，启动盘 B 盘(WinPE_B)上包含的目录和文件情况如表 3-2 所示。

表 3-2　启动分区 B 盘(WinPE_B)上的目录和文件情况

文 件 名	大小/字节	作　用
B:\bootmgr	408 074	BIOS 启动文件，从 Win2019 安装 ISO 拷贝而来
B:\bootmgr.efi	1 452 856	EFI 启动文件，从 Win2019 安装 ISO 拷贝而来
B:\boot\BCD	16 384	BOOTMGR 的启动菜单文件，自行创建
B:\boot*.LOG 等文件		BootICE 操作或系统启动时自动生成，无关紧要
B:\boot\en-US、zh-CN 等子目录		BOOTMGR 自动生成的语言文件目录，无关紧要
B:\WinPE\boot.sdi	3 170 304	挂载 wim 系统盘启动 WinPE 的虚拟内存盘文件，从 Win2019 安装 ISO 中拷贝而来
B:\WinPE\BootICEx64.exe	501 248	系统启动配置工具，从 WinPE 映像中拷贝而来
B:\WinPE\BootICEx86.exe	458 240	系统启动配置工具，从 WinPE 映像中拷贝而来
B:\WinPE\PE32.wim	593 158 024	启动 WinPE 的映像文件，自行准备
B:\WinPE\PE64.wim	616 881 272	启动 WinPE 的映像文件，自行准备

4. 让虚拟机启动 WinPE_B 分区上的 WinPE

(1) 通过以上设置，现在虚拟机不再需要从光盘启动，可以在 ESXi 的 Web 管理界面中将虚拟机 100G-BtoD-Win2019atC 中的第二个光驱断开连接或删除，第一个光驱保留但断开连接，见图 3-39。

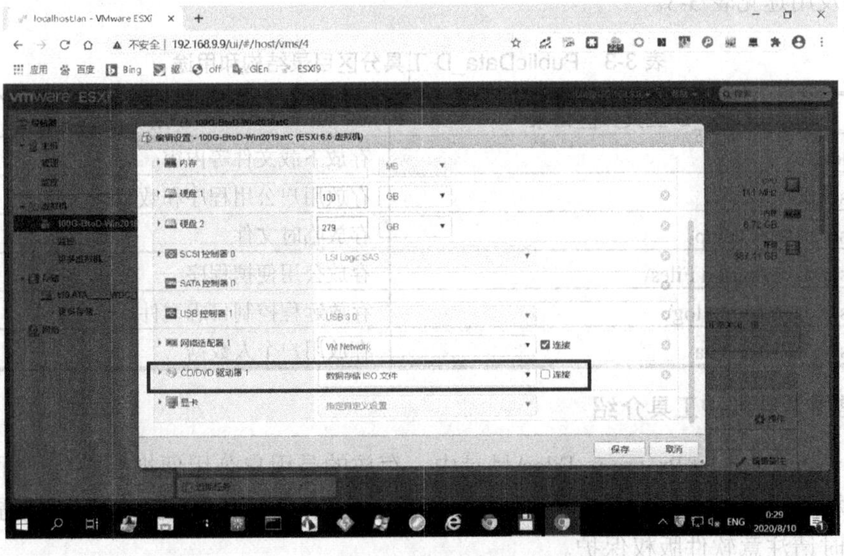

图 3-39　在 ESXi 的 Web 管理界面断开和删除虚拟机光驱

(2) 前面我们设置虚拟机 100G-BtoD-Win2019atC 的 BIOS 启动顺序时，第一启动项设为 CD-ROM Drive，第二启动项设为 Hard Drive。我们已经断开所有光驱，系统便会从第二启动项 Hard Drive 启动，所以这里不用再调整 BIOS 启动顺序。

(3) 以上设置完成后，重启虚拟机 100G-BtoD-Win2019atC 的电源，虚拟机便能够从 WinPE_B 分区上启动我们上面配置的 Win10PE64，见图 3-40。Win10PE64 启动后，可能存在盘符交错情况，这是正常现象，不用处理，见图 3-41。

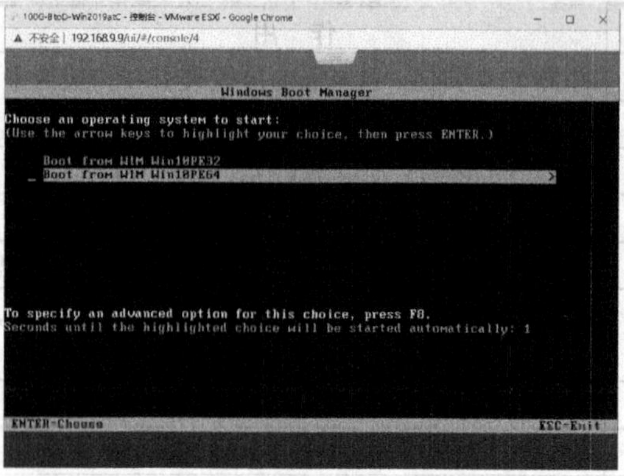

图 3-40　虚拟机从 WinPE_B 分区启动 Win10PE64

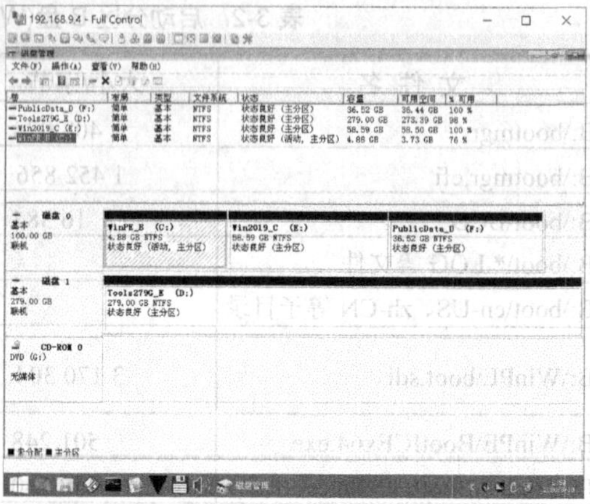

图 3-41　Win10PE64 启动后可能存在盘符交错情况

3.4.3　准备和安装 PublicData_D 工具分区

1. PublicData_D 工具分区目录结构和用途

结构及用途见表 3-3。

表 3-3　PublicData_D 工具分区目录结构和用途

PublicData_D 工具分区目录	用　途
D:\Download\	存放下载文件等内容
D:\WinUser.dat\	存放用户公用程序和数据
D:\WinUser.dat\MyTemp\	存放临时文件
D:\WinUser.dat\Program Files\	存放公用便携程序
D:\WinUser.dat\Radmin.log\	存放远程控制日志文件
D:\WinUser.dat\UserData\	存放用户个人数据

2. 常用管理维护工具介绍

在 D:\WinUser.dat\Program Files\目录中，存放的是用户公用便携程序，下面是一些常用的便携程序(见表 3-4)，灵活运用可以大大提高服务器管理维护效率。需要提醒的是，用户在使用时请注意软件版权保护。

表 3-4　d:\WinUser.dat\Program Files\目录中的常用便携程序

子目录名称	便携程序说明
AgileFontSet	快捷设置 Windows 系统字体和桌面图标间距的小程序
Aida64 Business	强大实用的硬件检测工具，可查看用于 Windows 激活的 BIOS SLIC 信息
ATIH2018x32	Acronis True Image Home 2018 系统备份恢复工具 x86 版(也称 x32，可用于 Win10PE32 系统，以及支持 x86 程序的 Win2016、Win2019、Win10PE64 等 64 位系统，下同)

续表

子目录名称	便携程序说明
ATIH2018x64	Acronis True Image Home 2018 系统备份恢复工具 x64 版(可用于 Win2016、Win2019、Win10PE64 等 64 位系统，下同)
BootICE	系统引导管理维护工具，可用于管理 Windows 系统启动菜单
ChromePortable	Chrome 浏览器便携版
Cpu-z	查看 CPU 信息的小工具
DiskGenius32	专家级磁盘分区管理软件 32 版
DiskGenius64	专家级磁盘分区管理软件 64 版
Dism++	Windows 系统优化和映像管理工具
Everedit_Win32_Portable	高性能纯文本编辑器 x86 便携版
Everedit_Win64_Portable	高性能纯文本编辑器 x64 便携版
Everything	NTFS 高效文件搜索工具
FastStoneCapturePortable	经典好用的屏幕截图软件便携版
FlashFXP	功能强大的 FXP、FTP 传输软件
ImDisk	虚拟磁盘工具，可挂载管理光盘映像
MjTool	自备工具目录，包含 DelTemp-W2008R2.CMD、delIniAndLock.vbs、RestartPC.exe 等
ParagonPM.15-08PE	Paragon Hard Disk Manager 通用的磁盘分区管理工具
Process Explorer	最好的进程管理器，增强型任务管理器
Radmin Viewer 3.5.2 ZS	Radmin 远程管理客户端程序
RealVNC Viewer-x64	RealVNC 远程管理客户端程序 x64
RealVNC Viewer-x86	RealVNC 远程管理客户端程序 x86
RStudioPortable	优秀的磁盘数据恢复工具
SecureCRT	专业级终端仿真程序，可用于登录管理 ESXi、ubuntu 等服务器
Serv-U-10.4-x32	Serv-U 便携版 FTP 服务器软件 x86 版
Serv-U-15.1.5.10-x64	Serv-U 便携版 FTP 服务器软件 x64 版
TotalCMD	功能强大的文件管理软件
UltraISO	软碟通，光盘映像制作管理工具
UnifyRemoteManager	自备远程控制自动登录管理软件，同时支持 Radmin、RealVNC
WinRAR	压缩软件
YodaoDict	有道词典

3. 安装 PublicData_D 工具分区

(1) 首先，在一台运行 Windows 系统的电脑中创建一个 NTFS 分区，容量大一些，比如 50GB，卷标设为 PublicData_D，分配一个盘符，比如 D 盘。

(2) 在 D 盘上创建上面介绍的 PublicData_D 工具分区的目录结构。

(3) 将各种常用便携程序都拷贝到 D:\WinUser.dat\Program Files\目录中。

(4) 在系统中安装 ATIH2018x32(参见本书后面介绍)，或者启动到 WinPE 之中，用 ATIH2018x32 将 PublicData_D 工具分区备份为*.tib 映像文件，比如 50G-PublicData_D.tib，试验中 tib 备份为单个文件，大小约 1.5GB。

(5) 然后，将虚拟机启动到 Win10PE64 中，使用 ATIH2018x32 将映像文件 50G-PublicData_D.tib 恢复到前面已经配置好的 PublicData_D 工具分区中。注意，恢复时只选择恢复分区，不要选择恢复“MBR(Master Boot Record)与 0 磁道”，见图 3-42 至图 3-44。

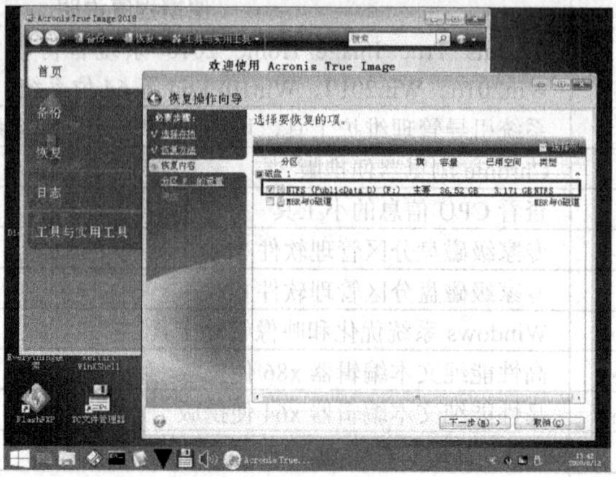

图 3-42　只选择恢复分区，不要选择恢复“MBR(Master Boot Record)与 0 磁道”

图 3-43　将 50G-PublicData_D.tib 恢复到 PublicData_D 工具分区中

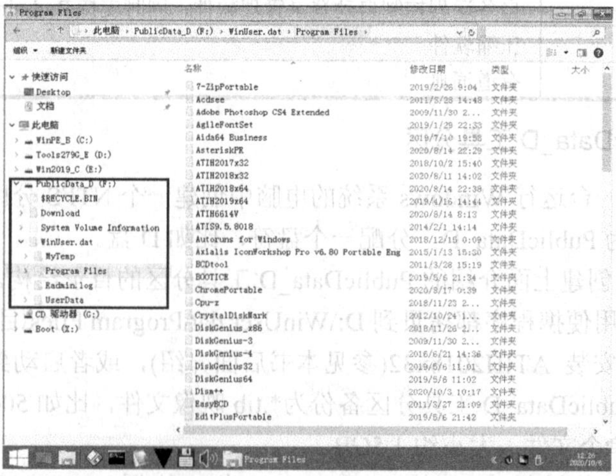

图 3-44　PublicData_D 工具分区中的文件和目录

(6) 此后，若需要增加删除公用便携程序，只需将上面备份的 50G-PublicData_D.tib 恢复到某个磁盘分区，进行增加删除操作后，再重新备份为*.tib 映像文件即可。

(7) 当然，如果已有包含公用程序分区的*.tib 整合备份，也可以从其中单独恢复公用程序分区到虚拟机的 PublicData_D 分区。

3.4.4 使用 ATIH2018x32 进行全新备份

当容量为 100GB 的主硬盘各个分区都创建配置完成之后，建议及时使用 ATIH2018x32 进行全新备份，以备恢复。

3.5 全新安装 Windows Server 2019

接下来，我们将在上面已经配置好的虚拟机上，开始全新安装 Windows Server 2019。

3.5.1 全新安装 Windows Server 2019 的两种方式

可以通过下面两种方式全新安装 Windows Server 2019。

第一种方式是登录到 ESXi 的 Web 管理界面，将虚拟机 100G-BtoD-Win2019atC 中的第一个光驱挂载我们前面已经上传到 ESXi 数据存储中的安装光盘映像，并打开该光驱“连接”：

```
/vmfs/volumes/WD1000G/Tools/SW_DVD9_Win_Server_STD_CORE_2019_1809.5_64Bi
t_ChnSimp_DC_STD_MLF_X22-34332.ISO
```

然后让虚拟机重新从光盘启动，开始全新安装过程。

第二种方式是将虚拟机启动到我们前面已经配置好的 Win10PE64 中，将已经上传到虚拟机硬盘上的安装光盘映像挂载到本地光盘，开始全新安装过程。

3.5.2 全新安装 Windows Server 2019 的具体过程

下面，我们采用第二种方式，介绍全新安装 Windows Server 2019 的具体过程。

(1) 注意，为了保障服务器安全，在安装之前，建议先断开 VMware 虚拟机的所有网卡连接，直到系统安装配置好 SEP(见本书后面介绍)才启用网络，见图 3-45。这样可以避免服务器安装好后，还未进行安全配置，便从网络 DHCP 服务器自动获取 IP 地址联网。我们实际遇到过，Win2019 安装好后便自作主张地强制联网自动更新，导致系统重启时卡死的情况。不过，断开虚拟机的所有网卡连接后，我们便只能使用 Web 控制台进行下面的安装操作。

(2) 将虚拟机启动到我们前面已经配置好的 WinPE_B 分区中的 Win10PE64，启动后的 G 盘为虚拟机自带光驱，已经断开连接。启动后，双击打开桌面上的 TotalCMD，定位到前面已经上传到虚拟机硬盘上的安装光盘映像，右击光盘映像，选择“自动挂载”便可挂载到本地光盘 H 盘，见图 3-46 和图 3-47。

```
E:\OS\SW_DVD9_Win_Server_STD_CORE_2019_1809.5_64Bit_ChnSimp_DC_STD_MLF_X
22-34332.ISO
```

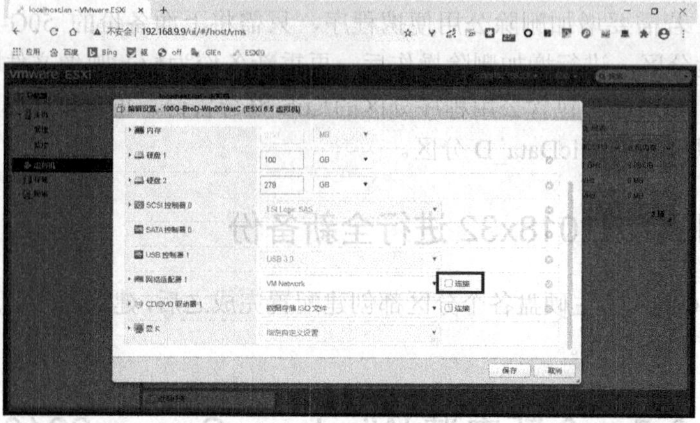

图 3-45　安装之前，建议先断开 VMware 虚拟机的所有网卡连接

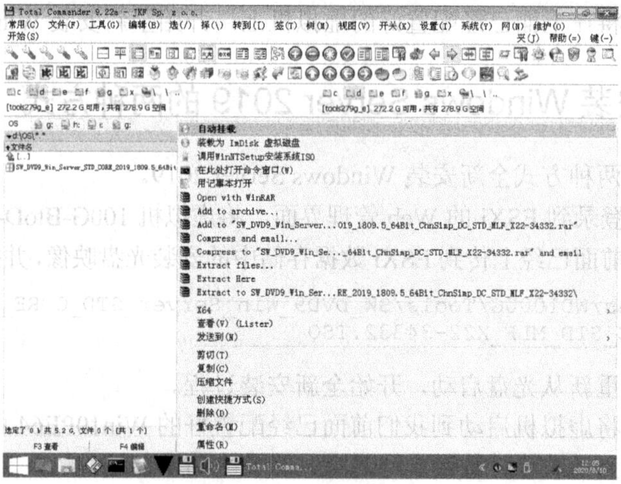

图 3-46　将安装映像“自动挂载”到本地光盘

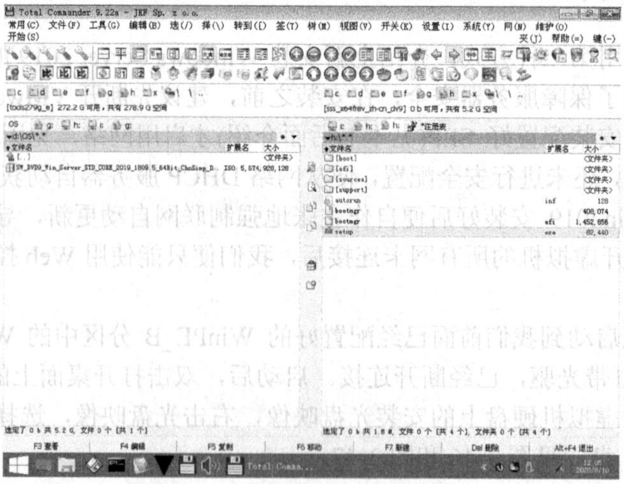

图 3-47　安装映像成功挂载到 H 盘

(3) 接下来，双击 H:\setup.exe 启动安装程序，需要耐心等待一会儿，当出现“Windows 安装程序”界面后，选择好“要安装的语言”选项、“时间和货币格式”选项、“键盘和输入方法”选项，一般使用默认即可，然后单击“下一步”按钮，见图 3-48。

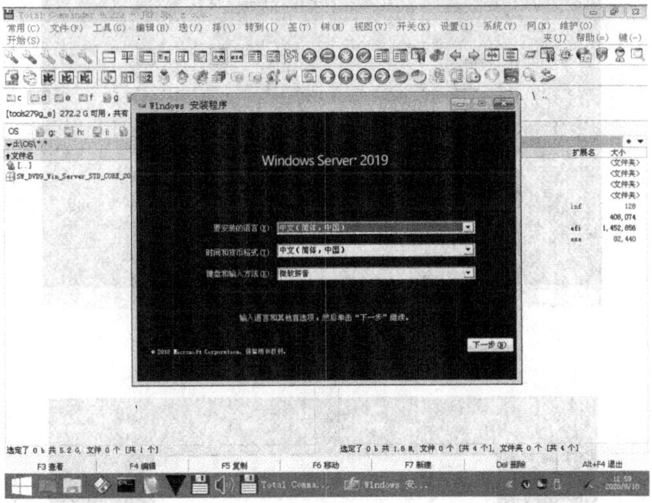

图 3-48　开始安装 Windows Server 2019

(4) 在弹出的“Windows 安装程序”对话框中，直接单击“现在安装”按钮，见图 3-49 和图 3-50。

(5) 等待一段时间后，将弹出版本选择对话框，我们选择安装最后一项 Windows Server 2019 Datacenter(桌面体验)，单击“下一步”按钮，见图 3-51。

提示： 需要注意，若选择安装不带“桌面体验”的项目，安装后将没有图形用户界面，只能通过命令提示符、PowerShell、Windows Admin Center 等远程管理工具进行管理。

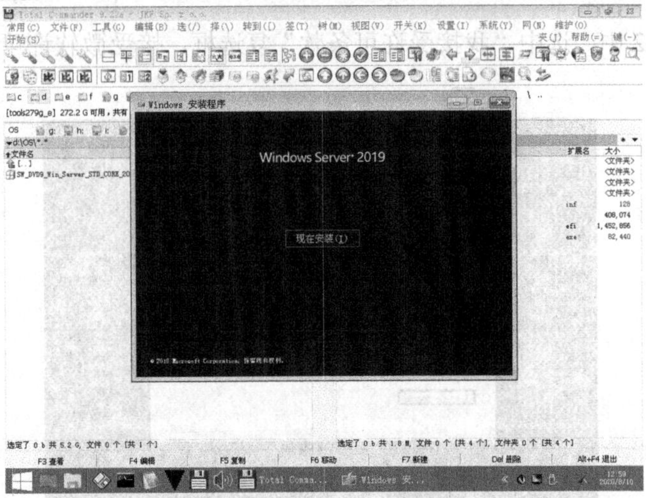

图 3-49　现在安装 Windows Server 2019

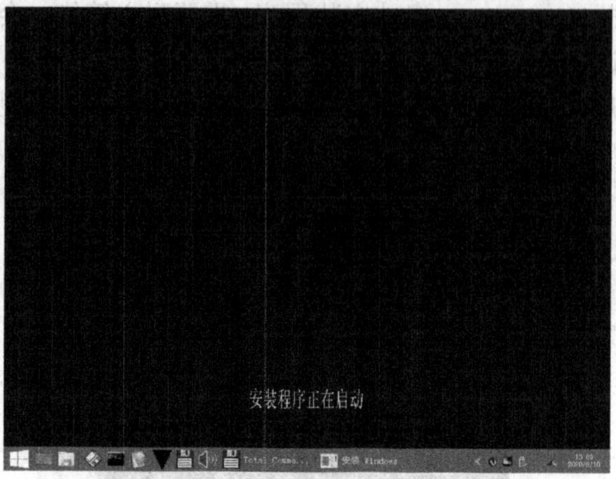

图 3-50　安装程序正在启动

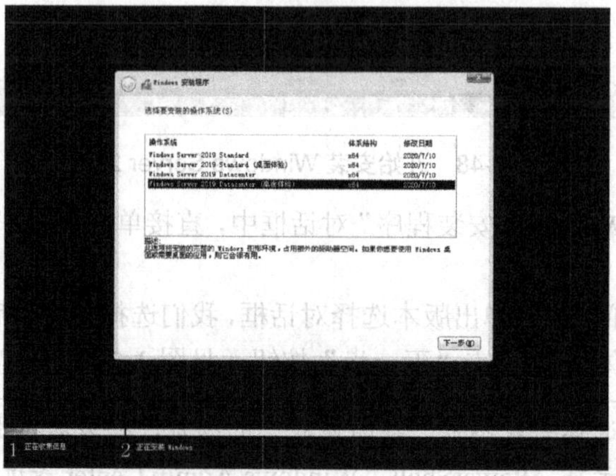

图 3-51　选择安装 Windows Server 2019 Datacenter(桌面体验)版本

(6) 在图 3-52 中，选中“我接受许可条款”复选框，接受微软许可条款，单击“下一步”按钮。

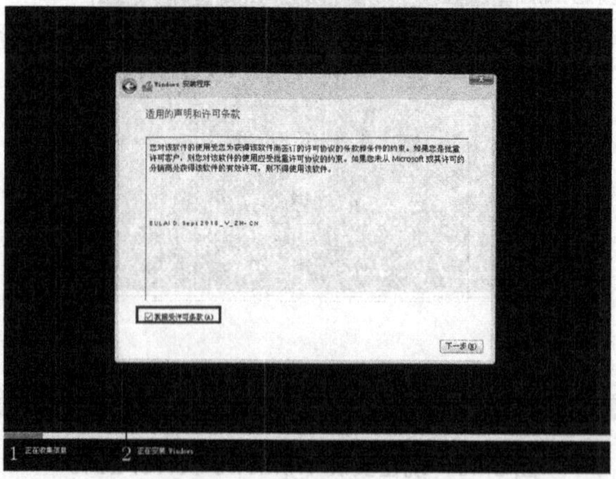

图 3-52　接受许可条款

(7) 在图 3-53 中，选择安装类型。单击“自定义：仅安装 Windows(高级)”选项，进入下一步。

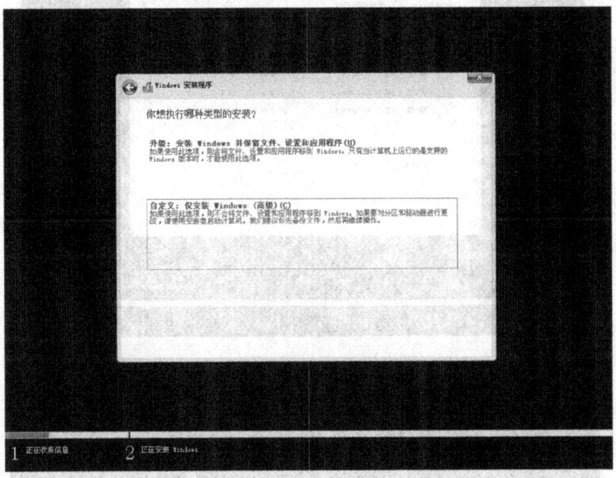

图 3-53 选择如何安装操作系统

(8) 然后，需要选择操作系统安装的磁盘分区。

若此前还没有对磁盘进行分区，可以在此通过删除、格式化、新建等准备磁盘分区(见图 3-55)。需要注意的是，Windows Server 2019 只能安装在 NTFS 分区中。若需要安装厂家驱动程序才能访问的磁盘，则需要在此提供驱动程序。单击“加载驱动程序”选项，打开加载驱动程序对话框，然后按照屏幕提示提供驱动程序，见图 3-54。驱动程序介质可以是 CD、DVD、U 盘，已经不支持早期的软驱了。

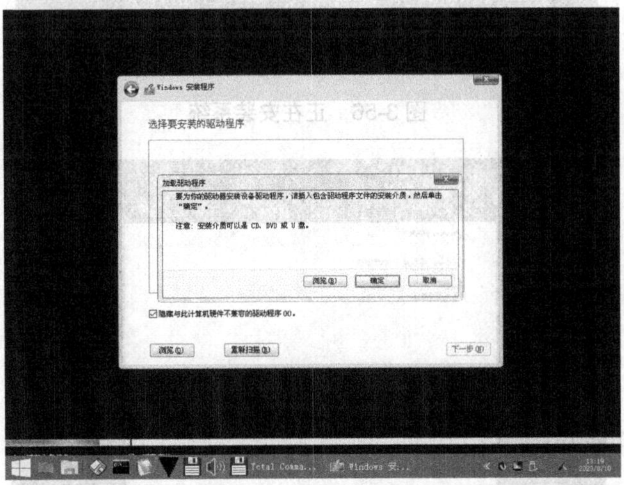

图 3-54 加载驱动程序

这里，我们直接选择前面已经创建好的 Win2019_C 主分区，单击“下一步”按钮，见图 3-55。

(9) 接下来，便开始正式安装操作系统，并显示安装进度，安装过程中会自动重新启动两次，此间都无须用户干预，请耐心等待，见图 3-56 和图 3-57。

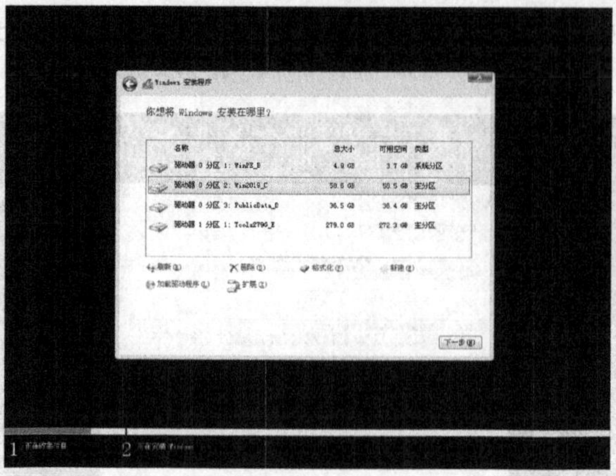

图 3-55　选择操作系统安装的磁盘分区

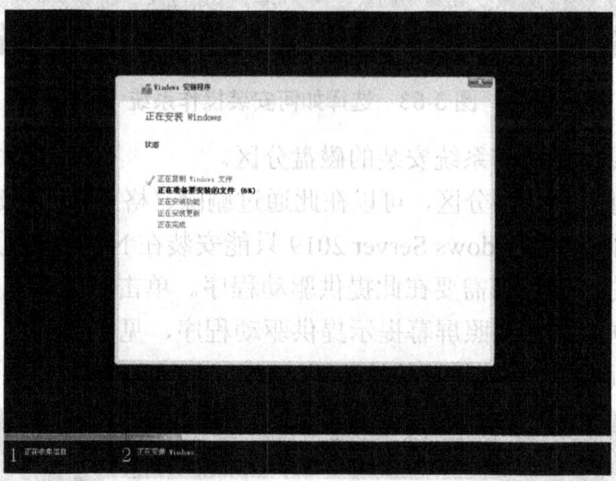

图 3-56　正在安装系统

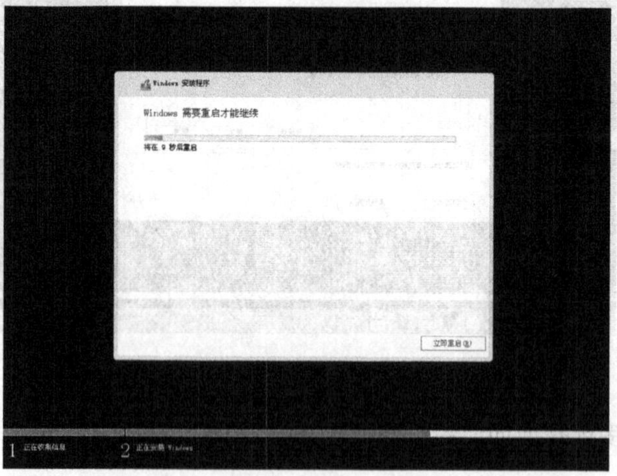

图 3-57　安装过程中会自动重新启动两次

3.5.3　第一次登录 Windows Server 2019 桌面

(1)　等待几分钟后，系统安装完成。首次登录之前，会提示输入管理员用户密码。注意密码要有一定复杂程度，至少 8 位，要包含大小写字母、数字和特殊符号，比如 Abcd$1234，见图 3-58。设置好后单击“完成”按钮，便会进入登录前的屏保界面。

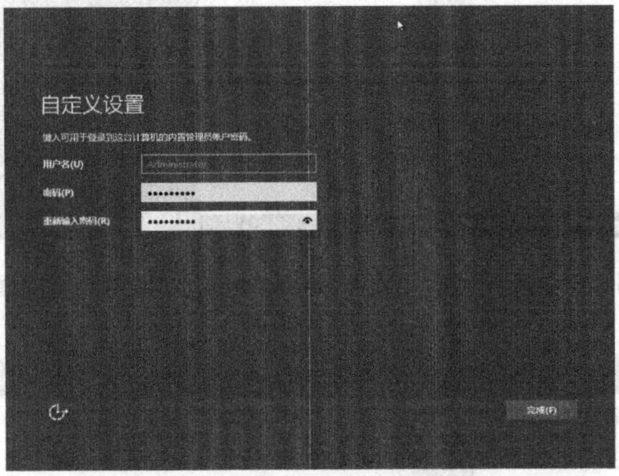

图 3-58　输入管理员用户密码

(2)　在屏保界面(见图 3-59)按 Ctrl+Alt+Delete 组合键解锁后，便会出现登录界面，输入前面设置的管理员用户密码，再按 Enter 键，便可以正式登录系统桌面。

图 3-59　Windows Server 2019 屏保界面

(3)　第一次登录桌面时，默认会自动启动“服务器管理器”，这里可选中“不再显示此消息”复选框，可以随后再进行配置。若系统已经自动识别到网卡，并且已从网络中的 DHCP 服务器分配到 IP 地址，便会提示是否允许本服务器“被此网络上的其他电脑和设备发现”，单击“否”按钮即可，见图 3-60。

(4)　接着，可以选择“服务器管理器”右上侧的“管理”|“服务器管理器属性”命令，在弹出的对话框中选择“在登录时不自动启动服务器管理器”，再单击“确定”按钮；这样下次登录时便不会再自动启动“服务器管理器”，见图 3-61。

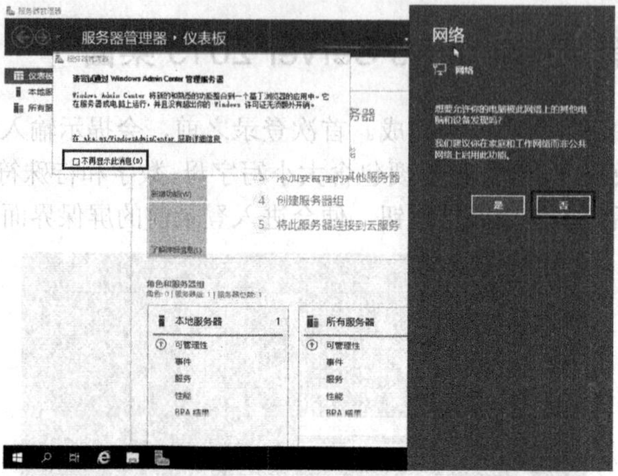

图 3-60　第一次登录桌面，会自动启动“服务器管理器”

图 3-61　设置在登录时不自动启动服务器管理器

至此，全新安装 Windows Sever 2019 便已经完成，用时大约 15 分钟或更多。

3.5.4　为新安装的 Windows Server 2019 系统理顺盘符

新安装的 Windows Server 2019 系统，各个分区的盘符并不规范，比如有的分区没有联机、有的分区没有分配盘符、有的分区盘符不符合我们的预期等，我们可以启动系统“磁盘管理”，为新安装的系统理顺盘符，便于后续安装配置。

(1)　选择“开始菜单”|“Windows 管理工具”|“计算机管理”，在左侧打开“存储”|“磁盘管理”。

(2)　为 WinPE_B 分区分配盘符。新安装的系统没有为 WinPE_B 分区分配盘符，可以在“磁盘管理”界面中右击右侧的“WinPE_B 分区”，在弹出的快捷菜单中选择“更改驱动器号和路径”命令，为其分配盘符 B 后，便可以正常使用，见图 3-62。

(3)　以同样的方法，将光驱盘符修改为 F 盘。

(4)　在新安装的系统中，工具盘 Tool279G_E 还处于“脱机”状态。可以右击“磁盘

1-基本 279.00GB”，在弹出的快捷菜单中选择“联机”命令，并按以上方法为其分配盘符 E，见图 3-63。

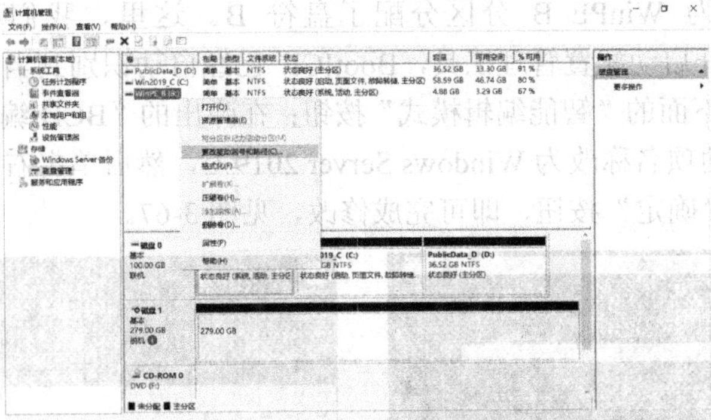

图 3-62　为 WinPE_B 分区分配盘符

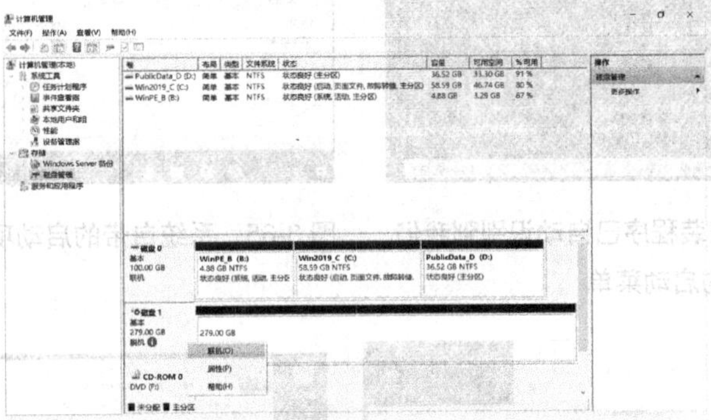

图 3-63　联机工具盘 Tool279G_E 并分配盘符 E

3.5.5　修改 Windows Server 2019 启动菜单

(1)　在安装 Windows Sever 2019 之前，我们已经配置好虚拟机可以从硬盘启动 WinPE 系统。Windows Sever 2019 的安装程序已经自动识别到我们配置好的硬盘启动结构，并且自动将全新安装的 Windows Sever 2019 启动项添加到该硬盘启动结构中，见图 3-64。

(2)　在新安装的 Windows Sever 2019 系统中，右击“开始菜单”，运行 msconfig 命令，选择“引导”选项卡，可以打开系统自带的启动项配置界面。这里能够设置默认启动项和一些高级属性，能够删除非系统启动项，但不能添加启动项，不能修改启动项名称，局限性很大，见图 3-65。

(3)　另外，在系统中隐藏得很深的“启动和故障恢复”对话框里面，也是只能设置默认启动项，局限性更大。可以打开“开始菜单”|“Windows 系统”|“控制面板”；再依次单击“系统和安全”|右侧“系统”|左侧“高级系统设置”；在弹出的“系统属性”对话框中单击“高级”选项卡，单击下面启动和故障恢复栏的“设置”按钮，才能打开“启动和故障恢复”对话框，见图 3-66。

(4)　系统自带的启动项配置界面局限性都很大，我们可以使用前面准备的

b:\WinPE\BootICEx64.exe、b:\WinPE\BootICEx86.exe 系统启动配置工具(Windows Sever 2019 支持运行 x86 程序)来修改系统启动配置。

(5) 上面已经为 WinPE_B 分区分配了盘符 B。这里，我们可以双击 b:\WinPE\BootICEx64.exe 打开启动配置管理工具，BootICE 已经自动识别到当前系统的 BCD 文件 B:\boot\BCD；单击下面的“智能编辑模式”按钮；在弹出的“BCD 编辑”对话框中，可以将新添加的系统启动项名称改为 Windows Server 2019-C，然后单击右下侧“保存当前系统设置”按钮，单击“确定”按钮，即可完成修改，见图 3-67。

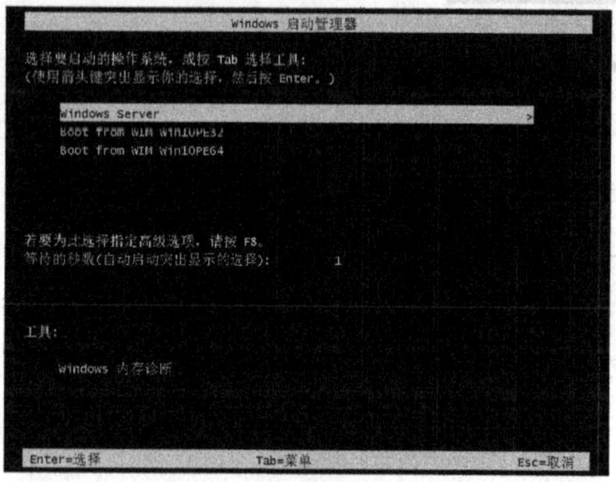

图 3-64 Win2019 安装程序已自动识别到我们配置的启动菜单

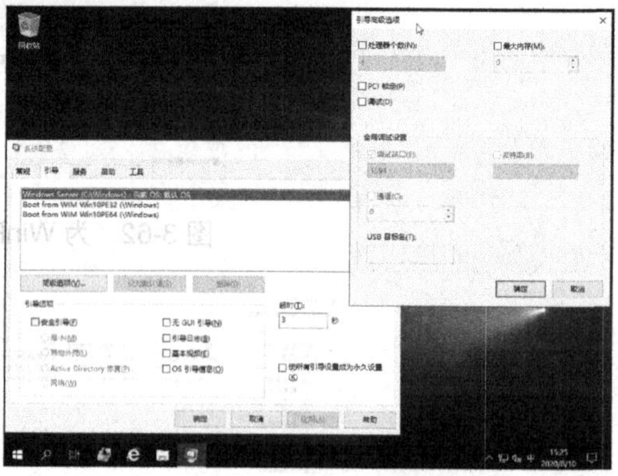

图 3-65 系统自带的启动项配置界面局限性很大

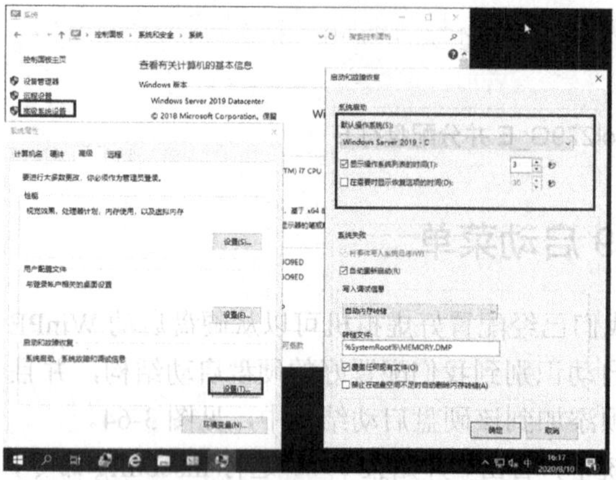

图 3-66 启动和故障恢复界面局限性更大

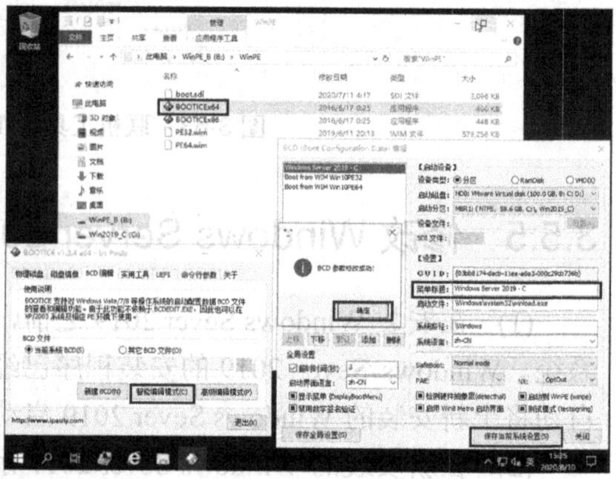

图 3-67 使用 BootICE 工具修改系统启动配置

3.5.6 使用 ATIH2018x32 进行增量备份

Windows Server 2019 全新安装完成后，建议及时使用 ATIH2018x32 进行增量备份，以备恢复。若 Windows Server 2019 系统中已经安装好 ATIH2018x32，可以直接在当前系统中进行备份，若系统中还未安装 ATIH2018x32，可以启动到 Win10PE64 中使用 ATIH2018x32 进行备份。可参见后面章节的介绍。

3.6　升级安装 Windows Server 2019

3.6.1　Windows Server 升级安装的官方说明

1. Windows Server 的"就地升级"

Windows Server 升级安装可以保留原有系统用户文件、应用和设置，升级过程只需要执行较少步骤，比全新安装节省大量时间。按照微软官方的说明，我们这里介绍的升级叫作"就地升级"(In-place Upgrade)，是指在相同物理硬件上从较旧版操作系统移动到较新版本的操作过程。

2. Windows Server 的升级路径

不过，升级之前，我们需要先确认现有 Windows Server 升级受支持的情况，参见：https://docs.microsoft.com/zh-cn/windows-server/upgrade/upgrade-overview。据微软官网介绍，Windows Server 升级建议升级到最新版本的 Windows Server 2019，这样可使用最新软件功能、最新安全防护，并获得最佳系统性能。不过，在微软官方网站说明中，只有 Windows Server 2012 R2 和 Windows Server 2016 才能直接升级到 Windows Server 2019；其余旧版本 Windows Server 则需要经过多次升级才能升级到 Windows Server 2019；Windows Server 2008 之前的版本已不再受支持，见图 3-68。

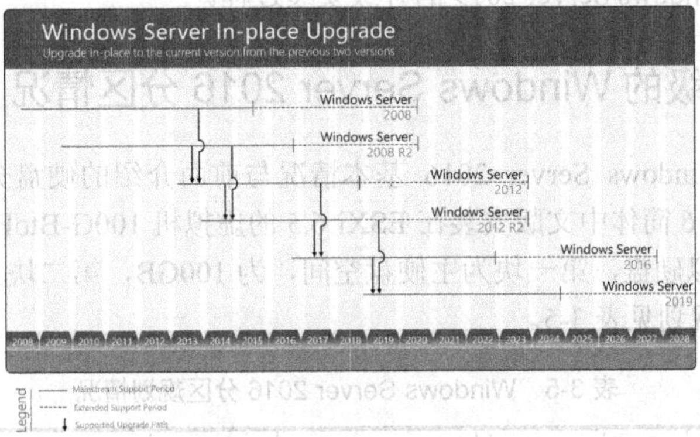

图 3-68　微软官方 Windows Server 就地升级路径

3. Windows Server 不支持跨语言升级

还需要注意，Windows Server 不支持跨语言升级。比如 Windows Server 2016 英文版便只能直接升级到 Windows Server 2019 英文版；Windows Server 2016 英文版不能升级到 Windows Server 2019 中文版，即使你安装了中文语言包并切换到中文界面也不行，强制升级可能会失败，即使成功也不能保留原来的用户文件、应用和设置。经实际试验，Windows Server 2016 英文版即使升级到 Windows Server 2016 中文版也不行，强制升级，安装过程会以失败告终，见图 3-69。

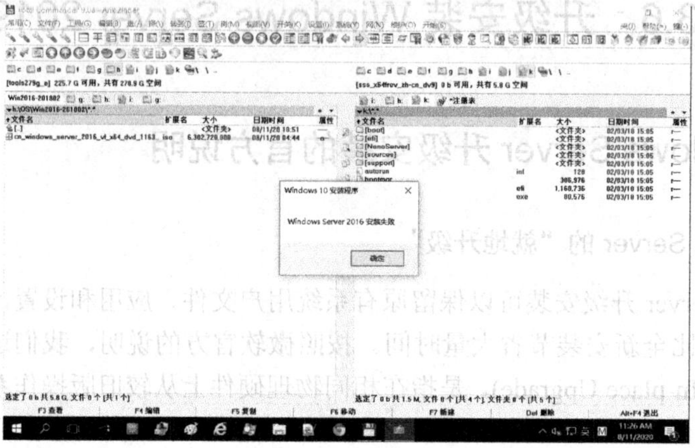

图 3-69　Windows Server 2016 英文版不能升级到 Windows Server 2016 中文版

4. 其他渠道的升级

另外，官网上还介绍，用户还可以从操作系统的评估版本升级到零售版本，从旧的零售版本升级到较新版本，或者在某些情况下，从操作系统的批量许可版本升级到普通零售版本。有关“就地升级”之外升级选项的信息，可以参见官方 Windows Server 的升级和转换选项https://docs.microsoft.com/zh-cn/windows-server/get-started/supported-upgrade-paths。

下面，我们以从 Windows Server 2016 简体中文版升级到 Windows Server 2019 简体中文版为例，介绍 Windows Server 2019 的升级安装过程。

3.6.2　准备升级的 Windows Server 2016 分区情况

准备升级的 Windows Server 2016 基本情况与前面介绍的硬盘分区规划基本一致。Windows Server 2016 简体中文版安装在 ESXi 6.5 的虚拟机 100G-BtoF-Win2016atC 中，该虚拟机挂载两块虚拟硬盘，第一块为主硬盘空间，为 100GB，第二块为工具硬盘空间，为 279GB，具体分区规划见表 3-5。

表 3-5　Windows Server 2016 分区规划情况

硬盘	分区类型	盘符	分区格式	卷标	分区大小	分区用途
第一块为主硬盘	主分区（活动分区）	B	NTFS	WinPE_B	5GB	存放 BOOTMGR、WinPE 等，可启动多种操作系统
	主分区	C	NTFS	Win2016_C	60GB	安装 Windows Server 2016 操作系统
	主分区	D	NTFS	PublicData_D	35GB	存放用户公用程序和数据
第二块为工具硬盘	主分区	F	NTFS	Tools279G_E	279GB	存放各种系统映像和工具软件

3.6.3 从 Windows Server 2016 进行升级安装

1. 查看 Windows Server 2016 系统是否符合升级要求

在升级安装前，我们先确认系统是否满足升级要求。

(1) 先检查系统版本信息。单击“开始菜单”|“控制面板”|“系统”，便可以查看计算机的系统属性，虚拟机中安装的是 Windows Server 2016 Datacenter VL(Volume Licensing)简体中文版，见图 3-70。

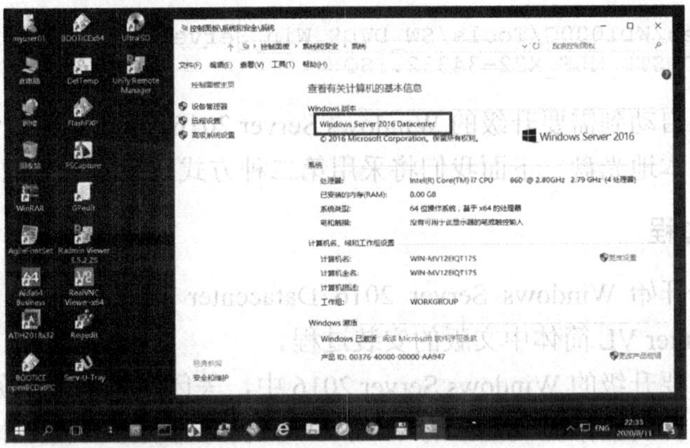

图 3-70 升级前查看计算机系统属性

(2) 再检查系统分区剩余空间。需要保证安装 Windows Server 2016 的磁盘分区要有 10GB 以上的剩余空间。虚拟机中的 Windows Server 2016 是安装在 C 盘，剩余空间还有 45.2GB，见图 3-71。

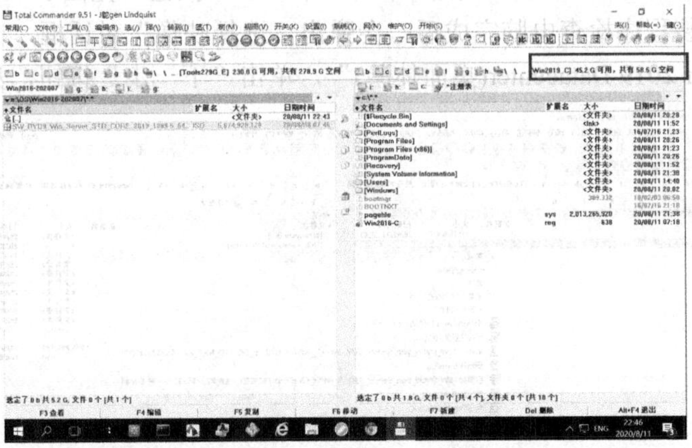

图 3-71 查看安装 Windows Server 2016 磁盘分区的剩余空间

2. 使用 ATIH2018x32 备份 Windows Server 2016 系统

在升级之前，建议使用 ATIH2018x32 对准备升级的 Windows Server 2016 系统进行备份，以备恢复。若 Windows Server 2016 系统中已经安装好 ATIH2018x32，可以直接在当前系统中进行备份，若系统中还未安装 ATIH2018x32，可以启动到 Win10PE64 中使用 ATIH2018x32 进行备份。可参见后面章节的介绍。

3. 准备 Windows Server 2019 安装映像

需要升级的是 Windows Server 2016 简体中文版，只能升级到 Windows Server 2019 简体中文版。可以通过下面两种方式挂载 Windows Server 2019 简体中文版的安装映像。

第一种方式是登录到 ESXi 的 Web 管理界面，将虚拟机 100G-BtoD-Win2016atC 中的第一个光驱挂载我们已经上传到 ESXi 数据存储的光盘映像：

```
/vmfs/volumes/WD1000G/Tools/SW_DVD9_Win_Server_STD_CORE_2019_1809.5_64Bit_ChnSimp_DC_STD_MLF_X22-34332.ISO
```

第二种方式是启动到需要升级的 Windows Server 2016 中，将已经上传到虚拟机硬盘上的光盘映像挂载到本地光盘。下面我们将采用第二种方式挂载光盘映像。

4. 升级安装过程

接下来我们将开始 Windows Server 2016 Datacenter VL 简体中文版升级至 Windows Server 2019 Datacenter VL 简体中文版的安装过程。

(1) 启动到需要升级的 Windows Server 2016 中，关闭各种对外服务。

(2) 将已经上传到虚拟机硬盘上的 Win2019 安装光盘映像挂载到本地光盘。Windows Server 2016 系统已经集成挂载 ISO 光盘映像的功能，只需在 TotalCMD 或资源管理器中右击光盘映像，选择“装载”便可自动挂载到新创建的驱动器，比如 i 盘，见图 3-72 和图 3-73。

(3) 接下来，直接运行 i:\setup.exe 启动安装程序，等待一会儿后，便会出现“Windows Server 2019 安装程序”窗口，在获取更新的界面选择“不是现在”，取消选中“我希望帮助改进 Windows 的安装”复选框，然后单击“下一步”按钮，见图 3-74。

(4) 等待安装程序检查电脑完成后，会弹出“选择映像”对话框，选择安装最后一项“Windows Server 2019 Datacenter(桌面体验)”，单击“下一步”按钮，见图 3-75。

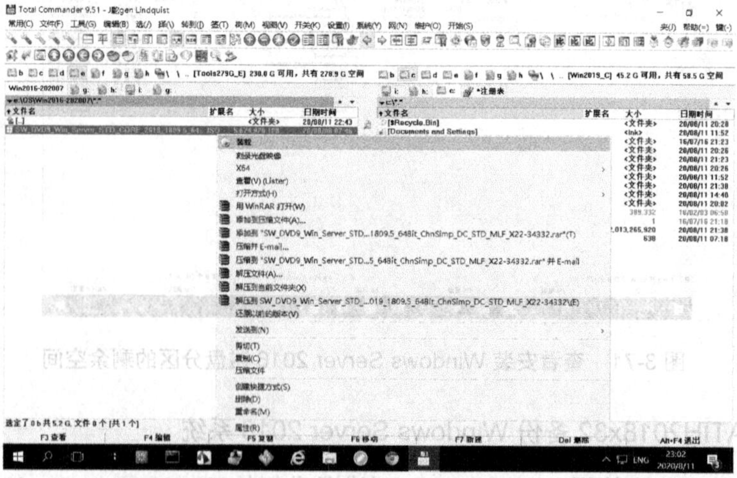

图 3-72 将 Win2019 安装光盘映像挂载到本地光盘

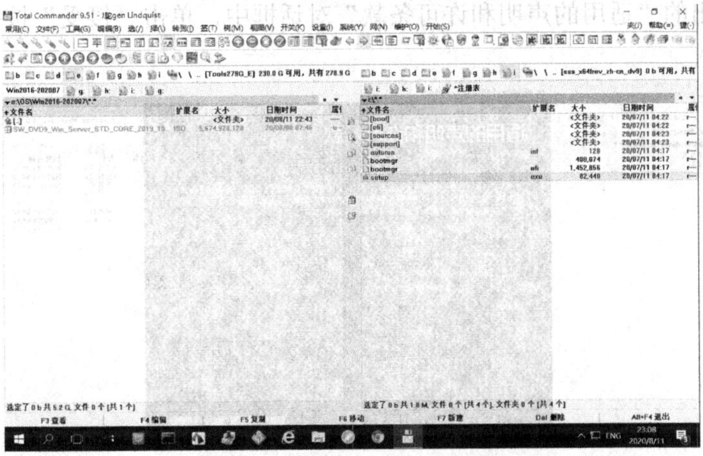

图 3-73　Win2019 安装光盘映像已经挂载到本地光盘 i 盘

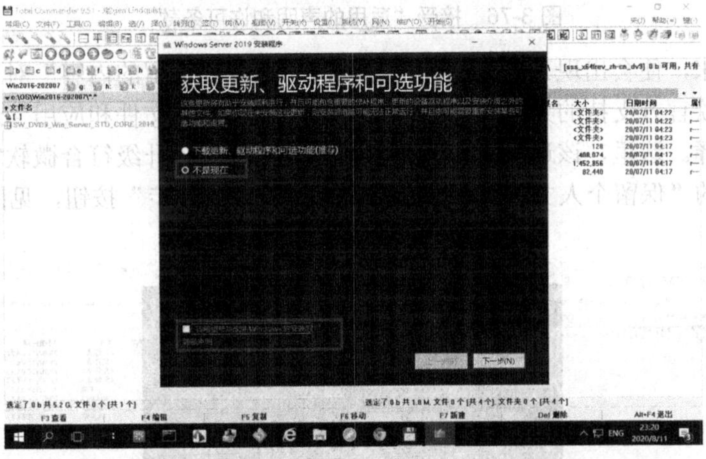

图 3-74　直接运行 i:\setup.exe 启动安装程序

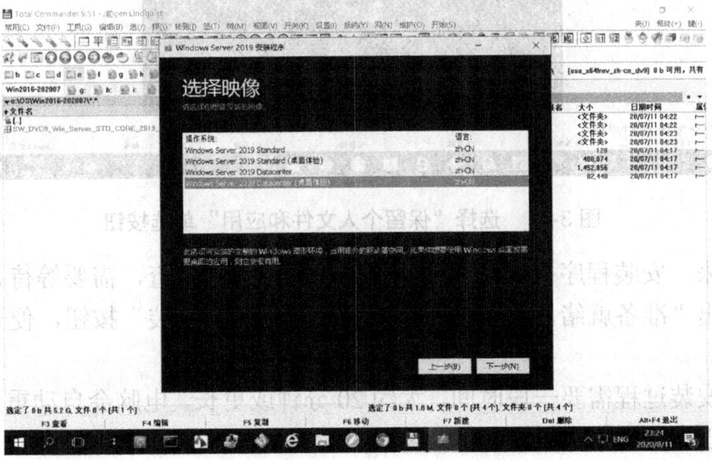

图 3-75　选择安装 Windows Server 2019 Datacenter(桌面体验)

(5) 在弹出的“适用的声明和许可条款”对话框中，单击“接受”按钮，见图 3-76。

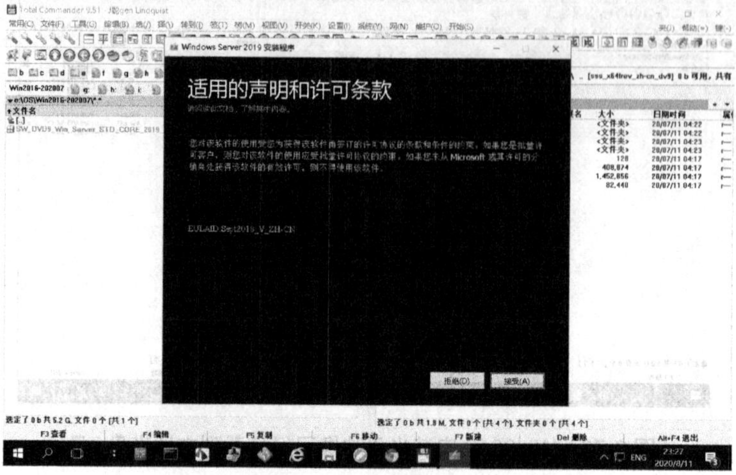

图 3-76 接受“适用的声明和许可条款”

(6) 接下来，便会出现升级安装的关键环节“选择要保留的内容”对话框。只有当系统升级符合微软官方支持的条件时，才能够选择“保留个人文件和应用”选项，否则该选项变灰无法选择。这里，该选项可以选择，说明我们的系统升级符合微软官方支持条件。使用默认选中的“保留个人文件和应用”选项，单击“下一步”按钮，见图 3-77。

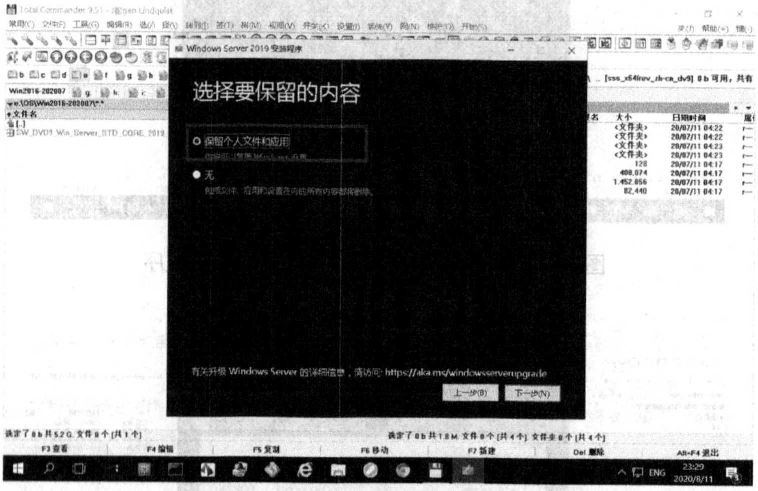

图 3-77 选择“保留个人文件和应用”单选按钮

(7) 接下来，安装程序会对我们前面的各项选择进行检查，需要等待几分钟。当检查通过后，将弹出“准备就绪，可以安装”对话框，单击“安装”按钮，便开始进入升级过程，见图 3-78。

(8) 升级安装过程需要一段时间，大约 20 分钟或更长，电脑会自动重启几次，无须用户干预，应耐心等待，见图 3-79。

(9) 升级完成后，会自动进入登录界面。登录桌面之后，你会发现所有文件、应用和设置都得以保留，简单清理之后，与升级之前几乎没有差别。打开系统属性查看，已经成功将 Windows Server 2016 Datacenter VL 简体中文版升级到 Windows Server 2019 Datacenter VL 简体中文版，见图 3-80。

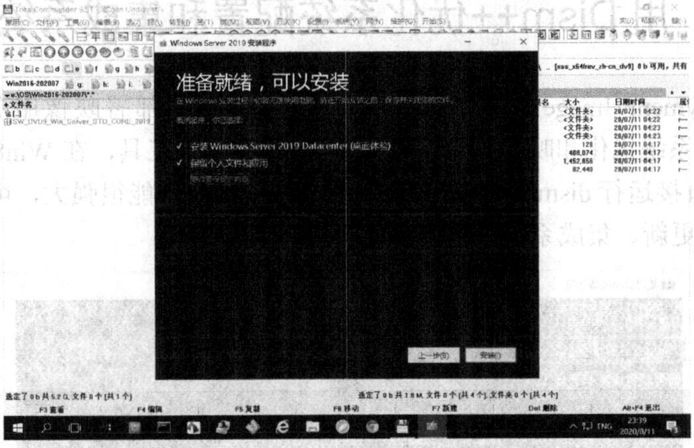

图 3-78　安装程序对各项选择进行检查

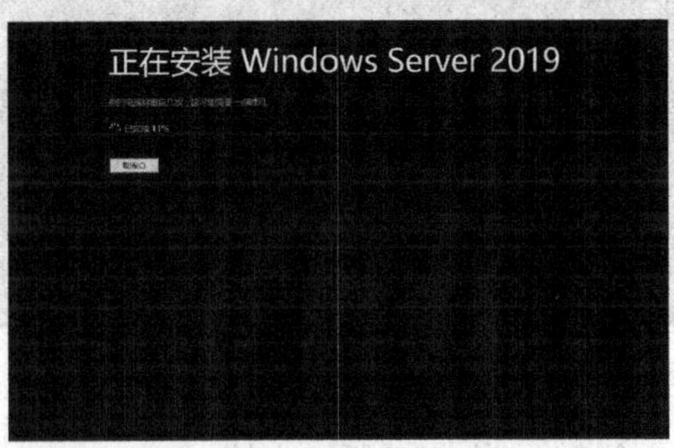

图 3-79　升级安装过程大约 20 分钟或更长

图 3-80　已经成功将 Win2016 简体中文版升级到 Win 2019 简体中文版

5. 使用 ATIH2018x32 备份 Windows Server 2016 系统

升级完成后，建议使用 ATIH2018x32 对已经成功升级的 Windows Server 2019 系统在前面备份的基础上进行增量备份，以备恢复。

3.7 用 Dism++优化系统配置和集成系统映像

Dism(Deployment Image Servicing and Management，部署映像服务和管理)是微软 Windows 自带的系统优化和映像管理工具。Dism 是命令行工具，在 Win8 - Win10 系统的 CMD 窗口可以直接运行 dism 命令(见图 3-81)。Dism 工具功能很强大，可以用于优化系统配置、管理系统更新、集成系统映像等。

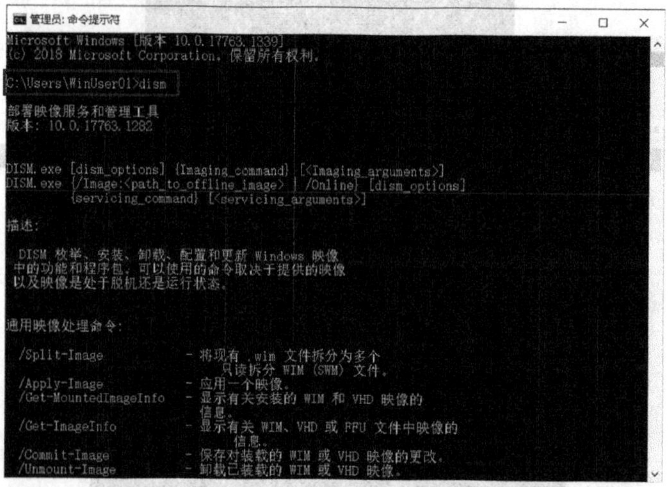

图 3-81　Dism 是微软 Windows 自带的命令行工具

而 Dism++可以说是一个 Dism 的 GUI 版，支持 Vista~Windows 10 所有系统(包括服务器、平板、手机、受限桌面平台等系统)。与其他 Dism GUI 不同的是，Dism++在 API 级别与微软自家 Dism 使用共同核心，因此不依赖 Dism.exe；得益于 API 级别实现，Dism++还可以让微软刻意隐藏的功能重见天日，比如 ESD 捕获，ESD 转 WIM 等功能。具体可参见 Dism++初雨官网，地址为 http://www.chuyu.me/zh-Hans/。

注意：由于篇幅限制，该部分内容的具体介绍读者可以到相关网站进行查询。

本 章 小 结

Windows Server 2019 是继 Windows Server 2016 之后，又一个安全稳定的服务器操作系统。本章在前面搭建的虚拟化工作平台的基础之上，主要讲解了 Win10PE64 的应用；Win10PE64 启动后自动设置 IP 地址、加载 Radmin 和 FTP 服务；Windows Server 2019 安装之前的准备工作；设置和启动虚拟机；高效管理和安装硬盘分区；全新安装和升级 Windows Server 2019 的具体过程；以及怎样使用 Dism++优化系统配置和集成系统映像等内容。

第 4 章　Windows Server 2019 基本系统配置

本章要点：

- 安装配置服务器常用管理软件
- 网络连接配置
- 系统个性化配置
- 系统显示配置
- 系统属性配置
- 用户环境配置
- 管理硬件设备和驱动程序
- SNMP 配置
- 激活 Windows Server 2019
- 使用 ATIH2018x32 及时进行增量备份

本章主要讲述如何对新安装的 Windows Server 2019 进行基本的系统配置，包括对网络连接、系统个性化、系统显示、系统属性、用户环境、硬件设备、SNMP 和系统激活等方面的具体配置。如果把刚安装好的 Windows 系统比作毛坯房，那么基本系统配置就类似于进驻之前的全面装修，这是安全高效管理服务器的必经环节。完成这些配置之后，应及时对系统进行备份。本书介绍的相关工具和软件，读者在使用时请注意版权保护。

4.1　安装配置服务器常用管理软件

虚拟机中的 Win2019 刚安装好时，一般是通过 ESXi 的浏览器控制台进行管理，局限性很大、管理效率低下。所以，在操作系统安装好后，建议先在服务器上安装配置下面一些常用管理软件，便于安全高效地配置管理服务器。这些软件在后面章节中有具体介绍，读者可以参见后面相关章节完成下面的安装配置。

4.1.1　安装配置 SEP 安全防护软件

1. 断开或禁用服务器所有网络连接

为了保障服务器安全，在安装配置好 SEP 之前，建议先断开或禁用服务器的所有网络连接。可以选择“开始菜单”|“运行”，使用打开的对话框运行 ncpa.cpl 命令，打开网络连接窗口(下同)，右击所有网络连接，在弹出的快捷菜单中选择“禁用”命令即可，结果见图 4-1。

2. 安装配置 SEP

(1) 参照后面章节的介绍，常规安装配置好 SEP 14.3 MP1，见图 4-2。

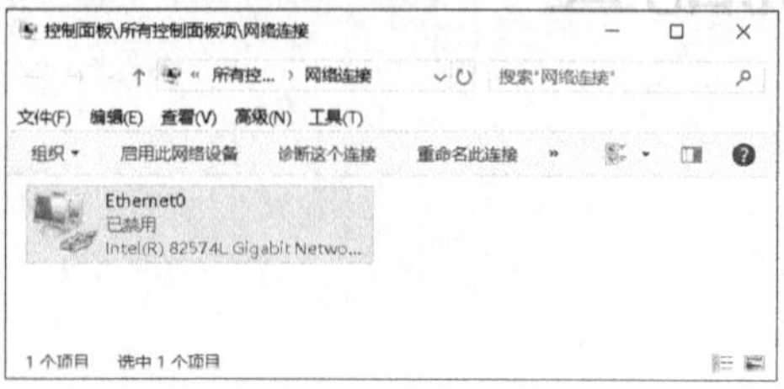

图 4-1 禁用网络连接

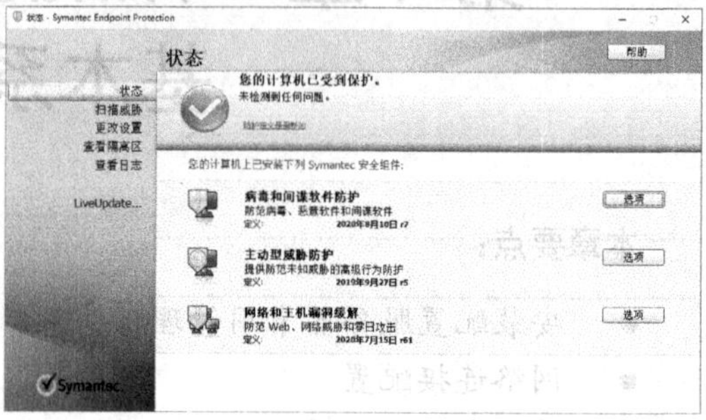

图 4-2 安装配置好 SEP 14.3 MP1

(2) 配置好 SEP 防火墙规则。建议删除所有默认防火墙规则，导入已经配置好的 SEP 防火墙规则备份，具体参加后面章节介绍(比如 SEP-20201002.sar)。注意：配置好的 SEP 防火墙规则备份中，已经添加了对系统程序、Radmin、Serv-U、d:\WinUser.dat\Program Files\目录下的一些常用程序等项目的防火墙规则配置。若没有导入配置好的 SEP 防火墙规则备份，用户就得手工为需要访问网络的每个程序单独进行防火墙规则配置，见图 4-3。

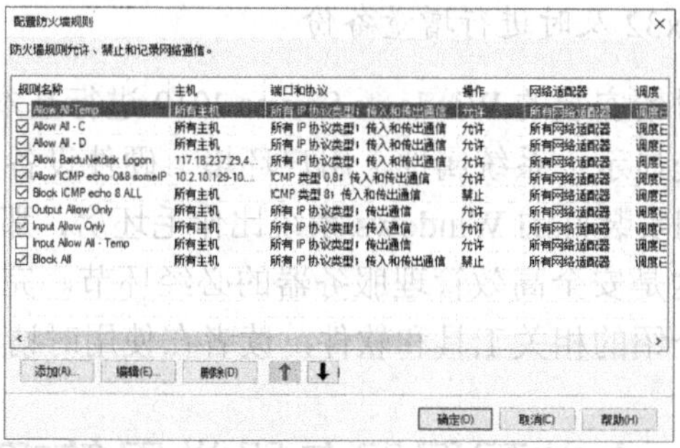

图 4-3 导入已经配置好的 SEP 防火墙规则

4.1.2 安装配置 Radmin Server 远程管理软件

(1) 由于 Radmin 会被 SEP 报警隔离，所以，安装之前需要先禁用 SEP。可以右击系统托盘的 SEP 盾牌图标，在弹出的快捷菜单中选择“禁用”命令即可。

(2) 参照后面章节介绍的方法，安装好 Radmin_Server_3.5.2.1_CN 远程管理软件(见图 4-4)。

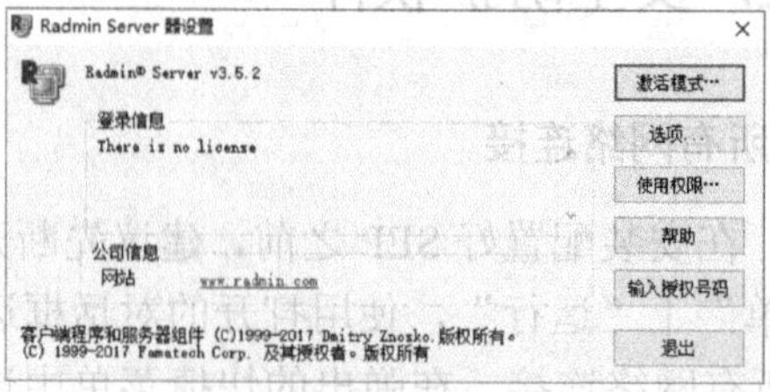

图 4-4 安装 Radmin_Server_3.5.2.1_CN 远程管理软件

(3) 配置好 Radmin_Server_3.5.2.1_CN 的 IP 地址、端口号、记录文件(图中为“纪录文件”，见图 4-5)。

```
IP 地址：自动配置为本机所有可用 IP 地址，包括 192.168.9.8、10.2.10.215
端口 ：52222
事件记录文件、使用记录文件：
d:\WinUser.dat\Radmin.log\Radm_log.htm
```

(4) 配置好 Radmin_Server_3.5.2.1_CN 的登录信息。注意：为了安全起见，读者在正式使用之前，建议修改登录用户名和密码(见图 4-6)。

```
Radmin Server 安全模式：Windows NT 安全性，赋予 Administrators 管理员用户组完全存取权限
    User: Administrator
    PW  : Abcd*1234
```

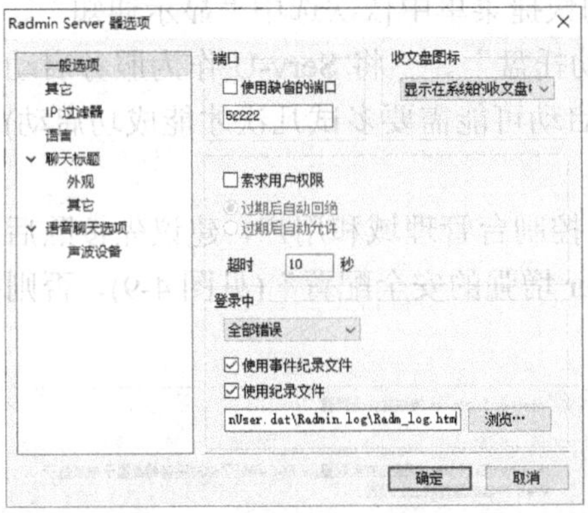

图 4-5　配置 Radmin Server 的 IP 地址、端口号、记录文件等

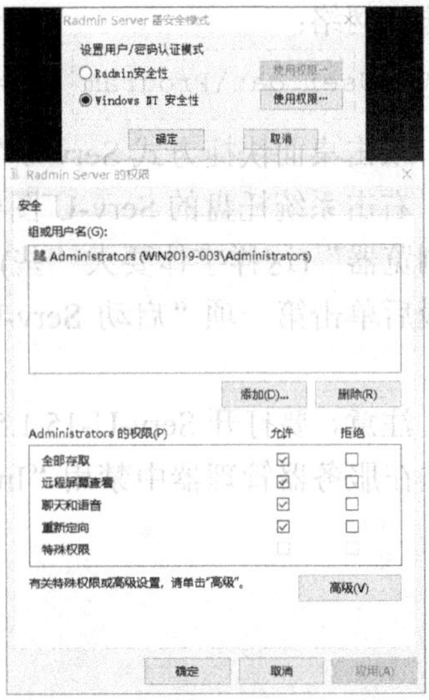

图 4-6　配置 Radmin Server 的登录信息

(5) 有一些常用的管理维护工具会被 SEP 报警隔离，所以需要事先设置 SEP 例外程序，注意：除已知风险外，每个程序都需要添加两项例外。如果相关程序已经被 SEP 报警隔离，可以尝试到 SEP 中还原被隔离的程序文件；另外，也可以尝试到该程序所在目录，解压先前准备的对应*.7z 重新释放程序文件。具体方法可参见后面相关章节介绍(见图 4-7)。

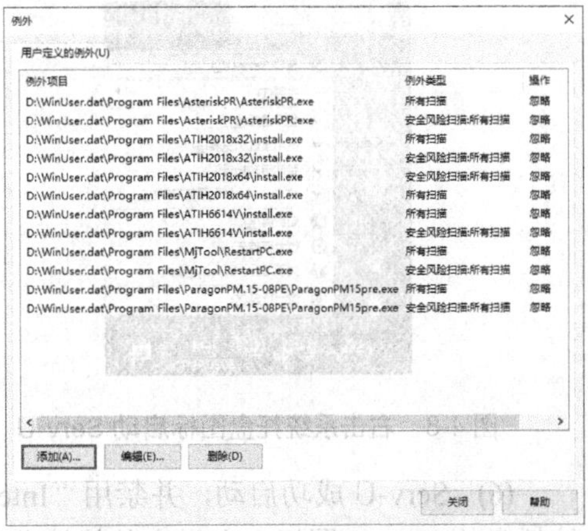

图 4-7　设置 SEP 例外程序

(6) 设置好 SEP 例外程序后，务必记着启用 SEP。可以右击系统托盘的 SEP 图标，在弹出的快捷菜单中选择“启用”命令即可。由于启用 SEP 比较耗时，可能需要多尝试几次，确

认已经成功启用 SEP，以确保系统的安全性。

(7) 若前面没有导入配置好的 SEP 防火墙规则备份，用户需要手工设置 SEP，允许下面程序访问网络 C:\Windows\SysWOW64\r_server.exe。

4.1.3 安装配置 Serv-U FTP 服务软件

在前面的安装过程中，如果已经准备好 D:\WinUser.dat\Program Files\Serv-U-15.1.5.10-x64\便携软件，便可以按照下面方法进行安装配置。

(1) 在桌面上创建快捷方式 Serv-U-Tray，指向：

```
D:\WinUser.dat\Program Files\Serv-U-15.1.5.10-x64\Serv-U-Tray.exe
```

(2) 若前面没有导入配置好的 SEP 防火墙规则备份，用户需要手工设置 SEP，允许下面程序访问网络：

```
D:\WinUser.dat\Program Files\Serv-U-15.1.5.10-x64\Serv-U.exe
```

(3) 双击桌面快捷方式 Serv-U-Tray，启动 Serv-U-15.1.5.10-x64 系统托盘控制图标。

(4) 右击系统托盘的 Serv-U 图标，在弹出的快捷菜单中依次选中“显示通知”、“使用系统浏览器”(这样字体要大一些)、“自动启动托盘”、“将 Serv-U 作为服务启动”等选项，最后单击第一项“启动 Serv-U”(第 1 次启动可能需要多试几次才能成功启动)，见图 4-8。

(5) 注意，要打开 Serv-U-15.1.5.10-x64 管理控制台管理域和用户，建议先按照后面介绍的方法在服务器管理器中禁用“Internet Explorer 增强的安全配置”(见图 4-9)，否则操作很麻烦。

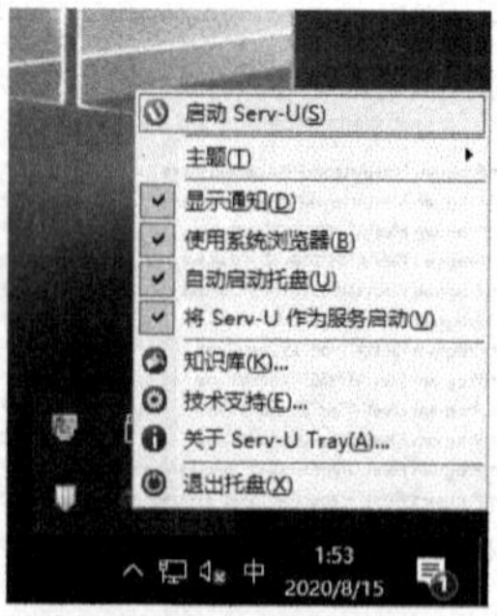

图 4-8 右击系统托盘图标启动 Serv-U

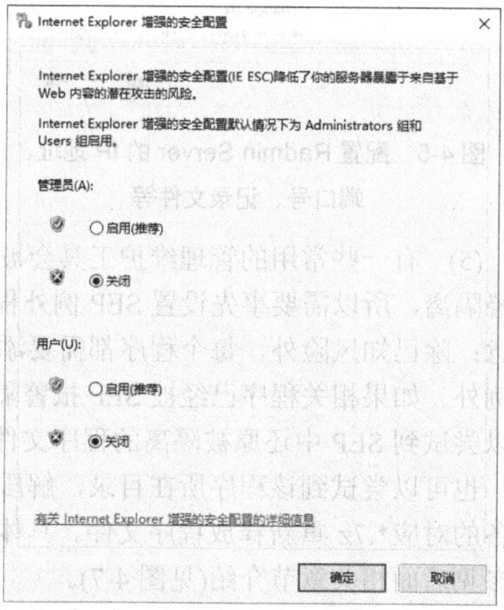

图 4-9 禁用“Internet Explorer 增强的安全配置”

(6) Serv-U 成功启动，并禁用“Internet Explorer 增强的安全配置”之后，可以右击系统托盘的 Serv-U 图标，在弹出的快捷菜单中选择“启动管理控制台”命令，见图 4-10。

(7) 我们前面准备好的 Serv-U-15.1.5.10-x64 便携软件，已经创建了域和用户。在打开的“Serv-U 管理控制台”中，选择左侧“全局”｜“域”｜“my-1”域｜“用户”，右侧便会列出已有用户信息，这里可以进行添加、删除、编辑用户等管理操作，见图 4-11。

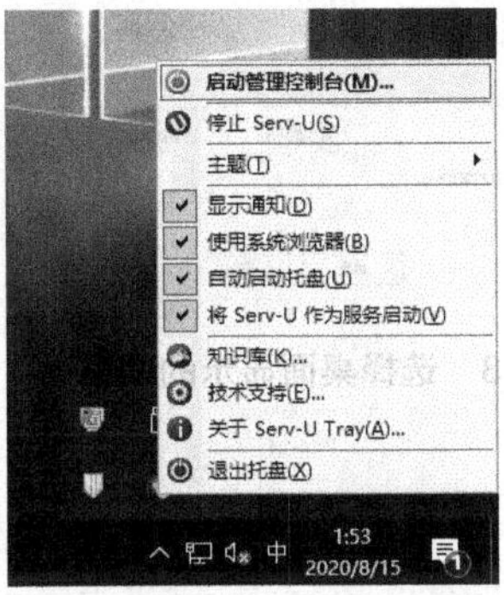

图 4-10　启动 Serv-U 管理控制台

图 4-11　在 Serv-U 管理控制台中管理用户

(8) 前面准备好的 Serv-U-15.1.5.10-x64 便携软件，已经创建了下面的域和用户包括。为了安全起见，读者在正式使用之前，建议先修改用户名和密码：

```
域  : my-1,
用户: MinjunA 到 MinjunZ(访问权限和根目录分别指向对应盘符)
密码: yjhy$1234
```

4.2　网络连接配置

服务器需要提供对外服务，快速稳定的网络连接更为重要。除了要保证网络硬件稳定外，还要对网络系统进行相应配置。上面我们已经安装配置好 SEP 安全防护软件，现在可以启用和配置服务器网络连接。

4.2.1　在桌面上显示“网络”图标

Win2019 操作系统刚安装完成时，默认桌面只有“回收站”图标，没有其他相关图标。服务器管理需要经常进行系统和网络管理维护，为了提高管理效率，我们可以在桌面显示常用的相关图标。

右击桌面空白处，在弹出的快捷菜单中选择“个性化”命令，在弹出的“设置”对话框中，选择左侧“主题”，选择右侧下面的“桌面图标设置”(见图 4-12)，在出现的“桌面图标设置”对话框中选中所有可选项目，再单击“确定”按钮即可，见图 4-13。这样，在桌面上便会出现“网络”等常用图标，方便系统管理维护。另外，在桌面上显示“用户的文件”，可以快速查看当前登录用户。

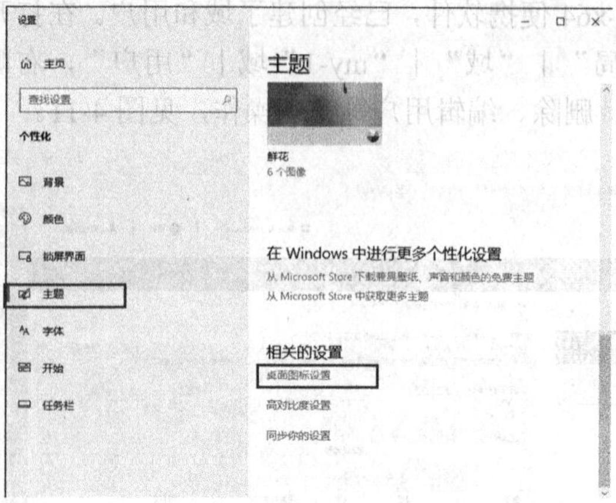

图 4-12　打开“桌面图标设置”

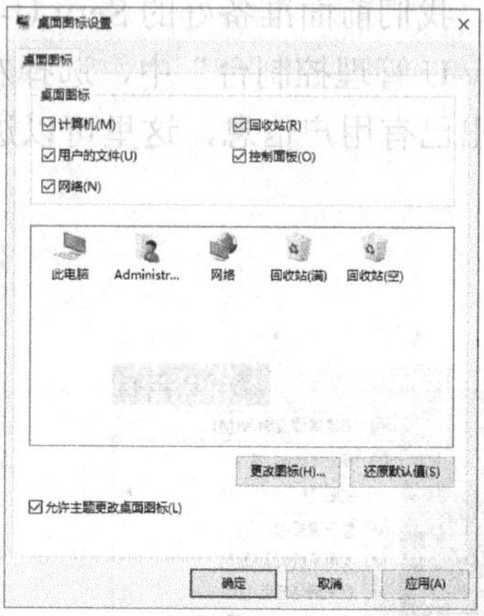

图 4-13　选择桌面显示的图标

4.2.2　配置 TCP/IP 协议

在桌面上显示“网络”图标后，便可以进行以下网络配置。

1. 启用网络连接

前面在安装配置好 SEP 之前，我们已经禁用了服务器的所有网络连接。现在，SEP 已经安装设置完成，可以启用服务器网络连接。右击桌面上的“网络”图标，在弹出的快捷菜单中选择“属性”命令，在打开的“网络和共享中心”窗口中，单击“更改适配器设置”选项，打开“网络连接”窗口，见图 4-14，在这里显示了本机可用的网络连接。如果系统中有多块网卡，请选择配置能够使用的网络连接，暂时用不到的网络连接都全部禁用。

右击需要启用的网络连接，比如 Ethernet0，在弹出的快捷菜单中选择“启用”命令，便可以启用该网络连接。

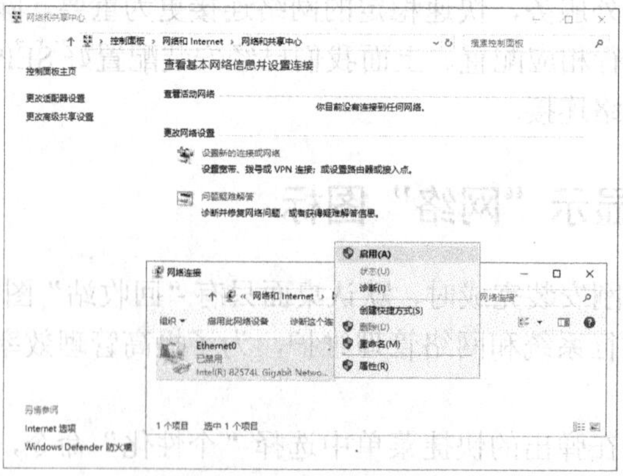

图 4-14　启用网络连接

2. 只启用 TCP/IP v4 协议，取消其他网络协议

启用网络连接后，再右击 Ethernet0 网络连接，在弹出的快捷菜单中选择“属性”命令

打开“Ethernet0 属性”对话框，见图 4-15。这里我们主要使用 TCP/IPv4 协议，其他协议暂时用不到。为了安全高效地使用网络连接，建议在“此连接使用下列项目”列表框中，只保留“Internet 协议版本 4(TCP/IPv4)”选项，其他协议都全部取消，见图 4-15。

在网络连接中选择启用 TCP/IPv4 协议后，还需要对该协议进行配置，才能保证网络连接的安全使用。

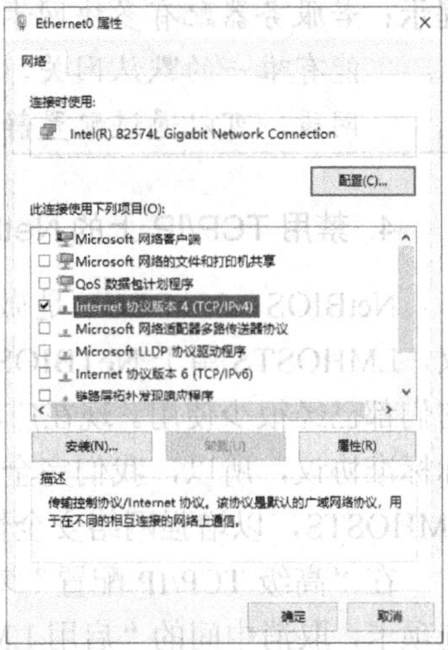

图 4-15　只启用 TCP/IPv4 协议，取消其他网络协议

3. 配置静态 IP 地址

作为提供网络服务的服务器，一般都需要配置静态 IP 地址，我们这里只配置 TCP/IPv4 静态 IP 地址。由于实际应用和管理需要，服务器往往需要配置多个 IP 地址。我们这里为了安装管理需要，Ethernet0 网络连接配置了两个 IP 地址，一个使用连接外网的地址，一个是用于连接私有网络的地址。

(1) 在如图 4-15 所示的“Ethernet0 属性”对话框中，选中“Internet 协议版本 4(TCP/IPv4)”选项，单击“属性”按钮。

(2) 在弹出的“Internet 协议版本 4(TCP/IPv4)属性”对话框中，选择“使用下面的 IP 地址”单选按钮，在下面的文本框中输入相应的 IP 地址、子网掩码和默认网关，该 IP 地址用于访问外网，见图 4-16。

(3) 为了便于管理维护，我们可以为同一网络连接添加多个 IP 地址。在“Internet 协议版本 4(TCP/IPv4)属性”对话框中，单击下侧的“高级”按钮；在出现的“高级 TCP/IP 配置”对话框中，单击“IP 地址”栏目中的“添加”按钮；在打开的对话框中输入新添加的 IP 地址和子网掩码，依次单击“确定”按钮即可，见图 4-17。该 IP 地址仅用于访问私有网络。

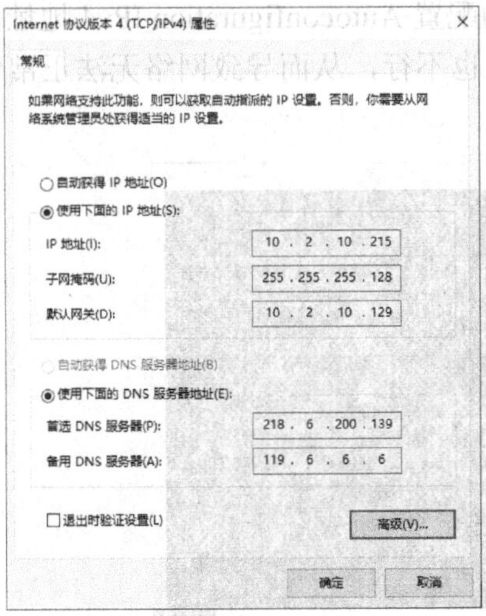

图 4-16　配置静态 IP 地址

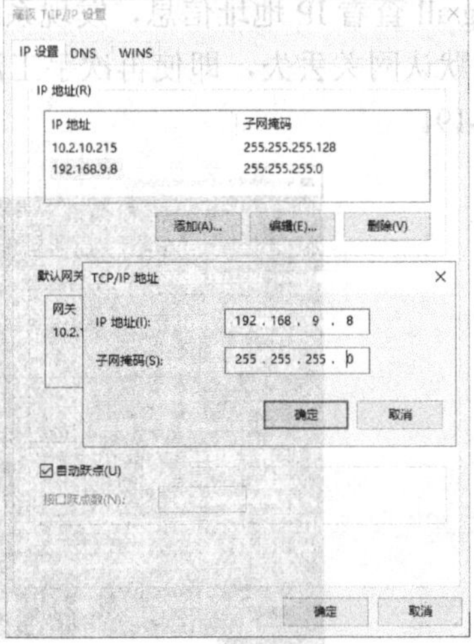

图 4-17　为同一网络连接添加多个 IP 地址

> **提示：** 若服务器配有多块网卡，只能为一块网卡设置默认网关，也就是说，一台服务器只能有唯一的默认网关，否则，会导致网络访问不稳定。若服务器需要同时连接其他网段，可以通过配置静态路由的方式来实现。

4. 禁用 TCP/IP 上的 NetBIOS、关闭 LMHOSTS 查找

NetBIOS、NetBEUI 是微软专用的旧有网络协议，LMHOSTS 用于 NeTBIOS 静态名称解析，现在它们都已经很少使用。现在广泛使用的是 TCP/IP 国际标准协议，所以，我们完全可以禁用 NetBEUI 和 LMHOSTS，以增强网络安全性、降低网络负荷。

在“高级 TCP/IP 配置”对话框中，单击 WINS 选项卡，取消中间的“启用 LMHOSTS 查找”选项，选中下侧的“禁用 TCP/IP 上的 NetBIOS”单选按钮，然后依次单击“确定”按钮，见图 4-18。

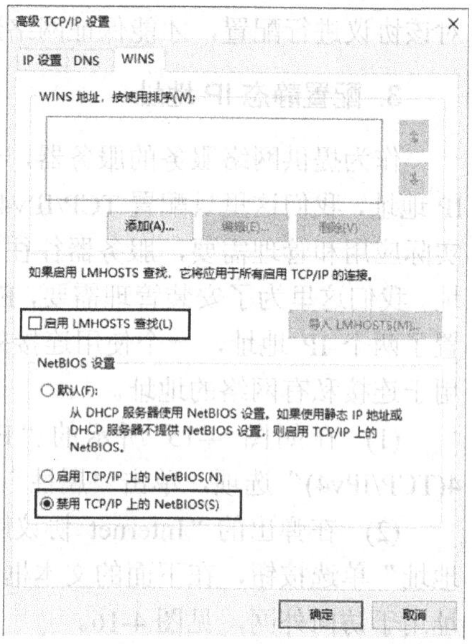

图 4-18　关闭 LMHOSTS 查找和禁用 TCP/IP 上的 NetBIOS

4.2.3　解决 Autoconfiguration IPv4 问题

在 Windows Server 2019 较早版本中(包括其他较早版本的 Windows 系列)，在网卡手工配置静态 IP 地址后，有可能会遇到自动分配到 Autoconfiguration IPv4 地址这个怪异问题。

1. 问题描述

在安装 Windows Server 2019 较早版本时，我们实际遇到过，在网卡手工配置静态 IP 地址后，服务器无法 ping 通外部地址，无法正常进行网络访问。在 CMD 窗口中运行 ipconfig/all 查看 IP 地址信息，发现系统启用了自动配置 Autoconfiguration IPv4 地址，手工配置的默认网关丢失，即使再次手工添加默认网关也不行，从而导致网络无法正常使用，见图 4-19。

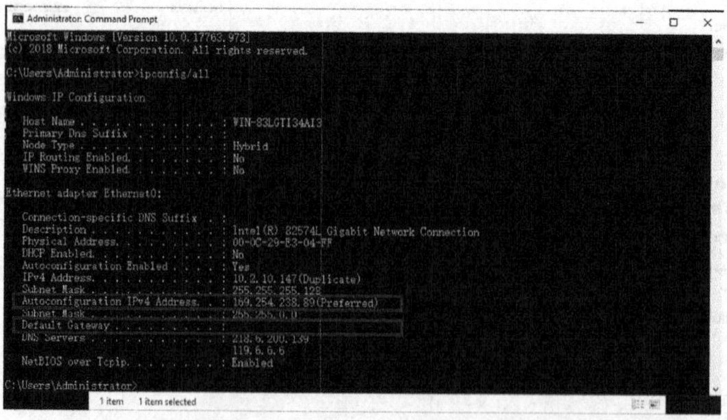

图 4-19　网卡手工配置静态 IP 地址后无法正常使用

2. 解决办法

上网搜索发现，Autoconfiguration IPv4 是用于虚拟服务器的，但是这里并没有配置虚拟服务器，比较奇怪。仔细检查配置过程并未发现问题，应该就是这个自动配置的问题了。估计是因为网络中并没有用于自动配置的服务器，电脑无法从自动配置服务器获取 IPv4 地址，手动设置也无效，所以导致网络无法正常访问。使用下面办法，可以解决这个问题。

(1) 首先，以管理员身份打开 CMD 窗口，运行 netsh interface ipv4 show inter，找到网络适配器对应的索引号 index(Idx)，记录下来。比如，本地网卡名称为 Ethernet0(见图 4-14)，网卡 Ethernet0 的 index 为 6，见图 4-20。

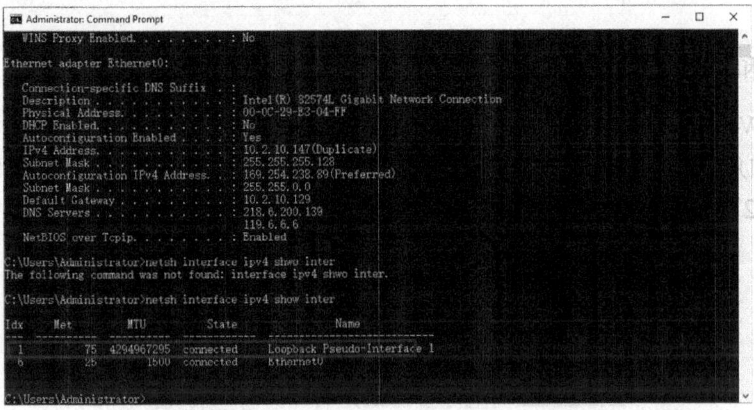

图 4-20　查询网卡对应的索引号

(2) 然后运行下面命令关闭网卡 Autoconfiguration IPv4 功能，其中的 6 便是上面查到的网卡 Ethernet0 的 index 索引号，见图 4-21。

```
netsh interface ipv4 set interface 6 dadtransmits=0 store=persistent
```

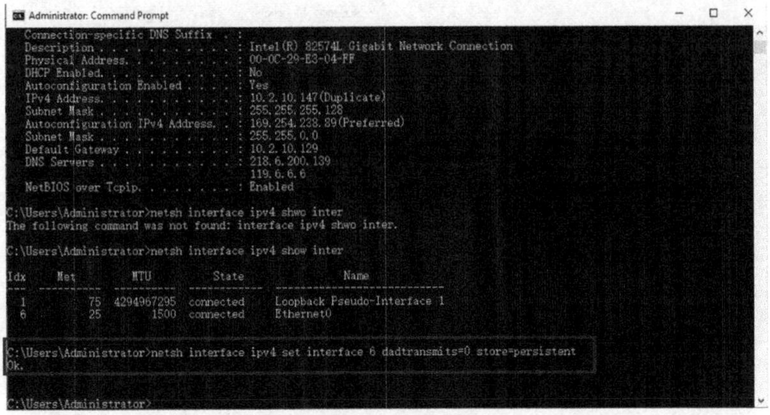

图 4-21　关闭网卡的 Autoconfiguration IPv4 功能

(3) 执行之后会出现提示“OK”，表示操作成功。

(4) 最后，到“网络连接”窗口中重启一下网卡。再测试，发现已经可以 ping 通外部地址，网络访问恢复正常。

4.2.4 安装无线网卡和共享手机热点上网

实际上，用 ATIH2018x32 备份的虚拟机 Win2019 映像，也完全可以恢复到物理计算机或笔记本电脑中使用。现在，Win2019 等 Windows 10 系列操作系统已经集成了大量硬件驱动程序，当恢复目标计算机与原备份计算机硬件配置相差不大时，恢复后 Win2019 第一次启动时会自动检测加载硬件驱动程序，参见本书 6.5 节的介绍，大多数情况下都能正常恢复使用。

恢复到物理计算机或笔记本电脑中的 Win2019 若需要安装无线网卡，可以按以下步骤进行操作。

1. 添加和启用“无线 LAN 服务”功能

(1) 在 Windows Server 2019 中安装无线网卡，必须首先选择“开始” | “服务器管理器” | “添加角色和功能”，选择添加“无线 LAN 服务”功能，安装完成后需要重启计算机，见图 4-22 和图 4-23。

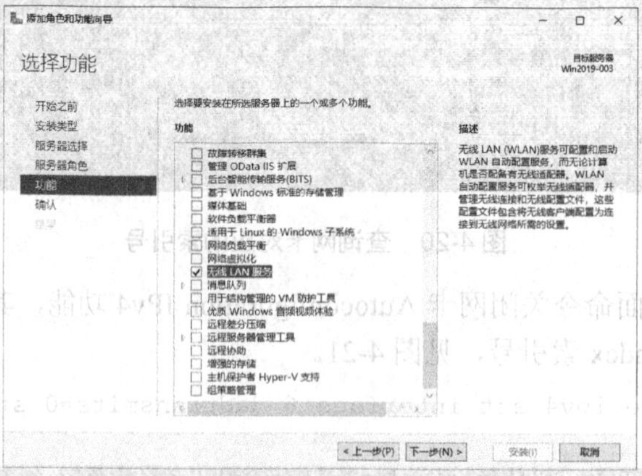

图 4-22 添加“无线 LAN 服务”功能

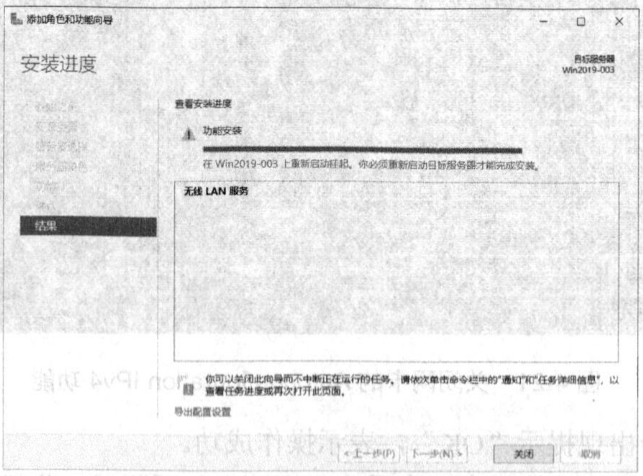

图 4-23 安装完成后需要重启计算机

(2) 重启后，打开系统“服务”界面，启动 WLAN AutoConfig 服务，并设置为自动启动(见图 4-24)。

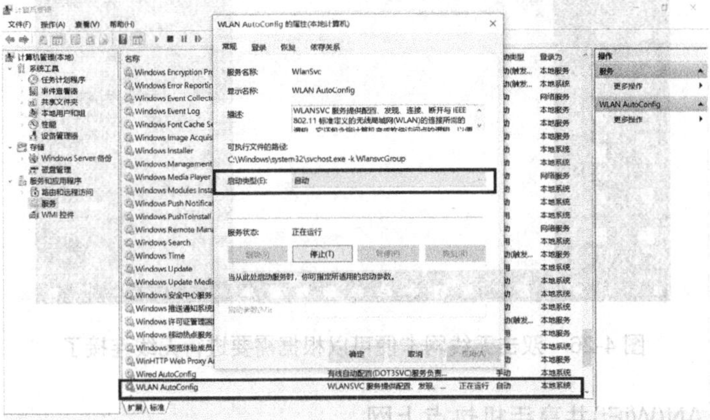

图 4-24 启动 WLAN AutoConfig 服务，并设置为自动启动

2. 安装无线网卡驱动程序

(1) 可以使用物理机或笔记本自带的无线网卡，也可以使用 USB 无线网卡，这里以 USB 无线网卡 CF-912AC 为例进行说明。将 USB 无线网卡插入 Win2019 计算机，打开“设备管理器”，Win2019 已经附带并自动安装好该无线网卡的驱动程序，选择“网络适配器”|“Realtek 8812AU Wireless LAN 802.11ac USB NIC”，见图 4-25。

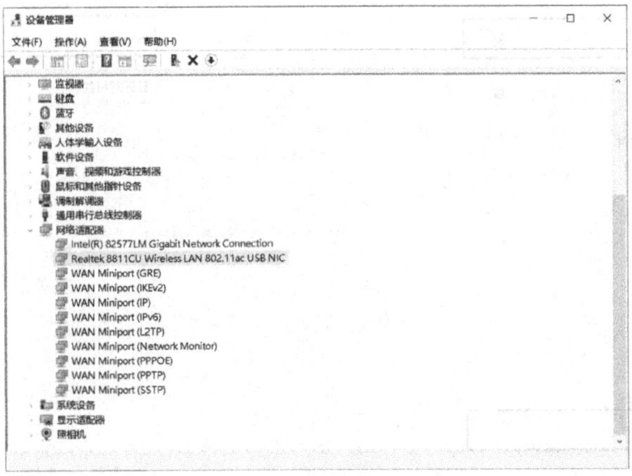

图 4-25 设置无线网卡驱动

(2) 若没有能够自动识别和安装无线网卡驱动，可以在设备管理器中的未知设备中，定位到该无线网卡，参见 4.7.2 节的介绍，手动为无线网卡安装驱动程序。

(3) 确定无线网卡驱动安装好后，打开“网络适配器”窗口，便可以看到已经安装成功的无线网卡，但是，可能还不能使用，各种无线网卡可能不同，有的需要重启一次计算机。

(4) 重启系统后，打开“网络适配器”窗口，双击已经安装成功的无线网卡，便会弹出发现无线连接的窗口界面，用户便可以根据需要选择连接相应的无线信号了，见图 4-26。

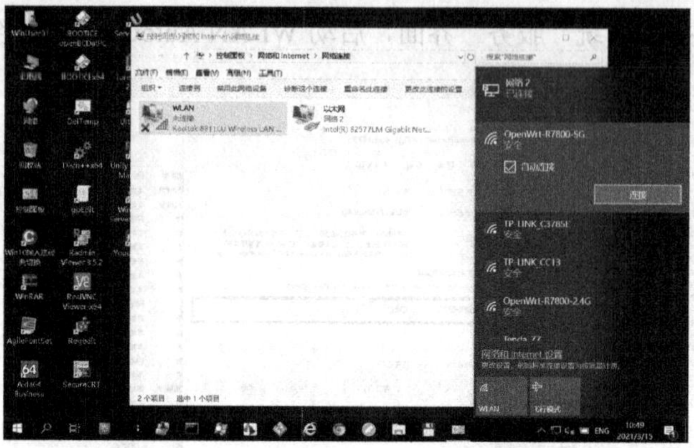

图 4-26　双击无线网卡便可以根据需要进行无线连接了

3. 通过 WLAN(WiFi)共享手机热点上网

通过 WLAN(WiFi)共享手机热点上网(连接互联网)，在 Windows Server 2008 R2 下面，需要进行许多安装设置，很麻烦；在 Windows Server 2019 下面，基本不用安装设置，便可以直接实现。下面，以三星 S10 手机为例进行说明。

(1) 打开手机的“设置”|“连接”|“移动热点和网络共享”，见图 4-27。

(2) 请先关闭手机的 WLAN，需要先关闭 WLAN 才能启动“移动热点”，见图 4-28。

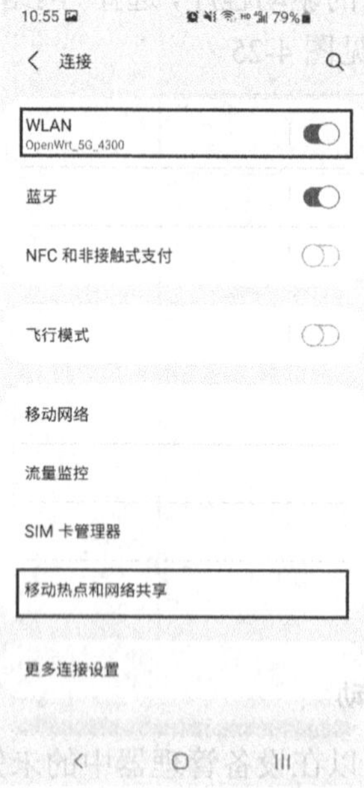

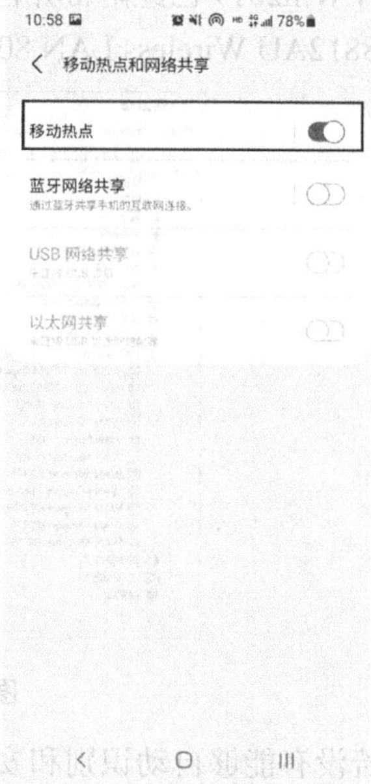

图 4-27　需要先关闭 WLAN 才能启动“移动热点”　　图 4-28　打开手机的“移动热点和网络共享”

(3) 注意，需要再次单击移动热点，才能查看自己的热点密码，见图 4-29。

(4) 用户还可以单击“配置”，修改移动热点的名称、密码等相关信息，见图 4-30。

(5) 接下来，便可以在笔记本电脑中找到手机的移动热点，见图 4-31。

(6) 输入连接密码，连接成功后，便可以共享手机热点连接互联网，见图 4-32。

图 4-29　再次单击移动热点，才能查看热点密码

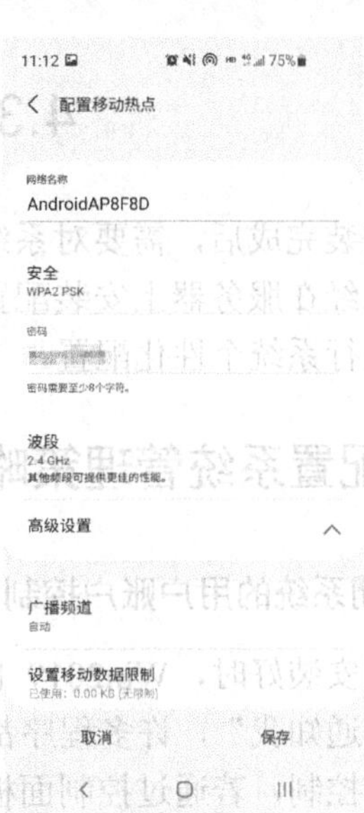

图 4-30　单击“配置”，可以修改移动热点的名称、密码等相关信息

图 4-31　在笔记本电脑中找到移动热点

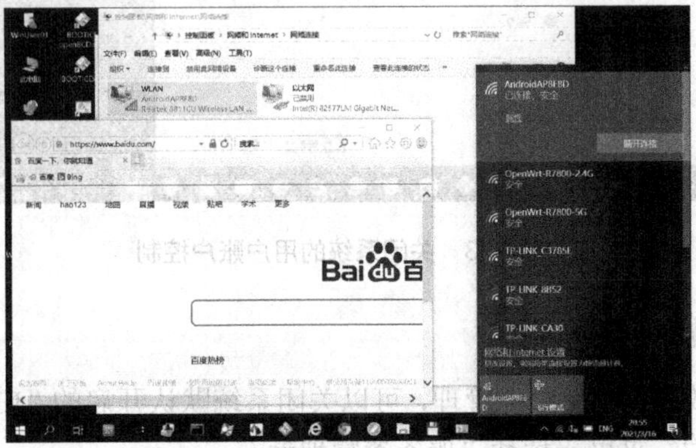

图 4-32　连接成功后，便可以共享手机热点连接互联网

4.3 系统个性化配置

系统安装完成后，需要对系统进行一系列基本配置，以便安全高效地进行维护管理。上面我们已经在服务器上安装配置了一些常用软件，解决了网络连接问题，下面便可以方便快捷地进行系统个性化配置。

4.3.1 配置系统管理策略

1. 关闭系统的用户账户控制

系统刚安装好时，Win2019 的用户账户控制(UAC)默认设置为“仅当应用尝试更改我的计算机时通知我”，许多程序都必须以管理员身份才能正常运行。要关闭 Win2019 系统的用户账户控制，若通过控制面板设置很麻烦，可以采用以下简单方法。

(1) 按组合键 Win+R，输入运行 msconfig 程序。

(2) 在弹出的“系统配置”对话框中，单击“工具”选项卡，从中选择“更改 UAC 设置”，然后单击下面的“启动”按钮。

(3) 在弹出的“用户账户设置”对话框中，将滑块往下拉到最底部，调成“从不通知”，再依次单击“确定”按钮即可，见图 4-33。

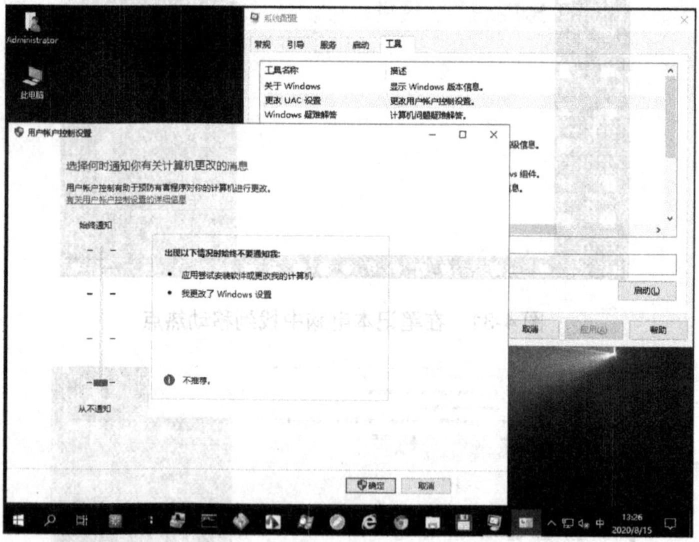

图 4-33 关闭系统的用户账户控制

2. 关闭 IE 的增强安全配置

为了提高管理效率，方便维护管理，可以关闭系统默认开启的“IE 增强的安全配置”。

(1) 打开“开始”菜单，选择“服务器管理器”。

(2) 单击左侧“本地服务器”，选择右侧“IE 增强的安全配置”，默认是启用，单击蓝色的“启用”。

(3) 在弹出的“Internet Explorer 增强的安全配置”对话框中，选中两项关闭，单击“确定”按钮即可。注意，需要等一会界面才会刷新为关闭状态，见图 4-34。

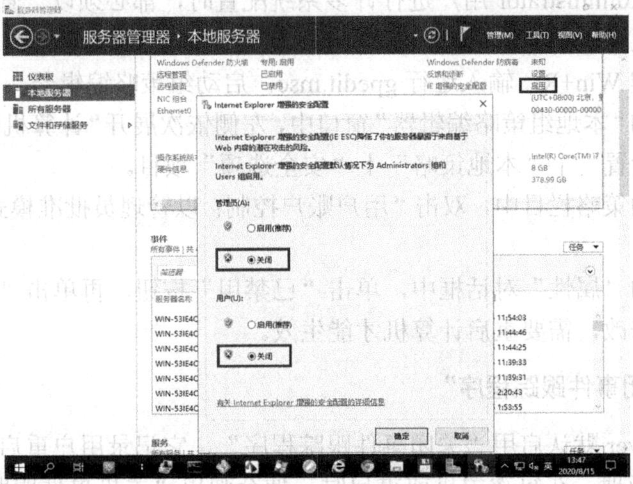

图 4-34 关闭 IE 的增强安全配置

3. 取消开机按 Ctrl+Alt+Del 组合键登录

默认情况下，Win2019 启动后，用户需要按 Ctrl+Alt+Del 组合键才能登录系统，为方便管理维护，实现开机自动登录，需要关闭该功能。

(1) 按组合键 Win+R，输入运行 gpedit.msc，启动组策略编辑器。

(2) 在弹出的“本地组策略编辑器”窗口中，左侧依次展开“计算机配置”|“Windows 设置”|“安全设置”|“本地策略”|“安全选项”项目。

(3) 在右侧的策略栏目中，双击“交互式登录：无须按 Ctrl+Alt+Del”项目。

(4) 在弹出的“属性”对话框中，单击“已启用”按钮，再单击“确定”按钮即可，见图 4-35。

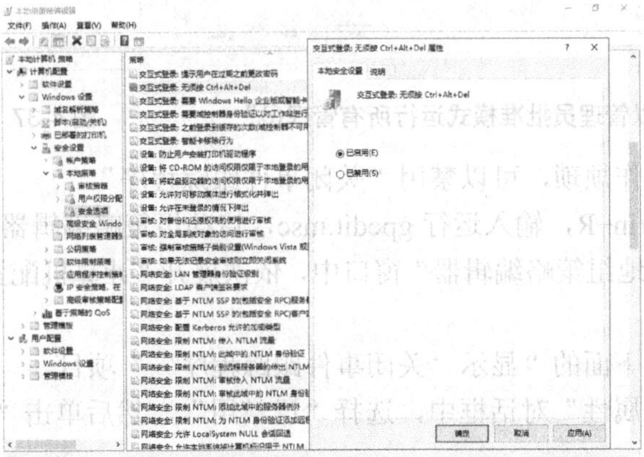

图 4-35 启用“交互式登录：无须按 Ctrl+ Alt+ Del”

4. 禁用“以管理员批准模式运行所有管理员”

默认情况下，Windows Server 系统启用了“以管理员批准模式运行所有管理员”，即使是系统自带的 Administrator 用户进行许多系统配置时，都必须以“管理员身份”运行才能生效。为了方便管理维护，可以关闭该功能。

(1) 按组合键 Win+R，输入运行 gpedit.msc，启动组策略编辑器。

(2) 在弹出的“本地组策略编辑器”窗口中，左侧依次展开“计算机配置”|“Windows 设置”|“安全设置”|“本地策略”|“安全选项”项目。

(3) 在右侧的策略栏目中，双击“用户账户控制：以管理员批准模式运行所有管理员”项目。

(4) 在弹出的“属性”对话框中，单击“已禁用”按钮，再单击“确定”按钮即可，见图 4-36。该项修改，需要重启计算机才能生效。

5. 禁用“关闭事件跟踪程序”

Windows Server 默认启用“关闭事件跟踪程序”，它记录用户重启或关机事件日志，有利于系统维护管理。在每次关机或重启时，便会弹出“关机事件跟踪程序”对话框(见图 4-37)，必须在“注释”文本框中输入信息，才能关机或重启计算机。

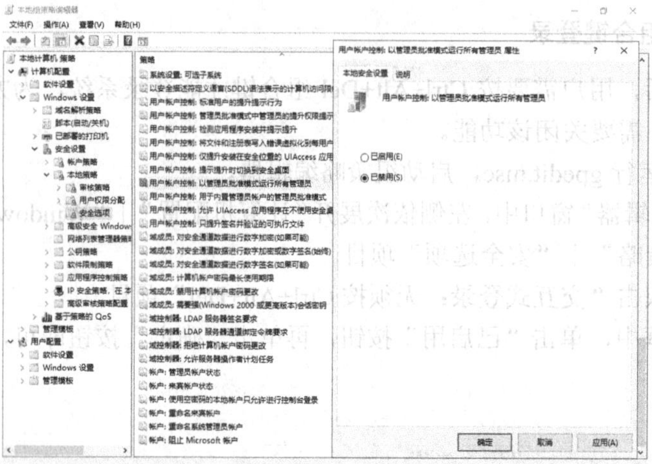

图 4-36 禁用“以管理员批准模式运行所有管理员”

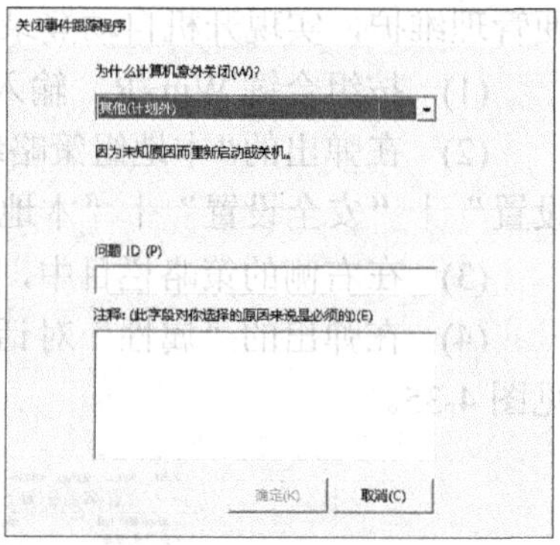

图 4-37 关闭事件跟踪程序

如果觉得这样操作烦琐，可以禁用“关闭事件跟踪程序”。

(1) 按组合键 Win+R，输入运行 gpedit.msc，启动组策略编辑器。

(2) 在左侧“本地组策略编辑器”窗口中，依次展开“计算机配置”|“管理模板”|“系统”选项。

(3) 在右侧双击下面的“显示‘关闭事件跟踪程序’”项目。

(4) 在弹出的“属性”对话框中，选择“已禁用”，然后单击“确定”按钮即可，见图 4-38。

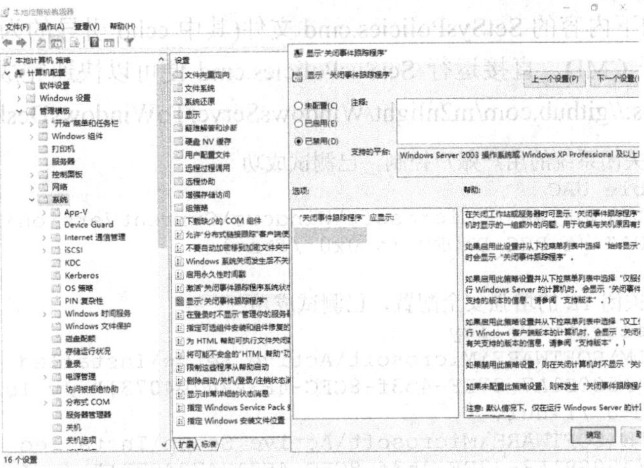

图 4-38 禁用“关闭事件跟踪程序”

6. 关闭所有驱动器的自动播放

系统在默认的情况下，一旦有存储介质放入驱动器，自动播放就开始从驱动器中读取数据，程序安装文件和音视频媒体将立即启动。这个功能方便我们使用的同时，也方便了病毒的自动运行。为增强系统安全性，应该关闭所有驱动器上的自动播放功能。

(1) 按组合键 Win+R，输入运行 gpedit.msc，启动组策略编辑器。

(2) 在左侧“本地组策略编辑器”窗口中，依次展开“计算机配置”|“管理模板”|“Windows 组件”|“自动播放策略”。

(3) 在右侧双击“关闭自动播放”项目。

(4) 在弹出的“属性”对话框中，选择上侧的“已启用”，并在下侧“关闭自动播放”下拉列表框中选择“所有驱动器”，然后再单击“确定”按钮即可，见图 4-39。

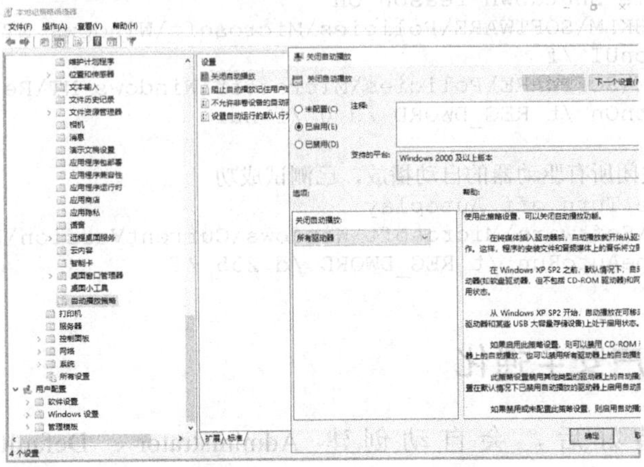

图 4-39 关闭所有驱动器的自动播放

7. 命令行配置系统策略

如果感觉使用图形界面进行系统策略配置比较烦琐，可以通过命令行方式批量配置系统策略。先编制如下内容的 SetSysPolicies.cmd 文件(其中 echo 引导的为文字回显行)，然后以管理员方式打开 CMD，直接运行 SetSysPolicies.cmd 便可以快速完成系统策略配置。有关内容可参见 https://github.com/m2nlight/WindowsServerToWindowsDesktop。

```
echo - (1).关闭系统的用户账户控制，已测试成功
echo - Disable UAC
reg add "HKLM\SOFTWARE\Microsoft\Windows\CurrentVersion\Policies\System"
/v "EnableLUA" /t REG_DWORD /d 0x0 /f>nul

echo - (2).关闭 IE 的增强安全配置，已测试成功
echo - IE Security Policy
REG ADD "HKLM\SOFTWARE\Microsoft\Active Setup\Installed
Components\{A509B1A7-37EF-4b3f-8CFC-4F3A74704073}" /v IsInstalled /t
REG_DWORD /d 0 /f>nul
REG ADD "HKLM\SOFTWARE\Microsoft\Active Setup\Installed
Components\{A509B1A8-37EF-4b3f-8CFC-4F3A74704073}" /v IsInstalled /t
REG_DWORD /d 0 /f>nul
REG ADD "HKCU\Software\Microsoft\Internet Explorer\Main" /v "Start Page" /t
reg_sz /d "about:blank" /f
Rundll32 iesetup.dll, IEHardenLMSettings
Rundll32 iesetup.dll, IEHardenUser
Rundll32 iesetup.dll, IEHardenAdmin

echo - (3).取消开机按 Ctrl+Alt+Del 组合键登录，已测试成功
echo - Disable Ctrl+Alt+Del login
REG ADD HKLM\SOFTWARE\Microsoft\Windows\CurrentVersion\Policies\System /v
DisableCAD /t REG_DWORD /d 1 /f>nul
echo - (4).禁用"以管理员批准模式运行所有管理员"，已测试成功
echo - Disable "Run all administrators in Admin Approval Mode"
REG ADD HKLM\SOFTWARE\Microsoft\Windows\CurrentVersion\Policies\System /v
EnableLUA /t REG_DWORD /d 0 /f>nul

echo - (5).禁用"关闭事件跟踪程序"，已测试成功
echo - Disable Shutdown reason On
REG DELETE "HKLM\SOFTWARE\Policies\Microsoft\Windows NT\Reliability" /v
ShutdownReasonUI /f
REG ADD "HKLM\SOFTWARE\Policies\Microsoft\Windows NT\Reliability" /v
ShutdownReasonOn /t REG_DWORD /d 0 /f>nul

echo - (6).关闭所有驱动器的自动播放，已测试成功
echo - Enable Turn off Autoplay
REG ADD HKLM\Software\Microsoft\Windows\CurrentVersion\Policies\Explorer
/v NoDriveTypeAutoRun /t REG_DWORD /d 255 /f
```

4.3.2 系统用户安全强化

Win2019 安装好后，会自动创建 Administrator、DefaultAccount、Guest、WDAGUtilityAccount 4 个用户，为了安全起见，我们进行以下一些安全强化设置。

(1) 打开“计算机管理”，选择左侧“本地用户和组”|“用户”，在右侧通过右击用户名，选择“设置密码”|“继续”的方式，将所有用户的密码都设置为 Abcd$1234，这只是一个临时密码，正式使用时，读者需要自行修改密码。DefaultAccount、Guest、

WDAGUtilityAccount 这 3 个用户继续保持禁用，见图 4-40。

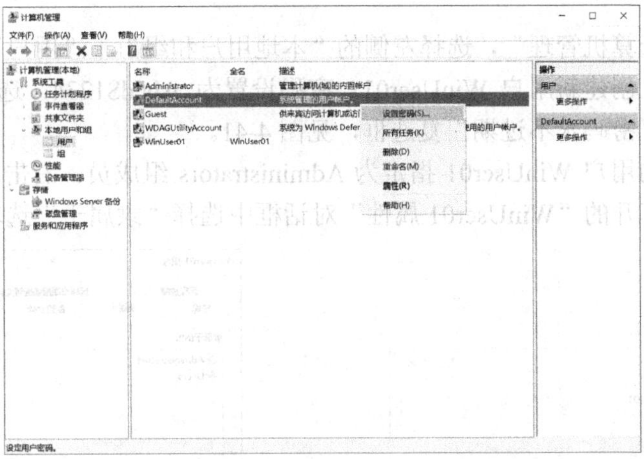

图 4-40　修改系统自动创建用户的密码

(2) 为安全起见，可以将 D:\WinUser.dat\Program Files\MjTool\delIniAndLock.vbs 文件拷贝一份到下面路径：

```
C:\Users\Administrator\AppData\Roaming\Microsoft\Windows\Start
Menu\Programs\Startup\delIniAndLock.vbs
```

delIniAndLock.vbs 文件内容如下。该文件可以删除用户桌面多余的 desktop.ini 文件，同时实现 Administrator 登录后立即锁定桌面，需要再次输入用户密码后才能解锁。

```
strCMD = "%windir%\System32\rundll32.exe user32.dll,LockWorkStation"
Set wso = CreateObject("WScript.Shell")
wso.Run(wso.ExpandenVironmentStrings(strCMD))

strUserPath = "%USERPROFILE%\Desktop\desktop.ini"
strPublicPath = "%PUBLIC%\Desktop\desktop.ini"
DelExitFile(strUserPath)
DelExitFile(strPublicPath)

Function DelExitFile(strFile)
    Set wso = CreateObject("WScript.Shell")
    Set fso = CreateObject("Scripting.FileSystemObject")
    If fso.fileExists(wso.ExpandenVironmentStrings(strFile)) Then
        fso.DeleteFile(wso.ExpandenVironmentStrings(strFile))
    End If
End Function
```

4.3.3　配置系统用户自动登录

Win2019 安装好后，我们都是以系统自动创建的 Administrator 用户登录系统进行上面的管理维护。由于 Administrator 用户是 Windows Server 系统的默认管理员用户，便成为网络攻击的主要目标。为了增强系统的安全性，我们新建一个管理员用户 WinUser01，此后便以该用户登录系统进行管理维护工作，而 Administrator 用户作为备用。

1. 新建管理员用户 WinUser01

(1) 打开“计算机管理”，选择左侧的“本地用户和组”|“用户”，右击“用户”，选择“新用户”，创建新用户 WinUser01，密码设置为 Abcd$1234，选中“用户不能更改密码”复选框、“密码永不过期”复选框，见图 4-41。

(2) 将新建的用户 WinUser01 指定为 Administrators 组成员。右击用户 WinUser01 选择“属性”，在打开的“WinUser01 属性”对话框中选择“隶属于”选项卡，见图 4-42。

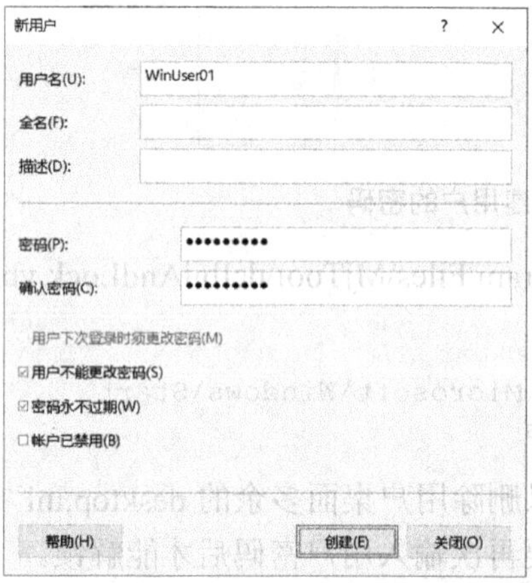

图 4-41 创建新用户 WinUser01

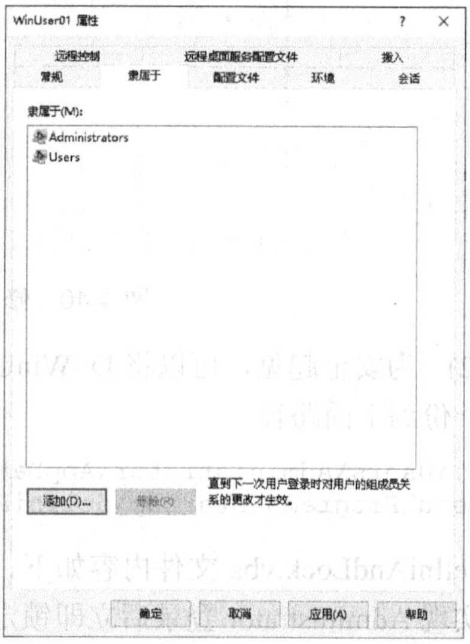

图 4-42 设置用户 WinUser01 所属组

(3) 在“隶属于”选项卡中单击下面的“添加”按钮；在弹出的“选择组”对话框中单击下面的“高级”按钮；在弹出的下级“选择组”对话框中单击左侧的“立即查找”按钮，在下侧便会列出所有用户组，选中其中的 Administrators 组，依次单击“确定”按钮即可，见图 4-43。

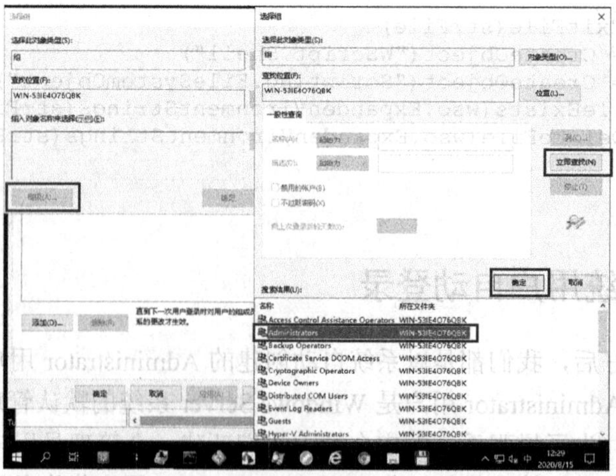

图 4-43 将用户 WinUser01 指定为 Administrators 组成员

2. 配置 WinUser01 用户自动登录

(1) 注销 Administrator 用户，用新建的 WinUser01 用户登录。

(2) 参照前面配置 Administrator 用户环境的方法，配置 WinUser01 用户环境。

(3) 在资源管理器中双击导入注册表文件 C:\Win2019-C.reg，该文件内容如下：

```
Windows Registry Editor Version 5.00

[HKEY_CURRENT_USER\Environment]
"TEMP"="D:\\WinUser.dat\\MyTemp\\Temp"
"TMP"="D:\\WinUser.dat\\MyTemp\\Temp"
"UserProDat"=hex(2):44,00,3a,00,5c,00,57,00,69,00,6e,00,55,00,73,00,65,0
0,72,\
 00,2e,00,64,00,61,00,74,00,00,00

[HKEY_LOCAL_MACHINE\SOFTWARE\Microsoft\Windows
NT\CurrentVersion\Winlogon]
"AutoAdminlogon"="1"
"DefaultUserName"="WinUser01"
"DefaultPassword"="Abcd$1234"

[HKEY_CLASSES_ROOT\Folder\shell\CMD-Look\command]
@="cmd.exe /k \"cd %L\""

[HKEY_CLASSES_ROOT\Folder\shell\TCMD-Look\command]
@="D:\\WinUser.dat\\Program Files\\totalcmd\\TOTALCMD.EXE \"%L\" \"%L\""
```

(4) C:\Win2019-C.reg 注册表文件的作用包括如下几种。

① 设置用户临时文件路径。

② 设置环境变量 UserProDat=D:\WinUser.dat。

③ 实现自动登录。

④ 添加 CMD-Look 右键菜单，实现在资源管理器中右击某个目录使用 CMD 打开。

⑤ 添加 TCMD-Look 右键菜单，实现在资源管理器中右击某个目录使用 TotalCMD 打开。

(5) 为安全起见，需要将 D:\WinUser.dat\Program Files\MjTool\delIniAndLock.vbs 文件复制一份到下面路径：

```
C:\Users\WinUser01\AppData\Roaming\Microsoft\Windows\Start
Menu\Programs\Startup\delIniAndLock.vbs
```

该文件可以删除用户桌面多余的 desktop.ini 文件，同时实现 Administrator 登录后立即锁定桌面，需要再次输入用户密码后才能解锁。

(6) 配置完成后，重新启动系统，便会以新用户 WinUser01 自动登录。然后，需按前述方法取消自动加载“服务器管理器”、配置此用户的桌面和任务栏。

4.4 系统显示配置

通过适当调整系统显示配置，可以优化屏幕显示，让桌面组件更加清晰美观，提高管理维护效率。

4.4.1 显示分辨率和桌面缩放

1. 设置虚拟机显存大小

在 ESXi6.5 中新建的虚拟机，默认总显存只有 4MB，在 Windows 中显示分辨率最高只能设置到 1152×864。如果要设置更高分辨率，就需要增大虚拟机显存。注意，修改虚拟机显存大小等硬件设置，只能在 ESXi 6.5 的 Web 管理界面中完成，使用 VMware Workstation 不行。

(1) 关闭虚拟机 100G-BtoD-Win2019atC 电源。

(2) 使用 Chrome 登录 ESXi 6.5 的 Web 管理界面后，在右侧右击 100G-BtoD-Win2019atC，选择“编辑设置”。

(3) 在打开的“编辑设置”对话框中，点开最下面的“显卡”配置，将“总显存”修改为 16MB 或更大，单击“保存”按钮，见图 4-44。

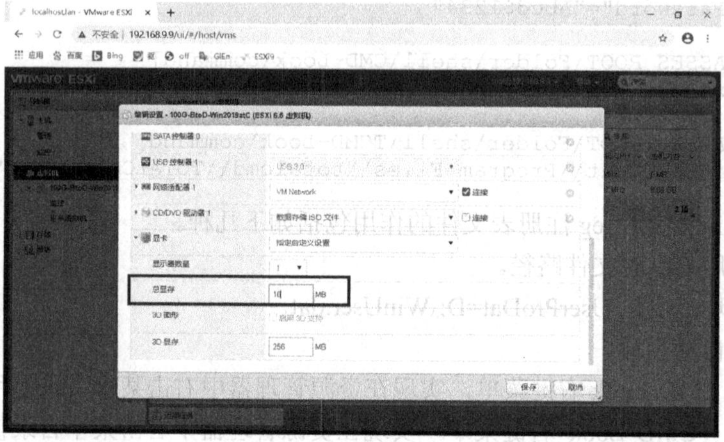

图 4-44　在 ESXi 的 Web 管理界面修改虚拟机显存大小

(4) 修改完成后，重新开启虚拟机 100G-BtoD-Win2019atC 电源即可生效。

2. 安装 VMware Tools

要为 ESXi 6.5 虚拟机设置更高分辨率，在增大虚拟机显存后，还需要安装 VMware Tools，这样才能在系统中安装虚拟机显卡驱动程序。

(1) 使用 Chrome 登录 ESXi 6.5 的 Web 管理界面后，在右侧右击 100G-BtoD-Win2019atC，选择“控制台”|“在新窗口中打开控制台”。

(2) 单击“虚拟机控制台”上侧中间的“三横按钮”，选择“客户机操作系统”|“安装 VMware Tools”，见图 4-45。

(3) 由于我们在前面已经关闭所有驱动器的自动播放，所以 VMware Tools 不会自动开始安装。此时 VMware Tools 安装镜像已经挂载到 F 盘，我们可以通过 Win+R 直接运行 F:\setup64.exe，便可以开始安装。

(4) 安装过程很简单，只需使用默认配置“典型安装”，依次单击“下一步”按钮，便可以安装完成，见图 4-46。

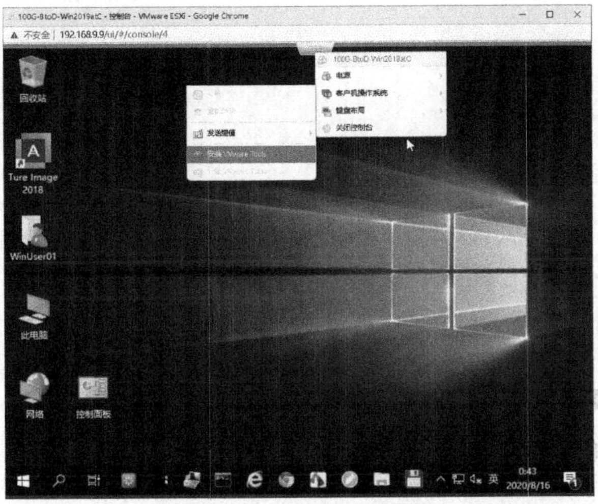

图 4-45　在 ESXi 的 Web 管理界面为虚拟机安装 VMware Tools

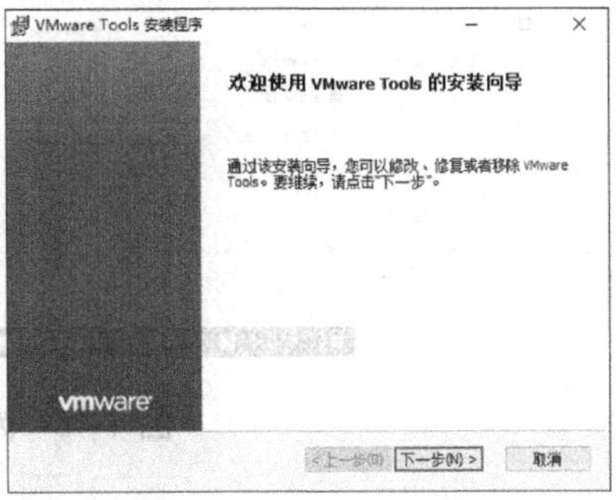

图 4-46　为虚拟机安装 VMware Tools

(5)　如果管理机安装有 VMware Workstation，也可以连接 ESXi 6.5 服务器，在左侧右击 100G-BtoD-Win2019atC，选择“安装 Vmware Tools”(若虚拟机已经安装 VMware Tools，便显示为“重新安装 VMware Tools”)，为虚拟机安装 VMware Tools，见图 4-47。

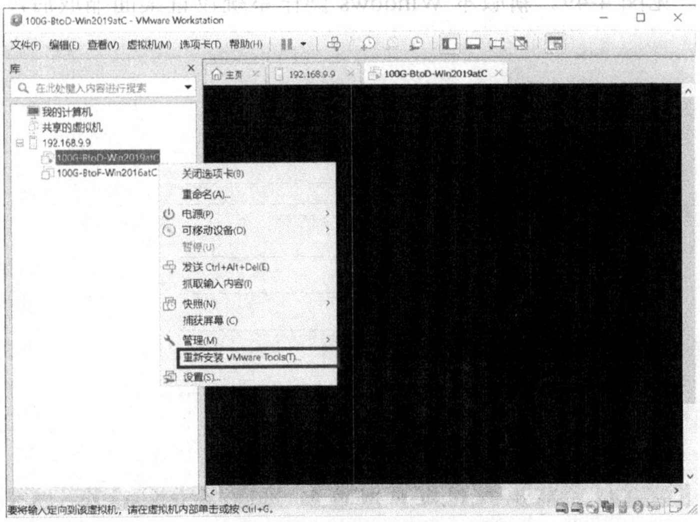

图 4-47　通过 VMware Workstation 为虚拟机安装 VMware Tools

3. 设置显示分辨率

VMware Tools 安装完成后，便可以为系统设置更高分辨率。

(1)　在桌面空白处右击，在弹出的快捷菜单中选择“显示设置”命令。

(2)　在“分辨率”下拉列表框的下拉列表中，选择需要设置的分辨率，比如 1440×900 即可，见图 4-48。

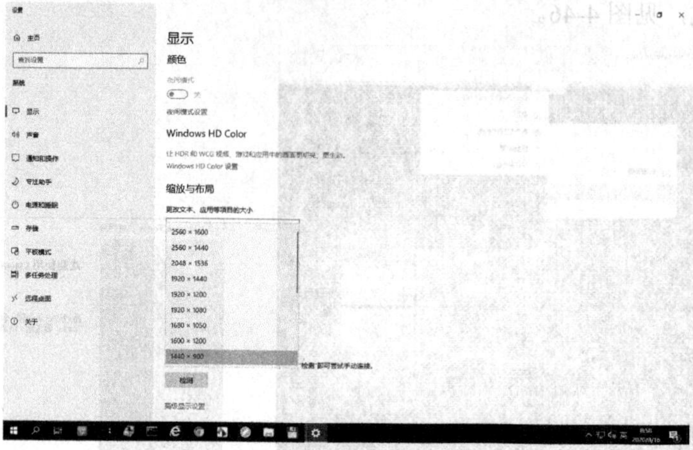

图 4-48　为虚拟机设置较高辨率 1440×900

4. 设置桌面缩放

当设置较大分辨率后，屏幕字体便显得比较小，为了便于查看屏幕内容，可以增大屏幕缩放比例。

(1) 在桌面空白处右击，在弹出的快捷菜单中选择“显示设置”命令。

(2) 打开“更改文本、应用等项目的大小”下拉列表框，选择需要合适的缩放比例，比如 125%即可，见图 4-49。新版本 Windows 操作系统设置桌面缩放后，不用注销便可立即生效。

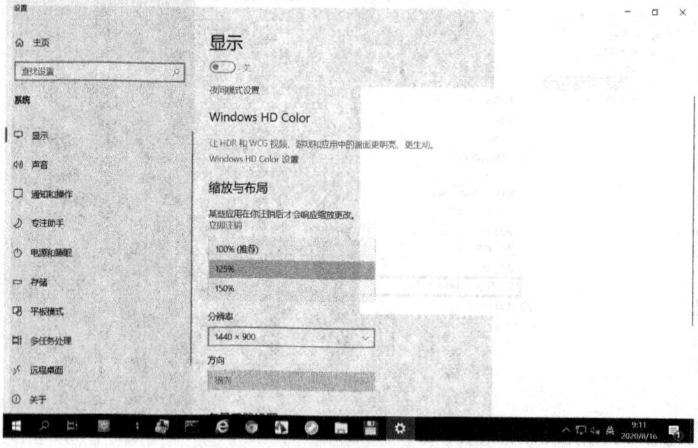

图 4-49　为虚拟机设置桌面缩放 125%

4.4.2　让屏幕字体更为清晰

1. 取消“平滑屏幕字体边缘”

在 Windows 系统为了消除屏幕字体锯齿现象，默认启用了“平滑屏幕字体边缘”设置。

但是该设置也同时让屏幕字体变得比较模糊，特别是字体较大的时候。如果要让屏幕字体更为清晰，便可以关闭“平滑屏幕字体边缘”设置。

(1) 右击桌面图标“此电脑”，在弹出的快捷菜单中选择“属性”命令，在打开的“系统”窗口中单击左侧的“高级系统设置”，见图 4-50。注意这个图标名称有点不同，以前的 Windows 系统一般是“我的电脑(My Computer)”，在 Win2019 系统中是“此电脑(This PC)”，含义基本相同。

(2) 在弹出的“系统属性”对话框中，选择“高级”选项卡，单击上面性能栏的“设置”按钮。

(3) 在弹出的“性能选项”对话框中，取消下面的“平滑屏幕字体边缘”选项，然后依次单击“确定”按钮即可。

图 4-50 关闭 LMHOSTS 查找和禁用 TCP/IP 上的 NetBIOS

2. 使用 AgileFontSet 调整屏幕字体

在实际管理维护中，使用 ATIH2018x32 恢复系统后，即使已经取消“平滑屏幕字体边沿”，并关闭 Cleartype 字体渲染，屏幕字体仍然有些模糊。可以尝试使用自备程序 AgileFontSet 进行设置。

(1) 运行公用程序分区的 D:\WinUser.dat\Program Files\AgileFontSet\AgileFontSet.exe。

(2) 在“迅捷字体设置程序”窗口里，原来的默认字体为“Microsoft YaHei UI 9pt 常规”。可以选中“所有字体”右侧的复选框，然后单击右侧的“选择”按钮，见图 4-51。在弹出的“字体”选择对话框中，字体名称不用改变，只需改变“字形”，比如改为“粗体”，单击“确定”按钮，见图 4-52。

(3) 当返回“迅捷字体设置程序”窗口后，单击下面的“应用”按钮，等待一会儿，应用所做字体改变。

(4) 接下来，再如法炮制，将“所有字体”改回 Microsoft YaHei UI 9pt、“常规”，等应用所做改变完成后，即可恢复桌面字体清晰。

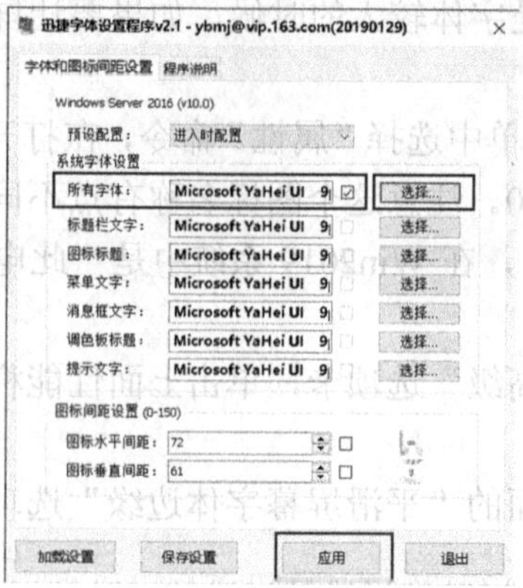

图 4-51 启动迅捷字体设置程序 AgileFontSet

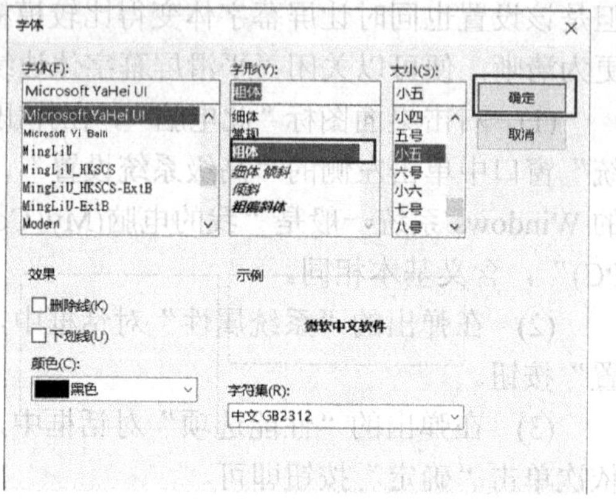

图 4-52 使用 AgileFontSet 设置系统字体

3. 关闭 Cleartype 字体渲染

启用系统 Cleartype 字体渲染后，也可能会导致屏幕字体模糊。Win2019 默认没有启用 Cleartype 字体渲染，无须进行设置。若此后需要关闭 Cleartype 字体渲染，可按下面步骤操作。

(1) 右击桌面，在弹出的快捷菜单中选择“个性化”命令。

(2) 在弹出的“设置”窗口中，单击左侧的“字体”，选择右下侧“调整 Cleartype 文本”。

(3) 在弹出的“Cleartype 文本调谐器”对话框中，取消选中“启用 Cleartype”复选框即可，见图 4-53。

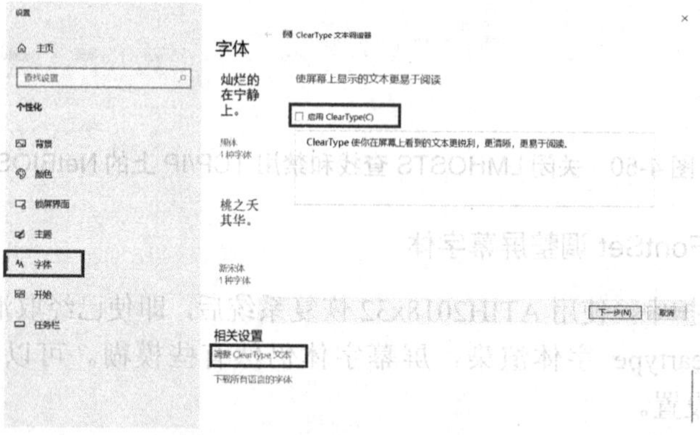

图 4-53 关闭 Cleartype 字体渲染

4.4.3 调整桌面图标

桌面上的图标是打开程序的快捷方式，用户可以调整它们的大小、排列方式等。

1. 调节桌面图标大小和排列顺序

(1) 使用鼠标滚轮可以调整桌面图标大小。将鼠标指针移动到某个桌面图标上，按住 Ctrl 键同时滚动鼠标滚轮，便可以放大或缩小桌面图标。

(2) 在桌面空白处右击，弹出快捷菜单，在“查看”子菜单中，选中“小图标”和“自动排列图标”等选项；在“排序方式”的二级菜单中，选择“名称”，让桌面图标按名称排序，见图 4-54。

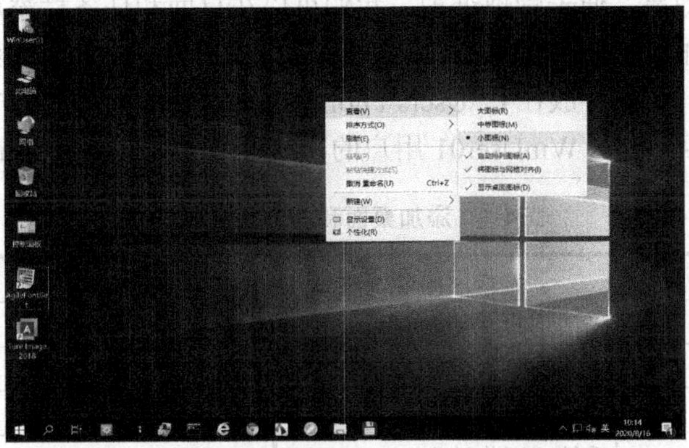

图 4-54　调整桌面图标大小和排列顺序

2. 调节桌面图标间距

Windows XP、Windows 7 用户可在系统的高级外观设置里修改系统字体和桌面图标间距，但 Windows 8、Windows 10 系统却没有提供这一功能(Win2019 属于 Windows 10 系列操作系统)。熟悉系统的用户虽然可以通过修改注册表、bat、vbs 等方式调整系统字体和桌面图标间距，但这些方法都需要注销或重启计算机才能生效。自备程序 AgileFontSet 便是快捷设置 Windows 系统字体和桌面图标间距的小程序，中文名为“迅捷字体设置程序”，修改系统字体和桌面图标间距后，无须注销或重启便可立即生效。

(1) 运行公用程序分区的 D:\WinUser.dat\Program Files\AgileFontSet\AgileFontSet.exe。

(2) 在“迅捷字体设置程序”窗口里，选中下面的“图标水平间距”、“图标垂直间距”右侧的复选框。

(3) 分别修改图标水平间距为 72(默认值为 43)、图标垂直间距为 52(默认值为 43)，设置好后单击“应用”按钮，便可立即生效，见图 4-55。

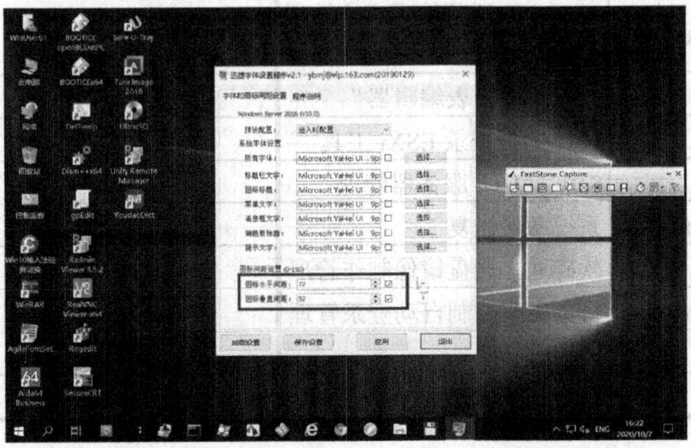

图 4-55　使用 AgileFontSet 调整桌面图标间距

(4) 注意，不同的用户登录后都需要设置一次。

3. 在桌面和任务栏添加快捷方式

为了提高工作效率，便于管理维护，我们可以在桌面和任务栏添加一些常用的快捷方式，当然也不宜添加得太多，见表 4-1。其中，系统快捷方式由操作系统管理；公用快捷方式为所有用户共用，统一存放在 C:\Users\Public\Desktop\；用户快捷方式为各个用户独有，存放在各自的用户目录中，WinUser01 用户的存放在 C:\Users\WinUser01\Desktop\。

表 4-1　添加桌面和任务栏快捷方式

桌面快捷方式		作用简介	任务栏快捷方式	作用简介
系统快捷方式	WinUser01	当前用户文件夹	搜索	搜索系统程序和功能
	此电脑	查看计算机资源	任务视图	浏览当前系统任务
	网络	系统“网络”	RestartPC	重启计算机
	回收站	系统“回收站”	Quick Lock	快速锁定
	控制面板	系统“控制面板”	计算机管理	系统“计算机管理”
公用快捷方式	Win10 输入法经典切换	Win10 输入法经典切换小工具	CMD 命令窗口	打开 CMD 命令窗口
	WinRAR	WinRAR 压缩软件	Process Explorer	进程管理器
用户快捷方式	AgileFontSet	设置系统字体和桌面图标间距	FastStoneCapturePortable	屏幕截图软件便携版
	Aida64 Business	硬件检测工具	FlashFXP	FXP、FTP 传输软件
	BOOTICE openBCDatPC	PC 下直接查看 BCD 启动菜单	IE11	系统 IE11
	BOOTICEx64	系统引导管理维护	ChromePortable	Chrome 浏览器便携版
	DelTemp	删除系统临时文件	Everedit Win32 Portable	文本编辑器 x86 便携版
	Dism++x64	系统优化和映像集成工具 x64	资源管理器	系统“资源管理器”
	gpEdit	系统组策略编辑器	TotalCMD	文件管理软件
	Radmin Viewer 3.5.2	Radmin 远程管理客户端		
	RealVNC Viewer-x64	RealVNC 远程管理客户端程序 x64		
	Regedit	系统“注册表编辑器”		
	SecureCRT	SSH 远程登录 ESXi 工具		
	Serv-U-Tray	Serv-U FTP 服务器管理		
	Ture Image 2018	系统备份恢复		
	UltraISO	软碟通，光盘镜像制作管理		
	Unify Remote Manager	自备远程控制自动登录管理		
	WinRAR	压缩软件		
	YoudaoDict	有道词典		

4.5　系统属性配置

通过对系统属性进行配置，可以让系统运行更为高效，操作更加简便。

4.5.1　文件夹选项配置

为了灵活高效地查看系统中的各种文件资源，可以通过配置“文件资源管理器选项”，更改文件和文件夹的显示方式。双击桌面上的“控制面板”，选择右上侧“查看方式”，选择“小图标”，选择右下侧“文件资源管理器选项”项目，见图 4-56。

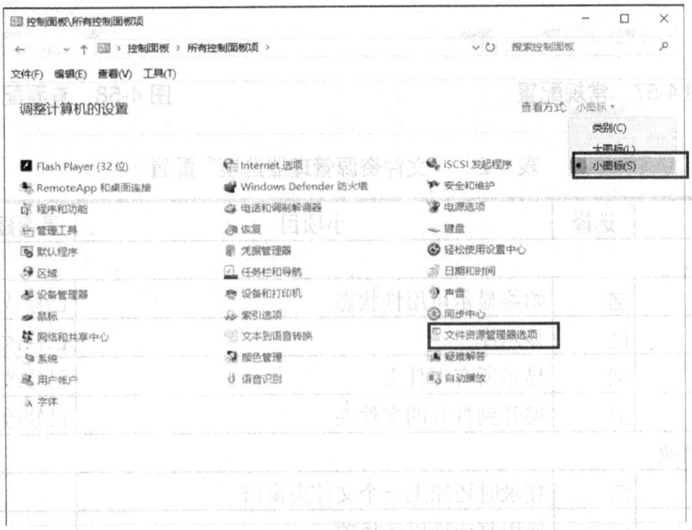

图 4-56　通过控制面板打开“文件资源管理器选项”

1. 常规配置

在“文件资源管理器选项”对话框的“常规”选项卡中，可以更改文件夹的显示方式和工作方式(见图 4-57)。如选中“通过单击打开项目”单选按钮，便可以只需单击一次(就像网页中的链接那样)，默认为双击打开方式。这里不建议修改“常规”选项卡中的内容，若要恢复原始配置，可单击“还原默认值”按钮。

2. 查看配置

(1) 在“文件资源管理器选项”对话框中选择“查看”选项卡，可以修改文件和文件夹的查看方式，见图 4-58。

(2) 根据我们长期的使用经验，可以在“查看”选项卡的“高级设置”栏中进行表 4-2 所列的修改，其余默认。修改完成后，单击下侧的“应用”按钮，便会生效。

(3) 允许显示隐藏文件后，桌面上可能会出现一些 desktop.ini 文件，可以全部删除并清空垃圾箱。

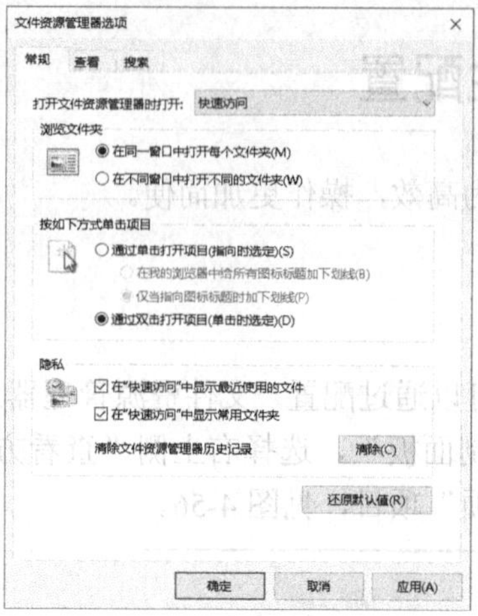

图 4-57 常规配置

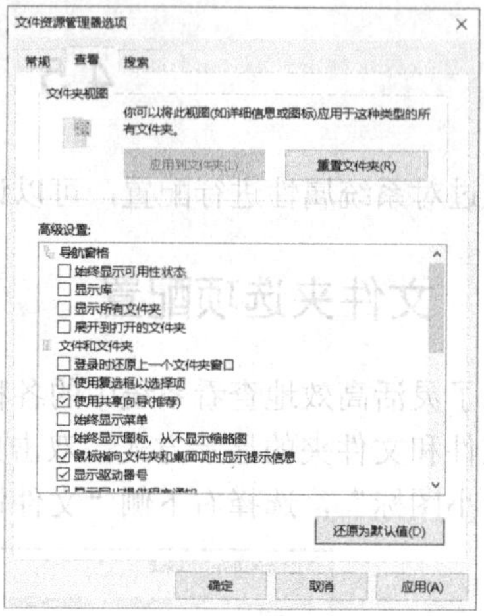

图 4-58 查看配置

表 4-2 “文件资源管理器选项”配置

序号	大项	选择	小项目	是否建议修改	备注
1	导航窗格				
2		☑	始终显示可用性状态	已修改	
3		☑	显示库	已修改	
4		☑	显示所有文件夹	已修改	
5		☑	展开到打开的文件夹	已修改	
6	文件和文件夹				
7		☐	登录时还原上一个文件夹窗口		
8		☐	使用复选框以选择项		
9		☐	使用共享向导(推荐)	已修改	
10		☑	始终显示菜单	已修改	
11		☑	始终显示图标，从不显示缩略图	已修改	
12		☑	鼠标指向文件夹和桌面项时显示提示信息		
13		☑	显示驱动器号		
14		☑	显示同步提供程序通知		
15		☑	显示状态栏		
16		☐	隐藏空的驱动器	已修改	
17		☐	隐藏受保护的操作系统文件(推荐)	已修改	
18			隐藏文件和文件夹		
19		◆	○ 不显示隐藏的文件、文件夹或驱动器	已修改	
20			◉ 显示隐藏的文件、文件夹和驱动器	已修改	
21		☐	隐藏文件夹合并冲突	已修改	
22		☐	隐藏已知文件类型的扩展名	已修改	
23		☐	用彩色显示加密或压缩的 NTFS 文件		
24		☑	在标题栏中显示完整路径	已修改	

续表

序号	大项	选择	小项目		是否建议修改	备注
25		□	在单独的进程中打开文件夹窗口			
26		◆	在列表视图中输入时			
27			◉	在视图中选中输入项		
28			○	自动输入到“搜索”框中		
29		☑	在缩略图上显示文件图标			
30		☑	在文件夹提示中显示文件大小信息			
31		☑	在预览窗格中显示预览控件			

(4) 另外，系统默认的文件夹视图是详细信息，若用户修改某个文件夹视图为中等图标、平铺，我们可以通过这里的“应用到文件夹”按钮，将用户定制视图等配置应用于计算机上所有同类型的文件夹，包括 Documents、Pictures、Music 等文件夹；若需要将这些文件夹配置恢复到默认配置，可以单击“重置文件夹”按钮(见图 4-58)。

3. 搜索配置

在“文件资源管理器选项”中选择“搜索”选项卡，可以修改文件和文件夹资源的“搜索方式”、“在搜索未建立索引的位置时”等搜索配置，见图 4-59。如果没有特别需要，一般不建议对系统搜索配置进行修改。

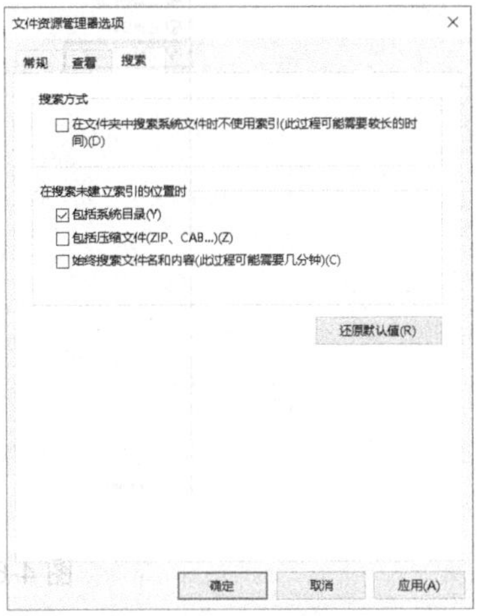

图 4-59 搜索配置

4.5.2 高级系统设置

1. 打开“高级系统设置”对话框

我们经常使用两种途径打开“系统配置”对话框。一种是双击打开桌面的“控制面板”，再单击“系统”选项，另一种是右击桌面“此电脑”图标，在弹出的快捷菜单中选择“属性”命令，这样都可以打开“系统”窗口；在“系统”窗口中，单击左上侧的“高级系统设置”选项，便可以打开“系统属性”对话框，见图 4-60。在这里可以配置计算机名、用户配置文件、系统启动配置和系统虚拟内存配置等项目。

2. 配置计算机名

Win2019 安装过程中，会为系统随机生成一个计算机名，比如 WIN-53IE4O76QBK。作为服务器的计算机，最好为其配置一个独特的计算机名，比如 Win2019_003，以方便查询和管理。在如图 4-60 所示窗口中，在“计算机名”选项卡中单击中间的“更改”按钮，在打开的“计算机名/域更改”对话框中，输入新的计算机名，依次单击“确定”按钮即可，见图 4-61。修改计算机名称后，必须重启计算机才能生效。

3. 优化视觉效果

在“系统属性”对话框中选择“高级”选项卡，见图 4-62；然后，再单击“性能”栏中的“设置”按钮，便可以打开“性能选项”对话框，见图 4-63。在服务器上使用，建议选择“调整为最佳性能”单选按钮；日常使用，可根据计算机的性能和用途，调整为最佳外观或自定义选项。若选择“自定义”单选按钮，可选中除了“平滑屏幕字体边缘”之外的所有功能。“平滑屏幕字体边缘”功能，在屏幕放大显示时，字体会出现模糊现象。

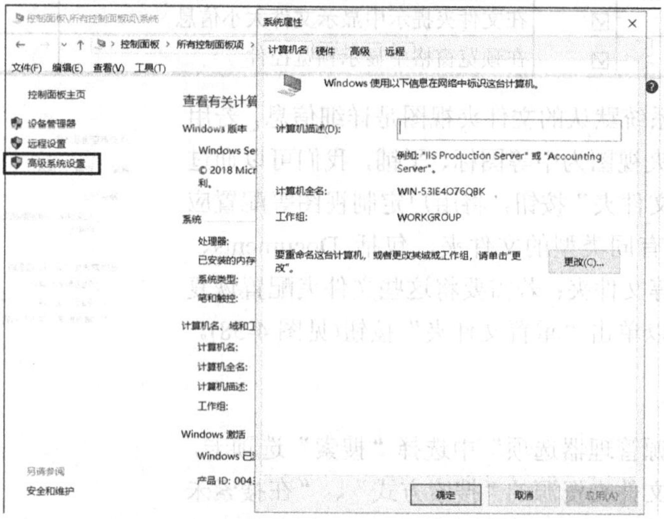

图 4-60 “系统”窗口和“系统属性”对话框

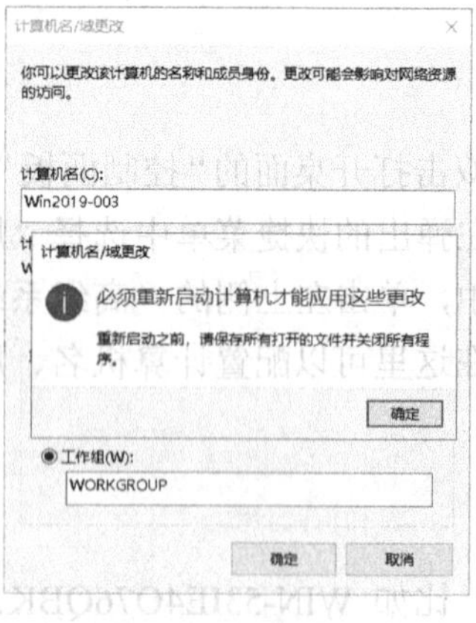

图 4-61 系统属性

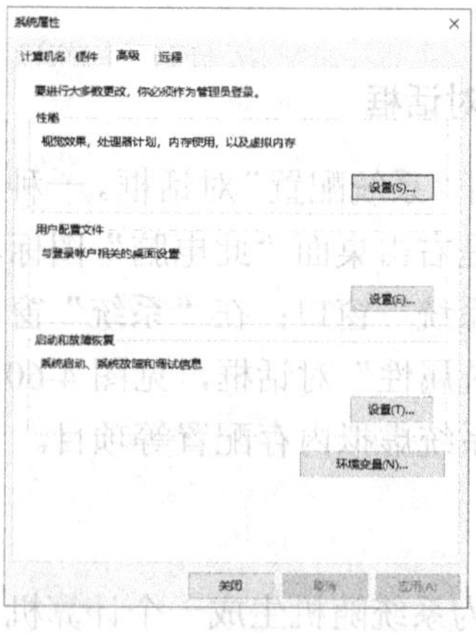

图 4-62 “高级”选项卡

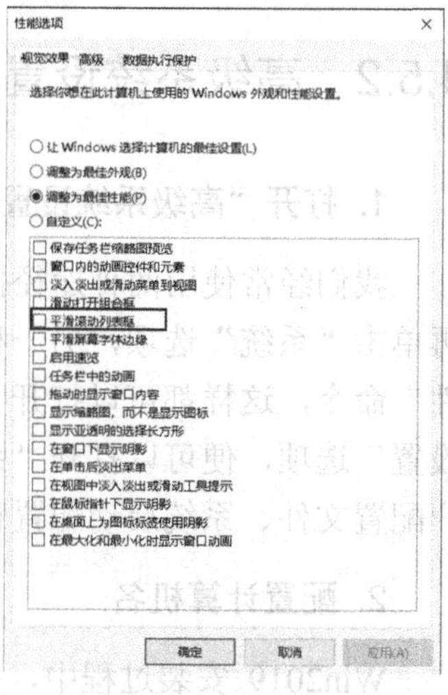

图 4-63 视觉效果设置

4. 合理配置虚拟内存

在如图 4-63 所示的“性能选项”对话框中，选择“高级”选项卡，可配置系统虚拟内存等项目，见图 4-64 左侧。

在“处理器计划”一栏中，若选择“程序”按钮，较多的处理器资源将分配给前台程序；若选择“后台服务”选项，那么所有程序都将获得同等的处理器资源。

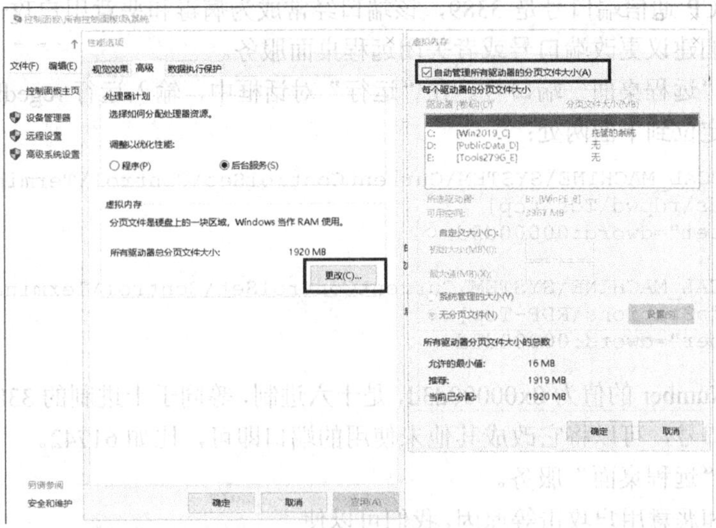

图 4-64　配置虚拟内存

在配置虚拟内存的时候要注意，如果有多块硬盘，那么最好能将分页文件配置在没有安装操作系统或应用程序的硬盘上，或者所有硬盘中速度最快的硬盘上。这样在系统繁忙的时候才不会产生同一个硬盘既忙于读取应用程序数据又同时进行分页操作的情况。最好让应用程序和分页文件存放到不同硬盘上，这样才能最大限度地降低硬盘负荷、提高效率；当然，如果只有一块硬盘，就没必要将分页文件配置在其他分区了，同一个硬盘上不管配置在哪个分区中，对性能的影响都不是很大。

现在，Win2019 已经能够很好地管理系统虚拟内存，若没有特殊需求，一般不用进行配置，建议保留默认选项，让系统“自动管理所有驱动器的分页文件大小”，见图 4-64 右侧。

5. 启动和故障恢复

在如图 4-62 所示的“系统属性”对话框中，选择“高级”选项卡；然后，单击“启动和故障恢复”栏中的“设置”按钮，便可以打开“启动和故障恢复”对话框，见图 4-65。

要配置系统启动项，在这里只能选择默认启动项、修改延迟时间，局限性很大，建议使用前面介绍的 BootICE 工具配置系统启动菜单。

在下侧的“系统失败”栏中，建议取消选中“自动重新启动”复选框，将“写入调试信息”设置为“无”，以减少系统负担。

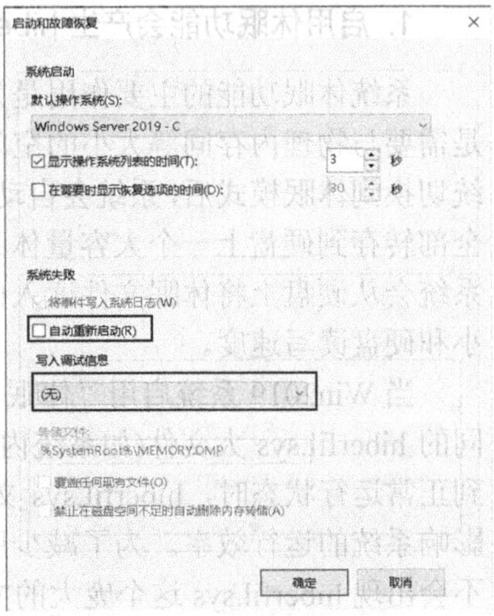

图 4-65　启动和故障恢复

6. 关闭远程桌面功能

用“远程桌面”等连接工具来连接到远程的服务

器，如果连接上了，输入系统管理员的用户名和密码后，将可以像操作本机一样操作远程的电脑。远程桌面服务所使用的通信协议是 Microsoft 定义 RDP(Reliable Data Protocol)协议，RDP 协议的 TCP 通信端口号是 3389，该端口经常成为病毒和恶意用户攻击的对象，为了安全起见，我们建议更改端口号或者关闭远程桌面服务。

(1) 修改“远程桌面”端口号。在“运行”对话框中，输入运行 regedit 命令，打开注册表编辑器，定位到下面两处：

```
[HKEY_LOCAL_MACHINE\SYSTEM\CurrentControlSet\Control\Terminal
Server\Wds\rdpwd\Tds\tcp]
"PortNumber"=dword:00000d3d

[HKEY_LOCAL_MACHINE\SYSTEM\CurrentControlSet\Control\Terminal
Server\WinStations\RDP-Tcp]
"PortNumber"=dword:00000d3d
```

其中 PortNumber 的值为 0x00000d3d，是十六进制，等同于十进制的 3389，也就是 RDP 协议使用的端口号，可以将它改成其他未使用的端口即可，比如 61742。

(2) 关闭“远程桌面”服务。

鉴于病毒和恶意用户攻击等原因，我们可以使用更加安全的远程管理软件，所以建议关闭远程桌面服务。打开“系统属性”对话框的“远程”选项卡，见图 4-66，在下面的“远程桌面”栏选择“不允许连接到此计算机”选项，这样便可以阻止任何人使用远程桌面或终端服务连接该计算机。

现在，Win2019 安装好后，默认便已经关闭“远程桌面”服务，只需保持默认选择即可。

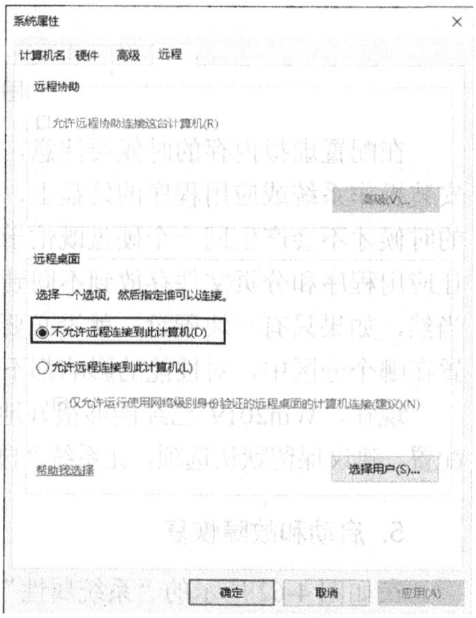

图 4-66 关闭远程桌面

4.5.3 关闭休眠功能

1. 启用休眠功能会产生 hiberfil.sys 大文件

系统休眠功能的主要作用是为了节能，但代价是需要与物理内存同等大小的空闲硬盘空间。当系统切换到休眠模式后，系统会自动将内存中的数据全部转存到硬盘上一个大容量休眠文件中，然后暂停对所有设备的供电。在恢复的时候，系统会从硬盘上将休眠文件读入内存，并恢复到休眠之前的状态，恢复速度取决于内存大小和硬盘读写速度。

当 Win2019 系统启用“休眠”功能后，系统分区中会自动生成一个与系统内存容量相同的 hiberfil.sys 大文件(如系统内存为 16GB，该文件便是 16GB)，当系统从休眠状态切换到正常运行状态时，hiberfil.sys 文件并不会随之消失，这样会消耗掉系统分区的空间资源，影响系统的运行效率。为了减少服务器负担，建议停用系统的休眠功能，确保系统分区中不会出现 hiberfil.sys 这个庞大的文件。

2. 关闭休眠功能

在支持休眠功能的计算机上，Win2019 会自动启用“休眠”功能。要判断系统是否启用“休眠”功能，可以查看 Windows 系统所在分区根目录是否存在 hiberfil.sys 这个庞大的文件。hiberfil.sys 是隐藏文件，读者需要按前面方法配置允许资源管理器显示隐藏文件才能看到。

若 Windows 系统所在分区根目录存在 hiberfil.sys 文件，可以以管理员模式打开 CMD 窗口，运行命令 powercfg -h off，便可以关闭休眠功能，并自动删除系统分区的 hiberfil.sys 文件，不用重启计算机。

如需打开休眠功能，只需以管理员模式打开 CMD 窗口，运行命令 powercfg -h on 即可。

注意：睡眠模式(Sleep)与休眠模式(Hibernate)不同。主要区别在于睡眠模式会保持内存供电、内存数据不会丢失，但会切断内存之外设备的供电，用户只需动一下鼠标或按一下键盘便能快速恢复；休眠模式则是将内存转存到硬盘，然后停止所有设备的供电，恢复时再读回内存，耗费的时间取决于硬盘和系统速度。在支持休眠功能的计算机上，Win2019 会自动启用“休眠”功能，但不会自动启动“睡眠”功能；这两项功能都主要适用于笔记本和客户机电脑，对服务器并不适用。

4.5.4　为所有可登录用户设置屏幕保护

为了保障服务器的安全，建议为服务器的所有可登录用户都设置屏幕保护程序。我们前面安装过程中，有 Administrator、WinUsei01 两个用户可以登录系统，下面，我们分别以这两个用户的身份登录系统，为其设置屏幕保护程序。

(1)　右击桌面空白处，在弹出的快捷菜单中选择“个性化”，在弹出的界面中选择左侧“锁屏界面”，选择右侧左下方的“屏幕保护设置”，见图 4-67 左侧。

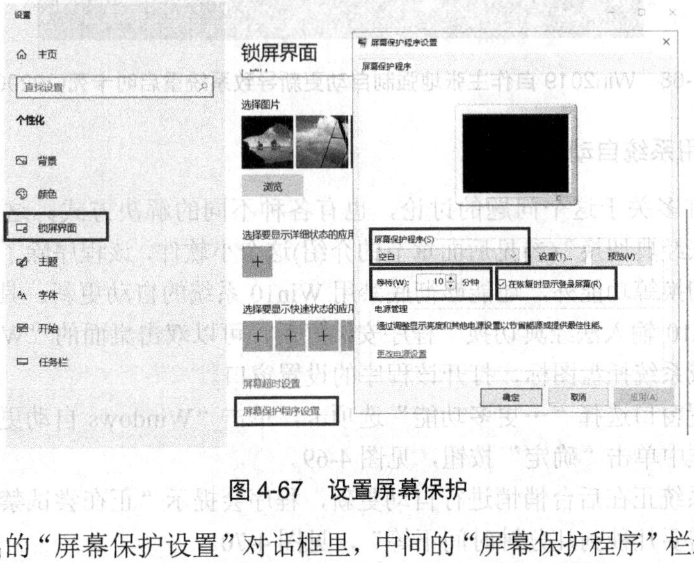

图 4-67　设置屏幕保护

(2)　在弹出的“屏幕保护设置”对话框里，中间的“屏幕保护程序”栏选择“空白”(可选其他项，只要不选“(无)”即可)；等待时间设为 10 分钟(可调整时间长短)；关键是要选中“在恢复时显示登录屏幕”选项，确保从锁屏状态恢复时用户需要输入密码才可以登录，这样才能真正起到保护作用。

(3) 设置好后，单击“确定”按钮即可，见图 4-67 右侧。

4.5.5 彻底禁用系统自动更新

1. Win10 系列操作系统自动更新问题很多

Windows Server 2019、Windows 10 同宗同源，本书统一简称为 Win10 系列操作系统。现在，Win10 系列操作系统的自动更新经常出现许多大大小小的问题，对于要求稳定为主的服务器来说，建议彻底禁用系统默认的自动更新，在需要时再进行手动更新。

并且，Win2019 安装好后默认是强制进行自动更新，经常导致系统重启或关机时卡死的现象，一直卡在“正在准备 Windows，请不要关闭你的计算机”(见图 4-68)。如果网速正常，一般都要等待几十分钟到几个小时自动更新才能完成，若网速不正常或无法访问，时间就更长，甚至死锁、不能正常终止。在实际维护管理过程中，我们多次遇到这种情况，最后只能按 Reset 键或强制断电重启计算机。

正在准备 Windows
请不要关闭你的计算机

图 4-68 Win2019 自作主张地强制自动更新导致系统重启时卡死(20200307)

2. 彻底禁用系统自动更新

网络上有许多关于这个问题的讨论，也有各种不同的解决方式。这里我们可以使用“Win10 输入法经典切换”(参见后面章节的介绍)这个小软件，该程序除了能够配置管理中文输入法经典切换等功能外，还能够彻底禁用 Win10 系统的自动更新。具体步骤如下。

(1) “Win10 输入法经典切换”程序安装好后，可以双击桌面的“Win10 输入法经典切换”图标，或系统托盘图标，打开该程序的设置窗口。

(2) 在设置窗口选择“…更多功能”选项卡，单击“Windows 自动更新控制”按钮，在弹出的对话框中单击“确定”按钮，见图 4-69。

(3) 如果系统正在后台悄悄进行自动更新，程序会提示“正在尝试禁用自动更新，请稍候，这可能需要几秒到几分钟时间不等”，见图 4-70。

(4) 请耐心等待程序处理过程，当处理完成后，系统会提示需要重新启动，请单击“确定”按钮，重启计算机，见图 4-71。

(5) 系统重启之后，再次双击“Win10 输入法经典切换”桌面图标、或系统托盘图标打开程序设置窗口，选择“…更多功能”选项卡，便可以看到“自动更新已被彻底禁用，正保护你的系统免于自动更新”，见图 4-72。

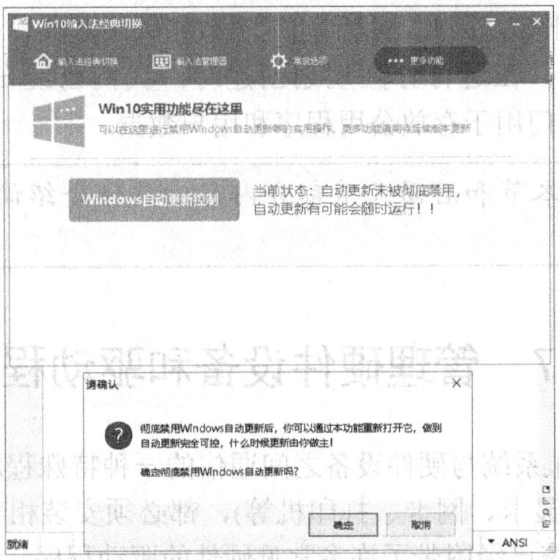

图 4-69 使用“Win10 输入法经典切换”程序彻底禁用 Win10 系统的自动更新

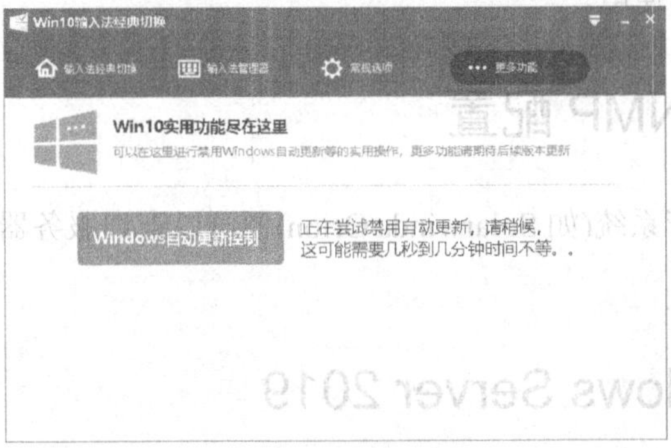

图 4-70 “Win10 输入法经典切换”程序正在禁用自动更新

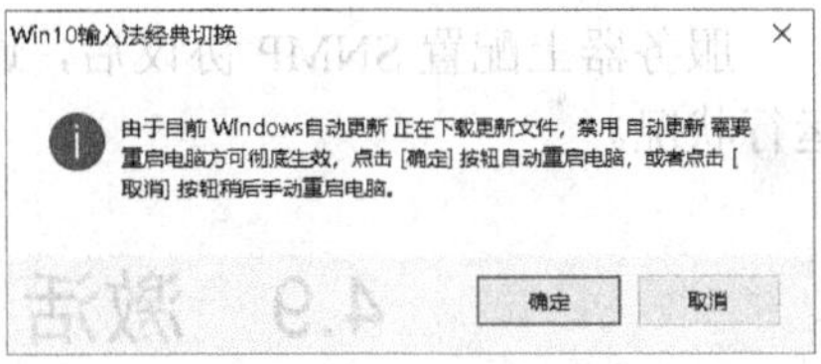

图 4-71 “Win10 输入法经典切换”程序提示需要重启计算机

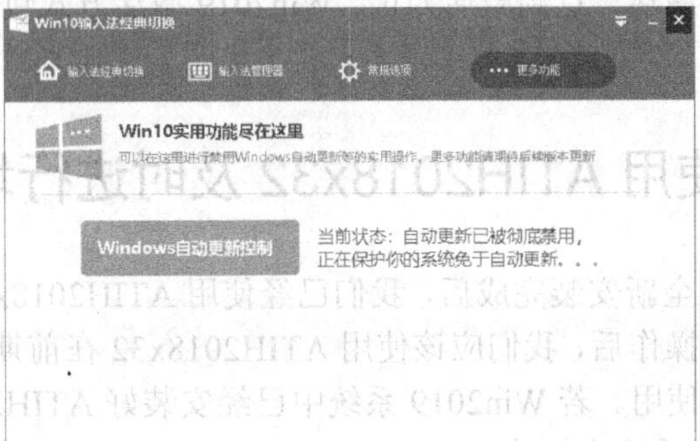

图 4-72 “Win10 输入法经典切换”程序已经彻底禁用系统自动更新

4.6 用户环境配置

如果重新安装操作系统，系统中的“我的文档”、“收藏夹”、“Internet 临时文件夹”等用户文件的内容将被删除。因此，我们通过更改相关用户文件夹的位置，可以方便多用户共享这些信息。前面，在进行分区规划创建时，我们已经在系统盘的分区之外建立 D:\WinUser.dat 目录，专门用于存放公用程序和用户数据。

注意： 由于篇幅限制，本节和后面几节部分内容的具体介绍读者可以到相关网站进行查询。

4.7 管理硬件设备和驱动程序

驱动程序是管理操作系统与硬件设备之间通信的一种特殊程序。连接到计算机的各种硬件设备(比如芯片组、显卡、网卡、打印机等)，都必须安装相应的驱动程序，才能正常工作。新版 Windows 系统已经附带了许多常见硬件的驱动程序，这些硬解无须安装额外驱动程序也能正常使用。但是，若 Windows 系统没有找到硬件所需的驱动程序，用户就得自行安装必要的驱动程序，此后硬件才能正常使用。

4.8 SNMP 配置

服务器上配置 SNMP 协议后，通过网管系统(如 Solarwinds Orion)便可以查询服务器的运行状况。

4.9 激活 Windows Server 2019

Win2019 安装配置好之后，需要进行激活才能长期正常使用。未激活的 Win2019 系统只有 180 天试用期，超期之后，虽然系统仍然可以正常运行，但是许多功能无法正常使用，系统持续提醒用户必须激活，直到激活为止。Win2019 激活方式包括输入密钥、KMS 激活和 OEM 激活等方法。

4.10 使用 ATIH2018x32 及时进行增量备份

前面，在 Win2019 全新安装完成后，我们已经使用 ATIH2018x32 进行了及时备份。完成了上面的一系列配置操作后，我们应该使用 ATIH2018x32 在前期备份的基础之上及时进行增量备份，以备恢复使用。若 Win2019 系统中已经安装好 ATIH2018x32，可以直接在当前系统中进行备份，若系统中还未安装 ATIH2018x32，可以启动到 Win10PE64 中使用 ATIH2018x32 进行备份。具体可参见后面章节的介绍。

本章小结

本章主要讲述了安装 Windows Server 2019 之后的基础配置工作，包括对服务器网络连接、系统个性化、系统显示、系统属性、用户环境、硬件设备、SNMP 和系统激活等方面的相关配置。这些配置并不都是安装服务器的必选配置，读者可以根据实际需要进行选择。如果把新安装的 Win2019 比作毛坯房，那么，这一章就是对新建成的毛坯房进行全面彻底的装修，现在已经可以乔迁入驻了。在这一章中，我们通过对新安装的 Win2019 进行全面系统的精心配置，现在已经可以投入使用了。

第 5 章　Windows Server 2019 安全配置

本章要点：

- 设置 Windows Server 2019 的安全选项
- Windows 安全中心简介
- 配置和管理 Windows Server 2019 病毒和威胁防护
- 配置和管理 Windows Server 2019 防火墙
- Windows 安全中心的其他功能
- 系统更新
- Symantec Endpoint Protection 安装配置

常言道，安全问题，小心一千次都不多，大意一次足以致命。系统安全一直是服务器管理维护的重点工作，如果将 Windows Server 2019 服务器比作一个家庭，那么病毒和威胁防护就类似于家庭医生，防火墙和网络保护就类似于家庭保安。为了保障服务器安全，最常采用的措施就是安装网络防火墙、专业防病毒软件以及各种反间谍工具等。在第 4 章中，已经简单介绍了 Win2019 在账户、网络管理等方面的安全配置。本章主要以 Win2019 自带的病毒防护和防火墙为基础，介绍如何在 Win2019 下部署安全配置，以及如何通过安装配置 Symantec Endpoint Protection，来提高系统的安全防护能力。

5.1　设置 Windows Server 2019 的安全选项

为了安全高效地管理服务器，在保持高效管理的同时必须兼顾系统安全，我们需要对 Win2019 的安全选项进行合理细致的设置。

5.1.1　设置账户锁定策略，加固登录安全

1. 账户锁定策略的优点和隐患

账户锁定策略是 Windows 的一项安全功能，如果在指定时间内登录失败达到一定次数，该功能将根据安全策略锁定该账户，已锁定的账户在指定时间内将不能登录。设定账户锁定策略具有以下优点。

(1)　恶意用户不能操作该账户，除非他能够在少于你设定的密码错误次数之内就能猜出密码。

(2)　如果设置了对登录情况的记录，通过查看登录日志，有助于查找那些危及安全的登录尝试。

(3)　由于限定了指定时间内登录失败的次数，可以有效阻止黑客和恶意软件的连续

攻击。

不过，设置账户锁定之后，也可能存在以下一些隐患。

(1) 合法用户在登录时过多的错误操作，也会把自己的账户锁定。

(2) 对账户的连续攻击会导致多个账户的全面锁定。

因此，在设置账户锁定时，应合理配置锁定次数和解锁时间。

2. 设置账户锁定策略

(1) 按 Windows+R 键打开“运行”对话框，运行 gpedit.msc 命令，打开组策略编辑器。

(2) 在“本地组策略编辑器”窗口中，左侧依次选择“计算机配置”|“Windows 设置”|“安全设置”|“账户策略”|“账户锁定策略”选项，右侧双击“账户锁定阈值”，见图 5-1。

(3) 在弹出的“账户锁定阈值属性”对话框中，设置账户锁定阈值为 5 次无效登录。

(4) 单击“确定”按钮后，会弹出“建议的数值改动”对话框，“账户锁定时间”、“重置账户锁定计数器”都默认设置为 30 分钟，可直接单击“确定”按钮返回，见图 5-1 右侧。

(5) 若需要的话，可以继续双击右侧的“账户锁定时间”或“重置账户锁定计数器”，修改上面的设置。

这样设置之后，当用户 5 次登录失败之后，该账户就会被锁定。这种策略，既为用户不小心的错误操作留有余地，也能有效防止黑客和恶意软件的暴力攻击。5 次尝试机会的确增加了攻击者获取密码的概率，但是除非密码过于简单，5 次尝试很难破解密码，不至于对账户的安全造成威胁。

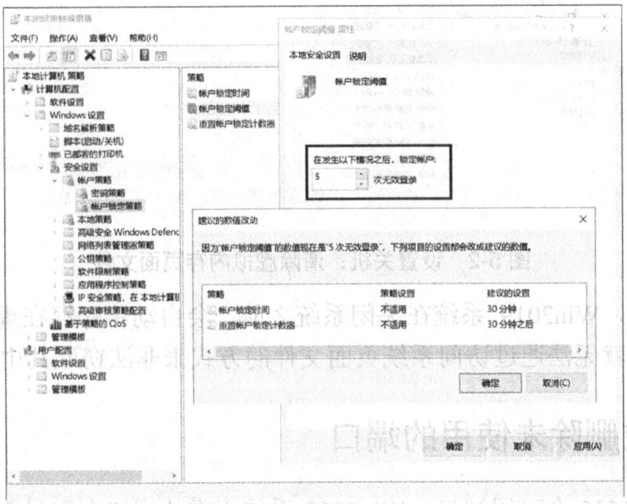

图 5-1 设置账户锁定阈值

5.1.2 封堵虚拟内存漏洞

尽管 Win2019 系统的安全性能已经提高，不过这并不意味着该系统自身没有安全漏洞。

对于 Internet 或局域网中的恶意用户来说，Win2019 系统中的安全漏洞仍然存在，只不过隐蔽性相对高一些。如果没有对重要的隐私漏洞及时封堵，恶意用户便能够利用这些漏洞来攻击操作系统。因此，有必要及时封堵系统隐私漏洞，守卫 Win2019 服务器的安全。

Win2019 系统中默认启用了虚拟内存功能，当内存页面未使用时，该功能会自动将其保存到本地磁盘中。这样，恶意用户便有可能通过访问磁盘页面文件的方式，获取保存在虚拟内存中的隐私信息。为了封堵虚拟内存漏洞，我们可以设置 Win2019 在关机时自动清除虚拟内存页面文件，从而避免系统隐私信息被恶意用户非法窃取。具体操作步骤如下。

(1) 按 Windows+R 键打开“运行”对话框，运行 gpedit.msc 命令，打开“组策略编辑器”。

(2) 左侧依次选择“计算机配置”|“Windows 设置”|“安全设置”|“本地策略”|“安全选项”，右侧双击“关机：清除虚拟内存页面文件”选项，见图 5-2。

(3) 在弹出的属性对话框中，选择“已启用”选项，再单击“确定”按钮即可，见图 5-2 右侧。

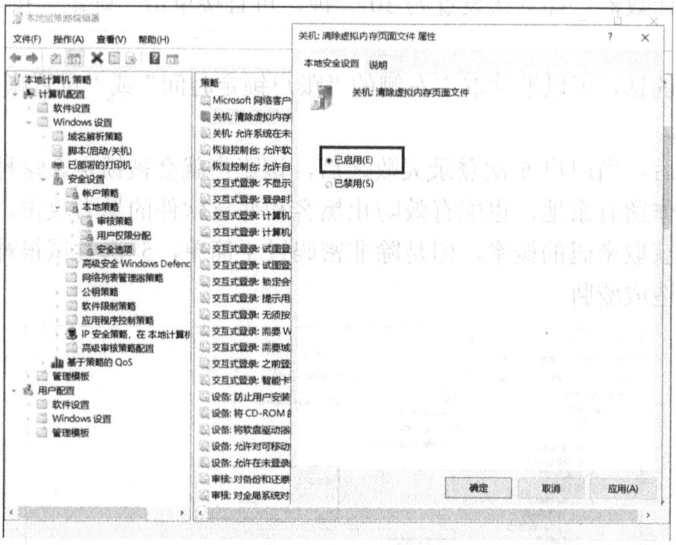

图 5-2　设置关机：清除虚拟内存页面文件

这样设置之后，Win2019 系统在关闭系统之前，会自动将保存在虚拟内存中的隐私信息清除，恶意用户就无法通过访问系统页面文件的方式来非法窃取其中的隐私信息了。

5.1.3　禁用或删除未使用的端口

网络系统有 65535 个可用端口，Win2019 系统正常的网络存取只需要使用其中有限的端口，有许多端口并未使用，开放这些并未使用的端口是系统潜在的安全威胁。

系统中的防火墙允许管理员禁用不必要的 TCP、UDP、ICMP 等端口。可以将网络端口划分为三个范围：常用端口(0～1023)、注册端口(1024～49151)、动态私有端口(49152～65535)。常用端口都被操作系统功能所占用；注册端口则被某些服务或应用占用；动态私有端口则没有任何约束。

我们可以通过防火墙软件禁用系统中未使用的端口、常见恶意软件的端口，让系统更为安全稳定。具体操作可参见下面介绍的防火墙软件。

5.1.4 关闭不常用的服务

为了增强服务器的安全性，可以关闭系统中不需要的服务，并且尽量少安装不必要的程序和软件。不过，有些服务虽然不会被直接用到，但其他系统功能可能依赖于它(可以在该服务属性窗口的“依存关系”中查看)，所以，禁用系统服务时需要格外小心，避免影响系统的正常使用。

1. 禁用系统服务的方法

在 Win2019 系统中，禁用系统服务的方法如下。

(1) 打开“开始菜单”，选择“Windows 管理工具”，打开“服务”窗口。

(2) 在“服务”窗口右侧，双击需要禁用的服务，比如 IP Helper 服务。

(3) 在 IP Helper“属性”对话框中，先选择“依存关系”选项卡，查看该服务的依存关系情况，见图 5-3。

(4) 用户通过查看“依存关系”确定该服务可以停用之后，接着选择“常规”选项卡，在“启动类型”栏选择“禁用”；如果服务已经启动，还要单击“停止”按钮；然后再单击“确定”按钮，见图 5-4。

(5) 这样便已经禁用了 IP Helper 服务。

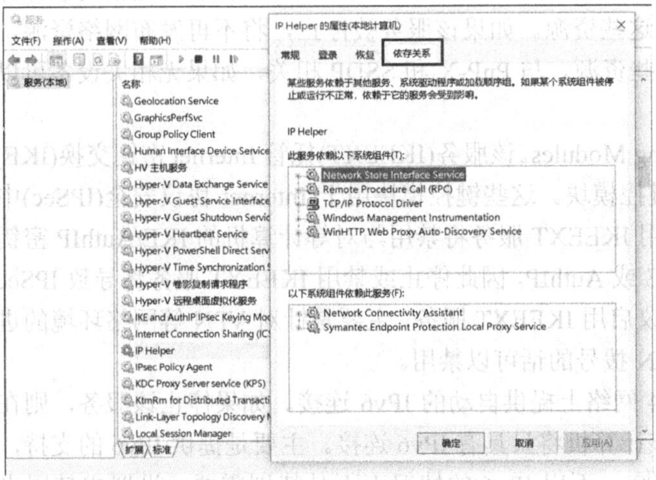

图 5-3 查看 IP Helper 服务的“依存关系”

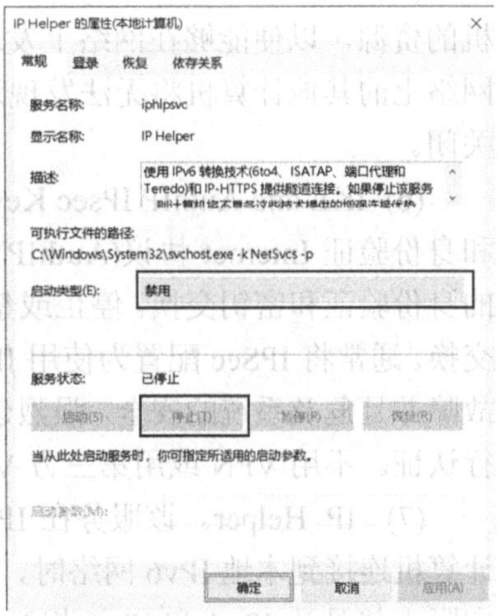

图 5-4 禁用 IP Helper 服务

2. 禁用系统服务参考指南

Win2019 中各个服务的说明和依存关系都可以打开该服务的“属性”窗口进行查看，参见图 5-3，用户可以根据实际需要进行取舍。如果不确定某项服务是否可以禁用，建议先不要禁用，保留系统默认设置。读者可以参考微软官方“有关在带有桌面体验的 Windows Server 2016 中禁用系统服务的指南”，https://docs.microsoft.com/zh-cn/windows-server/security/windows-services/security-guidelines-for-disabling-system-services-in-windows-server。

3. 可以酌情关闭的一些服务

Win2019 系统安装完成之后，读者可以根据实际情况选择关闭以下一些服务。

(1) DHCP Client。该服务通过注册和更改 IP 地址以及 DNS 名称来管理网络配置。如果该服务停止了，这台计算机将无法收到动态 IP 地址以及 DNS 的更新。如果该服务被禁用了，那么任何依赖该服务的其他服务都将无法运行。该服务的默认运行方式是自动，如果是手动指定的 IP，完全可以禁用。

(2) Diagnostic Policy Service。该服务为 Windows 组件提供诊断支持。如果该服务停止了，系统诊断工具将无法正常运行。如果该服务被禁用了，那么任何依赖该服务的其他服务都将无法正常运行。该服务的默认运行方式是自动，Vista 或 IE 7.0 有时会弹出对话框询问是否需要让它帮忙找到故障的原因，只有 1%的情况下它会帮忙修复 Internet 断线的问题，所以可以关掉。

(3) Distributed Link Tracking Client。该服务在计算机内的 NTFS 文件之间保持链接或在网络域中的计算机之间保持链接。该服务的默认运行方式是自动，不过这个功能一般都用不上，完全可以放心禁用。

(4) DNS Client。该服务为此计算机解析和缓冲 DNS。如果此服务被停止，计算机将不能解析 DNS 名称并定位 Active Directory 域控制器。如果此服务被禁用，任何明确依赖它的服务将不能启动。该服务的默认运行方式是自动，如果是在域的环境中要设置为自动，但是这个服务会泄露你浏览过哪些网站，所以一般用户出于安全考虑，选择禁用。

(5) Function Discovery Resource Publication。该服务发布该计算机以及连接到该计算机的资源，以便能够在网络上发现这些资源。如果该服务被停止，将不再发布网络资源，网络上的其他计算机将无法发现这些资源。与 PnP-X 和 SSDP 相关，如果无相关设备可以关闭。

(6) IKE and AuthIP IPsec Keying Modules。该服务(IKEEXT)托管 Internet 密钥交换(IKE)和身份验证 Internet 协议(AuthIP)键控模块。这些键控模块用于 Internet 协议安全(IPSec)中的身份验证和密钥交换。停止或禁用 IKEEXT 服务将禁用与对等计算机的 IKE/AuthIP 密钥交换。通常将 IPSec 配置为使用 IKE 或 AuthIP，因此停止或禁用 IKEEXT 服务将导致 IPSec 故障并且危及系统的安全，强烈建议启用 IKEEXT 服务。主要是针对 VPN 等网络环境的进行认证。不用 VPN 或用第三方 VPN 拨号的话可以禁用。

(7) IP Helper。该服务在 IPv4 网络上提供自动的 IPv6 连接。如果停止该服务，则在计算机连接到本地 IPv6 网络时，该计算机将只具有 IPv6 连接。主要是提供 IPv6 的支持，实际上就是让 IPv4 和 IPv6 相互兼容，不用 IPv6 的情况下不是特别需要，设置成禁用也无妨。

(8) IPsec Policy Agent。该服务(IPSec，Internet 协议安全)支持网络级别的对等身份验证、数据原始身份验证、数据完整性、数据机密性(加密)以及重播保护。此服务强制执行通过 IP 安全策略管理单元或命令行工具 netsh ipsec 创建的 IPSec 策略。停止此服务时，如果策略需要连接使用 IPSec，可能会遇到网络连接问题。同样，此服务停止时，Windows 防火墙的远程管理也不再可用。某些公司的网络环境要求必须打开，它提供一个 TCP/IP 网络上客户端和服务器之间端到端的安全连接。其他情况下建议设置成禁用。

(9) Print Spooler。该服务将文件加载到内存供稍后打印。打印服务，如果不用打印可以关闭。

(10) Remote Registry。该服务使远程用户能够修改此计算机上的注册表设置。如果此服务被终止，只有此计算机上的用户才能修改注册表。如果此服务被禁用，任何依赖它的服务将无法启动。作为服务器和个人使用可以关掉它。

(11) Server。该服务支持此计算机通过网络的文件、打印和命名管道进行共享。如果服务停止，这些功能不可用。如果服务被禁用，任何直接依赖于它的服务将无法启动。如果不需要在网络上共享资源，就可以关掉。

(12) Shell Hardware Detection。该服务为 Autoplay 自动播放硬件事件提供通知。如果你无须自动播放功能，那么设置成手动，这样你新插入一个 U 盘，可能系统没有任何提示。

(13) TCP/IP NetBIOS Helper。该服务提供 TCP/IP(NetBT)服务上的 NetBIOS 和网络上客户端的 NetBIOS 名称解析的支持，从而使用户能够共享文件、打印和登录到网络。如果此服务被停用，这些功能可能不可用。如果此服务被禁用，任何依赖它的服务将无法启动。该服务主要是支持 NetBIOS 名称的解析，使得你可以在计算机之间进行文件和打印共享、网络登录。不需要可关闭。

(14) Windows Error Reporting Service。该服务允许在程序停止运行或停止响应时报告错误，并允许提供现有解决方案，还允许为诊断和修复服务生成日志。如果此服务被停止，则错误报告将无法正确运行，而且可能不显示诊断服务和修复的结果。不需要的话，可以关闭该服务。

(15) Windows Defender Firewall。该服务通过阻止未授权用户通过 Internet 或网络访问你的计算机来帮助保护计算机。如果安装有其他防火墙，可禁用该服务。

(16) Workstation。该服务使用 SMB 协议创建并维护客户端网络与远程服务器之间的连接。如果此服务已停止，这些连接将无法使用。如果此服务已禁用，任何明确依赖它的服务将无法启动。该服务创建和管理到远程服务器的网络连接，一般在网络环境中，特别是局域网中，是一个必需的服务，不需访问别人的共享资源时可以设为手动。

5.2 Windows 安全中心简介

Windows 安全中心是系统安全的一个综合管理界面，整合了所有常用的安全设置，包含病毒和威胁防护、防火墙和网络保护、应用和浏览器控制、设备安全性等各种安全配置和安全信息。Win2019 安全中心与 Windows 10 类似，可以提供最新的网络和防病毒主动保护，它会持续扫描恶意软件、病毒和网络安全威胁，并自动下载安全更新，帮助保护系统安全，使其免受威胁。

5.2.1 Windows 安全中心的重要安全信息

在 Win2019 中，可以通过选择“开始菜单”|“Windows 安全中心”，或者从“控制面板”|“首页”|“更新和安全”|“Windows 安全中心”，打开 Windows 安全中心，见图 5-5。

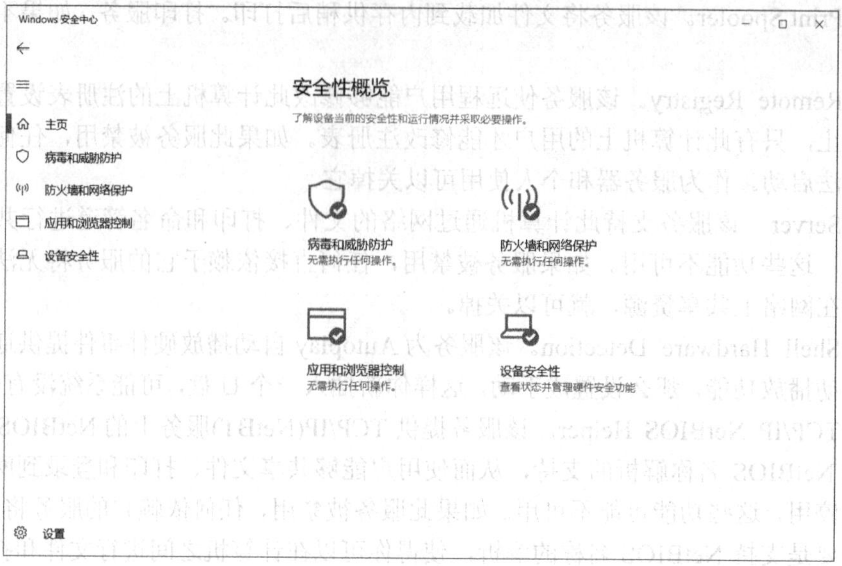

图 5-5　Windows 安全中心

Windows 安全中心包含以下一些重要安全信息。

(1)　Win2019 属于 Windows 10 系列操作系统，Win2019 安全中心与 Windows 10 类似，参见 https://support.microsoft.com/zh-cn/help/4013263/windows-10-stay-protected-with-windows- security。

(2)　Windows 安全内置于 Windows 10 系列操作系统中，并包含名为 Windows Defender 防病毒程序。

(3)　在以前版本的 Windows 10 系列操作系统中，Windows 安全中心称为 Windows Defender 安全中心。

(4)　如果你安装并开启了其他防病毒应用(比如 SEP)，Windows 安全中心将自动关闭。如果你卸载了其他防病毒应用，Windows 安全中心将自动开启。

(5)　如果你在接收 Windows 安全中心更新时遇到问题，请参阅修复 Windows 更新错误 https://support.microsoft.com/zh-cn/help/10164 和 Windows 更新常见问题解答 https://support.microsoft.com/zh-cn/help/12373。

(6)　有关如何卸载应用程序的信息，请参阅如何修复或删除 Windows 10 系列操作系统中的应用 https://support.microsoft.com/zh-cn/help/4028054。

(7)　若要将用户账户更改为管理账户，请参阅如何在 Windows 10 系列操作系统中创建本地用户或管理员账户 https://support.microsoft.com/zh-cn/help/4026923。

5.2.2　Windows 安全中心的主要功能

在 Win2019 中，Windows 安全中心的主要功能包括病毒和威胁防护、防火墙和网络保护、应用和浏览器控制、设备安全性等部分。

(1)　病毒和威胁防护(如果将 Win2019 比作一个家庭，那么病毒和威胁防护就类似于家庭医生)监控设备威胁、运行扫描并获取更新来帮助检测最新的威胁。如果你运行的是

Windows S 模式(Specifications，限定)，其中某些选项不可用，参见 https://support.microsoft.com/zh-cn/help/4020089/windows-10-in-s-mode-faq。

(2) 防火墙和网络保护(如果将 Win2019 比作一个家庭，那么防火墙和网络保护就类似于家庭保安)管理防火墙设置，并监控网络和 Internet 连接的状况。

(3) 应用和浏览器控制更新 Windows Defender SmartScreen 设置来帮助设备抵御具有潜在危害的应用、文件、站点和下载内容。你将具有 Exploit Protection，并且可以为设备自定义保护设置。

(4) 设备安全性。查看有助于保护设备免受恶意软件攻击的内置安全选项。

(5) 状态图标指明了安全级别。

① 绿色表示你的设备受到充分保护，没有任何建议的操作。

② 黄色表示有供你采纳的安全建议。

③ 红色表示警告，需要你立即关注。

(6) Windows 安全中心通过显示以下内容来提供防病毒保护的最新信息。

① 设备的上次威胁扫描时间。

② 定义数据库的上次更新时间，定义数据库是 Windows 安全中心保护设备免受最新威胁所使用的文件。

③ 设备性能和状况扫描的运行时间。此扫描可确保设备高效工作。

下面将对 Win2019 的病毒和威胁防护、防火墙和网络保护、应用和浏览器控制以及设备安全性进行介绍。

5.3 配置和管理系统病毒和威胁防护

Win2019 安全中心中的病毒和威胁防护与 Windows 10 类似，能够帮助用户扫描和防范系统中的病毒和威胁。你还可以运行不同类型的扫描，查看之前的病毒和威胁扫描结果，并获取 Windows Defender 防病毒提供的最新保护。

5.3.1 Windows Server 2019 的“病毒和威胁防护”管理界面

可以通过选择 “开始菜单” | “Windows 安全中心”，从打开的窗口的左侧选中“病毒和威胁防护”，打开 Windows Server 2019 的“病毒和威胁防护”管理界面，见图 5-6。

需要注意的是，在以前版本的 Windows 10 中，Windows 安全中心称为 Windows Defender 安全中心。如果你运行的是 S 模式(Specifications，限定)的 Windows 10，则 Windows 安全中心界面的某些功能可能稍有不同。S 模式的 Windows 10 经过简化，具有更高的安全性，因此“病毒和威胁防护”区域下的选项比此处描述的要少。这是因为处于 S 模式的 Windows 10 具备内置安全功能，可自动阻止病毒和其他威胁在设备上运行。此外，运行 S 模式的 Windows 10 的设备将自动接收安全更新。

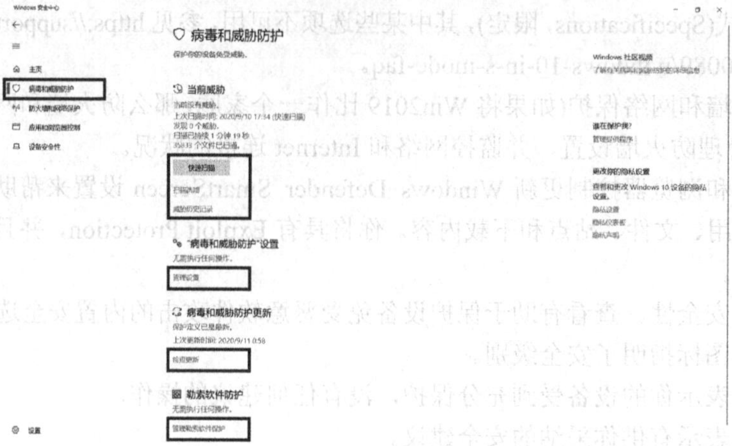

图 5-6　Windows Server 2019 的“病毒和威胁防护”管理界面

5.3.2　查看和管理当前威胁

在如图 5-6 所示的 Windows Server 2019 的“病毒和威胁防护”管理界面中，中间第一项是“当前威胁”，用户可以查看和管理当前威胁、定制扫描和威胁历史记录等项目。

1. “当前威胁”区域中的操作

在图 5-6 所示界面的“当前威胁”区域，可以进行以下操作。

(1)　扫描设备上具有潜在危害的威胁。

(2)　查看设备上当前存在的任何威胁。

(3)　查看在其造成影响之前已隔离的威胁。

(4)　查看你允许在设备上运行的已确认为威胁的所有内容。

(5)　查看最近一次在设备上运行扫描的时间，以及扫描的文件数。

(6)　运行特定类型的扫描。

(7)　注意：如果你使用的是第三方防病毒软件，则可以在这里使用其病毒和威胁防护选项。

2. 运行定制扫描

即使 Windows 安全中心处于打开状态并自动扫描你的设备，你仍然可以根据需要执行定制扫描。

(1)　快速扫描。

如果用户担心可能执行了一些向设备引入可疑文件或病毒的操作，可以选择执行图 5-6 所示界面中的“快速扫描”(在以前版本的 Windows 10 中称为“立即扫描”)，立即检查你的设备是否有任何最新威胁。在你不希望花时间对所有文件和文件夹运行完全扫描时，此选项很有用。如果你需要运行一种其他类型的扫描，系统将在扫描完成时通知你。

(2)　快速扫描中的扫描选项。

该选项在以前版本的 Windows 10 中称为“运行新的高级扫描”。在图 5-6 所示界面中，单击快速扫描下面的扫描选项，用户可以从以下高级扫描选项中进行选择，见图 5-7。

① 快速扫描。这是默认选项，将检查系统中经常发现威胁的文件夹。

② 完全扫描。将检查硬盘上的所有文件和正在运行的程序，此扫描的时间可能超过一小时。

③ 自定义扫描。用户可以指定要检查的文件和位置。

选择好高级扫描选项后，单击下面的“立即扫描”，便可以开始执行所需的定制扫描。

图 5-7　Windows Defender 扫描选项

3. 查看和配置“威胁历史记录”

在如图 5-6 所示界面中，选择“威胁历史记录”选项，可以查看和配置以下项目，见图 5-8。

(1) 查看以往扫描的详细信息。

(2) 查看检查出的威胁。检查出的威胁将被隔离，并且无法在你的系统中运行，这些威胁将被系统定期删除。也可以单击“全部删除”按钮手工删除。

(3) 允许的威胁。允许的威胁是被标识为威胁的项，用户已在“排除项”中设置允许这些项在系统中运行。

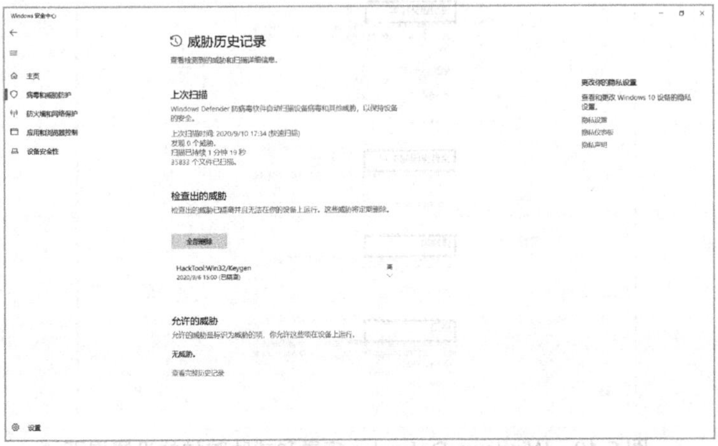

图 5-8　查看 Windows Defender 威胁历史记录

(4) 在图 5-8 所示界面中，选择下面的“查看完整的历史记录”选项，可以查看 Windows Defender 防病毒软件在系统中检测为威胁的项目列表，用户可以单击其下的“清除历史记录”按钮删除这些历史记录，见图 5-9。

图 5-9　查看 Windows Defender 完整历史记录

5.3.3　病毒和威胁防护的设置

在如图 5-6 所示的 Windows Server 2019 的“病毒和威胁防护”管理界面中，中间第二项是“病毒和威胁防护设置”，用户可以单击其下面的“管理设置”按钮，进行查看和设置，见图 5-10。

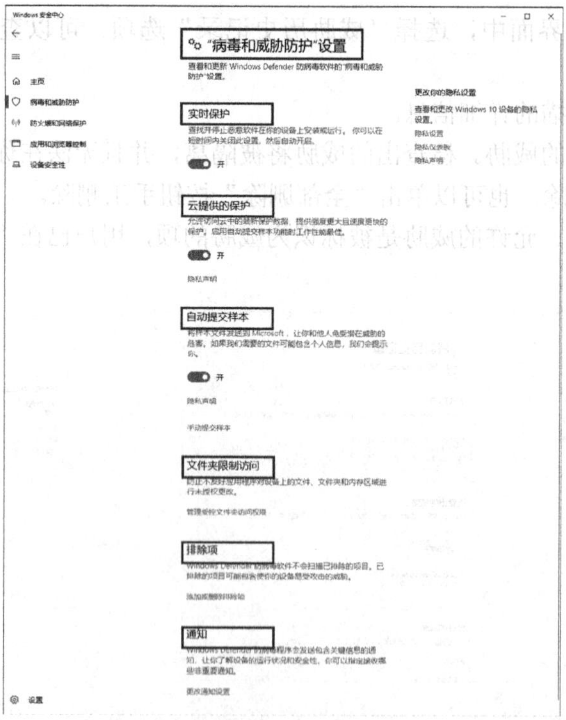

图 5-10　Windows Defender 病毒和威胁防护的设置界面

(1) 实时保护。查找并停止恶意软件在系统中的安装或运行，你可以单击其下的“开关”按钮在短时间内关闭此设置，但此后系统会自动开启。

(2) 云提供的保护。允许访问云中的最新保护数据，提供强度更大、速度更快的保护。启用自动提交样本功能时工作性能最佳。你可以单击其下的“开关”按钮，允许或禁止该选项。

(3) 自动提交样本。将样本文件发送到 Microsoft，让你和他人免受潜在威胁的危害。如果我们需要的文件可能包含个人信息，系统会提示你。你可以单击其下的“开关”按钮允许或禁止该选项。

(4) 文件夹限制访问。防止不友好应用程序对系统上的文件、文件夹和内存区域进行未授权的更改。可以单击其下的“管理受控文件夹访问权”按钮，允许或禁止该选项。

(5) 排除项。Windows Defender 防病毒软件不会扫描已排除的项目。不过，已排除的项目有可能包含使你的系统易受攻击的威胁。可以单击其下的“添加删除排除项”按钮，添加或删除需要从 Windows Defender 防病毒扫描中排除的项目。

(6) 通知。Windows Defender 防病毒程序会发送包含关键信息的通知，让你了解系统的运行状况和安全性。你可以单击其下的“更改通知设置”按钮，指定接收哪些通知信息，见图 5-11。

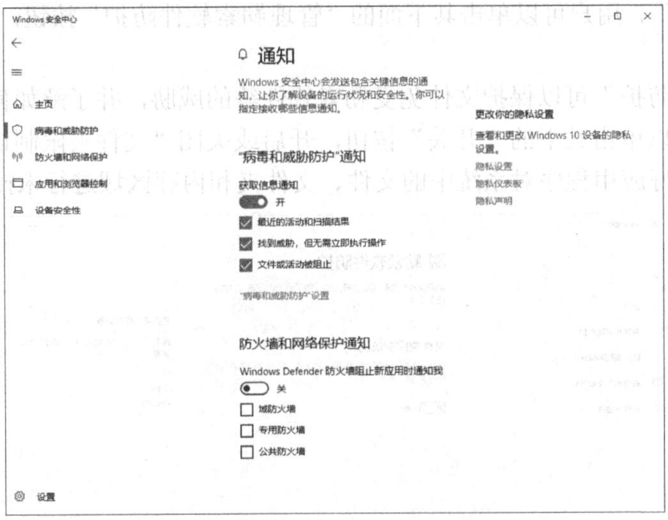

图 5-11　更改通知设置，指定接收哪些通知信息

5.3.4　病毒和威胁防护的更新

在如图 5-6 所示的 Windows Server 2019 的“病毒和威胁防护”管理界面中，第三项是“病毒和威胁防护更新”，用户可以单击其下面的“检查更新”按钮，来查看和更新威胁定义，见图 5-12。

威胁定义(相当于病毒库)是一些文件，其中包含有关可能感染系统的最新威胁信息。Windows Defender 防病毒软件使用威胁定义来检查威胁。系统会尝试自动下载最新的威胁定义，让你的系统免受最新威胁的危害。当然，用户也可以单击其下面的“检查更新”按钮，手动更新威胁定义。

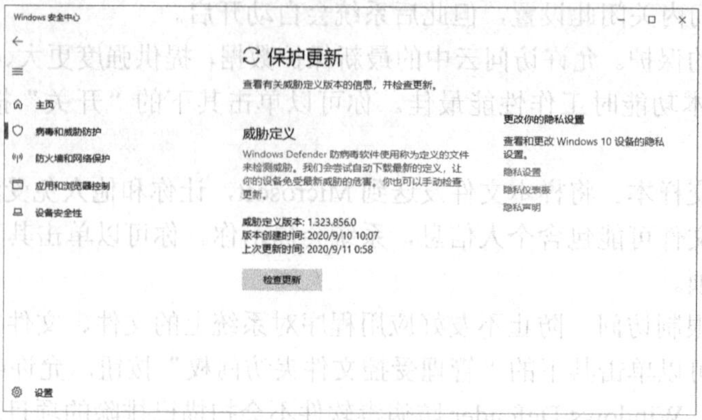

图 5-12　Windows Defender 病毒和威胁防护更新

5.3.5　勒索软件的防护

在如图 5-6 所示的 Windows Server 2019 的“病毒和威胁防护”管理界面中，第四项是“勒索软件防护”，用户可以单击其下面的“管理勒索软件防护”按钮，进行查看和设置，见图 5-13。

“勒索软件防护”可以保护文件免受勒索软件等的威胁，并了解如何在遇到攻击时还原文件。用户可以单击其下的“开关”按钮，开启或关闭“文件夹限制访问”选项，该选项可以防止不友好应用程序对系统中的文件、文件夹和内存区域进行未授权更改。

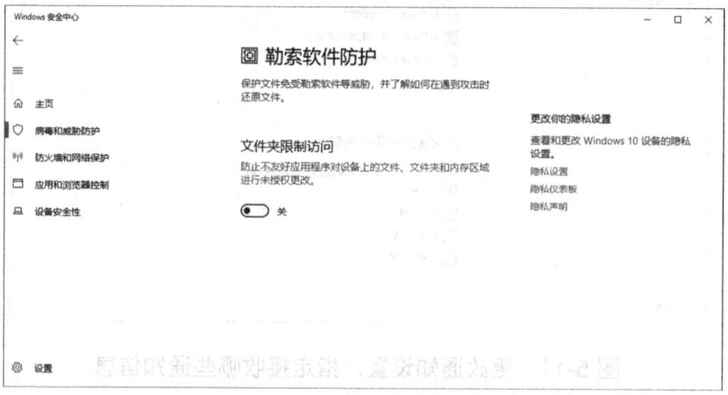

图 5-13　Windows Defender 管理勒索软件防护

5.4　配置和管理 Windows Server 2019 防火墙

保证服务器的安全运行，最常用的工具就是专业网络防火墙、防病毒软件以及各种安全加固软件等。Win2019 对系统自带防火墙进行了强化，增强了安全防护功能、提高了安全防范能力。利用好系统自带的 Windows Defender 防火墙，进行合理细致的配置，可以让 Win2019 运行更加安全、稳定。

5.4.1 管理 Windows Defender 防火墙的几种方法

1. 图形界面管理 Windows Defender 防火墙

在 Win2019 中，有两种方式进入防火墙图形配置界面，不过这两种配置界面的内容是不一样的。

(1) Windows Defender 防火墙初级配置。从“控制面板”进入防火墙便属于初级配置界面，可以对系统防火墙进行初级配置，这种界面适合于初级用户使用。

(2) 高级安全 Windows Defender 防火墙配置。从 MMC 控制台进入防火墙属于高级配置界面，可以对系统的数据流入和流出能力进行管理配置，这种界面适合于高级用户使用。

2. 命令行管理 Windows Defender 防火墙

另外，对于专业管理人员，还可以在 CMD 窗口通过 netsh 等命令行方式配置 Windows Defender 防火墙；或者使用创建安全脚本的方式在多台服务器系统中进行防火墙参数的自动配置；或者通过组策略来控制服务器系统防火墙的配置操作。

5.4.2 Windows Defender 防火墙的初级配置

1. Win2019 的三种网络位置

用户可以选择“开始菜单”|“Windows 安全中心”，从打开的窗口的左侧选中“防火墙和网络保护”，打开 Win2019 防火墙初级配置管理界面(见图 5-14)。

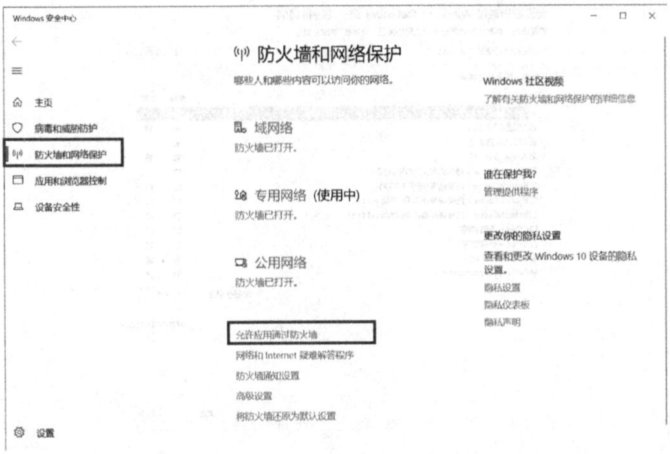

图 5-14 Win2019 防火墙初级配置管理界面

当 Win2019 第一次连接到网络时，必须选择网络位置，这将为所连接的网络自动进行适当的防火墙和安全设置。如果用户在不同位置连接到网络，则选择一个相应的网络位置配置，有助于将计算机设置为适当的安全级别。在 Win2019 中，有域网络、专用网络和公用网络三种网络位置。

(1) 域网络。“域”网络位置用于域网络(比如企业工作区网络)。这种类型的网络位置由网络管理员控制，普通用户无法选择或更改。

(2) 专用网络。对于家庭中或工作单位的网络，用户了解并信任网络上的人员和设备，并且其中的设备设置为可检测的，此时请选择“专用网络”配置。在专用网络中，“网络发现”默认处于启用状态，它允许用户查看网络上的其他计算机和设备，并允许其他网络用户查看用户的计算机。

(3) 公用网络。用户位于公共场所(例如，咖啡店或机场)中的网络时，请选择“公用网络”配置。此配置旨在使用户的计算机对周围的计算机不可见，并帮助保护计算机免受来自 Internet 的各种攻击。家庭组在公用网络中时不可用，并且网络发现也是禁用的。如果用户没有使用路由器直接连接到 Internet，或者具有移动宽带连接，也应该选择此选项。

2. 配置允许通过 Windows Defender 防火墙的程序和服务

Win2019 安装完成后，Windows Defender 防火墙默认自动启用，这会影响到所有需要进行网络传输的程序或服务的传入和传出通信。此时，必须配置允许通信的程序和服务，它们才能进行正常的网络传输。在如图 5-15 所示的“防火墙和网络保护”窗口中，可以单击下面的“允许应用通过防火墙”，配置“专用网络”和“公用网络”中(“域网络”只能由网络管理员控制)允许通过 Windows Defender 防火墙的程序和服务。

用户可以对已经列出的 Windows 常用程序和服务进行勾选和取消，可以单击“详细信息”按钮查看选中项目的具体信息。另外，用户还可以根据需要单击“允许其他应用”按钮，在“专用网络”和“公用网络”中添加需要允许通信的其他应用。

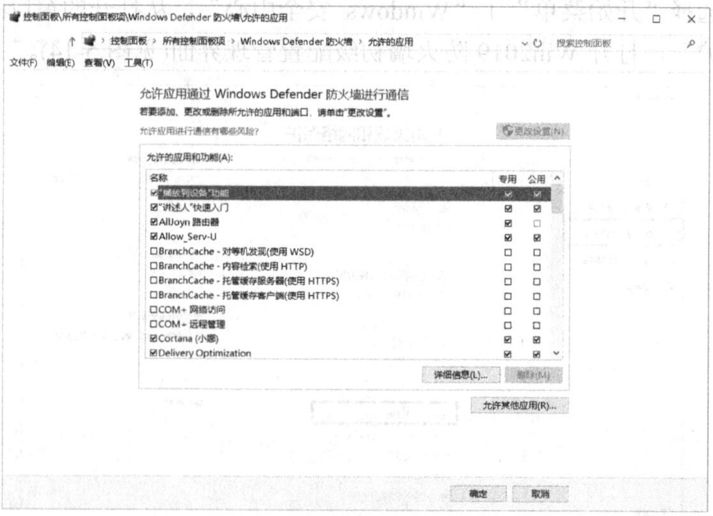

图 5-15　配置允许通过 Windows Defender 防火墙的程序和服务

3. 其他初级配置

在如图 5-14 所示的“防火墙和网络保护”窗口中，用户还可以根据需要单击其他几个设置按钮，进行以下相应的管理和配置。

(1) “网络和 Internet 疑难解答程序”，可以为您找到和解决许多常见问题，如果您遇到某些功能没有正常工作，可以选择运行以下的一些疑难解答操作，可能会得以解决。

(2) “防火墙通知设置”，可以管理你的安全提供程序和通知设置。

(3) “高级设置”，可以打开“高级安全 Windows Defender 防火墙”设置界面。

(4) “将防火墙还原为默认设置”,这将删除你已为所有网络位置配置的所有 Windows Defender 防火墙设置，并可能导致某些应用程序停止工作。

5.4.3 高级安全 Windows Defender 防火墙的基本配置

高级安全 Windows Defender 防火墙可以帮助用户更为专业地管理和保护系统安全。高级安全 Windows Defender 防火墙是一种有状态的防火墙，它会监控 IPv4 和 IPv6 通信的所有数据包，依据防火墙规则允许或阻止某种网络通信。管理员可以按照端口号、应用程序名称、服务名称或其他标识，配置明确允许或阻止某种网络通信的防火墙规则，全面准确地监控所有网络通信。

1. 高级安全 Windows Defender 防火墙配置界面

可以通过以下几种方法，打开 Win2019 的“高级安全 Windows Defender 防火墙”配置界面。

(1) 从管理工具中打开。

依次选择“开始菜单”｜“Windows 管理工具”｜“高级安全 Windows Defender 防火墙”选项，即可打开其管理界面，见图 5-16。这也是最简捷、最常用的打开方式，如未特别说明，下面都以这种方式打开的管理界面为基础进行说明。

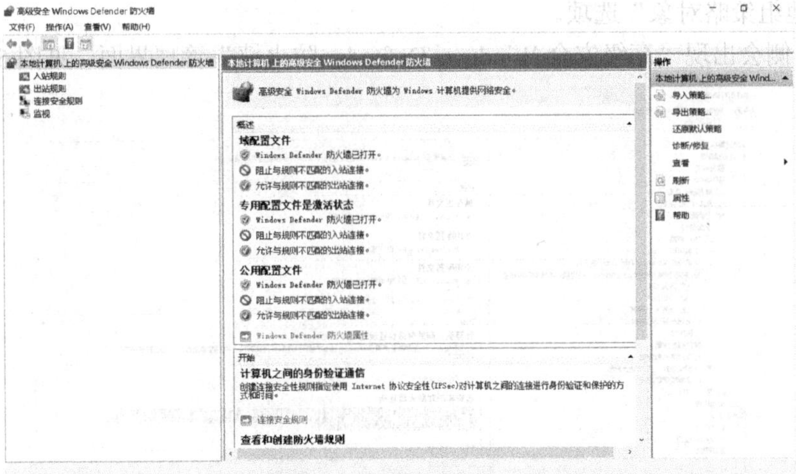

图 5-16 高级安全 Windows Defender 防火墙

(2) 从系统控制台进入。

① 按 Windows+R 组合键，在“运行”对话框中运行 mmc.exe，将会打开服务器系统控制台窗口。

② 在该控制台窗口中，选择“文件”｜“添加/删除管理单元”命令，见图 5-17。

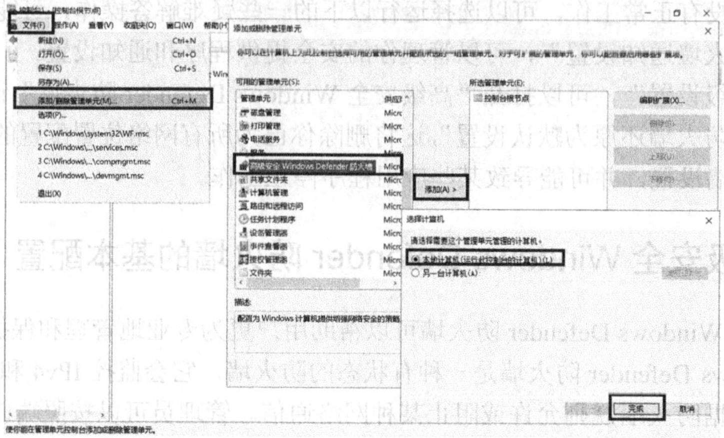

图 5-17 添加删除管理单元--高级安全 Windows Defender 防火墙

③ 在弹出的“添加或删除管理单元”对话框中，从左侧“可用的管理单元”栏下选择“高级安全 Windows Defender 防火墙”选项，再单击中间的“添加”按钮。

④ 在打开的“选择计算机”对话框中，选中“本地计算机”，再依次单击“完成”按钮、“确定”按钮，即可添加系统防火墙高级安全设置界面。

(3) 在组策略编辑器中打开。

① 按 Windows+R 组合键，在“运行”对话框中运行 gpedit.msc。

② 在打开的组策略编辑器中，从左侧依次选择“计算机配置”|“Windows 设置”|“安全设置”|“高级安全 Windows Defender 防火墙”|“高级安全 Windows Defender 防火墙-本地组策略对象”选项。

③ 右侧会出现“高级安全 Windows Defender 防火墙”管理界面，见图 5-18。

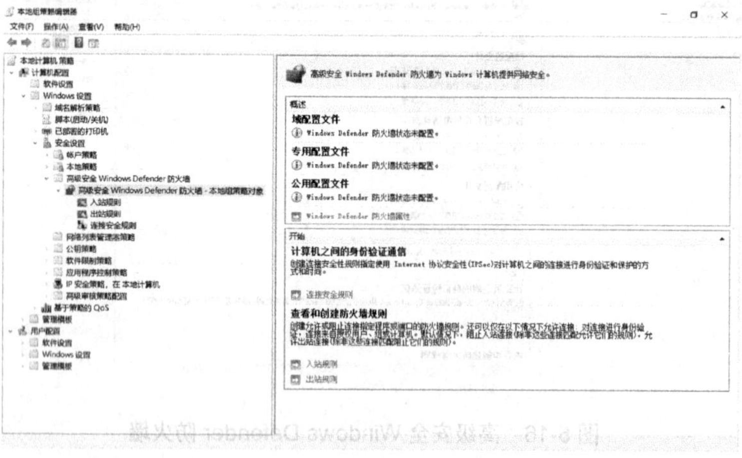

图 5-18 “高级安全 Windows Defender 防火墙”管理界面

(4) 从防火墙初级配置界面中打开。

① 先单击“开始菜单”|“Windows 安全中心”，从左侧选中“防火墙和网络保护”。

② 在打开的防火墙初级配置界面中，单击下面的“高级设置”，也可以打开“高级

安全 Windows Defender 防火墙设置”，见图 5-14。

2. 三种防火墙配置文件和匹配原则

配置文件是防火墙规则的分组，系统按照计算机连接位置的不同，把防火墙规则分为“域配置文件”、“专用配置文件”和“公用配置文件”三种分组。用户可以根据实际需求进行选用，但一次只能选用一种配置文件。

在如图 5-19 所示的“高级安全 Windows Defender 防火墙”窗口中，从左侧选择“本地计算机上的高级安全 Windows Defender 防火墙”，单击右侧的“导入策略”、“导出策略”，可以备份和恢复防火墙配置文件和防火墙规则；单击右侧的“属性”选项，可以打开“属性”对话框，见图 5-20。

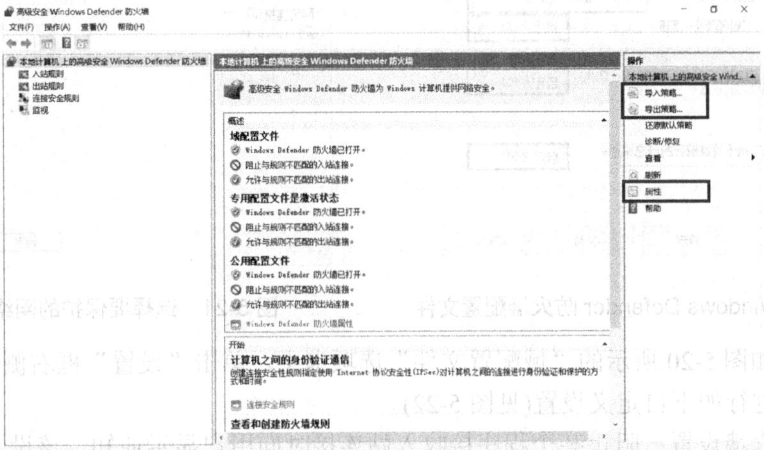

图 5-19 “高级安全 Windows Defender 防火墙”窗口

配置文件和防火墙规则将按以下原则进行匹配。

(1) 默认情况下，所有配置文件都是启用(默认值)的，都是阻止所有的入站连接(默认值)、允许所有的出站连接(默认值)，见图 5-20。入站连接是指外部计算机访问本机程序或服务的连接，出站连接是指本机程序或服务访问外部网络的连接。

(2) 也就是说，对于每一种配置文件，默认情况下都将阻止所有的入站连接，除非有明确允许该入站连接的防火墙规则；默认情况下都将允许所有的出站连接，除非有明确阻止该出站连接的防火墙规则。

(3) 同等情况下，阻止连接规则的优先级高于允许连接规则。也就是说，如果对于某种连接同时存在阻止连接的规则和允许连接的规则，则这种连接将会被阻止。

3. 设置防火墙配置文件

用户可以根据实际需求，对三种防火墙配置文件中的每一种配置进行具体设置，还可以对每一种配置的 Windows Defender 防火墙的行为控制和日志进行自定义设置。下面以“域配置文件”为例进行说明。

(1) 在如图 5-20 所示的“域配置文件”选项卡中，可以对“状态”选项组中的项目进行如下自定义设置。

① “防火墙状态”下拉列表框，可以选择启用(默认值)或关闭防火墙。

② “入站连接”下拉列表框，可以选择阻止(默认值)、阻止所有连接、允许之一。

③ “出站链接”下拉列表框，可以选择阻止或允许(默认值)。

④ 单击“受保护的网络连接”栏右侧的“自定义”按钮，可以选择要保护的网络连接，见图 5-21。

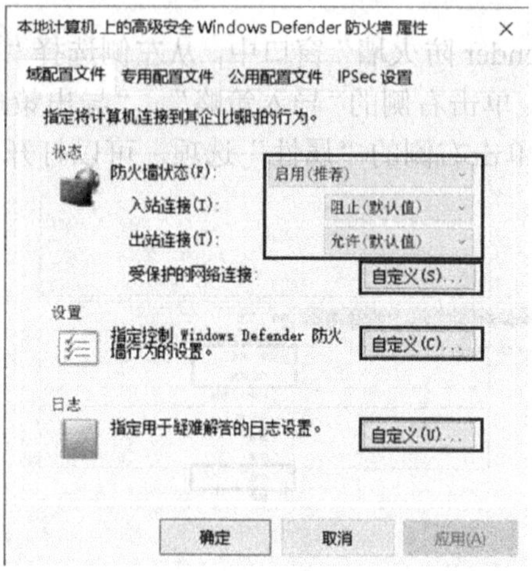

图 5-20　Windows Defender 防火墙配置文件

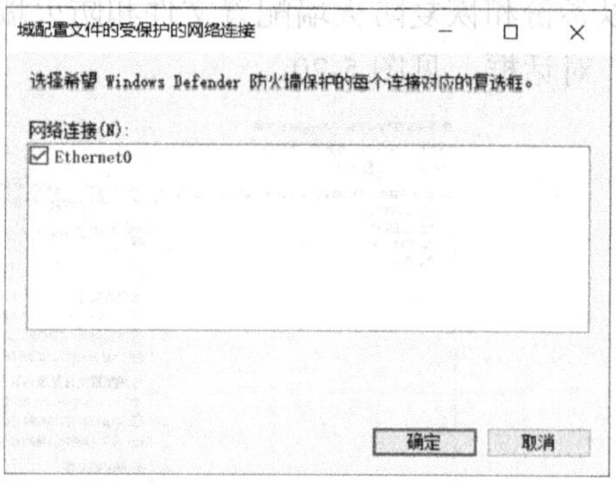

图 5-21　选择要保护的网络连接

(2) 在如图 5-20 所示的“域配置文件”选项卡中，单击“设置”框右侧的“自定义”按钮，可以进行如下自定义设置(见图 5-22)。

① 防火墙设置：阻止某个程序接收入站连接时向用户显示通知。该设置控制系统是否显示通知，提醒用户知道某个入站连接已被阻止，默认为“否”。

② 单播响应：允许多播或广播网络流量的单播响应。该设置控制是否允许计算机接收对其传出的多播或广播请求的单播响应，默认为“是”。

③ 规则合并：允许将本地管理员创建的规则与通过组策略分配的规则进行合并，只能通过使用组策略控制此设置。

④ 规则合并：应用本地防火墙规则。默认只能选择“是”。

⑤ 规则合并：应用本地连接安全规则。默认只能选择“是”。

(3) 在如图 5-20 所示的“域配置文件”选项卡中，单击“日志”框右侧的“自定义”按钮，可以进行如下自定义日志设置(见图 5-23)。

① “名称”文本框：日志的默认路径是%systemroot%\system32\LogFiles\Firewall\pfirewall.log，可以单击“浏览”按钮更改日志文件的存放路径。注意：如果你正在配置组策略对象上的日志文件路径，请确保 Windows Defender 防火墙服务账户拥有对存放路径的写入权限。

② “大小限制”微调框：默认大小限制为 4096 KB。

③ “记录被丢弃的数据包”下拉列表框：默认为“否”，不记录被丢弃的数据包。

④ “记录成功的连接”下拉列表框：默认为“否”，不记录成功的连接。

4. 管理 IPSec 设置

IPSec(Internet Protocol Security，Internet 协议安全性)，是一种开放标准的框架结构，通过加密安全服务，确保在 Internet 网络上进行保密而安全的通信。为保障网络访问的安全性，在如图 5-24 所示的“IPSec 设置”选项卡中，单击 IPSec 默认值右侧的“自定义”按钮，在弹出的“自定义 IPSec 默认设置”对话框中，可以根据需要对 IPSec 进行相应的设置，见图 5-25。

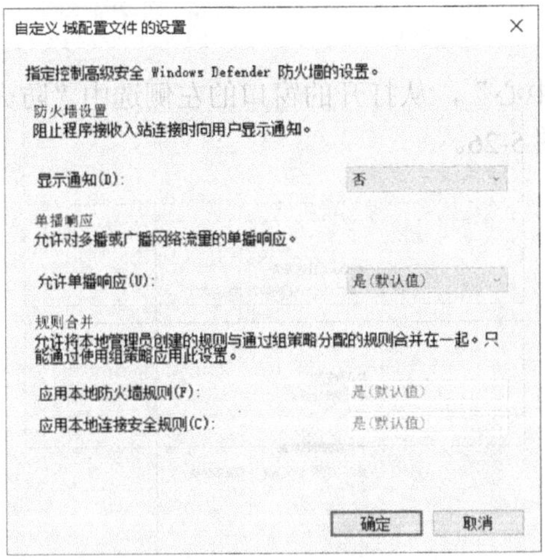

图 5-22　自定义设置

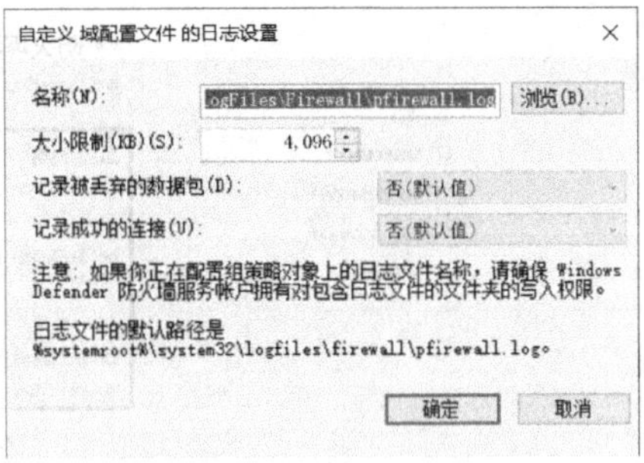

图 5-23　自定义日志设置

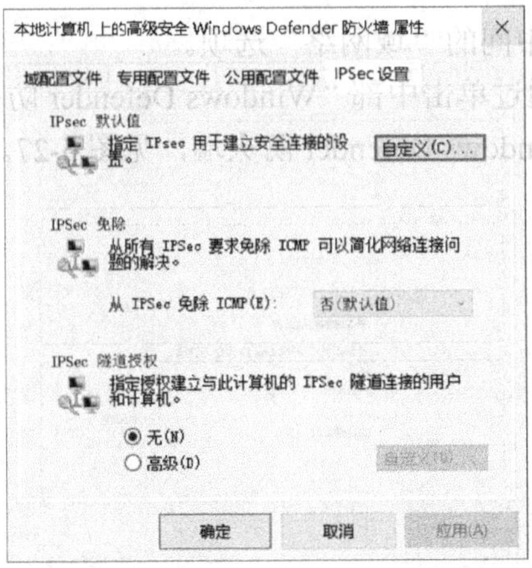

图 5-24　IPSec 设置

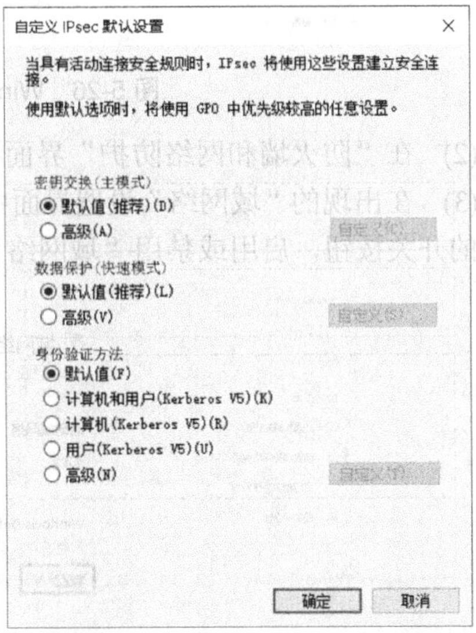

图 5-25　自定义 IPSec 默认设置

5. Windows Defender 防火墙的启用和禁用

在 Win2019 中，用户可以启用和禁用 Windows Defender 防火墙，这里介绍以下三种设置方法。

1) 在“高级安全 Windows Defender 防火墙”窗口中设置

(1) 在如图 5-19 所示的“高级安全 Windows Defender 防火墙”窗口中，从左侧选择“本地计算机上的高级安全 Windows Defender 防火墙”，单击右侧的“属性”选项。

(2) 在打开的“属性”对话框中，见图 5-20，可以选择“域配置文件”、“专用配置文件”和“公用配置文件”三个选项卡。

(3) 在选择某一种“配置文件”选项卡后，可以在“状态”框下的“防火墙状态”栏右侧，选择启用或关闭对应配置的防火墙。

2) 从“Windows 安全中心”中设置

(1) 选择“开始菜单”|“Windows 安全中心”，从打开的窗口的左侧选中“防火墙和网络保护”，打开防火墙初级配置界面，见图 5-26。

图 5-26　Win2019 防火墙初级配置界面

(2) 在“防火墙和网络防护”界面中，单击中间的“域网络”选项。

(3) 在出现的“域网络”设置界面中，可以通过单击中部“Windows Defender 防火墙”下面的开关按钮，启用或禁用“域网络”中的 Windows Defender 防火墙，见图 5-27。

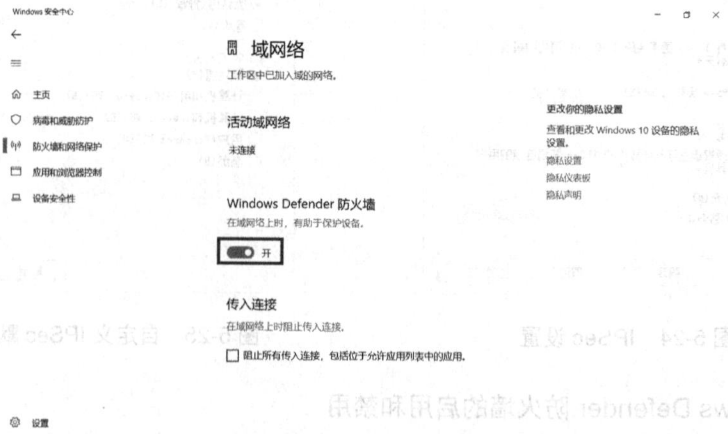

图 5-27　启用或禁用“域网络”中的 Windows Defender 防火墙

(4) 如法炮制，在“防火墙和网络防护”界面中，单击右侧的“专用网络”或“公用网络”，便可以启用禁用相应的 Windows Defender 防火墙。

3) 从“控制面板”中设置

(1) 右击桌面上的“此电脑”图标，在弹出的快捷菜单中选择“属性”命令，打开一个属性窗口，单击左上侧的“控制面板主页”，见图 5-28。

图 5-28　Win2019 系统的“属性”窗口

(2) 在弹出的“控制面板\所有控制面板项”窗口，选择“Windows Defender 防火墙”选项，见图 5-29。

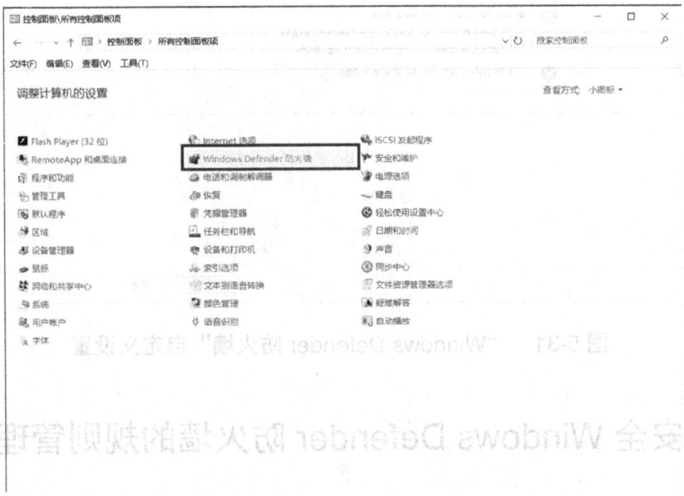

图 5-29　Win2019 控制面板主页

(3) 在弹出的“Windows Defender 防火墙”界面，单击左侧的“启用或关闭 Windows Defender 防火墙”，见图 5-30。

(4) 在弹出的“自定义设置”界面中，便可以启用或关闭“专用网络设置”或“公用网络设置”的“Windows Defender 防火墙”，见图 5-31。

图 5-30 控制面板中的“Windows Defender 防火墙”

图 5-31 “Windows Defender 防火墙”自定义设置

5.4.4 高级安全 Windows Defender 防火墙的规则管理

下面介绍的防火墙规则管理是高级安全 Windows Defender 防火墙配置的重要内容。Windows Defender 防火墙会监控 IPv4 和 IPv6 通信的所有数据包，依据防火墙规则允许或阻止某种网络通信。防火墙规则是系统允许或阻止某种网络通信的依据和准则，管理员可以按照端口号、应用程序名称、服务名称或其他标识，配置明确允许或阻止某种网络通信的防火墙规则，全面准确地监控所有网络通信。

1. 入站规则简介

入站规则是明确允许或阻止与规则条件匹配的流量。外部传入的数据包到达计算机时，具有高级安全性的 Windows Defender 防火墙将检查该数据包，并确定它是否符合防火墙规则中指定的标准。若数据包与规则中的标准匹配，则防火墙会执行该规则中指定的操作，阻止或允许连接；若数据包与规则中的标准不匹配，则防火墙会丢弃该数据包，并在防火墙日志文件中创建记录(若启用了日志记录)。

高级安全 Windows Defender 防火墙所提供的默认规则数量较大，默认的入站规则有 160 多条、默认的出站规则有 120 多条。在“高级安全 Windows Defender 防火墙”窗口的左侧，单击“入站规则”或“出站规则”选项，便可查看系统已有的防火墙规则，见图 5-32。下面是防火墙规则相关的一些操作配置说明：

- 可以在“高级安全 Windows Defender 防火墙”界面，从左侧选择“入站规则”或“出站规则”，单击右侧的“导出列表”，可以将相应的防火墙规则导出为文本文件。
- 规则前面有图标标识，“绿色对钩图标”表示该规则为允许通信并已启用，“红色禁止图标”表示该规则为禁止通信并已启用，规则前“没有图标”表示该规则已经定义但并未启用。
- 对于系统预定义规则，某些属性无法修改。
- 要启用或禁用一条规则，只需选中该规则，并单击右侧的“启用规则”或“禁用规则”选项；也可以右击某条规则，在弹出的快捷菜单中选择“启用规则”或“禁用规则”命令。
- 右击某条规则，在弹出的快捷菜单中选择“属性”命令，可查看和修改该规则的相关配置。

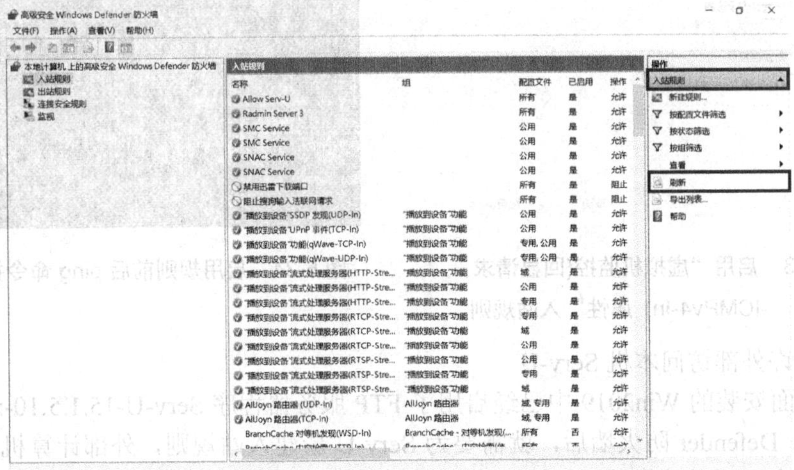

图 5-32 Windows Defender 防火墙入站规则

2. 入站规则配置

对规则进行配置时，可以从各种标准中进行选择，例如应用程序名称、系统服务名称、

TCP 端口、UDP 端口、本地 IP 地址、远程 IP 地址、配置文件、接口类型(如网络适配器)、用户、用户组、计算机、计算机组、协议、ICMP 类型等。规则中的标准可以进行叠加，叠加的标准越多，防火墙匹配传入通信就越精细。下面是几个入站规则配置示例。

1) 允许外部 ping 通本机

出于安全考虑，Win2019 默认不允许外部 ping 通本机。如果需要配置允许 ping 通本机，可以按以下步骤配置。

(1) 在图 5-32 所示界面中，选择“高级安全 Windows Defender 防火墙” | “入站规则”。

(2) 在中间的“入站规则”栏，找到“虚拟机监控(回显请求-ICMPv4-In)”入站规则，可以双击打开其“属性”对话框。注意，该入站规则是一个系统预定义规则，某些属性无法修改。

(3) 选中“属性”对话框中间的“已启用”复选框，其余默认，单击“确定”按钮即可，见图 5-33。

(4) 启用“虚拟机监控(回显请求-ICMPv4-In)属性”入站规则后，便可以从外部 ping 通本机。启用规则前后从外部 ping 本机的情况，见图 5-34。

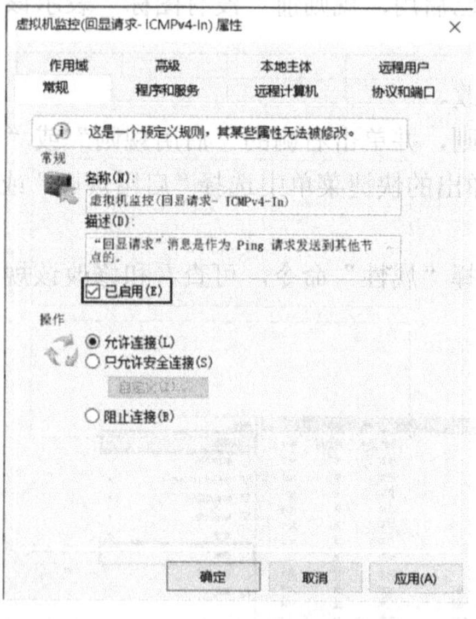

图 5-33 启用“虚拟机监控(回显请求-ICMPv4-In) 属性”入站规则

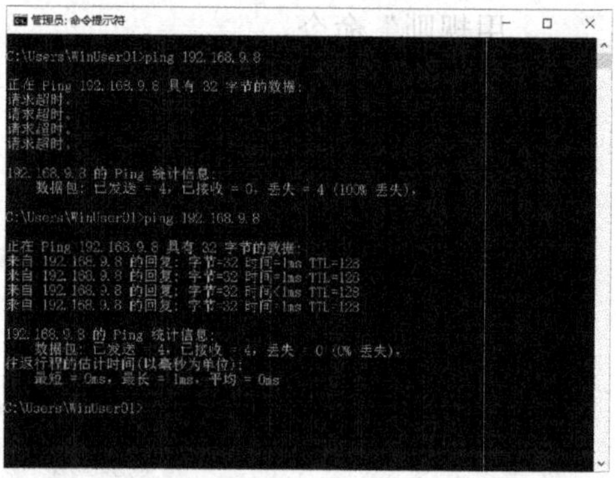

图 5-34 启用规则前后 ping 命令执行状态

2) 允许外部访问本机 Serv-U

我们前面安装的 Win2019 中已经启用了 FTP 服务器程序 Serv-U-15.1.5.10-x64。当启用了 Windows Defender 防火墙后，就需要为 Serv-U 新建入站规则，外部计算机才能访问本机的 FTP 服务。具体步骤如下。

(1) 打开“高级安全 Windows Defender 防火墙”，见图 5-32。

(2) 左侧选择“入站规则”，单击右侧的“新建规则”按钮。或者右击左侧“入站规则”，在弹出的快捷菜单中选择“新建规则”命令，打开“新建入站规则向导”对话框，见图 5-35。

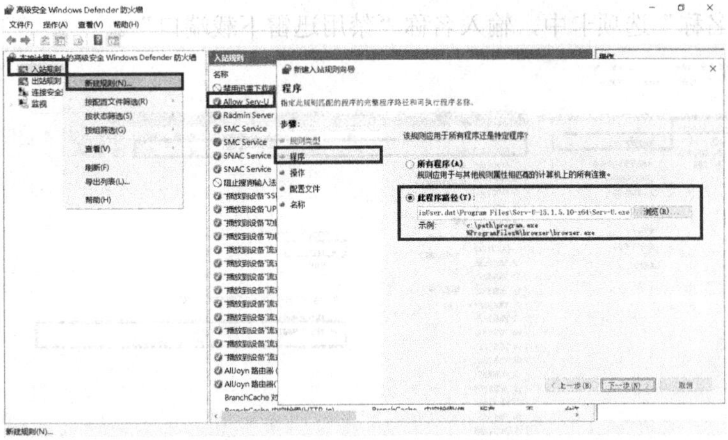

图 5-35 在 Windows Defender 防火墙中新建入站规则

(3) 在“新建入站规则向导”对话框的“规则类型”选项卡中，从右侧选择“程序”选项，单击“下一步”按钮。

(4) 在“程序”选项卡中，从右侧选择“此程序路径”，定位到 D:\WinUser.dat\Program Files\Serv-U-15.1.5.10-x64\Serv-U.exe，单击“下一步”按钮，见图 5-35 右侧。

(5) 在“操作”选项卡中，右侧选择默认的“允许连接”，单击“下一步”按钮。

(6) 在“配置文件”选项卡中，同时选中“域”、“专用”和“公用”选项，单击“下一步”按钮。

(7) 在“名称”选项卡中，输入名称“Allow Serv-U”。

(8) 新建的入站规则默认会自动启用，这样配置之后，外部计算机便能够访问本机的 FTP 服务了。

3) 禁用迅雷下载端口

在公共场合下，有些人会随意使用类似迅雷的 P2P 工具进行恶意下载，这不但会影响整个网络的稳定性，也容易引发本地系统受到安全攻击。在 Win2019 中，我们可以利用系统自带的高级安全防火墙功能，禁止用户在本地使用迅雷这样的工具进行恶意下载，具体步骤如下。

(1) 选择“开始菜单”|“Windows 管理工具”|“高级安全 Windows Defender 防火墙”选项，见图 5-36。

(2) 在打开的配置界面中，右击左侧“入站规则”，在弹出的快捷菜单中选择“新建规则”命令，打开“新建入站规则向导”对话框。

(3) 在“新建入站规则向导”对话框的“规则类型”选项卡中，从右侧选择“端口”选项，单击“下一步”按钮。

(4) 在“协议和端口”选项卡中，从右侧选择 TCP 选项及“特定本地端口”选项，并在右侧文本框中输入迅雷下载的默认端口(多个端口以英文逗号分隔)：3077, 3078，单击“下一步”按钮，见图 5-36 右侧。

(5) 在“操作”选项卡中，选择“阻止连接”选项，单击“下一步”按钮。

(6) 在“配置文件”选项卡中，同时选中“域”、“专用”和“公用”复选框，单击“下一步”按钮。

(7) 在“名称”选项卡中，输入名称“禁用迅雷下载端口”。

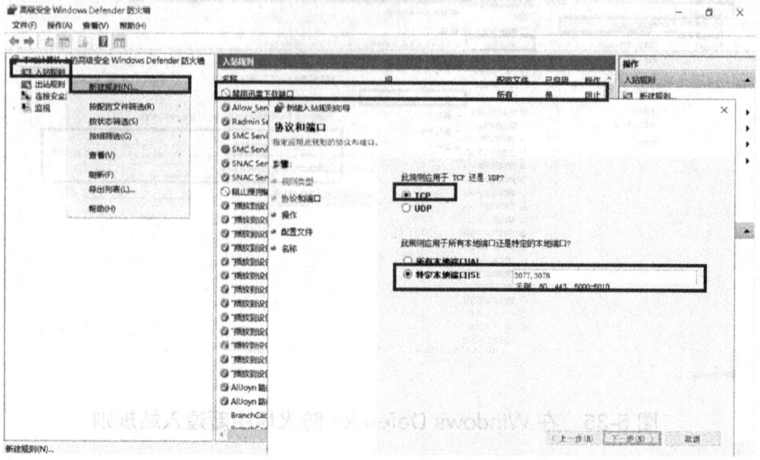

图 5-36　在 Windows Defender 防火墙中新建禁用端口入站规则

添加完成后，返回高级安全 Windows Defender 防火墙的入站规则界面，就可以看到添加的“禁用迅雷下载端口”规则(见图 5-37)。以后，若有用户尝试在本地 Win2019 系统中使用迅雷进行恶意下载时，就会被自动拦截。

3. 出站规则简介

防火墙出站规则明确允许或者拒绝本机程序或服务与规则匹配的计算机之间的通信。在“高级安全 Windows Defender 防火墙”窗口的左侧，单击“出站规则”选项，可以查看系统中已有的出站规则(见图 5-37)，也可以新建和配置出站规则。相关信息可参见前面入站规则的介绍。

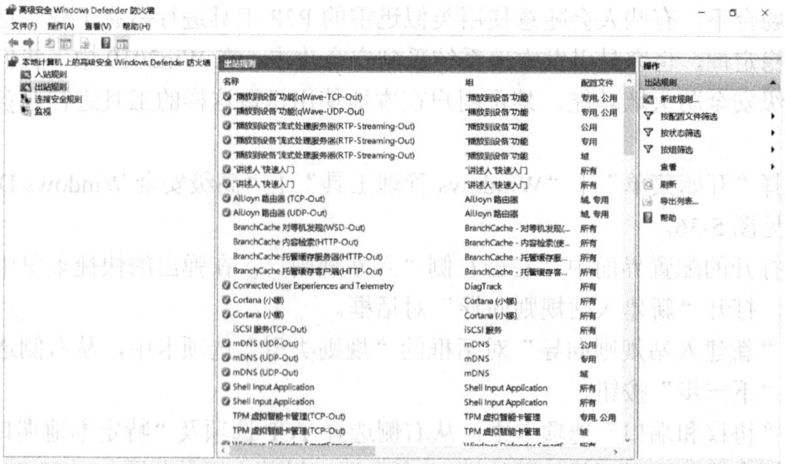

图 5-37　Windows Defender 防火墙出站规则

4. 出站规则配置

出站规则配置与入站规则类似，也可以从各种标准中进行选择，规则中的标准可以进行叠加，叠加的标准越多，防火墙匹配传出通信就越精细。下面是几个出站规则配置示例。

1)　阻止 Chrome 访问外部网络

(1)　由于是阻止本机程序访问外部网络，所以需要新建出站规则。可以打开“高级安全 Windows Defender 防火墙”，右击“出站规则”，在弹出的快捷菜单中选择“新建规则”命令。

(2)　在弹出的“新建出站规则向导”对话框中，在“规则类型”选项卡右侧选择“程序”选项，单击“下一步”按钮，见图 5-38。

(3)　在“程序”选项卡中，单击右侧的“浏览”按钮，定位到 Chrome 路径 D:\WinUser.dat\Program Files\ChromePortable\Chrome-bin\chrome.exe，然后单击“下一步”按钮，见图 5-39。

(4)　我们对 Chrome 的操作是禁止访问外部网络，所以在“操作”选项卡中，务必选择“阻止连接”选项，单击“下一步”按钮，见图 5-40。

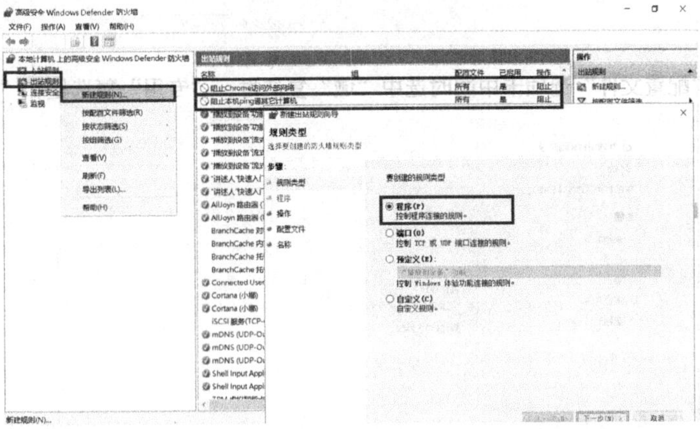

图 5-38　在 Windows Defender 防火墙中新建出站规则

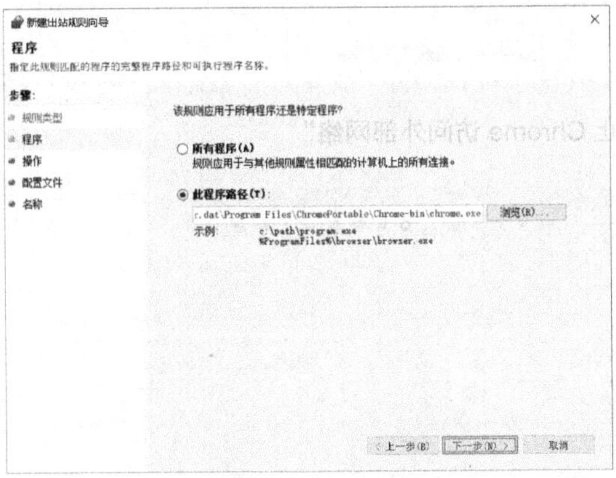

图 5-39　指定 Chrome 程序路径

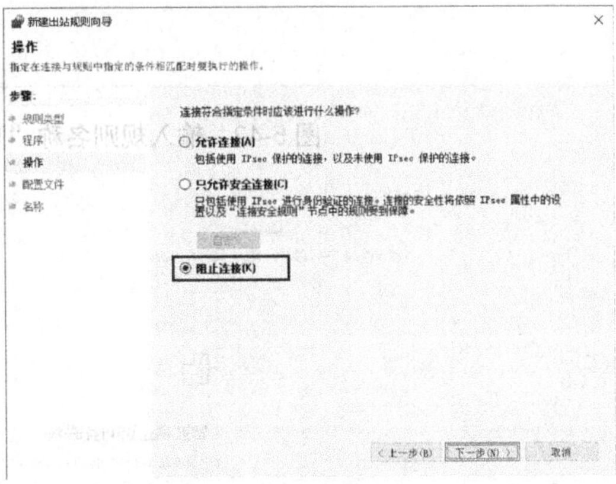

图 5-40　在“操作”选项卡中选择“阻止连接”

(5)　在“配置文件”选项卡中，同时选中“域”复选框、“专用”复选框和“公用”复选框，单击“下一步”按钮，见图 5-41。

(6)　在“名称”选项卡中输入规则名称“阻止 Chrome 访问外部网络”与描述后，单击“完成”按钮即可，见图 5-42。

创建好“阻止 Chrome 访问外部网络”出站规则后，再打开 Chrome 浏览器访问外部网络便会失败，见图 5-43。

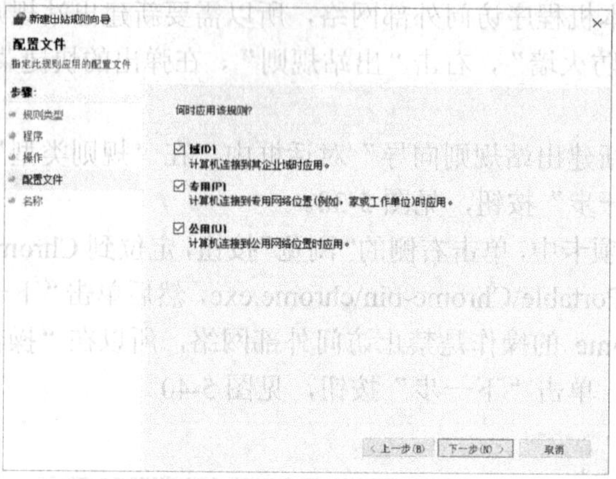

图 5-41 在“配置文件”选项卡中同时选中“域”复选框、“专用”复选框和“公用”复选框

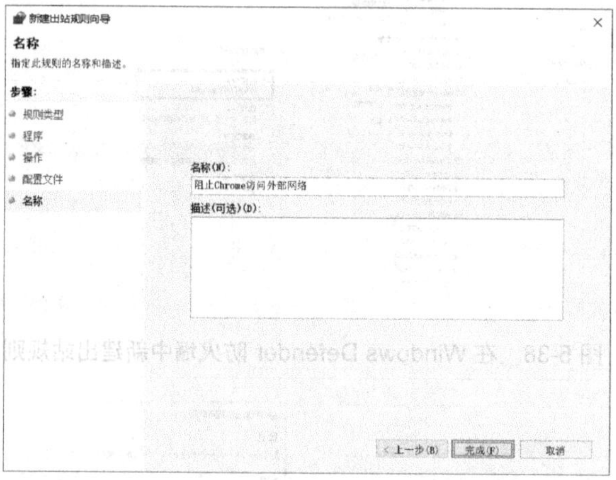

图 5-42 输入规则名称“阻止 Chrome 访问外部网络”

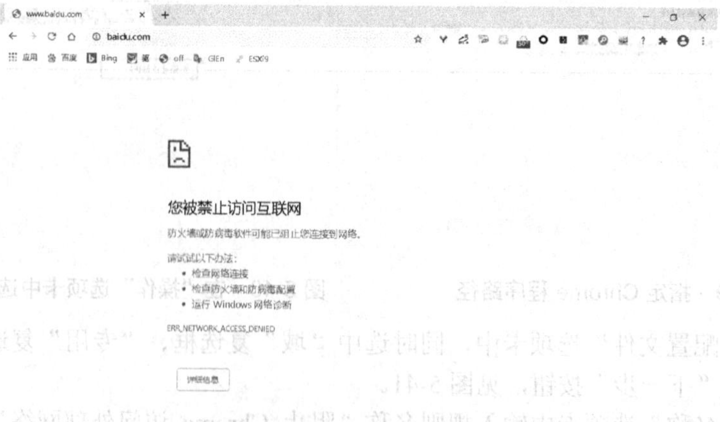

图 5-43 Chrome 浏览器访问外部网络失败

2) 阻止本机 ping 通其他计算机

若需要阻止本机 ping 通其他计算机，可以按以下步骤进行配置。

(1) 由于是阻止本机访问外部网络，所以需要新建出站规则。可以打开“高级安全 Windows Defender 防火墙”，右击“出站规则”，在弹出的快捷菜单中选择“新建规则”命令，打开“新建出站规则向导”对话框，参见图 5-38。

(2) 由于 ping 命令使用的是 ICMP 协议，所以在“新建出站规则向导”对话框的“规则类型”选项页中，从右侧需要选择“自定义”选项，单击“下一步”按钮，见图 5-44。

(3) 在“程序”选项页中，右侧选择“所有程序”选项，单击“下一步”按钮，见图 5-45。

(4) 在“协议和端口”选项页中，从右侧“协议类型”栏选择 ICMPv4 选项，其余默认，单击“下一步”按钮，见图 5-46。

(5) 在“操作”选项页中，右侧务必选择“阻止连接”单选按钮，单击“下一步”按钮，见图 5-47。

(6) 在“配置文件”选项页中，同时选中“域”、“专用”和“公用”复选框，单击“下一步”按钮，见图 5-48。

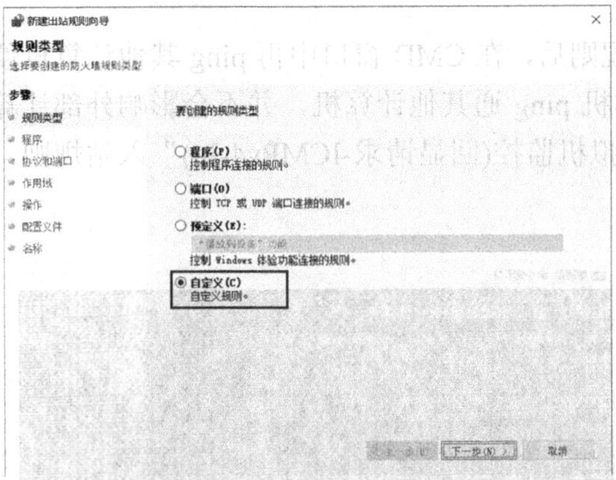

图 5-44 在“规则类型”选项页中选择创建“自定义”规则

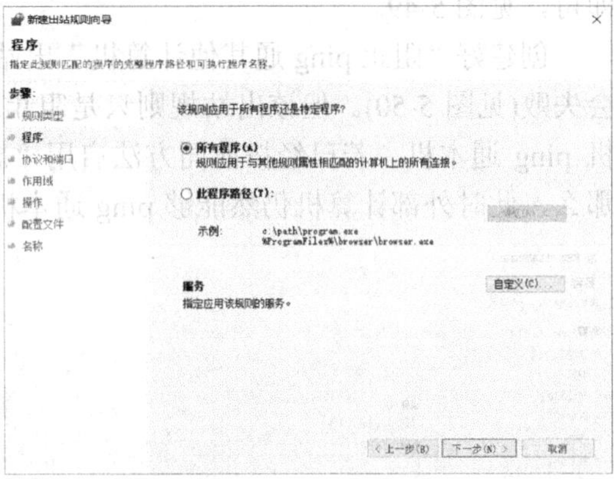

图 5-45 在“程序”选项页中选择“所有程序”

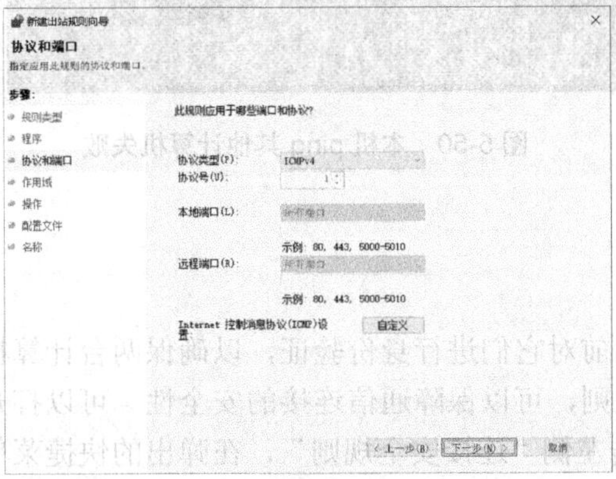

图 5-46 “协议类型”选择 ICMPv4

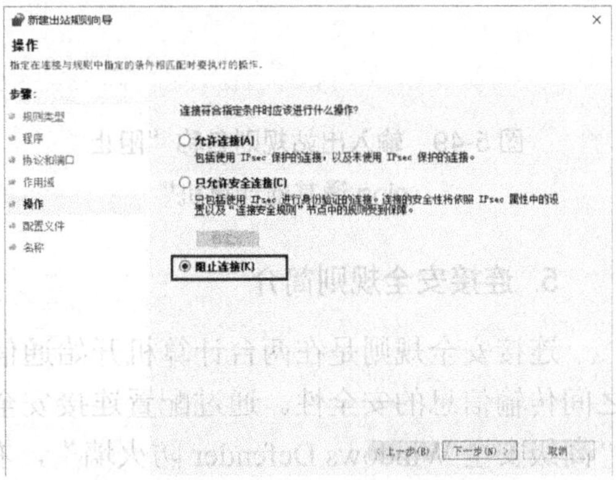

图 5-47 在“操作”选项页选择“阻止连接”

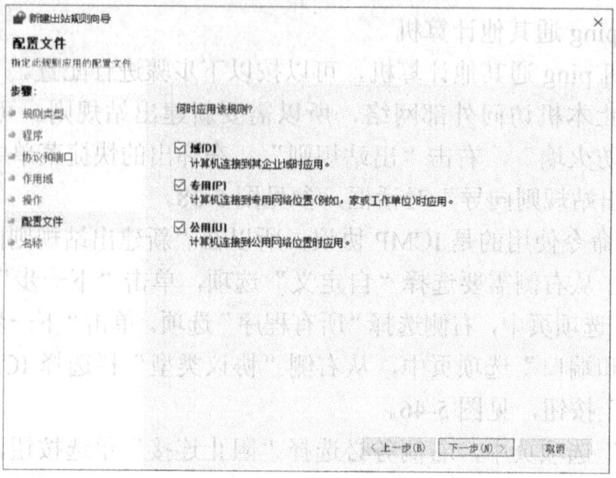

图 5-48　在“配置文件”选项页中同时选中“域”复选框、“专用”复选框和“公用”复选框

(7) 在“名称”选项页中，输入名称“阻止 ping 通其他计算机”，单击“完成”按钮即可，见图 5-49。

创建好“阻止 ping 通其他计算机”出站规则后，在 CMD 窗口中再 ping 其他计算机便会失败(见图 5-50)。但该出站规则只是阻止本机 ping 通其他计算机，并不会影响外部计算机 ping 通本机。若已经按前面方法启用“虚拟机监控(回显请求-ICMPv4-In)”入站规则，那么，此时外部计算机仍然能够 ping 通本机。

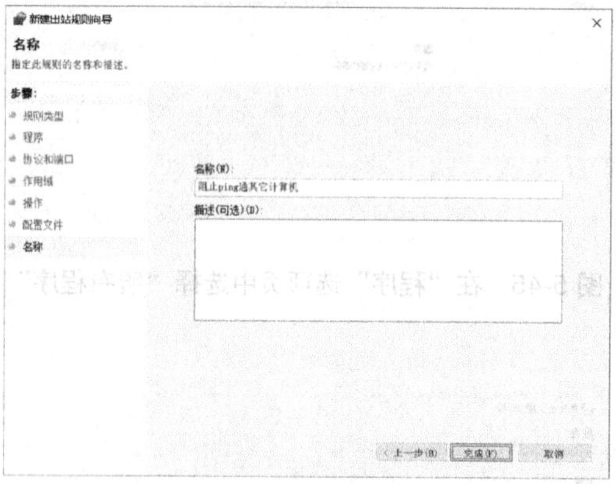

图 5-49　输入出站规则名称“阻止 ping 通其他计算机”

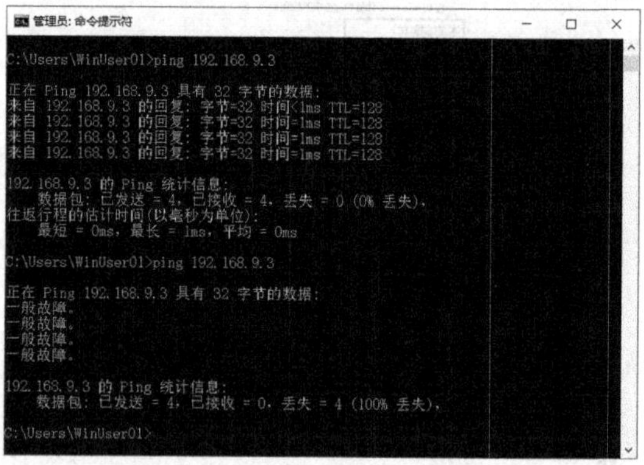

图 5-50　本机 ping 其他计算机失败

5. 连接安全规则简介

连接安全规则是在两台计算机开始通信之前对它们进行身份验证，以确保两台计算机之间传输信息的安全性。通过配置连接安全规则，可以保障通信连接的安全性。可以打开“高级安全 Windows Defender 防火墙”，右击左侧“连接安全规则”，在弹出的快捷菜单中选择“新建规则”命令，便会弹出“新建连接安全规则向导”对话框，见图 5-51。

在“新建连接安全规则向导”对话框中，各种类型的连接安全规则区别如下，见图 5-51 中部。

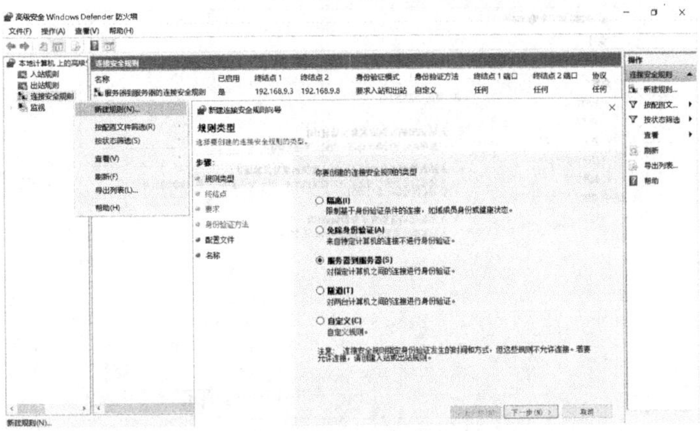

图 5-51 “新建连接安全规则向导”对话框

(1) 隔离：根据身份验证条件对连接进行限制，比如域成员身份或健康状态等。

(2) 免除身份验证：可以让来自特定计算机的连接免于身份验证。

(3) 服务器到服务器：对指定计算机之间的连接进行身份验证。

(4) 隧道：对两台计算机之间的连接进行身份验证。

(5) 自定义：可以根据需要创建特殊规则。

需要注意的是，“连接安全规则”只是指定进行身份验证的时间和方式，但这些规则并不允许连接。要允许连接，需要创建相应的入站或出站规则。

6. 新建连接安全规则

用户可以根据需要创建连接安全规则。例如，我们要创建一条服务器到服务器的连接安全规则，操作步骤如下。

(1) 在图 5-51 所示界面中，我们选择创建“服务器到服务器”的安全连接规则。

(2) 在“终结点”对话框中，单击“添加”按钮，配置好服务器的 IP 地址，见图 5-52；配置完成后的服务器 IP 地址见图 5-53，然后单击“下一步”按钮。

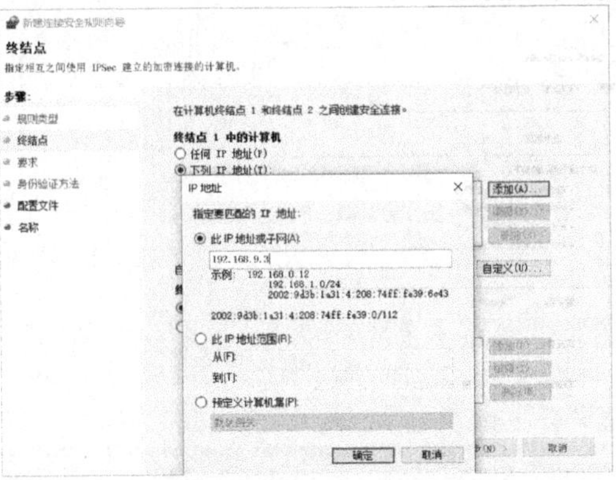

图 5-52 配置终结点界面

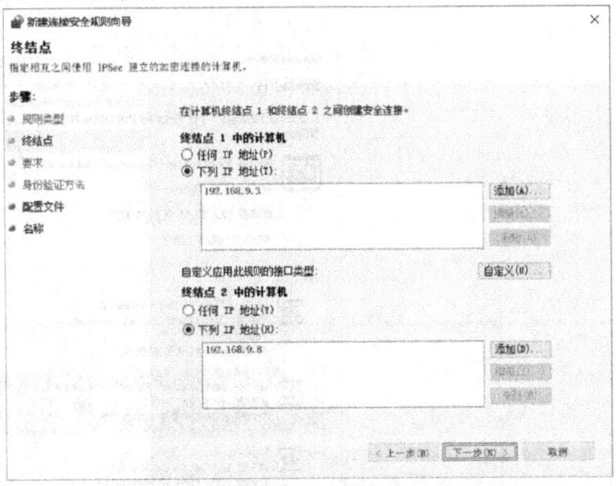

图 5-53 配置好终结点 IP

(3) 为保证服务器的连接安全，对身份验证选择“入站和出站连接要求身份验证”单选按钮，然后单击“下一步”按钮，见图 5-54。

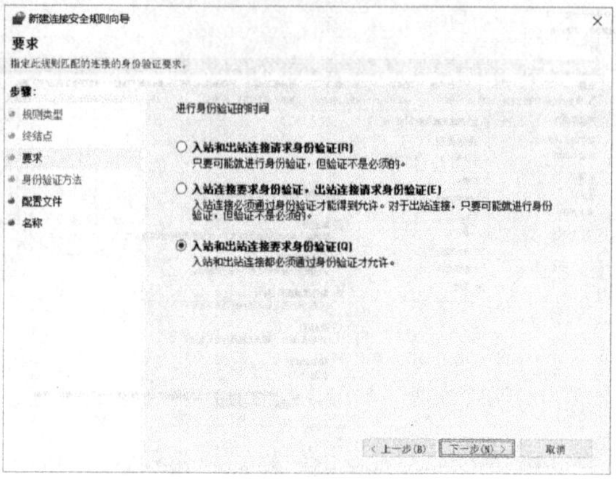

图 5-54　配置身份验证

(4) 在身份验证方法中，我们选择“计算机证书”作为身份验证，单击“浏览”按钮(见图 5-55)，选择可用的证书，注意必须确认选择的是可用的 CA 证书(见图 5-56)，单击“下一步”按钮。

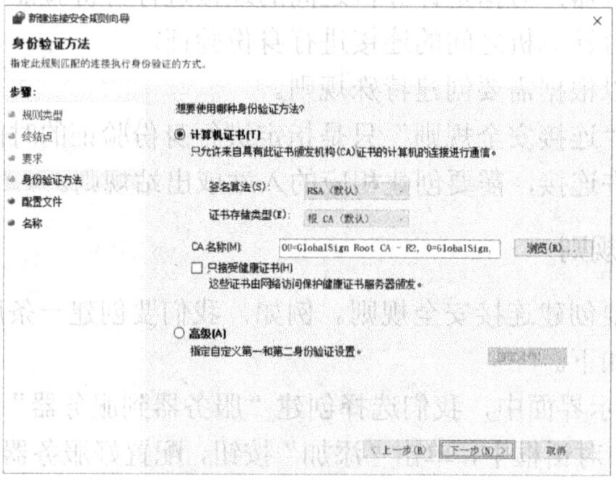

图 5-55　配置身份验证方法

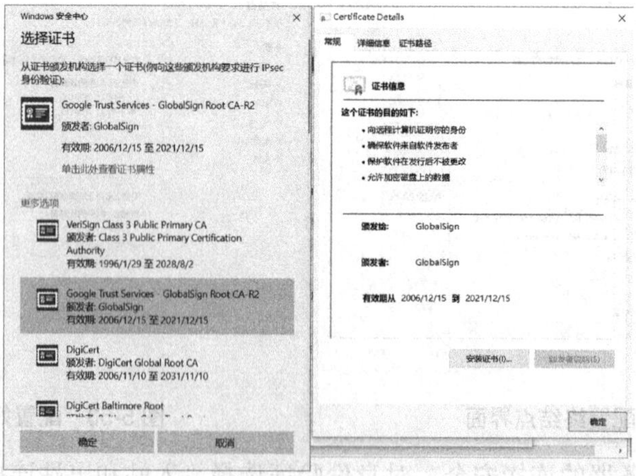

图 5-56　必须确认选择可用的 CA 证书

(5) 选择此规则应用的配置文件，一般选中所有配置文件，单击“下一步”按钮，见图 5-57。

(6) 在图 5-58 所示界面中，输入规则的名称和描述，单击“完成”按钮，服务器到服务器的安全连接规则便创建完成。

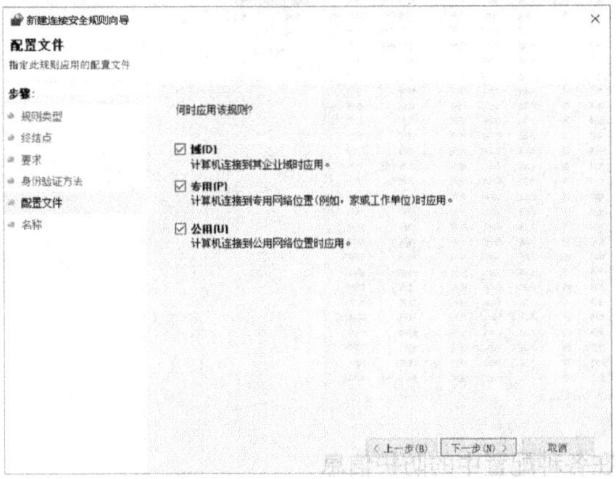

图 5-57 选择配置文件

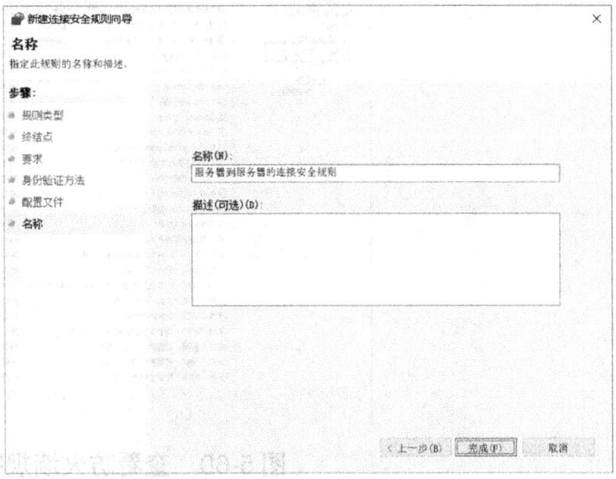

图 5-58 配置安全连接规则名称

以上服务器到服务器的安全连接规则创建完成后，指定 IP 的两台计算机之间的所有通信都必须使用身份验证后才能正常进行。

7. 监视防火墙运行状态

在“高级安全 Windows Defender 防火墙”管理界面中，可以单击左侧“监视”选项，监视和查看各种防火墙规则的运行状态；单击右侧的“导出列表”可以将防护信息导出为文本文件。具体可以查看以下防护信息。

(1) 监视：可以查看各种防火墙配置文件的状态信息，包括激活状态、防火墙状态、常规设置、日志设置等信息，在图 5-59 所示界面中，专用配置文件处于激活状态；并提供查看活动防火墙规则、活动连接安全规则、安全关联防护信息的快捷链接。

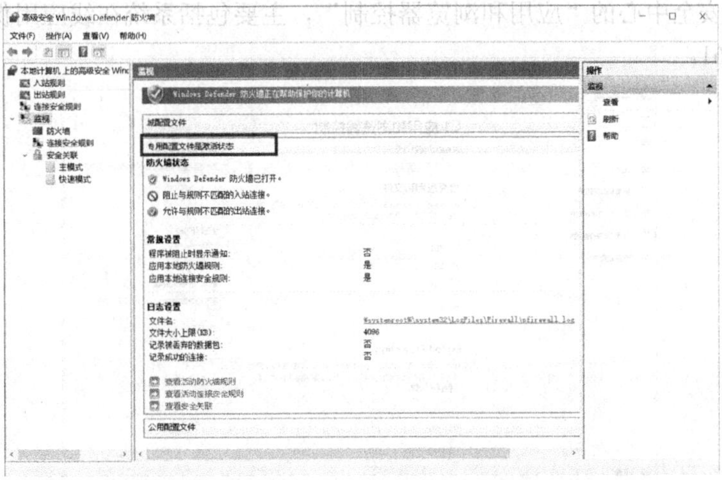

图 5-59 查看各种防火墙配置文件的状态信息

(2) 监视：防火墙，可以查看防火墙入站规则和出站规则在域、专用、公用网络中的防护信息，见图 5-60。

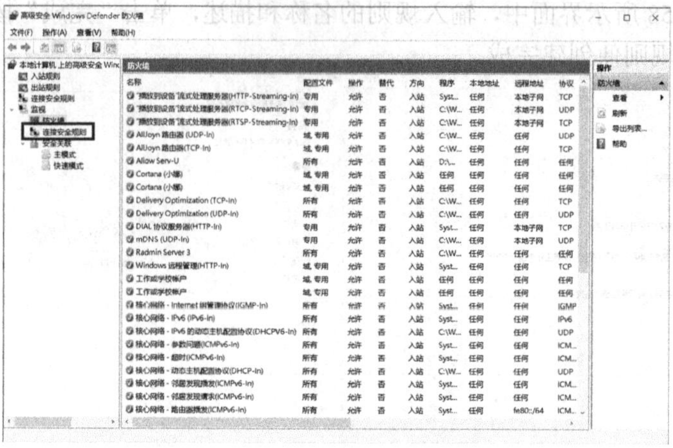

图 5-60 查看防火墙规则在各种配置中的防护信息

(3) 监视：连接安全规则，可以查看防火墙连接安全规则在域、专用、共用网络中的防护信息。

(4) 监视：安全关联，可以查看防火墙在主模式、快捷模式下的安全关联防护信息。

5.5 Windows 安全中心的其他功能

在 Windows 安全中心界面(见图 5-5)，除了前面介绍的病毒和威胁防护、防火墙和网络保护外，还包括应用和浏览器控制，以及设备安全性，下面分别进行介绍。

5.5.1 应用和浏览器控制

Windows 安全中心的“应用和浏览器控制”，主要包括系统在线应用保护和漏洞利用保护，见图 5-61。

图 5-61 Windows 安全中心的“应用和浏览器控制”

1. 检查应用和文件

Windows Deferender SmartScreen 通过在线检查 Web 中无法识别的应用和文件来帮助保护用户操作系统。系统提供阻止、警告(默认)、关闭三种选项，用户可以根据需要进行选择。

2. 漏洞利用保护

漏洞利用保护(Exploit Protection)是 Windows 10 内置功能，可以帮助保护系统免受攻击。此功能开箱即用，并且已经定义为适合大多数用户的保护设置。用户可以单击其下的“Exploit Protection 设置”，查看和修改其中的“系统设置”和“程序设置”，见图 5-62。具体可参见微软官网信息：

```
https://docs.microsoft.com/zh-cn/windows/security/threat-protection/
microsoft-defender-atp/exploit-protection
```

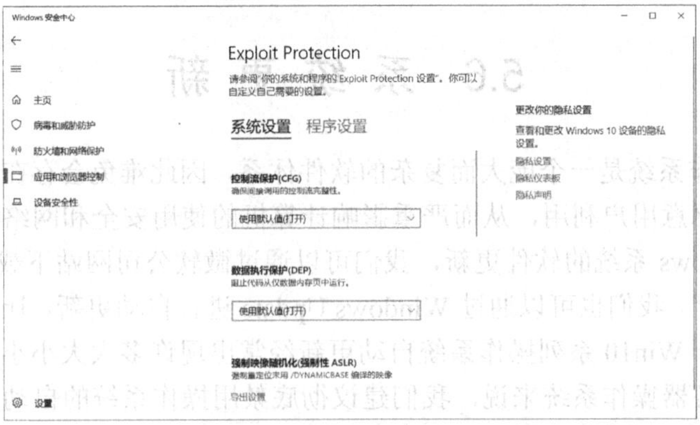

图 5-62　“应用和浏览器控制”的 Exploit Protection 设置

5.5.2　设备安全性

Windows 安全中心的“设备安全性”主要用于设置系统内置的安全性，见图 5-63。

图 5-63　Windows 安全中心的“设备安全性”界面

“设备安全性”中的“内核隔离”，使用基于虚拟化的安全措施来保护系统核心部件。用户可以单击其下的“内核隔离详细信息”按钮，进行查看和设置。“内存完整性”是防止攻击将恶意代码插入到高安全性进程之中，可以单击其下的“开关”按钮，启用和关闭该项设置，见图 5-64。

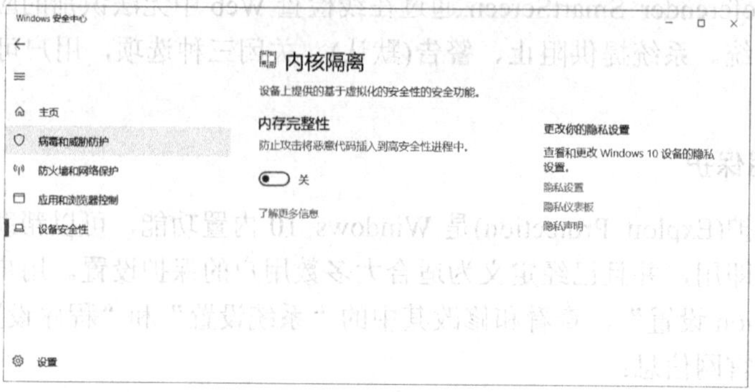

图 5-64　内核隔离设置

5.6 系统更新

Windows 操作系统是一个庞大而复杂的软件体系，因此难免会存在漏洞，这些漏洞会被病毒、木马、恶意用户利用，从而严重影响计算机的使用安全和网络畅通。微软公司会不定期发布 Windows 系统的软件更新，我们可以通过微软公司网站下载和安装补丁程序，用以保障系统安全。我们也可以通过 Windows Update 进行自动更新，让系统进行自动联网升级。不过，由于 Win10 系列操作系统自动更新经常出现许多大大小小的问题，所以，对于注重稳定的服务器操作系统来说，我们建议彻底禁用操作系统的自动更新，通过手工下载的方式有选择地进行系统升级。

5.6.1 Windows 补丁程序简介

当软件系统发布后，发现其中存在漏洞和缺陷，可能会被恶意用户用来攻击客户系统，开发者便发布相应的更新程序来修复漏洞，这些更新程序统称为“补丁程序”。安装这些补丁程序后，就能阻止恶意用户就利用这些漏洞来攻击软件系统。因此及时为 Windows 安装系统补丁程序是十分必要的。

微软发布的系统补丁包括两种类型：Hotfix(热修复补丁)和 Service Pack(服务包)，二者之间既有区别、又有联系。

1. Hotfix 热修复补丁

Hotfix 是微软针对某一个具体的系统漏洞或安全问题而发布的专门解决程序。Hotfix 的程序文件名有严格的规定，一般格式为“产品名-KBXXXXXX-处理器平台-语言版本.exe”。例如，微软 2020.8.20 发布的“2020-08 适用于 Windows Server 2019 x64 基系统(KB4571748)的累积性更新”的 Hotfix 程序名为：

```
windows10.0-kb4571748-x64_7b1aa70adab40508049098baff4da1eae5de5c63.msu
```

文件大小为 364,303,314Bytes(347.4MB)。从文件名可以看出，这个补丁针对 Windows

10.0 系列操作系统，其知识库(Knowledge Base)编号为 KB4571748，适用于 X64 处理器平台，适用于所有语言版本。

2. Service Pack 服务包

由于 Hotfix 是针对某些具体问题而发布的解决程序，因此它会频繁发布，数量庞大。用户想要知道目前已经发布了哪些 Hotfix 程序是一件非常麻烦的事，更别提还要弄清自己是否已经安装了。因此微软将系统 Hotfix 补丁全部打包成一个程序提供给用户安装，这就是 Service Pack，简称 SP。Service Pack 发布时间间隔较长，体积较大。Service Pack 包含了发布日期以前所有的 Hotfix 程序，因此只要安装了它，就可以保证自己不会漏掉任何一个 Hotfix 程序。而且发布时间晚的 Service Pack 程序会包含以前的 Service Pack，例如 SP3 会包含 SP1、SP2 的所有补丁。

如果使用 Windows Update 来升级，一般是指升级 Hotfix 类型的补丁。Service Pack 一般需要单独进行下载安装，或者集成在系统中发布(比如 Windows Server 2008 R2 with Service Pack 1)。Windows Server 2019 截自 2020 年 10 月还没有发布过 Service Pack。

5.6.2 彻底禁用系统自动更新

前面章节已经提到，Windows Server 2019、Windows 10 是同期推出的 Win10 系列操作系统。现在，Win10 系列操作系统的自动更新经常出现许多大大小小的问题，对于要求稳定为主的服务器来说，建议彻底禁用系统默认的自动更新，而在需要时进行手动更新。前面已经介绍过，可以借助“Win10 输入法经典切换”这个小软件，彻底禁用 Win2019 系统的自动更新，具体参见本书 4.5.5 小节的介绍。

5.6.3 微软官方的 Windows Update 目录网站

微软官方建有专门的 Windows Update 目录网站 https://www.catalog.update.microsoft.com/，提供补丁程序搜索和下载服务。Windows Update 目录网站提供对微软公司目前支持的所有操作系统的更新，包含设备驱动程序、修补程序、更新的系统文件、Windows 新功能等内容。用户可以在该网站搜索 Windows Update 目录，查找和下载所需更新。经常访问该网站可及时获得微软官方最新的更新信息。另外，各类安全网站、防病毒软件厂商网站也会经常发布安全警告，并提供相关解决方案，当然也包含了各类补丁的下载链接。不过，建议最好从微软官方的 Windows Update 目录网站搜索下载补丁程序。

有关“如何从 Windows Update 目录下载包括驱动程序和修补程序的更新”的信息，可以参见：

```
https://support.microsoft.com/zh-cn/help/323166/how-to-download-updates-
that-include-drivers-and-hotfixes-from-the-win
```

5.6.4 手动安装系统补丁

下面，我们将以从微软官方 Windows Update 目录网站下载安装 2020 年 8 月发布的

Windows Server 2019 x64 累积性更新为例，说明为 Win2019 手动安装系统补丁的具体步骤。

1. 搜索 Win2019 系统补丁

(1) 用 Chrome 访问 Windows Update 目录网站 https://www.catalog.update.microsoft.com/，如图 5-65 所示。

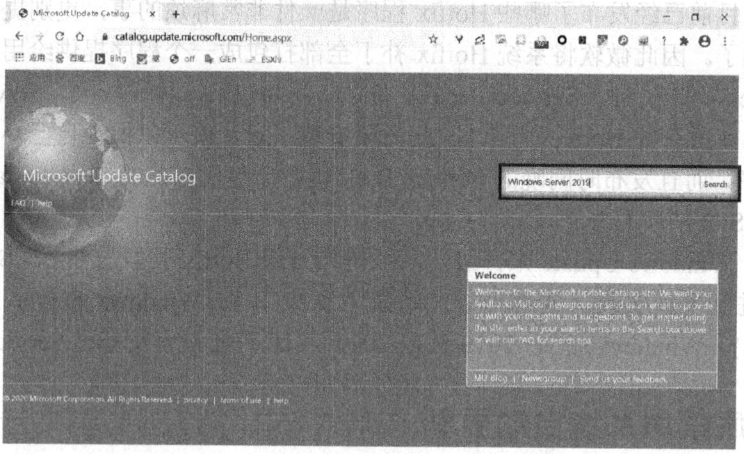

图 5-65　访问 Windows Update 目录网站

(2) 在搜索文本框中输入“Windows Server 2019”，单击右侧的 Search 按钮，或按 Enter 键。

(3) Windows Update 目录网站的搜索结果支持单击表头排序，可以单击 Lasted Updated 栏表头，按发布日期降序排序，让最新发布的更新排在最上面。

(4) 浏览显示列表，在前面几位便能找到微软 2020 年 8 月 20 日发布的“2020-08 适用于 Windows Server 2019 x64 基系统 (KB4571748)的累积性更新”，容量为 347.4 MB，见图 5-66。

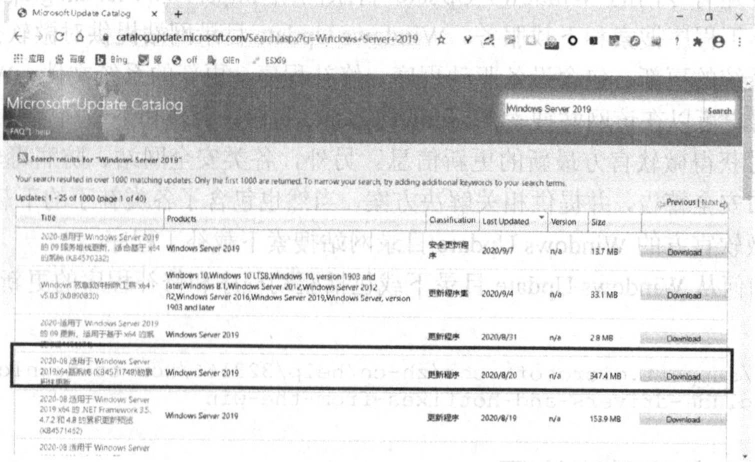

图 5-66　在 Windows Update 目录网站搜索更新

(5) 单击左侧 Title 栏下该项更新的信息链接，认真查看该项更新的简况(Overview)、语言选择(Language Selection)、补丁详情(Package Details)、安装资源(Install Resources)等信息，详细了解该补丁的适用范围和安装要求，见图 5-67。

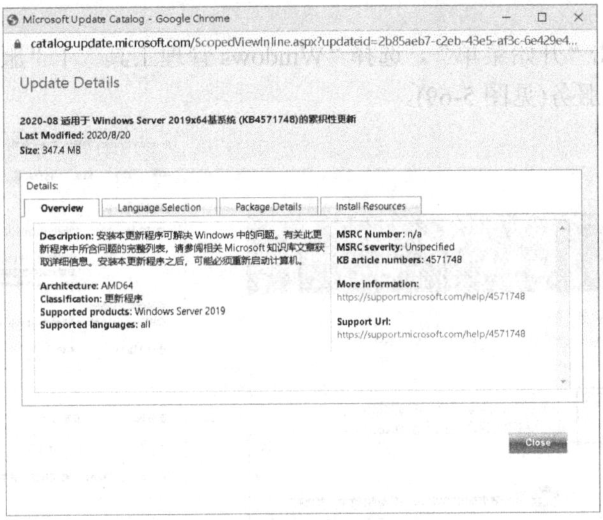

图 5-67 查看所需更新的详细信息

(6) 从该项更新的信息链接中我们了解到，该补丁适用于包括 Win2019 在内的 Windows 10.0 系列操作系统，其知识库(Knowledge Base)编号为 KB4571748，适用于 x64 处理器平台，适用于所有语言版本，没有其他特殊安装要求。安装后可以在控制面板“程序和功能”中选择“查看已安装的更新”来查看或删除已安装的更新(方法：右击桌面上的“此电脑”图标，在弹出的快捷菜单中选择“属性”命令，在弹出的窗口中单击左上侧“控制面板主页”，单击“程序和功能”，选择右上侧的“查看已安装的更新”。

2. 下载 Win2019 系统补丁

(1) 了解清楚该补丁的适用范围和安装要求后，确认适用于当前 Win2019 操作系统，便可以单击该补丁右侧对应的 Download 按钮，获得该补丁的下载地址：

```
http://download.windowsupdate.com/d/msdownload/update/software/updt/2020
/08/windows10.0-kb4571748-x64_7b1aa70adab40508049098baff4da1eae5de5c63.m
su
```

(2) 建议使用 Internet Download Manager(IDM)等工具进行下载，下载速度很快，只需记住下载文件存放路径即可。不建议使用 Chrome 直接进行下载，否则速度很慢，经常还以失败告终。

(3) 搜索下载完成后，可以关闭 Chrome 浏览器。

3. 安装 Win2019 系统补丁

(1) 如果已经按照前面介绍的“Win10 输入法经典切换”彻底禁用了 Win2019 系统的自动更新，安装之前，需要按以下方法暂时恢复 Win2019 系统的自动更新。

① 双击桌面的“Win10 输入法经典切换”图标，或系统托盘图标，打开该程序的设

置窗口。

② 在设置窗口选择“…更多功能”选项卡，单击“Windows 自动更新控制”按钮，在弹出的“确定要重新恢复 Windows 自动更新的默认状态吗”对话框(见图 5-68)中单击“确定”按钮。

③ 然后，单击“开始菜单”，选择“Windows 管理工具”|“服务”，启动 Win2019 的 Windows Update 服务(见图 5-69)。

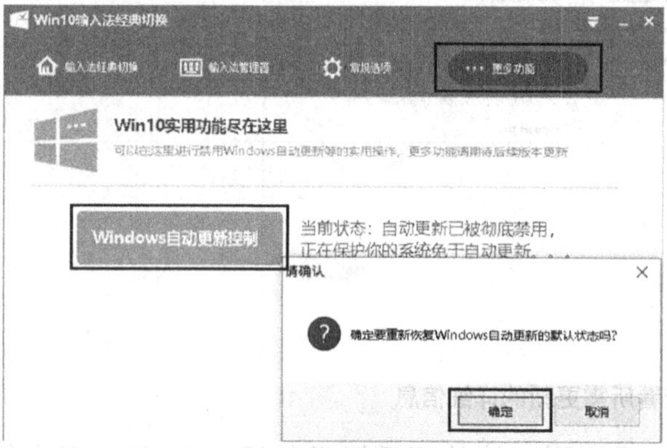

图 5-68 在“Win10 输入法经典切换”中重新启用 Windows 自动更新

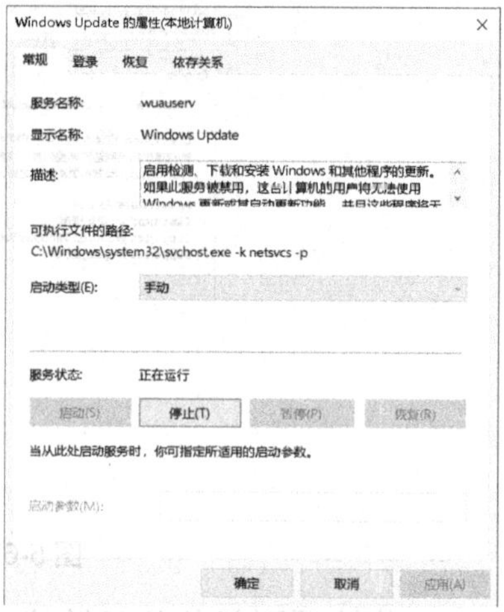

图 5-69 重新启动 Windows Update 服务

(2) 若担心恢复 Win2019 系统自动更新后，系统会自作主张地联网自动更新，导致系统重启时死锁，可以暂时禁用所有网卡，等手动安装更新完成后再行恢复。

(3) 确定已经正常启动 Win2019 的 Windows Update 服务后，可以双击安装上面下载的更新：

```
windows10.0-kb4571748-x64_7b1aa70adab40508049098baff4da1eae5de5c63.msu
```

(4) 然后按照提示信息进行安装，安装过程可能需要较长时间，请耐心等待更新安装完成，如图 5-70 和图 5-71 所示。

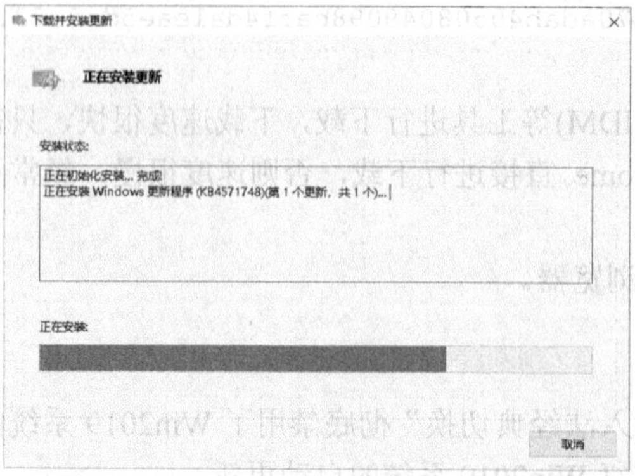

图 5-70 Windows 更新正在安装

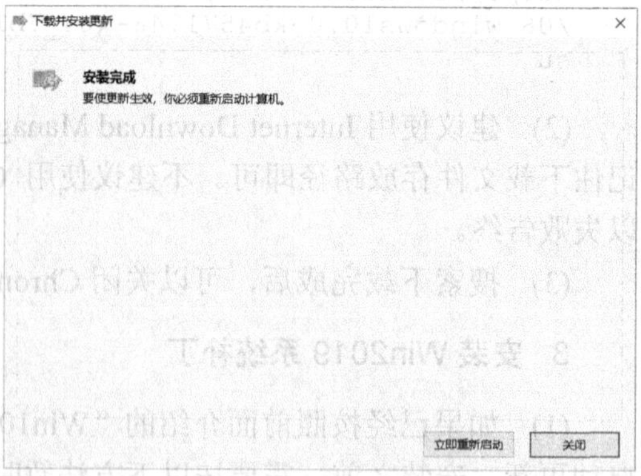

图 5-71 Windows 更新安装完成

(5) 更新安装完成，按照提示“立即重新启动”计算机。

(6) 重启之后，记着按前面介绍的方法，打开“Win10 输入法经典切换”彻底禁用 Win2019 系统的自动更新；该操作会自动停止并禁用 Win2019 的 Windows Update 服务，不用再手工设置；然后，可以恢复网络连接。

(7) 接下来，可以右击桌面上的“此电脑”图标，在弹出的快捷菜单中选择“属性”命令，在弹出窗口中单击左上侧“控制面板主页”，单击“程序和功能”，单击右上侧的“查看已安装的更新”，第一条便是我们上面手工安装的更新。当然，也可以根据需要，在此选择卸载已经安装的更新，见图 5-72。

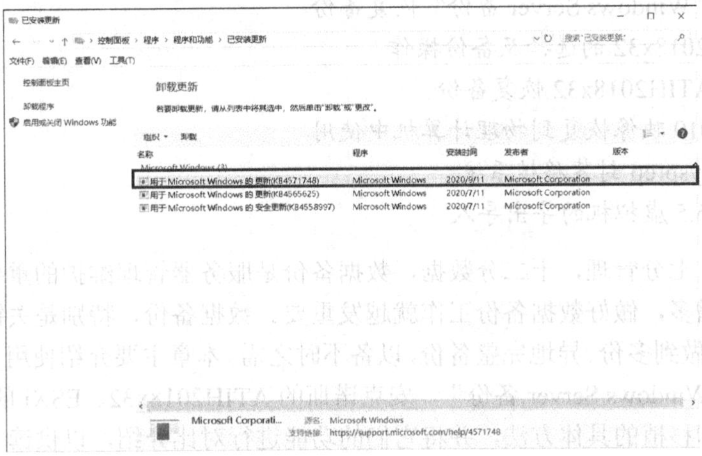

图 5-72 在控制面板中查看或删除已经安装的更新

5.7 Symantec Endpoint Protection 安装配置

如果认为 Windows 系统自带的安全防护软件不能满足你的安全管理要求，可以安装其他的安全防护软件，比如 Symantec Endpoint Protection(赛门铁克终端防护)。现在 Symantec(赛门铁克)已经被 Broadcom(博通)收购，可参见 https://www.broadcom.cn/products/cyber-security。

注意： 由于篇幅限制，该部分内容的具体介绍读者可以到相关网站进行查询。

本章小结

本章主要介绍了 Windows Server 2019 的安全配置和管理，包括设置 Win 2019 的安全选项、Windows 安全中心简介、配置和管理 Win2019 病毒和威胁防护、配置和管理 Win2019 防火墙、Windows 安全中心的其他功能、系统更新、Symantec Endpoint Protection 安装配置等内容。如果将 Win2019 服务器比作一个家庭，通过各种安全配置，便为用户的系统增设了家庭医生和家庭保安，让系统多一道安全屏障，服务器就可以有保障地接入互联网了。

第 6 章　系统备份与移植

本章要点：

- 使用“Windows Server 备份”创建备份
- 使用“Windows Server 备份”恢复备份
- ATIH2018x32 的选择及备份操作
- 使用 ATIH2018x32 恢复备份
- Win2019 映像恢复到物理计算机中使用
- 使用 sysprep 封装移植系统
- ESXi 6.5 虚拟机的导出导入

三分技术，七分管理，十二分数据，数据备份是服务器管理维护的重要组成部分，随着处理数据的增多，做好数据备份工作就越发重要。数据备份，特别是关键数据、重要数据的备份，最好做到多份、异地完整备份，以备不时之需。本章主要介绍使用 Windows Server 2019 附带的“Windows Server 备份”、安克诺斯的 ATIH2018x32、ESXi 的 ovftool 等工具进行系统备份和移植的具体方法，并将它们的功能进行对比介绍，以供读者选择适合自己的备份还原方式。

6.1　使用“Windows Server 备份”创建备份

对于服务器来说，备份是最有效的保障措施，是服务器维护管理的一项常规工作。服务器操作系统的安装配置需要花费大量的时间和精力，为了将精心安装配置的劳动成果保留固化下来，以便恢复移植，在前面的章节中我们多次提到需要及时进行备份。系统安装完成后需要进行全新备份，此后每完成一定数量的安装配置工作也需要及时进行增量备份。

在 Windows Server 2019 中集成了一个高效的备份工具“Windows Server 备份”，利用该工具，管理员可以对服务器上的数据执行备份和恢复操作。

6.1.1　“Windows Server 备份”简介

Windows Server 2019 中附带的“Windows Server 备份”工具，可以通过向导引导用户完成备份和恢复工作，为本地计算机或远程计算机提供了一种备份和恢复的完整解决方案。旨在为小型企业到大型企业提供基本的备份解决方案，同时也适合小型组织或非 IT 专业人员使用。

“Windows Server 备份”可以进行“一次性备份”或者“计划备份”，可以备份整个服务器(所有卷)、选定卷或系统状态，可以恢复卷、文件夹、文件、某些应用程序和系统状态。当出现系统故障、磁盘故障等问题时，可以使用完整备份和 Windows 恢复环境执行裸机恢复和系统恢复，也可以将整个系统还原到新的磁盘使用。

注意，“Windows Server 备份”不能保证保留全部卷影复制服务(Volume Shadow Copy Service，VSS)快照。在某些情况下，在 VSS 快照还原到新卷后，将无法识别且不可访问。若要保证 VSS 快照受到保护，需要装载 VSS 快照，并在该快照上运行备份作业。

要配置备份计划，用户必须是 Administrators 组的成员。要使用备份命令执行所有其他任务，用户必须是 Backup Operators 或 Administrators 组的成员，或者用户必须被委派了适当的权限。

6.1.2　安装“Windows Server 备份”

“Windows Server 备份”工具已经包含在所有版本的 Windows Server 2019 中，但默认情况下它并没有被安装。要安装“Windows Server 备份”工具，我们可通过服务器管理器来完成。

(1) 单击“开始”菜单中选择“服务器管理器”。

(2) 打开服务器管理器后，需要等待加载数据。加载完成后，单击上面的“配置此本地服务器”以及下面的“2 添加角色和功能”，见图 6-1。

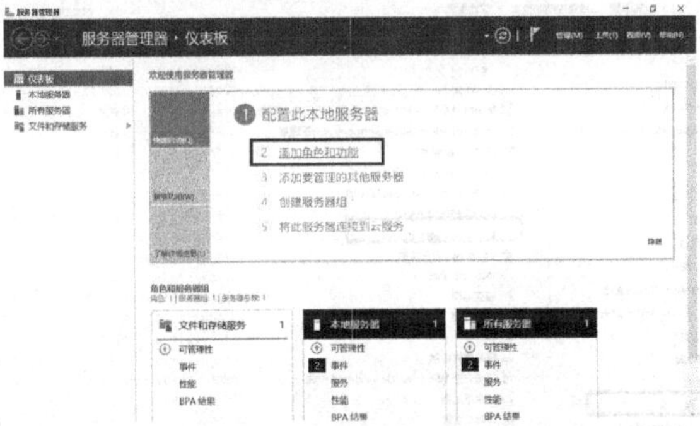

图 6-1　添加角色和功能

(3) 在打开的“添加角色和功能向导”对话框中，依次单击“下一步”按钮，直到左侧下移到“功能”选项卡；然后在右侧功能列表里选中“Windows Server 备份”复选框，单击“下一步”按钮，见图 6-2。

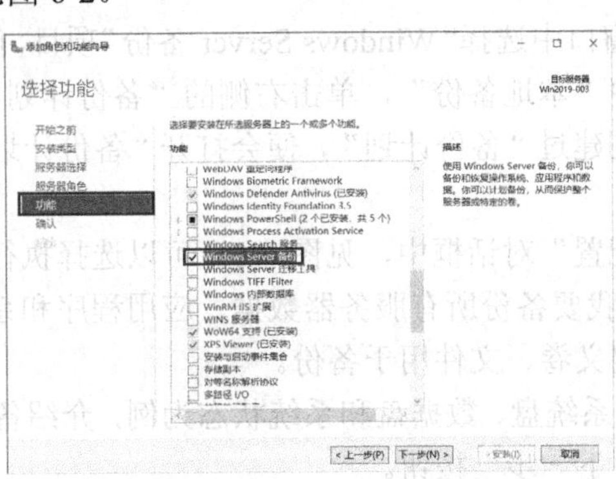

图 6-2　添加“Windows Server 备份”功能

(4) 在“确认安装所选内容”对话框中，单击“安装”按钮，开始安装。

(5) 所选功能安装完成后，单击“关闭”按钮，再关闭“服务器管理器”即可。这样，从Windows“管理工具”中便可以启动“Windows Server 备份”工具。

6.1.3 创建备份计划

使用“Windows Server 备份”可以备份整个服务器(所有卷)、选定卷或系统状态，可以恢复卷、文件夹、文件、某些应用程序和系统状态，并可以将备份数据保存到单个或多个磁盘、DVD，可移动到介质或远程共享文件夹中。用户可以选择一次性备份或者计划备份。

1. 备份计划创建：选择备份内容和备份时间

使用“Windows Server 备份”工具创建备份计划的步骤如下。

(1) 依次选择“开始菜单”|“Windows 系统”|“Windows 管理工具”，或者双击桌面的“控制面板”，单击“管理工具”，便会打开控制面板中的“管理工具”窗口，见图 6-3。

图 6-3 从控制面板中打开“Windows Server 备份”

(2) 在“管理工具”窗口中选择“Windows Server 备份”项目，便可打开“Windows Server 备份”窗口；在左侧选中“本地备份”，单击右侧的“备份计划”链接，见图 6-4。

(3) 如果此前没有创建过“备份计划”，便会打开“备份计划向导”对话框，单击“下一步”按钮，见图 6-5。

(4) 在“选择备份配置”对话框中，见图 6-6，可以选择执行下列操作之一。

整个服务器(推荐)：我要备份所有服务器数据、应用程序和系统状态，这是默认选项。

自定义：要选择自定义卷、文件用于备份。

此处以备份启动盘、系统盘、数据盘和系统状态为例，介绍备份计划的使用，选择“自定义”选项，然后单击“下一步”按钮。

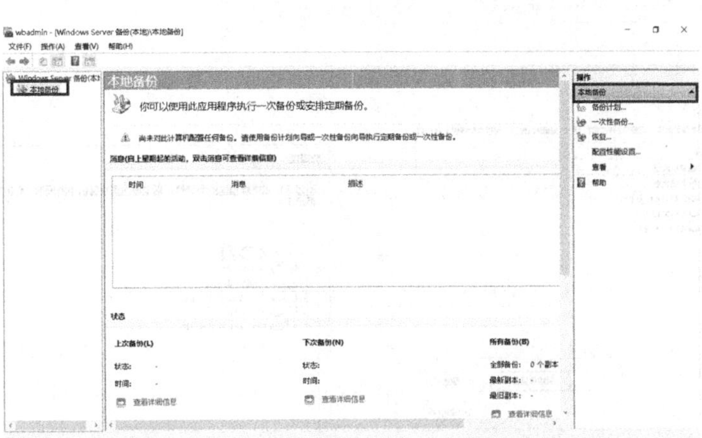

图 6-4　“Windows Server 备份”窗口

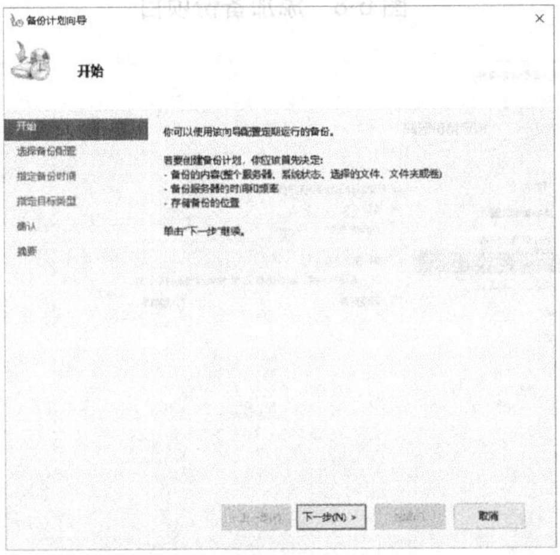

图 6-5　备份计划向导：开始

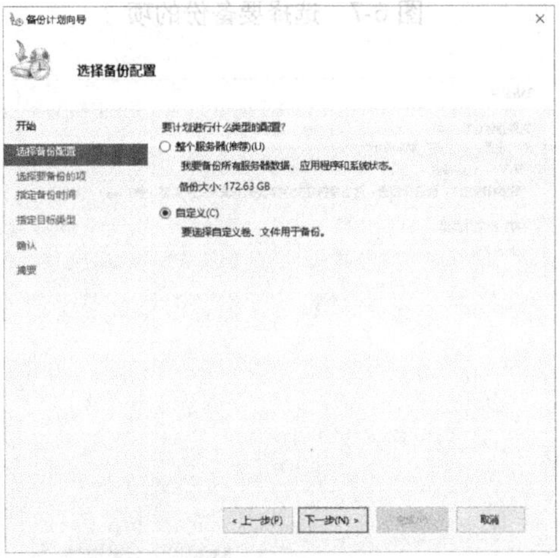

图 6-6　选择备份配置

(5)　在如图 6-7 所示的“选择要备份的项”对话框中，单击“添加项目”按钮；在弹出的“选择项”对话框中，选择需要备份的项目，比如选中裸机恢复、系统状态、启动盘 B 盘、系统盘 C 盘、数据盘 D 盘，见图 6-8；另外，用户还可以单击“高级设置”按钮，添加需要排除的项目和 VSS 副本备份，见图 6-9；设置好后，在图 6-7 所示界面中单击“下一步”按钮。

(6)　在如图 6-10 所示的“指定备份时间”对话框中，选择备份计划的时间，可选每日一次或多次。这里就使用默认设置，每天晚上 21:00 进行计划备份，单击“下一步”按钮。

2. 备份计划创建：选择目标类型

(1)　在如图 6-11 所示的“选择目标类型”对话框中，选择用于存放备份存档的目标类型。可以备份到一个与原文件不同的已有卷中，有条件的话也可以选择“备份到专用于备份的硬盘(推荐)”。下面分为两种情况进行叙述。

(2)　选择第一种目标类型：选择“备份到卷”选项，然后单击“下一步”按钮。

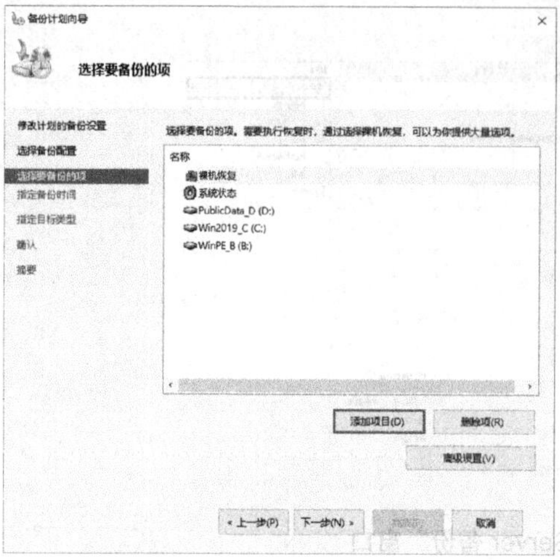

图 6-7　选择要备份的项

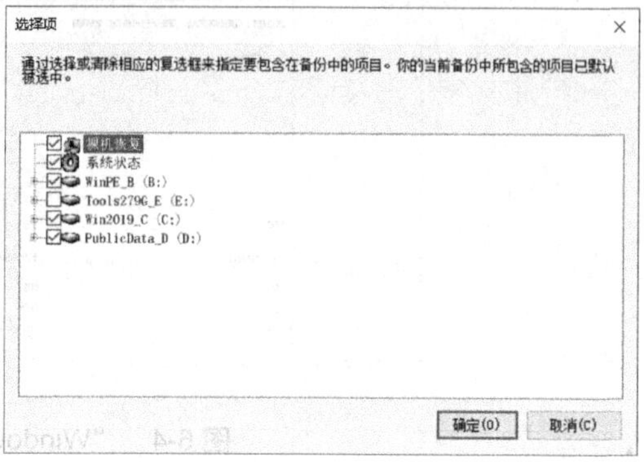

图 6-8　添加备份项目

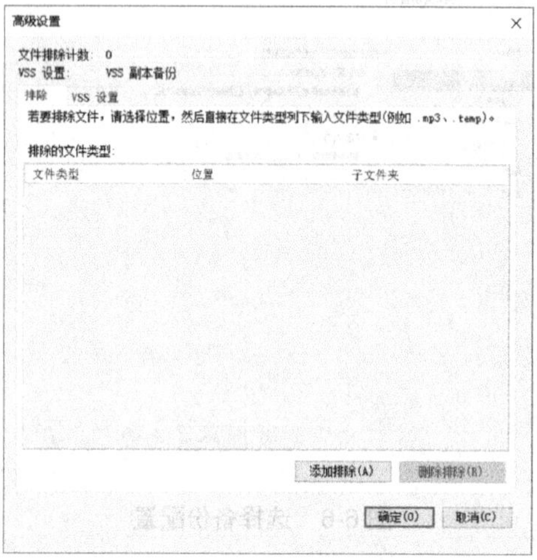

图 6-9　备份计划高级设置

图 6-10　指定备份时间

注意： 通常情况下，我们应该把备份文件存储在与原文件不同的介质上，这样可以避免单点故障。存放备份文件的磁盘不能是系统所在磁盘。默认情况下，可用磁盘将显示在列表中。

(3) 在如图 6-12 所示的“选择目标卷”对话框中，单击“添加”按钮选择用于存放备份存档的目标卷，需要注意的是，选择的目标卷要有足够的剩余空间用于存放备份存档。比如这里选择备份到已有的 E 盘，有 122GB 剩余空间，这种类型的“Windows Server 备份”操作不会影响目标卷中已有的数据，只会将选定内容备份到目标卷的 E:\WindowsImageBackup\目录下。选择好后，单击“下一步”按钮。

(4) 选择第二种目标类型：在图 6-11 所示界面中，选择“备份到专用于备份的硬盘(推荐)”。选择这种目标类型需要事先准备好专用备份硬盘，我们已经准备好一个 50GB 的专门硬盘用于备份。注意，这种类型的“Windows Server 备份”操作将格式化所选目标硬盘，需要事先备份该硬盘中的数据。设置好后，单击“下一步”按钮。

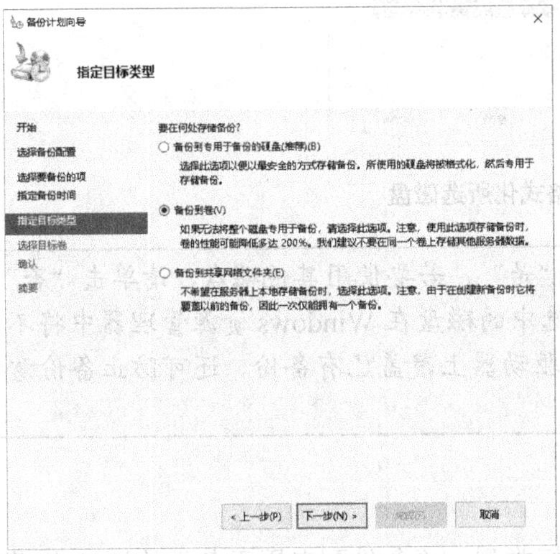

图 6-11　选择目标类型

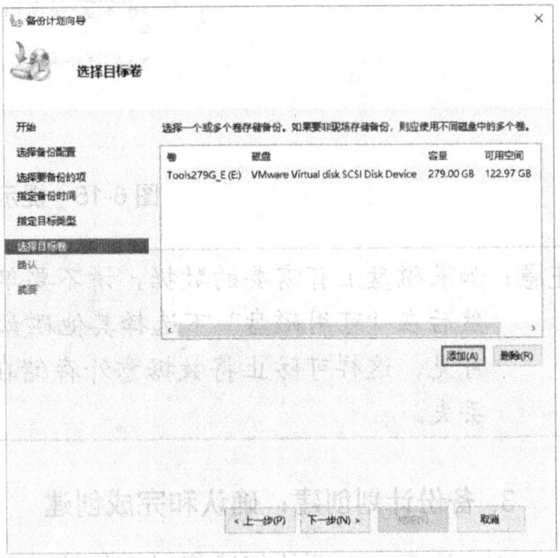

图 6-12　选择目标卷

(5)　在如图 6-13 所示的“选择目标磁盘”对话框中，如果未列出要使用的磁盘，请单击“显示所有可用磁盘”按钮。在打开的“显示所有可用磁盘”对话框中，选中要用于存储备份的目标磁盘，注意，务必要选中硬盘前面的复选框，见图 6-14；选择好后，再单击“确定”按钮返回“选择目标磁盘”对话框，就可以看到可用的磁盘，选中所选硬盘前面的复选框，然后单击“下一步”按钮。

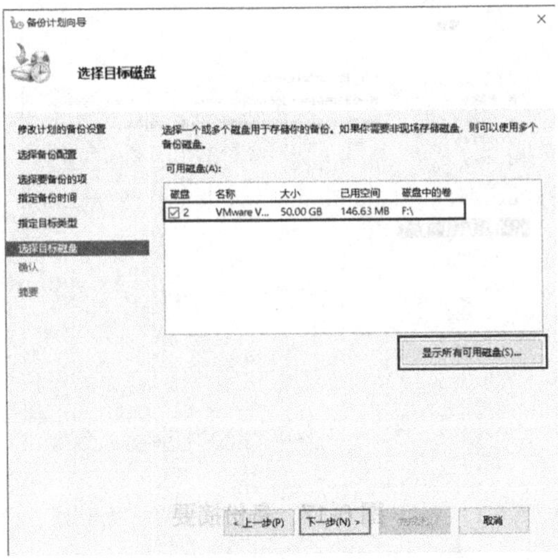

图 6-13　选择目标磁盘

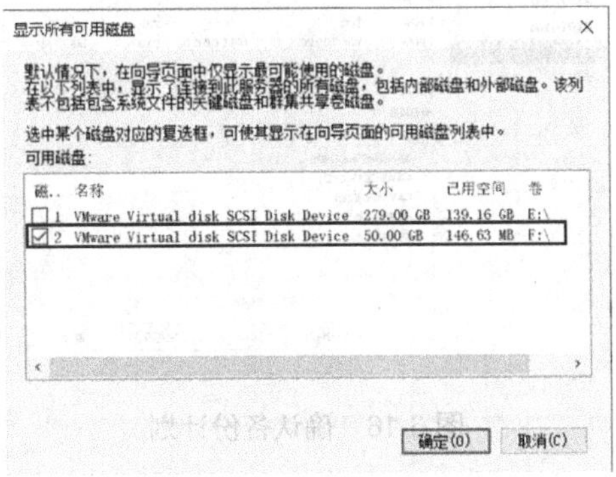

图 6-14　显示所有可用磁盘

(6)　选中用于备份的磁盘并单击“下一步”按钮后，系统将显示一条警告消息，告知用户将对选定的磁盘进行格式化，并删除现有的全部数据。确定所选磁盘的数据已经备份后，再单击“是”按钮，见图 6-15。

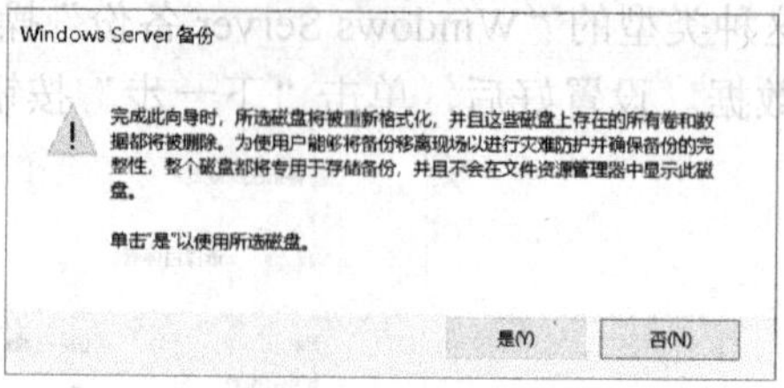

图 6-15　提示将格式化所选磁盘

> **注意：** 如果磁盘上有需要的数据，请不要单击“是”。若要使用其他磁盘，请单击“否”，然后在“可用磁盘”下选择其他磁盘。选中的磁盘在 Windows 资源管理器中将不再可见，这样可防止将数据意外存储在此驱动器上覆盖已有备份，还可防止备份意外丢失。

3. 备份计划创建：确认和完成创建

(1) 注意，下面的叙述将以选择第二种目标类型：“备份到专用于备份的硬盘(推荐)”方式进行说明，另一种方式也基本类似。在“确认”对话框中，会显示备份详细信息，见图 6-16，确认以上备份设置正确后，再单击“完成”按钮。向导开始对磁盘进行格式化，这可能要花费一些时间，请耐心等待，时间长短取决于磁盘大小和速度。

(2) 在“摘要”对话框中，如果显示备份计划已经创建成功，可以单击“关闭”按钮，备份计划便创建完成，见图 6-17。

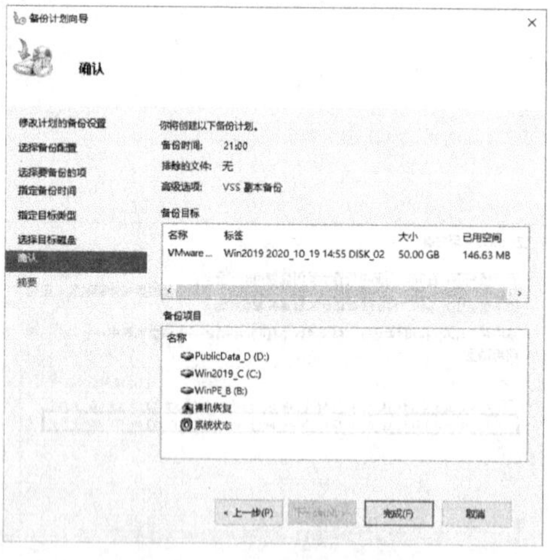

图 6-16　确认备份计划

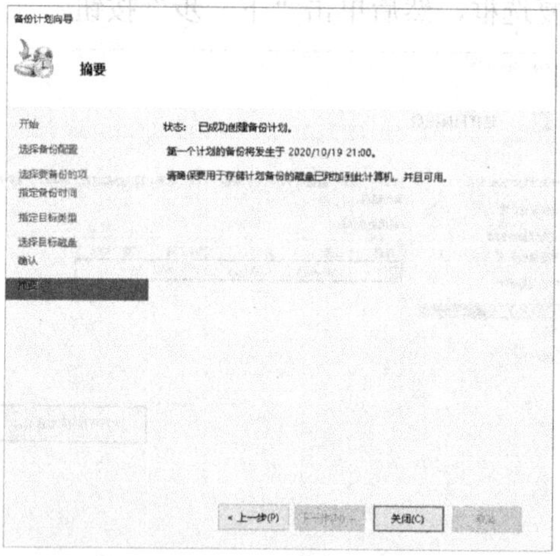

图 6-17　备份摘要

4. 查看已有备份计划

备份计划创建完成后，在“Windows Server 备份”窗口中，可以查看相应的备份计划信息，见图 6-18。由于系统备份会消耗系统性能、占用大量磁盘空间，备份计划只允许创建一项。备份计划创建后，再次单击“Windows Server 备份”窗口右侧的“备份计划”按钮，便会进入“修改计划的备份设置”界面。

备份计划创建后，应定期查看该计划执行情况，以确认备份空间是否足够、该计划是否仍符合业务需求。另外，在添加或删除应用程序、功能、角色、卷或磁盘后，应查看计划备份的配置，并考虑对该计划进行修改。

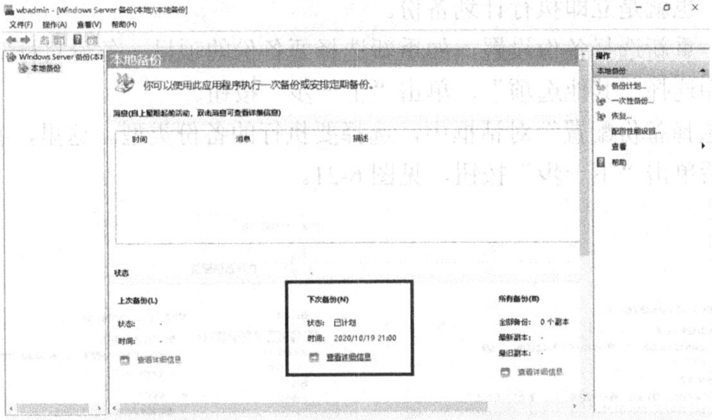

图 6-18　查看已有备份计划

5. 修改已有备份计划

备份计划创建后，如果需要修改备份计划，在“Windows Server 备份”窗口中右侧单击“备份计划”链接，便会打开“修改计划的备份设置”对话框，见图 6-19。选择“修改备份”选项，再单击“下一步”按钮，便可以修改备份计划的相关配置，修改过程与上面介绍的创建过程类似；如果选择“停止备份”选项，再单击“下一步”按钮，则可以停止和删除备份计划。

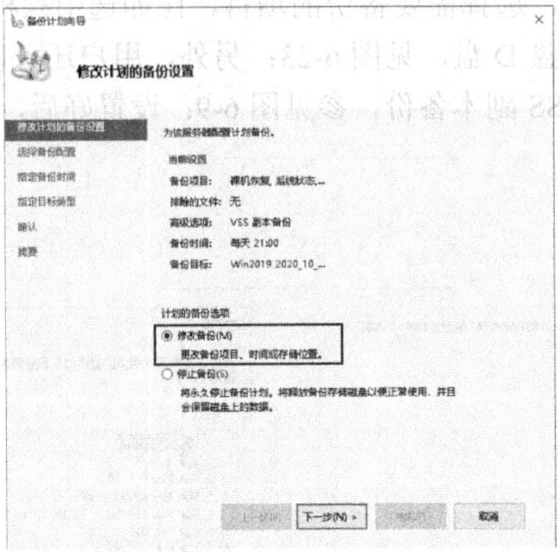

图 6-19　修改计划的备份设置

6.1.4　一次性备份

“一次性备份”与上面介绍的创建备份计划类似，具体操作步骤如下。

(1) 在如图 6-4 所示的“Windows Server 备份”窗口中，单击右侧“一次性备份”链接，打开“一次性备份向导”窗口，可以选择以下两种方式进行“一次性备份”，见图 6-20。

计划的备份选项：如果先前创建了备份计划，在此可以选择与备份计划相同的设置进行一次性备份，也就是立即执行计划备份。

其他选项：重新选择备份设置，如重新选择要备份的项目、备份目标等。

这里，我们选择“其他选项”，单击“下一步”按钮。

(2) 在“选择备份配置”对话框中，选择要执行的备份类型。这里，我们选择“自定义”选项，然后单击“下一步”按钮，见图 6-21。

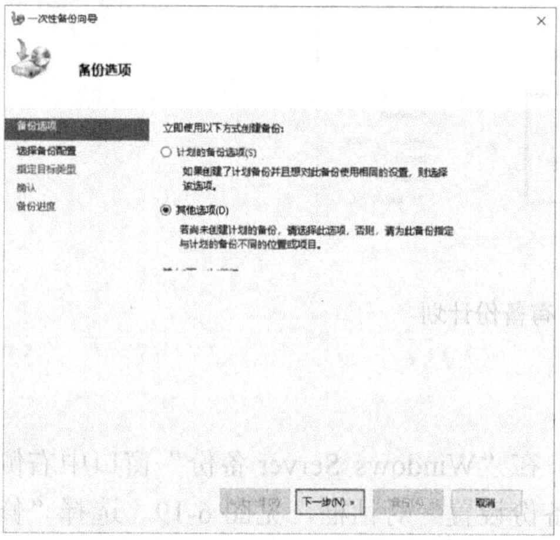

图 6-20 一次性备份：备份选项

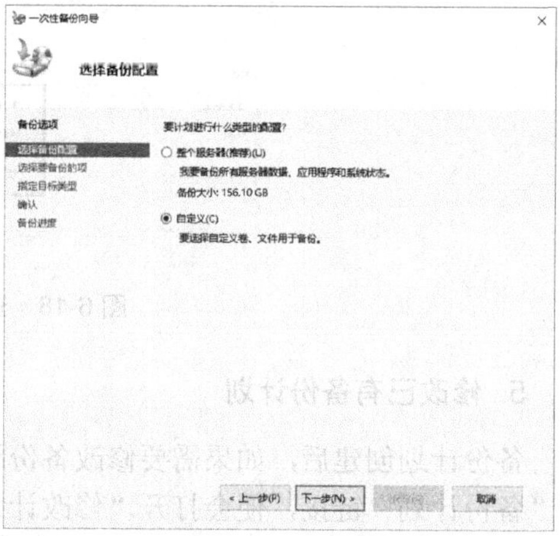

图 6-21 选择备份配置

(3) 在如图 6-22 所示的“选择要备份的项”对话框中，单击“添加项目”按钮；在弹出的“选择项”对话框中，选择需要备份的项目，比如选中裸机恢复、系统状态、启动盘 B 盘、系统盘 C 盘、数据盘 D 盘，见图 6-23；另外，用户还可以单击“高级设置”按钮，添加需要排除的项目和 VSS 副本备份，参见图 6-9；设置好后，在图 6-22 所示界面中单击“下一步”按钮。

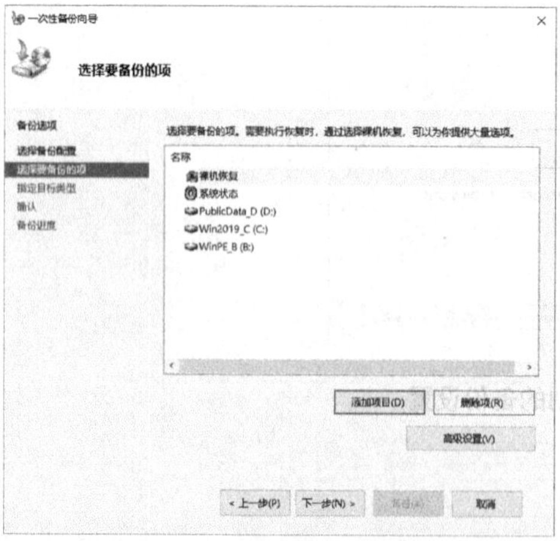

图 6-22 选择要备份的项

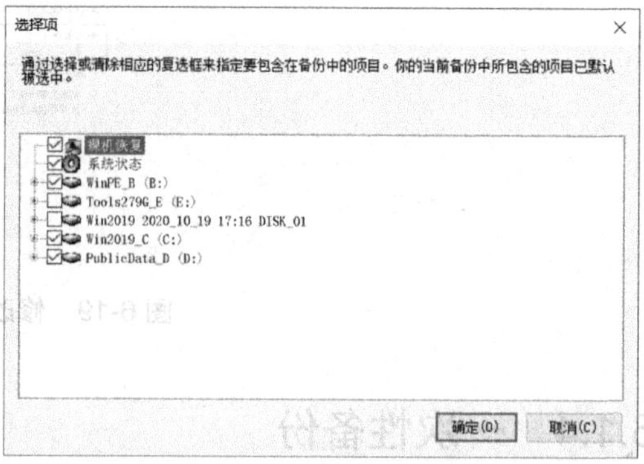

图 6-23 添加要备份的项目

(4) 在“指定目标类型”对话框中，如果希望将备份保存到远程共享文件夹中，则需要输入远程文件夹的 UNC 路径，例如\\BackupServer\Backups\Server1，如果系统中安装了防火墙，还需要设置防火墙允许相应的程序和服务访问网络。这里，我们选择“本地驱动器”选项，单击“下一步”按钮，见图 6-24。

(5) 在“选择备份目标”对话框中，选择用于存放备份的目标，见图 6-25。如果选择硬盘，请确认磁盘中有足够的可用空间。如果选择 DVD 驱动器，可选“写入后验证”。

这里，选择备份到已有的 E 盘，有 139GB 剩余空间，这种类型的“Windows Server 备份”操作不会影响目标卷中已有的数据，只会将选定内容备份到目标卷的E:\WindowsImageBackup\目录下。选择好后，单击“下一步”按钮。

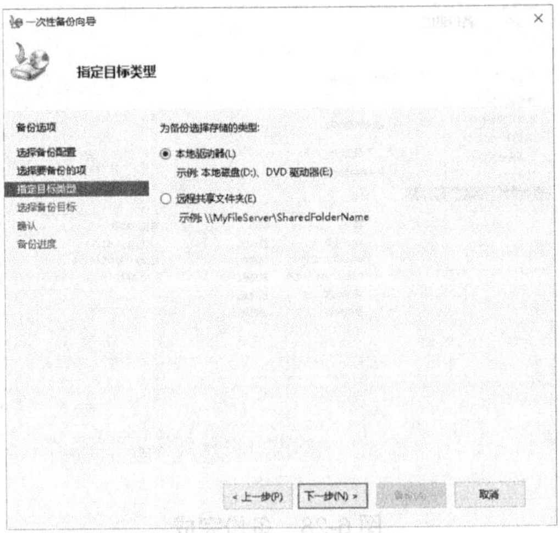

图 6-24　指定目标类型

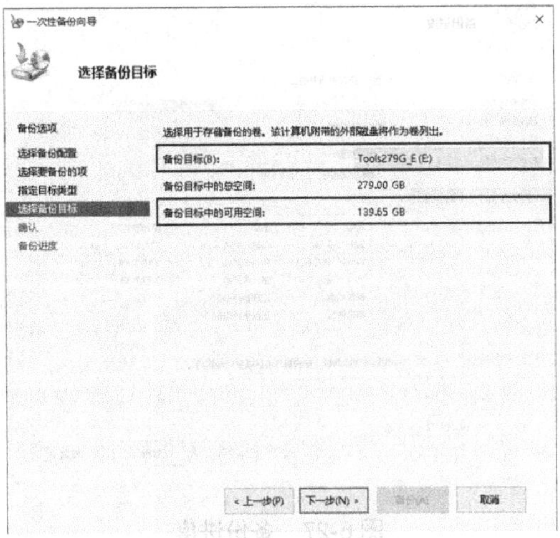

图 6-25　选择备份目标

(6) 在“确认”对话框中，可以查看备份详细信息，确认以上“一次性备份向导”配置无误后，再单击“备份”按钮，便会开始一次性备份操作，见图 6-26。

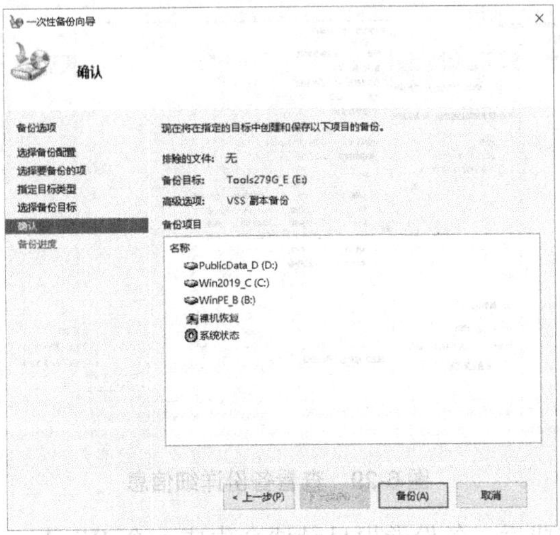

图 6-26　“确认”对话框

(7) 在“备份进度”对话框中，可以查看一次性备份状态，见图 6-27。如果备份到 DVD，则在备份开始时，将提示在驱动器中插入第一张 DVD，如果备份对于单张 DVD 过大，则在继续进行备份时，程序将提示你插入后续 DVD。在此过程中，你应该将消息中“磁盘标签”信息写到插入的 DVD 光盘上，以后需要使用这些信息来执行恢复操作。由于我们选择备份到磁盘上，不会有插入光盘的提示。此时，用户可以单击“关闭”按钮关闭“一次性备份向导”对话框，让备份工作在后台运行。

(8) 等待一段时间，在“备份进度”对话框中会出现备份完成提示信息，单击“关闭”按钮关闭“一次性备份向导”对话框，见图 6-28。

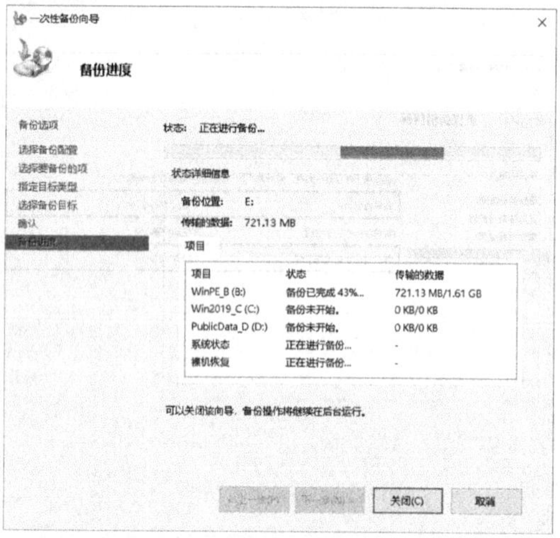

图 6-27 备份进度

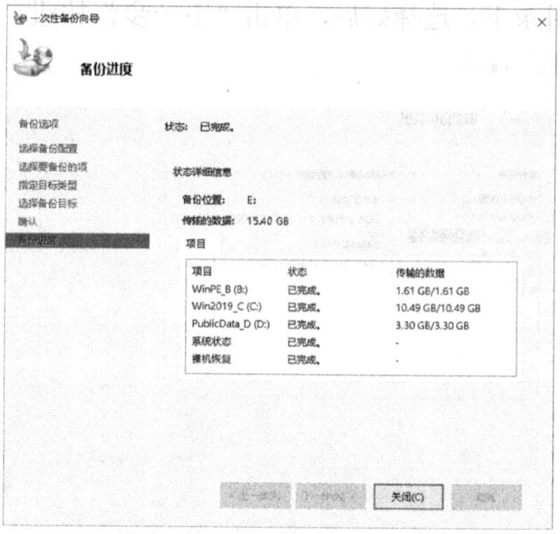

图 6-28 备份完成

(9) 返回“Windows Server 备份”窗口后，下面便会显示“上次备份”的信息，单击其下面的“查看详细信息”链接，可以看到“上次备份”备份的总容量为 15.4GB，用时大约 16 分钟，见图 6-29。

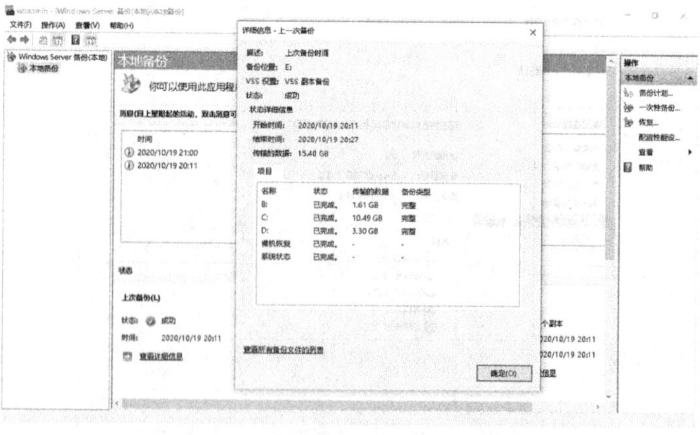

图 6-29 查看备份详细信息

“一次性备份”完成后，备份卷根目录便会生成一个 WindowsImageBackup 文件夹，整个备份存档就包含在内，见图 6-30。当系统出现问题时，我们就可以利用做好的备份对系统进行恢复操作。下次进行一次性备份时，如果选择已有备份的卷，便可以在已有备份的基础上进行增量备份。

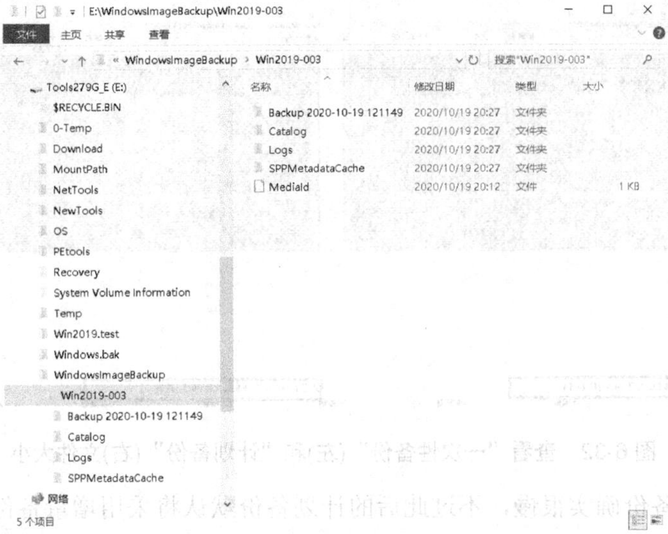

图 6-30　备份卷上的 WindowsImageBackup 文件夹

6.1.5　“一次性备份”比“计划备份”快得多

值得注意的是，相比之下，“一次性备份”比“计划备份”快得多，大约要快 9 倍。上面的“一次性备份”，备份总容量为 15.4GB 的系统，用时大约 16 分钟，参见图 6-29。同样总容量为 15.4GB 的系统，计划备份第一次完成花费了 143 分钟，同时也严重拖慢系统，见图 6-31。两种备份，备份后的存档文件大小一致，都是 15.5GB，见图 6-32，左侧为“一次性备份”的界面，右侧为“计划备份”的界面。

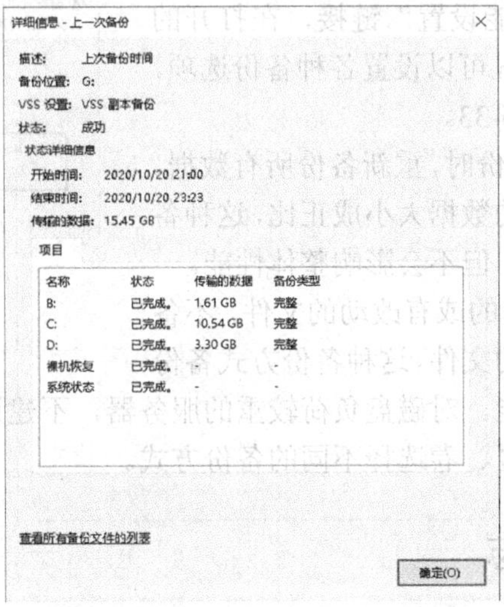

图 6-31　查看“计划备份”详细信息

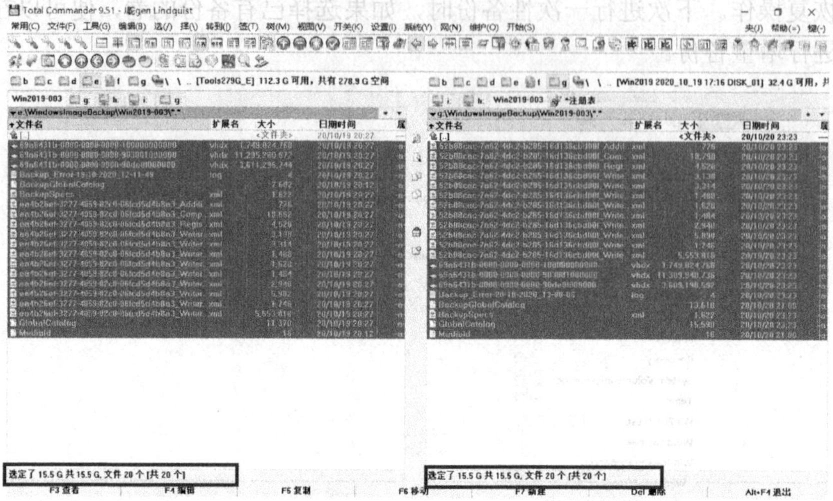

图 6-32 查看“一次性备份”(左)和“计划备份”(右)文件大小

第一次计划备份确实很慢，不过此后的计划备份默认将采用增量备份，速度会有所提升。所以，需要快速备份就选择“一次性备份”，需要自动化备份就只有选择速度很慢、严重拖累系统的“计划备份”。

6.1.6 优化备份性能

使用“Windows Server 备份”工具进行计划备份或一次性备份，可以设置是完全备份还是增量备份。增量备份不是单独存在的，它需要和完整备份一并使用。

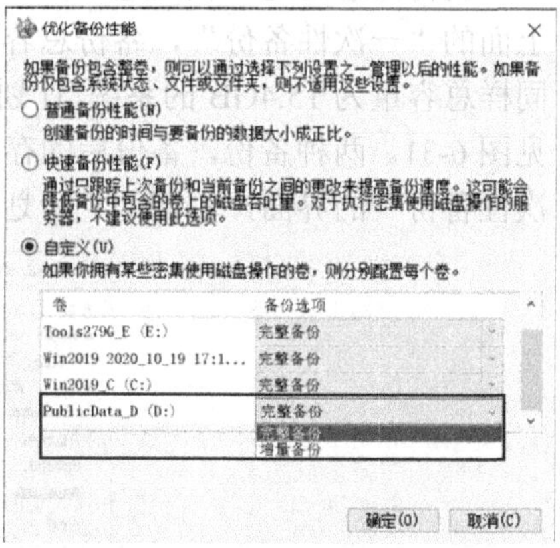

图 6-33 优化备份性能

在如图 6-4 所示的“Windows Server 备份”窗口中，单击右侧的“配置性能设置”链接，在打开的“优化备份性能”对话框中，可以设置各种备份选项，各选项的说明如下，见图 6-33。

普通备份性能：每次备份时，重新备份所有数据。创建备份的时间与要备份的数据大小成正比，这种备份方式将花费较多的时间，但不会影响整体性能。

快速备份：只备份新增的或有改动的文件，不备份上次备份过但没有改动的文件。这种备份方式备份速度快，但会降低整体性能。对磁盘负荷较重的服务器，不建议使用此选项。

自定义：对不同的分区、卷选择不同的备份方式。

6.1.7 查看备份日志

不管什么时候执行“Windows Server 备份”备份操作，该程序都会将相关的事件写入到 Windows 事件日志中。有关日志可以在“事件查看器”窗口的“应用程序和服务日志”项目下的\Microsoft\Windows\Backup\Operational 目录下看到，见图 6-34。

通过查看 Operational 日志，我们可以快速了解备份从什么时候开始，什么时候结束，以及失败的原因。例如是由其他管理员取消，或者是否是因为备份目标上的可用空间不足，通过计算备份的开始时间和完成时间，我们还可以知道备份进行的时长等。

如果要删除备份日志，需要先在 CMD 命令行运行“Wbadmin delete catalog”并按 Y 键删除编录；然后再按 Win+R 组合键运行 eventvwr.msc，打开事件查看器；依次展开“应用程序和服务日志”| Microsoft | Windows | BACKUP | Operational，从右键菜单中选择“清除日志”清除所有事件，见图 6-34 左侧。再打开“Windows Server 备份”控制台就没有备份还原的历史记录了。

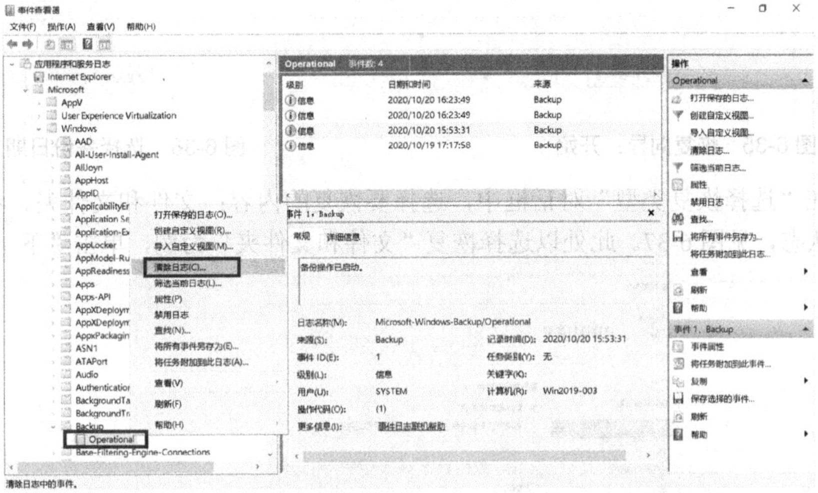

图 6-34　查看备份日志

6.2　使用“Windows Server 备份”恢复备份

使用“Windows Server 备份”工具创建的备份，可以在 Windows Server 2019 系统中进行恢复，不过只能进行恢复文件和文件夹、卷、应用程序或系统状态等操作。要恢复操作系统或整个磁盘，便需要启动到 Windows 恢复环境中进行恢复。

6.2.1　在 Windows Server 2019 系统中恢复备份

这里先介绍在 Win2019 系统中恢复文件和文件夹、卷、应用程序或系统状态的过程。

(1)　在如图 6-4 所示的“Windows Server 备份”窗口中，单击右侧“恢复”链接，便可以打开“恢复向导”的“开始”对话框。选择“在其他位置存储备份”，可以恢复存放在其他磁盘、光驱或网络驱动器中的备份存档；这里就选择从“此服务器”恢复数据，见图 6-35。

(2)　在“选择备份日期”对话框中，有备份可用的日期会加粗显示，从“备份日期”

中选择有备份可用的日期和时间，也可以在右侧下拉列表框中进行选择，见图 6-36。

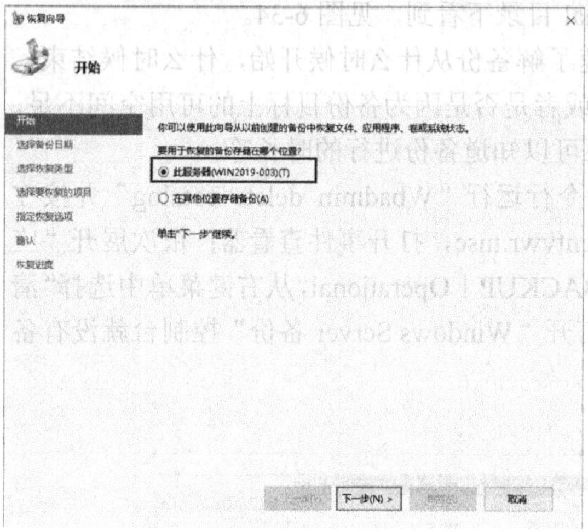

图 6-35　恢复向导：开始

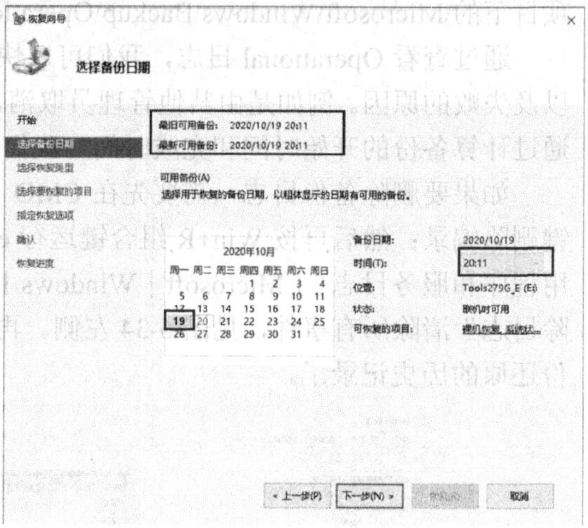

图 6-36　选择备份日期

(3) 在“选择恢复类型”对话框中，选择要恢复的内容：文件和文件夹、卷、应用程序或系统状态，见图 6-37。此处以选择恢复“文件和文件夹”为例，单击“下一步”按钮。

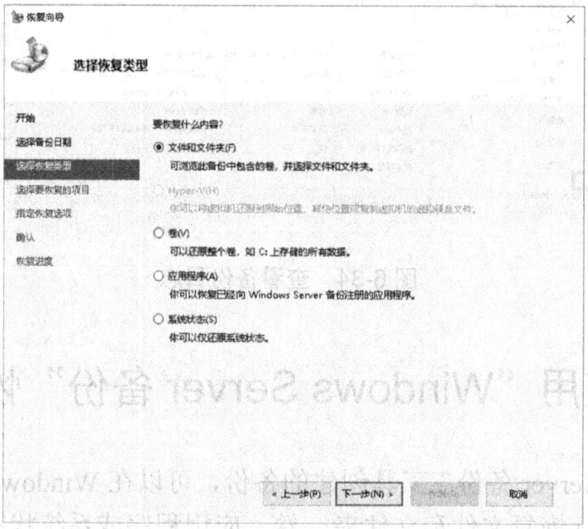

图 6-37　选择恢复类型

(4) 在“选择要恢复的项目”对话框中的“可用项目”栏中，展开列表，直到显示需要恢复的文件夹，比如选择 D:\WinUser.dat 目录，注意这样选择并不会恢复 WinUser.dat 目录本身，而是选择恢复该目录下面的文件和子目录。然后，在右侧“要恢复的项目”栏中选择(选蓝)要恢复的项目，可以使用 Shift、Ctrl 键选择多个文件或文件夹。选择好后，单击“下一步”按钮，见图 6-38。

提示：如果要恢复 D:\WinUser.dat 目录本身及其下面的文件和子目录，需要在“可用项目”栏里选中 D:\，然后在“要恢复的项目”栏中，只选择(选蓝)WinUser.dat 目录，见图 6-39。

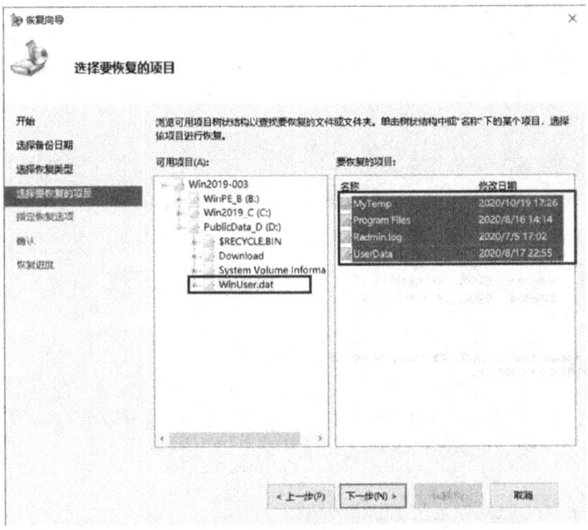

图6-38 选择要恢复的项目

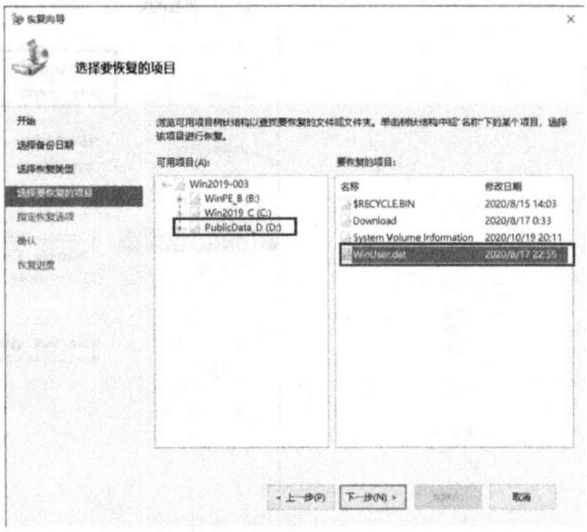

图6-39 选择恢复 D:\WinUser.dat 目录本身及其内容

(5) 在“指定恢复选项”对话框的“恢复目标”选项组，选择恢复数据的目标位置。比如选择“其他位置”，然后单击“浏览”按钮选择 E:\Restore 目录，需要事先创建 E:\Restore 目录。注意，如果要恢复正在使用的系统盘上的数据，则不能恢复到原始位置。其余都默认，单击“下一步”按钮，见图6-40。

(6) 在“确认”对话框中查看恢复详细信息，确认设置正确后，再单击“恢复”按钮，开始恢复选定的项目，见图6-41。

图6-40 指定恢复目标

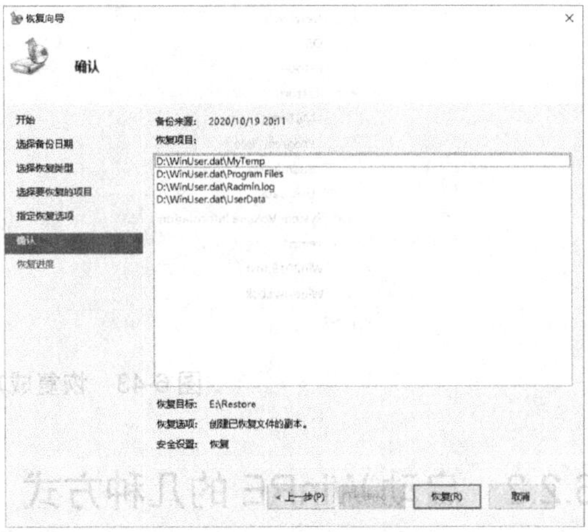

图6-41 确认恢复信息

(7) 在“恢复进度”对话框中，可以查看恢复操作的状态以及恢复是否成功完成，此时可以关闭“恢复向导”，让恢复操作在后台继续运行。也可以等待恢复完成后，再单击“完成”按钮，见图6-42。

(8) 恢复成功后，目标位置的情况见图6-43。

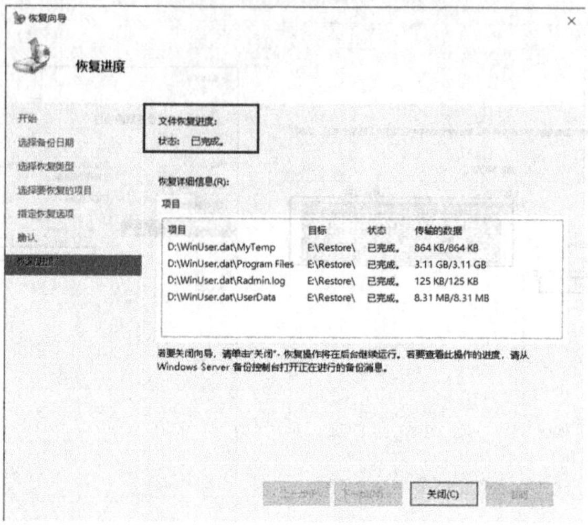

图 6-42　恢复文件夹完成

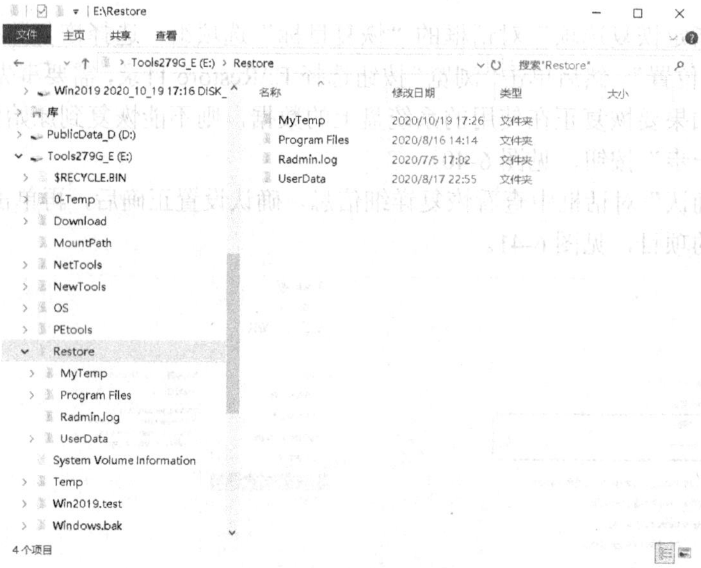

图 6-43　恢复成功后目标位置的情况

6.2.2　启动 WinRE 的几种方式

使用“Windows Server 备份”工具创建的备份，如果要从中恢复操作系统或整个磁盘，就需要启动到 Windows 恢复环境(Windows Recovery Environment，WinRE)中进行恢复。可以通过以下几种方式启动到 WinRE。

1. 通过“Windows 启动管理器”启动 WinRE

如果当前 Windows Server 2019 系统的启动结构是正常的，可以通过“Windows 启动管理器”启动 WinRE，操作步骤如下。

(1) 重启系统，在“Windows 启动管理器”界面，选择“Windows Server 2019 - C”启动项，再按 F8 键“选择指定高级启动选项”，见图 6-44。

(2) 在“高级启动选项”界面，选择“修复计算机”，再按 Enter 键，便可以启动 WinRE，见图 6-45。

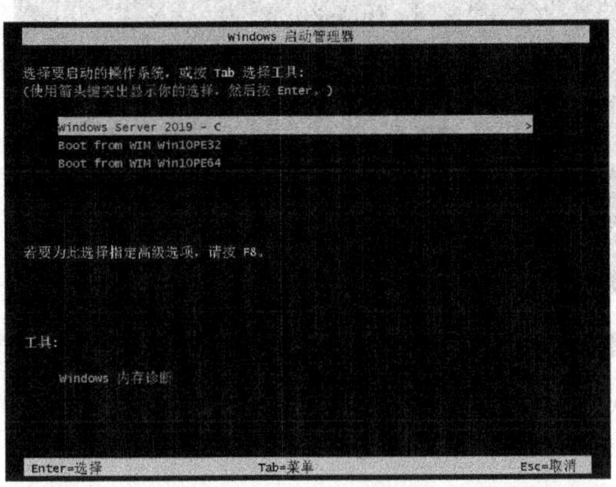

图 6-44　按 F8“选择指定高级启动选项”

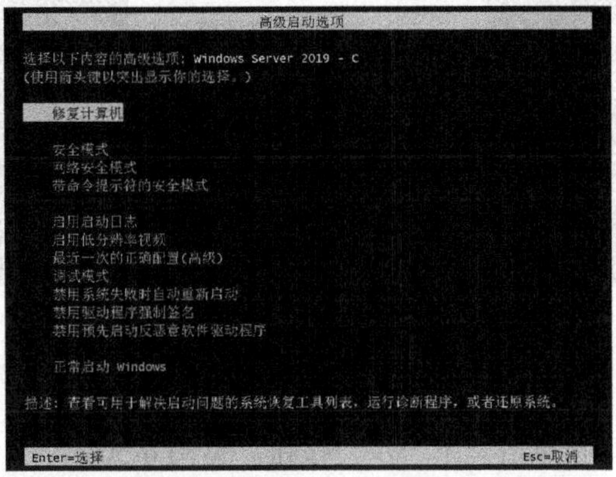

图 6-45　在“高级启动选项”中选择“修复计算机”

(3) 进入 WinRE 环境后，在“选择一个选项”界面，选择“疑难解答”，再按 Enter 键，见图 6-46。

(4) 在“高级选项”界面，选择“系统映像恢复”，再按 Enter 键，见图 6-47。

图 6-46　“选择一个选项”界面

图 6-47　“高级选项”界面

(5) 在“选择系统镜像备份”界面，便可以选择已有备份进行恢复，见图 6-48。

2. 使用 Windows Server 2019 安装光盘启动 WinRE

使用 Windows Server 2019 的安装光盘(大约 5.2GB)启动系统，运行安装程序，在“现在安装”页面，单击左下角的“修复计算机”链接，便可以启动到 WinRE。

(1) 如果是物理计算机，将 Windows Server 2019 安装光盘放在光驱内；如果是虚拟机，需要将 Windows Server 2019 安装光盘映像挂载到虚拟机光驱中。

(2) 然后开启计算机电源，选择从光盘启动系统。当屏幕上方显示 Press any key to boot from CD or DVD 时，及时按任意键(见图 6-49)，便可以启动 Windows Server 2019 安装程序。

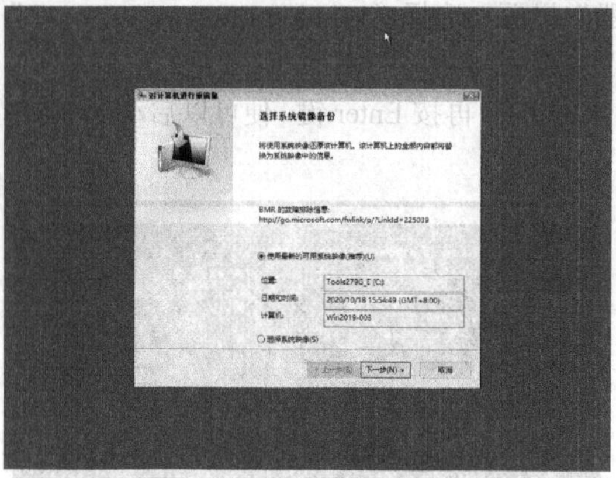

图 6-48 “选择系统镜像备份”界面

图 6-49 Win 2019 安装光盘启动时及时按任意键

(3) 安装程序启动后，第一个界面是“输入语言和其他选项”界面，使用默认配置，直接单击“下一步”按钮，见图 6-50。

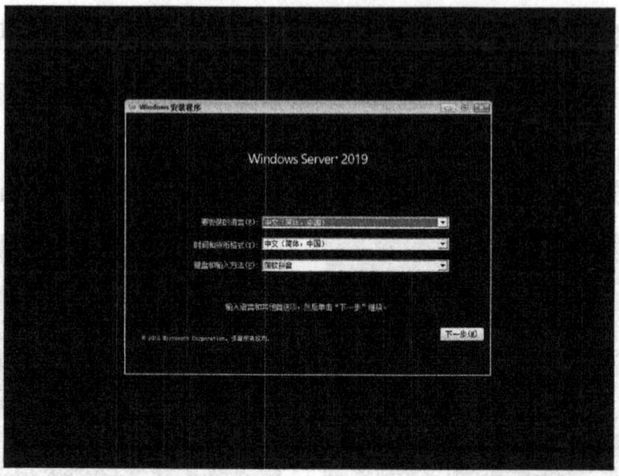

图 6-50 Win2019“输入语言和其他选项”界面

(4) 在“现在安装”界面，单击左下角的“修复计算机”连接，见图 6-51。

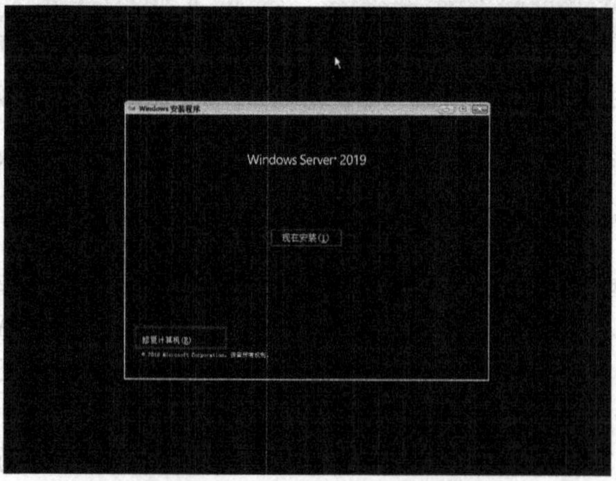

图 6-51 Win2019“现在安装”界面

(5) 接下来，便会进入 WinRE 环境，在“选择一个选项”界面，选择“疑难解答”，再Enter键，参见图6-46。

(6) 在“高级选项”界面，选择“系统映像恢复”，再Enter键，便可以启动到WinRE，参见图6-47。

(7) 在“选择系统镜像备份”界面，便可以选择已有备份进行恢复，参见图6-48。

3. 自制WinRE启动光盘

可以使用自制 WinRE 启动光盘启动到 WinRE，比如 Win2019RE_11.7-OK20-Wait_3S.iso(大约563.3MB)。具体操作步骤如下。

(1) 拷贝一份前面3.1.4小节介绍的Win10_10240_PE_x64_11.7-OK20-Wait_3S.iso，换名拷贝为Win2019RE_11.7-OK20-Wait_3S.iso。

(2) 使用UltraISO等工具提取该光盘的BCD启动菜单文件\boot\bod(见图3-3)。

(3) 参照前面 3.4.2 小节的介绍，使用 BootICE 工具打开启动菜单文件 bod，再单击“BCD 编辑”选项卡下面的“智能编辑模式”按钮(见图3-35)，在弹出的“BCD 编辑”窗口中单击“添加”|“新建 WIM 启动项”，见图3-36。

(4) 然后依次修改和输入下面信息，其中的“\WinPE\”代表启动盘根目录下面的子目录，这里指向B:\WinPE\，下同，其余默认。然后单击“保存当前系统设置”|“确定”，便成功添加了一个启动项(见图6-52右侧)。

① 设备文件：\WinPE\Win2019RE.wim。

② SDI 文件：\WinPE\boot.sdi。

③ 菜单标题：Win2019 Recovery Environment。

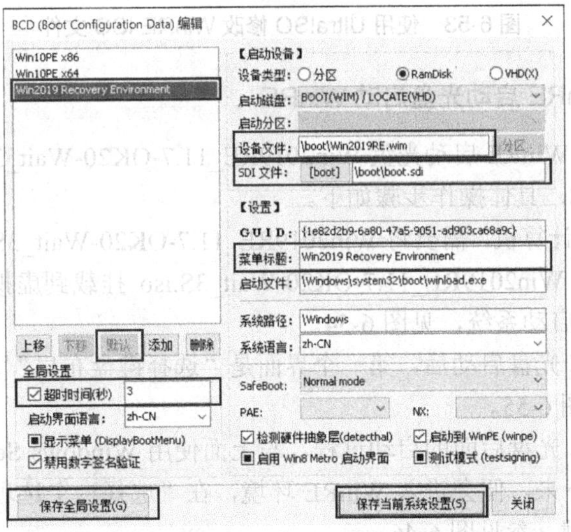

图6-52 添加启动项 Win2019 Recovery Environment

(5) 启动项设置好后，在左侧上面选中 Win2019 Recovery Environment 启动项，单击左侧的“默认”按钮，左下的超时时间(秒)设置为3，再单击左下角的“保存全局设置”按钮，便可以将其设置为默认启动项(见图6-52左侧)。

(6) 在已安装好的 Win2019 的启动盘中找到 WinRE 文件，如前面安装的 Win2019 中位于 b:\Recovery\WindowsRE\Winre.wim(447,470,929 Bytes)，换名拷贝为 Win2019RE.wim。

(7) 使用 UltraISO 打开 Win2019RE_11.7-OK20-Wait_3S.iso，见图 6-53，进行以下修改。

① 删除\boot\PE64.wim。

② 将上面准备的 Win2019RE.wim 文件添加到\boot\Win2019RE.wim。

③ 用上面编辑好的启动菜单文件 bod 替换\boot\bod 文件。

④ 设置好后，选择菜单命令“文件”|“保存”(或按 Ctrl+S 组合键)保存所作修改，这样便已经制作好 WinRE 启动光盘。

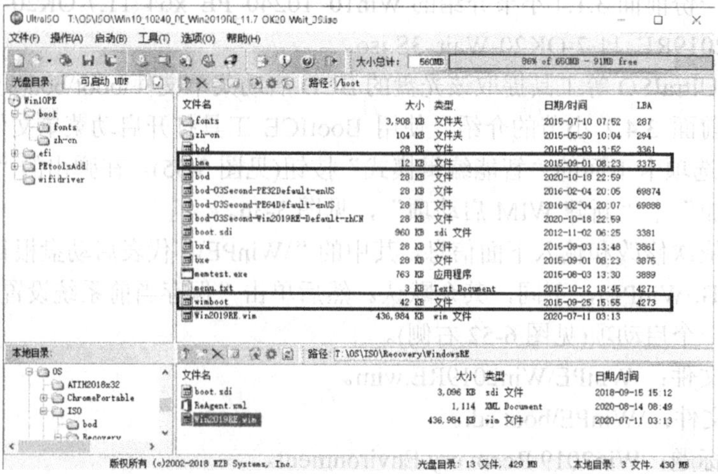

图 6-53 使用 UltraISO 修改 WinRE ISO 文件

4. 使用自制 WinRE 启动光盘启动 WinRE

使用上面自制的 WinRE 启动光盘 Win2019RE_11.7-OK20-Wait_3S.iso(大约 563.3MB)，便可以启动到 WinRE，具体操作步骤如下。

(1) 如果是物理计算机，需要将 Win2019RE_11.7-OK20-Wait_3S.iso 刻盘放到光驱内；如果是虚拟机，则将 Win2019RE_11.7-OK20-Wait_3S.iso 挂载到虚拟机光驱中；开启计算机电源，选择从光盘启动系统，见图 6-54。

(2) 自制 WinRE 光盘启动后，第一个界面是“选择键盘布局”，选择“微软拼音”，按 Enter 键即可，见图 6-55。

(3) 自制 WinRE 光盘后面的启动过程，与上面使用 Windows Server 2019 安装光盘启动 WinRE 类似。接下来，便会进入 WinRE 环境，在“选择一个选项”界面，选择“疑难解答”，再按 Enter 键，参见图 6-46。

(4) 在“高级选项”界面，选择“系统映像恢复”，再按 Enter 键，便可以启动到 WinRE，参见图 6-47。

(5) 在“选择系统镜像备份”界面，便可以选择已有备份进行恢复，参见图 6-48。

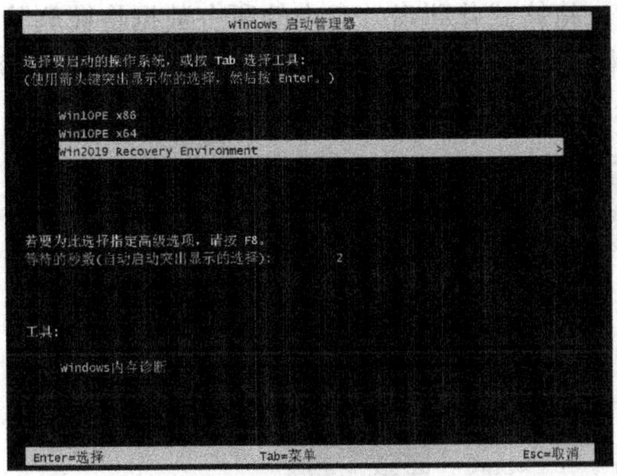

图 6-54　自制 WinRE 光盘启动界面

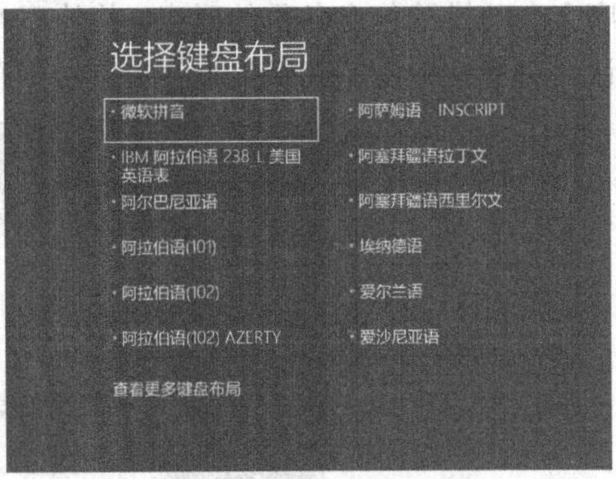

图 6-55　选择键盘布局

6.2.3　启动到 WinRE 中恢复备份

使用“Windows Server 备份”工具创建的备份，如果要从中恢复操作系统或整个磁盘，就需要启动到 WinRE 中进行恢复。根据实际情况，选择上面介绍的几种方法之一启动 WinRE，当出现“选择系统镜像备份”界面时，便可以选择已有备份存档恢复操作系统或整个磁盘，参见图 6-56。具体步骤如下。

1. 恢复操作系统或整个磁盘

(1) 在“对计算机进行重镜像”的“选择系统镜像备份”对话框中，选中“使用最新的可用备份(推荐)”选项，系统将自动搜索最新可用备份；也可以选择“选择系统映像”选项，选择其他系统映像。这里，就选择默认的“使用最新的可用备份(推荐)”选项，单击“下一步”按钮，见图 6-56。

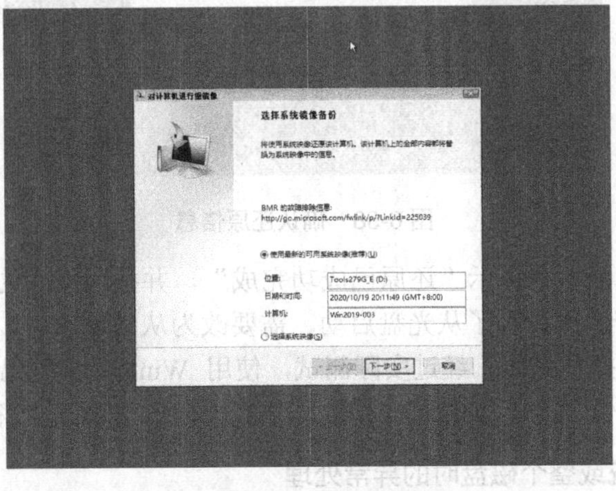

图 6-56　选择系统镜像备份

(2) 在“选择其他的还原方式”对话框中，我们使用图中的默认选项，直接单击“下一步”按钮，见图 6-57。

注意，若选择“格式化并重新分区磁盘”，将格式化磁盘，盘内的所有数据将被删除。程序会自动排除包含备份的磁盘，其他不希望格式化的磁盘必须手动排除，读者在使用时务必认真对待。单击“高级”按钮，在打开的对话框中，还可以设置还原完成后是否重启等。

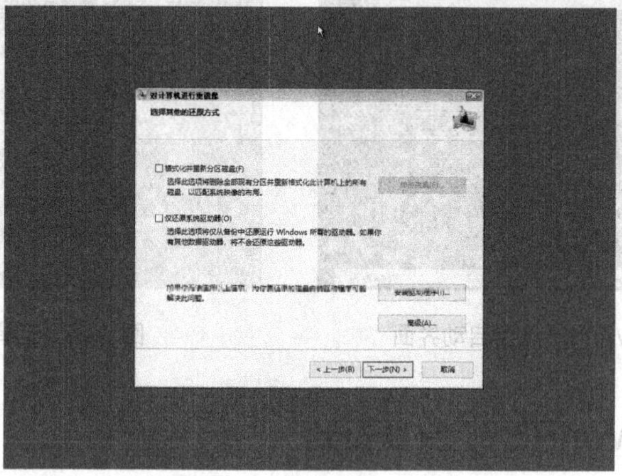

图 6-57　选择还原方式

(3)　在图 6-58 所示界面中，查看并确认需要还原的项目正确后，单击“完成”按钮，开始还原系统。

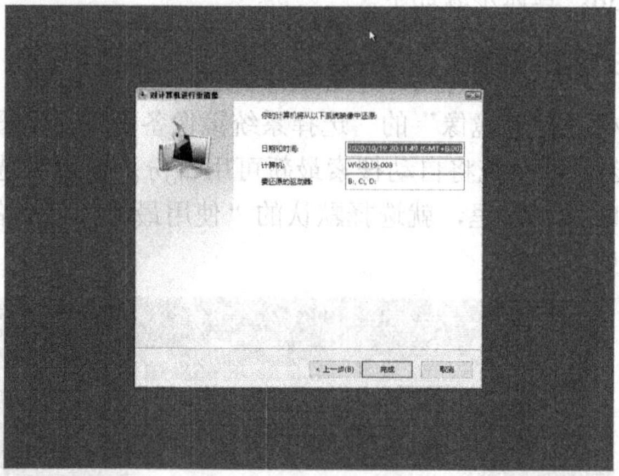

图 6-58　确认还原信息

(4)　系统恢复完成后会提示“还原已成功完成”，并按照上面的设置自动重新启动计算机，见图 6-59。若上面设置了从光盘启动，需要改为从硬盘启动，这样计算机重启后便能够启动到硬盘上的操作系统。经过实际测试，使用 WinRE 恢复已用空间为 15.4GB 的“Windows Server 备份”的操作系统，用时大约 2.5 分钟，恢复速度很快。

2. 恢复操作系统或整个磁盘时的异常处理

使用“Windows Server 备份”工具备份和恢复系统或整个磁盘，在原备份计算机上，或者在与原备份计算机硬件配置相同的计算机上都能够正常恢复使用。若遇到不能正常恢复的情况，可以参考以下方式处理。

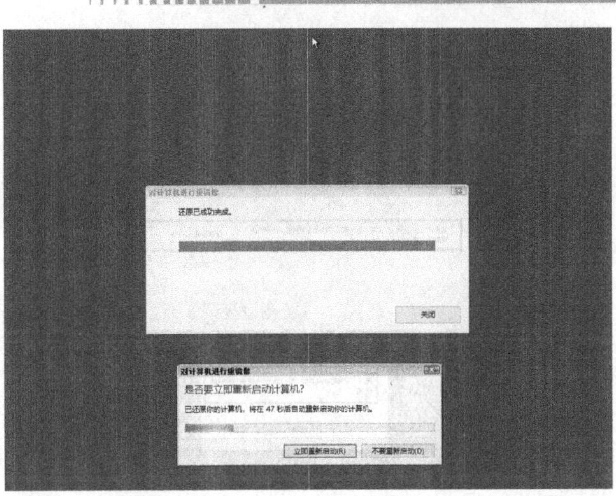

图 6-59　还原已成功完成

(1) 现在 Win2019 等 Windows 10 系列操作系统已经集成了大量硬件驱动程序，当恢复目标计算机与原备份计算机硬件配置相差不大时，恢复后 Win2019 第一次启动时会自动检测加载硬件驱动程序，见图 6-60，大多数情况下都能够正常恢复使用。比如，经实际试验，在 ESXi 6.5 虚拟机中通过“Windows Server 备份”工具创建的 Win2019 备份，不用另外安装驱动程序，也能够正常恢复到 Dell Optiplex 980 物理计算机中使用。

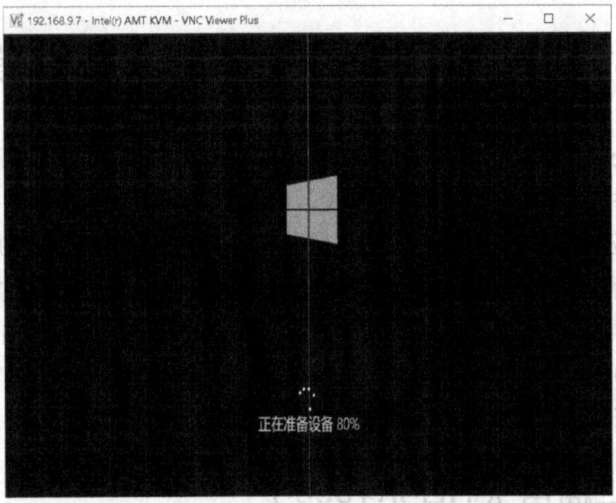

图 6-60　恢复后 Win2019 第一次启动时会自动检测加载设备驱动程序

(2) 不排除存在一些不能正常恢复的特殊情况，比如恢复后重启操作系统蓝屏、死锁等，这种情况有可能是原备份系统在恢复时无法识别恢复目标计算机的磁盘、芯片组等新硬件。此时可以尝试下面的方法，当恢复进行到“选择其他的还原方式”步骤时，通过单击“安装驱动程序”按钮，为新的磁盘、芯片组等安装驱动程序来解决问题，见图 6-61。

这有点类似于 ABR 11.x(Acronis Backup & Recovery 11.x)中的“应用异机还原”，不过 ABR 11.x 只适用于 Win2008、Win2008R2 等 Window Vista 和 Window 7 系列操作系统，对 Windows 10 系列新版操作系统不再适用。

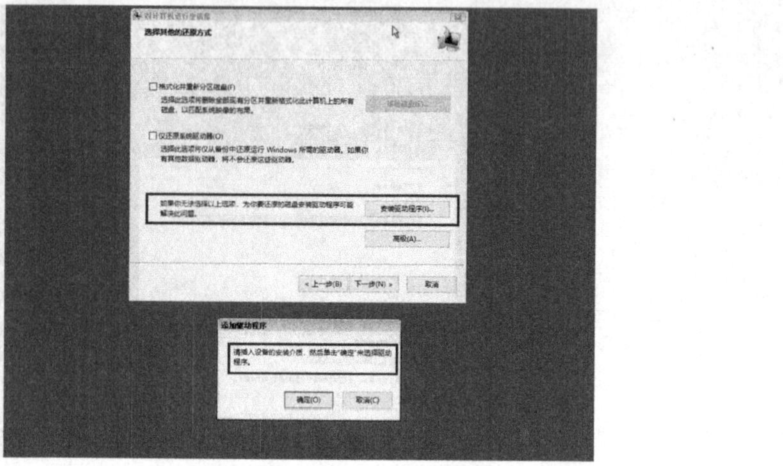

图 6-61　通过“安装驱动程序”解决恢复异常

(3) 若使用“安装驱动程序”后，仍然不能正常恢复，可以尝试使用本书 6.6 节介绍的方法解决问题。sysprep“通用”于封装系统，在恢复时将多一次检测加载硬件驱动并自动重启的过程，参见本书 6.6 节。

(4) 若使用“安装驱动程序”和 sysprep 封装后，仍然不能正常恢复，就建议在以新硬件配置的计算机上重新安装操作系统。

6.3　ATIH2018x32 的选择及备份操作

ATIH2018 是 Acronis True Image Home 2018 的缩写，是由安克诺斯公司推出的一套备份恢复软件。该软件支持系统、硬盘、分区、U 盘、移动硬盘、文件和文件夹等多种备份方式，支持备份到云端，支持完全备份、增量备份和差异备份，并且备份还原速度比“Windows Server 备份”、Ghost 等都要快，是一套功能非常强大的系统备份还原利器。ATIH2018 虽然名字中有 Home 字样，但完全可以用于备份恢复从 Windows Server 2008 到 Windows Server 2019 的服务器操作系统，完全备份、增量备份都没有问题。该软件还有其他许多功能，具体可以参见 https://www.acronis.com/zh-cn/。

6.3.1　本书统一使用 ATIH2018x32

1. ATIH2018 的优势

使用 ATIH2018，既可以进行完整备份，还可以进行增量备份和差异备份。此外，还能进行迭代更新，可以先用 ATIH2018 恢复原有备份，再在原有基础上进行软件升级、优化更新等操作，然后再通过 ATIH2018 进行增量备份。这样，我们可以将精心安装配置系统的整个迭代过程完整备份，然后再恢复到其他电脑上使用，恢复时可以选择恢复其中的任何一次备份都行，真正实现了一次精心安装配置、到处都能部署使用的梦想。

2. 为何选择 ATIH2018x32

ATIH2018 有 ATIH2018x32(或称 ATIH2018x86)、ATIH2018x64 两个版本，在 Win10PE32 等 32 位操作系统中只能使用 ATIH2018x32 版本；在支持运行 x86 程序的 Win10PE64、Win2019 等 64 位操作系统中，ATIH2018x32、ATIH2018x64 两个版本都能正常使用。

Win2019 是 64 位操作系统，本来 64 位系统使用 ATIH2018x64 更为合理，但是，ATIH2018x64 偶尔会出现不稳定现象。比如，我们在服务器实际安装过程中不止一次遇到过，在 Win10PE64 中使用 ATIH2018x64 恢复系统完成后，当提示“和操作系统同步中...”时卡死(见图 6-62)，强制重新启动 Win10PE64，系统可能已经恢复成功。另外，在实际使用过程中发现 ATIH2019x32、ATIH2019x64 不是很稳定、问题较多，不建议使用。

ATIH2018x32 则更为成熟稳定一些，本书使用的 64 位系统都支持运行 x86 程序，所以，本书统一使用 Win10PE64 系统和 ATIH2018x32 备份恢复软件。注意，我们这里选用的 ATIH2018x32 是 Acronis True Image Hom 2018 x86 的便携版本，在前面介绍的 Win2019 安装配置过程中，我们已经多次使用 ATIH2018x32 进行系统备份和恢复操作。

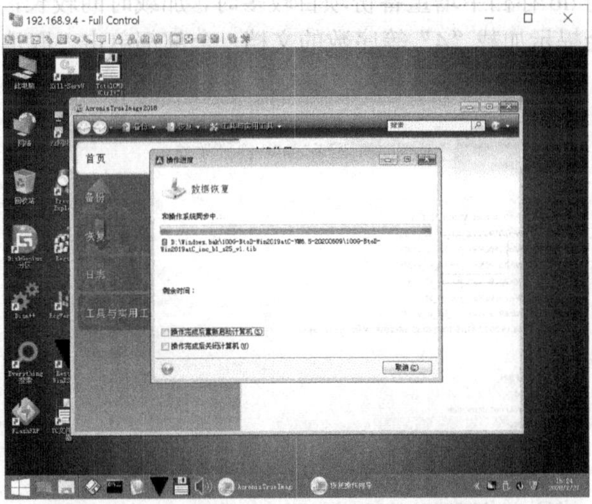

图 6-62　ATIH2018x64 恢复系统完成后在“和操作系统同步中...”卡死

3. 在 WinPE 中使用 ATIH2018x32

ATIH2018x32 的便携版本，在 Win10PE32、Win10PE64 中无须安装、无须注册，直接运行 ATIH2018x32\install.exe 便可以自动安装启动 ATIH2018x32。不过，在 WinPE 中无法使用其中的“TIB 查看”功能来查看和提取 tib 备份中的文件和文件夹。

4. 在 Win2019 中安装 ATIH2018x32

在 Win2019 正常系统中，ATIH2018x32 便携版需要进行安装注册才能正常使用，具体步骤如下。

(1) 如果安装了 SEP，需要在 SEP 中将 ATIH2018x32\install.exe 添加为例外程序，不

然可能会被报警隔离。

(2) 双击 ATIH2018x32\install.exe 启动安装程序，选中“创建桌面快捷方式”、“TIB 查看”，再单击“安装”按钮即可，见图 6-63。

(3) 在 Win2019 正常系统中安装 ATIH2018x32 后，还需要进行注册才能正常使用，否则进行备份时将显示未注册，无法完成备份操作。

在 64 位系统下面，必须在资源管理器中(TotalCMD 中不行)双击导入 ATIH2018x32\Acronis_22.4.1.9660.CR_20171223_x64.reg。

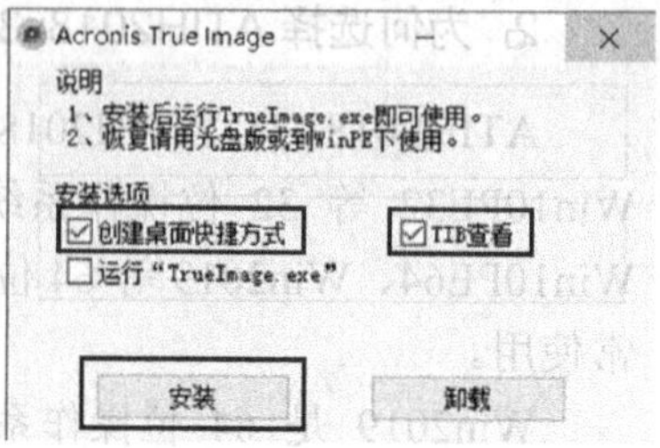

图 6-63　ATIH2018x32 安装界面

在 32 位系统下面，必须在资源管理器中(TotalCMD 中不行)双击导入 ATIH2018x32\Acronis_22.4.1.9660.CR_20171223_x86.reg。

(4) 选择安装“TIB 查看”功能后，便可以在资源管理器中(或 TotalCMD 中)双击查看 tib 备份存档的内容。程序会自动加载关联的完全备份和增量备份项目，加载完成后，便可以查看和提取各个备份项目中的文件和文件夹，见图 6-64。

不过，当查看的 tib 存档中增量备份项目较多时，加载时间较长，需要耐心等待。打开有些备份时，可能会提示加载“4”等序数的文档，全部都单击“取消”按钮即可，程序会自动加载。

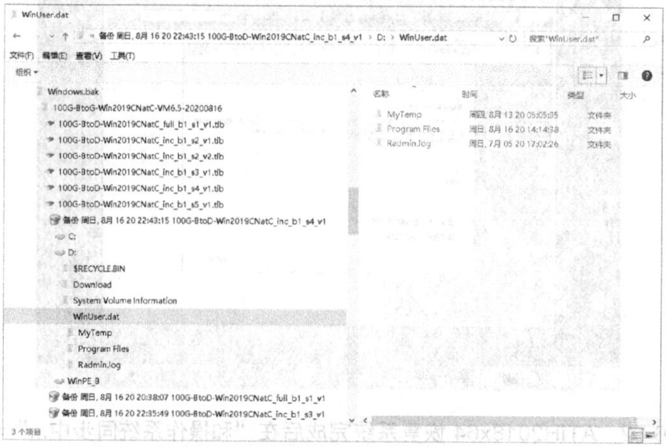

图 6-64　查看 tib 备份项目内容

(5) 注意，该便携版 ATIH2018x32 卸载时，需要将 Windows 启动到安全模式，运行 ATIH2018x32\install.exe 单击“卸载”按钮才能彻底卸载干净，在 Windows 正常状态下卸载无法彻底卸载干净。并且，卸载后必须重启计算机才能生效。

卸载时选中“TIB 查看”可一并成功卸载。当 Windows 桌面 dpi 缩放设置较大时，可能看不到“TIB 查看”文字，可以在其复选框上移动鼠标，当发现复选框变蓝时，按下鼠标左键便可以选中。参见图 6-63。

(6) 在 Win2019 中安装注册好 ATIH2018x32 之后，便可以双击桌面的 Ture Image 2018 快捷方式、或者运行 D:\WinUser.dat\Program Files\ATIH2018x32\TrueImage.exe，启动 ATIH2018x32。

6.3.2 使用 ATIH2018x32 创建备份

1. ATIH2018x32 第一次完整备份操作步骤

在 Win2019 和 Win10PE64 中，使用 ATIH2018x32 备份系统的操作基本类似。下面以 Win10PE64 为例进行说明，具体操作步骤如下。

(1) 将计算机启动到 Win10PE64。一种方式是将 Win10_10240_PE_x64_11.7-OK20-Wait_3S.iso 刻盘(启动物理计算机)或者挂载到虚拟机光驱中，另一种方式是重启前面安装的 Win2019，在启动菜单中选择启动 Boot from WIM Win10PE64。具体参见本书 3.1 节的介绍。

(2) 在 Win10PE64 系统中，打开“开始”菜单，选择 Acronis | ATIH2018x32_ 22.4.19960，或者运行 X:\Program Files\Acronis\ATIH2018x32\ install.exe，便可以启动 ATIH2018x32，见图 6-65。

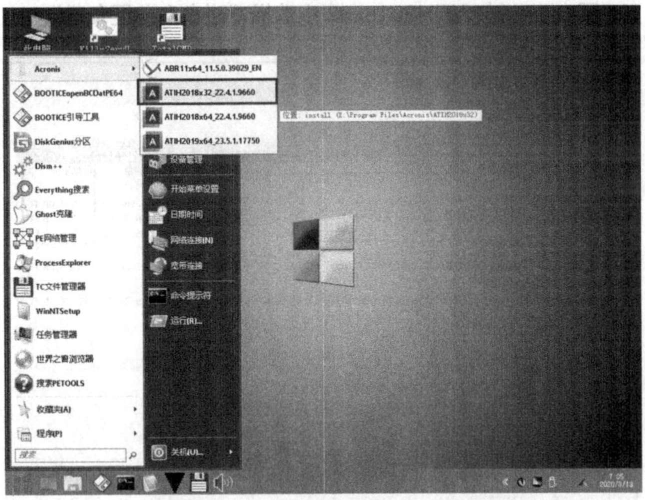

图 6-65 在 Win10PE64 中启动 ATIH2018x32

(3) 在打开的 Acronis True Image 2018 窗口中，左侧选择“首页”选项卡，将鼠标移到右侧“备份”下侧的“我的磁盘”处，当该链接出现下划线时，便可以单击；也可以单击工具栏的“备份” | “磁盘和分区备份”按钮；或从左侧选择“备份”选项卡，在右侧单击“磁盘和分区备份”。当然，用户也可以选择进行“文件与文件夹”备份。这里，就选择“备份”下侧的“我的磁盘”，进行磁盘和分区备份，见图 6-66。

(4) 在弹出的“备份向导”的“备份分区”对话框中，选择需要备份的磁盘和分区，这里我们选中“磁盘 1”的所有分区，也就是备份整个“磁盘 1”，选择好后单击“下一步”按钮，见图 6-67。

(5) 在“目标备份存档”对话框中，由于这里是第一次完整备份，所以在“目标选择”栏应该选择“创建新备份存档”选项；然后，再单击右侧的“浏览”按钮，定位到备份存档路径，需要事先创建好相应目录，文件名是在此输入，扩展名必须是 tib，比如：

D:\Windows.bak\100G-BtoD-Win2019CNatC-VM6.5-20200816\100G-BtoD-Win2019CNatC.tib

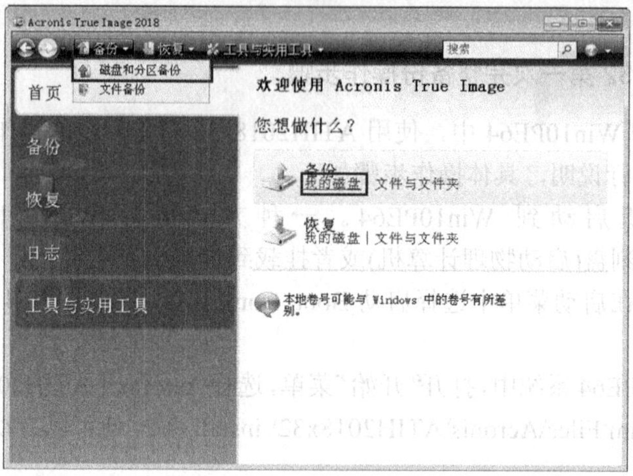

图 6-66　在 ATIH2018x32 中选择“磁盘和分区备份”

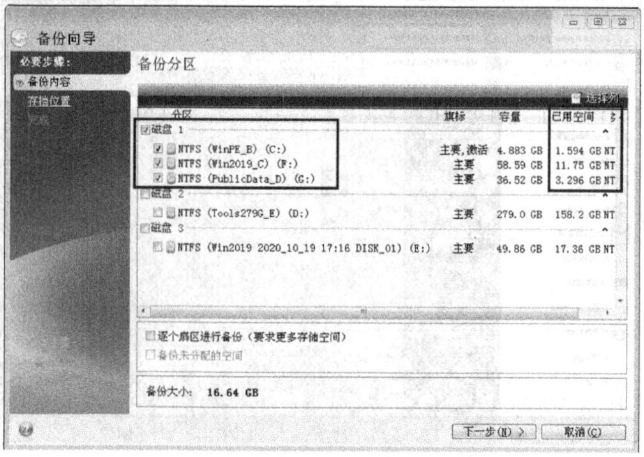

图 6-67　选择需要备份的磁盘和分区

路径中的目录和文件名称最好有一定的统一含义，便于以后查找恢复。比如在上面名称中有关字段的含义如下。

- 100G：备份的磁盘容量为 100GB。
- BtoD：备份的磁盘中分区盘符为 B 到 D。
- Win2019CNatC：备份中 Win2019CN 安装在分区 C 盘。
- VM6.5：是在 ESXi 6.5 的 VMware 虚拟机中安装配置的。
- 20200816：第一次完整备份时间为 2020 年 8 月 16 日。

设置好后单击“下一步”按钮，见图 6-68。

(6)　在“摘要”对话框中，用户可以查看和确认前面选择的信息。在此可以看到，上面几步是备份的“必要步骤”，下面还可以选择“可选步骤”。如果希望使用默认配置进行备份，在此便可以直接单击“继续”按钮；如果希望配置压缩率、文件分割大小等参数，在此便可以单击“选项”按钮。若不小心单击了“继续”按钮，又希望重新配置压缩率、文件分割大小等参数，可以单击左侧的“备份选项”进行重新设置。确认前面的选择无误后，我们单击“选项”按钮进行后续配置，见图 6-69。

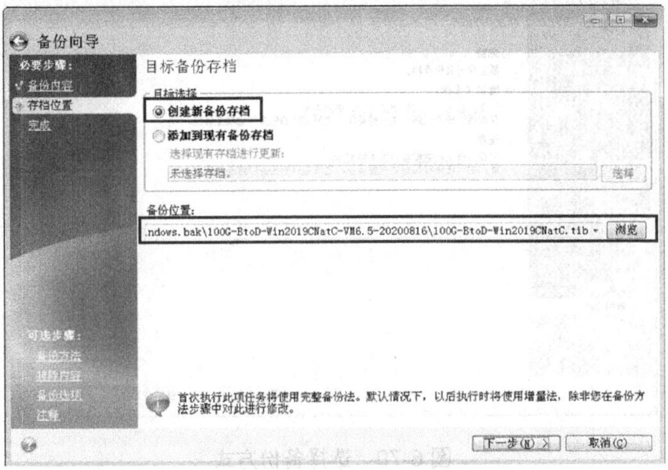

图 6-68　选择目标备份存档

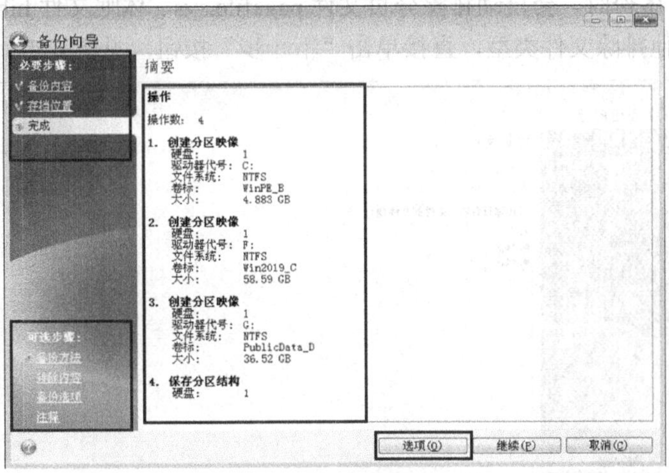

图 6-69　备份摘要

(7) 在弹出的“备份方式”对话框中，用户可以选择下列 3 种方式之一进行备份。

① 完整：若目标位置已有备份存档，完整备份将覆盖现有备份存档。

② 增量(推荐)：仅备份自上次任何类型的备份以来的更改。增量备份首次运行时将创建完整备份，之后运行将创建增量备份。增量备份只备份与上次备份不同的更改，增量备份可以迭代多次。这种备份方式将完整保留从起点到终点备份之间的每一次修改过程，恢复时可以选择恢复起点备份或者多次增量备份之中的任何一次。但是，恢复增量备份时需要首次完整备份和某一次增量备份之间的所有备份存档，后续的增量存档并不需要。

③ 差异：仅备份自上次完整备份以来的更改。差异备份首次运行时将创建完整备份，之后运行将创建差异备份。差异备份只备份与完整备份不同的更改，差异备份可以保留多

次。恢复差异备份时只需要首次完整备份和某一次差异备份即可，并不需要其他的差异备份。

这里，我们就选择默认的“增量(推荐)”方式，单击“下一步”按钮，见图 6-70。

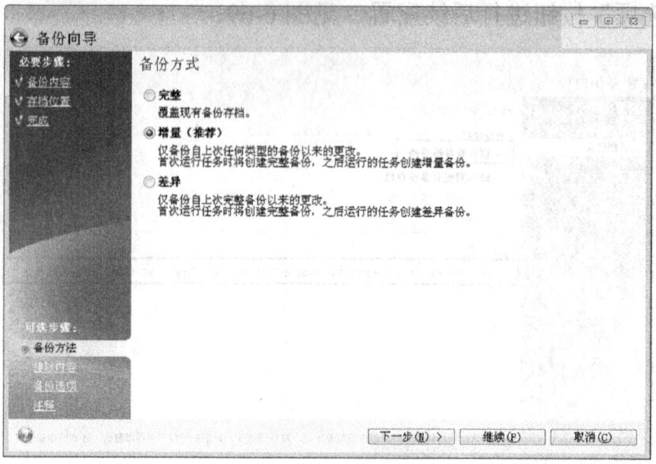

图 6-70　选择备份方式

(8) 在“排除文件”对话框中，用户可以添加前面选择项目中不需要备份的文件类型。用 ATIH2018x32 备份时，会自动排除分页文件 pagefile.sys、休眠文件 hiberfil.sys 等，这里我们就不添加其他排除文件类型，直接单击“下一步”按钮，见图 6-71。

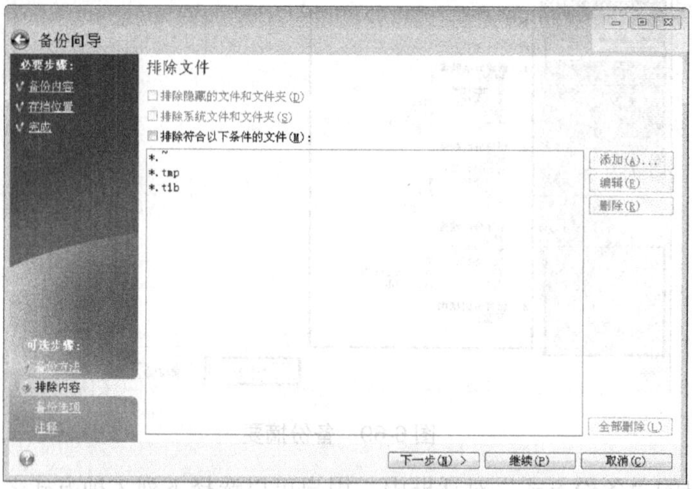

图 6-71　选择需要排除的文件

(9) 接下来，在“备份选项”对话框中，用户可以根据需要设置各个“备份选项”。这里，左侧选择“压缩级别”，右侧选择“高”，见图 6-72；然后左侧选择“存档分割”，右侧选择“固定大小”和“4.7G　- 4.7G DVD 驱动器”，见图 6-73；其余默认。选择好后，单击“下一步”按钮。

(10) 在“存档注释”对话框中，用户可以输入备份的注释信息便于管理维护。不过这里输入的信息，备份之后便无法修改。所以，我们可以通过编制外部注释文件的方式进行存档注释，在此就不用注释，直接单击“继续”按钮，见图 6-74。

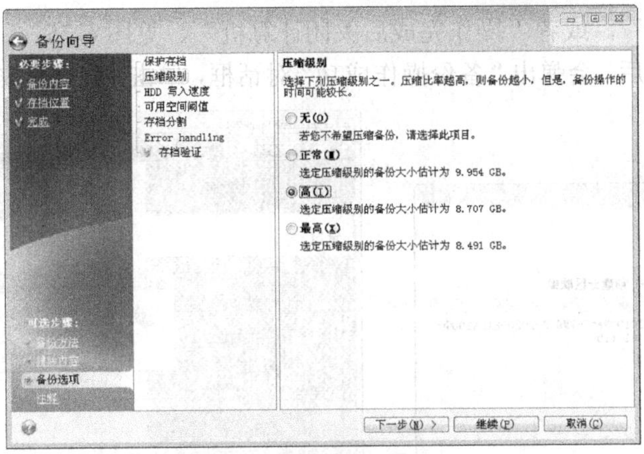

图 6-72　选择备份的压缩级别

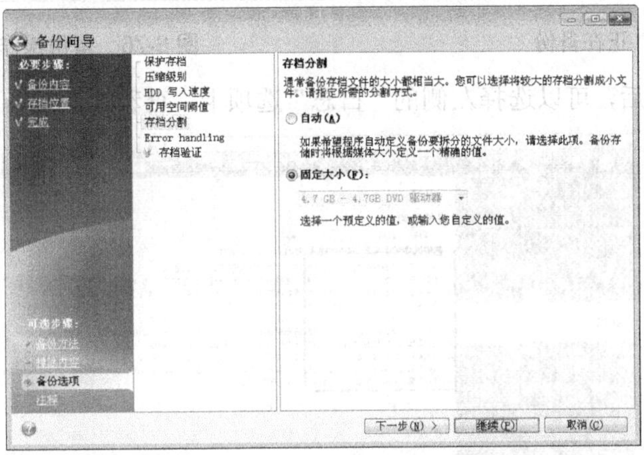

图 6-73　选择备份的存档分割

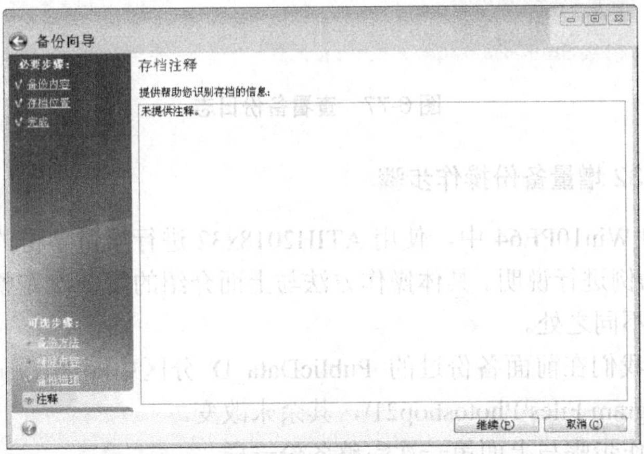

图 6-74　存档注释

(11) 接下来，ATIH2018x32 便开始按照用户上面的配置开始备份操作，这需要花费一些时间，请耐心等待。用户可以根据需要，选择备份完成后的后续操作，包括“操作完成后重新启动计算机”，或者“操作完成后关闭计算机”，见图 6-75。

(12) 备份完成后，会弹出“备份操作成功”对话框，单击“确定”按钮即可，见图 6-76。

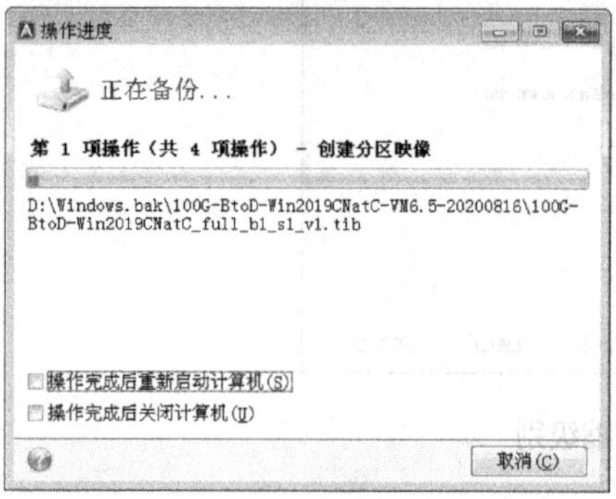

图 6-75　正在备份

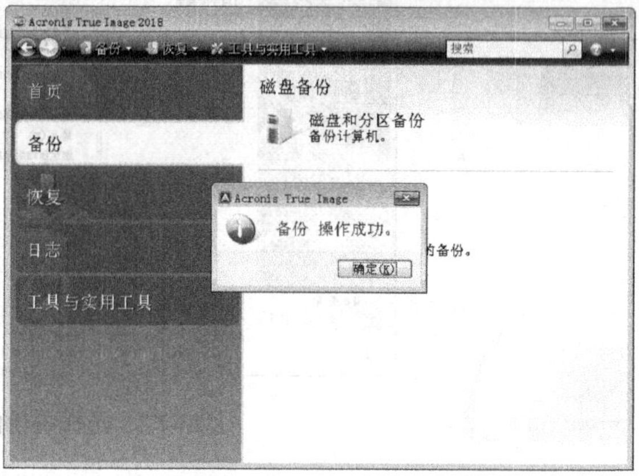

图 6-76　备份操作成功

(13) 备份成功后，可以选择左侧的“日志”选项卡，查看上面的备份日志，见图 6-77。

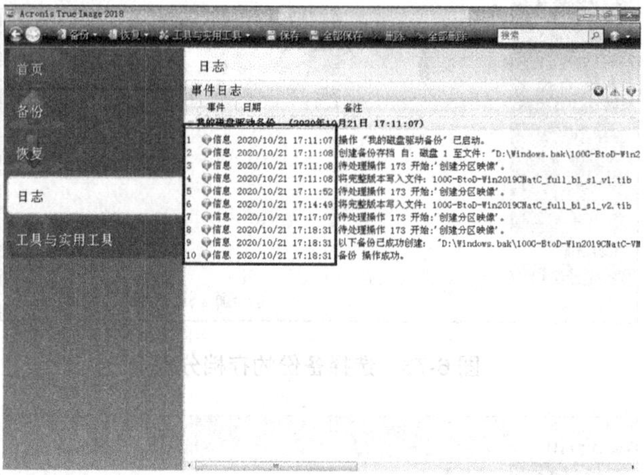

图 6-77　查看备份日志

2. ATIH2018x32 增量备份操作步骤

在 Win2019 和 Win10PE64 中，使用 ATIH2018x32 进行增量备份的操作基本类似，下面以 Win10PE64 为例进行说明。具体操作方法与上面介绍的第一次完整备份有许多相同之处，下面主要说明不同之处。

为便于对比，我们在前面备份过的 PublicData_D 分区中添加了一个 1.55GB 的目录 D:\WinUser.dat\Program Files\Photoshop21\，其余未改变。

(1) 前面的操作步骤与上面第一次完整备份一样。

(2) 当进行到出现“目标备份存档”对话框时，按下面步骤操作。

① 由于这里是在前面第一次完整备份的基础上进行增量备份，所以在“目标选择”栏应选择“添加到现有备份存档”选项，见图 6-78 上侧。

② 单击右侧上面的“选择”按钮(注意不是下面的“浏览”按钮)，见图 6-78 右侧。

③ 在弹出的“选择存档”对话框中，单击“浏览”按钮，定位到上面第一次完整备份的存档路径，见图 6-78 左侧：

```
d:\Windows.bak\100G-BtoD-Win2019CNatC-VM6.5-20200816\100G-BtoD-Win2019CN
atC_full_b1_s1_v1.tib
```

④ 随后，在“选择存档”对话框的“映像”栏下面便会显示出所选备份存档中的所有备份项目，包括完整备份和前期的增量备份。请在列表里选中最新的备份存档，选择好后，再单击“确定”按钮。

⑤ 接下来，将返回“目标备份存档”对话框，单击“下一步”按钮。

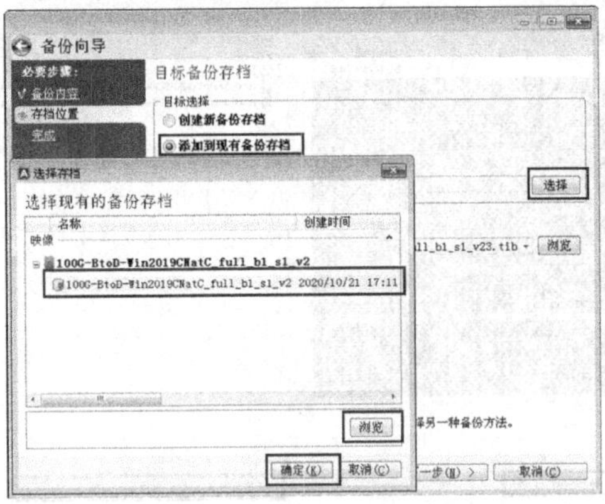

图 6-78　选择前期备份存档

(3) 后面的选择和操作步骤与上面第一次完整备份一样。

(4) 备份完成后，可以单击左侧的“日志”选项卡，查看增量备份日志，用时 1.5 分钟；上面增加的文件为 1.55GB，增量备份的文件大小为 846MB，见图 6-79 左侧。

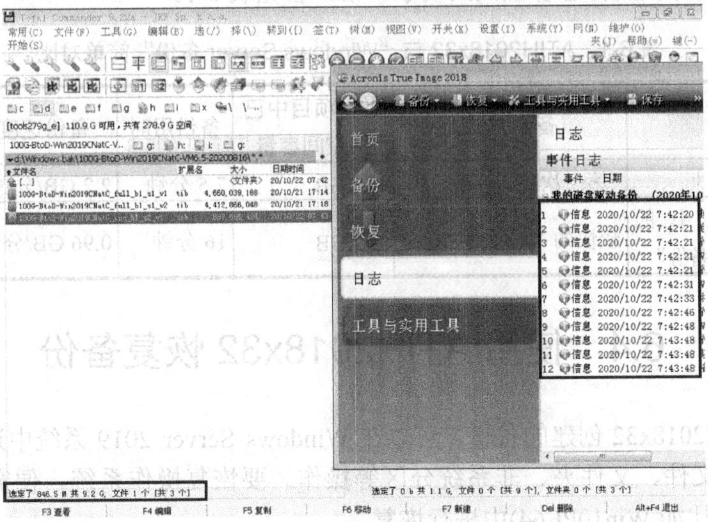

图 6-79　查看增量备份日志

3. ATIH2018x32 与“Windows Server 备份”简单对比

上面我们分别介绍了使用 Win2019 系统中的“Windows Server 备份”和 ATIH2018x32 进行系统完整备份的操作过程，两次备份都是在同一台虚拟机、同样的磁盘分区中选择同样的备份项目。两次备份后的存档文件大小见图 6-80，左侧是“Windows Server 备份”第一次“一次性备份”，大约为 15.5GB，右侧是 ATIH2018x32 的完整备份，大约为 8.4GB。

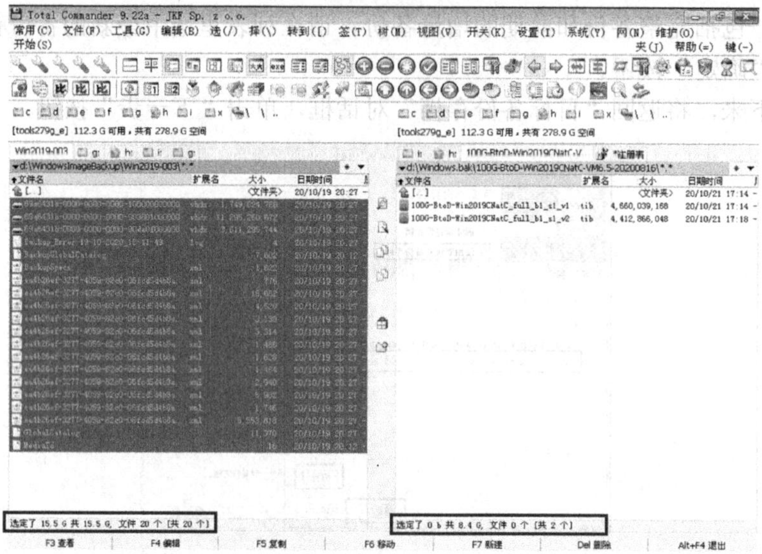

图 6-80　左侧“Windows Server 备份”和右侧 ATIH2018x32 备份存档大小对比

这里，我们可以对两次备份过程的数据进行初步分析，简单对比二者的备份速度和压缩率。从数据对比来看，ATIH2018x32 比“Windows Server 备份”的备份速度大约要快 1 倍多，备份后的存档文件总容量大约要小一倍，参见表 6-1。

表 6-1　ATIH2018x32 与“Windows Server 备份”简单对比

备份软件	备份方式	备份项目中已用空间容量	备份用时	备份速度	备份后存档文件总容量
ATIH2018x32	第一次完整备份	16.5GB	7.5 分钟	2.2 GB/分钟	8.4GB
Win2019 系统中的“Windows Server 备份”	较快的“一次性备份”	15.4GB	16 分钟	0.96 GB/分钟	15.5GB

6.4　使用 ATIH2018x32 恢复备份

使用 ATIH2018x32 创建的备份，可以在 Windows Server 2019 系统中进行恢复，不过只能进行恢复文件、文件夹、非系统分区等操作。要恢复操作系统，便需要启动到其他 Windows 系统(比如 Win10PE64)中进行恢复。

6.4.1　在 Win2019 中恢复文件和文件夹

在 Win2019 中，使用 ATIH2018x32 只能恢复非系统分区，可以是非系统的整个磁盘或分区、文件和文件夹，并且要求恢复目标位置没有正在使用的程序和服务。具体操作步骤如下。

(1) 在 Win2019 中，可以双击桌面的“True Image 2018”快捷方式，或者直接运行“D:\WinUser.dat\Program Files\ATIH2018x32\TrueImage.exe”，启动 ATIH2018x32。

(2) 在打开的 Acronis True Image 2018 窗口中，左侧选择“首页”选项卡，将鼠标移到右侧“恢复”下侧的“我的磁盘”处，当该链接出现下划线时，便可以单击；也可以在工具栏中选择“恢复”|“磁盘和分区恢复”，或者左侧选择“恢复”选项卡，右侧单击“浏览备份”浏览“磁盘备份”。当然，用户也可以选择进行“文件与文件夹”恢复。这里，就选择“恢复”下侧的“我的磁盘”，见图 6-81。

图 6-81　在 ATIH2018x32 中选择“磁盘和分区恢复”

(3) 在打开的“恢复操作向导”窗口中，按如下步骤操作。

① 单击右侧的“浏览”按钮，定位到需要恢复的磁盘备份路径，选择打开备份中任何一个 tib 文档，比如：

```
E:\Windows.bak\100G-BtoG-Win2019CNatC-VM6.5-20200816\100G-BtoD-Win2019CN
atC_inc_b1_s22_v1.tib
```

② 然后，程序便会自动加载所选备份存档中的所有备份项目，包括完整备份和增量备份，根据需要选择希望恢复的备份项目。比如我们选择恢复最新一次备份 100G-BtoD-Win2019CNatC_inc_b1_s25_v1.tib，然后单击“下一步”按钮，见图 6-82。

(4) 在“选择恢复方法”对话框中，选择“恢复所选的文件与文件夹”选项，单击“下一步”按钮，见图 6-83。

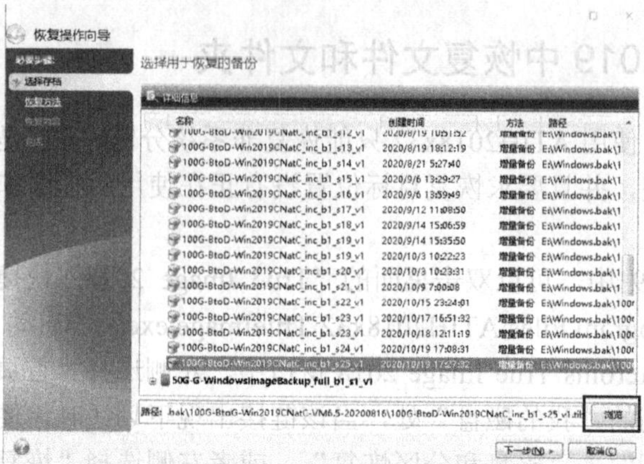

图 6-82　选择恢复最新一次备份项目

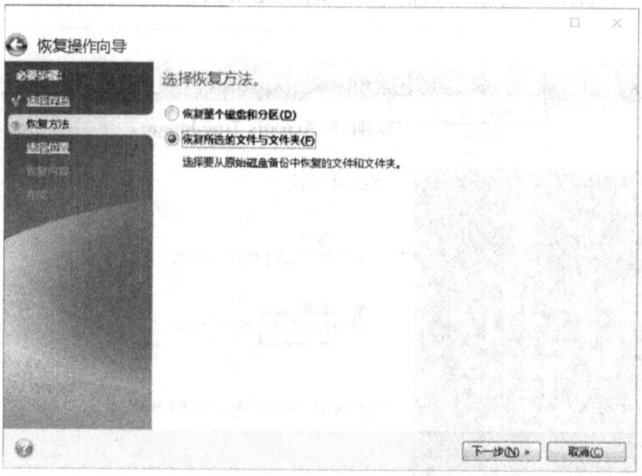

图 6-83　恢复所选的文件与文件夹

(5)　在“恢复备份数据至”对话框中，只能选择恢复到“新位置”选项，可以选择“恢复绝对路径”。我们使用图中的默认选项，单击“下一步”按钮，见图 6-84。

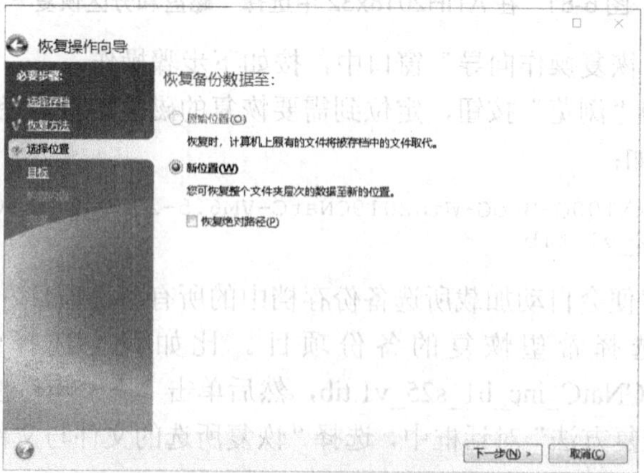

图 6-84　恢复备份数据至新位置

(6)　在“选择新的文件目标位置”对话框中，定位到恢复数据的目标路径，需要事先创建该目录，比如 E:\Restore.Acronis，选择好后单击“下一步”按钮，见图 6-85。

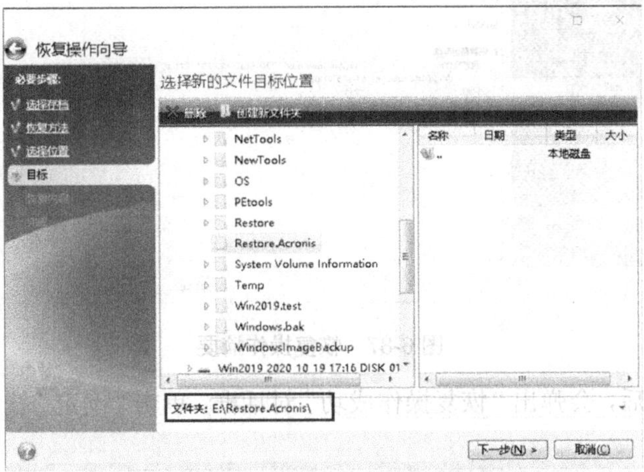

图 6-85　选择新的文件目标位置

(7)　在“选择要恢复的文件和文件夹”对话框中，可以在“备份存档”栏中勾选分区或目录，然后在右侧栏目里勾选该分区或目录中的文件和文件夹。比如勾选恢复 D:\Download 目录下面的所有文件和文件夹，选择好后单击“下一步”按钮，见图 6-86。

注意，这样选择并不会恢复 D:\Download 目录本身，而是选择恢复该目录下面的文件和子目录。如果要恢复 D:\Download 目录本身及其内容，需要在“备份存档”栏里选中 D:\，然后在右侧栏目中只勾选 Download 目录。

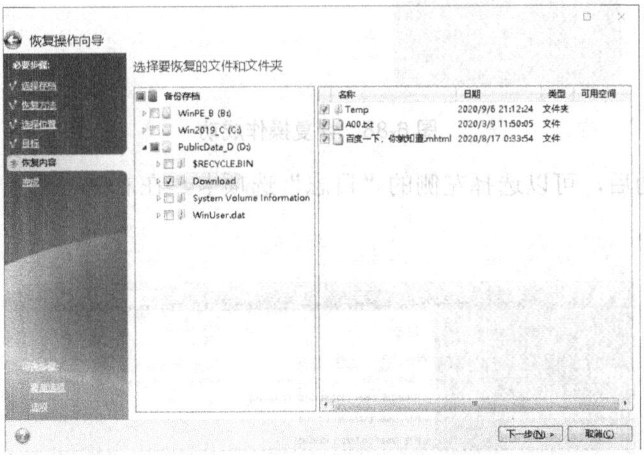

图 6-86　选择恢复 D:\Download 下面的文件和文件夹

(8)　在“摘要”对话框中，用户可以查看和确认前面选择的信息。在此可以看到，上面几步是恢复的“必要步骤”，下面还可以选择“可选步骤”。如果希望使用默认配置进行恢复，在此便可以直接单击“继续”按钮；如果希望配置覆盖文件选项、恢复选项等参数，在此便可以单击“选项”按钮。确认前面的选择无误后，我们直接单击“继续”按钮开始恢复操作，见图 6-87。

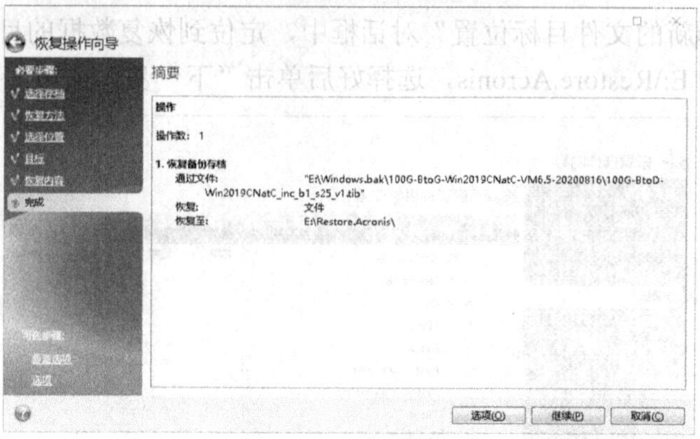

图 6-87 恢复操作摘要

(9) 恢复完成后，会弹出“恢复操作成功”对话框，单击“确定”按钮即可，见图 6-88。

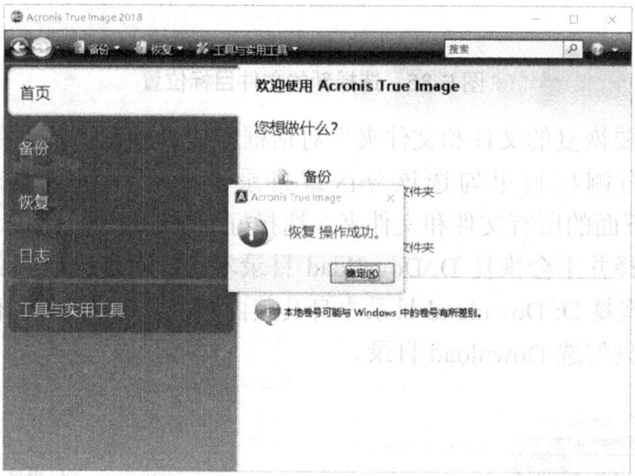

图 6-88 恢复操作成功

(10) 恢复成功后，可以选择左侧的“日志”选项卡，在右侧查看上面的恢复日志，见图 6-89。

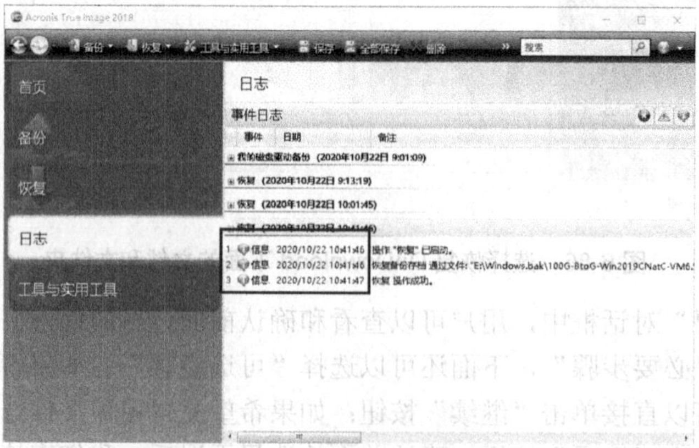

图 6-89 查看恢复日志

6.4.2　在 Win10PE64 中恢复系统

要使用 ATIH2018x32 创建的备份恢复操作系统，必须启动到其他 Windows 系统(比如 Win10PE64)中进行恢复。具体操作步骤如下。

(1)　参照本书 6.3.2 小节的介绍，将计算机启动到 Win10PE64。

(2)　在 Win10PE64 系统中，打开“开始”菜单，选择 Acronis | ATIH2018x32_ 22.4.19960，或者运行 X:\Program Files\Acronis\ATIH2018x32\install.exe，便可以启动 ATIH2018x32，见图 6-90。

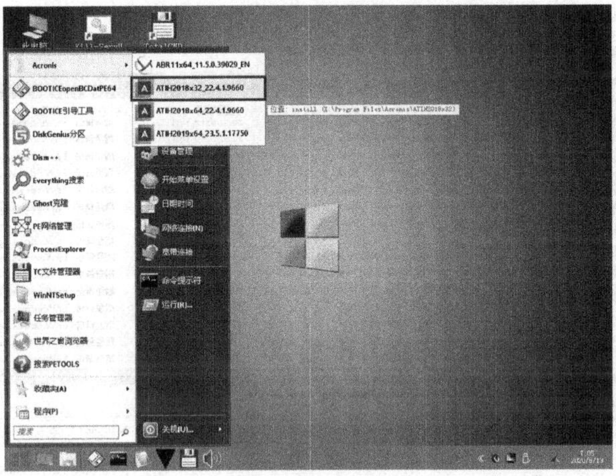

图 6-90　在 Win10PE64 中启动 ATIH2018x32

(3)　在打开的 Acronis True Image 2018 窗口中，左侧选择“首页”选项卡，将鼠标移到右侧“恢复”下侧的“我的磁盘”处，当该连接出现下划线时，便可以单击；也可以在工具栏中选择“恢复” | “磁盘和分区恢复”，或者从左侧选择“恢复”选项卡，从右侧单击“浏览备份”浏览“磁盘备份”。这里，就选择“恢复”下方的“我的磁盘”，见图 6-91。

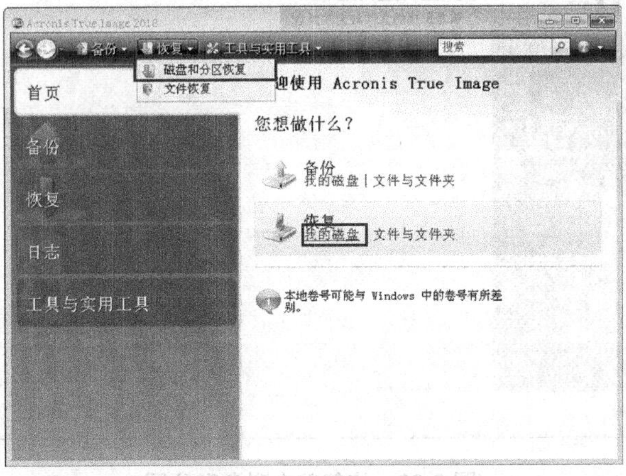

图 6-91　在 ATIH2018x32 中选择“磁盘和分区恢复”

(4) 在打开的“恢复操作向导”窗口中，按如下步骤操作。

① 单击右侧的“浏览”按钮，定位到需要恢复的磁盘备份路径，选择打开备份中任何一个 tib 文档，比如：

```
E:\Windows.bak\100G-BtoG-Win2019CNatC-VM6.5-20200816\100G-BtoD-Win2019CN
atC_inc_b1_s22_v1.tib
```

② 程序会自动加载所选备份存档中的所有备份项目，包括完整备份和增量备份，根据需要选择希望恢复的备份项目。比如我们选择恢复最新一次备份 100G-BtoD-Win2019CNatC_inc_b1_s25_v1.tib，然后单击“下一步”按钮，见图 6-92。

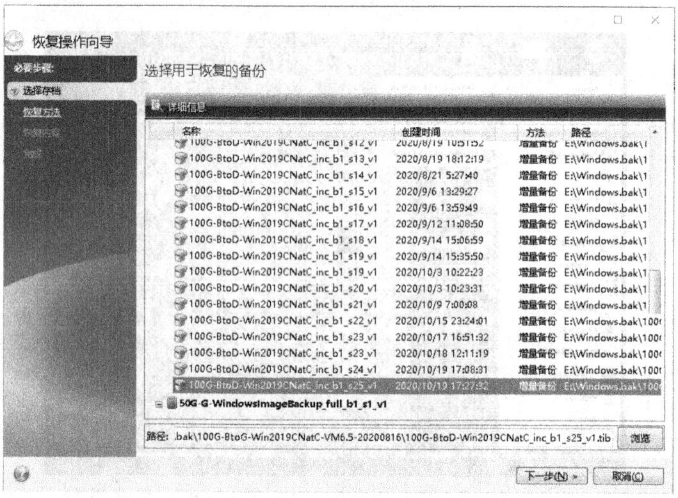

图 6-92　选择恢复最新一次备份项目

(5) 在“选择恢复方法”对话框中，选择“恢复整个磁盘和分区”选项，单击“下一步”按钮，见图 6-93。

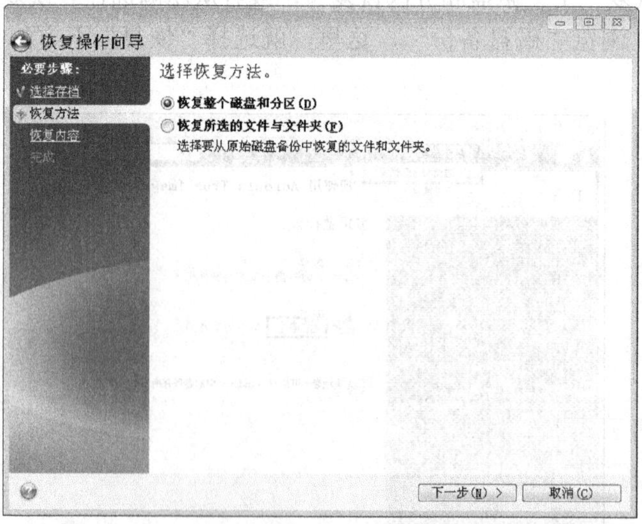

图 6-93　恢复整个磁盘和分区

(6) 在“选择要恢复的项”对话框中，选择需要恢复的磁盘和分区。这里，选中“磁盘 1”的所有分区和“MBR 与 0 磁道”。注意，如果希望让恢复后的硬盘能够启动操作系统，必须选中恢复“MBR 与 0 磁道”。选择好后，单击“下一步”按钮，见图 6-94。

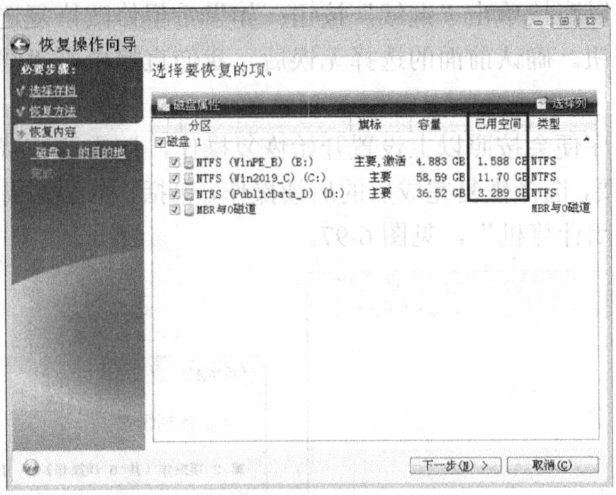

图 6-94　选择需要恢复整个“磁盘 1”

(7) 接下来，程序会对当前计算机的所有磁盘及其分区进行分析，请耐心等待。分析完成后，会弹出“选择磁盘‘磁盘 1’目标位置”对话框，其中的“磁盘 1”是上面用户在备份存档中选择的需要恢复的磁盘。

在此处，用户需要选择恢复的目标位置，比如我们就选择恢复到现有磁盘 1。注意，这里选择的恢复目标磁盘，不一定要大于或等于待恢复的磁盘总容量，但必须大于待恢复的磁盘已用空间的总容量，也就是必须大于 16.5GB(见图 6-94)。选择好后，单击“下一步”按钮。

如果选择的恢复目标磁盘中包含有数据的分区，程序会提示用户需要事先做好备份，在恢复之前程序将删除目标磁盘中的已有分区。确定恢复目标磁盘中的数据已做好备份后，再单击“确定”按钮，见图 6-95。

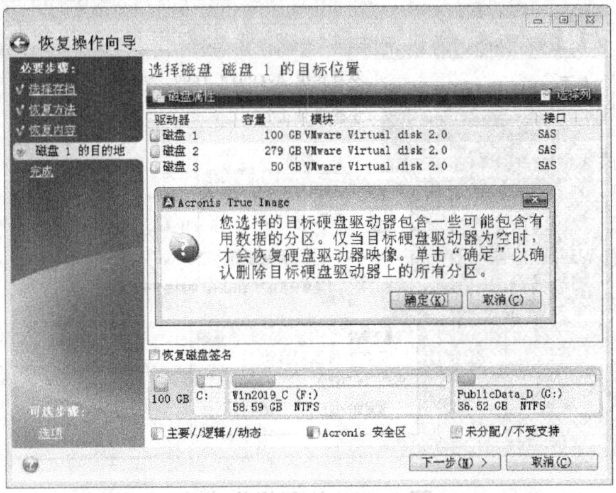

图 6-95　选择恢复“磁盘 1”的目标位置

(8) 在“摘要”对话框中，用户可以查看和确认前面选择的信息，这一步务必认真检查，发现问题还可以及时撤销重来，此后程序将写入磁盘便无法撤销了。在此可以看到，上面几步是恢复的“必要步骤”，下面还可以选择“可选步骤”。如果希望使用默认配置进行恢复，在此便可以直接单击“继续”按钮；如果希望修改恢复选项中的参数，在此便可以单击“选项”按钮。确认前面的选择无误后，我们直接单击“继续”按钮开始恢复操作，见图 6-96。

(9) 接下来，程序便会按照以上设置开始恢复操作，这需要花费一些时间，请耐心等待。用户可以根据需要，选择恢复完成后的后续操作，包括“操作完成后重新启动计算机”，或者“操作完成后关闭计算机”，见图 6-97。

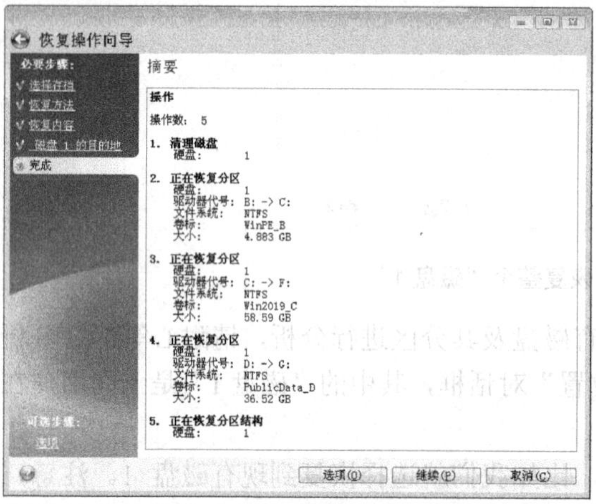

图 6-96 恢复操作摘要

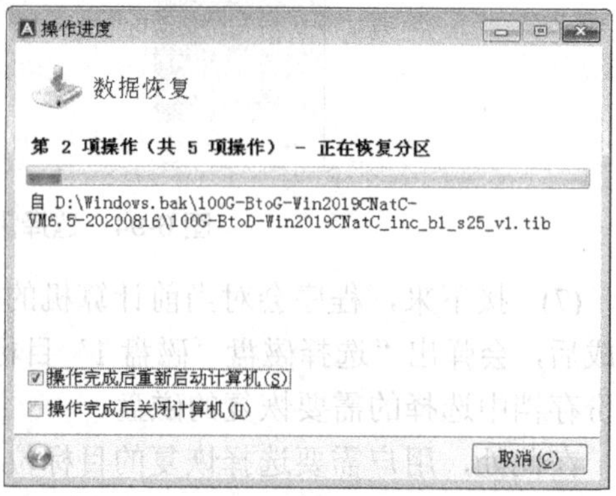

图 6-97 数据恢复进度

(10) 恢复完成后，会弹出“恢复操作成功”对话框，单击“确定”按钮即可。如果上面用户选择了“操作完成后重新启动计算机”，程序会显示“正在等待重新启动”15 秒倒计时对话框，用户可以单击“取消”按钮取消重新启动，也可以单击“重新启动”按钮立即重新启动。这里我们先单击“取消”按钮取消重新启动，见图 6-98。

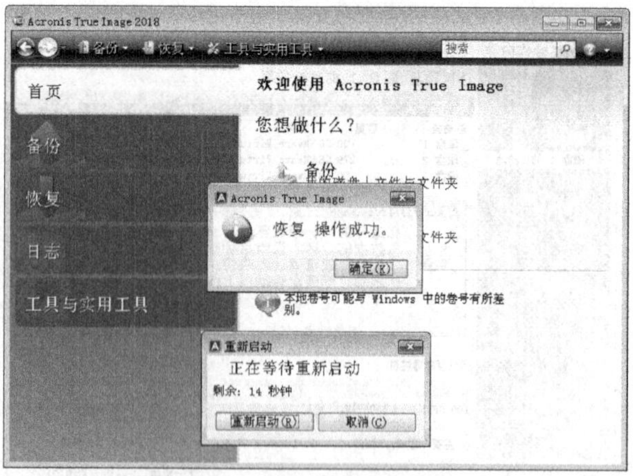

图 6-98 恢复操作成功

(11) 恢复成功后，可以选择左侧的“日志”选项卡，在右侧查看上面的恢复日志，见图 6-99。从中可以看到，使用 ATIH2018x32 恢复已用空间总容量为 16.5GB 的“磁盘 1”(见图 6-94)用时大约 2.5 分钟，恢复速度很快。与前面 6.2.2 小节使用 WinRE 恢复“Windows Server 备份”的操作系统速度差不多。

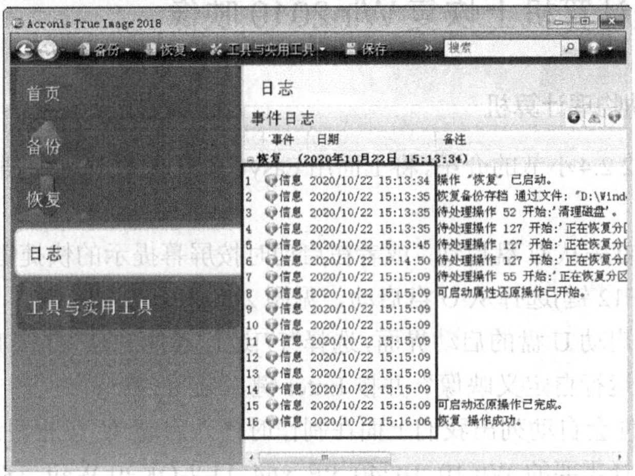

图 6-99　查看恢复日志

6.5　Win2019 映像恢复到物理计算机中使用

实际上，用 ATIH2018x32 备份的虚拟机 Win2019 映像，也完全可以恢复到物理计算机中使用。现在，Win2019 等 Windows 10 系列操作系统已经集成了大量硬件驱动程序，当恢复目标计算机与原备份计算机硬件配置相差不大时，恢复后 Win2019 第一次启动时会自动检测加载硬件驱动程序，参见图 6-60，大多数情况下都能正常恢复使用。

下面，我们就以前面用 ATIH2018x32 备份的虚拟机 Win2019 映像恢复到 Dell Optiplex 980 物理计算机中为例，介绍具体的操作步骤。

6.5.1　准备物理计算机和启动介质

(1)　在物理计算机上准备两块硬盘，一块不小于 100GB 的系统硬盘，用于恢复 Win2019 操作系统；另一块是用于存放系统映像和程序文件的数据硬盘，容量要大一些，比如 1000GB 的 WD1T-Data。

(2)　可以通过 FTP 将 Win2019 的 tib 映像拷贝到 WD1T-Data 硬盘中，比如拷贝到下面目录中：

```
d:\Windows.bak\100G-BtoG-Win2019CNatC-VM6.5-20200816\
```

(3)　可以用光盘或优盘或移动硬盘，将物理计算机启动到 Win10PE32 或者 Win10PE64 系统，这里，我们选择使用本书 2.2.3 小节介绍的 EasyU 制作的启动 U 盘来启动 Win10PE64。

注意，有时候使用 ATIH2018x32 恢复 tib 映像失败，有可能是在数据拷贝时，或 FTP

传输时，由于断点续传等原因导致某一个或多个 tib 文件数据损坏。可以尝试在保证传输渠道通畅稳定的情况下，再重新拷贝 tib 映像，往往能够恢复成功。在实际维护中，这种情况我们遇到过几次。

6.5.2 在物理计算机上恢复 Win2019 映像

1. 用 U 盘启动物理计算机

(1) 参照本书2.2.4小节的介绍，将上面用EasyU制作的启动U盘插到Dell Optiplex 980物理计算机上。

(2) 设置电脑首先从 U 盘启动，或者在启动时按屏幕提示的快捷键(比如 Dell Optiplex 980 中的快捷键是 F12 键)选择从 U 盘启动，见图 2-30 和图 2-31。

(3) 在 EasyU 启动 U 盘的启动界面，选择“[7]运行其他工具”并按 Enter 键，见图 2-32。

(4) 选择“[3]运行自定义映像”并按 Enter 键，见图 2-33。

(5) 接下来，便会自动列出我们上面在制作时拷入启动 U 盘根目录 ISO 下面的所有 *.iso 映像文件。选择需要的 Win10_10240_PE_x64_11.7-OK20-Wait_3S.iso 后按 Enter 键，便可以启动到 Win10PE64，见图 6-100。

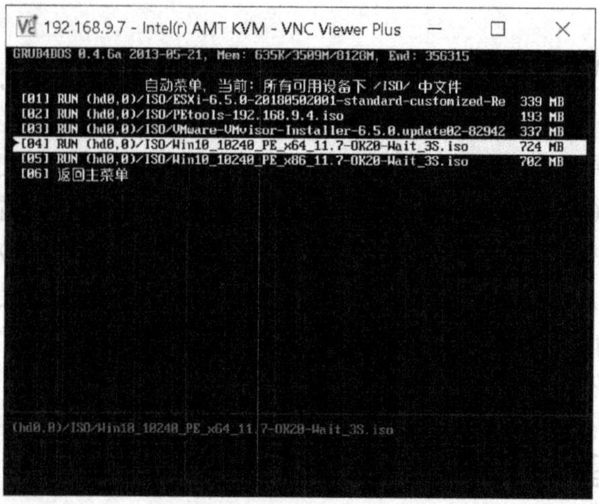

图 6-100 选择启动 Win10PE64

(6) 启动到 Win10PE64 后，可以查看以下信息。

① 打开“开始”菜单，选择“磁盘管理器”，可以看到，在 Dell Optiplex 980 物理计算机上，我们已经按照上面的规划准备好两块硬盘。

② 磁盘 0 为 167GB 的 Intel SSD 系统硬盘，用于恢复 Win2019 操作系统；磁盘 1 为 931GB 的 WD1T-Data 数据硬盘，用于存放系统映像和程序文件；磁盘 2 为用 EasyU 制作的启动 U 盘，见图 6-101 左侧。

③ 双击桌面上的 TotalCMD(Ctrl+T)，可以看到，我们事先已经将 Win2019 的 tib 映像拷贝到 WD1T-Data 的 D 盘中。其中的 100G-BtoD-Win2019CNatC_full_b1_s1_v1.tib 是第

一次完整备份，其余的是增量备份，我们可以选择恢复其中的任何一次备份，见图 6-101 右侧。

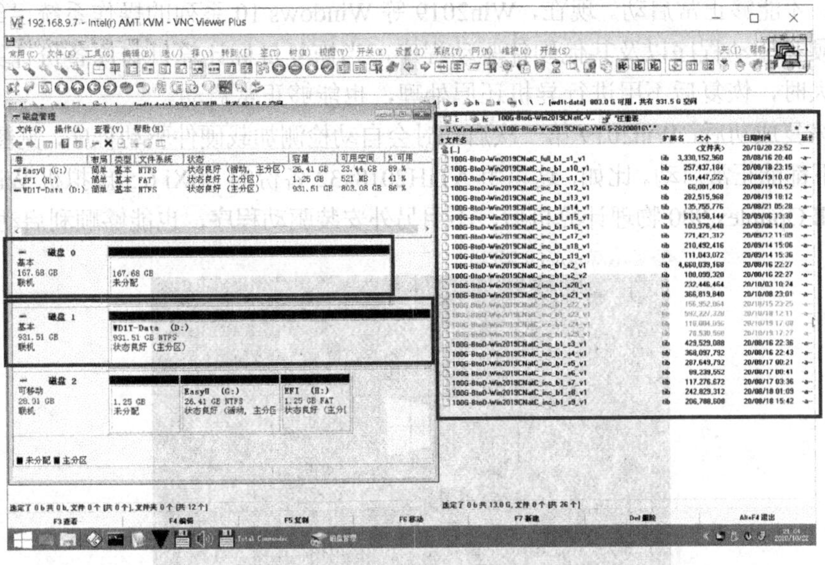

图 6-101　在 Win10PE64 中查看磁盘信息和 tib 映像

2. 启动 ATIH2018x32 恢复操作系统

完成上述准备工作后，便可以参照 6.4.2 小节介绍的方法，启动 ATIH2018x32，将 Win2019 系统恢复到物理计算机中。恢复过程与 6.4.2 小节介绍的方法基本一样，下面主要说明不同之处。

(1) 当弹出“选择磁盘‘磁盘 1’目标位置”对话框时，务必选择上面准备的 167GB 的 Intel SSD 系统硬盘作为恢复目标硬盘，见图 6-102。

(2) 恢复完成后，将启动优盘拔除，设置计算机首先从 167GB 的 intel SSD 系统硬盘启动。

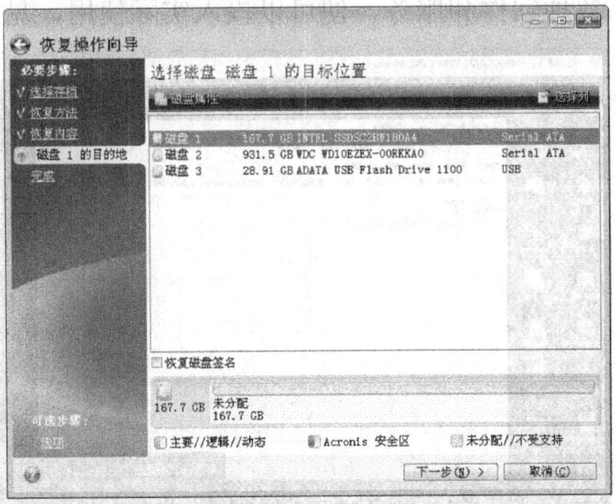

图 6-102　选择 167GB 的 Intel SSD 作为恢复目标硬盘

(3) 原来的 Win20008R2 只支持在安装时加载的硬盘驱动，不带其他大容量硬盘驱动程序。所以异机恢复后，必须使用 ABR11(Acronis Backup & Recovery 11)等工具进行异机还原处理，才能够正常启动。现在，Win2019 等 Windows 10 系列的操作系统已经自带常见的大容量硬盘驱动程序以及其他硬件驱动程序，当恢复目标计算机与原备份计算机硬件配置相差不大时，恢复后不用进行异机还原处理，也能够正常启动。

(4) 恢复成功后，Win2019 第一次启动时会自动检测加载硬件驱动程序，见图 6-103，大多数情况下都能正常启动。比如，这里用 ATIH2018x32 备份的 ESXi 6.5 虚拟机 Win2019 映像恢复到 Dell Optiplex 980 物理计算机后，不用另外安装驱动程序，也能够顺利启动到桌面。

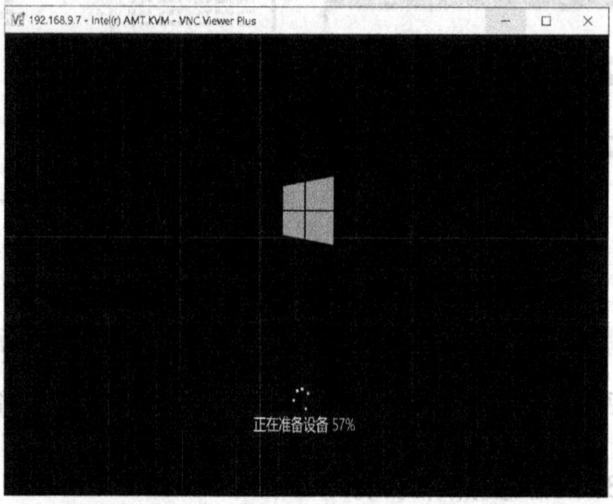

图 6-103 通过“安装驱动程序”解决恢复异常

6.5.3 后续配置

(1) 在物理计算机上，使用以上方法恢复的 Win2019 操作系统，需要重新激活后才能正常使用，可以参照本书 4.9 节的介绍。

(2) 恢复成功后，网卡能够正常识别驱动，用户可以根据实际需要设置 IP 地址、安装相应的硬件驱动程序、各种软件和服务，便可以投入实际使用，见图 6-104。

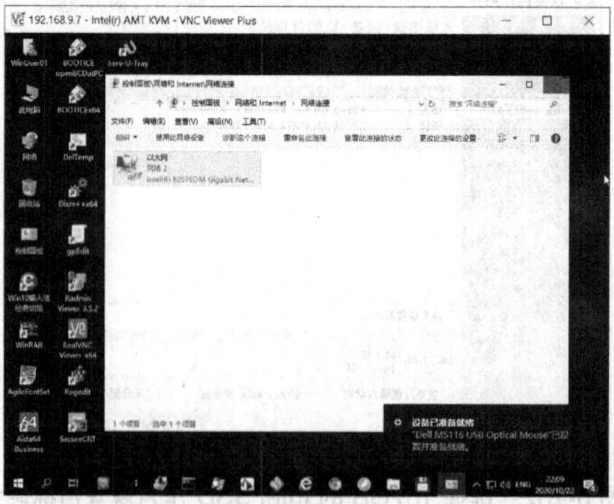

图 6-104 恢复后能够顺利启动到桌面

(3) 若原有系统安装有 SEP，恢复成功后，如果遇到 SEP 无法添加例外的情况，可参照本书 5.7 节的介绍尝试解决。

6.6 使用 sysprep 封装移植系统

sysprep(System Preparation，系统准备)是 Windows 自带的系统封装移植工具，适用于 Windows 客户端和 Windows Server 操作系统。sysprep 用于从已经安装配置完成的 Windows 系统中删除 PC 特定信息，进行移植准备，以便将其安装到不同的 PC 上。

注意：由于篇幅限制，该部分内容的具体介绍读者可以到相关网站进行查询。

6.7 ESXi 6.5 虚拟机的导出导入

在虚拟机中，安装配置好的 Win2019 使用 sysprep 封装完成并自动关机后，用户也可以使用 ESXi 6.5 的导出导入功能，对已经封装的系统进行导出备份和移植使用。

注意，ESXi 6.5 的导出导入功能不会对虚拟机中安装的系统进行任何修改。经实际测试，在导出导入之前，若没有使用 sysprep 封装系统，则导出导入的系统与原来完全一样，使用 whoami /user 检测前后 Windows 系统的安全标识符 SID 也完全一样。

注意：由于篇幅限制，该部分内容的具体介绍读者可以到相关网站进行查询。

本 章 小 结

数据备份无论是对服务器还是个人 PC 都非常重要，晴备雨伞，饱备干粮，有备无患，以防不测。本章主要介绍使用 Windows Server 2019 附带的“Windows Server 备份”、安克诺斯的 ATIH2018x32、ESXi 的 ovftool 等工具进行系统备份和移植的具体方法，并将它们的功能进行对比介绍，以供读者选择适合自己的备份还原方式。在实际使用过程中，我们推荐使用更为快速高效的 ATIH2018x32 进行系统备份恢复，其他备份方式作为补充备选。

第7章 磁 盘 管 理

本章要点：

- 磁盘概述
- 基本磁盘的管理
- 动态磁盘的管理
- 修复镜像卷与 RAID-5 卷
- 磁盘碎片整理与错误检查

磁盘管理任务是对磁盘进行优化设置以提高存取效率的常规任务，Windows Server 2019 的磁盘管理任务是以一组磁盘管理工具的形式提供给用户的，包括磁盘管理、磁盘优化、磁盘碎片整理和查错程序等。在 Windows Server 2019 中，可以使用图形界面的“磁盘管理”工具与 DiskPart 命令行对磁盘进行操作管理，可以管理磁盘、分区和卷，可以进行初始化磁盘、创建卷、格式化分区和卷等操作，可以在不需重新启动系统或中断用户应用的情况下执行与磁盘相关的许多设置任务，多数配置更改可以立即生效。

7.1 磁 盘 概 述

计算机上的文件、文件夹全部保存在磁盘上，并且计算机可同时连接多个磁盘驱动器，如软驱、硬盘和光驱等。其中每一个磁盘又可分为多个分区或卷，我们可以对这些分区或卷进行格式化、复制和修改等操作。在对磁盘进行操作之前，先来了解一下磁盘接口类型、磁盘的分区方法、磁盘的使用方式和卷的类型等内容。

7.1.1 磁盘接口类型

计算机上使用的磁盘包括软盘和硬盘两大类，软盘现在已经淘汰了，硬盘分为传统的机械硬盘和新兴的固态硬盘 SSD(Solid State Disk 或 Solid State Drive，简称 SSD)。传统的机械硬盘是由高速旋转的碟片、磁头、控制电路等组成的复杂机电设备，主要特点是容量大、速度慢、成本较低、耗电、笨重等；新兴的固态硬盘是由控制单元和固态存储单元等部分组成的固态设备，没有机械转动部件，主要特点是容量有限、速度快、成本较高、省电、轻便等。磁盘接口是磁盘与主机系统之间传输数据的连接通道，磁盘接口类型决定着磁盘与计算机之间的连接速度，在整个系统中，磁盘接口的优劣直接影响到程序运行的快慢和系统性能的好坏。

1. 主流接口类型的变化

现在，不论是服务器商用领域，还是消费级民用领域，磁盘接口类型相较于十年前都有了很大的变化。现在主流的磁盘接口类型大致有 U.2、M.2、PCIE、SAS3、SATA3。

其中，U.2、M.2 和 PCIE 接口类型的硬盘是最近几年火速发展起来的，因为其采用 PCIE 协议，所以拥有极大的带宽，对应的硬盘具有超高速读写性能。这三种接口类型大部分都是 PCIE 固态硬盘，是现在的主流选择，不论是性能还是可靠性都大幅优于传统的机械硬盘和 SATA 固态硬盘。PCIE 是 PCI-Express(peripheral component interconnect express)的缩写，是一种广泛使用的高速串行计算机扩展总线标准。

SAS3 主要用于服务器领域，同时向下兼容 SATA3，二者的接口规范基本一致，但 SAS3 的性能优于 SATA3，不过在使用机械硬盘时，区别并不明显。SATA3 接口广泛用在消费级民用市场，基本所有家用级 PC 都带有 SATA3 接口，普及程度很高。

以前的 IDE、SCSI、光纤通道等接口，基本都由于硬件带宽和性能落后，逐渐淘汰了。现在不论是商用还是民用领域，几乎都见不到这些接口类型的设备了。

2. U.2 接口设备

U.2 原先叫 SFF-8639，是由 Intel 一手推动的固态硬盘接口标准。U.2 最多支持使用四个 PCIE 通道和两个 SATA 通道。它是专为企业市场开发的，旨在与新兴 PCIE 硬盘以及 SAS 和 SATA 硬盘一起使用。主要用在以英特尔、三星为代表的企业级高性能固态硬盘中，见图 7-1。

由于其最多使用 PCIE3.0x4 的带宽，决定了其最大传输带宽为 40Gbps。PCIE 4.0 已发布有一段时间，但英特尔的主板及相关配件还未支持 PCIE 4.0，所以还没有支持 PCIE 4.0 的 U.2 接口的硬盘发布。英特尔代号为 TigerLake 的 11 代酷睿处理器已经确认支持 PCIE 4.0，所以在不久的将来，支持 PCIE 4.0 的 U.2 硬盘就会发布了。

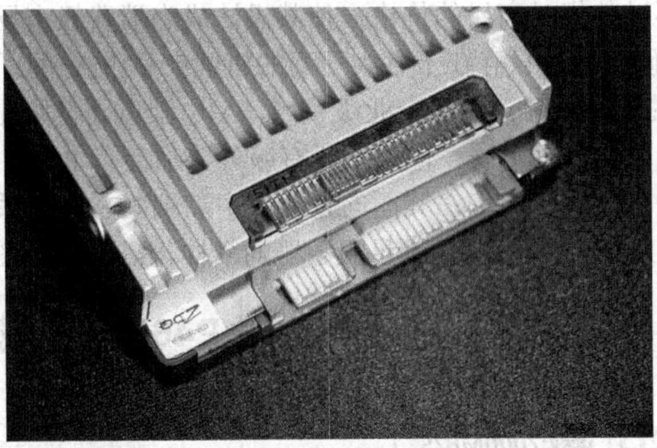

图 7-1 Intel 750 系列 U.2 接口 SSD

3. M.2 扩展卡

M.2，标准名称为 PCI Express M.2 Specification，也称为 NGFF(Next Generation Form Factor)，是计算机内部扩展卡及相关连接器的规范。它采用了全新的物理结构，将取代 Mini PCIE 及 mSATA 标准。M.2 具有灵活的物理规范，允许更多种类的模块宽度与长度，并与更高级的接口相配，使 M.2 比 mSATA 更适合日常应用，尤其适用于超级笔记本(Ultrabook 等，简称超级本或超极本)或平板电脑等设备的固态硬盘。理论上 M.2 接口最多可提供

PCIEx4 的带宽，最新的 PCIE 4.0x4 最大支持 80Gbps 传输带宽。

M.2 接口不仅支持传统的 SATA 固态硬盘，同时支持高速 PCIE 固态硬盘。近几年来，M.2 接口已经在民用消费级领域普及很快，不论是性能还是价格，都优于传统的 SATA 固态硬盘。M.2 接口的高速 PCIE 固态硬盘也成了消费者购买的首选，也是个人 PC 和笔记本电脑的标配。

M.2 接口和 U.2 接口一样，最大支持 PCIEx4 的带宽。和 U.2 不同的是，随着 AMD Zen2 架构的 CPU 上市(原生支持 PCIE 4.0)，PCIE 4.0 的 M.2 固态硬盘已经上市一年有余。M.2 接口凭借其最大支持 PCIE 4.0x4 通道的带宽，理论带宽达到了惊人的 80Gbps。现在，三星已经正式推出旗下首款 PCIE 4.0 消费级固态硬盘 NVMe M.2 SSD 980 PRO(见图 7-2)，其 1TB 版本的顺序读取达到 7129MBps，顺序写入达到了 5181MBps，随机读取达到了 350341 IOPS，随机写入达到了 304931 IOPS，将磁盘性能推向新的巅峰，参见 https://www.ithome.com/0/517/871.htm。

单说这个数字可能没感觉，但这个带宽其实已经达到了上一代 DDR3 内存的读写带宽。虽然两者肯定是天壤之别，并不是固态带宽够就能代替内存，但这也足以说明现如今的固态硬盘有多快。

4. PCIE 固态硬盘(AIC)

PCIE 接口的固态硬盘，又称 AIC(All In Card 扩展卡)式固态硬盘。由于 U.2、M.2、AIC 这三种固态硬盘都是 PCIE 协议的固态硬盘，为避免误解，厂商为将其命名为 AIC。

PCIE 接口大家不会陌生，大家当下所使用的所有台式机显卡都是 PCIE 接口的。而 AIC 固态硬盘，现在也耳熟能详，各种科技类的新闻头条，电商网站的推销宣传，都有 AIC 固态硬盘的身影。只不过其相对高昂的价格，使其没法成为消费级市场的首要选择。在消费级市场中，AIC 固态硬盘往往只存在于各大厂商的旗舰产品中(有的厂商甚至没有)，比较典型的例子便是 Intel 的傲腾内存。而在企业级领域，AIC 固态硬盘则比较常见，由于服务器的新旧不同，所配备的接口也不同，但几乎所有服务器都会有 PCIE 接口，所以 AIC 固态硬盘在服务器中很是常见。厂商们在其面向企业的中高端固态硬盘系列中，同一款产品一般都会推出 U.2 和 AIC 两种规格，以满足服务器的多样化需求，见图 7-3。

图 7-2　三星 NVMe M.2 SSD 980 PRO SSD

图 7-3　Intel PCIE AIC 插卡式企业级 SSD

5. SAS3 和 SATA3

SATA(Serial ATA，Serial Advanced Technology Attachment)接口相信大家都很熟悉，已经在 PC 领域广泛使用了二十余年，是当今使用最多的硬盘接口。SAS(Serial Attached SCSI)和 SATA 接口在物理规格上是一致的，不同的是 SAS 接口支持更高的带宽以及更丰富的功能，并且主要使用在企业级领域中。

SAS3 和 SATA3 分别是在 2013 和 2009 年发布的。其中 SATA3 是现在 99%的电脑 SATA 接口的标配规格。而 SAS3 则几乎是所有服务器及其相关产品广泛使用的接口，同时 SAS3 向下兼容 SATA3，使得过去十年间主流硬盘接口都被 SATA3 和 SAS3 统治。其中，SATA3 最多可支持 6Gbps 的带宽，SAS3 最多可支持 12Gbps 的带宽，参见图 7-4。

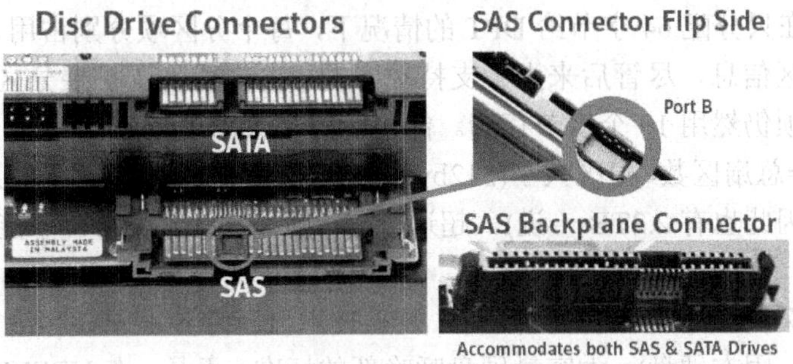

图 7-4　SAS 和 SATA 接口的区别

7.1.2　MBR 与 GPT 分区格式

随着 2012 年 Windows 8 的发布，微软指定预装 Windows 8 的电脑都需要使用 UEFI 启动和 GPT 新规范。同时，在 Windows 8 及其后续的所有 Windows 操作系统中，微软依旧延续这一规定，代表着 GPT 分区格式将逐步得到推广应用。

1. MBR

MBR 是 Master Boot Record(主分区引导记录)的缩写。最早是 1983 年在 IBM PC DOS 2.0 中提出的。硬盘中每个扇区/区块都被分配了一个 LBA(Logical Block Address，逻辑块地址)，引导扇区是每个分区的第一扇区，而主引导扇区则是整个硬盘的第一扇区(主分区的第一个扇区)。MBR 就保存在主引导扇区中。另外，这个扇区里还包含硬盘分区表 DPT(Disk Partition Table)和结束标识字(Magic number)。扇区总计 512 字节，MBR 占 446 字节(0000H~01BDH)，DPT 占据 64 个字节(01BEH~01FDH)，最后的 Magic number 占 2 字节(01FEH~01FFH)，见表 7-1。

表 7-1　MBR 的结构

boot loader(引导加载器)	Disk Partition Table(硬盘分区表)				magic number(结束标识字)
code	1	2	3	4	55AAH
MBR					

现在，我们来看一个 MBR 记录的实例：

80 01 01 00，0B FE BF FC，3F 00 00 00，7E 86 BB 00

其中，各段数字的含义如下。

(1) 第 1 个字节 80 是分区激活标志，80 表示该分区为可引导的激活分区，若为 00，则表示该分区为不可引导的非激活分区；01 01 00 表示分区开始的磁头号为 01，开始的扇区号为 01，开始的柱面号为 00。

(2) 0B 表示该分区的系统类型是 FAT32，其他比较常用的有 04(FAT16)、07(NTFS)；FE BF FC 表示分区结束的磁头号为 254，分区结束的扇区号为 63、分区结束的柱面号为 764。

(3) 3F 00 00 00 表示首扇区的相对扇区号为 63。

(4) 7E 86 BB 00 表示总扇区数为 12289622。

可以看到，在只分配 64 字节给 DPT 的情况下，每个分区项分别占用 16 个字节，因此只能记录四个分区信息，尽管后来为了支持更多的分区，引入了扩展分区及逻辑分区的概念。但每个分区项仍然用 16 个字节存储。能表示的最大扇区数为 FF FF, FF FFH，因此可管理的最大空间=总扇区数×扇区大小(512byte)，也就是 2TB(由于硬盘制造商采用 1:1000 进行单位换算，因此也有 2.2TB 一说)。超过 2TB 以后的空间，MBR 不能分配地址，自然也就无法管理了。

MBR 的诸多不足使其应用大受限制。硬盘技术日新月异，硬盘容量突飞猛进(希捷已宣布将推出 60TB 固态硬盘)，大容量硬盘呼唤新的标准，于是，在 UEFI(Unified Extensible Firmware Interface，统一可扩展固件接口)规范下提出了新的 GPT 分区格式。

2. GPT

GPT 是 GUID(Globally Unique Identifier) Partition Table 的缩写(全局唯一标识磁盘分区表)的缩写，也称为 GUID 分区表，它是 UEFI 规范的一部分。由于硬盘容量的急速增长，只能管理 2TB 的 MBR 规范难以满足要求，而 UEFI BIOS 的推广也为 GPT 的实现打下了坚实的技术基础，于是，GPT 应运而生。

我们来看看 GPT 的布局结构，见表 7-2。

表 7-2　GPT 的布局结构

PMBR	Partition Table						Partition					Table Backup	GPT Backup
MBR	GPT HDR	1	2	3	4	…	1	2	3	4	…	Partition Table Backup	GPT HDR Backup
LBA0	LBA1	LBA2				LBA3~LBA34	LBA35~LBAN-35					LBAN-2~LBAN-34	LBAN-1

PMBR 的 P 意为 protective(防护，保险)，PMBR 存在的意义就是，当不支持 GPT 的分区工具试图对硬盘进行操作时(例如 MS-DOS 和 Linux 的 fdisk 程序)，它可以根据这份 PMBR 以传统方式启动，启动过程和 MBR+BIOS 完全一致，极大地提高了兼容性。而支持 GPT 的系统在检测 PMBR 后会直接跳到 GPT 表头读取分区表。和 MBR 类似，分区表中存储了某个分区的起始和结束位置及其文件系统属性信息，而分区是实际存在的物理磁盘的一部分。

GPT HDR(GPT Header，GPT 表头)，主要定义了分区表中项目数及每项大小，还包含硬盘的容量信息。在 64 位的 Windows Server 2003 的机器上，最多可以创建 128 个分区，即分区表中保留了 128 个项，其中每个都是 128 字节。这也是 EFI 标准中的最低要求：分区表最小要有 16 384 字节。分区表头还记录了这块硬盘的 GUID(Globally Unique Identifier，全局唯一标识符)，分区表头位置(总是 LBA1)和大小，也包含了备份分区表头和分区表的位置和大小信息(LBA-1~LBA-34)。同时还储存着它本身和分区表的 CRC32 校验，固件、引导程序和操作系统在启动时可以根据这个校验值来判断分区表是否出错，如果出错，可以使用软件从硬盘最后的备份 GPT 中恢复整个分区表，如果备份 GPT 也校验错误，硬盘将不可使用。具体内容见表 7-3。

表 7-3　GPT 表头的内容

相对字节偏移	长度/字节	说　明
0(0x00)	8	签名：EFI PART 的 ASCII 码表示，即 45h 46h 49h 20h，50h 41h 52h 54h
8(0x08)	4	版本号，对应 UEFI 2.3，GPT 版本为 1.0 版，00h 00h 01h 00h
12(0x0C)	4	GPT 表头大小，通常为 5C 00 00 00(0x5C)，92 字节
16(0x10)	4	GPT 表头的 CRC 校验，计算时把这个字段本身看作零值
20(0x14)	4	保留，必须为 00 00 00 00
24(0x18)	8	该表头的 LBA
32(0x20)	8	备份表头的 LBA
40(0x28)	8	分区的首个可用 LBA，即 LBA34(主分区表最后一个 LBA+1)
48(0x30)	8	分区最后可用 LBA(次分区表最后一个 LBA−1)
56(0x38)	16	磁盘 GUID
72(0x48)	8	分区表起始扇区号，通常为(0x02)，也就是 LBA2
80(0x50)	4	分区表总项数，通常为(0x80)，即 128 个
84(0x54)	4	单个分区表大小，通常(0x80)，也就是 128 字节
88(0x58)	4	分区表 CRC 校验
92(0x5C)	*	保留：对于块的其余部分必须为零(对于 512 字节的扇区大小为 420 字节；但是对于较大的扇区大小则可以更多)

Partition Table：分区表，包含分区类型 GUID(如 EFI 系统分区的 GUID 类型是{C12A7328-F81F-11D2-BA4B-00A0C93EC93B})、分区名称、分区起止位置、分区 GUID 以及分区属性等信息。其内容见表 7-4。

表 7-4　GPT 分区表的结构

相对字节偏移	字 节 数	说　明
0(0x00)	16	用 GUID 表示的分区类型
16(0x10)	16	分区唯一标识符
32(0x20)	8	分区起始 LBA
40(0x28)	8	分区结束 LBA
48(0x30)	8	分区属性，如 bit 60 表示只读
56(0x38)	72	分区名称

Microsoft 对分区属性做了更详细的区分，目前已有类型见表 7-5。

表 7-5 Microsoft 分区的类型

位	说 明
0	系统分区
1	EFI 隐藏分区(EFI 不可见分区)
2	传统 BIOS 的可引导分区标志
60	只读
61	影子副本(另一个分区)
62	隐藏
63	没有驱动器号(即不自动挂载)

3. GPT 对比 MBR 的明显优势

(1) 得益于 LBA 提升至 64 位，以及分区表中每项 128 位的设定，GPT 可管理的空间近乎无限大，假设一个扇区大小仍为 512 字节，可表示的扇区总容量为 18EB(1EB = 1024PB = 1 048 576 TB，大约 100 万 TB)，2TB 在它面前显得微不足道。按目前的硬盘技术来看，确实近乎无限。

(2) 分区数量几乎没有限制，由于可在表头中设置分区数量的大小，如果愿意，设置 100 个分区也可以，不过，目前 Windows 仅支持最大 128 个分区。

(3) 自带保险，由于在磁盘的首尾部分各带一个 GPT 表头，任何一个受到破坏后都可以通过另一份恢复，极大地提高了磁盘的容错能力(两个一起坏的概率很小)。

(4) 循环冗余检验值针对关键数据结构进行计算，提高了数据崩溃的检测概率。

(5) 尽管目前分区类型不超过百种(十种也没有吧)，GPT 仍提供了 16 字节的 GUID 来标识分区类型，使其更不容易产生冲突。

(6) 每个分区都可以拥有一个特别的名字，最长 72 字节。

(7) 完美支持 UEFI，毕竟它就是 UEFI 规范的衍生品。在将来全行业 UEFI 的情境下，GPT 必将逐渐淘汰 MBR。

7.1.3 基本磁盘与动态磁盘

在 Windows Server 2019 里，仍然沿用 Windows 使用了十多年的磁盘使用方式：基本磁盘与动态磁盘。

1. 基本磁盘

我们平时使用的磁盘类型基本上都是基本磁盘。基本磁盘受 26 个英文字母的限制，磁盘盘符只能是 26 个英文字母中的一个。原来 A、B 被软驱占用，现在软驱已经被淘汰，所以，现在实际可用的盘符为 A～Z，总共 26 个。另外，在基本磁盘上只能建立四个主分区。

2. 动态磁盘

动态磁盘不受 26 个英文字母的限制，它是用“卷”来命名的。动态磁盘的最大优点是可以将磁盘容量扩展到非邻近的磁盘空间。这些卷可以模拟我们常说的 RAID，但是这个被模拟的 RAID 并没有硬件芯片支持，只能通过 Windows Server 2019 的软件模拟来实现，效果和硬件 RAID 一样，只是资源占用率比硬件实现多些。

7.1.4　卷的五种类型

卷是由一个或多个磁盘上的可用空间组成的存储单元，可以使用某一种文件系统对卷进行格式化并为其分配驱动器号。动态磁盘上的卷可以是下列五种类型之一：简单卷、跨区卷、镜像卷、带区卷或 RAID-5 卷，见图 7-5。

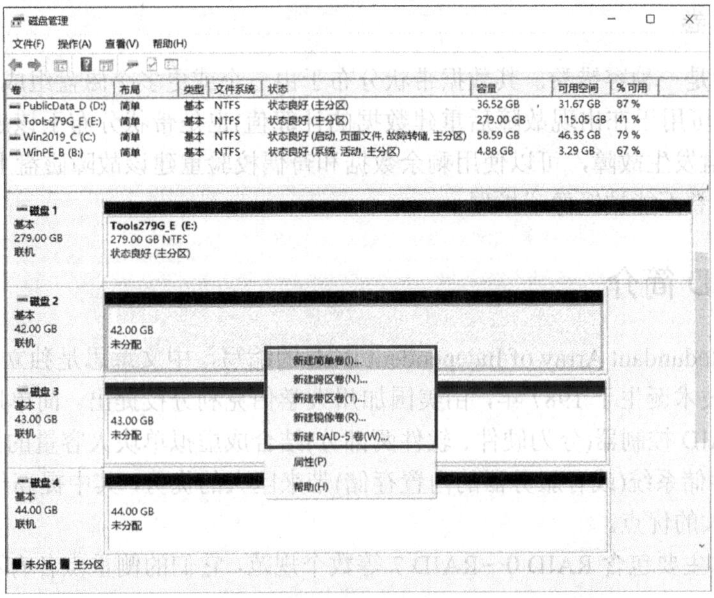

图 7-5　卷的五种类型

1. 简单卷

基本磁盘内的每一个主分区或逻辑驱动器又被称为基本卷或简单卷。简单卷使用单个磁盘上的可用空间，它可以是磁盘上的单个区域，也可以由多个连续区域组成。简单卷可以在同一磁盘内扩展，也可以扩展到其他磁盘。如果简单卷扩展到多个磁盘，则它就变成跨区卷。

2. 跨区卷

跨区卷由多个磁盘(2～32 个磁盘)上的可用空间组成，这样可以更有效地使用多个磁盘系统上的所有空间和所有驱动器号。如果需要创建卷，但又没有足够的未分配空间分配给单个磁盘上的卷，则可通过将来自多个磁盘的未分配空间的扇区合并到一个跨区卷来创建足够大的卷。用于创建跨区卷的未分配空间区域的大小可以不同。跨区卷是这样组织的，先将一个磁盘上为卷分配的空间写满，然后从下一个磁盘开始，再将该磁盘上为卷分配的空间写满，依此类推。跨区卷不能被镜像。

3. 镜像卷(RAID-1 卷)

镜像卷是一种容错卷，它的数据被复制到两个物理磁盘上。一个卷上的所有数据被复制到另一个磁盘上以提供数据冗余。如果其中一个磁盘发生故障，则可以从另一磁盘访问数据。镜像卷不能被扩展。镜像卷又称 RAID-1 卷。

4. 带区卷(RAID-0 卷)

带区卷是其数据交替存储在两个或多个物理磁盘上的卷。带区卷上的数据交替着均匀地分配到各个物理磁盘中。带区卷不能被镜像或扩展。带区卷也称为 RAID-0 卷。

5. RAID-5 卷

RAID-5 卷是一种容错卷，其数据带状分布于由三个或更多个磁盘组成的磁盘阵列中。奇偶校验(一种可用于在出现故障后重建数据的计算值)也是带状分布于该磁盘阵列中。如果一个物理磁盘发生故障，可以使用剩余数据和奇偶校验重建该故障磁盘上的 RAID-5 卷部分。RAID-5 卷不能被镜像或扩展。

7.1.5 RAID 简介

RAID 是 Redundant Array of Independent Disk 的缩写，中文意思是独立磁盘冗余阵列。磁盘冗余阵列技术诞生于 1987 年，由美国加州大学伯克利分校提出。简单地说，就是将 N 块磁盘通过 RAID 控制器(分为硬件、软件两部分)结合成虚拟单块大容量的磁盘使用。使用 RAID 技术为存储系统(或者服务器的内置存储)带来巨大的优势，其中提高传输速率和提供容错功能是最大的优点。

RAID 技术主要包含 RAID 0～RAID 7 等数个规范，它们的侧重点各有不同，常用的规范有以下几种。

1. RAID 0

RAID 0 连续地以位或字节为单位分割数据，并行读/写于多个磁盘上，因此具有很高的数据传输率，但它没有数据冗余，因此并不能算是真正的 RAID 结构。RAID 0 只是单纯地提高性能，并没有为数据的可靠性提供保证，其中任一个磁盘失效都将影响到所有数据。因此，RAID 0 不能应用于数据安全性要求高的场合。

2. RAID 1

RAID 1 是通过磁盘镜像来实现数据冗余，在成对的独立磁盘上保存互为备份的数据。当原始数据繁忙时，可直接从镜像备份中读取数据，因此 RAID 1 可以提高读取性能。RAID 1 是磁盘阵列中单位成本最高的，但提供了很高的数据安全性和可用性。当一个磁盘失效时，系统可以自动切换到镜像磁盘上读写，而且无须重组失效的数据。

3. RAID 0+1

RAID 0+1 也被称为 RAID 10 标准，实际是将 RAID 0 和 RAID 1 标准结合的产物，在连续地以位或字节为单位分割数据并且并行读写多个磁盘的同时，为每一块磁盘作磁盘镜像进行冗余。它的优点是同时拥有 RAID 0 的超凡速度和 RAID 1 的数据冗余，但是 CPU 占用率会更高、磁盘的利用率也比较低。

4. RAID 2

RAID 2 将数据条块化地分布于不同的磁盘上，条块单位为位或字节，并使用称为“加重平均纠错码(海明码)”的编码技术来提供错误检查及恢复。这种编码技术需要多个磁盘存放检查及恢复信息，使得 RAID 2 技术实施更为复杂，因此在商业环境中很少使用。

5. RAID 3

RAID 3 同 RAID 2 非常类似，都是将数据条块化分布于不同的磁盘上，区别在于 RAID 3 使用简单的奇偶校验，并用单块磁盘存放奇偶校验信息。如果一块磁盘失效，校验盘及其他数据盘可以重新产生数据；若校验盘失效并不会影响数据使用。RAID 3 对于大量的连续数据可以提供很好的传输率，但对于随机数据来说，校验盘会成为写操作的瓶颈。

6. RAID 4

RAID 4 同样也将数据条块化并分布于不同的磁盘上，但条块单位为块或记录。RAID 4 使用一块磁盘作为奇偶校验盘，每次写操作都需要访问校验盘，这时奇偶校验盘会成为写操作的瓶颈，因此 RAID 4 在商业环境中也很少使用。

7. RAID 5

RAID 5 不单独指定奇偶校验盘，而是在所有磁盘上交叉地存取数据及奇偶校验信息。在 RAID 5 上，读写指针可同时对阵列设备进行操作，提供了更高的数据流量。RAID 5 更适合于小数据块和随机读写的数据。RAID 3 与 RAID 5 相比，最主要的区别在于 RAID 3 每次数据传输都会涉及所有的阵列盘；而对于 RAID 5 来说，大部分数据传输只对一块磁盘操作，并可进行并行操作。在 RAID 5 中有“写损失”，即每一次写操作将产生四个实际的读/写操作，其中两次读旧的数据及奇偶信息，两次写新的数据及奇偶信息。

7.2　基本磁盘的管理

对基本磁盘的管理，主要包括初始化新磁盘、调整分区大小、更改驱动器号等操作。我们可以利用图形界面的“磁盘管理”工具、Windows PowerShell 或 DiskPart 命令行对磁盘进行管理。下面，我们主要以“磁盘管理”工具与 DiskPart 命令讲解如何对磁盘进行操作管理。

7.2.1　“磁盘管理”工具与 DiskPart 命令

1.　“磁盘管理”工具的主要作用

磁盘管理是 Windows 自带的一个系统实用程序，可以完成硬盘初始化、卷扩展、收缩分区、更改驱动器号等高级任务。

(1) 可以设置新驱动器、初始化新驱动器。

(2) 可以将卷扩展到同一驱动器上未分配的空间。

(3) 可以收缩分区，通常可以扩展相邻分区。

(4) 可以更改驱动器号或分配新的驱动器号。

(5) 其他相关的磁盘操作，可以参见以下链接：

```
https://docs.microsoft.com/zh-cn/windows-server/storage/disk-management/overview-of-disk-management
```

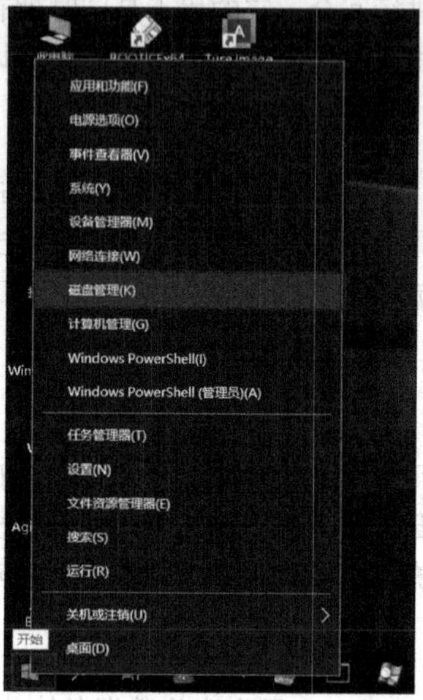

图 7-6　右击“开始”菜单打开“磁盘管理”

2. 打开“磁盘管理”工具的几种方式

在 Win2019 中，可以通过以下几种方式打开“磁盘管理”工具。

(1) 右击“开始”菜单，在弹出的快捷菜单中选择“磁盘管理”命令，便可以打开“磁盘管理”工具，这是最常用快捷的打开方式，见图 7-6。

(2) 右击“开始”菜单，在弹出的快捷菜单中选择“计算机管理”命令，在打开的“计算机管理”窗口中，在左侧再依次单击“存储” | “磁盘管理”选项，在右侧即可对磁盘进行管理，见图 7-7。

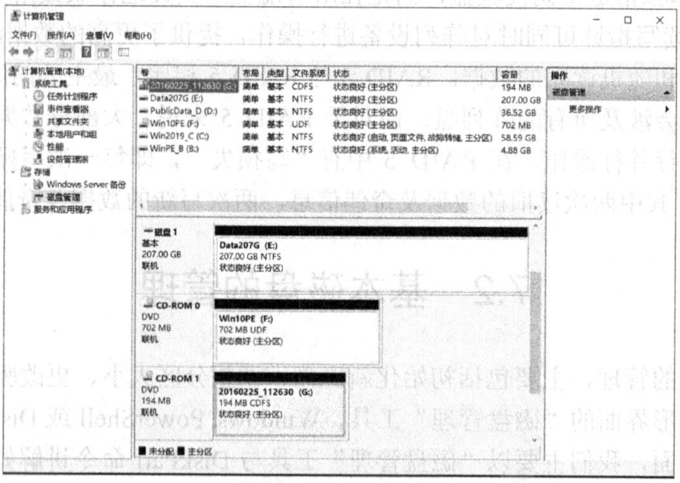

图 7-7　右击“开始”菜单打开“计算机管理”

(3) 按 Windows+R 组合键运行 diskmgmt.msc 命令，或者在桌面上创建运行该命令的快捷方式，也可以打开“磁盘管理”工具，见图 7-8。

3. “磁盘管理”工具中的图例

(1) 查看“磁盘管理”工具中的图例。

在图形界面的“磁盘管理”工具中，不同分区类型和区域可以通过颜色和图案进行辨别，可参见“磁盘管理”工具底部的图例。也可以选中某个磁盘或磁盘分区，然后单击工具栏的“设置”按钮，在弹出的“设置”窗口的“外观”选项卡中，便可以查看和修改不同分区类型和区域的标志颜色和标志图案，见图 7-9。

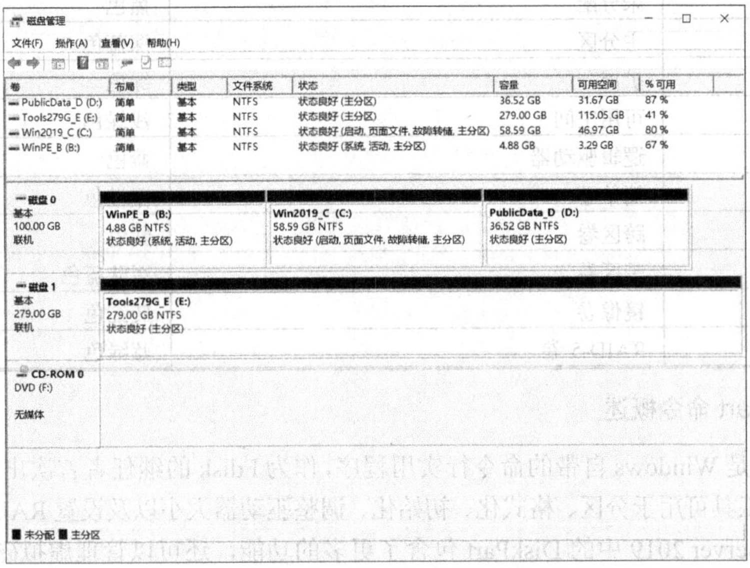

图 7-8　图形界面的“磁盘管理”工具

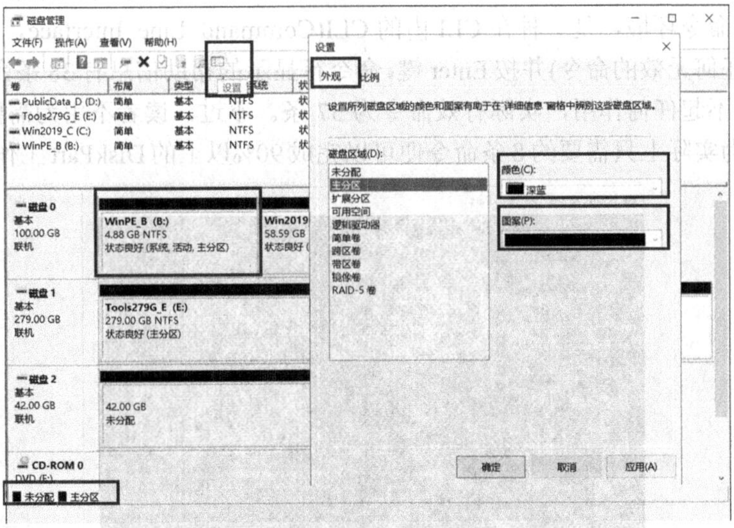

图 7-9　“磁盘管理”工具中的图例

(2)　不同分区类型和区域标志颜色对应表。

熟练查阅使用“磁盘管理”工具中的图例，有助于快速区分和辨别不同的分区类型和区域，可以提高管理维护效率。各种不同分区类型和区域对应的标志颜色见表 7-6。

表 7-6 不同分区类型和区域对应的标志颜色

序 号	分区类型和区域	标志颜色
1	未分配	黑色
2	主分区	深蓝色
3	扩展分区	绿色
4	可用空间	浅绿色
5	逻辑驱动器	蓝色
6	简单卷	橄榄色
7	跨区卷	紫色
8	带区卷	军队蓝色
9	镜像卷	砖红色
10	RAID-5 卷	蓝绿色

4. DiskPart 命令概述

DiskPart 是 Windows 自带的命令行实用程序，作为 Fdisk 的继任者首次出现在 Windows XP 中。这个工具可用于分区、格式化、初始化、调整驱动器大小以及设置 RAID，Windows 7 与 Windows Server 2019 中的 DiskPart 包含了更多的功能，还可以管理虚拟磁盘等。

按组合键 Win+R 运行 CMD 命令，在命令提示符窗口中输入 DiskPart，然后按 Enter 键。一旦运行这个工具，我们会发现 DiskPart 具有自己的命令提示符。当前所见的 DiskPart 是基于自己的命令环境，是一种在 CLI 内的 CLI(Command Line Interface，命令行界面)。输入 Help(或任何无效的命令)并按 Enter 键，命令行显示的帮助信息有 38 条命令，其中 REM 仅用于注释、不起任何作用，实际有效命令为 37 条。不过，读者不用为需要学习 37 条命令而生畏，因为实际上只需要约 8 条命令便可以完成 90%以上的 DiskPart 工作，参见图 7-10。

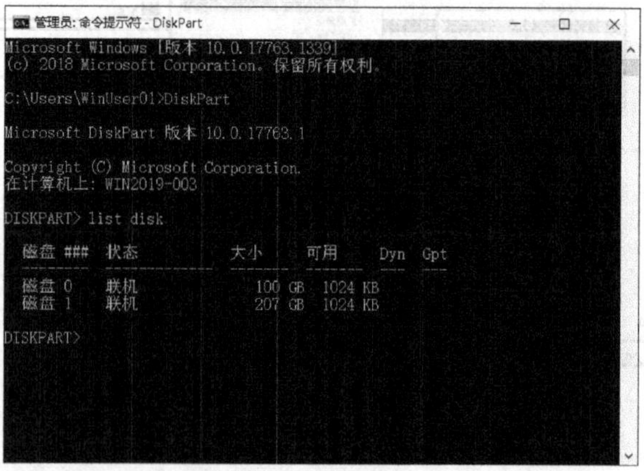

图 7-10 DiskPart 命令行

DiskPart 属于 Windows 环境下的命令，正常运行该命令需要相关系统服务的支持，这几个服务列举如下。

(1) Logical Disk Manager Administrative Service(dmadmin)。

(2) Logical Disk Manager(dmserver)。

(3) Plug and Play(PlugPlay)。

(4) Remote Procedure Call (RPC) (RPCss)。

这四个服务的依存关系为：dmserver 依赖于 PlugPlay 和 RPCss，dmadmin 依赖于 dmserver。如果这四个服务没有运行，便不能成功运行 DiskPart 命令，所以在纯 DOS、WinPE 下面不能够运行 DiskPart 命令。

图形界面的“磁盘管理”工具已经禁止了许多可能无意导致数据丢失的操作。相比之下，DiskPart 比“磁盘管理”工具功能更多更强大，建议谨慎使用。

7.2.2 初始化新磁盘

在计算机上安装新磁盘后，必须进行初始化才能使用。具体步骤如下。

(1) 在默认情况下，新添加的磁盘状态是“脱机”，比如容量为 42GB 的“磁盘 2”。右击该新磁盘左侧的“磁盘 2”标签区域，在弹出的快捷菜单中选择“联机”命令，便可完成联机操作，见图 7-11。

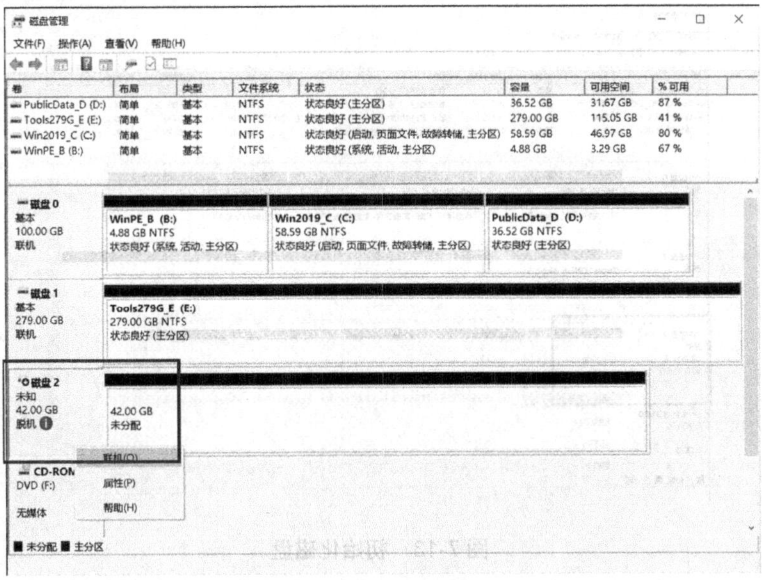

图 7-11 联机“磁盘 2”

(2) 如果插入新磁盘后，若在磁盘管理中找不到新安装的磁盘，可在“操作”菜单中选择“重新扫描磁盘”命令，见图 7-12。

(3) “磁盘 2”联机后，状态显示为“没有初始化”。可以右击左侧的“磁盘 2”标签区域，在弹出的快捷菜单中选择“初始化磁盘”选项，见图 7-13。

(4) 在弹出的“初始化磁盘”对话框中，勾选需要初始化的“磁盘 2”，并选择磁盘的分区形式。若磁盘容量小于 2TB，可选择 MBR 或 GPT 分区形式，若磁盘容量大于 2TB，便只能使用 GPT 分区形式。这里的“磁盘 2”只有 42GB，我们就选择 MBR 分区形式。选择好后，单击“确定”按钮，便可完成磁盘初始化操作，见图 7-14。

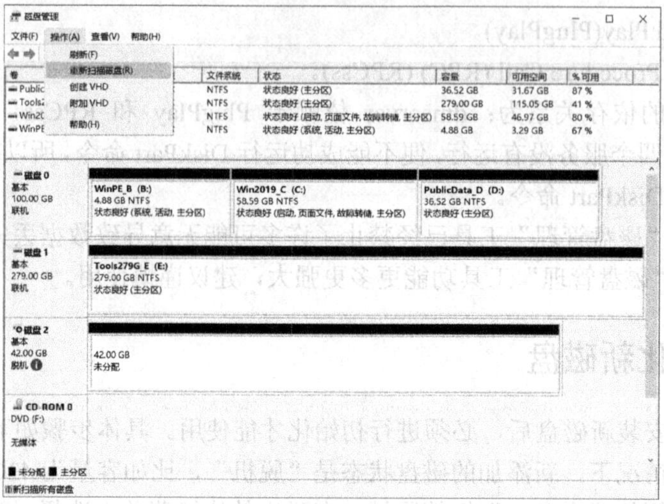

图 7-12　重新扫描磁盘

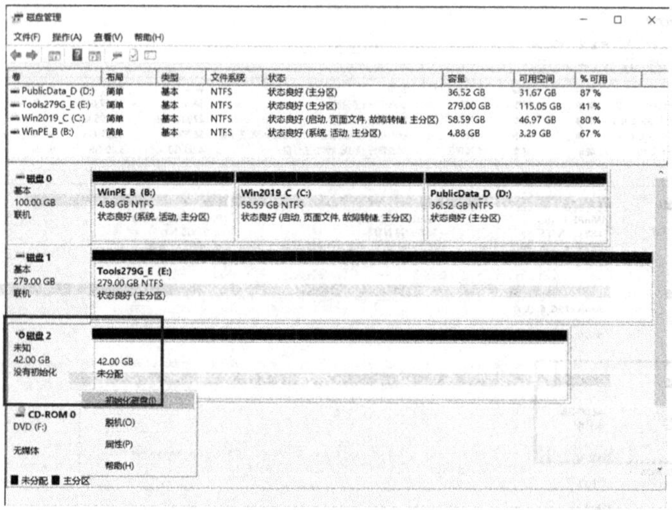

图 7-13　初始化磁盘

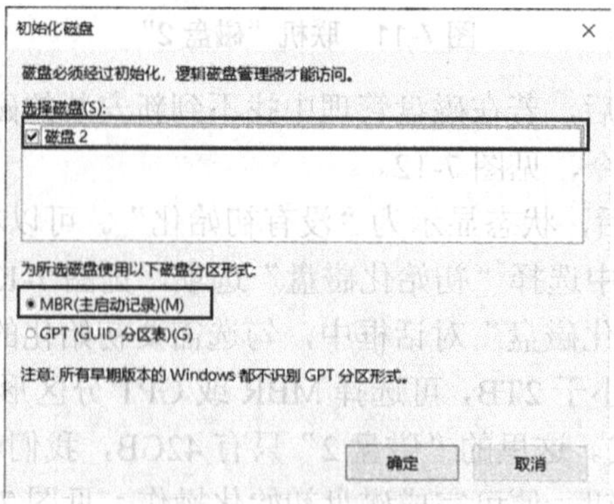

图 7-14　初始化“磁盘 2”

(5) “磁盘 2”初始化成功后，将显示为基本、联机状态，参见图 7-15。

7.2.3　新建简单卷

磁盘初始化完成后，其状态将显示为“联机”状态，此时，就可以对该磁盘进行各种操作了。

1. 新建主分区

(1) 在“磁盘管理”工具中，未分配空间以黑色标志，右击“磁盘 2”中的未分配空间，在弹出的快捷菜单中选择“新建简单卷”命令，见图 7-15。

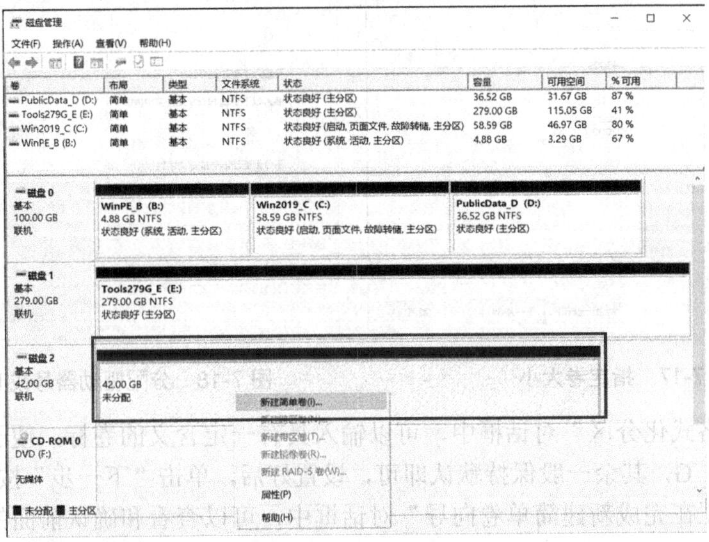

图 7-15　新建简单卷

(2) 在打开的“新建简单卷向导”窗口的欢迎界面中，单击“下一步”按钮，见图 7-16。

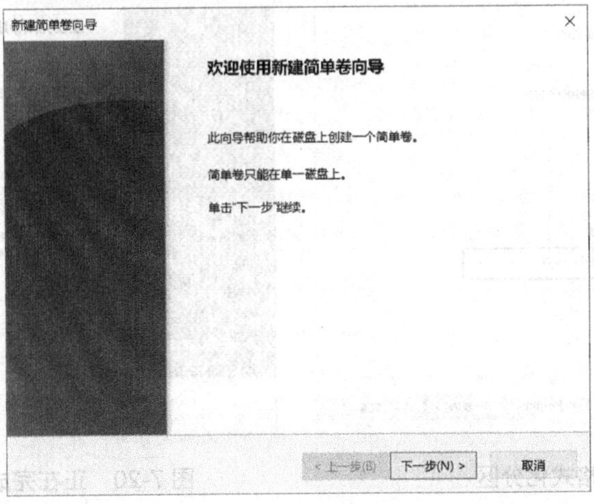

图 7-16　“新建简单卷向导”欢迎界面

(3) 在“指定卷大小”对话框中，可以更改简单卷的大小，默认使用整个磁盘创建简单卷，这里我们修改为20000MB(约20GB)，单击“下一步”按钮，见图7-17。

(4) 在“分配驱动器号和路径”对话框中，为新建的简单卷选择驱动器号或指定NTFS文件夹。将新建简单卷装入空白NTFS文件夹，就是在已有分区中指定一个空的NTFS文件夹来代表此分区。比如指定E:\UserData，则以后所有存储到E:\UserData文件夹中的内容，都会被存储到此分区中。这里，我们就使用默认的“分配以下驱动器号”G盘，单击“下一步”按钮，见图7-18。

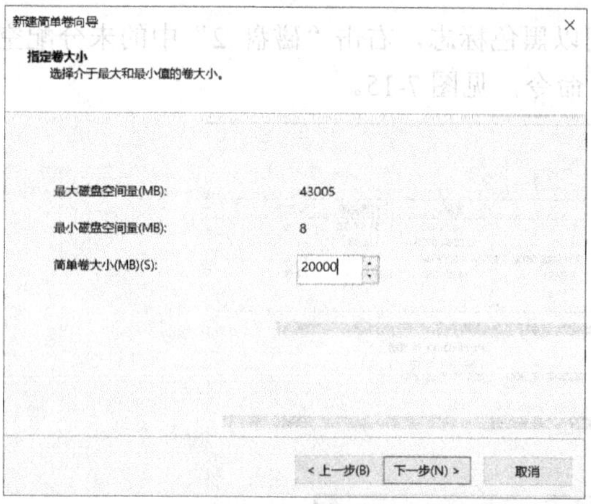

图7-17 指定卷大小

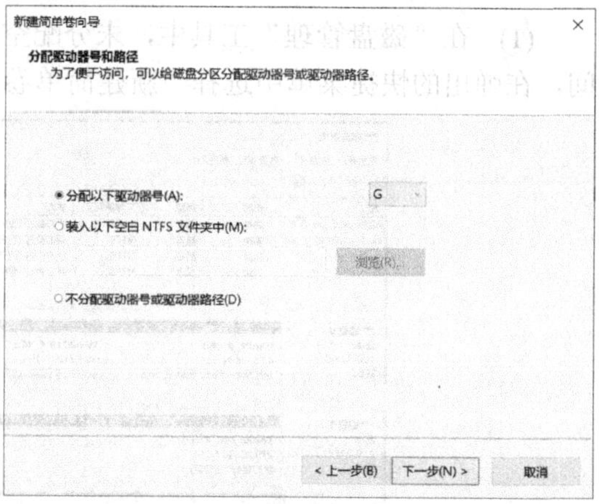

图7-18 分配驱动器号或NTFS路径

(5) 在“格式化分区”对话框中，可以输入具有一定含义的卷标，便于管理维护，比如20G_Primary_G，其余一般保持默认即可，设置好后，单击“下一步”按钮，见图7-19。

(6) 在“正在完成新建简单卷向导”对话框中，可以查看和确认前面的设置，确认无误后，单击“完成”按钮，便开始格式化磁盘分区，见图7-20。等待一段时间，格式化完成，便可看到新建的简单卷20G_Primary_G，主分区以深蓝色标志，见图7-21。

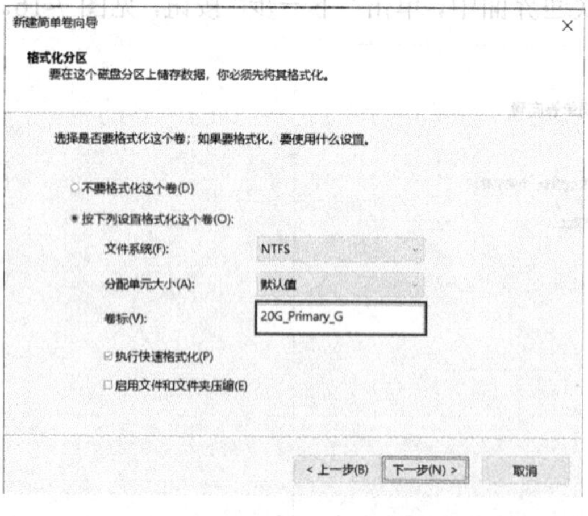

图7-19 格式化分区

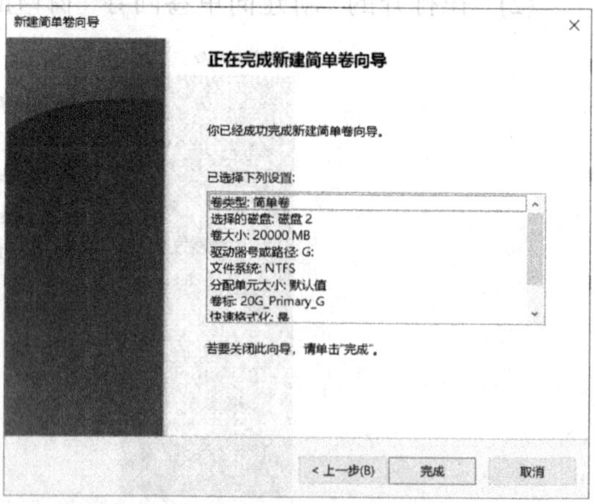

图7-20 正在完成新建简单卷向导

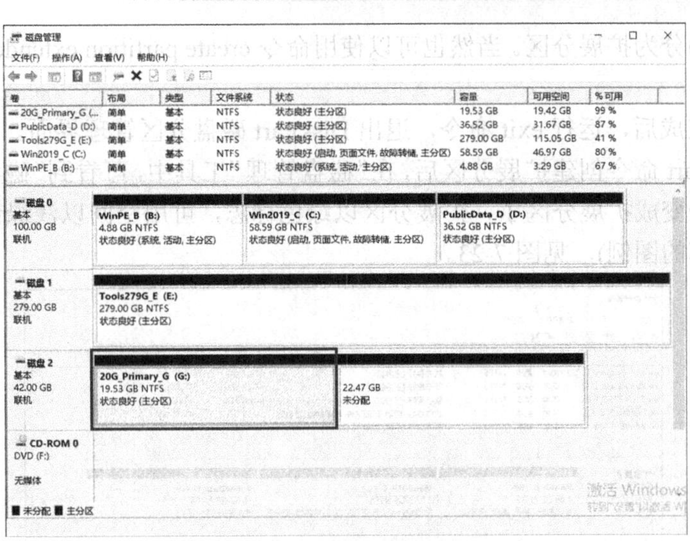

图 7-21　查看新建的简单卷

2. 创建扩展分区

在“磁盘管理”工具中，使用“新建简单卷”建立的分区是主分区。用户可以将未分配空间划分为扩展分区，并在扩展分区上建立逻辑分区。不过，Win2019 的“磁盘管理”工具只能创建主分区，不能创建扩展分区。要在 Win2019 下创建扩展分区和逻辑分区，读者可以使用 DiskGenius、Paragon Hard Disk Manager 等第三方工具，下面，我们利用系统附带的 DiskPart 命令来实现，具体步骤如下，参见图 7-22。

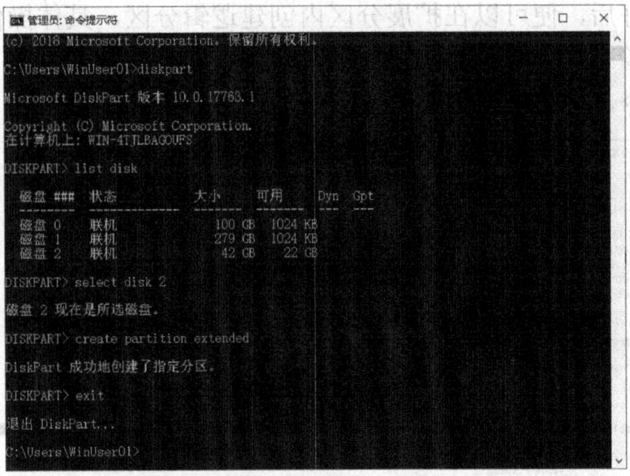

图 7-22　运行 DiskPart 命令创建扩展分区

(1) 以管理员身份打开 CMD 窗口。

(2) 运行 DiskPart 命令，进入磁盘分区管理界面。

(3) 运行 list disk 命令，查看当前挂载的磁盘信息。

(4) 选择需要处理的容量为 42GB 的磁盘，运行 select disk 2 命令。

(5) 运行 create partition extended 命令创建扩展分区，将把当前选中的“磁盘 2”上的所有剩余空间划分为扩展分区。当然也可以使用命令 create partition extended size=X 指定扩展分区的大小。

(6) 创建完成后，运行 exit 命令，退出 DiskPart 磁盘分区管理界面。

利用 DiskPart 命令创建扩展分区后，在“磁盘管理”工具中，可看到“磁盘 2”的 20.47GB 未分配空间已经变成扩展分区了，扩展分区以绿色标志，可用空间以浅绿色标志(见“磁盘管理”工具底部的图例)，见图 7-23。

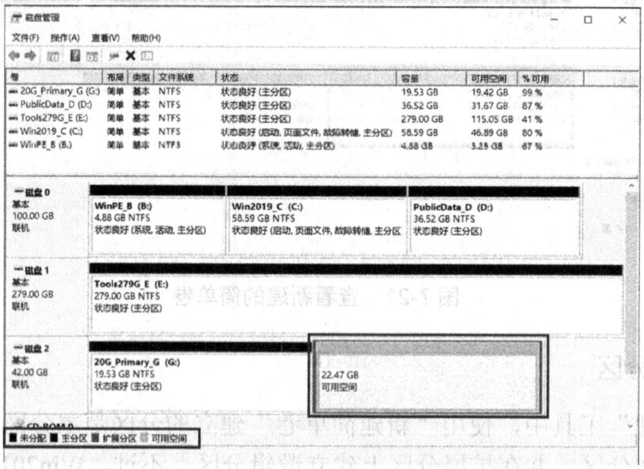

图 7-23 查看创建的扩展分区

3. 创建逻辑分区

扩展分区创建好后，便可以在扩展分区内创建逻辑分区，具体操作步骤如下。

(1) 在“磁盘管理”工具中，右击扩展分区中的可用空间，在弹出的快捷菜单中选择“新建简单卷”命令，见图 7-24。

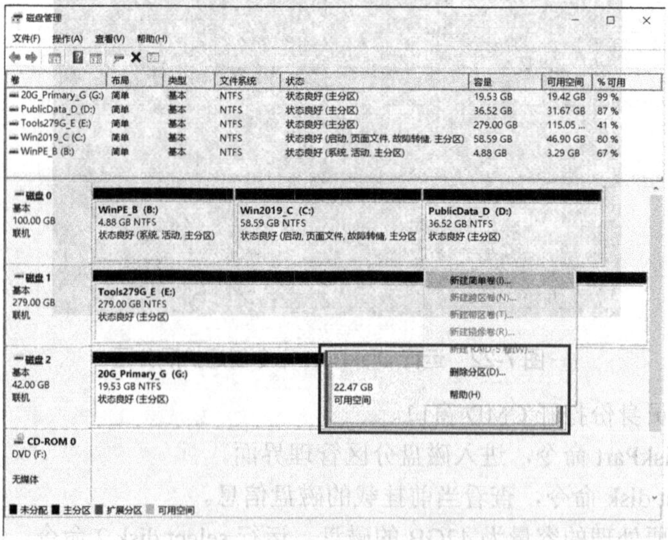

图 7-24 在扩展分区内创建逻辑分区

(2) 在打开“新建简单卷向导”的对话框中，按照创建主分区的类似方法创建逻辑分区即可。比如我们在该扩展分区上创建了两个逻辑分区，10G_Extend_H、13G_Extend_I，逻辑分区以蓝色标识，见图 7-25。

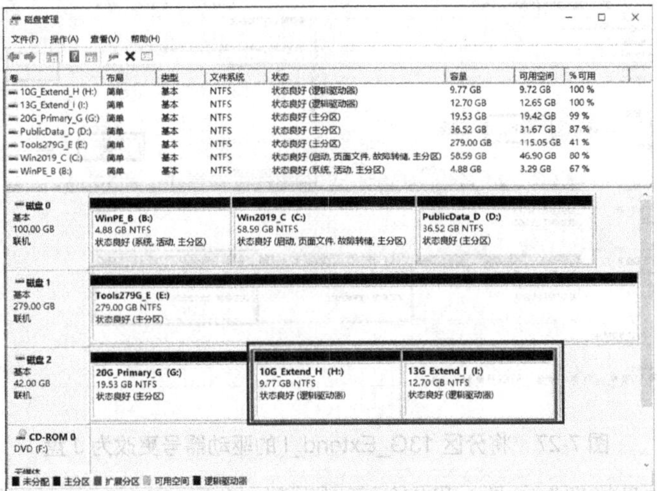

图 7-25　创建逻辑分区

4. 更改驱动器号和路径

用户可以对除系统卷及活动卷以外的任意一个卷进行更改驱动器号操作。比如，我们需要将分区“13G_Extend_I”的驱动器号更改为 J 盘，具体操作步骤如下。

(1) 在“磁盘管理”工具中，右击分区 13G_Extend_I，在弹出的快捷菜单中选择“更改驱动器号和路径”命令，见图 7-26。

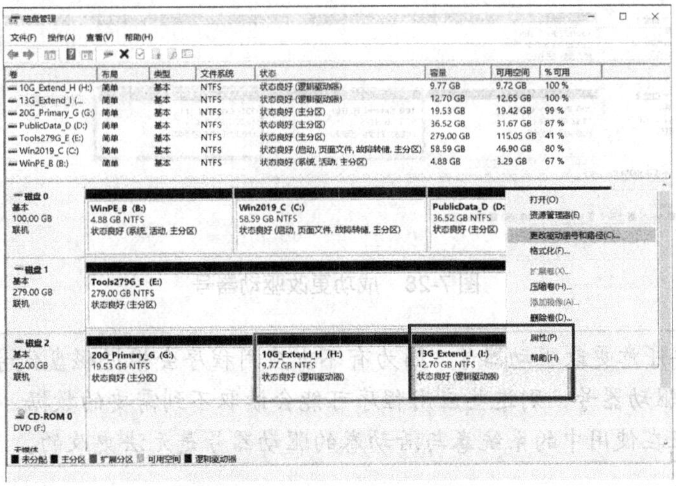

图 7-26　更改驱动器号和路径

(2) 在弹出的“更改 I：(13G_Extend_I)驱动器号和路径”对话框中，单击“更改”按钮，见图 7-27 左侧；在打开的“更改驱动器号或路径”对话框中，可以更改分区的驱动器号或路径，比如更改为J盘，设置好后单击“确定”按钮，见图7-27右侧。

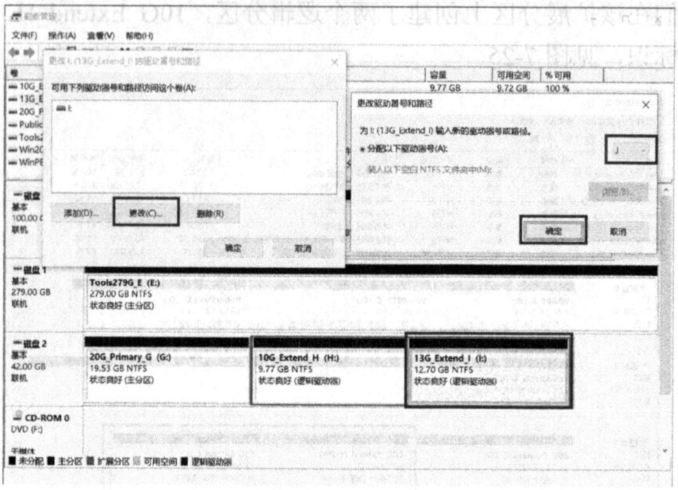

图 7-27　将分区 13G_Extend_I 的驱动器号更改为 J 盘

(3) 返回“磁盘管理”工具，我们便可以看到，分区13G_Extend_I的驱动器号已经更改为J盘，见图7-28。

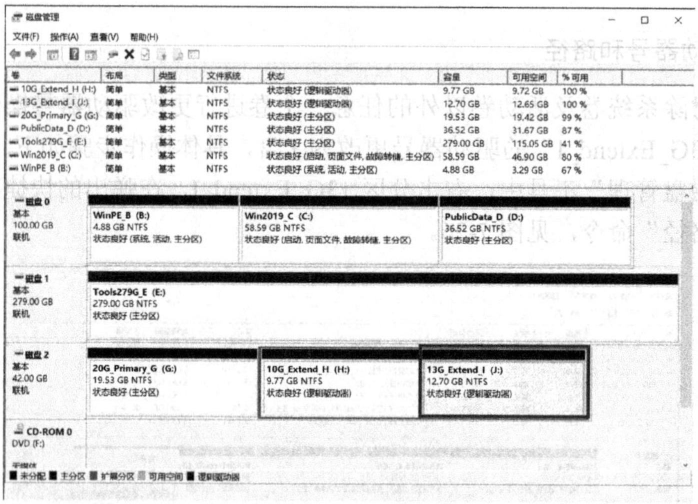

图 7-28　成功更改驱动器号

注意：① 请不要任意更改驱动器号，因为有不少应用程序会根据磁盘代号来访问数据，如果更改了驱动器号，则这些应用程序可能会读取不到需要的数据。
② 当前正在使用中的系统卷与活动卷的驱动器号是无法更改的。

7.2.4　压缩基本卷

压缩基本卷并不是进行数据压缩，而是缩减已有卷的存储空间(主分区或逻辑驱动器)，腾出空间用于扩大或新建其他分区。例如，如果需要创建新分区却没有多余的磁盘空间，则可以从卷末尾处收缩现有分区，腾出未分配空间用于创建新的分区。收缩分区时，将在磁盘上自动重定位一般文件以创建新的未分配空间，收缩分区无须重新格式化磁盘，不会导致数据丢失。具体操作步骤如下。

(1) 比如，我们可以右击上面的 13G_Extend_I 分区，在弹出的快捷菜单中选择“压缩卷”命令，见图 7-29。

(2) 在打开的“压缩卷”对话框中，输入需要压缩的空间，如 4096MB(4GB)，单击“压缩”按钮，便开始压缩，见图 7-30。

(3) 压缩完成后，可查看压缩的卷，现在已有 4GB 的可用空间(浅绿色)，而 13G_Extend_I 分区的容量减小为 8.70GB，见图 7-31。

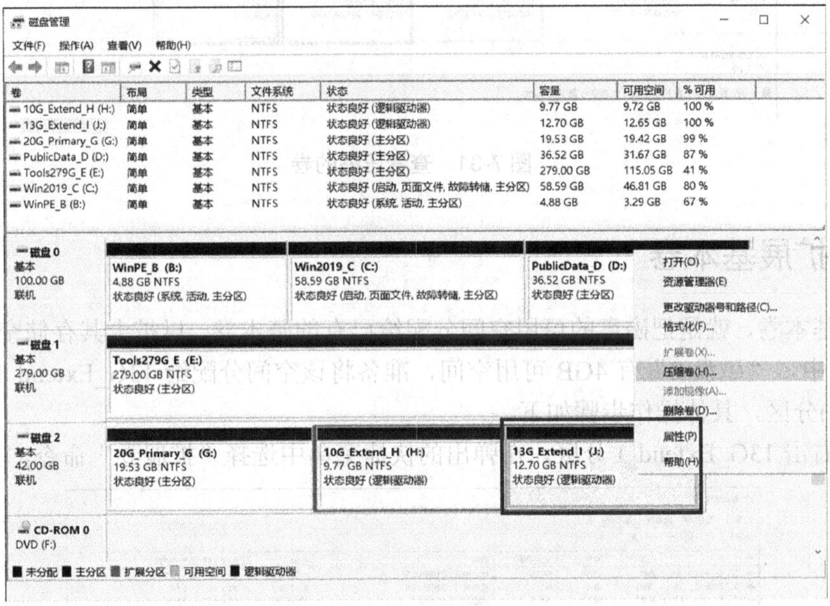

图 7-29 压缩卷

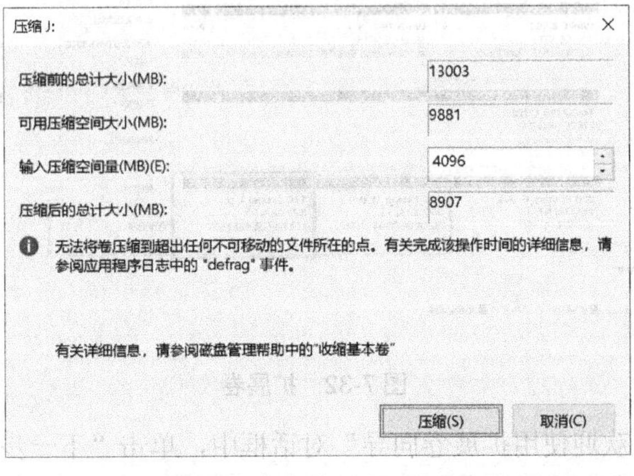

图 7-30 设置压缩空间量

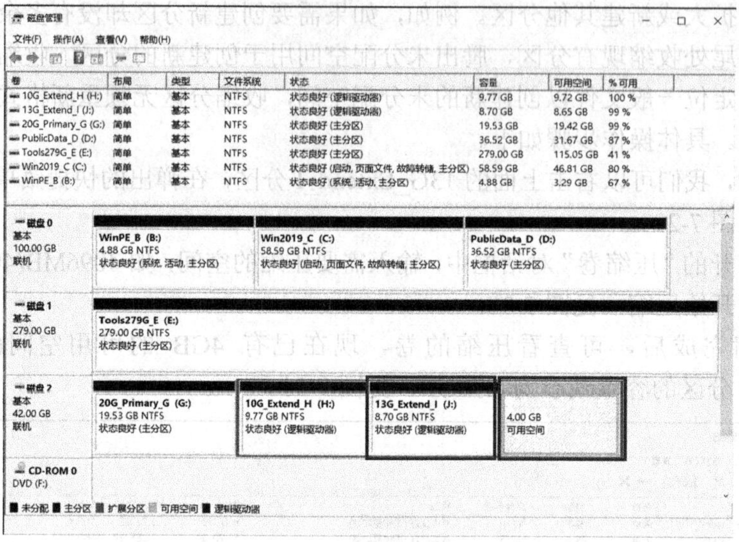

图 7-31　查看压缩的卷

7.2.5　扩展基本卷

扩展基本卷，就是把磁盘的可用空间分配给已有的基本卷，以扩大其存储空间。比如，在图 7-31 中，“磁盘 2”有 4GB 可用空间，准备将该空间分配给 13G_Extend_I(现在容量为 8.70GB)分区，具体操作步骤如下。

(1) 右击 13G_Extend_I 分区，在弹出的快捷菜单中选择“扩展卷”命令，见图 7-32。

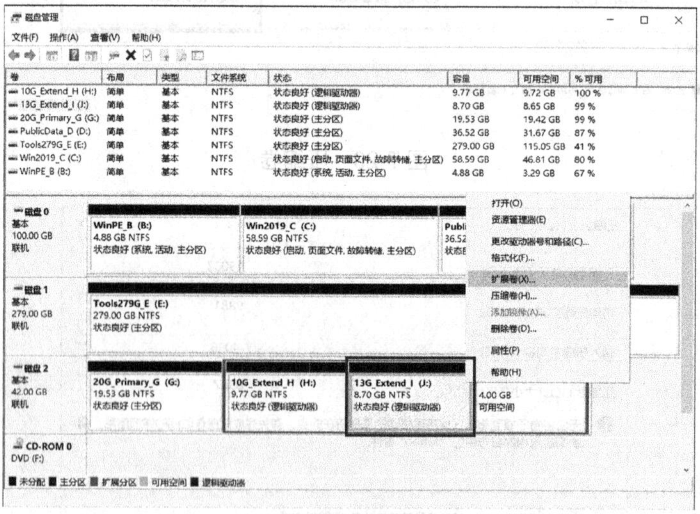

图 7-32　扩展卷

(2) 在打开的“欢迎使用扩展卷向导”对话框中，单击“下一步”按钮。

(3) 在“选择磁盘”对话框中，选择好磁盘并输入欲分配给 13G_Extend_I 的空间，设置好后，单击“下一步”按钮，见图 7-33。

(4) 在“完成扩展卷向导”对话框中，单击“完成”按钮。

(5) 当返回“磁盘管理”工具，可看到 13G_Extend_I 的空间已延伸至 12.70GB，见图 7-34。

注意： 只能扩展 NTFS 格式的卷，FAT 和 FAT32 格式的卷不能被扩展。新增加的空间，必须是紧跟着此基本卷之后的可用空间。

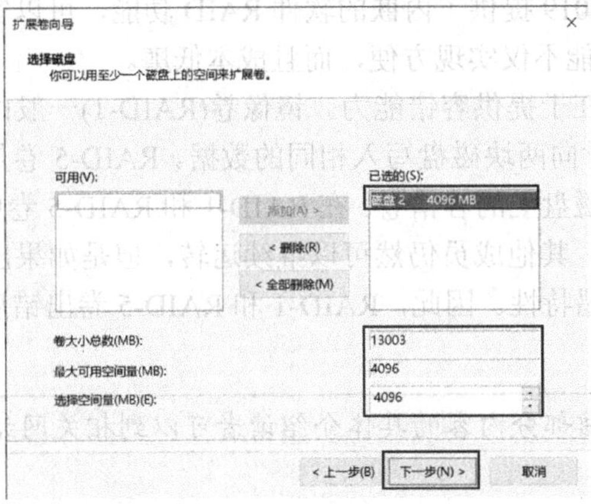

图 7-33　为扩展卷选择磁盘

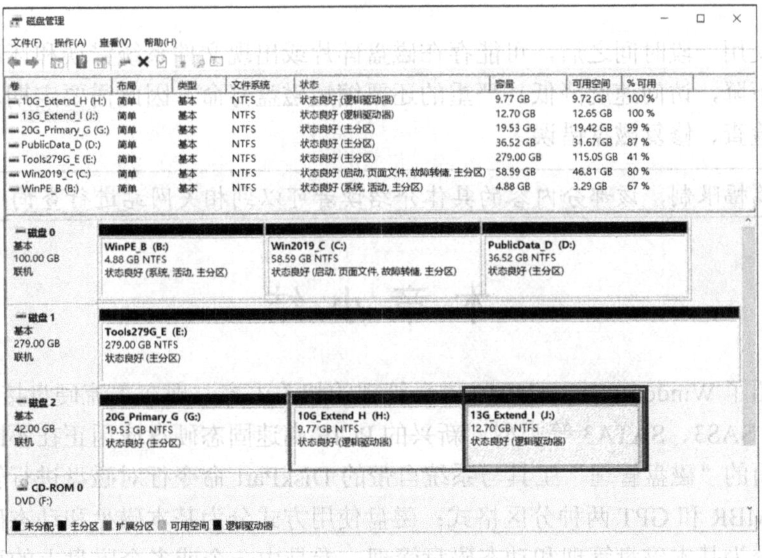

图 7-34　扩展卷完成

7.3　动态磁盘的管理

使用动态磁盘，可以合并磁盘、随意扩展卷大小和提升磁盘传输速度。动态磁盘支持简单卷、跨区卷、带区卷、镜像卷、RAID-5 卷等多种动态卷。

注意：由于篇幅限制，该部分内容的具体介绍读者可以到相关网站进行查询。

7.4 修复镜像卷与 RAID-5 卷

硬件 RAID 解决方案速度快、稳定性好，可以有效地提供高性能和容错性，但是价格偏贵。Windows Server 2019 提供了内嵌的软件 RAID 功能，可以实现 RAID-0、RAID-1 和 RAID-5，软件 RAID 功能不仅实现方便，而且成本低廉。

磁盘冗余的目的就在于提供容错能力。镜像卷(RAID-1)一般由两块相同大小的磁盘组成，数据写入时，会同时向两块磁盘写入相同的数据。RAID-5 卷是数据和奇偶校验间断分布在三个或更多个物理磁盘上的容错卷。在 RAID-1 和 RAID-5 卷中，虽然某个磁盘成员的失败不会导致丢失数据，其他成员仍然可以继续运转，但是如果出错后不能及时恢复，那么磁盘卷将不再具备容错特性。因此，RAID-1 和 RAID-5 卷出错后必须及时恢复，才能恢复其完全的容错能力。

注意：由于篇幅限制，该部分内容的具体介绍读者可以到相关网站进行查询。

7.5 磁盘碎片整理与错误检查

磁盘在使用一段时间之后，可能存在磁盘碎片或出现文件系统错误和坏扇区，这会引起磁盘性能下降，访问速度降低，严重的还要缩短磁盘寿命。因此需要定期对磁盘碎片进行整理，并检查、修复磁盘错误。

注意：由于篇幅限制，该部分内容的具体介绍读者可以到相关网站进行查询。

本 章 小 结

本章介绍了 Windows Server 2019 磁盘管理的相关内容。现在主流硬盘接口包括 U.2、M.2、PCIE、SAS3、SATA3 等类型，新兴的 PCIE 高速固态硬盘应用正在不断增加；可以使用图形界面的“磁盘管理”工具与系统自带的 DiskPart 命令行对磁盘进行管理操作；磁盘分区包括 MBR 和 GPT 两种分区格式；磁盘使用方式分为基本磁盘和动态磁盘两大类，磁盘管理也分为基本磁盘管理和动态磁盘管理；卷是由一个或多个磁盘上的可用空间组成的存储单元，可以使用 NTFS 等文件系统对卷进行格式化并分配驱动器号；在动态磁盘上可以创建简单卷、跨区卷、镜像卷、带区卷或 RAID-5 卷；镜像卷、RAID-5 卷出错后必须及时进行修复；磁盘碎片整理与错误检查有助于提升系统性能和可靠性。

第 8 章 服务器远程管理

本章要点：

- 远程管理简介
- 远程桌面连接
- Radmin 3.x 的安装和使用
- RealVNC 6.x 的安装和使用
- Radmin 2.x 的安装和使用
- 自编软件 UnifyRemoteManager 的应用
- IMM 远程管理系统
- Dell 服务器的 iDRAC6 远程管理系统
- HP 服务器的 iLO2 远程管理系统

远程管理是指对异地计算机及网络设备等进行远程控制的手段。在规划服务器远程管理时，最好规划多种远程管理方式协同使用，以便当一种管理方式失效时，能够及时切换另一种方式进行管理。建议同时规划基于硬件和基于软件的远程管理方式，在服务器正常运行时，使用软件方式远程管理服务器；当服务器死机或关机时，使用硬件方式来远程开机或重启服务器。在选购服务器时，一定要注意选配其相应的远程管理卡，使服务器的维护和管理变得更加高效可靠。规划好远程管理后，便可以在任意一台接入 Internet 的计算机上管理所有服务器了。

8.1 远程管理简介

所谓远程管理，一般是指通过网络上的一台网络设备(称为主控端或客户端)远距离去控制另一台网络设备(称为被控端或服务器端)的技术。也就是管理人员在主控端通过网络拨号或 Internet 等方式，连接异地的被控端计算机，将被控端计算机的桌面环境显示到主控端计算机上，通过主控端对被控端进行配置、程序安装与修改等工作。

当操作者使用主控端计算机控制被控端计算机时，就如同坐在被控端计算机的屏幕前一样，可以启动被控端计算机的应用程序，可以使用或获取被控端计算机的文件资料，甚至可以利用被控端计算机的外部设备(例如打印机)和通信设备(例如调制解调器或者专线等)来进行打印和访问互联网，类似于利用遥控器遥控电视机的音量、变换频道或者开关电视机。不过，主控端计算机只是将键盘和鼠标的指令传送给被控端计算机，同时将被控端计算机的屏幕画面通过通信线路回传过来。换句话说，我们控制被控端计算机进行的操作，感觉是在主控端计算机上进行的，实质却是在被控端计算机中实现的，不论是打开文件，还是上网浏览、下载等，都是存储在被控端计算机中的。

Windows Server 服务器的安装维护和管理配置，绝大部分都是通过远程管理来完成的。根据我们管理维护经验，借助对网管服务器进行远程管理，就可以实现在全世界的任何区域，通过互联网来管理和监控整个区域内的网络设备。

8.2　远程桌面连接

通过 Windows 自带的远程桌面连接，可以经由网络对计算机及服务器进行远程管理和控制。Windows Server 2003 ～ Windows Server 2019 系列操作系统，安装时都已经默认安装好远程桌面功能，不过，其默认远程桌面连接数只有两个用户，作为服务器远程管理工具，一般已经够用。如果有多于两个用户进行远程桌面连接，系统就会提示超过连接数，可以通过添加远程桌面授权来解决。

8.2.1　远程桌面计算机设置

1. 启用远程桌面功能

Windows Server 2019 安装好后，远程桌面功能默认是关闭的。前面第 4 章也提到，若不需要使用远程桌面功能，为安全起见，最好关闭远程桌面功能。若要在下面环节中使用远程桌面功能，需要打开此项功能，具体操作步骤如下。

(1) 以管理员身份登录进入系统。

(2) 选择“开始”菜单 | “控制面板” | “系统”选项，或者右击桌面的“此电脑”，在弹出的快捷菜单中选择“属性”，打开“系统”窗口，见图 8-1。

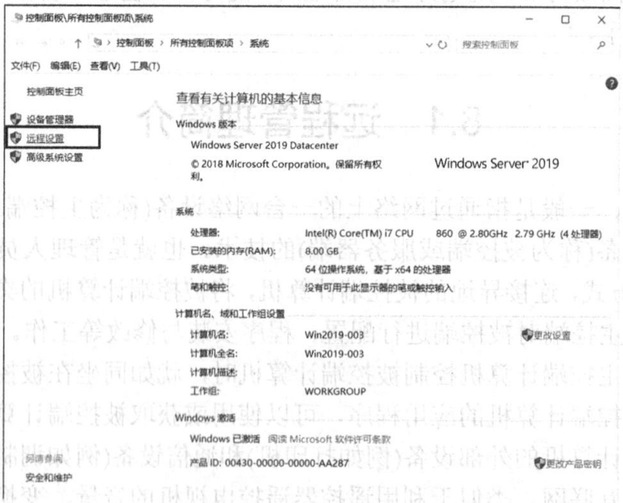

图 8-1　打开“系统”窗口

(3) 在“系统”窗口中，单击左侧的“远程设置”选项，打开“系统属性”对话框的“远程”选项卡；要启用远程桌面功能，在下面的“远程桌面”选项组，请选择“允许远程连接到此计算机”，并选中“仅允许运行使用网络级别身份验证的远程桌面的计算机连接(建议)”，然后单击“确定”即可，见图 8-2。

(4)　在图 8-2 中，有三个选项用来控制远程桌面连接。

①　不允许连接到这台计算机：不启用远程桌面连接功能，这是默认值，既阻止任何人使用远程桌面或终端服务 TS(Termainal Server)RemoteApp 连接到该计算机。

②　允许远程连接到此计算机：启用远程桌面连接功能，允许连接到该计算机。

③　仅允许运行使用网络级别身份验证的远程桌面的计算机连接(建议)：允许通过运行使用网络级别身份验证(Network Level Authentication，NLA)的远程桌面或 TS RemoteApp 版本计算机的人员连接到该计算机。如果知道将要连接到此计算机的人在其计算机上运行 Windows 7 ～ Windows 10 系列系统，这是比较安全的选择。在 Windows 7～Windows 10 系列系统中，远程桌面使用 NLA。

④　网络级别身份验证(NLA)：是一种新的身份验证方法，在建立所有远程桌面连接之前完成用户身份验证，并出现登录屏幕。这是比较安全的身份验证方法，有助于保护远程计算机避免恶意用户的攻击。查看是否正在运行带 NLA 的远程桌面版本，可以打开“远程桌面连接”对话框；单击“远程桌面连接”对话框左上角的系统图标，选择“关于”命令；在打开的“关于远程桌面连接”对话框中，如果看到“支持网络级别的身份验证”，即表示支持 NLA，见图 8-3。

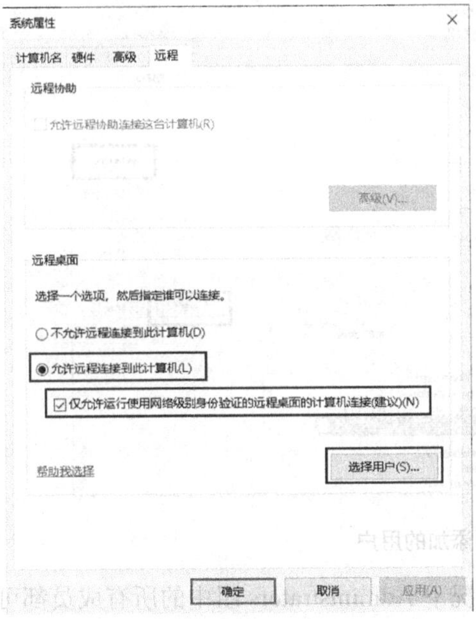

图 8-2　启用远程桌面连接功能

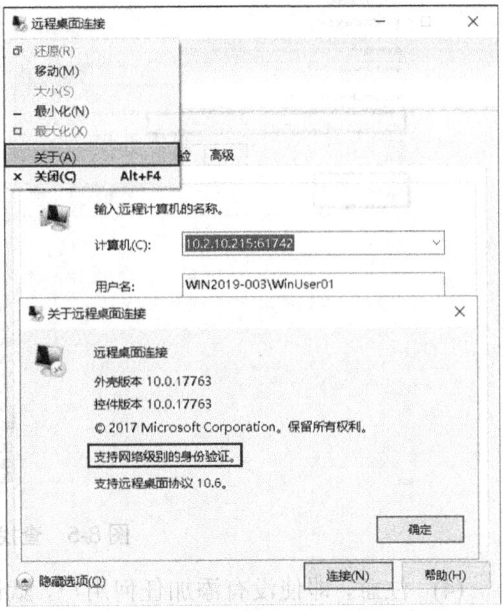

图 8-3　查看是否支持 NLA

2. 为远程桌面功能选择用户

启用远程桌面连接功能后，需要为远程桌面功能选择用户，具体步骤如下。

(1)　启用远程桌面功能后，在图 8-2 所示界面中，单击“选择用户”按钮。

(2)　在打开的“远程桌面用户”对话框中，单击“添加”按钮，见图 8-4。

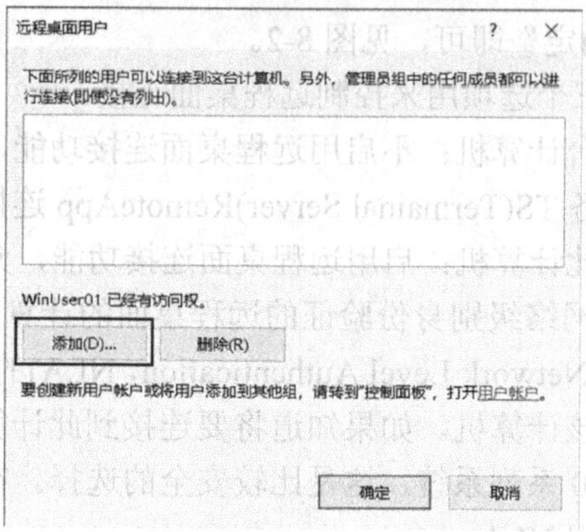

图 8-4　添加远程桌面连接的用户

(3) 在打开的“选择用户”对话框中，依次单击“高级”按钮和“立即查找”按钮，在下侧的“搜索结果”中选中要授权的用户，再依次单击“确定”按钮返回“远程桌面用户”对话框，添加的用户便会出现在下侧的用户列表中。比如，这里添加了 Administrator、WinUser01 两个用户，见图 8-5。

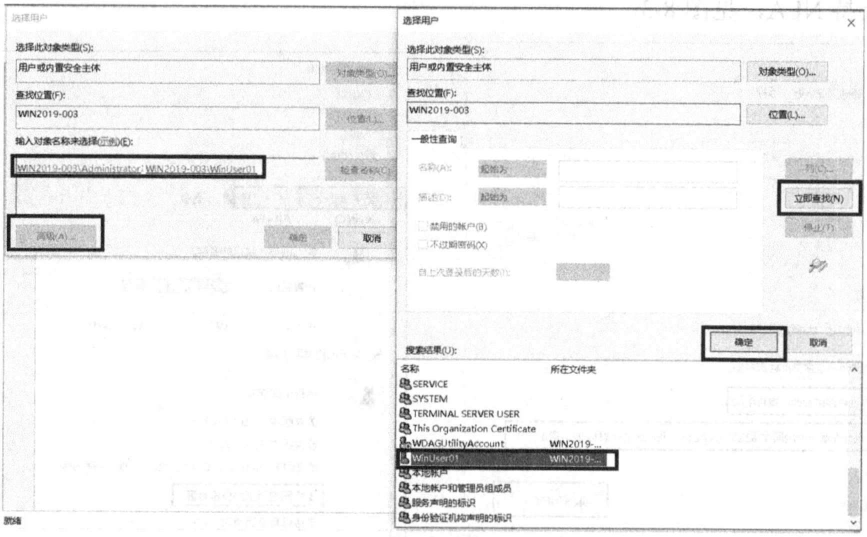

图 8-5　查找需要添加的用户

(4) 注意，即使没有添加任何用户，默认情况下 Administrators 组中的所有成员都可以连接远程桌面。

3. 修改远程桌面服务器的端口号

远程桌面服务所使用的通信协议是 Microsoft 定义的 RDP 协议(Reliable Data Protocol，可靠数据协议)，该协议的默认 TCP 通信端口号是 3389(十六进制为 00000d3d)，该端口经常成为病毒和恶意用户攻击的对象。为了安全起见，我们可以更改远程桌面的端口号，比如改为 61742(十六进制为 0000f12e)。具体操作步骤如下。

(1) 创建包含下面内容的*.reg 文件，比如 PortNumber-61742.reg:

```
Windows Registry Editor Version 5.00
[HKEY_LOCAL_MACHINE\SYSTEM\CurrentControlSet\Control\Terminal
Server\Wds\rdpwd\Tds\tcp]
"PortNumber"=dword:0000f12e

[HKEY_LOCAL_MACHINE\SYSTEM\CurrentControlSet\Control\Terminal
Server\WinStations\RDP-Tcp]
"PortNumber"=dword:0000f12e
```

(2) 在资源管理器中双击该文件导入。

(3) 重启计算机，便可以将远程桌面服务器的端口号改为 61742。

4. 为远程桌面服务器配置防火墙

在已经启用远程桌面的服务器中，如果系统中启用了 Win2019 防火墙，需要参照本书 5.4.4 小节为远程桌面服务器配置防火墙规则。如果系统中安装了 SEP 防火墙，需要参照本书 5.7.4 小节为远程桌面服务器配置防火墙规则。这里，我们以配置 SEP 防火墙为例进行说明。

我们需要为 SEP 防火墙创建一条防火墙规则，该规则允许 C:\Windows\System32\svchost.exe 传入访问 61742 TCP 本地端口。

(1) 创建防火墙规则，可以在 SEP 防火墙规则管理界面，单击左下角的“添加”按钮，参见图 8-9。

(2) 在弹出的“编辑防火墙规则”对话框中，选择“常规”选项卡，在“规则名称”文本框中输入“Allow All - RemoteDesktop”；在“操作”选项组中选择“允许此通信”单选按钮，见图 8-6。

(3) 选择“端口和协议”选项卡，在“协议”下拉列表框中选择 TCP；在“本地端口”下拉列表框中输入 61742；在“通信方向”下拉列表框中选择“传入”，其余保持默认，见图 8-7。

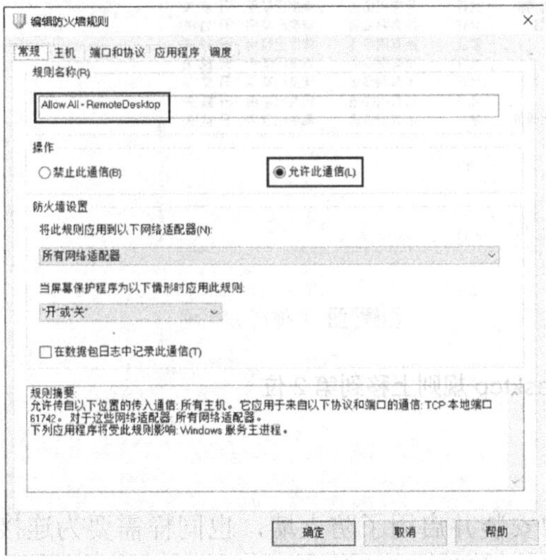

图 8-6 创建 Allow All - RemoteDesktop 规则

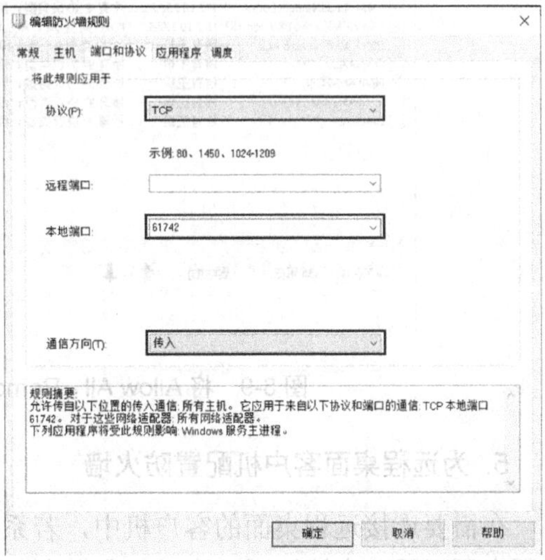

图 8-7 设置该规则允许传入访问 61742 TCP 本地端口

(4) 选择“应用程序”选项卡，单击“浏览”按钮，添加 C:\Windows\System32\svchost.exe，

见图 8-8。

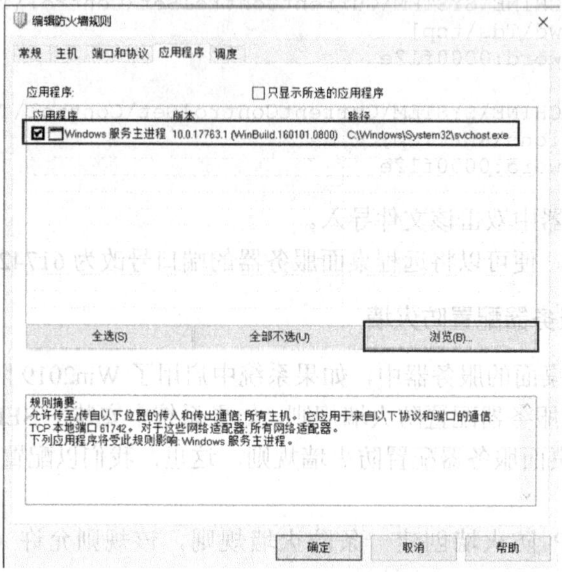

图 8-8　添加允许访问网络的程序

(5)　其余都保持默认，设置好后单击“确定”按钮。

(6)　返回 SEP 防火墙规则管理界面后，新创建的规则默认放到最下面，并自动启用。单击下侧的上下移动按钮，将 Allow All - RemoteDesktop 规则上移到第 2 位即可，见图 8-9。

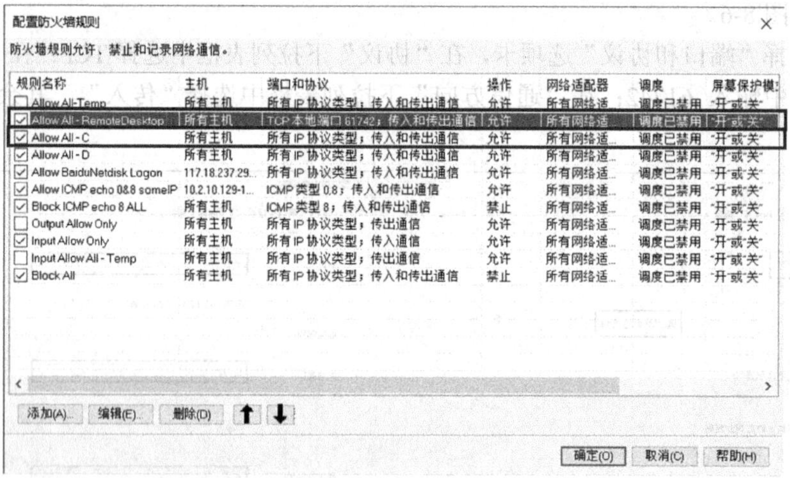

图 8-9　将 Allow All - RemoteDesktop 规则上移到第 2 位

5. 为远程桌面客户机配置防火墙

在需要连接远程桌面的客户机中，若系统中安装并启用了防火墙，也同样需要为连接远程桌面配置防火墙规则。这里，我们也以配置 SEP 防火墙为例进行说明。

Windows 客户机需要启动自带的 mstsc.exe 程序来连接远程桌面服务器，我们只需在已有的防火墙规则中添加 C:\Windows\System32\mstsc.exe 程序即可。

(1) 在 SEP 防火墙规则管理界面，双击已有的防火墙规则 AllowAll - C，参见图 8-9。

(2) 在弹出的“编辑防火墙规则”对话框中，选择“应用程序”选项卡，单击“浏览”按钮，添加 C:\Windows\System32\mstsc.exe，见图 8-10。

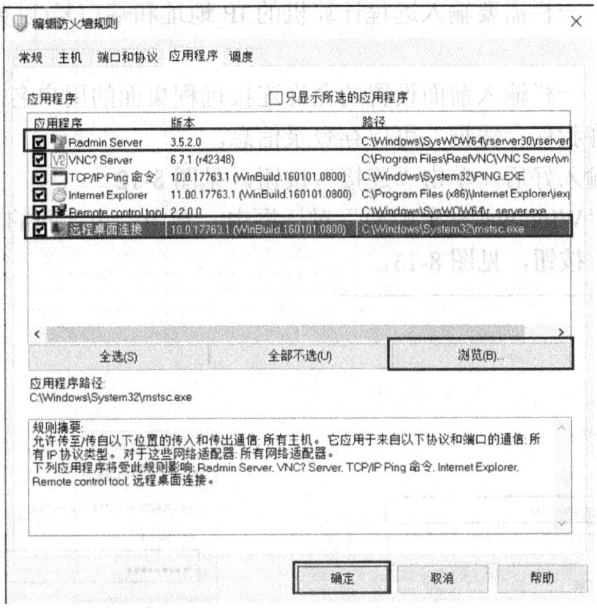

图 8-10 添加允许访问网络的程序

(3) 添加好后，依次单击“确定”按钮即可。

8.2.2 使用“远程桌面连接”连接远程桌面

Windows 系统自带“远程桌面连接”程序 mstsc.exe，可以使用该程序连接启用了“远程桌面”功能的计算机。具体操作步骤如下。

1. 启动“远程桌面连接”连接远程桌面

(1) 在 Windows Server 2019 中，依次选择“开始”|“所有程序”|“附件”|“远程桌面连接”命令，便可打开“远程桌面连接”程序，见图 8-11。

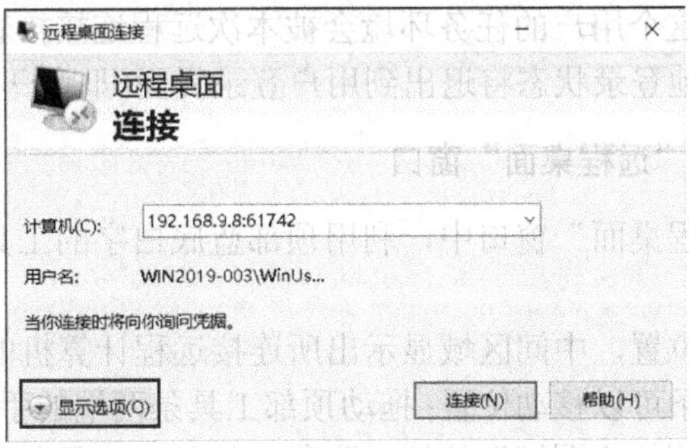

图 8-11 折叠的“远程桌面连接”对话框

(2) 在打开“远程桌面连接”对话框中，单击下面的“显示选项”折叠按钮，可以展开更多的配置选项，见图 8-12。

(3) 在展开的“远程桌面连接”对话框中，输入以下登录信息。

① “计算机”一栏需要输入远程计算机的 IP 地址和端口号(以英文冒号分隔)，比如 192.168.9.9:61742。

② “用户名”一栏输入前面设置的允许连接远程桌面的用户名，比如 WinUser01。

③ 选中“允许我保存凭据”可保存登录信息。

④ 登录信息输入好后，单击“连接”按钮，见图 8-12。

(4) 在弹出的“Windows 安全中心”对话框中，选中“记住我的凭据”，输入用户密码后，单击“确定”按钮，见图 8-13。

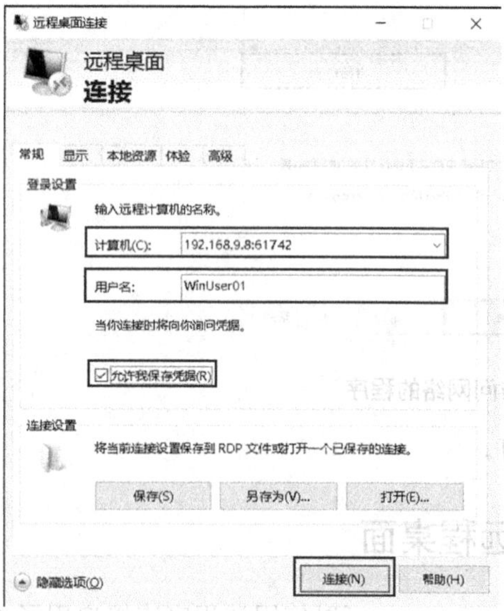

图 8-12 展开的“远程桌面连接”对话框

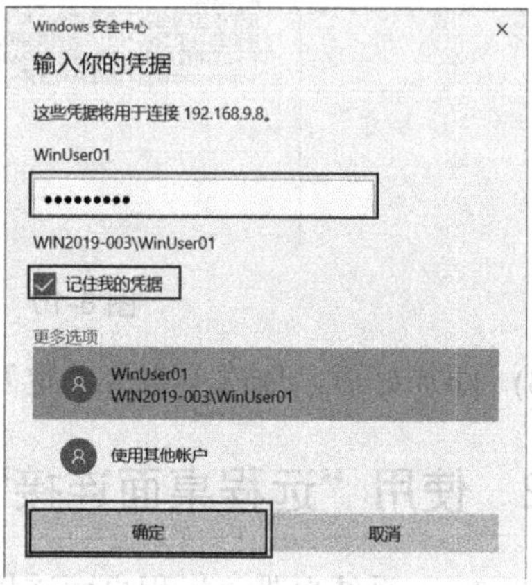

图 8-13 输入连接远程桌面的用户密码

(5) 第一次连接远程桌面，会弹出有关安全证书的提示对话框，可选中下侧的“不再询问我是否连接到此计算机”，然后单击“是”按钮，见图 8-14。

(6) 接下来，便可以看到远程计算机上的桌面设置、文件和程序等内容，见图 8-15。

(7) 注意，如果用于远程登录的用户(如 WinUser01)已经在远程计算机本地登录或其他远程桌面连接登录，则这个用户的任务环境会被本次远程连接接管，其他的远程连接将被断开，远程计算机的本地登录状态将退出到用户登录界面(即用户被注销)。

2. 管理已经连接的“远程桌面”窗口

在已经连接的“远程桌面”窗口中，利用顶部蓝底白字的工具条，可以进行以下管理操作，见图 8-16。

(1) 在顶部工具条位置，中间区域显示出所连接远程计算机的 IP 地址 192.168.9.8。

(2) 拖动顶部工具条可以移动位置；拖动顶部工具条两端的手柄可以缩放工具条宽度。

(3) 单击工具条左侧的“图钉”按钮可隐藏工具条，工具条隐藏后，鼠标移到窗口顶部中间时，会显示工具条，此时单击“图钉”按钮，可固定工具条。

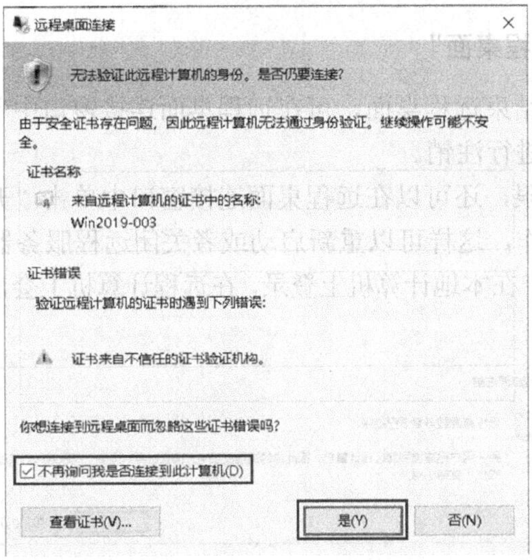

图 8-14　安全证书提示对话框

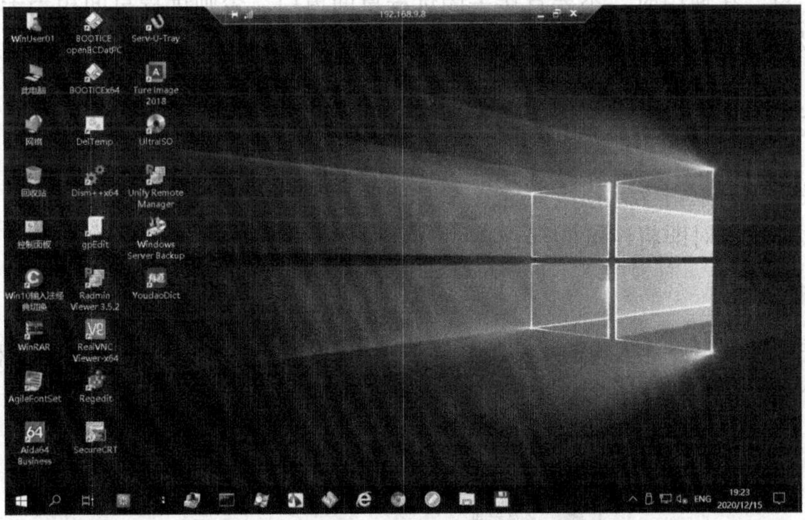

图 8-15　连接到远程服务器的“远程桌面”窗口

图 8-16　“远程桌面”窗口顶部的工具条

(4) 单击工具条左侧的 3 竖“连接信息”按钮，可以查看远程连接质量信息。

(5) 单击工具条右侧的“最小化”按钮，可以最小化远程管理窗口；单击“还原”按钮，可以切换到窗口模式；在窗口模式下单击工具条右侧的“最大化”按钮，可以切换到全屏模式。

(6) 按 Ctrl + Alt + PauseBreak 组合键，可以在全屏和窗口模式之间进行切换，工具栏也会显示出来。

(7) 单击工具条右侧的“关闭”按钮，可以断开远程桌面连接。

3. 注销或结束“远程桌面”

(1) 如果要注销或结束远程桌面，可在远程桌面连接窗口中单击“开始”按钮，然后按常规的用户注销方式进行注销。

(2) 如果有足够权限，还可以在远程桌面连接窗口中单击“开始”按钮，选择“重新启动”、“关机”等操作，这样可以重新启动或者关闭远程服务器主机。

(3) 若远程登录用户在本地计算机上登录，在远程计算机上会出现如图 8-17 所示的提示信息。

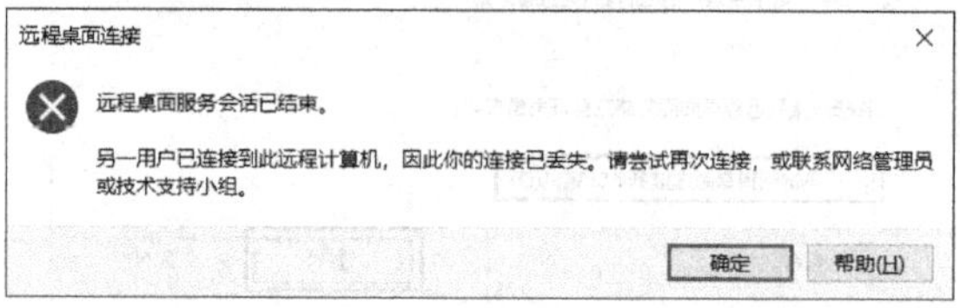

图 8-17　远程桌面服务会话已结束

(4) 注意，在使用时，不要直接关闭远程桌面窗口，否则远程桌面相当于“断开”，仍然占用服务器上的资源，并未注销释放服务器上的资源。

8.2.3　远程桌面连接高级设置

在登录之前，单击“远程桌面连接”对话框中的“显示选项”折叠按钮，将展开更多的配置选项，可以对即将连接的远程桌面窗口进行各种属性设置。

1. 常规设置

(1) 在“远程桌面连接”的“常规”选项卡中，可以输入计算机的 IP 地址和端口号(以英文冒号分隔)、连接远程桌面的用户名，选中“允许我保存凭据”可以保存登录信息，见图 8-18。

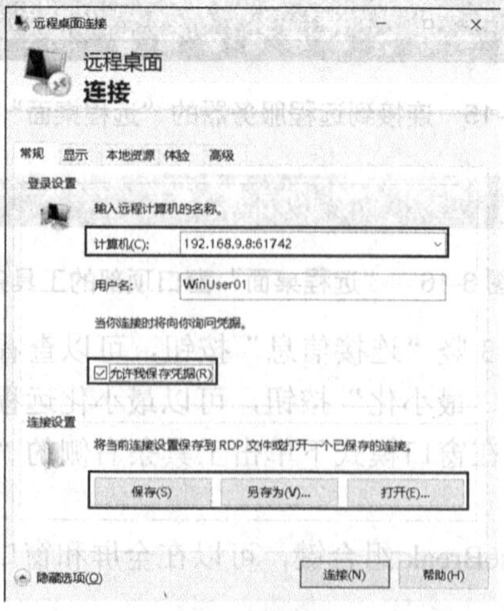

图 8-18　远程桌面连接：常规

(2) 成功登录后，可以打开“控制面板”|“用户账户”|“凭据管理”|“Windows 凭据”查看和管理已保存的凭据，见图 8-19。

图 8-19 查看和管理已保存的凭据

(3) 设置完成后，用户可以选择进行如下操作。

① 单击“保存”按钮，可以将当前连接信息保存到注册表的下面位置中：HKEY_CURRENT_USER\Software\Microsoft\Terminal Server Client\Default，每个 MRUx 值代表一个链接记录，见图 8-20。

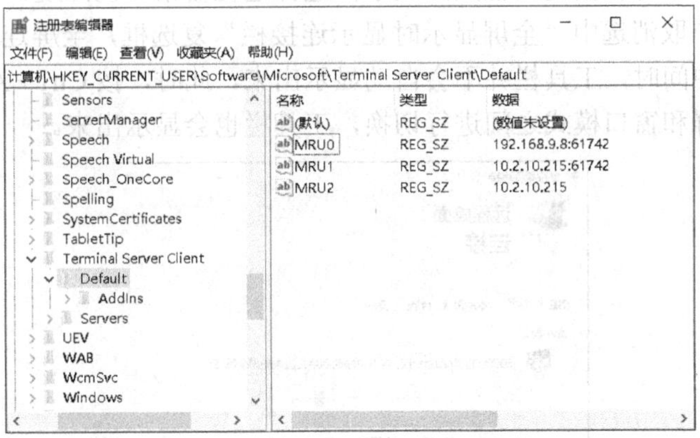

图 8-20 查看已保存的链接记录

② 单击“另存为”按钮，可以将当前连接信息另存到用户指定的*.rdp 配置文件中，比如 192.168.9.8.rdp，以后只需双击这个*.rdp 配置文件，便可自动连接远程计算机。

③ 单击“打开”按钮，可以打开已有*.rdp 配置文件，进行编辑和连接。

④ 对于已经创建的*.rdp 配置文件，可以在资源管理器或者 TotalCMD 中右击*.rdp 配置文件(比如 192.168.9.8.rdp)，在弹出的快捷菜单中选择“编辑”命令，便可以对已经创建的配置文件进行编辑，见图 8-21。

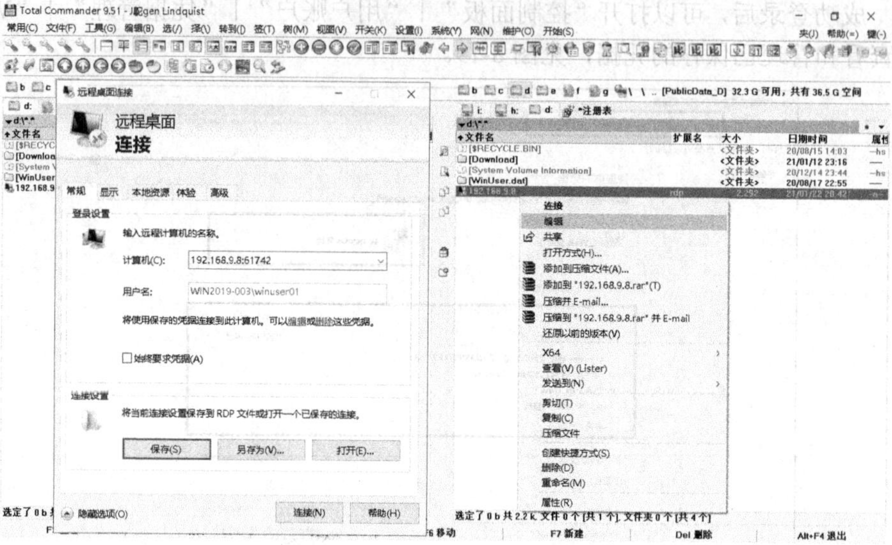

图 8-21　远程桌面连接：显示

2. 显示设置

在“远程桌面连接”的“显示”选项卡中，可对远程桌面显示的大小和颜色进行设置，见图 8-22。若用户有多个显示器，选中“将我的所有监视器用于远程会话”，便可以同时用多个显示器来显示远程桌面。选中“全屏显示时显示连接栏”复选框，在全屏时将显示顶部工具条。另外还可以指定远程桌面大小，选择远程会话颜色深度。

注意，若用户取消选中“全屏显示时显示连接栏”复选框，全屏连接远程桌面后鼠标移动到屏幕顶部中间时，工具栏并不会自动显示出来。此时，按 Ctrl + Alt + PauseBreak 组合键，可以在全屏和窗口模式之间进行切换，工具栏也会显示出来。

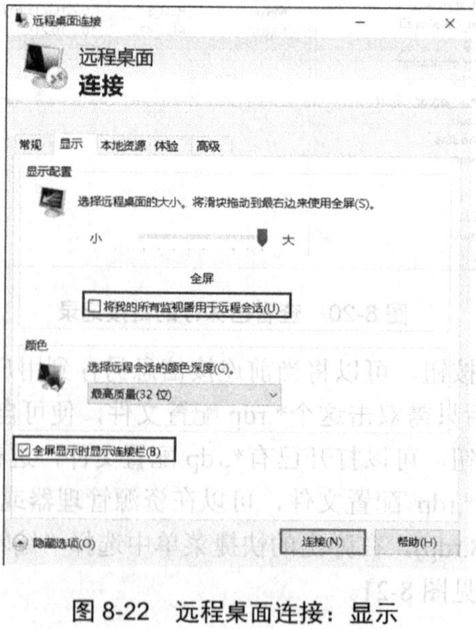

图 8-22　远程桌面连接：显示

3. 本地资源设置

在“远程桌面连接”的“本地资源”选项卡中，可对远程计算机的声音输出方式、键盘输入方式，以及可在远程计算机中使用的本地设备和资源进行设置，见图 8-23。

(1) 对远程计算机输出的声音，有五种处理方式，一般使用默认设置即可，见图 8-23 右侧。

① 在此计算机上播放：在本地计算机上播放远程计算机程序发出的声音。

② 不要播放：不播放声音。

③ 在远程计算机上播放：在远程计算机上播放远程计算机的程序发出的声音。

④ 从此计算机进行录制：在本地计算机上录制远程计算机发出的声音。

⑤ 不录制：不录制远程计算机发出的声音。

(2) 对键盘设置时，选择当按下 Windows 组合键时(如 Alt+Tab 键)，是要用来操纵本地计算机、远程计算机，还是只在全屏显示时才用来操纵远程计算机，一般使用默认设置即可，见图 8-23 左侧。

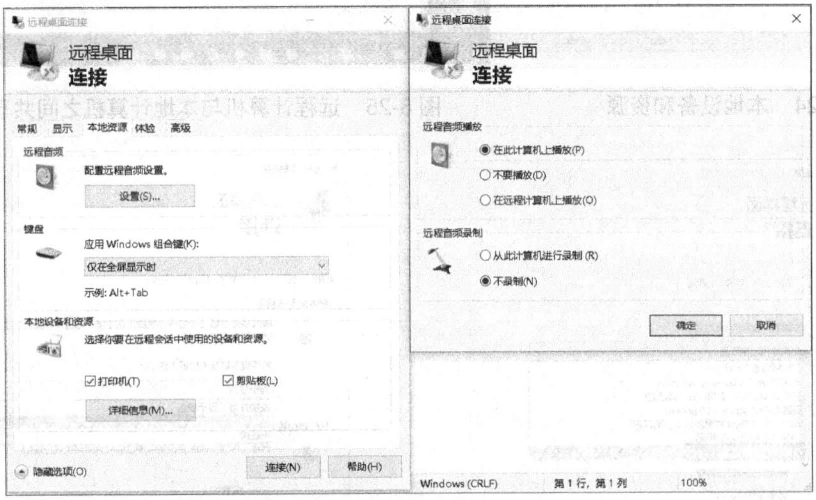

图 8-23 远程桌面连接：本地资源

(3) 在“本地设备和资源”选项组中，可选择在远程计算机中使用的本地资源。单击“详细信息”按钮，在打开的对话框中，可选择更多的本地设备和资源，见图 8-24，可选择智能卡、端口和驱动器、视频捕获设备、其他支持的即插即用(PnP)设备等。例如，选择 Data207G(E:)盘，在远程计算机的资源管理器，便可看到该盘的驱动器名称“Win2019-003 上的 E”，通过它，可在远程计算机与本地计算机之间进行资源共享，见图 8-25。

4. 体验设置

在“远程桌面连接”的“体验”选项卡中，可根据本地计算机与远程计算机之间的网络连接速度选择其显示性能，见图 8-26。当连接速度较快时，可选择所有功能。一般使用默认设置即可，包括选择“自动检测连接质量”选项，并选中“持久位图缓存”复选框和“如果连接中断，则重新连接”复选框。

5. 高级设置

在“远程桌面连接”的“高级”选项卡中，可选择远程计算机的身份验证方式，验证是否连接到正确的远程计算机或服务器，此安全措施有助于防止连接到非预期的计算机或服务器，以及由此增加的暴露保密信息的可能性；还可以进行身份验证选项以及远程桌面的网关设置。一般使用默认设置即可，见图 8-27。

图 8-24　本地设备和资源

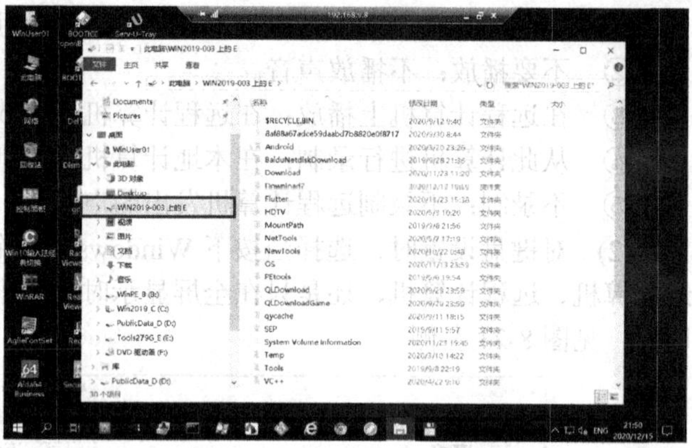

图 8-25　远程计算机与本地计算机之间共享资源

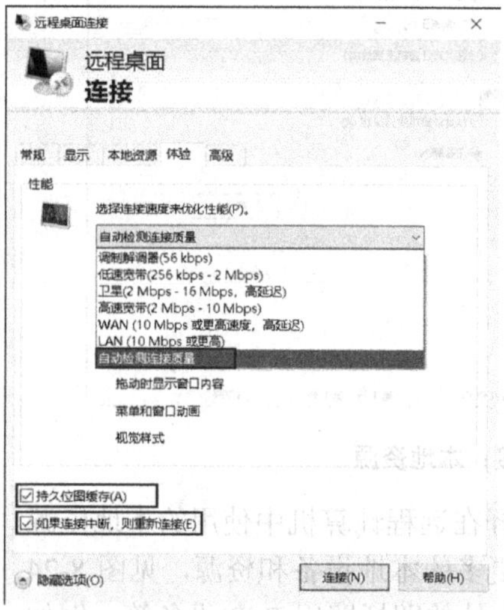

图 8-26　远程桌面连接：体验

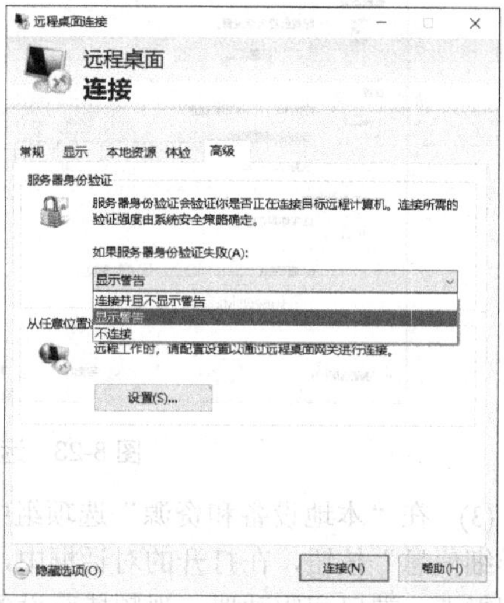

图 8-27　远程桌面连接：高级

(1)　在服务器身份验证中有三个可用的身份验证选项，其功能如下。

①　连接并且不显示警告：使用此选项，即使远程桌面连接无法验证远程计算机的身份，它仍然会连接，没有了如图 8-14 所示的身份验证提示信息。

②　显示警告：使用此选项，如果远程桌面连接无法验证远程计算机的身份，则发出警告，选择是否继续连接。

③　不连接：使用此选项，如果远程桌面连接无法验证远程计算机的身份，则会终止建立连接。

(2) 在设置远程桌面网关时，一般使用默认连接设置“自动检测 RD 网关服务器设置”接口，见图 8-28。

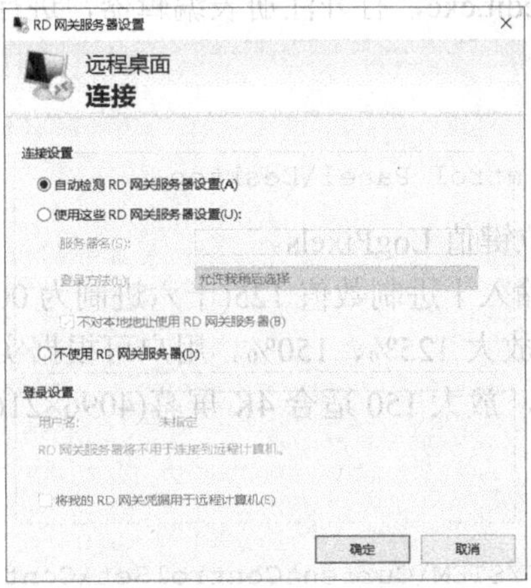

图 8-28 RD 网关服务器设置

8.2.4 解决 Windows 远程桌面不能修改 DPI 问题

现在，Windows 10 系列操作系统的远程桌面功能已经渐趋成熟稳定。但是，在实际使用中，有许多用户反映，比如 https://blog.csdn.net/ddrfan/article/details/86309055，连接 Windows 远程桌面后，无法修改远程桌面的 DPI 缩放设置，特别是对 2K、4K、8K 等高分辨率客户机，远程桌面连接服务器后，字体太小。

网上有许多解决这个问题的讨论，都不能真正解决这个实际问题。经过实际测试，我们找到一种通过修改注册表来解决这个问题的方法，具体步骤如下。此前连接远程桌面后字体、图标等都很小，见图 8-29，解决之后的实际效果参见图 8-15。

图 8-29 Windows 远程桌面不能修改 DPI，字体很小

1. 第一种操作方式

在 Windows 中运行 regedit.exe，打开注册表编辑器，进行以下修改。

(1) 指定 DPI 数值。

① 找到注册表位置：

```
HKEY_CURRENT_USER\Control Panel\Desktop
```

② 新建 DWORD 32 位键值 LogPixels。

③ 为 LogPixels 键值输入十进制数值 125(十六进制为 0000007d)，或者 150(十六进制为 00000096)，分别为 DPI 放大 125%、150%。用户可根据实际需要修改，放大 125 适合 2K 屏幕(2560×1440 分辨率)，放大 150 适合 4K 屏幕(4096×2160 分辨率)。

(2) 开启 DPI 设置。

① 找到注册表位置：

```
HKEY_LOCAL_MACHINE\SYSTEM\CurrentControlSet\Control\Terminal
Server\WinStations
```

② 新建 DWORD 32 位键值 IgnoreClientDesktopScaleFactor。

③ 为 IgnoreClientDesktopScaleFactor 键值设置数值 1，十进制或十六进制都行。

2. 第二种操作方式

(1) 创建包含以下内容的*.reg 文件，分号开头的为注释行，比如 OK_Win2019_Win2016_mstsc_DPI.reg。LogPixels 后面的缩放数值用户可根据实际需要修改。

```
Windows Registry Editor Version 5.00

;十进制 125(十六进制为 0000007d)、150(十六进制为 00000096)，分别为 DPI 放大 125%、
150%
;用户可根据实际需要修改，放大 125%适合 2K 屏幕(2560×1440 分辨率)，放大 150%适合 4K 屏
幕(4096×2160 分辨率)
[HKEY_CURRENT_USER\Control Panel\Desktop]
"LogPixels"=dword:0000007d

[HKEY_LOCAL_MACHINE\SYSTEM\CurrentControlSet\Control\Terminal
Server\WinStations]
"IgnoreClientDesktopScaleFactor"=dword:00000001
```

(2) 在资源管理器中双击 OK_Win2019_Win2016_mstsc_DPI.reg 文件导入注册表。

(3) 重启计算机即可。

8.3 Radmin 3.x 的安装和使用

用户通过网络对属于自己的计算机进行远程控制，这属于合法操作。然而许多恶意病毒程序，如 Back Orifice 木马、Sub7 木马，可以远程控制不属于自己的计算机，一些制造恶意软件的不法分子，试图将他们的产品作为远程管理工具进行商业出售，作为软件使用者，应该坚决杜绝使用。

我们曾用使用过 PcAnywhere、RemoteAnywhere、NetOP、Radmin、NetMeeting 等许多

合法的远程工具来管理远程计算机。经过多年应用经验，Radmin(早期叫 Remote Administrator)是一款易于操作的远程管理软件，我们管理的计算机远程管理均统一部署了 Radmin 软件。

8.3.1 Radmin 概述

1. Radmin 简介

Radmin 3.x 是一款屡获殊荣的远程控制软件，是现今最为安全和可靠的远程访问软件产品，政府、军队、技术专家和金融组织依赖于其强大的能力，全球超过 10 万家企业选择 Radmin 为员工提供远程技术支持。Radmin 是每一位 IT 专业人士的必备工具。Radmin 将远程控制、外包服务组件以及网络监控整合到一个系统里，提供目前为止最快速、强健而安全的工具包。帮助我们在远程电脑上工作，如同身临其境。该软件是理想的远程访问解决方案。我们可以从多个地点访问同一台电脑，并使用高级文件传输、远程关机、Telnet、操作系统集成的 NT 安全性系统支持，以及其他功能。Radmin 在速度、可靠性及安全性方面的表现超过了所有其他远程控制软件。

2. Radmin 的主要特点

(1) 运行速度快。

(2) Radmin 支持被控端以服务的方式运行、支持多个连接和 IP 过滤(即允许特定的 IP 控制远程机器)、个性化的文档互传、远程关机、支持高分辨率模式、基于 Windows NT 的安全支持及密码保护以及提供日志文件支持等。

(3) 在安全性方面，Radmin 支持 Windows NT 用户级安全特性，可以将远程控制的权限授予特定的用户或者用户组，Radmin 将以加密的模式工作，所有的数据(包括屏幕影像、鼠标和键盘的移动)都使用 128 位强加密算法加密；服务器端会将所有操作写进日志文件，以便于事后查询。服务器端有 IP 过滤表，对 IP 过滤表以外的控制请求将不予回应。

(4) Radmin 目前支持 TCP/IP 协议，应用十分广泛。

(5) Radmin 主要用于服务器工作正常时的远程管理，在服务器死机或关机状态下，它就无能为力了。

Radmin 速度快、安全性好，支持 TCP/IP 协议，支持路由重定向等，应用十分广泛。有关软件的最新信息可以参考 https://www.radmin.cn/index.php，也可以通过该网站下载试用软件包。

3. Radmin 与一般木马的异同

远程控制软件和木马在功能上非常相似，木马可以理解为具有恶意功能的远程控制软件。另外，用于企业管理的远程控制软件应该是良性的，服务端是可见的，否则和木马就画上了等号。众所周知，很多具有危害性的操作，比如删除文件，键盘记录等不单单是木马的特权！在国内一家非常有影响力的远程控制软件网站可以看到他们将远程控制软件分为了“企业远控”和“远程控制”两类，前者就是服务端可见的，不具备危害性，后者则是亦正亦邪了，比如灰鸽子等。

Radmin 作为一款远程控制软件，与我们前面谈到的木马既有共同点，也有明显区别。

(1) 二者的共同点。

① 都是用一个客户端通过网络来控制服务器端，控制端可以是 Web，也可以是手机，或者计算机，可以说控制端植入哪里，哪里就成为客户端，服务端也同样如此。

② 都可以进行远程资源管理，比如文件上传、下载、修改。

③ 都可以进行远程屏幕监控，键盘记录，进程管理和窗口查看。

(2) 二者真正的区别。

① 木马具有破坏性：比如 DDOS 攻击、下载功能、格式化硬盘、非法远程控制和代理功能。

② 木马具有隐蔽性：木马最显著的特征就是隐蔽性，也就是服务端是隐藏的，并不在被控者桌面显示，不易被察觉，这样无疑增加了木马的危害性，也为木马窃取用户密码提供了方便之门。

8.3.2 Radmin 服务器端的安装和配置

Radmin 服务器端的安装配置，可以按下面步骤进行。

1. 安装 Radmin 服务器端

(1) 访问 http://www.radmin.cn/download/，选择下载 Radmin Server 3.5.2 服务器端软件 Radmin_Server_3.5.2.1_CN.msi，见图 8-30。

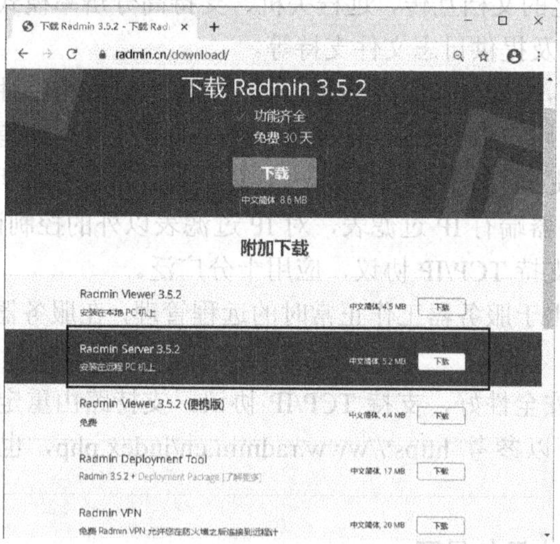

图 8-30 下载 Radmin Server 软件

(2) 运行下载的安装文件 Radmin_Server_3.5.2.1_CN.msi，只需按照提示依次单击“下一步”按钮，按常规软件的安装方法操作即可。

(3) 完成安装后，默认情况下会打开 Radmin Server 的配置对话框。如果没有打开，可选择“开始”｜Radmin Server 3｜“Radmin 服务器的设置”选项，打开“Radmin Server 器设置”对话框，见图 8-31。

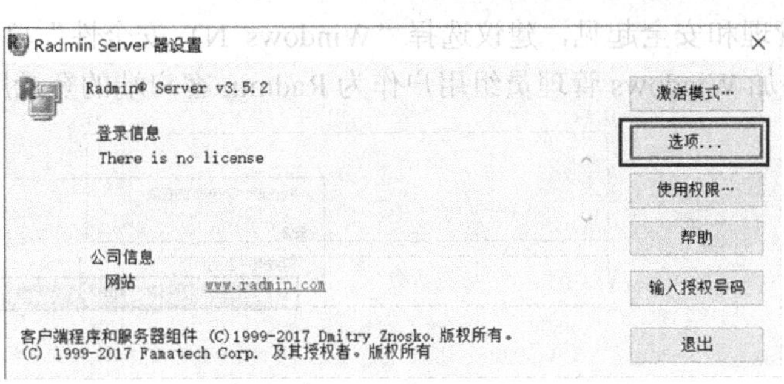

图 8-31　配置 Radmin Server

2. 设置一般选项

在“Radmin Server 器设置”对话框中单击“选项”按钮，可以设置 Radmin 的常规选项，见图 8-32。其中最重要的是“一般选项”和“其他”选项卡中的设置，其他项目用户可以根据实际需要进行设置。在“一般选项”标签中，建议进行如下设置。

(1) 设置 Radmin 客户端使用的端口。为提高安全性，可将连接端口号设为 10000 以上的某个不常见端口(如 52222)，切忌使用默认端口 4899。

(2) 设置记录登录连接历史的日志文件，建议两项记录都选中，不要使用默认目录，可以通过“浏览”按钮进行更改。

3. 设置其他选项

在“其他”选项卡中设置向客户端禁止开放哪些功能，见图 8-33。例如想禁止客户端远程关机，就选中“停止关机”复选框，用户可以根据需求进行相应设置。设置好各种参数后，最后单击“确定”按钮完成设置。

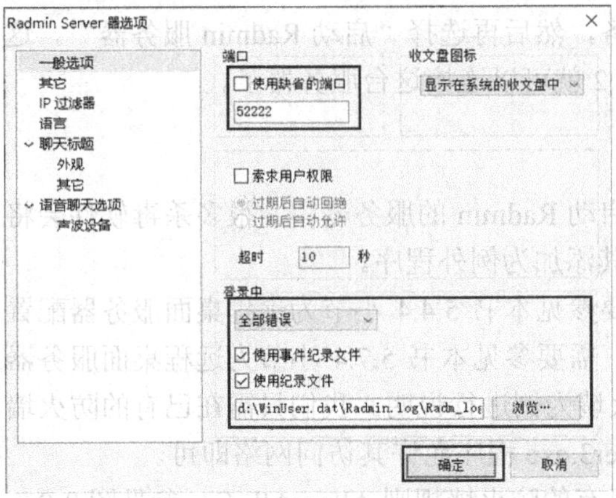

图 8-32　Radmin Server 的一般选项

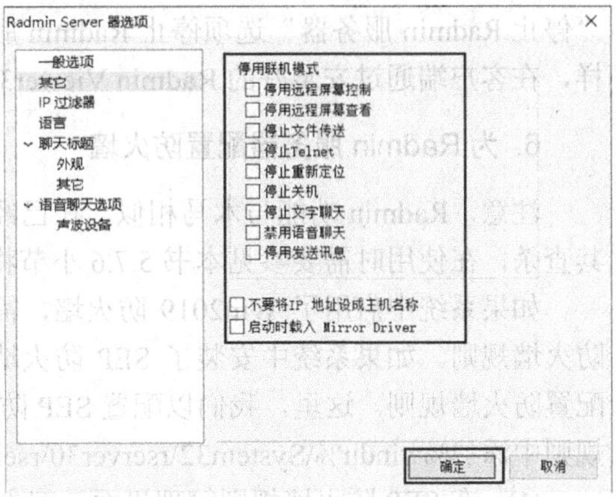

图 8-33　设置向客户端禁止开放的功能

4. 设置许可用户

(1) 在如图 8-31 所示的“Radmin Server 器设置”对话框中，单击“使用权限”按钮，打开“Radmin Server 器安全模式”对话框，见图 8-34。

(2) 为方便管理和安全起见，建议选择“Windows NT 安全性”单选按钮，单击“使用权限”按钮，添加 Windows 管理员组用户作为 Radmin 客户端的登录用户，单击“确定”按钮，见图 8-35。

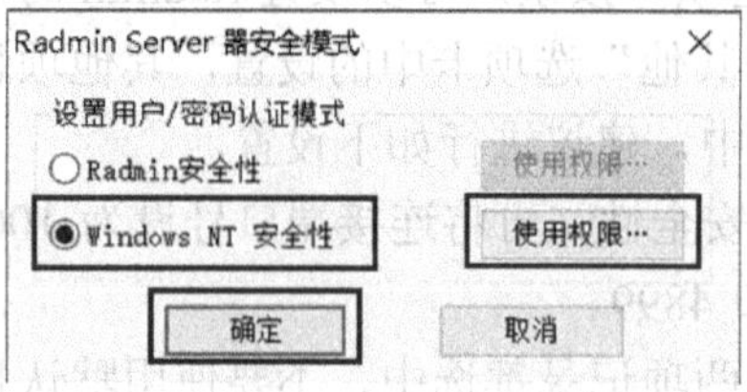

图 8-34　设置用户和密码认证模式

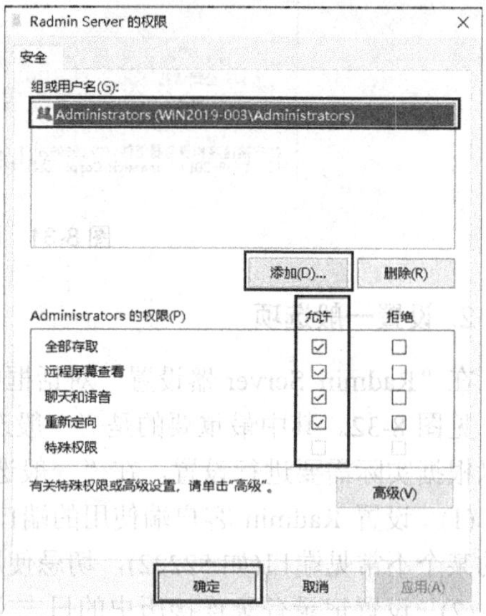

图 8-35　为 Radmin 客户端登录添加用户和用户组

(3) 设置完成后，返回“Radmin Server 器安全模式”对话框，单击“确定”按钮，完成设置，见图 8-34。

5. 启动和停止 Radmin 服务器

Radmin 配置完成以后，在“开始”菜单中依次选择“程序”|“Radmin Server 3”|“停止 Radmin 服务器”选项停止 Radmin 服务，然后再选择“启动 Radmin 服务器”。这样，在客户端通过安装好的 Radmin Viewer3.5.2 就可以连接这台服务器了。

6. 为 Radmin 服务器配置防火墙

注意，Radmin 功能与木马相似，在已经启动 Radmin 的服务器中，很多杀毒软件会将其查杀，在使用时需要参见本书 5.7.6 小节将其添加为例外程序。

如果系统中启用了 Win2019 防火墙，需要参见本书 5.4.4 小节为远程桌面服务器配置防火墙规则。如果系统中安装了 SEP 防火墙，需要参见本书 5.7.4 小节为远程桌面服务器配置防火墙规则。这里，我们以配置 SEP 防火墙为例进行说明。我们只需在已有的防火墙规则中添加%windir%\System32\rserver30\rserver3.exe 程序允许其访问网络即可。

(1) 在 SEP 防火墙规则管理界面，双击已有的防火墙规则 AllowAll- C，参见图 8-9。

(2) 在弹出的“编辑防火墙规则”对话框中，选择“应用程序”选项卡，单击“浏览”按钮，添加%windir%\System32\rserver30\rserver3.exe，参见图 8-10。

(3) 添加好后，依次单击“确定”按钮即可。

8.3.3 Radmin Viewer 3.5.2 客户端的安装和使用

1. Radmin Viewer 3.5.2 客户端的安装配置

(1) 访问 http://www.radmin.cn/download/，选择下载 Radmin Viewer 3.5.2 客户端软件 Radmin_Viewer_3.5.2.1_CN.msi。

(2) 在需要连接 Radmin 服务器的客户端，运行下载的 Radmin_Viewer_3.5.2.1_CN.msi，只需按照提示依次单击“下一步”按钮，便可以在客户端安装 Radmin Viewer 3.5.2。

(3) 另外，也可以下载“Radmin Viewer 3.5.2 便携版”客户端软件 Radmin_Viewer_3.5.2.1_Port.zip，直接解压到某个磁盘目录，比如：d:\WinUser.dat\Program Files\Radmin Viewer 3.5.2 ZS\ 即可。

(4) 如果系统中已经安装了防火墙，需要参照前面的方法，在防火墙中为 Radmin Viewer 3.5.2 进行设置，才能使用 Radmin Viewer 3.5.2 连接 Radmin 服务器。对于安装版是允许%windir%\Program Files (x86)\Radmin\radmin.exe 访问网络，对于上面的便携版，是允许 d:\WinUser.dat\Program Files\Radmin Viewer 3.5.2 ZS\Radmin.exe 访问网络。

(5) 安装好后，运行该程序，见图 8-36。

图 8-36 Radmin Viewer 3.5.2

2. 新建普通连接

在 Radmin Viewer 窗口中单击“联机”|“新建联机”，在打开的“连接到”对话框中，选择连接类型，输入连接的 IP 地址和端口后，单击“确定”按钮，即可以建立一个普通连接，参见图 8-37。

注意，若用于 Radmin 客户端本地登录的用户名和密码与 Radmin Server 端已经登录的用户名和密码都相同的话，使用 Remote Viewer 3.x 远程登录 Radmin Server 时，将直接出现 Radmin Server 端的桌面，而无须进行认证。

3. 新建代理连接

如果服务器 10.2.10.215 只能在局域网内访问，而服务器 125.64.220.99 既可以通过内网访问，也可以通过外网访问，此时，便可以创建代理连接，通过一台外网能够访问的服务器(125.64.220.99)代理，实现外网访问内网服务器的功能，又能保证安全性。具体步骤如下。

(1) 先建立 125.64.220.99-3.5 服务器的连接。

(2) 再建立 10.2.10.215-3.5 连接，建立时可选中下侧的“高级设置值”下面的“通过 host 联机”复选框，并选中下面列表中的 125.64.220.99-3.5，见图 8-37。

(3) 这样，在远程登录 10.2.10.215 这台服务器时，将先提示输入 125.64.220.99 服务器的用户名和密码；连接成功后，再提示输入 10.2.10.215 的用户名和密码，认证成功后，才能连接到 10.2.10.215。

4. 设置远程屏幕

在“属性”对话框中，选择“远程屏幕”选项卡，可修改远程连接服务器屏幕时显示的颜色位数、查看模式及每秒最大刷新数。可以根据网速情况进行配置，见图 8-38。

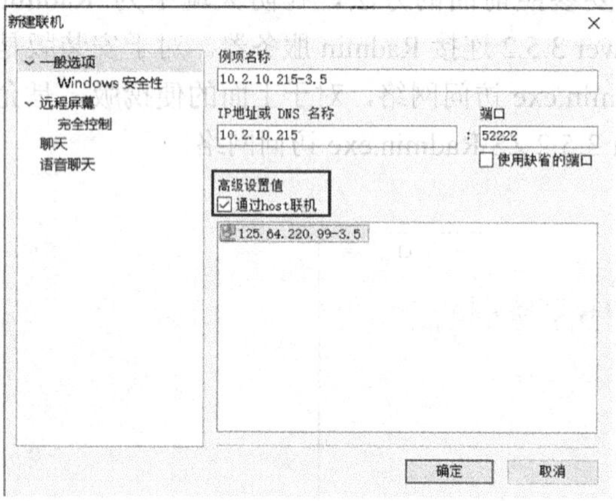

图 8-37 新建联机

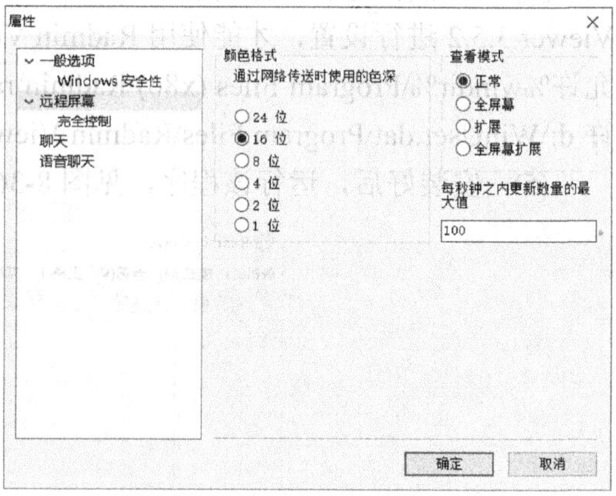

图 8-38 设置远程屏幕

5. 使用已经建立的连接登录远程服务器

(1) 连接建立好以后，双击连接名称，输入用户名和密码(如果服务建立有域，请输入相关所属域)即可连接远程服务器，见图 8-39。如果使用了代理连接，这里要先输入代理服务器的用户名和密码。

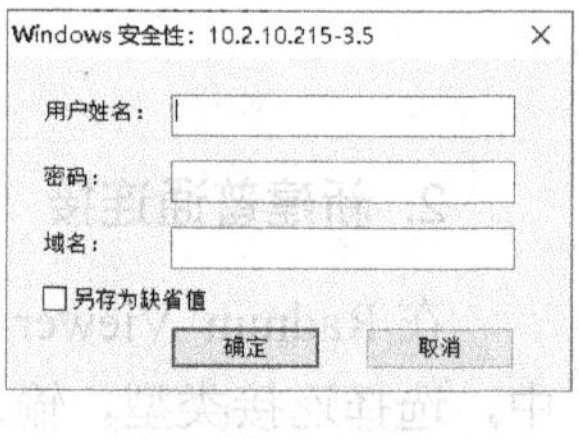

图 8-39 登录窗口

(2) 登录之后，就可以远程管理服务器了，见图 8-40。

(3) 使用默认的 F12 键(或者工具栏相应按钮)，可在窗口模式(见图 8-41)、扩展模式和全屏模式之间进行切换。

(4) 使用 Ctrl+Alt+F12 组合键，可向远程服务器发送 Ctrl+Alt+Del 命令。单击 Radmin Viewer 窗口左上角图标，选择“选项”，在打开的“选项”对话框的“远程屏幕选项”选项卡中，可修改默认的切换键以及其他选项，见图 8-42。

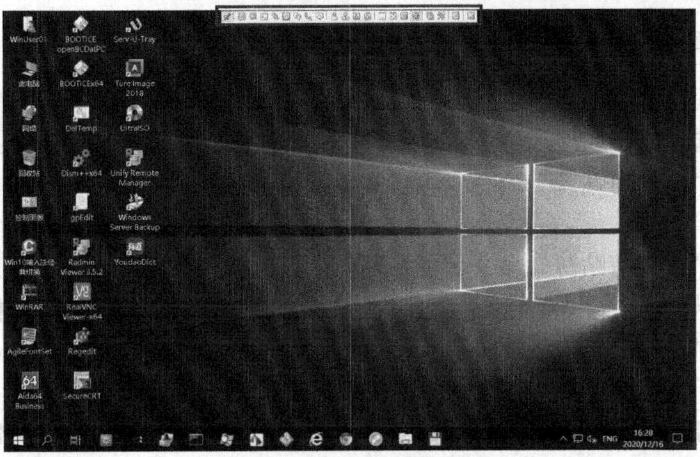

图 8-40　登录成功后的全屏模式

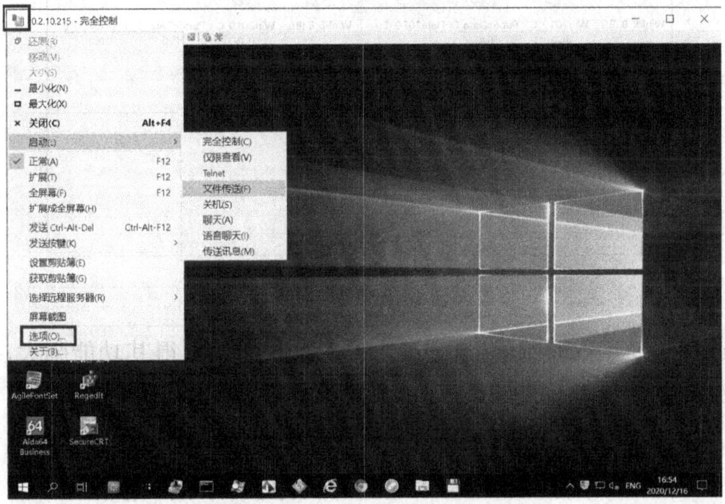

图 8-41　登录成功后的窗口模式

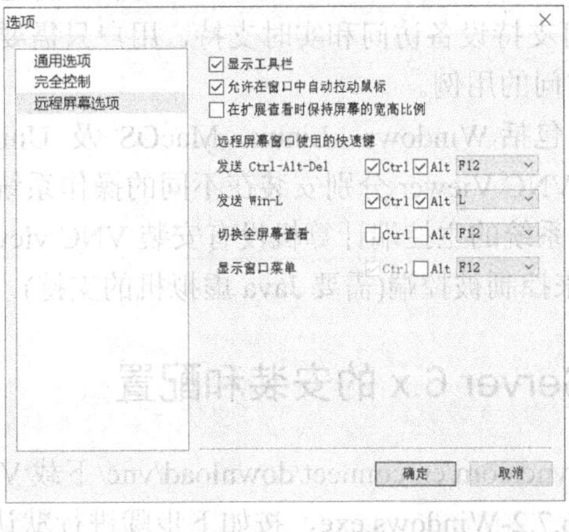

图 8-42　用户可修改默认的切换键以及其他选项

6. 远程计算机与本地计算机之间共享信息

在远程管理窗口右击顶部工具栏，或者在窗口模式单击左上角图标，在图 8-41 打开的快捷菜单中，选择相应选项，可在远程计算机与本地计算机之间实现信息共享。

(1) 选择“设置剪贴簿”命令，可将本地计算机剪贴板中的内容复制到远程计算机剪贴板中。

(2) 选择“获取剪贴簿”命令，可将远程计算机剪贴板中的内容复制到本地计算机剪贴板中。通过以上两个命令，可在本地计算机与远程计算机之间共享剪贴板中的内容。

(3) 选择“启动”|“文件传送”命令，可以打开“文件传送”窗口，见图 8-43。在图中同时列出了本地计算机与远程计算机的磁盘驱动器，选择相应的文件，在两个窗格之间互相拖动，可相互复制文件，同时还可以修改或删除远程计算机上的文件等。

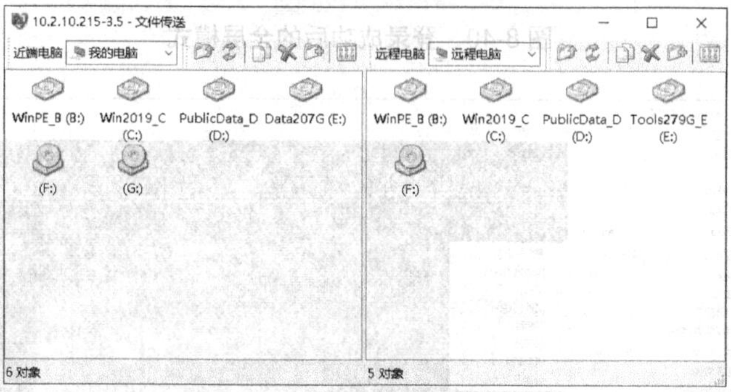

图 8-43　文件传送

上面讲解过程中使用的是 Radmin 3.5.2 试用版，如果觉得其功能强大，用户可以购买正版软件进行注册，便可以长期正常使用。

8.4　RealVNC 6.x 的安装和使用

RealVNC 是一款远程控制软件，RealVNC 产品几乎可满足你所有的远程访问需求。RealVNC 远程控制软件可支持设备访问和实时支持，用户只需要添加订阅需要的功能即可使用，以涵盖每个远程访问的用例。

支持多种操作系统，包括 Windows、Linux、MacOS 及 Unix 系列(Unix，Solaris 等)，因此可将 VNC Server 及 VNC Viewer 分别安装在不同的操作系统中进行控制。RealVNC 的优越性还在于，如果操作系统的主控端计算机没有安装 VNC viewer，也可以通过一般的网络浏览器(如 Chrome 等)来控制被控端(需要 Java 虚拟机的支持)。

8.4.1　RealVNC Server 6.x 的安装和配置

访问 https://www.realvnc.com/en/connect/download/vnc/下载 VNC-Server-6.7.2- Windows 的安装文件 VNC-Server-6.7.2-Windows.exe，按如下步骤进行默认安装。

1. RealVNC Server 的安装

(1) 运行安装文件 VNC-Server-6.7.2-Windows.exe，语言选择 English(没有中文)，单击 OK 按钮，便进入 RealVNC Server 的安装界面，见图 8-44。

(2) 接下来，依次单击 Next 按钮，接受许可协议，完成默认安装。

(3) 当提示时，保留 Add an exception to the firewall for VNC Server 选项，见图 8-45。

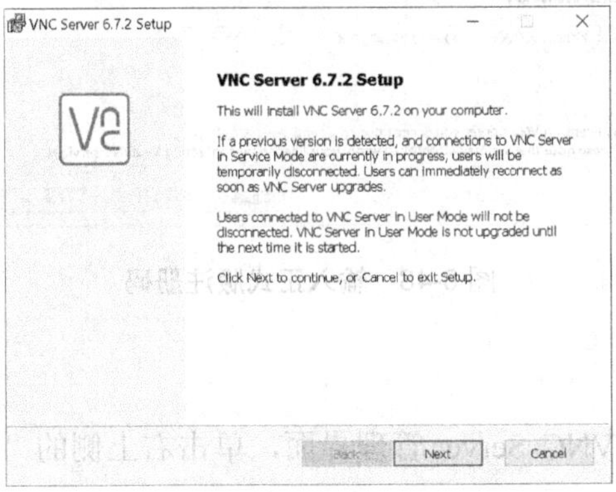

图 8-44　RealVNC Server 安装界面

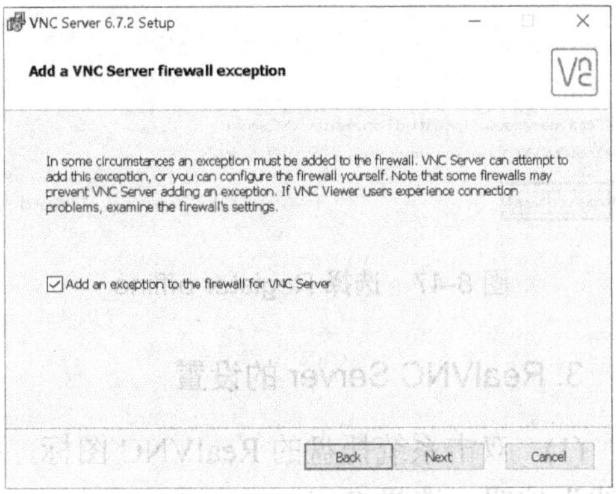

图 8-45　保留 Add an exception to the firewall for VNC Server 选项

2. RealVNC Server 的注册

(1) 安装完成后，当出现 Get started 时，可以选择 Apply a license key(requires Enterprise subscription)进行注册。若已经关闭 Get started，可以双击系统托盘的 RealVNC 图标，打开 VNC Server 管理界面，单击右上侧的“三横线”按钮，选择 Licencsing…，见图 8-46。

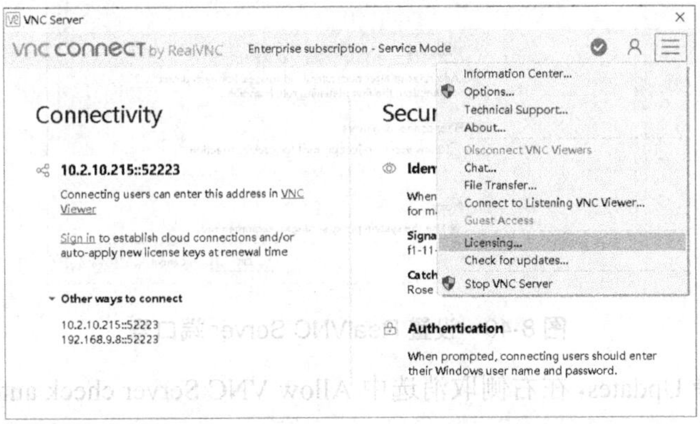

图 8-46　RealVNC Server 的注册

(2) 在弹出的 VNC Server - Licensing 窗口中，单击左下侧的 Register offline 按钮，见图 8-47。

(3) 在弹出的 VNC Server - Licensing 窗口中，输入正式版注册码，按提示依次单击 Next、Apply、Done 按钮，完成注册。成功注册后，便可以长期正常使用 RealVNC，见图 8-48。

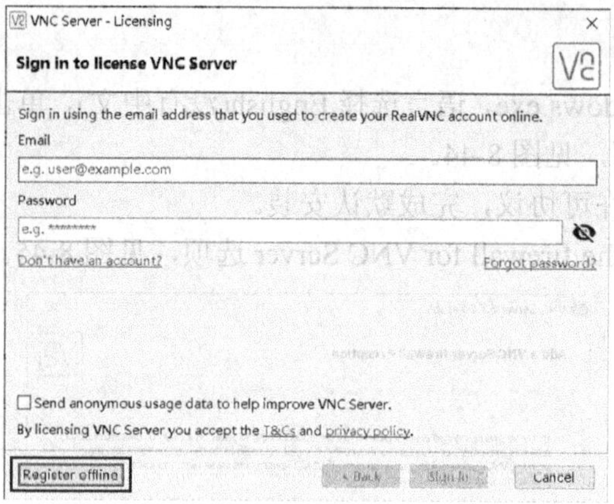

图 8-47 选择 Register offline

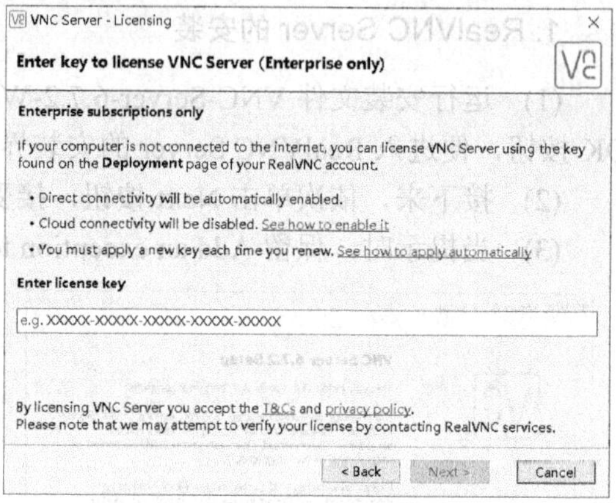

图 8-48 输入正式版注册码

3. RealVNC Server 的设置

(1) 双击系统托盘的 RealVNC 图标，打开 VNC Server 管理界面，单击右上侧的“三横线”按钮，选择 Options...。

(2) 在打开的 VNC Server - Options 窗口中，左侧选择 Connections，将右侧 Connectivity 中右侧的 Port 修改为 52223，见图 8-49。

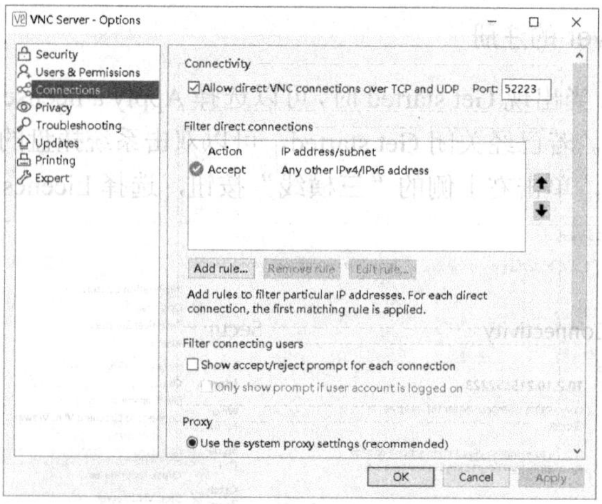

图 8-49 设置 RealVNC Server 端口号

(3) 左侧选择 Updates，在右侧取消选中 Allow VNC Server check automatically 复选框，见图 8-50。

(4) 在已经启动 VNC Server 的服务器中，若系统中启用了 Win2019 防火墙，上面 VNC Server 安装过程中已自动在系统防火墙中配置好防火墙规则。

(5) 如果系统中安装了 SEP 防火墙，则需要参见前面的方法配置 SEP。

① 在 SEP 防火墙规则管理界面，双击已有的防火墙规则 AllowAll-C，参见图 8-9。

② 在弹出的“编辑防火墙规则”对话框中，选择“应用程序”选项卡，使用“浏览”按钮，添加%windir%\Program Files\RealVNC\VNC Server\vncserver.exe，参见图 8-10。

③　添加好后，依次单击“确定”按钮即可。

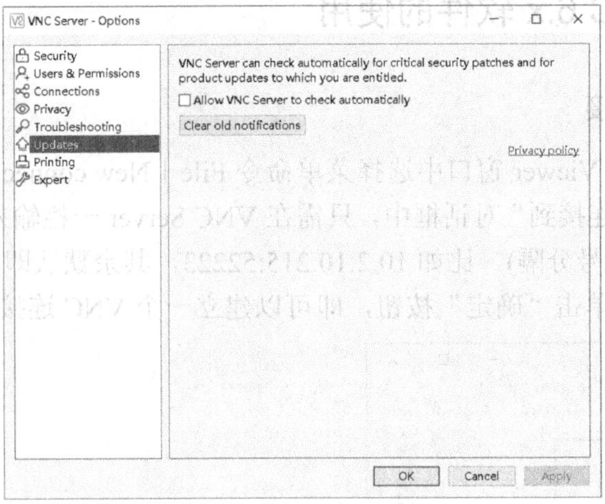

图 8-50　取消自动检测更新

8.4.2　RealVNC Viewer 6.x 的安装和配置

(1)　访问 https://www.realvnc.com/en/connect/download/viewer/，选择下载 VNC-Viewer Windows 客户端软件 VNC-Viewer-6.20.529-Windows.exe。

(2)　在需要连接 VNC Server 的客户端，运行下载的 VNC-Viewer-6.20.529-Windows.exe，语言选择 English(没有中文)，单击 OK 按钮，便进入 RealVNC Viewer 的安装界面，见图 8-51。

(3)　接下来，依次单击 Next 按钮，接受许可协议，完成默认安装。

(4)　另外，若有安装好的 RealVNC Viewer，可以直接拷贝到其他计算机上使用。

(5)　如果系统中已经安装了防火墙，需要参照前面的方法，配置防火墙，允许%windir%\Program Files\RealVNC\VNC Viewer\vncviewer.exe 访问网络。

(6)　安装好后，运行该程序，见图 8-52。

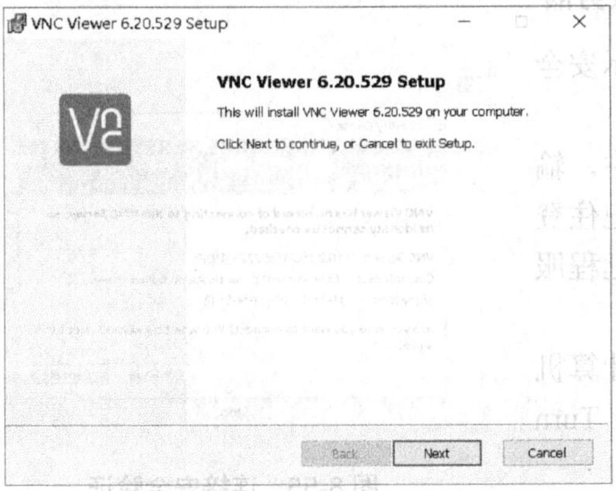

图 8-51　RealVNC Viewer 安装界面

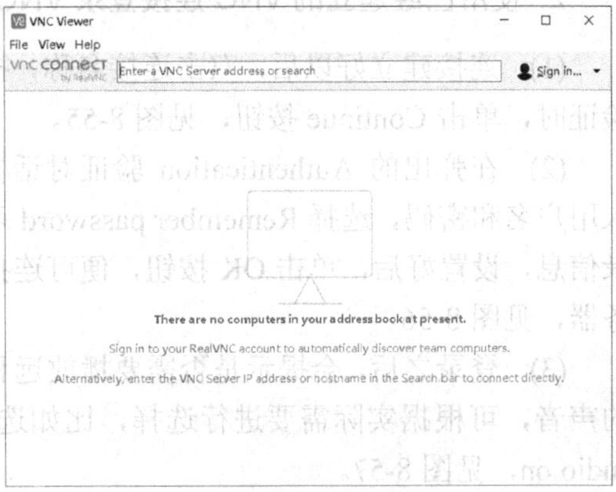

图 8-52　Radmin Viewer 3.5.2

8.4.3 RealVNC 6.x 软件的使用

1. 新建 VNC 连接

(1) 在 RealVNC Viewer 窗口中选择菜单命令 File | New connection…Ctrl+N。

(2) 在打开的“连接到”对话框中，只需在 VNC Server 一栏输入 VNC 服务器的 IP 地址和端口号(以英文冒号分隔)，比如 10.2.10.215:52223，其余默认即可，见图 8-53。

(3) 设置好后，单击“确定”按钮，即可以建立一个 VNC 连接，见图 8-54。

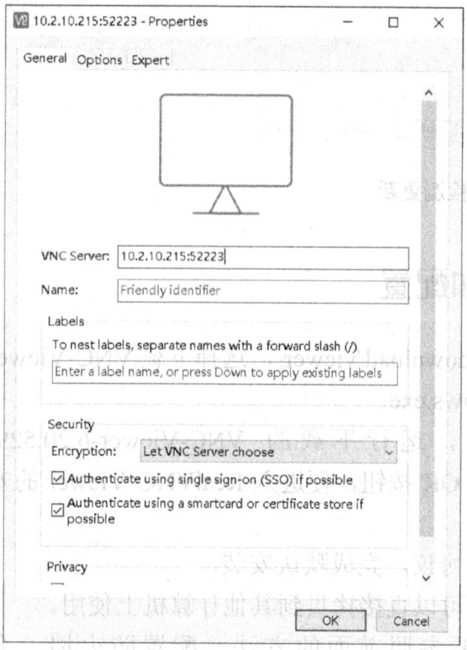

图 8-53 新建 Radmin Viewer 连接

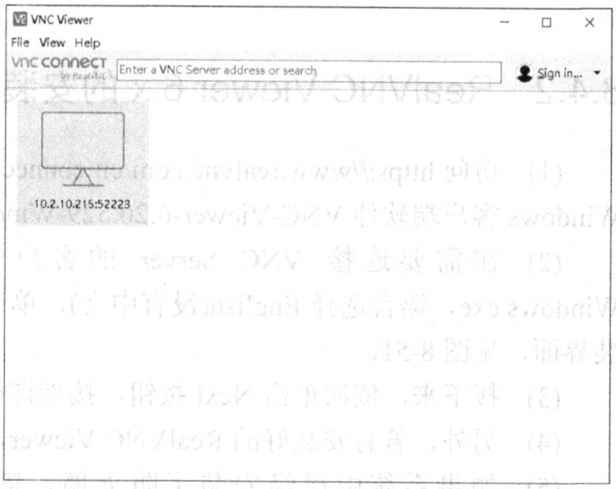

图 8-54 已建 VNC Viewer 连接

2. 使用已经建立的 VNC 连接登录 VNC 服务器

(1) 连接建立好以后，双击连接名称，提示安全验证时，单击 Continue 按钮，见图 8-55。

(2) 在弹出的 Authentication 验证对话框中，输入用户名和密码，选择 Remember password 可记住登录信息，设置好后，单击 OK 按钮，便可连接远程服务器，见图 8-56。

(3) 登录之后，会提示是否需要播放远程计算机的声音，可根据实际需要进行选择，比如选择 Turn audio on，见图 8-57。

(4) 登录成功后，就可以远程管理服务器了，见图 8-58。

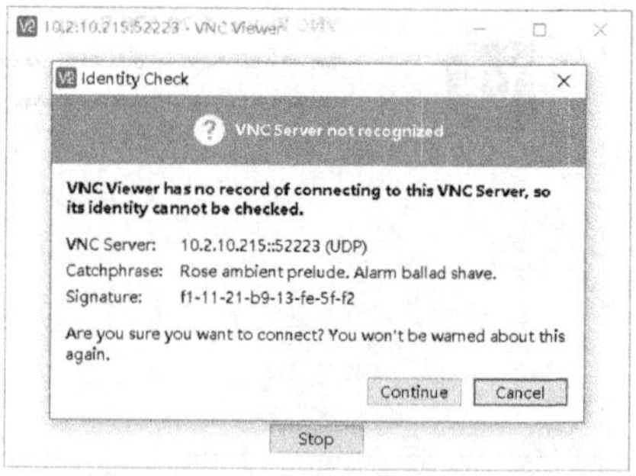

图 8-55 连接安全验证

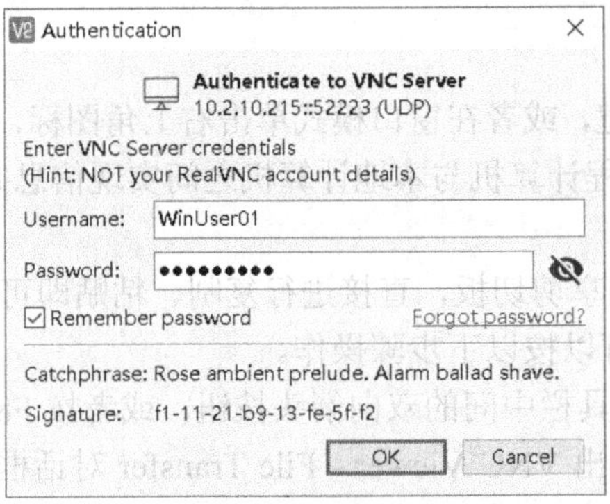

图 8-56　登录窗口

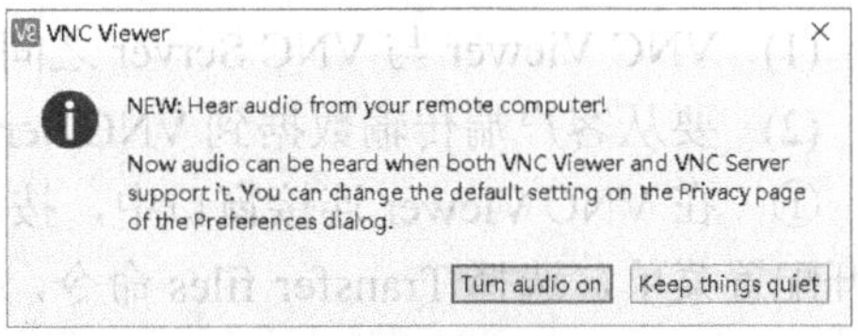

图 8-57　是否需要播放远程计算机的声音

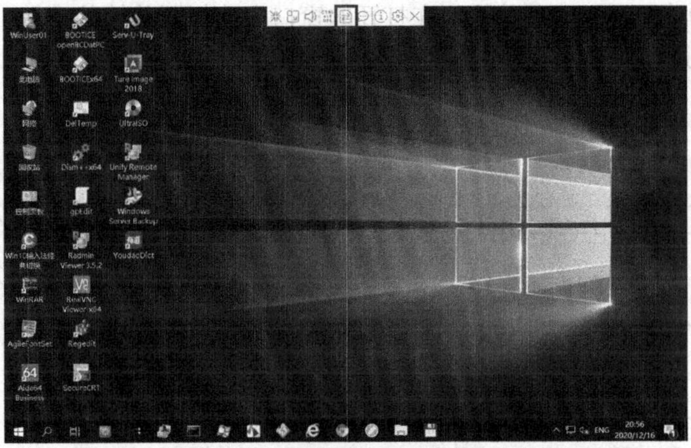

图 8-58　登录成功后的全屏模式

(5) 在 VNC Viewer 连接窗口中，可以按顶部工具栏左侧第一个按钮，或者按 F8 键，打开配置菜单，选择 Full Screen 命令，可以在全屏模式和窗口模式之间进行切换，见图 8-59。

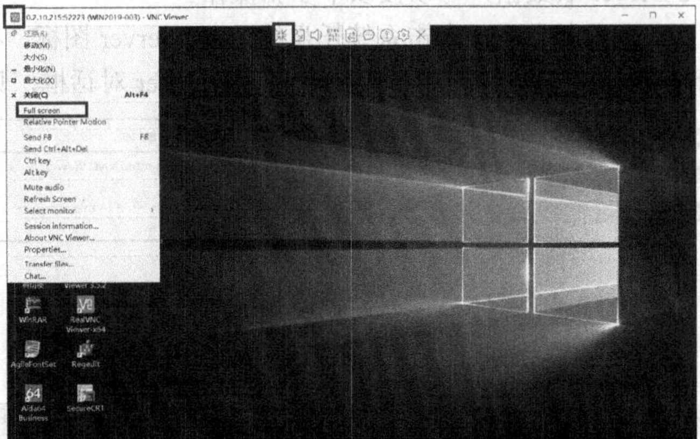

图 8-59　登录成功后的窗口模式

(6) RealVNC Enterprise v6.7 连接速度很快，感觉与 Radmin 3.5.2 类似。

3. 远程计算机与本地计算机之间共享信息

在 VNC Viewer 全屏模式和窗口模式按 F8 键，或者在窗口模式单击右上角图标，打开配置菜单，选择 Transfer files 命令，便可以在远程计算机与本地计算机之间实现信息共享，参见图 8-60。

(1) VNC Viewer 与 VNC Server 之间默认共享剪切板，直接进行复制、粘贴即可。

(2) 要从客户端传输数据到 VNC Server，可以按以下步骤操作。

① 在 VNC Viewer 连接窗口中，按顶部工具栏中间的双向箭头按钮，或者按 F8 键，打开配置菜单，选择 Transfer files 命令，便会弹出 VNC Viewer - File Transfer 对话框，见图 8-60。

② 在图 8-60 所示界面中，已有操作说明，首先选择文件传输的目的地，默认为 Desktop；然后单击 Send files 按钮，在打开的窗口中选择要传输的项目，可以同时选中多个文件和文件夹进行传输，见图 8-61。

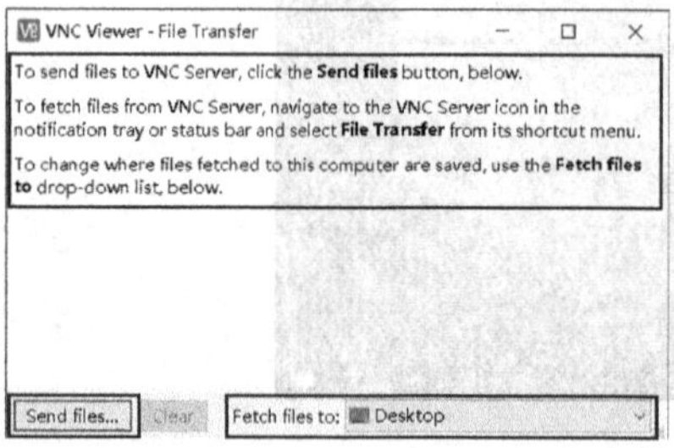

图 8-60 从客户端传输数据到 VNC Server

图 8-61 选择要传输的项目

(3) 选择好后，单击“打开”按钮，便开始传输选中的文件和文件夹，见图 8-62。

(4) 要从 VNC Server 取数据，可以按以下步骤操作。

① 在 VNC Server 服务器中，右击系统托盘的 VNC Server 图标，在弹出的快捷菜单中选择 File Transfer 命令，便会弹出 VNC Server- File Transfer 对话框，见图 8-63。

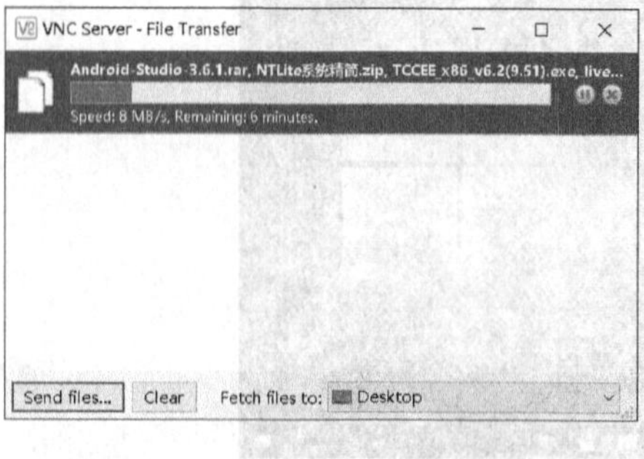

图 8-62 开始传输选中的文件和文件夹

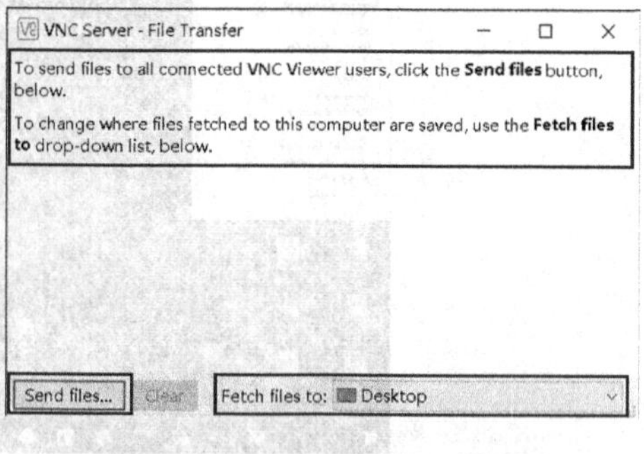

图 8-63 从 VNC Server 取数据

② 在图 8-63 所示界面中，已有操作说明，首先选择文件传输的目的地，默认为 Desktop；再参照前述上传数据到 VNC Server 的方法，单击 Send files 按钮，在打开的窗口

中选择要传输的项目，可以同时选中多个文件和文件夹进行传输。

③　选择好后，单击“打开”按钮，便开始传输选中的文件和文件夹。

4. VNC Viewer 的其他设置

通过 VNC Viewer 的配置菜单，用户还可以根据需要进行其他项目的设置，有些设置完成后，需要重启计算机才能生效。

(1)　选择 Send xxx 命令可以发送按键。

(2)　选择 Mute audio 命令切换静音。

(3)　选择 Chat 命令进行聊天。

(4)　选择 Properties 命令可以打开属性对话框，进行许多高级设置。其中 General 选项卡可以设置各种连接信息，参见图 8-53。

(5)　选择属性对话框的 Options 选项卡，可以设置各种连接选项，见图 8-64。

(6)　选择属性对话框的 Expert 选项卡，可以进行许多高级设置，见图 8-65。比如，要在 VNC Viewer 窗口隐藏工具栏，可以在图 8-65 所示的列表中找到 EnableToolbar，在下面的 Value 栏选择 False，然后单击 OK 按钮，并重启计算机，即可生效。用户如果不确定这些高级设置的具体作用，建议不要随意更改，以免引发未知问题。

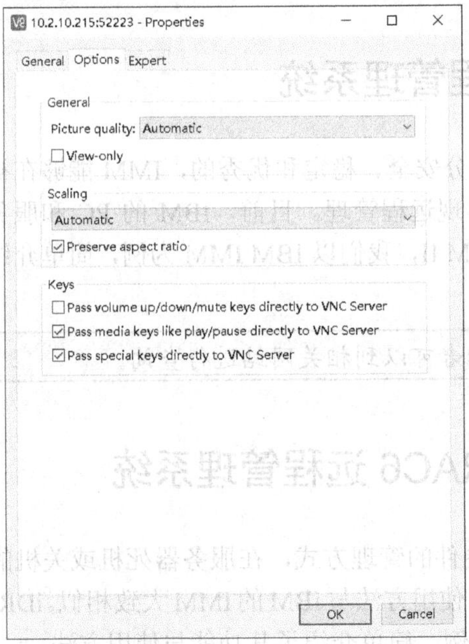

图 8-64　Properties：Options

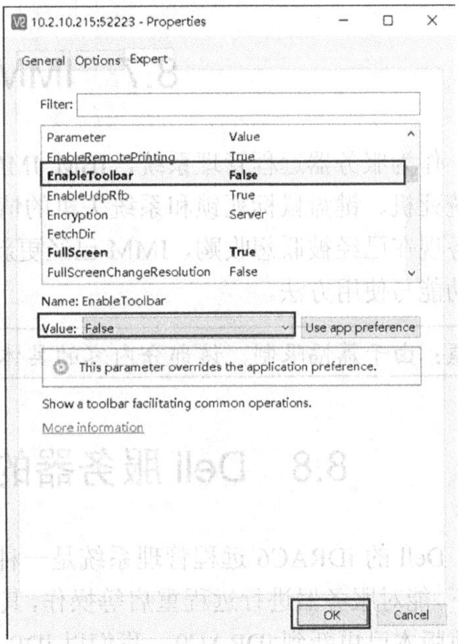

图 8-65　Properties：Expert

8.5　Radmin 2.x 的安装和使用

在服务器的管理维护中，我们曾经实际遇到过 Win2019 服务器安装的 Radmin 3.5.2.x、VNC 6.x.x 都无法远程连接，但 FTP 能够连接的情况。所以，为了增加 Win2019 服务器的健壮性和可管理性，还是安装 Radmin 2.x，以备不时之需。

在 Windows 7、Windows 10 系列中能够成功安装 Radmin 2.x，能够运行 Telnet 命令行和远程关机连接，但视频连接失败。安装 Radmin 2.x 后，可以在 Radmin 3.5.2.x、VNC 6.x.x 都无法远程连接的情况下，通过 Telnet 命令行连接服务，通过命令行重启 Radmin 3.5.2.x、VNC 6.x.x，或者重启计算机，重新建立视频连接。

注意：由于篇幅限制，该部分内容的具体介绍读者可以到相关网站进行查询。

8.6 自编软件 UnifyRemoteManager 的应用

在多年应用远程管理软件的过程中，我们总结了使用心得，为了安全高效地使用多种远程管理软件来自动登录和管理多台服务器，故编制了本程序 UnifyRemoteManager(Unify Remote Connection Manager，统一远程连接自动登录软件)。本程序是配合 Radmin Viewer、VNC view 使用的远程连接管理程序，在原有功能的基础上进行了集成和增强。新版的功能已经比较完善，基本上可以代替 Radmin Viewer 3.x 与 VNC view 6.x 进行管理。

注意：由于篇幅限制，该部分内容的具体介绍读者可以到相关网站进行查询。

8.7 IMM 远程管理系统

作为服务器远程管理系统，IBM IMM 是十分安全、稳定和优秀的，IMM 能够在被控系统死机、键盘鼠标死锁和系统关机的情况下实现远程管理。目前，IBM 的 PC 和服务器业务现在已经被联想收购，IMM 已经更新到 IMM II，我们以 IBM IMM 为例，简单介绍了其功能与使用方法。

注意：由于篇幅限制，该部分内容的具体介绍读者可以到相关网站进行查询。

8.8 Dell 服务器的 iDRAC6 远程管理系统

Dell 的 iDRAC6 远程管理系统是一种基于硬件的管理方式，在服务器死机或关机的情况下，能对服务器进行远程重启等操作，其功能与使用方法与 IBM 的 IMM 大致相似。iDRAC 目前版本已更新到 iDRAC9，我们以 iDRAC6 为例，简单介绍了其功能与使用方法。

注意：由于篇幅限制，该部分内容的具体介绍读者可以到相关网站进行查询。

8.9 HP 服务器的 iLO2 远程管理系统

惠普服务器中集成的 iLO2 远程管理功能与 IBM 的 IMM 相似，也能在服务器死机和关机的情况下远程管理服务器，实现硬件级别的服务器远程管理，包括开关机、重启、服务器状态的监控、虚拟 KVM 等。iLO 目前版本已更新到 iLO5，我们以 iLO2 为例，简单介绍了其功能与使用方法，读者可参见 http://server.zol.com.cn/108/1084766_all.html。

注意： 由于篇幅限制，该部分内容的具体介绍读者可以到相关网站进行查询。

本 章 小 结

本章主要介绍了服务器常用的远程管理系统。在远程管理规划时，通过多种远程管理软件相结合、软件与硬件相结合的方式，有助于增强管理维护的效率和可靠性。可以协同使用多种远程管理软件，软件方式用于日常管理维护，硬件方式用于服务器操作系统出现问题、死机或关机等情况。规划好远程管理后，便可以在任意一台接入 Internet 的计算机上管理所有服务器。本章除了介绍 Windows Server 2019 自带的远程桌面功能外，还介绍了基于软件的远程管理程序 Radmin、RealVNC，自编软件 UnifyRemoteManager 的应用，以及 IBM 服务器的 IMM、Dell 服务器的 iDRAC6，以及 HP 服务器的 iLO2 等基于硬件的远程管理系统。

第 9 章　IIS 网站架设与管理

本章要点：

- 认识 IIS
- 安装 IIS 10
- 设置与管理 Web 站点
- 管理应用程序与虚拟目录
- 管理应用程序池
- 强化 Web 服务器安全机制
- 设置 FTP 服务

本章将简单介绍使用 IIS 10 架设 Web 服务器的操作过程。IIS 10 在 Windows Server 2019 中规范了应用程序和虚拟目录概念、强化了应用程序池的功能、强化了 Web 服务器安全机制、加入了更多安全方面的设计，用户可以通过微软的.NET 语言来运行服务器端的应用程序。此外，通过 IIS 10 的新特性创建模块，将会减少代码在系统中的运行次数，降低遭受黑客脚本攻击的可能性。在 Windows Server 2019 中，系统自带 FTP 服务，本章将做简单介绍。

9.1　认识 IIS

9.1.1　IIS 的概念

Internet Information Services(IIS)，是微软公司推出的 Web 服务器组件，也是 Windows Server 默认、特有的、自带的 Web 服务器，需要用户手动添加。IIS 组件包括 Web 服务器、FTP 服务器、NNTP 服务器和 SMTP 服务器。

- Web 服务器用于网页浏览。
- FTP 服务器用于文件传输。
- NNTP 服务器用于新闻服务。
- SMTP 服务器用于邮件发送。

IIS 组件使得用户在网上发布信息变得相对容易，人们提到的 IIS 大部分时候特指其中的 Web 服务器，IIS 具有强大、安全和灵活等特性，但是只能在 Windows 系统上运行。

IIS 支持的语言有 ASP、ASP.NET、PHP、JSP。IIS 对 ASP 和 ASP.NET 具有极好契合性，但是对 PHP 和 JSP 而言，相对操作比较麻烦。所以一般只在使用 ASP、ASP.NET 进行开发时，选用 IIS 作为 Web 服务器。

9.1.2　IIS 的基本工作原理

IIS 通过多种标准语言和协议工作。HTML 用于创建元素，例如文本、按钮、图像放置、直接交互/行为和超链接。HTTP 是用于在 Web 服务器和用户之间交换信息的基本通信协议。HTTPS(安全套接字层 SSL 上的 HTTP)，使用传输层安全性或 SSL 加密通信以增加数据安全性。文件传输协议(FTP)或其安全变体 FTPS 可以传输文件。

9.1.3　IIS 和 ASP.NET

ASP.NET Core 框架是最新一代的 Active Server Page(ASP)框架，这是一种可生成交互式网页的服务器端脚本引擎，对于 IIS 有着极好的契合性。一个请求从 Web 传入 IIS 服务器，然后将请求发送到 ASP.NET Core 应用程序，该应用程序处理该请求并将其响应发送回 IIS 服务器和发起该请求的客户端。可以用 ASP.NET Core 编写出例如博客平台和内容管理系统(CMS)的应用程序。

开发人员可以使用许多工具(包括 WebDAV)开发 IIS 网站，这些工具可以创建和发布 Web 内容。开发人员还可以使用集成开发工具，例如 Microsoft Visual Studio。

9.1.4　IIS 的版本

IIS 作为微软的产品与 Microsoft Windows 一起发展。IIS 的早期版本随 Windows NT(New Technology)一起提供。IIS 1.0 与 Windows NT 3.51 一起出现，并且是通过带有 Windows NT 4.0 的 IIS 4.0 演变而来的。Windows 2000 附带了 IIS5.0。Microsoft 在 Windows Server 2003 中添加了 IIS 6.0。IIS 7.0 对 Windows Server 2008 进行了重大重新设计(IIS 7.5 在 Windows Server 2008 R2 中)。Windows Server 2012 附带 IIS 8.0(Windows Server 2012 R2 使用 IIS 8.5)。IIS 10 随 Windows Server 2019 和 Windows 10 一起提供。

在 IIS 的每次迭代中，Microsoft 添加了新功能并更新了现有功能。例如，IIS 3.0 为动态脚本添加了 ASP。IIS 6.0 增加了对 IPv6 的支持，并提高了安全性和可靠性。IIS 8.0 在非统一内存访问硬件、集中式 SSL 证书支持和服务器名称指示上实现了多核扩展。

9.2　安装 IIS 10

IIS 10 在 Windows Server 2019 的默认安装中并未安装，需要我们自行安装此功能。

注意：一般情况下，IIS 默认是支持 ASP 的，想要 IIS 支持 ASPX(ASP.NET)，需要安装.NET Framework，例如.NET Framework、.NET Framework 4.0、.NET Framework 4.8 等，注意下面安装 NET Framework 组件时按需要选择安装。

9.2.1　在“服务器管理器”中添加角色和功能

(1)　首先打开服务器管理器，如图 9-1 所示，在开始菜单中找到它。

(2) 如图 9-2 所示，在服务器管理器的仪表板中单击“添加角色和功能”。

图 9-1 Windows Server 2019 的开始菜单

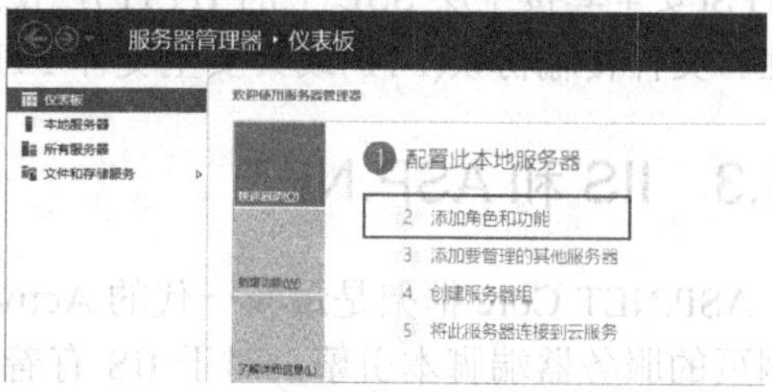

图 9-2 服务器管理器 · 仪表板

(3) 在“开始之前”页面中，选中“默认情况下将跳过此页”复选框，如图 9-3 所示。

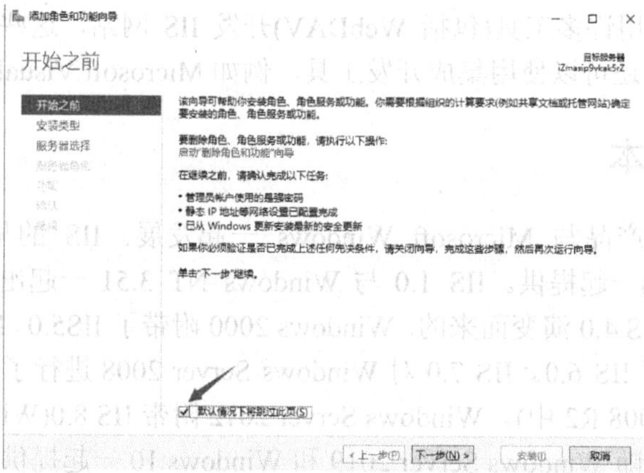

图 9-3 “添加角色和功能向导”对话框的“开始之前”页面

(4) 安装类型：选中“基于角色或基于功能的安装”选项，如图 9-4 所示。

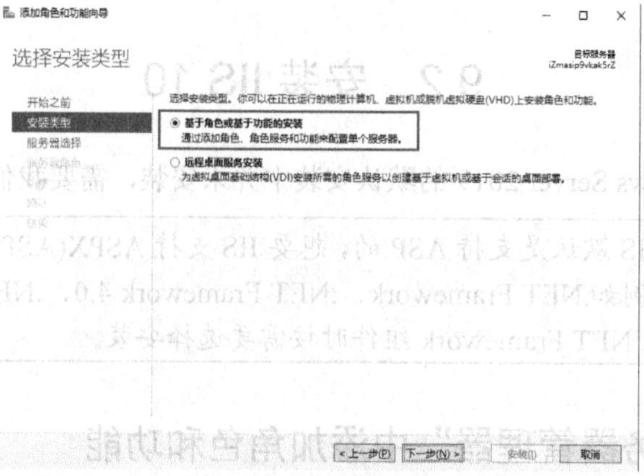

图 9-4 “添加角色和功能向导”对话框的“选择安装类型”页面

(5) 服务器选择：选中“从服务器池中选择服务器”选项，如图 9-5 所示。

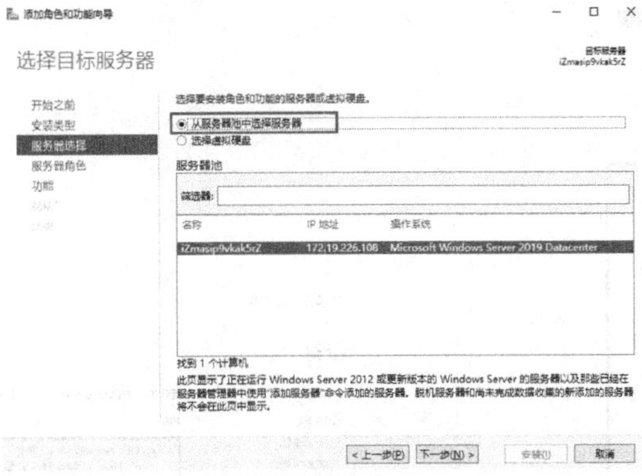

图 9-5　“添加角色和功能向导”对话框的“服务器选择”页面

9.2.2　选择需要安装的“Web 服务器(IIS)”相关组件

(1) 服务器角色：选择“Web 服务器(IIS)”选项，如图 9-6 和图 9-7 所示。

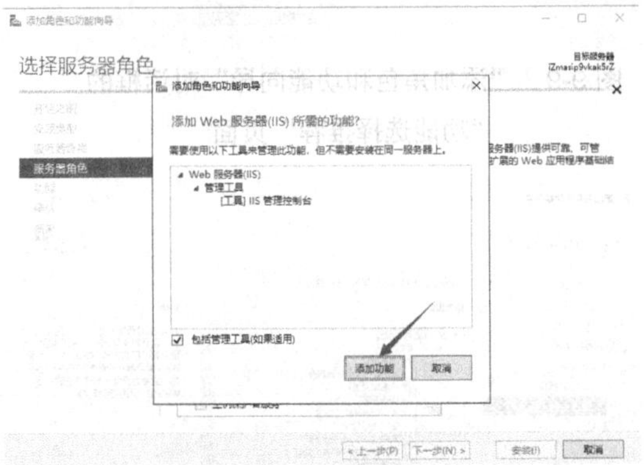

图 9-6　“添加角色和功能向导”对话框的“服务器角色”页面(1)

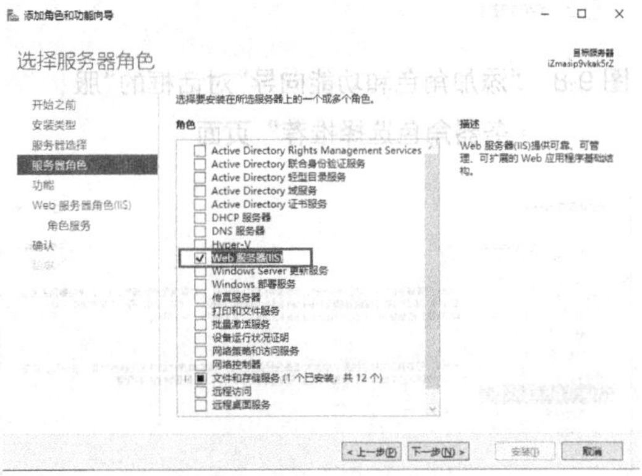

图 9-7　“添加角色和功能向导”对话框的“服务器角色”页面(2)

服务器角色这里，不知道如何选择的，可按照图 9-8 所示来选择。

> 注意：特别是 ASP、ASP.NET 3.5、ASP.NET 4.7，这几个不选中，你的 IIS 网站将不能支持.asp 与.aspx 的文件解析。而 ASP.NET 3.5 与 ASP.NET 4.7 又依赖于框架 NET Framework 3.5 与 NET Framework 4.7。

(2) 功能：建议将“NET Framework 3.5 功能”与“NET Framework 4.7 功能”全选，如图 9-9 所示。

(3) Web 服务器角色(IIS)：直接单击“下一步”按钮，如图 9-10 所示。

(4) 角色服务：我们直接用默认的即可，如图 9-11 所示。

> 提示：这里如果你想用某个服务，打钩即可，例如 FTP 服务。

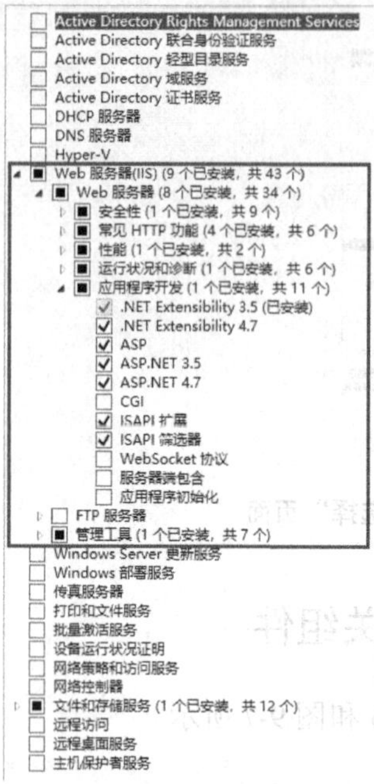

图 9-8　“添加角色和功能向导”对话框的“服务器角色选择推荐”页面

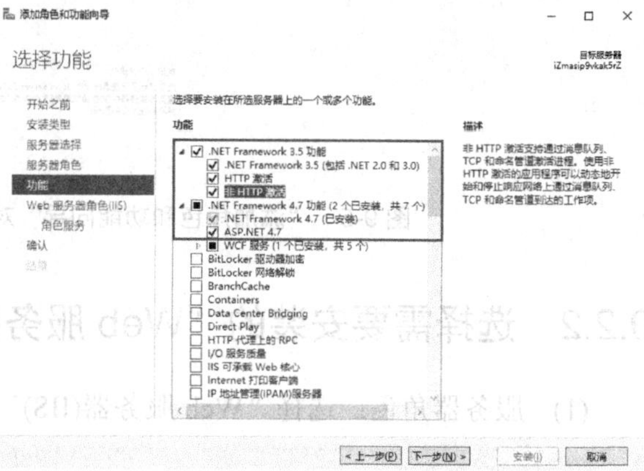

图 9-9　“添加角色和功能向导”对话框的“功能选择推荐”页面

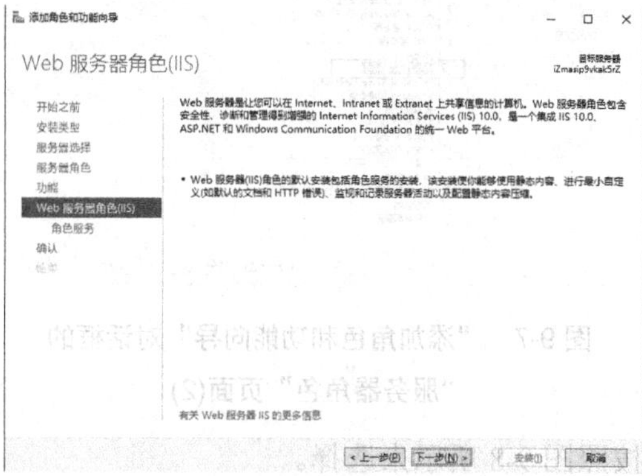

图 9-10　“添加角色和功能向导”对话框的“Web 服务器角色”页面

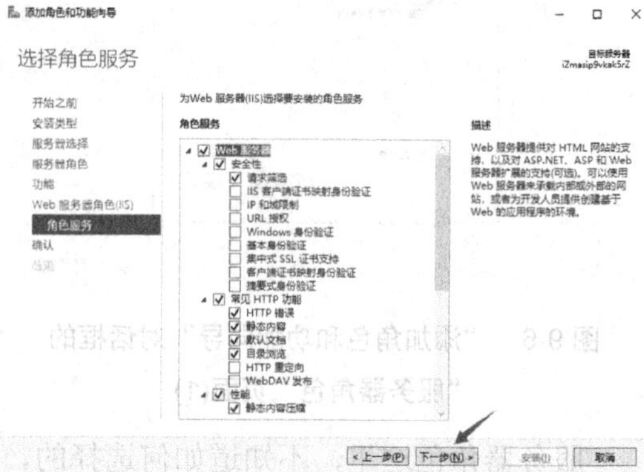

图 9-11　“添加角色和功能向导”对话框的“选择角色服务”页面

9.2.3　确认和完成安装

(1)　确认安装所选内容：如图 9-12 所示，也是什么都不用做，单击“安装”按钮即可。

(2)　结果：查看安装进度，等待安装结束即可，如图 9-13 和图 9-14 所示。

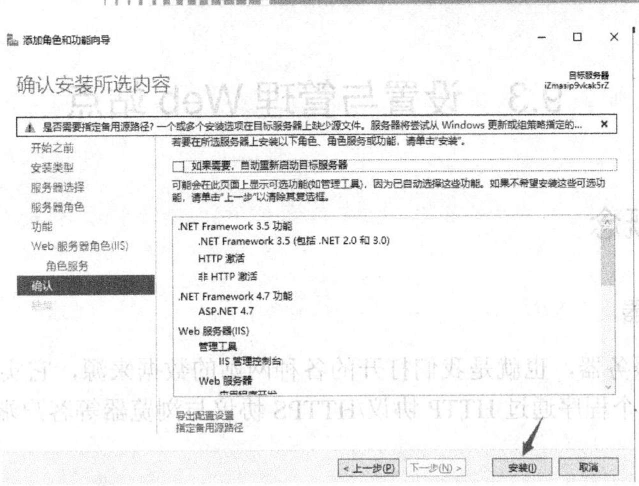

图 9-12 “添加角色和功能向导”对话框的“确认安装所选内容”页面

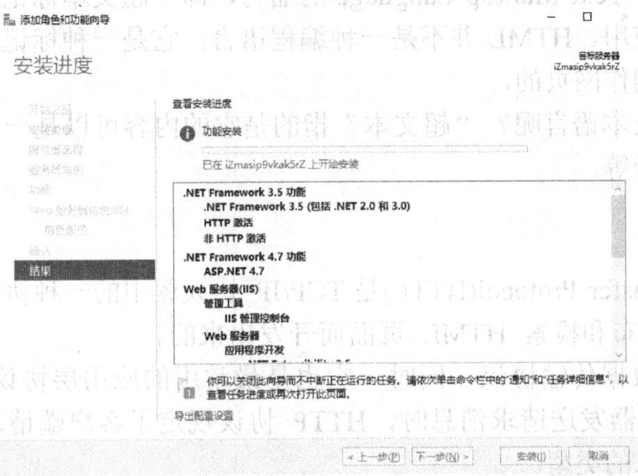

图 9-13 “添加角色和功能向导”对话框的安装“结果”页面

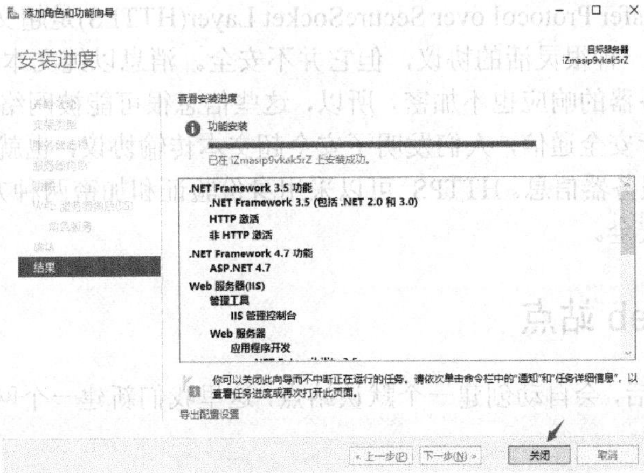

图 9-14 “添加角色和功能向导”对话框的“安装完成”页面

9.3 设置与管理 Web 站点

9.3.1 基本概念

1. Web 服务器

一般指网站服务器，也就是我们打开的各种网站的数据来源，它实际上是服务器上运行的应用程序，这个程序通过 HTTP 协议/HTTPS 协议与浏览器等客户端进行通信，把网页展现给用户。

2. HTML

HTML 是 Hyper Text Markup Language 的缩写，即“超文本标记语言”，是标准通用标记语言下的一个应用。HTML 并不是一种编程语言，它是一种标记语言，是由一些标签组成，主要是用来制作网页的。

为什么说是超文本语言呢？“超文本”指的是它的内容可以是一些非文本的内容，比如图片、链接、声音等。

3. HTTP 协议

Hyper Text Transfer Protocol(HTTP)是 TCP/IP 协议簇中的一种协议，即超文本传输协议。HTTP 是为了发布和检索 HTML 页面而开发出来的。

HTTP 是一种数据传输协议，同时，它也是最常用的应用层协议。当客户端(尤其是 Web 浏览器)向服务器发送请求消息时，HTTP 协议规定了客户端请求网页消息的类型，以及服务器响应信息的类型。

4. HTTPS 协议

Hyper Text Transfer Protocol over SecureSocket Layer(HTTPS)是超文本安全传输协议。

虽然 HTTP 是一种很灵活的协议，但它并不安全。消息以纯文本格式向 Web 服务器上传信息，Web 服务器的响应也不加密，所以，这些信息很可能被网络监听工具中途截取。为了在互联网中进行安全通信，人们发明了安全超文本传输协议，也就是 HTTPS 协议，来访问或发布 Web 服务器信息。HTTPS 可以采用身份验证和加密两种方式保障客户端和服务器间的数据传输安全。

9.3.2 创建 Web 站点

IIS 在安装完成后，会自动创建一个默认站点，这里我们新建一个网站，以了解其过程，并熟悉它。

注意：一般情况下，IIS 默认是部署在服务器 C 盘根目录下的 inetpub 目录下，而 c:\inetpub\wwwroot 文件夹就是存放网站源码的文件夹。

(1) 在开始菜单中找到 IIS(Internet Information Server)，如图 9-15 所示，建议将它固定到开始屏幕，以方便日后使用。

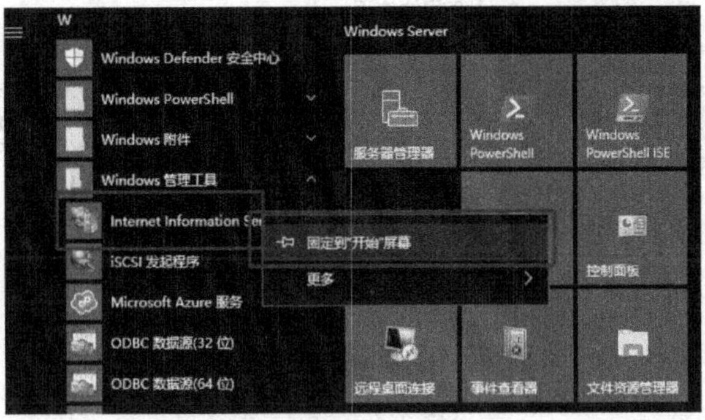

图 9-15 将 IIS 快捷方式固定到“开始”屏幕

(2) IIS 的设置界面相对于其前一个版本基本没有变化。现在我们需要新建一个网站并配置它，如图 9-16 所示，在左侧菜单中找到“网站”并右击，在弹出的快捷菜单中选择“添加网站”命令。

(3) 添加网站。输入自己的网站名称和主机名，把端口修改为 8080，如图 9-17 所示，这里修改端口是为了避免和 IIS 安装时创建的网站 80 端口冲突。物理路径我们使用 IIS 创建时自动生成的，当然，你也可指定自己的目录。

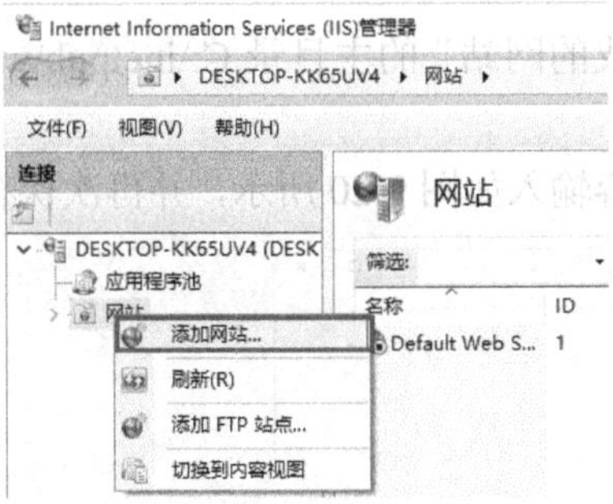

图 9-16 IIS 设置-添加网站

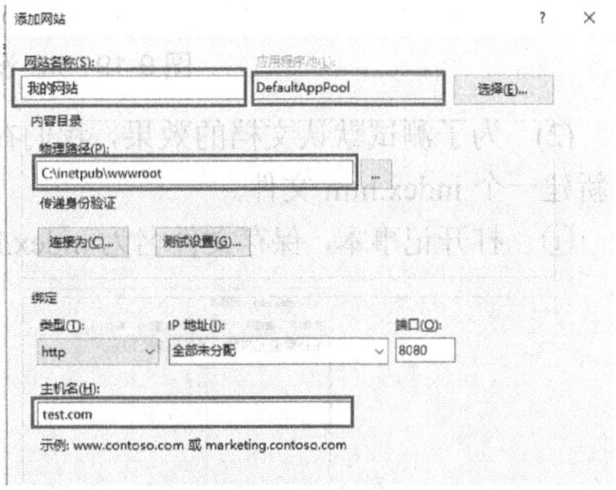

图 9-17 IIS 设置-添加网站-设置基本参数

注意：我们访问网站，通常情况下不会使用端口，如 http://www.baidu.com，这是因为 HTTP 协议在没有写出端口的情况下，都会使用默认的 80 端口。对于我们创建的新网站，其 URL 应该为 http://127.0.0.1:8080。

9.3.3 设置默认文档

默认文档，也就是常说的默认首页，就是打开网站后看到的第一个页面。

(1) 由于不同的网站和语言默认首页是不一样的，必须自己手工添加，我们这里设置为 index.htm，并将它移动到顶部，如图 9-18 和图 9-19 所示。

图 9-18　IIS 设置-设置默认首页(1)

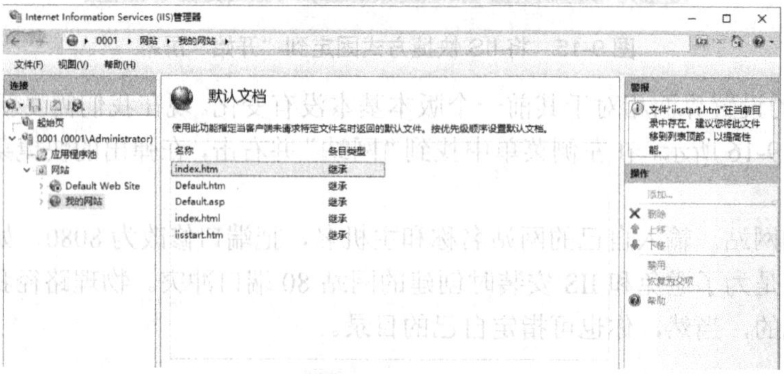

图 9-19　IIS 设置-设置默认首页(2)

(2) 为了测试默认文档的效果，我们在网站“我的网站”的主目录 C:\inetpub\wwwroot 下新建一个 index.htm 文件。

① 打开记事本，保存文件名为 index.htm，内容输入如图 9-20 所示，并再次保存文件。

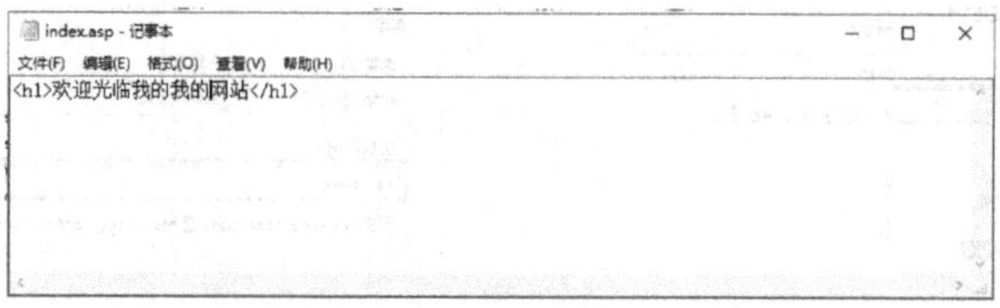

图 9-20　建立简单的网页文件

② 打开浏览器，在地址栏中按“http://本机 IP 地址:8080”格式输入，这里输入“http://127.0.0.1:8080”，显示页面如图 9-21 所示。

图 9-21　显示页面

9.3.4 设置 HTTP 重定向

在实际情况中，为了解决很难拼写的域名或者强制客户端使用 HTTPS 协议等情况，需要将网站临时指向到特定目标，也就是当用户依旧使用之前的地址访问该网站时，实际上看到的是另外的 URL 地址，这就需要使用 HTTP 重定向。

(1) 添加 HTTP 重定向功能。选择“开始”→“服务器管理器”，打开“服务器管理器”窗口，单击右侧的“添加角色和功能”选项，接着单击“下一步”按钮，直至出现“服务器角色”列表，如图 9-22 所示。

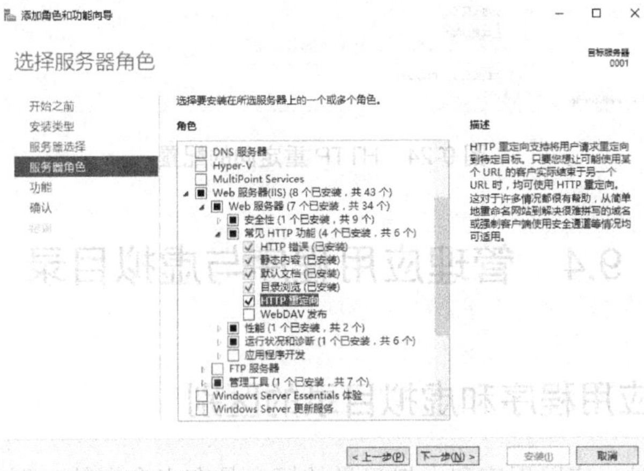

图 9-22 服务区角色列表-添加 HTTP 重定向功能

(2) 选中“HTTP 重定向”复选框，单击“下一步”按钮，直到出现“确认选项”界面，单击“安装”按钮，等待进度条结束后，单击“关闭”按钮，即可完成 HTTP 重定向功能的添加。

(3) 打开“Internet Information Services(IIS)管理器”窗口，先单击“我的网站”，再双击中间的“HTTP 重定向”选项，如图 9-23 所示。

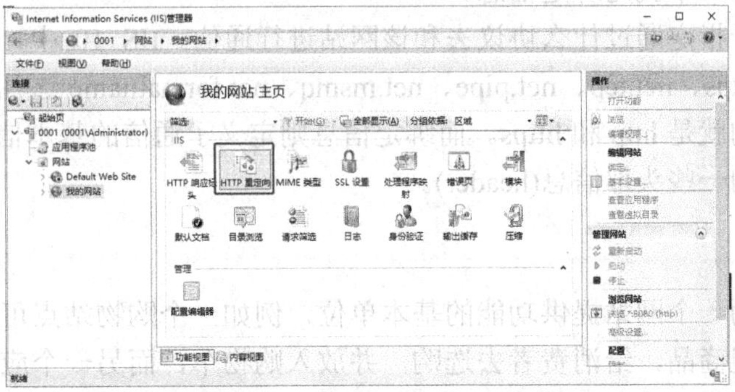

图 9-23 “HTTP 重定向”选项

(4) 在弹出的“HTTP 重定向”界面中选中“将请求重定向到此目标”复选框，输入重定向的网址(如 http://www.baidu.com)，接着单击右侧的“应用”选项，即可完成 HTTP

重定向的配置，如图 9-24 所示。

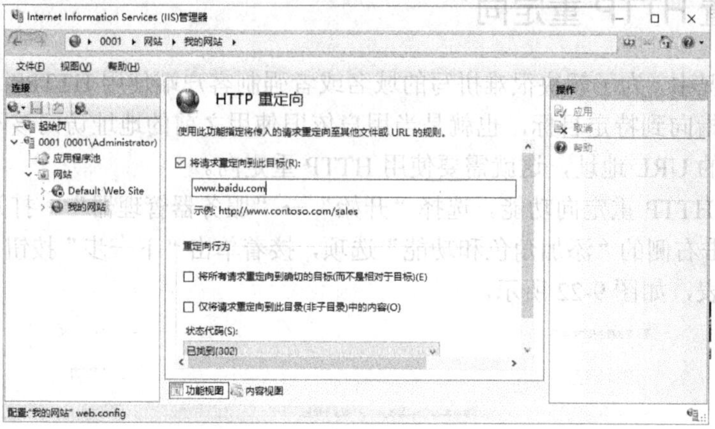

图 9-24　HTTP 重定向的配置

9.4　管理应用程序与虚拟目录

9.4.1　网站、应用程序和虚拟目录的区别

在 IIS 6 中，网站、应用程序和虚拟目录的概念是有点含糊的，而在 IIS 10 中，这三者则被规范化起来，在 IIS 架构层面上明确了三者的层次关系：一个网站可以建立若干个应用程序，一个应用程序下可以拥有若干个虚拟目录。

1. 网站

一个网站包含一个或者多个应用程序和一个或者多个虚拟目录。我们可以通过对网站进行不同的绑定，以用不同的方式对网站进行访问。这里的“绑定”包含两个方面，一个是绑定的协议，另一个就是绑定信息。

绑定协议用于指定通过什么协议去和该网站进行通信。IIS 10 中，对一个网站可用的协议包括 http、https、net.tcp、net.pipe、net.msmq、net.formatname 这几种。当然，对于一个网站，最常用的就是 http 和 https。而绑定信息则定义了通信的基本信息，比如 IP 地址，通信端口，站点的一些头部信息(header)。

2. 应用程序

应用程序是为一个网站提供功能的基本单位，例如一个购物站点可以包含两个应用程序：一个负责呈现商品，给消费者去选购，并放入购物车，而另一个应用程序则可以专注于用户的登录以及支付业务。当一个网站只有一个应用程序的时候，这个应用程序也就是根应用或者默认应用，代表着这个网站本身。

应用程序运行在 IIS 的应用程序池中，以域隔离。应用程序可以运行在 IIS 中任意一个应用程序池中，而不一定要运行在这个应用程序所在网站的应用程序池中，但对于使用托管代码开发的应用程序(例如一个 ASP.NET 网站)，必须运行在运行于.NET 之上的应用程序池中。可以在 IIS 10 中对应用程序池进行设置，包括设置.NET 版本(或者是非托管环境)，以及设置管道模式等操作。

3. 虚拟目录

一个虚拟目录就是一个网站(实际上是应用程序)上的对一个本地计算机或者远程计算机上一个物理目录路径的一个映射名称。一个应用程序可以拥有至少一个虚拟目录。

当设置一个虚拟路径映射到一个物理路径后，这个物理路径中的目录名称就会变成这个网站(或者应用程序)的 url 的一部分。一个网站(或者应用程序)可以拥有多个虚拟目录，例如，一个网站中的虚拟目录 www.site.com/script 映射到本地计算机上该站点中 script 文件夹，而 www.site.com/image 则映射到远程图片服务器上的一个 images 文件夹。IIS 10 利用虚拟目录映射的目录路径目录下的 web.config 配置文件，来管理该虚拟目录及其子目录。

9.4.2 创建虚拟目录

假设在“我的网站”的主目录下已经拥有其他文件夹和网页，如 C:\inetpub\wwwroot\note\index.htm， 这个路径是网页存在的物理路径， 可以通过浏览器输入 http://127.0.0.1:8080/note 来打开这个页面。下面我们来创建一个虚拟目录，具体步骤如下。

(1) 在其他磁盘上建立一个目录，如在 E 盘上建立目录 site，在该目录内创建一个网页文件 index.htm，如图 9-25 所示。

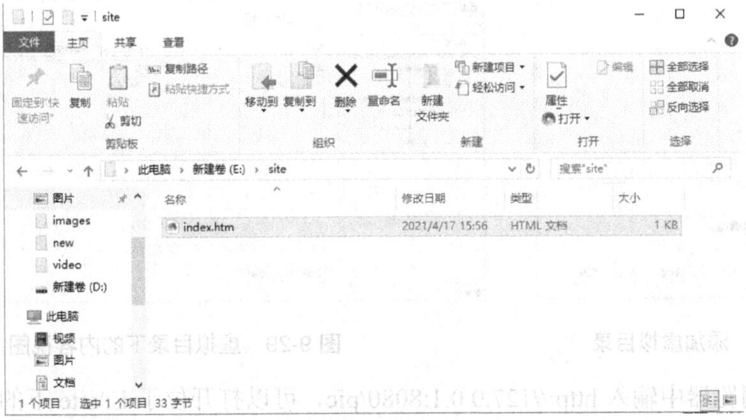

图 9-25 创建目录和文件

(2) 用记事本打开 index.htm，输入内容，如图 9-26 所示，保存文件。

(3) 打开“Internet Information Services(IIS)管理器”窗口，单击左侧“网站”下面的“我的网站”，单击中间窗口下方的“内容视图”按钮，这时看到的是该网站的物理目录(见图 9-27)。单击右侧的“添加虚拟目录”选项。

(4) 在弹出的“添加虚拟目录”对话框的“别名”中输入 pic，“物理路径”选择 E:\site，如图 9-28 所示。

(5) 返回“Internet Information Services(IIS)管理器”窗口，在左侧生成一个别名为 pic

的虚拟目录，单击“内容视图”按钮可以看到该目录下的网页文件，如图 9-29 所示。

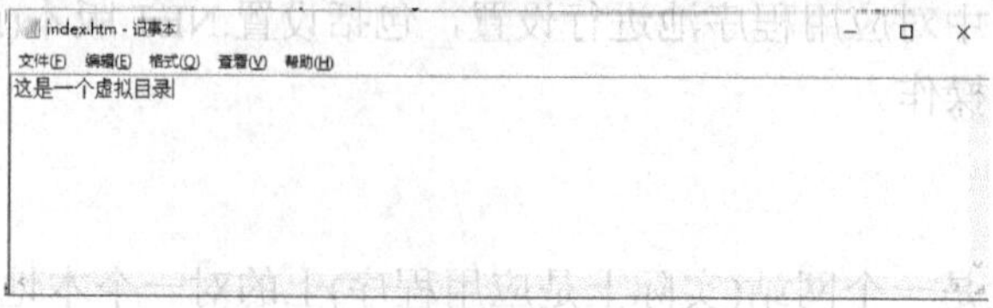

图 9-26　建立虚拟目录文件

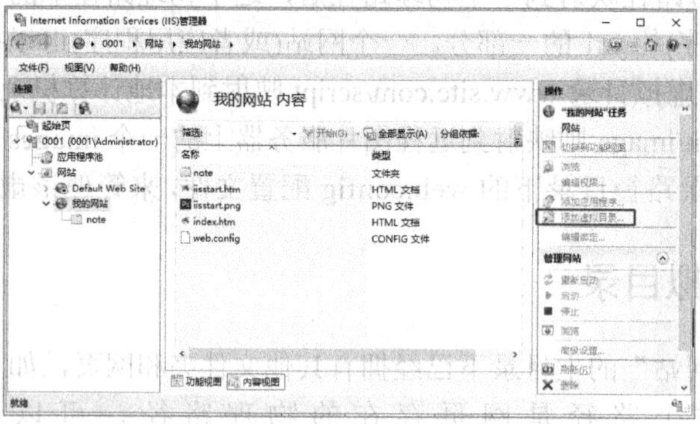

图 9-27　网站物理目录的内容视图

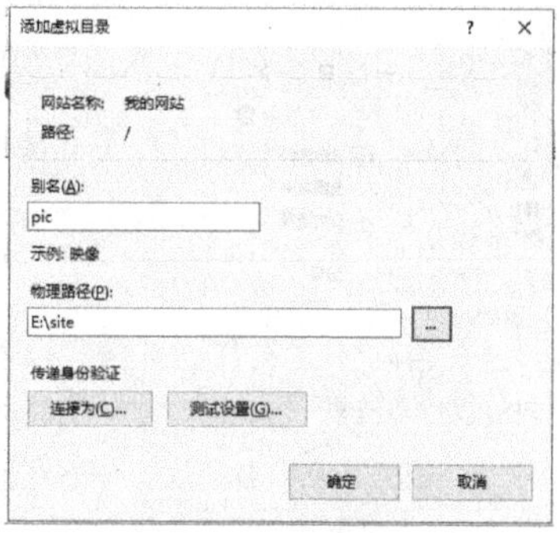

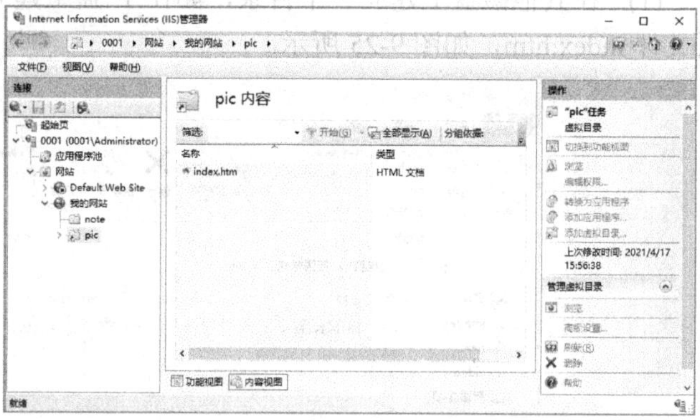

图 9-28　添加虚拟目录　　　　　　　　　　图 9-29　虚拟目录下的内容视图

(6) 在浏览器中输入 http://127.0.0.1:8080/pic，可以打开位于 E:\site 下的网页文件，如图 9-30 所示。

图 9-30　测试虚拟路径

9.4.3　创建应用程序

接下来我们来创建一个应用程序，具体步骤如下。

(1) 打开“Internet Information Services(IIS)管理器”窗口，单击左侧“网站”下面的“我的网站”，切换到内容视图，单击右侧的“添加应用程序”选项，如图 9-31 所示。

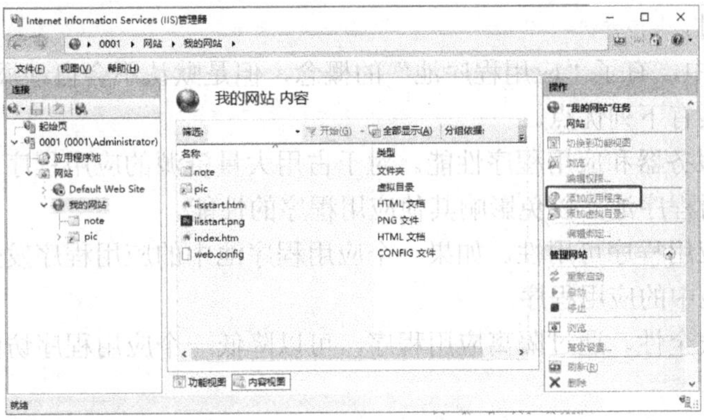

图 9-31　我的网站内容视图

(2) 在弹出的“添加应用程序”对话框的“别名”文本框中输入 myweb，“物理路径”选择 E:\site，如图 9-32 所示。

(3) 返回“Internet Information Services(IIS)管理器”窗口，在左侧生成一个别名为 myweb 的应用程序，单击“内容视图”按钮，可以看到该应用程序指向 E:\site 下的网页文件，如图 9-33 所示。

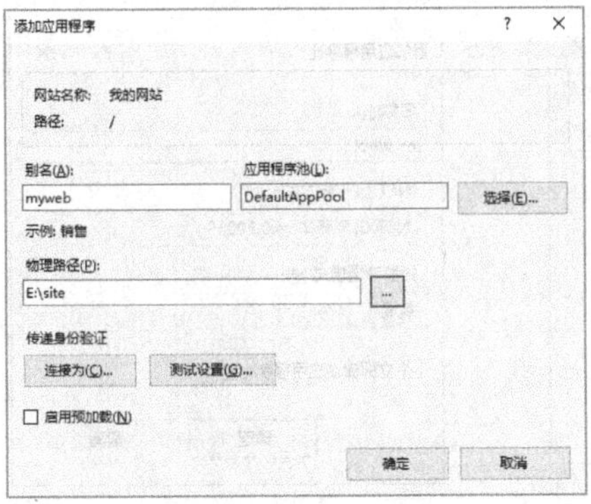

图 9-32　添加应用程序

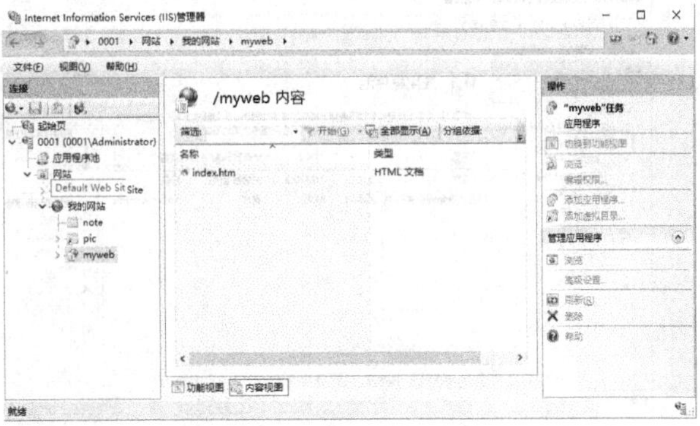

图 9-33　应用程序的内容视图

9.5　管理应用程序池

9.5.1　基本概念

应用程序池是将一个或多个应用程序链接到一个或多个工作进程集合的配置。因为应用程序池中的应用程序与其他应用程序被工作进程边界分隔，所以某个应用程序池中的应用程序不会受到其他应用程序池中应用程序所产生的问题的影响。

在 IIS 10 中，添加一个应用程序或者单独的网站，默认会自动新建一个对应的“应用程序池”，这也是 IIS 10 的核心功能。

在早期的 IIS 5.0 中，只有一个应用程序池的情况下，很容易造成“全军覆没”。因为所有的网站(或者虚拟目录下的应用程序)都“寄居”在一个“池”中，当它崩溃后，所有的网站都无法访问。

后来的 IIS 6 中，有了“应用程序池”的概念，但是默认不会自动添加。

应用程序池具有下列优点。

① 改进的服务器和应用程序性能。对于占用大量资源的应用程序，你可以将其分配给它们自己的应用程序池，以免影响其他应用程序的性能。

② 改进的应用程序可用性。如果一个应用程序池中的应用程序发生故障，将不会影响其他应用程序池中的应用程序。

③ 改进的安全性。通过隔离应用程序，可以降低一个应用程序访问其他应用程序资源的概率。

9.5.2 添加应用程序池

(1) 打开“Internet Information Services(IIS)管理器”窗口，在左侧列表中选择“应用程序池”，可以看到 IIS 创建的默认应用程序池 DefaultAppPool，如图 9-34 所示。

(2) 在右侧菜单中选择“添加应用程序池”命令，在弹出的对话框的“名称”文本框中输入 myweb，如图 9-35 所示。

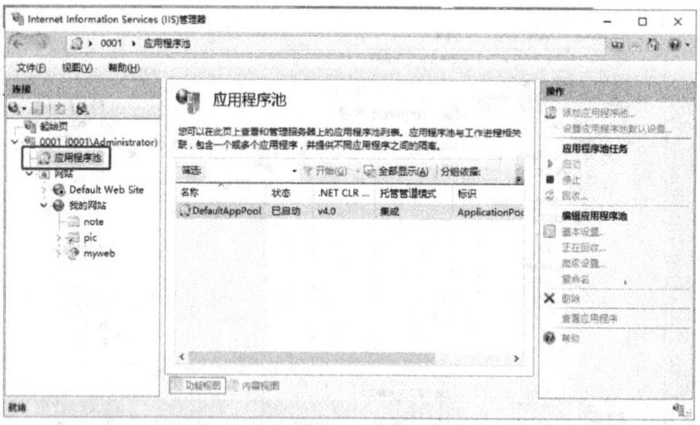

图 9-34 应用程序池

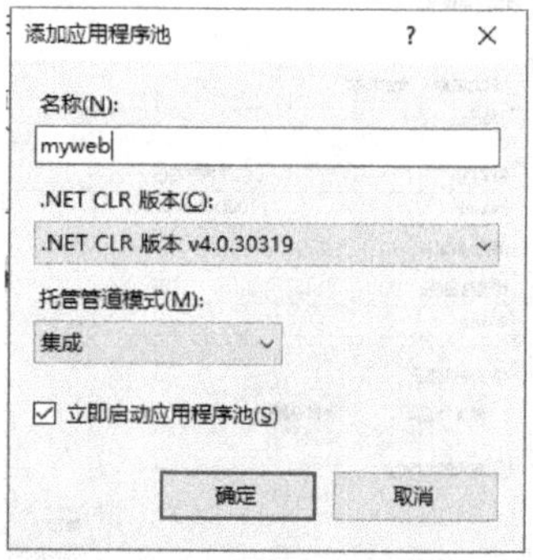

图 9-35 添加应用程序池

注意： 在 IIS 10 中，应用程序池有两种运行模式：集成模式和经典模式。应用程序池模式会影响服务器处理托管代码请求的方式。如果托管应用程序在采用集成模式的应用程序池中运行，服务器将使用 IIS 和 ASP.NET 的集成请求处理管道来处理请求。但是，如果托管应用程序在采用经典模式的应用程序池中运行，服务器会继续通过 Aspnet_isapi.dll 路由托管代码请求，其处理请求的方式就像应用程序在 IIS 6.0 中运行一样。

.NET CLR 版本，则需要根据你网站的实际情况来选择。

9.5.3　查看应用程序池中的应用程序

(1)　打开“Internet Information Services(IIS)管理器”窗口，在左侧列表中选择“应用程序池”，可以看到 IIS 创建的默认应用程序池 DefaultAppPool 和刚刚创建的 myweb 应用程序池，如图 9-36 所示。

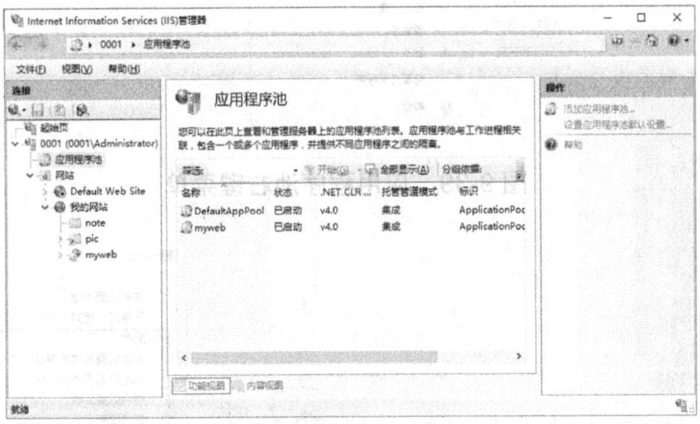

图 9-36　应用程序池

(2)　myweb 应用池目前还没有分配应用程序，所以先看下 DefaultAppPool 中的应用程序情况，在 DefaultAppPool 上右击，在弹出的快捷菜单中选择“查看应用程序”命令，如图 9-37 所示。

(3)　在弹出的“应用程序”对话框中，我们可以看到在 DefaultAppPool 应用程序池中的应用程序情况，包含其默认根应用程序和我们创建的 myweb 应用程序，如图 9-38 所示。

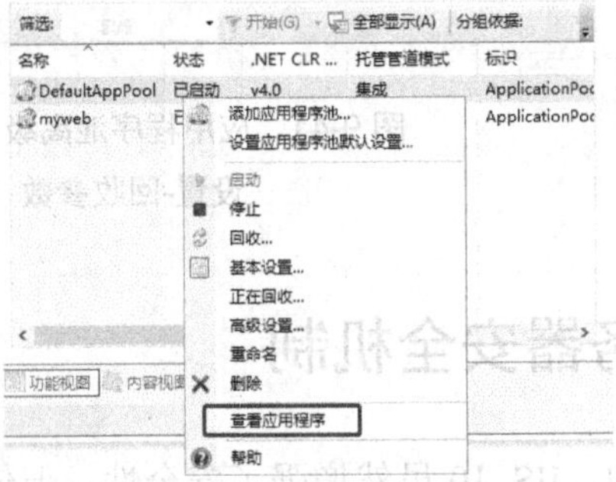

图 9-37　应用程序池右键菜单

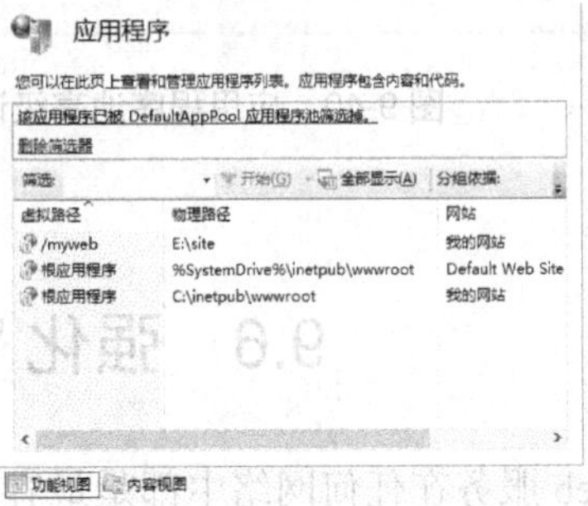

图 9-38　应用程序池中的应用程序列表

9.5.4　回收应用程序池

(1)　打开“Internet Information Services(IIS)管理器”窗口，在左侧列表中选择“应用程序池”，在具体应用程序上右击，弹出快捷菜单，可以进行回收操作，如图 9-39 所示。

(2)　选择“应用程序池”，在右侧窗格中选择“高级设置”，可以定义回收参数，如图 9-40 和图 9-41 所示。

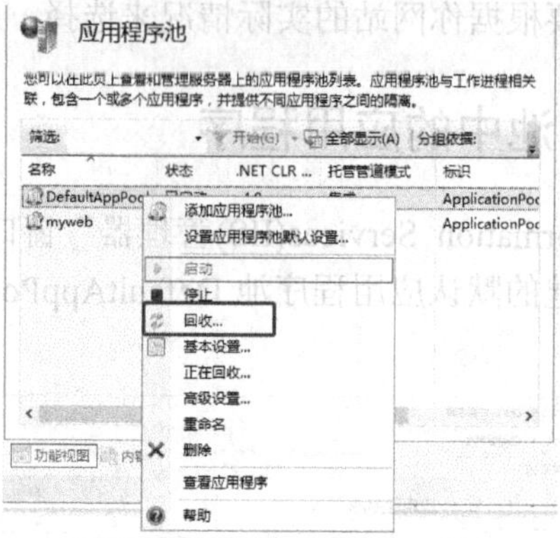

图 9-39　应用程序池右键菜单

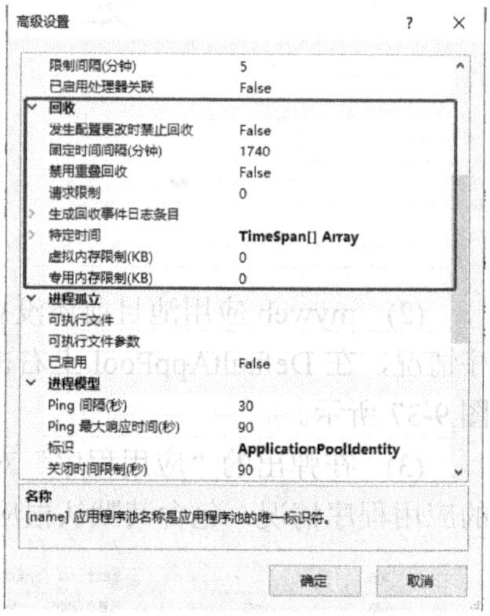

图 9-40　应用程序池高级设置

图 9-41　应用程序池高级设置-回收参数

9.6　强化 Web 服务器安全机制

Web 服务在任何网络中都是最容易遭受攻击的，IIS 10 虽然增强了安全性，但依然存在风险，需要我们进一步建立 Web 服务的安全机制。除了启用防火墙或是使用第三方安全防护软件外，我们可以通过以下方法手动修改配置以进一步强化 Web 服务的安全性。

9.6.1　开启日志审计

(1) 打开“Internet Information Services(IIS)管理器”窗口，先单击“我的网站”，再双击中间的“日志”选项，如图 9-42 所示。

(2) 默认情况下，IIS 10 的 Web 日志存放于系统目录中，如图 9-43 所示，需要我们将日志文件放在非网站目录和非操作系统分区，并定期对 Web 日志进行异地备份。遇到网站故障后，日志会帮我们快速锁定原因。

图 9-42 日志选项

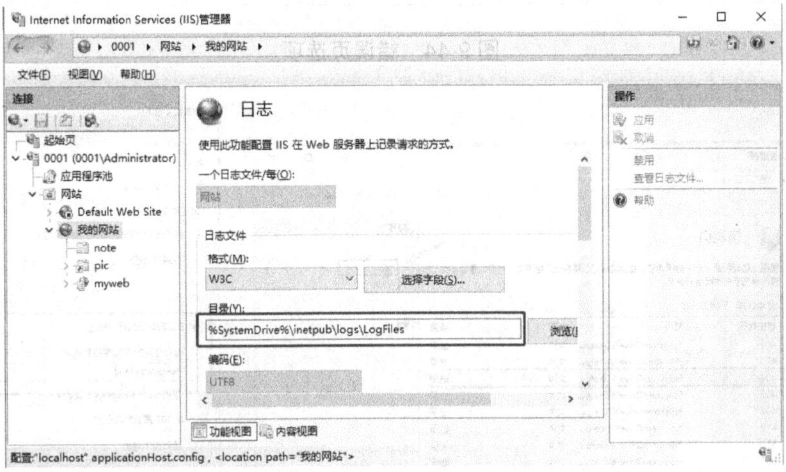

图 9-43 日志配置

9.6.2 自定义 404 错误页面

IIS 10 默认的 404 错误页面，可能会泄露某些关键信息，比如 Web 站点的真实物理路径、用户和目录权限信息等。这些信息可能被黑客利用，从而导致网站被攻击，因为我们需要做一些自定义。

(1) 打开“Internet Information Services(IIS)管理器”窗口，先单击“我的网站”，再双击中间的“错误页”选项，如图 9-44 所示。

(2) 在错误页窗口，选择 404，然后在右侧操作中选择“编辑”，如图 9-45 所示。

(3) 在编辑自定义错误页对话框中，选择自定义的错误页面(404.htm)，如图 9-46 所示。

> 提示：自定义的 404.htm 页面可以放在任一目录中。404.htm 文件只需要加入提示打开网页错误的静态文字即可。当然，你也可以把它做得漂亮些，比如加入一些适合的图片。

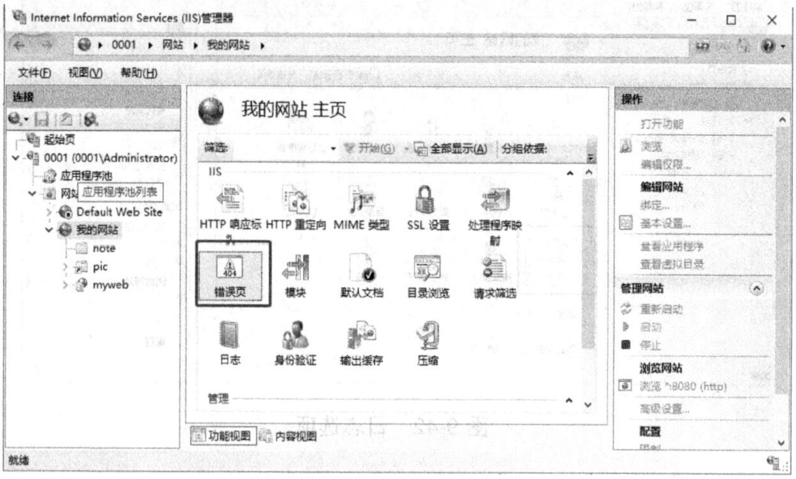

图 9-44　错误页选项

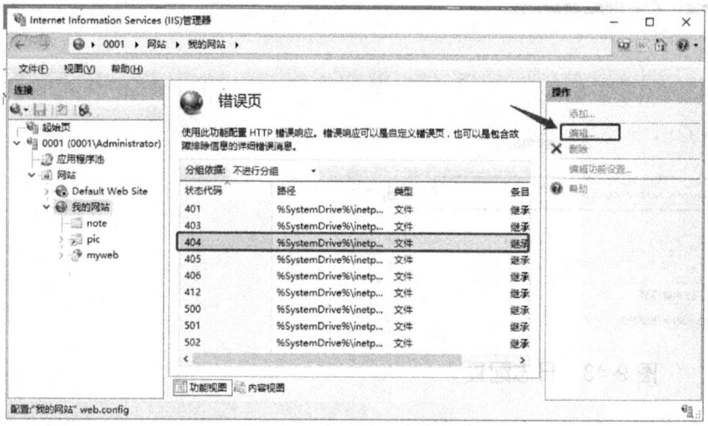

图 9-45　对 404 错误页进行编辑

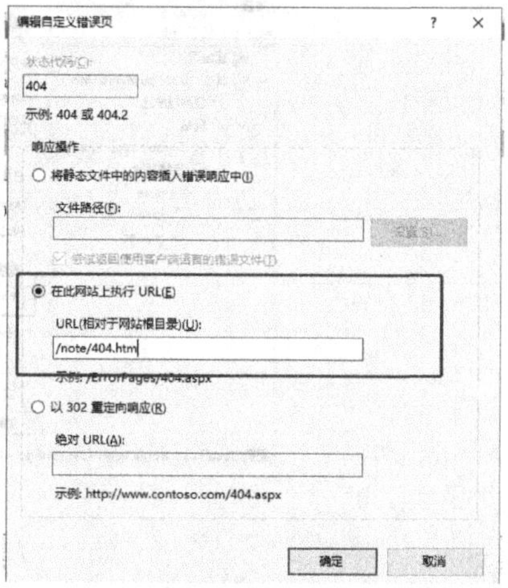

图 9-46　自定义 404 错误页

9.6.3　限制上传目录执行权限

当你的 Web 站点允许用户上传文件时，需要特别注意存放上传文件目录的权限，它极易被黑客利用。

(1) 打开“Internet Information Services(IIS)管理器”窗口，在左侧菜单中找到并单击打开“我的网站”，再选择上传文件的目录(这里我们假定为 note 目录)，然后双击“处理程序映射”选项，如图 9-47 所示。

(2) 在处理程序映射窗口时，在处理程序映射时，把编辑功能权限中的“脚本”去掉，这样即使上传了木马文件在此目录，也是无法执行的，如图 9-48 和图 9-49 所示。

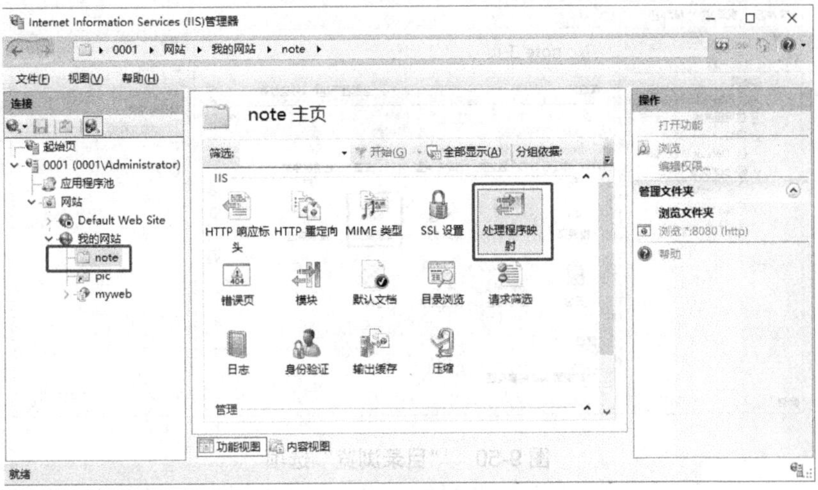

图 9-47　处理程序映射选项

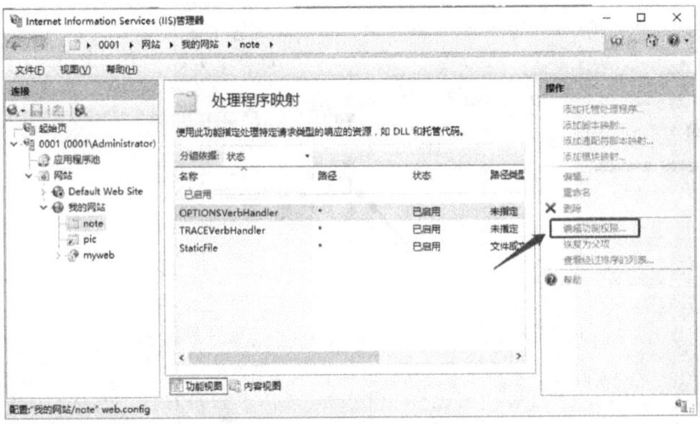

图 9-48　处理程序映射

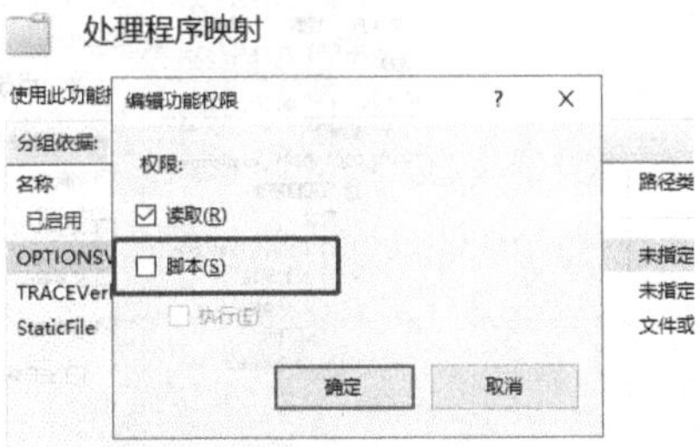

图 9-49　取消脚本选项

9.6.4　关闭目录浏览

运行访问者浏览网站目录，可能会泄露敏感文件的存在，若非特殊需要，强烈建议关闭目录浏览权限。

提示：在 IIS 10 中，默认情况下目录浏览是关闭的。但若是你的网站是从旧服务器中复制过来，或是升级安装的 IIS 10，你需要仔细检查目录权限。

(1) 打开“Internet Information Services(IIS)管理器”窗口，在左侧菜单中找到并单击打开“我的网站”，再选择需要关闭浏览的目录，然后双击“目录浏览”选项，如图 9-50 所示。

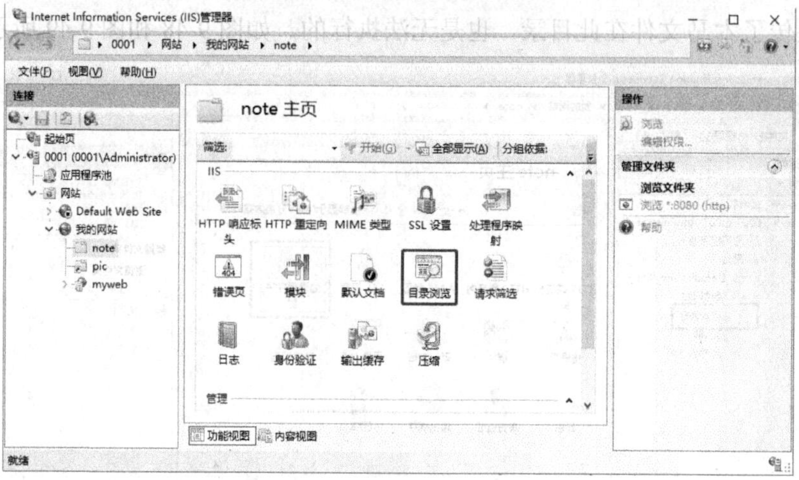

图 9-50　“目录浏览”选项

(2) 在目录浏览中，单击右侧的“禁用”按钮即可禁用目录浏览，如图 9-51 所示。同理，当你需要恢复此目录浏览时，单击“启用”按钮即可。

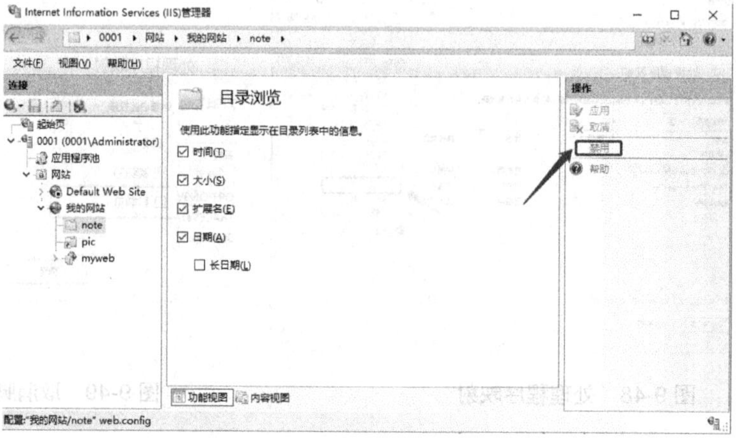

图 9-51　禁用目录浏览

9.6.5　解决 IIS 短文件名漏洞

此漏洞实际是由 HTTP 请求中旧 DOS 8.3 名称约定(SFN)的代字符(~)波浪号引起的。它允许远程攻击者在 Web 根目录下公开文件和文件夹名称(不应该可被访问)。攻击者可以找到通常无法从外部直接访问的重要文件，并获取有关应用程序基础结构的信息。

虽然经过微软公司多次修补，但此漏洞到 Windows Server 2019 中仍然没有彻底解决，在这里，我们通过 IIS 的设置加强对此漏洞的防御。

(1) 打开“Internet Information Services(IIS)管理器”窗口，在左侧菜单中找到并单击打开“我的网站”，然后双击“请求筛选”选项，如图 9-52 所示。

注意：因为是需要对整个网站进行限制，这里选择网站，而不是具体目录。

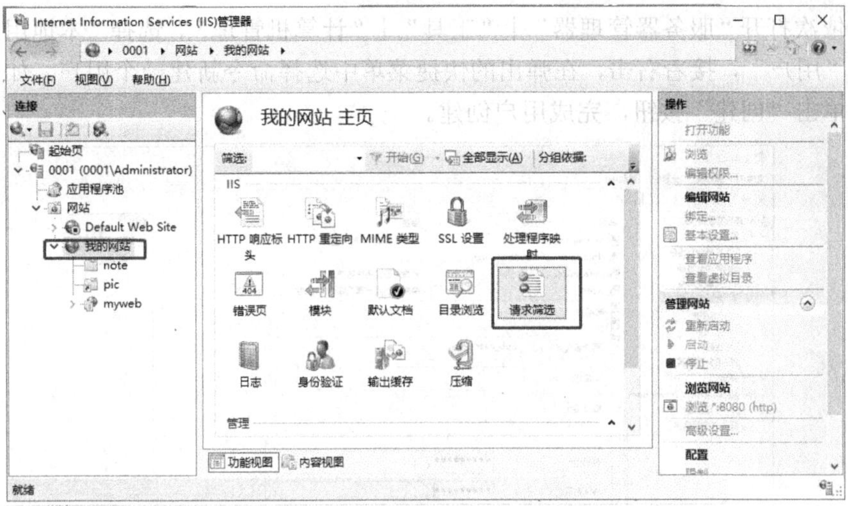

图 9-52　“请求筛选”选项

(2) 在请求筛选中，选择 URL，然后单击右侧的“拒绝序列”按钮，如图 9-53 所示。

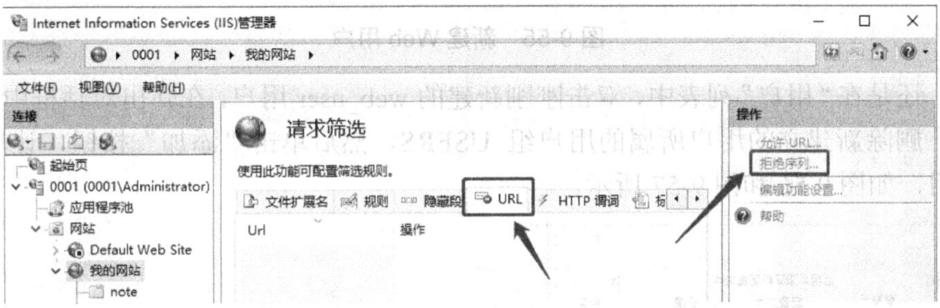

图 9-53　URL 中设置拒绝序列

(3) 在拒绝序列对话窗口中，在 URL 序列中输入“~”，单击“确定”按钮，如图 9-54 所示。

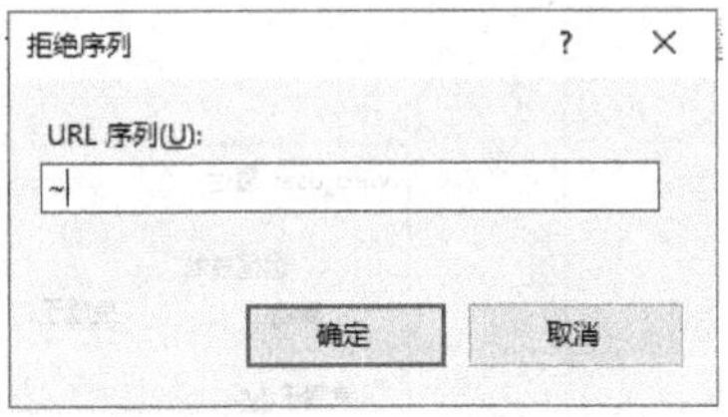

图 9-54　URL 序列设置

9.6.6　设置独立站点账户

在 Windows Server 2019 中，用 IIS 架设 Web 服务器，合理地为每个站点配置独立的 Internet 来宾账号，这样可以限制 Internet 来宾账号的访问权限，只允许其可以读取和执行运行网站所的需要的程序。

(1) 依次打开“服务器管理器”|“工具”|“计算机管理”，选择“本地用户和组”，然后选择“用户”，接着右击，在弹出的快捷菜单中选择命令新建一个用户，如图 9-55 所示，最后单击“创建”按钮，完成用户创建。

图 9-55　新建 Web 用户

(2) 还是在“用户”列表中，双击刚刚新建的 web_user 用户，在弹出对话框中选择“隶属于”，删除新建立的用户所属的用户组 USERS，然后单击“添加”按钮，让用户属于 Guests 组，如图 9-56 和图 9-57 所示。

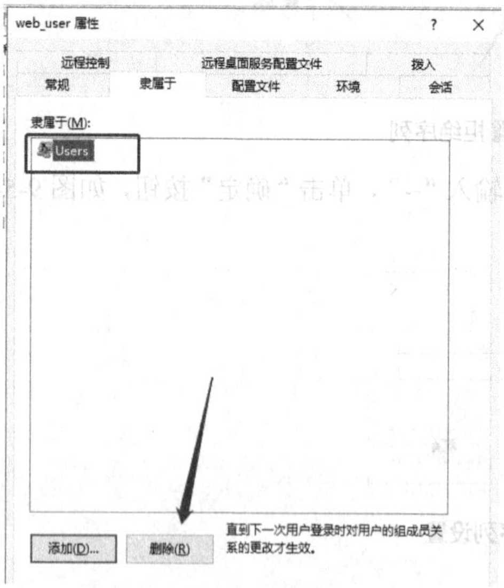

图 9-56　删除 Users 组

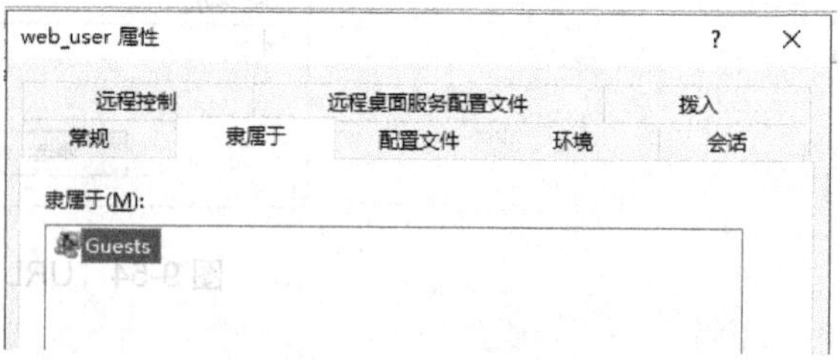

图 9-57　加入 Guests 组

(3) 打开“Internet Information Services(IIS)管理器”窗口，在左侧菜单中找到并单击打开“我的网站”，然后双击“身份验证”选项，如图 9-58 所示。

(4) 在身份验证中，选择“匿名身份验证”，然后再单击右侧“操作”窗格中的“编辑”按钮，在“编辑匿名身份验证凭据”中编辑特定用户，如图 9-59 和图 9-60 所示。

(5) 在设置凭据中，输入我们刚刚建立的 web_user 用户信息，然后单击“确定”按钮提交，如图 9-61 所示。

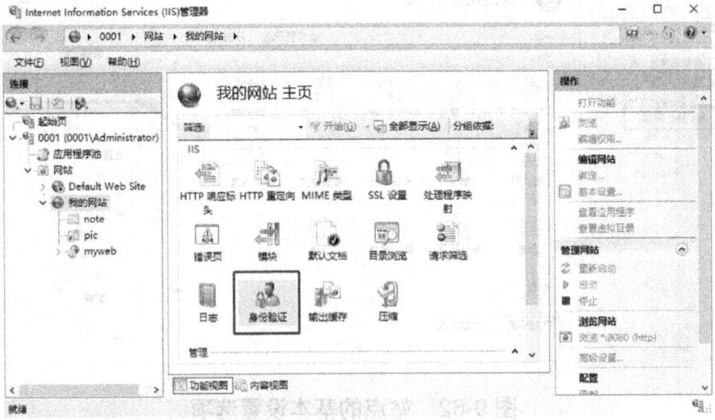

图 9-58　“身份验证”选项

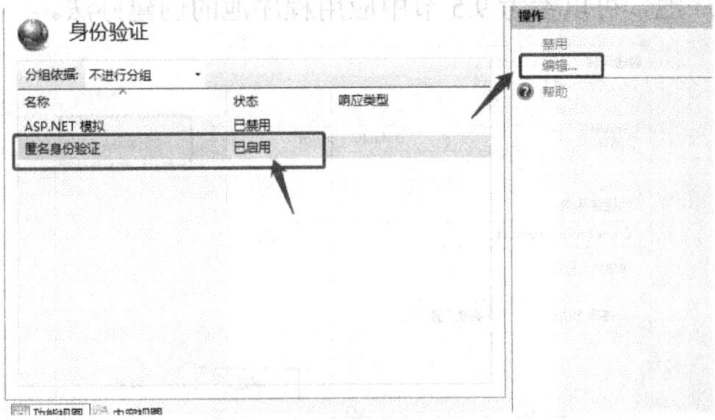

图 9-59　编辑匿名身份验证

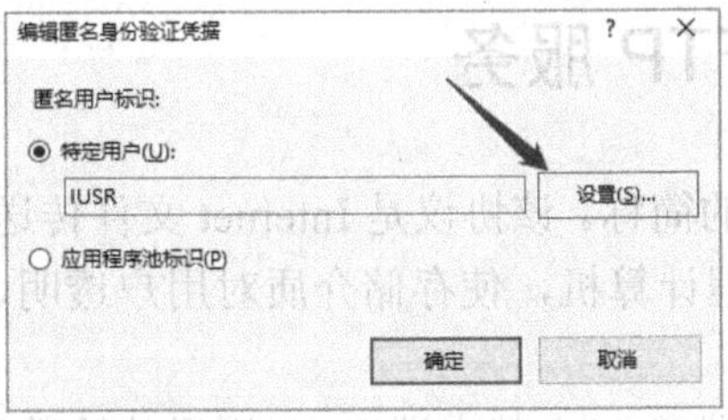

图 9-60　重新设置特定用户

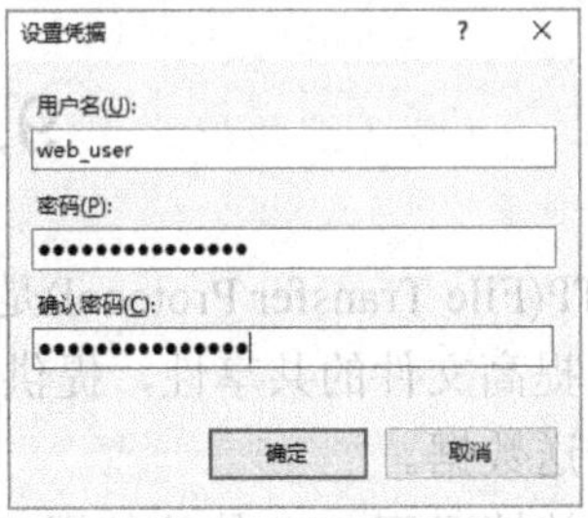

图 9-61　设置凭据

9.6.7　设置独立应用程序池

在 IIS 10 中，给网站设置独立运行的程序池，这样每个网站与错误就不会互相影响。

(1) 打开“Internet Information Services(IIS)管理器”窗口，在左侧菜单中找到并单击打开“我的网站”，然后单击右侧操作中的“基本设置”，如图 9-62 所示。

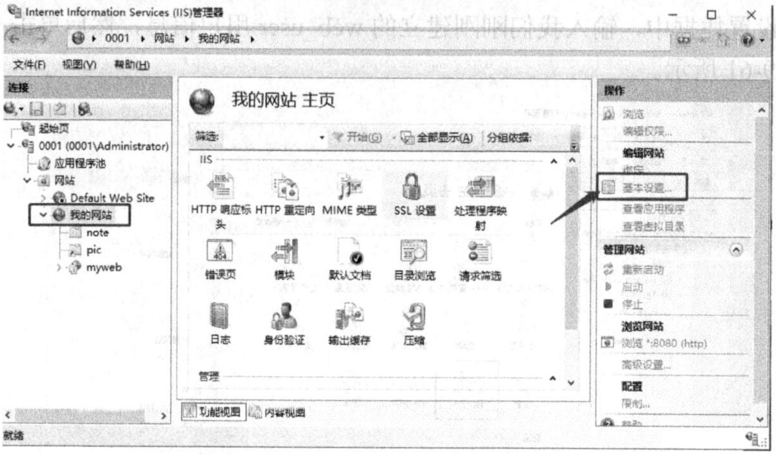

图 9-62　站点的基本设置选项

(2) 在编辑网站对话窗口中，选择一个独立的应用程序池，如图 9-63 所示。若还没有建立对应的应用程序池，可以参考 9.5 节中应用程序池的创建办法。

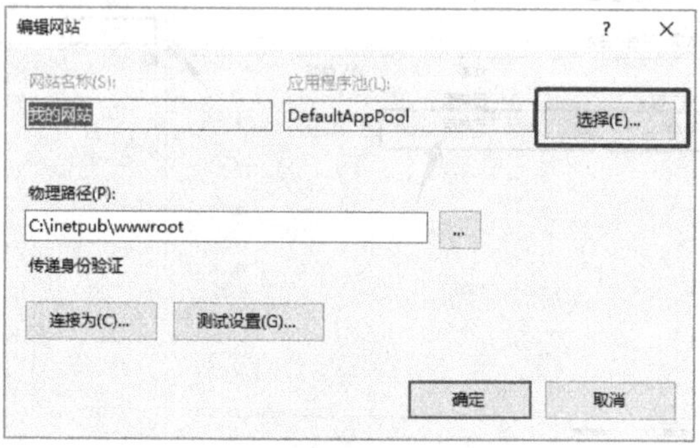

图 9-63　配置独立的应用程序池

9.7　设置 FTP 服务

FTP(File Transfer Protocol)是文件传输协议的简称。该协议是 Internet 文件传送的基础，目标是提高文件的共享性，提供非直接使用远程计算机，使存储介质对用户透明、可靠高效地传送数据。

默认情况下 FTP 协议使用 TCP 端口 20 和端口 21。其中端口 20 用于传输数据，端口 21 用于传输控制消息。

9.7.1　添加 FTP 服务器

(1) 添加 FTP 功能。单击“开始”→“服务器管理器”，打开“服务器管理器”窗口，单击右侧的“添加角色和功能”选项，接着单击“下一步”按钮，直至出现“服务器角色”列表，如图 9-64 所示。

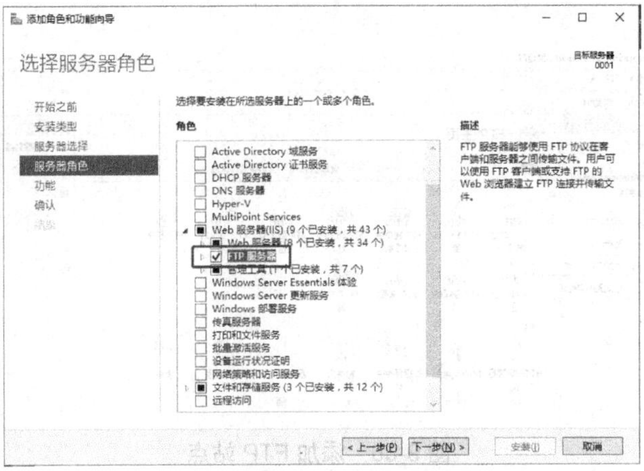

图 9-64　添加 FTP 服务器

(2) 选中“FTP 服务器”复选框，单击“下一步”按钮，直到出现“确认选项”界面，单击“安装”按钮，等待进度条结束后，单击“关闭”按钮，即可完成 FTP 服务器功能的添加。

(3) 打开“Internet Information Services(IIS)管理器”窗口，在左侧菜单中找到服务器图标并单击打开它(这里是 0001)，即可看到 FTP 服务的选项菜单，如图 9-65 所示。

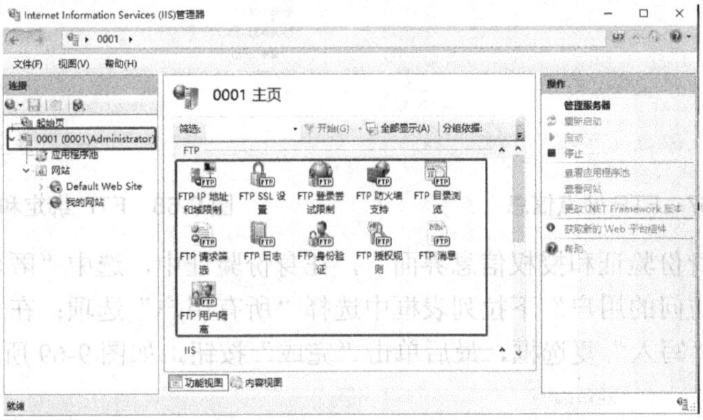

图 9-65　FTP 选项菜单

9.7.2　新建 FTP 站点

(1) 打开“Internet Information Services(IIS)管理器”窗口，展开左侧菜单，对“我的网站”单击鼠标右键，选择“添加 FTP 站点”，如图 9-66 所示。

(2) 进入“添加 FTP 站点”界面，输入 FTP 站点名称和其目录的物理路径。物理路径是需要共享的目录位置，单击“下一步”按钮，如图 9-67 所示。

(3) 进入“绑定和 SSL 设置”界面，IP 地址默认为全部未分配，即可以使用服务器上任意一个没有分配给其他 FTP 站点的 IP 来访问。如果选择了 IP 地址，则只能通过选择的 IP 地址对 FTP 服务器进行访问。端口选择默认 21 号端口。在这里选择“无 SSL”，如

图 9-68 所示。

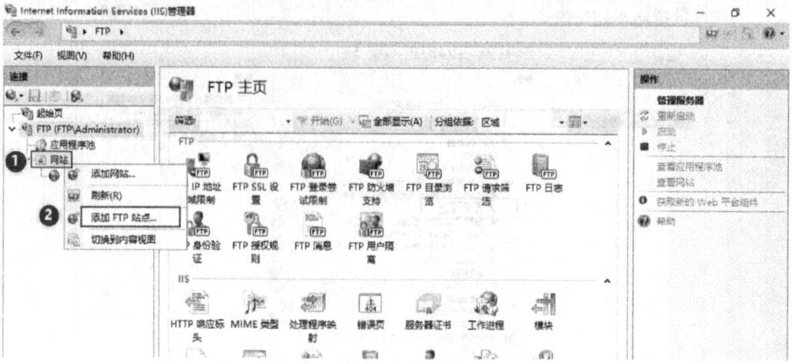

图 9-66　添加 FTP 站点

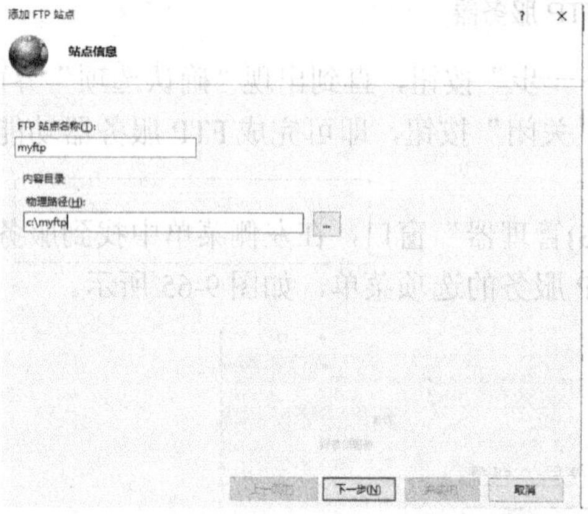

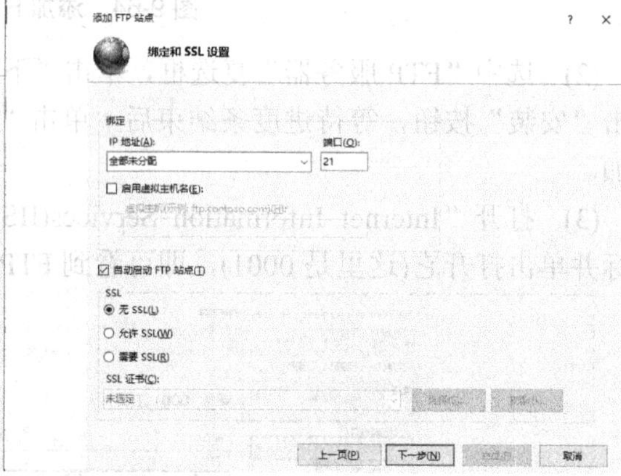

图 9-67　FTP 站点信息　　　　图 9-68　FTP 绑定和 SSL 设置

(4) 进入“身份验证和授权信息界面”，在身份验证中，选中“匿名”和“基本”复选框；在“允许访问的用户”下拉列表框中选择“所有用户”选项；在“权限”选项组中选中“读取”和“写入”复选框，最后单击“完成”按钮，如图 9-69 所示。

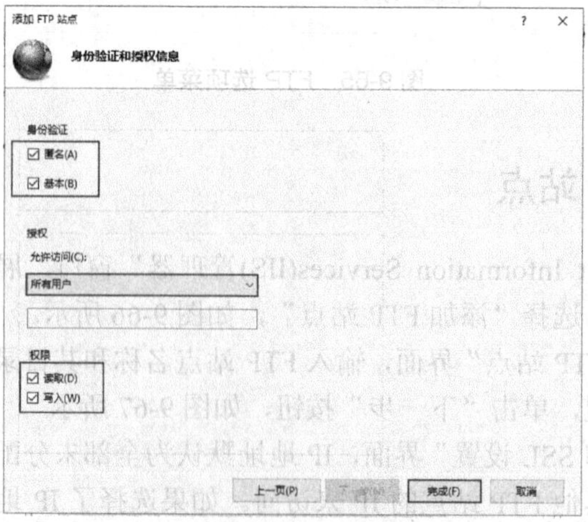

图 9-69　FTP 身份验证和授权信息

(5) 返回“网站”界面，在列表中新的 FTP 站点 myftp 已经创建完成，并成功启动，如图 9-70 所示。

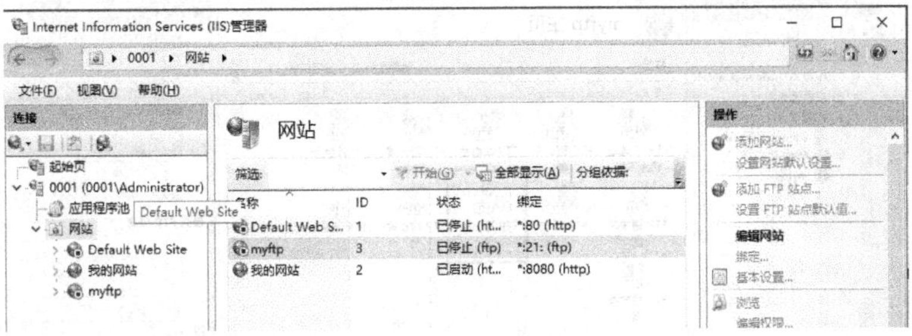

图 9-70 FTP 站点创建成功

提示：如果是在默认站点 Default Web Site 中添加 FTP 发布，那么，默认的根目录位置是 C:\inetpub\ ftproot。

(6) 测试 FTP：测试之前，先在 FTP 目录内新建一个文件 ftp.txt，然后打开浏览器，访问 ftp://127.0.0.1，如图 9-71 所示。

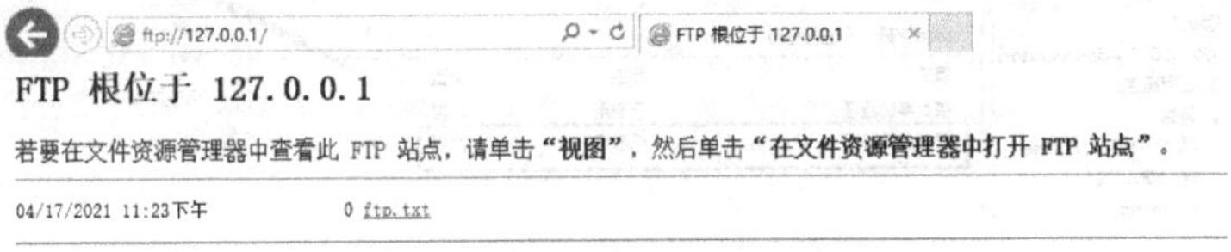

图 9-71 测试 FTP

如果 FTP 站点没有采用默认端口，而是设置了端口为 211，那么其访问地址应该为 ftp://127.0.0.1:211，如图 9-72 所示。

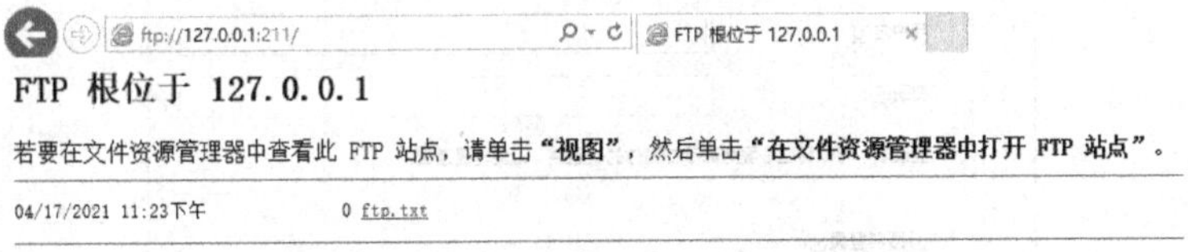

图 9-72 测试带端口号的 FTP

9.7.3 启用 FTP 身份验证

前面部分我们打开 FTP 服务，直接通过浏览器访问即可获取资源，这在绝大多数网站都是不现实的，更多情况下是需要输入用户名和密码来访问，这样我就需要启用 FTP 服务器的身份验证。

(1) 打开“Internet Information Services(IIS)管理器”窗口，展开左侧菜单，选择 myftp，双击“FTP 身份验证”选项，如图 9-73 所示。

图 9-73 “FTP 身份验证”选项

(2) 在身份验证中，单击“匿名身份验证”，如图 9-74 所示在右侧操作中选择“禁用”。禁用之后，任何电脑再次访问 FTP 服务的时候均需要用户和密码，如图 9-75 所示。

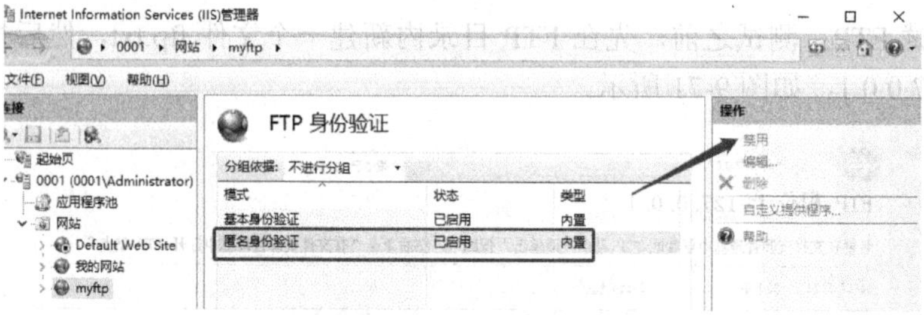

图 9-74 禁用匿名身份验证

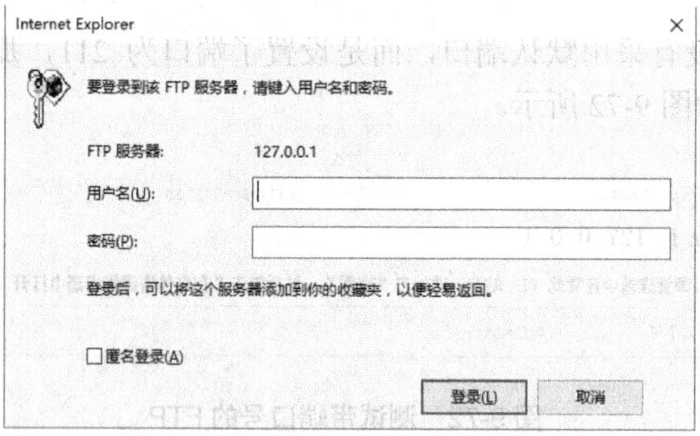

图 9-75 登录 FTP 服务器

(3) 创建一个 FTP 用户：具体操作可参考 9.6 节中如何为站点设置独立用户部分，其操作流程完全一致。这里我们直接使用在 9.6 节中创建好的 web_user 用户，让这个用户也可以访问 FTP 的资源。

(4) 对 FTP 根目录进行权限设置，打开目录属性，选择“安全”选项卡，单击“编辑”按钮，在弹出的“myftp 的权限”对话框中选择“添加”，如图 9-76 所示。在弹出的“选择用户或组”的对话框中输入 web_user，单击“检查名称”按钮，无误后单击“确定”按钮，如图 9-77 所示。

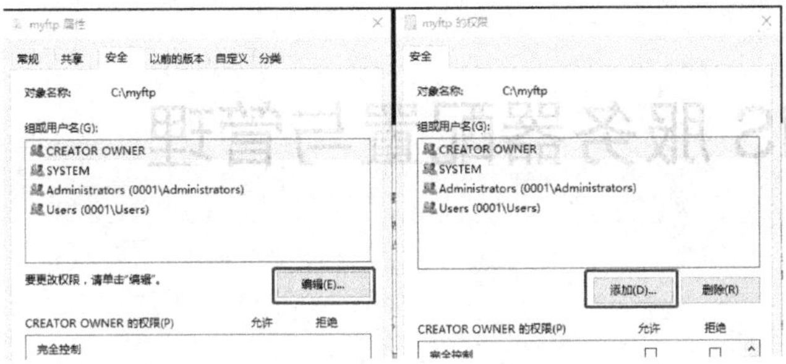

图 9-76　设置 myftp 目录权限

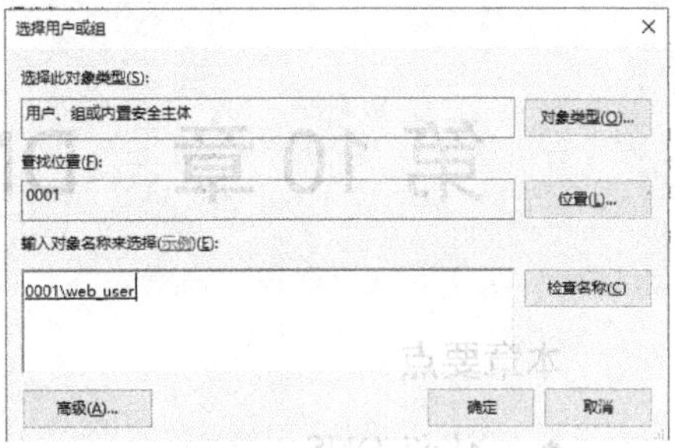

图 9-77　添加 web_user 用户

(5)　在浏览器中重新打开 FTP 地址，输入用户名和密码，即可成功看到文件信息。

本 章 小 结

IIS 10 在 Windows Server 2019 默认安装中是不包含的，需要手动安装，安装时 HTTP 重定向、FTP 服务器等额外功能组件也需要手动勾选。本书为了细化流程，讲解时是按需多次安装的，你也可以在首次安装 IIS 10 时就把这些功能组件一并安装。IIS 10 在 Windows Server 2019 中规范了应用程序和虚拟目录概念、强化了应用程序池的功能、强化了 Web 服务器安全机制、加入了更多安全方面的设计，用户可以通过微软的.NET 语言来运行服务器端的应用程序。此外，通过 IIS 10 的新特性创建模块，将会减少代码在系统中的运行次数，降低遭受黑客脚本攻击的可能性。

第 10 章　DNS 服务器配置与管理

本章要点：

- 认识 DNS
- 安装 DNS
- 认识 DNS 区域
- 设置 DNS 服务器
- 测试 DNS
- 使用木云科技智能 DNS 服务器

在计算机网络中，通常使用 IP 地址来定位计算机，但是 IP 地址记忆不方便，因此，人们为这些计算机定义一个既有意义，又容易记忆的名称，这就是域名(DNS)。DNS 服务便是将域名转换为 IP 地址的一种技术和服务。本章以宜宾学院域名 yibinu.edu.cn 为例，介绍域名的配置与管理操作。Windows Server 2019 中自带的 DNS 服务能够满足小型网络的部署，对于大型网络，需要用到第三方 DNS 工具，比如智能 DNS 解析工具。

10.1　认识 DNS

DNS 是 Domain Name System (域名系统)的缩写，它允许用户使用有层次的、友好的名字，很方便定位 IP 网络中的计算机和其他资源。为了让连接到 Internet 的计算机有一个方便记忆的名称，必须制定名称规范，设立专门的机构来管理这些域名，并且架设服务器提供解析功能。

10.1.1　域名系统概述

Internet 是一个由无数台计算机连接组成的虚拟世界，为了定位每台连接到 Internet 的计算机地址，IANA(The Internet Assigned Numbers Authority，互联网数字分配机构)会为其分配一个唯一的 IP 地址。

随着网络主机数量的不断增加，要记住这些 IP 地址，显然十分困难，因此必须将这些 IP 地址转换成一个方便记忆的域名，然后再通过域名转换机制，将其转译成 IP 地址。例如，用户想使用友好名字 www.163.com，而不是 IP 地址 221.236.29.82。在 Internet 上使用的由 RFC 1034 和 1035 定义的域名系统(DNS)提供了一种标准的命名约定，以定位基于 IP 的计算机。

INTERNIC 是一个提供 Internet 主机名称申请和注册的专业机构，在全世界的不同地区都有对应的信息中心注册网际域名，例如中国的 CNNIC。

在 Internet 上实现 DNS 前，由名为 Host 的文件来支持用名字定位网络中的资源。网络管理员把名字和 IP 地址输入 Host 文件，然后计算机就用该文件进行名字解析。

Host 文件和 DNS 都使用名字空间。名字空间是一个分组，其中的名字符号性地代表了其他类型信息，比如 IP 地址等，而且还制定了特殊的规则，决定如何创建和使用名字。某些名字空间，比如 DNS，是层次结构的，提供了把名字空间划分成子空间的规则，以便分布和代表名字空间的各个部分。其他名字空间，如 Host 名字空间就不能进行划分，必须作为一个整体来存储。

因而，使用 Host 文件会给网络管理员带来问题。随着 Internet 上计算机数量和用户的增长，更新和分布 Host 文件的任务将变得无法进行管理。

DNS 用一个分布式数据库取代 Host 文件并实现层次化的命名系统。这种命名系统能适应 Internet 的增长，并能在 Internet 和专用的基于 TCP/IP 的网络中创建唯一的名字。

DNS 的命名系统是一个层次的逻辑树结构，称为域名空间。各机构可以用它自己的域名空间创建 Internet 上不可见的专用网络。图 10-1 显示了 Internet 域名空间的一部分，DNS 树的每个结点代表一个 DNS 名字。

DNS 根域下面是顶级域，也由 Internet 名字授权机构管理。共有三种类型的顶级域。

- 组织域：采用 3 个字符的代号，表示 DNS 域中所包含的组织的主要功能或活动。组织域一般只用于本国境内的组织，本国的大部分组织都包含在这些组织域的某一个之中。常用的组织域有 com(商业组织)、edu(教育机构)、gov(政府机构)、int(国际组织)、mil(军队)、net(网络组织)和 org(非商业组织)等。
- 地理域。采用两个字符的国家/地区代号，由国际标准化组织(ISO)确定。如 cn(中国)、us(美国)和 ca(加拿大)等。
- 反向域。这是一个特殊域，名字为 in-addr.arpa，用于将 IP 地址映射到名字(称为反向查找)。

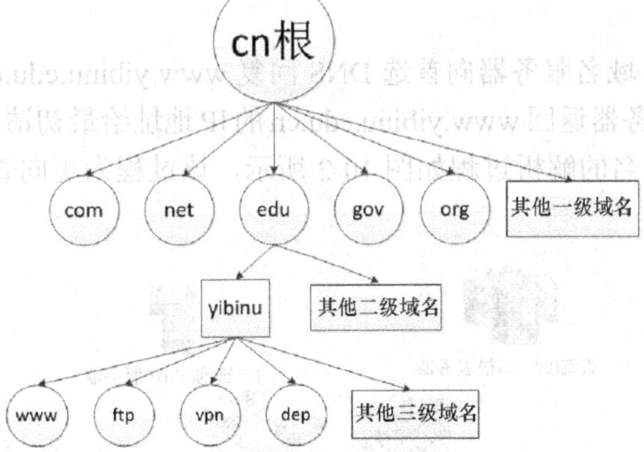

图 10-1　域名结构

在顶级域以下，Internet 名字授权机构把域授权给连到 Internet 的各种组织。当一个组织(如宜宾学院)获得了 Internet 名字授权机构对域名空间某一部分的授权后，该组织就负责命名所分配的域及其子域中的计算机和网络设备。这些组织使用 DNS 服务器管理他们那部分名字空间中主机设备的名字到 IP 地址与 IP 地址到名字的映射信息。如宜宾学院只负责二级域名 yibinu.edu.cn 下的三级域名的管理。

10.1.2 DNS 的工作原理

DNS 分为客户端和服务器端，客户端扮演发问的角色，也就是向服务器询问一个域名，而服务器必须要回答此域名对应的 IP 地址。而本地的 DNS 首先会查找自己的资料库。如果自己的资料库没有，则会往该 DNS 上所设置的上级 DNS 询问，依此得到答案之后，将收到的答案保存起来，并回答客户。

在每一个域名服务器中都有一个快取缓存区(Cache)，这个快取缓存区的主要目的，是将该名称服务器所查询出来的名称及相对应的 IP 地址记录到快取缓存区中，这样，当下一次还有另外的客户端到服务器上查询相同的名称时，服务器就不用进行二次寻找，而直接可以从缓存区中找到该名称记录资料，传回给客户端，加速客户端对名称查询的速度。

举例说明，若有用户要访问的域名为 www.yibinu.edu.cn，从此域名中可知其代表中国教育部的宜宾学院，需要查找的组织名称为 yibinu.edu.cn 下的 www 主机，以下为域名解析过程的具体步骤。

(1) 在 DNS 的客户端发送一条查询 DNS 的指令给本机首选 DNS 服务器，查询 www.yibinu.edu.cn 的 IP 地址。

(2) 首选 DNS 服务器先行查询本机区域。如果没有发现与请求的域名相一致的区域，就向二级域名 EDU 服务器发送反复查询 www.yibinu.edu.cn 的请求。

(3) 二级域名 EDU 服务器有 www.yibinu.edu.cn 域名 EDU 的授权，向首选 DNS 回复在 EDU 级域中某个域名服务器的 IP 地址。

(4) 首选 DNS 服务器发送反复查询 www.yibinu.edu.cn 的请求，给 cn 域名服务器。

(5) cn 域名服务器向首选 DNS 回复 yibinu.edu.cn 域名服务器的 IP 地址。

(6) 首选 DNS 服务器发送反复查询 www.yibinu.edu.cn 的请求，给 yibinu.edu.cn 域名服务器。

(7) yibinu.edu.cn 域名服务器向首选 DNS 回复 www.yibinu.edu.cn 域名的 IP 地址。

(8) 首选DNS服务器返回www.yibinu.edu.cn的IP地址给最初请求DNS解析的客户端。

在 Internet 中，域名的解析过程如图 10-2 所示，该过程为正向查询，即由域名查找 IP 地址。

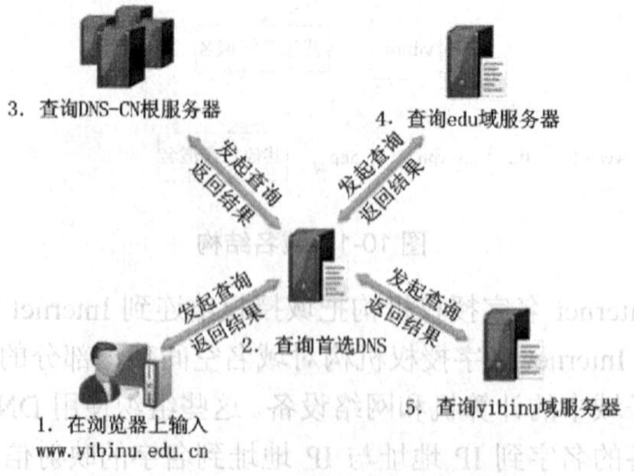

图 10-2 域名的解析过程

反向查询，即根据 IP 地址查找域名。DNS 服务器里面有两个区域，即“正向查找区域”和“反向查找区域”，正向查找区域就是通常所说的域名解析，反向查找区域即是这里所说的 IP 反向解析，它的作用就是通过查询 IP 地址的 PTR 记录来得到该 IP 地址指向的域名，当然，要成功得到域名，就必须要有该 IP 地址的 PTR 记录。记录有 A 记录和 PTR 记录，A 记录解析名字到地址，而 PTR 记录解析地址到名字。

10.2　安装 DNS

在 Windows Server 2019 中，DNS 服务没有随系统一起安装，必须手动安装 DNS 服务。安装 DNS 服务的方式有多种，接下来我们介绍两种常用的 DNS 服务的安装方法。

10.2.1　图形界面安装 DNS 服务

图形界面安装 DNS 服务与其他网络服务的安装方法一样，可在“服务器管理器”窗口中添加。安装 DNS 服务的步骤如下。

(1)　在“开始”菜单中选择“服务器管理器”命令。

(2)　打开服务器管理器后，需要等待加载数据。加载完成后，单击上面“1 配置此本地服务器”下面的“2 添加角色和功能”链接，见图 10-3。

图 10-3　添加角色和功能

(3)　在打开的“开始之前”窗口中，请仔细阅读安装 DNS 之前需要完成的任务，完成后，单击 “下一步”按钮，见图 10-4。

(4)　在打开“选择安装类型”窗口中，选择安装的类型，在此，我们选择“基于角色或基于功能的安装”，单击 “下一步”按钮，见图 10-5。

(5)　在打开的“选择目标服务器”对话框中，选择“从服务器池中选择服务器”，指定配置好的服务器，单击“下一步”按钮，见图 10-6。

(6)　在打开的“添加角色和功能向导-添加 DNS 服务器选择服务器所需的功能”对话框中，选中“包括管理工具”复选框，单击“添加功能”按钮，见图 10-7。

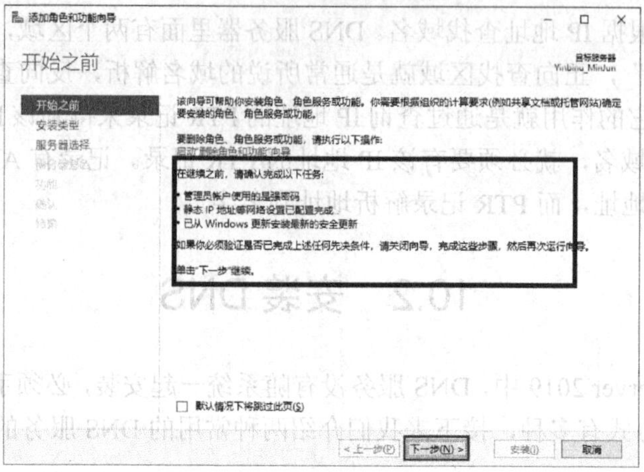

图 10-4　开始之前

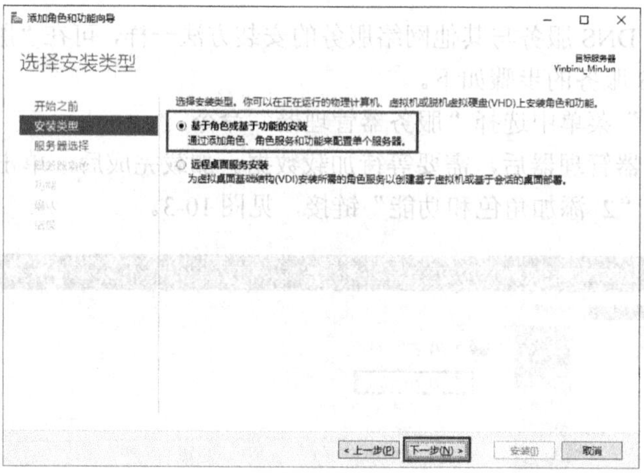

图 10-5　安装类型

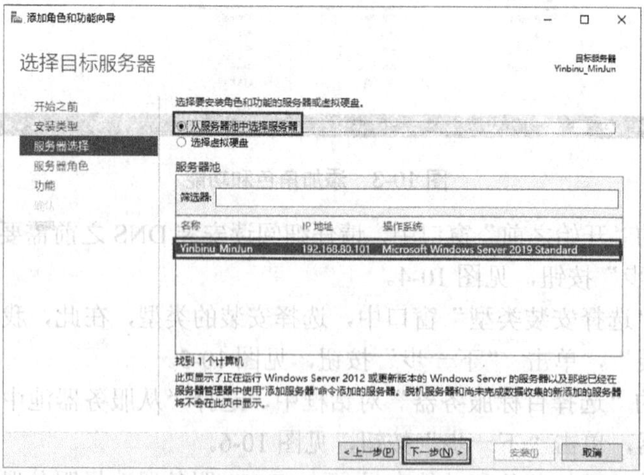

图 10-6　服务器选择

(7) 在“选择服务器角色”对话框中，查看 DNS 服务器描述后，勾选我们要安装的“DNS 服务器”，单击“下一步”按钮，如图 10-8 所示。

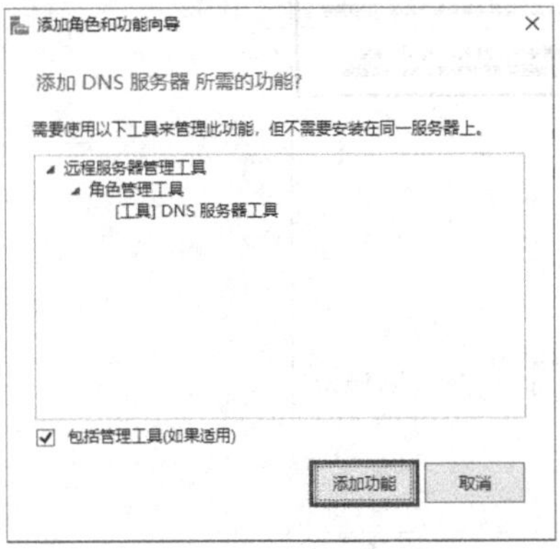

图 10-7 添加功能

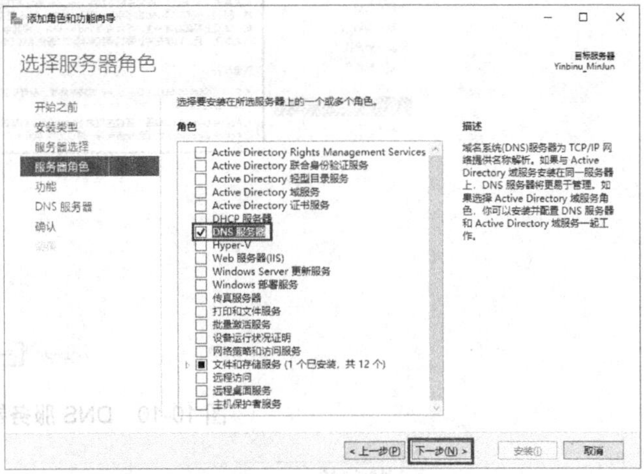

图 10-8 服务器角色-DNS 服务器

(8) 在“选择功能”对话框中，勾选所需要的功能，单击“下一步”按钮，如图 10-9 所示。

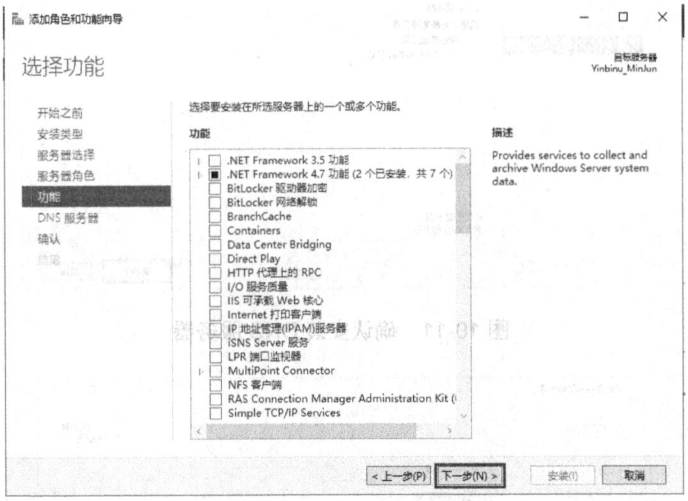

图 10-9 功能选择

(9) 在“DNS 服务器”对话框中，查看域名系统的作用及注意事项后，单击“下一步”按钮，如图 10-10 所示。

(10) 在“确认安装所选内容”对话框中，确认需要安装的内容后，单击“安装”按钮，如图 10-11 所示。

(11) 在“安装进度”对话框弹出后，我们就耐心等待 DNS 服务功能的安装，安装成功后，单击“关闭”按钮，如图 10-12 所示。

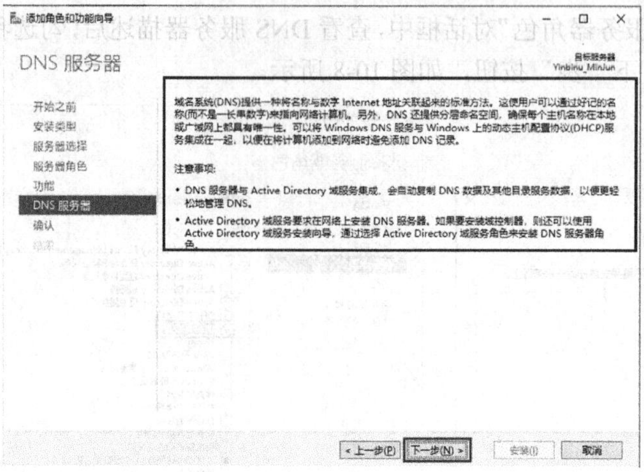

图 10-10　DNS 服务器

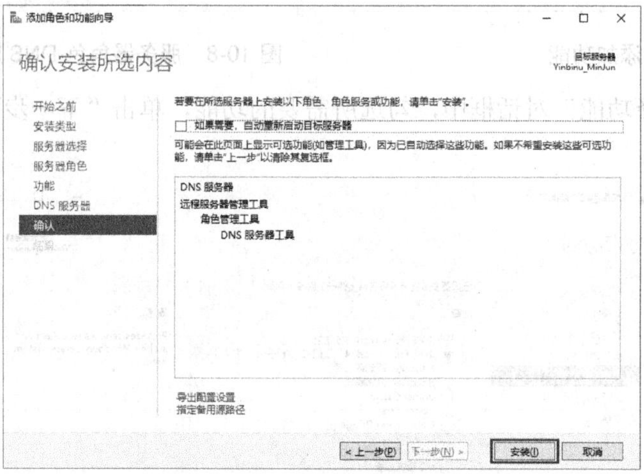

图 10-11　确认安装 DNS 服务器

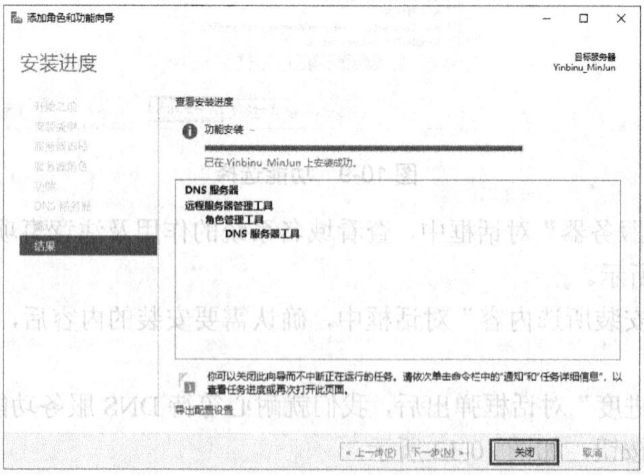

图 10-12　安装进度

(12) 返回“服务器管理器 · 仪表板”界面，可以看到，DNS 服务已经成功安装，如图 10-13 所示。

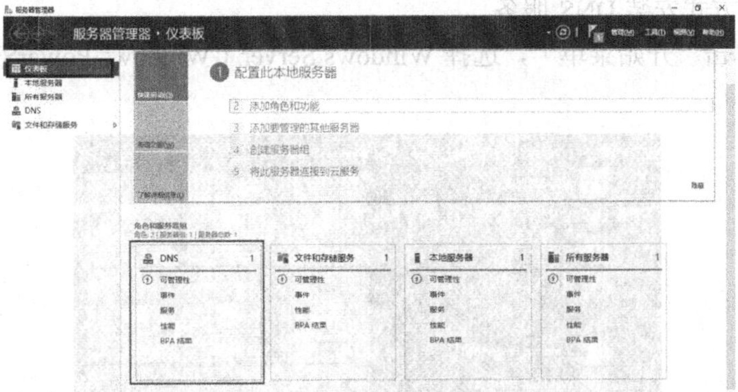

图 10-13　DNS 服务安装成功

安装任务完成后，Windows Server 2019 会自动启动 DNS 服务。

10.2.2　PowerShell 方式安装 DNS 服务

图形界面需要人机交互方式去确认安装的过程，让人感觉步骤比较繁多，我们可以采用命令行的方式安装 DNS 服务，它会让我们的工作更加便捷。这里我们引入 PowerShell。

PowerShell(Windows PowerShell)是 Microsoft 为 Windows 设计的新的命令行程序，这个 Windows 内置的命令行 shell 包括交互式提示和脚本环境，它们可以独立使用，也可以交互使用。

我们平时所见的大多数的脚本(bat，perl，bash，sh)，接受(输入)和返回(输出)的都是文本。PowerShell 是在.NET 公共语言运行时(Common Language Runtime，CLR)和.NET Framework 的基础上构建的，所以 PowerShell 可以接受和返回.NET 对象。也就是说，PowerShell 是面向对象的脚本语言。

打个比方，如果其他的脚本语言是 C 语言(低级)，那么 PowerShell 就是 Java 或是 C#(高级)。面向对象的能力使 PowerShell 相比其他脚本语言有更高的开发效率，脚本更容易维护，更容易实现模块化和复用。

PowerShell 引入了 cmdlet 的概念(cmdlet 读作 command-let,一看就是 cmd 的超集，事实也是如此，所有 cmd 命令都可以在 PowerShell 中执行)，这是内置到 shell 中的一个简单的单一功能命令行工具。相比其他 shell，PowerShell 除了可以对计算机上文件系统进行访问。还可以访问其他数据存储，如注册表和数字签名证书存储，就像访问文件系统一样容易。

PowerShell 提供了丰富的内置命令，相比其他 shell 具有独特的优势：不必抛弃自己惯用的工具、命令，在 PowerShell 中可以使用所有的 cmd 命令。

PowerShell 不处理文本(不把文本当作文本处理)，而是处理基于.NET Framework 平台的对象。

PowerShell 附带了具有一致格式(动词-名词)的大量内置命令。

所有的 PowerShell 命令都使用同一命令分析程序，而不是每个工具(命令)使用不同的分析程序，可以同时学习大量的命令。接下来，我们介绍如何在 Windows Server 2019 中，使用 PoweShell 方式安装 DNS 服务。

(1) 我们单击“开始菜单”，选择 Windows Server | Windows PowerShell，如图 10-14 所示。

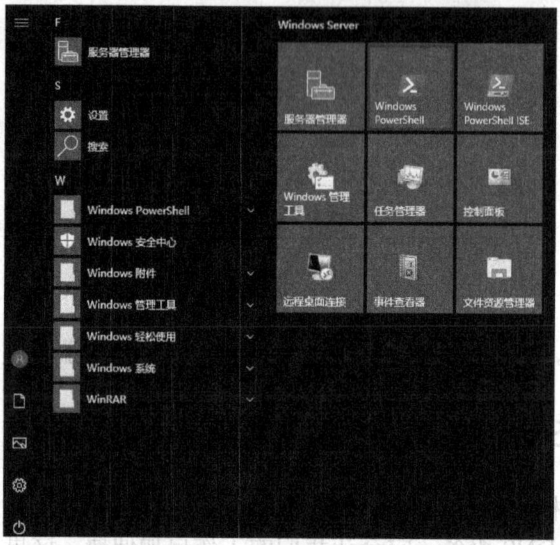

图 10-14 调用 PowerShell

(2) 在弹出的 Windows PowerShell 窗口中，运行如图 10-15 所示的命令：install-windowsfeature –name dns。在等待一定时间后，DNS 服务安装成功。

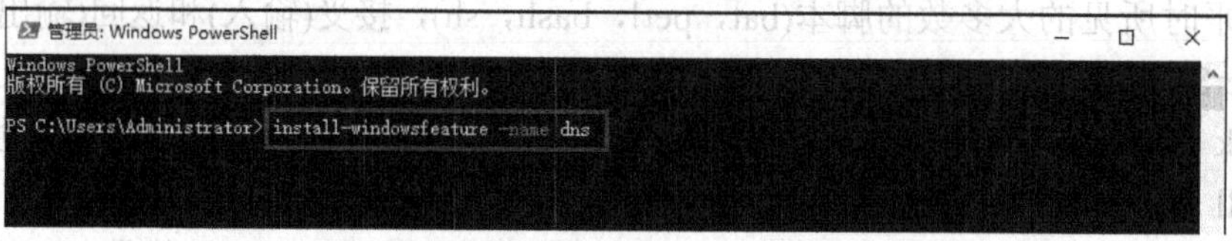

图 10-15 执行安装 DNS 命令

(3) 系统收集数据后，开始安装 DNS 服务，如图 10-16。

图 10-16 开始安装 DNS 服务

(4) DNS 安装成功后，会有如图 10-17 的提示，我们返回“服务器管理器・仪表板”界面，可以看到 DNS 服务已经成功安装，如图 10-13 所示。

我们可以看到，采用 PowerShell 命令方式，省去了系统管理员进行的大批量重复性操作，能极大地提高效率。在日后的工作实践中，我们可以采用这种方式来部署服务。

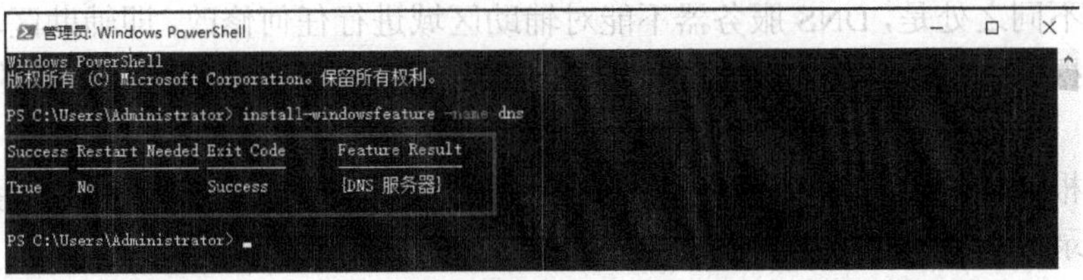

图 10-17　DNS 服务安装成功

10.3 认识 DNS 区域

为了便于根据实际情况来分散 DNS 名称管理工作的负荷，将 DNS 名称空间划分为区域(zone)来进行管理。区域是 DNS 服务器的管辖范围，是由 DNS 名称空间中的单个区域或由具有上下隶属关系的紧密相邻的多个子域组成的一个管理单位。因此，DNS 名称服务器是通过区域来管理名称空间的，而并非以域为单位来管理名称空间，但区域的名称与其管理的 DNS 名称空间的域的名称是一一对应的。

一台 DNS 服务器可以管理一个或多个区域，而一个区域也可以由多台 DNS 服务器来管理。在 DNS 服务器中必须先建立区域，然后再根据需要，在区域中建立子域以及在区域或子域中添加资源记录，才能完成其解析工作。所以在了解 DNS 如何设置 DNS 服务器之前，先来认识 DNS 区域和资源记录。

10.3.1 DNS 区域类型

在部署一台 DNS 服务器时，必须预先考虑 DNS 区域类型，从而决定 DNS 服务器类型。DNS 区域分为两大类：正向查找区域和反向查找区域。

① 正向查找区域：用于域名到 IP 地址的映射，当 DNS 客户端请求解析某个域名时，DNS 服务器在正向查找区域中进行查找，并返回给 DNS 客户端对应的 IP 地址。

② 反向查找区域：用于 IP 地址到域名的映射，当 DNS 客户端请求解析某个 IP 地址时，DNS 服务器在反向查找区域中进行查找，并返回给 DNS 客户端对应的域名。

反向查询并不能直接通过对正向查找区域的数据库进行查询，因为这样做将耗费很多系统资源，为了解决这个问题，必须重新创建一个反向查询对应区域，然后根据主机 ID 进行记录保存。

每一类区域又分为三种区域类型：主要区域、辅助区域和存根区域。

(1) 主要区域(Primary)：包含相应 DNS 域名空间所有的资源记录，是区域中所包含的所有 DNS 域的权威 DNS 服务器。可以对区域中所有资源记录进行读写，即 DNS 服务器可以修改此区域中的数据，默认情况下区域数据以文本文件格式存放。将区域存储在文件中时，主要区域文件默认命名为 zone_name.dns，且位于服务器上的 %windir%\System32\Dns 文件夹中。DNS 主要服务器必须创建主要区域。

(2) 辅助区域(Secondary)：主要区域的备份，从主要区域直接复制而来；同样包含相应 DNS 命名空间所有的资源记录，是区域中所包含的所有 DNS 域的权威 DNS 服务器；和主要区域的不同之处是，DNS 服务器不能对辅助区域进行任何修改，即辅助区域是只读的。辅助区域数据只能以文本文件格式存放。主要用于协助维持主要服务器负载的平衡，并提供容错性。

(3) 存根区域(Stub)：存根区域只是包含了用于分辨主要区域权威 DNS 服务器的记录，它有三种记录类型：名称服务器(NS)、开始授权(SOA)及主机(A)。

当 DNS 客户端发起解析请求时，对于属于所管理的主要区域和辅助区域的解析，DNS 服务器向 DNS 客户端执行权威答复。而对于所管理的存根区域的解析，如果客户端发起递归查询，则 DNS 服务器会使用该存根区域中的资源记录来解析查询。DNS 服务器向存根区域的 NS 资源记录中指定的权威 DNS 服务器发送迭代查询，与使用其缓存中的 NS 资源记录一样；如果 DNS 服务器找不到其存根区域中的权威 DNS 服务器，那么 DNS 服务器会尝试使用根提示信息进行标准递归查询。如果客户端发起迭代查询，DNS 服务器会返回一个包含存根区域中指定服务器的参考信息，而不再进行其他操作。

如果存根区域的权威 DNS 服务器对本地 DNS 服务器发起的解析请求进行答复，本地 DNS 服务器会将接收到的资源记录存储在自己的缓存中，而不是将这些资源记录存储在存根区域中，唯一的例外是返回的粘附的主机记录，它会存储在存根区域中。存储在缓存中的资源记录按照每个资源记录中的生存时间(TTL)的值进行缓存；而存放在存根区域中的 SOA、NS 和粘附 A 资源记录按照 SOA 记录中指定的过期间隔过期(该过期间隔是在创建存根区域期间创建的，在从原始主要区域复制时更新)。

当某个 DNS 服务器(父 DNS 服务器)向另外一个 DNS 服务器做子区域委派时，如果子区域中添加了新的权威 DNS 服务器，父 DNS 服务器是不会知道的，除非在父 DNS 服务器上手动添加。存根区域主要是用于解决这个问题，可以在父 DNS 服务器上为委派的子区域做一个存根区域，从而可以从委派的子区域自动获取权威 DNS 服务器的更新，而不需要额外的手动操作。

10.3.2 DNS 服务器类型

根据管理的 DNS 区域的不同，DNS 服务器也具有不同的类型。一台 DNS 服务器可以同时管理多个区域，因此也可以同时属于多种 DNS 服务器类型。

1. 主要 DNS 服务器

当 DNS 服务器管理主要区域时，它被称为主要 DNS 服务器。主要 DNS 服务器是主要区域的集中更新源，可以部署两种模式的主要区域。

(1) 标准主要区域：标准主要区域的区域数据存放在本地文件中，只有主要 DNS 服务器可以管理此 DNS 区域(单点更新)。这意味如果当主要 DNS 服务器出现故障时，此主要区域不能再进行修改；但是，位于辅助服务器上的辅助服务器还可以答复 DNS 客户端的解析请求。标准主要区域只支持非安全的动态更新。

(2) 活动目录集成主要区域：活动目录集成主要区域仅当在域控制器上部署 DNS 服务器时有效，此时，区域数据存放在活动目录中并且随着活动目录数据的复制而复制。在默认情况下，每一个运行在域控制器上的 DNS 服务器都将成为主要 DNS 服务器，并且可以修改 DNS 区域中的数据(多点更新)，这样就避免了标准主要区域出现的单点故障。活动目录集成主要区域支持安全的动态更新。

2. 辅助 DNS 服务器

在 DNS 服务设计中，针对每一个区域，总是建议至少使用两台 DNS 服务器来进行管理。其中一台作为主要 DNS 服务器，而另外一台作为辅助 DNS 服务器。

当 DNS 服务器管理辅助区域时，它将成为辅助 DNS 服务器。使用辅助 DNS 服务器的好处在于实现负载均衡和避免单点故障。辅助 DNS 服务器用于获取区域数据的源 DNS 服务器称为主服务器，主服务器可以由主要 DNS 服务器或者其他辅助 DNS 服务器来担任；当创建辅助区域时，将要求指定主服务器。在辅助 DNS 服务器和主服务器之间存在着区域复制，用于从主服务器更新区域数据。

注意：这个地方的辅助 DNS 服务器是根据区域类型的不同而得出的概念，而在配置 DNS 客户端使用的 DNS 服务器时，管理辅助区域的 DNS 服务器可以配置为 DNS 客户端的首选 DNS 服务器，而管理主要区域的 DNS 服务器也可以配置为 DNS 客户端的备用 DNS 服务器。

3. 存根 DNS 服务器

管理存根区域的 DNS 服务器称为存根 DNS 服务器。一般情况下，不需要单独部署存根 DNS 服务器，而是和其他 DNS 服务器类型合用。在存根 DNS 服务器和主服务器之间同样存在着区域复制。

4. 缓存 DNS 服务器

缓存 DNS 服务器既没有管理任何区域的 DNS 服务器，也不会产生区域复制，它只能缓存 DNS 名字并且使用缓存的信息来答复 DNS 客户端的解析请求。当刚安装好 DNS 服务器时，它就是一个缓存 DNS 服务器。缓存 DNS 服务器可以通过缓存减少 DNS 客户端访问外部 DNS 服务器的网络流量，并且可以降低 DNS 客户端解析域名的时间，因此在网络中广泛地使用。例如一个常见的中小型企业网络接入 Internet 的环境，并没有在内部网络中使用域名，所以没有架设 DNS 服务器，客户通过配置使用 ISP 的 DNS 服务器来解析 Internet 域名。此时就可以部署一台缓存 DNS 服务器，配置将所有其他 DNS 域转发到 ISP 的 DNS 服务器，然后配置客户使用此缓存 DNS 服务器，从而减少解析客户端请求所需要的时间和客户访问外部 DNS 服务的网络流量。

10.3.3　资源记录

创建区域后，必须向区域中添加更多资源记录。添加的最常见资源记录包括下列各项。

(1)　SOA：开始授权记录。用于记录该区域的版本号，判断主要服务器和辅助服务器是否进行复制。

(2)　NS：名称服务器记录。用于定义网络中其他的 DNS 域名服务器。

(3)　A：主机记录。用于将域名系统(DNS)域名映射到计算机使用的 IP 地址。

(4) CNAME：别名记录。用于将别名 DNS 域名映射到另一个主名称或规范名称。

(5) MX：邮件交换器记录。用于将 DNS 域名映射到交换或转发邮件的计算机的名称。

(6) PTR：指针记录。用于映射基于某台计算机的 IP 地址的反向 DNS 域名，该 IP 地址指向该计算机的正向 DNS 域名。

(7) SRV：服务位置记录。用于将 DNS 域名映射到提供特定服务类型的一系列指定 DNS 主机计算机(例如 Active Directory 域控制器)。

常见的资源记录为 A 记录，管理员可为网络上的所有主机，在 DNS 上面增加对应的记录。对于需要反向查询的主机，可以在 DNS 上面创建 PTR 记录。

10.4 设置 DNS 服务器

在“服务器管理器”中安装好 DNS 服务之后，就可以架设 DNS 服务器了。创建好 DNS 的正向查找区域或反向查找区域，即可为客户端提供 DNS 服务了。本节以宜宾学院的三级域名 yibinu.edu.cn 为例，在虚拟机平台上测试 yibinu.edu.cn 域名如何服务于客户机。介绍域名的创建与管理过程。在申请 yibinu.edu.cn 域名时，指向的 IP 地址为 125.64.220.20，因此，如果需要让网络上的所有人都能访问自定义的三级域名，必须在 IP 地址为 125.64.220.20 的服务器上架设 DNS 服务。

10.4.1 创建正向查找区域和记录

依次选择“开始”|“服务器管理器”|“服务器管理器 • 仪表板”界面，选择 DNS，开始创建 DNS 服务。

1. 创建正向查找区域

创建正向查找区域的步骤如下。

(1) 打开“服务器管理器”，单击右上角“工具” 菜单，在弹出的菜单中选择 DNS，如图 10-18 所示。

图 10-18 选择 DNS 命令

(2) 在“DNS 管理器”界面中左侧的服务器名 YIBINU_DNS 下的“正向查找区域”上右击，在弹出的快捷菜单中选择“新建区域”命令，如图 10-19 所示，在随后弹出的“新建区域“向导”对话框中，直接单击“下一步”按钮，如图 10-20 所示。

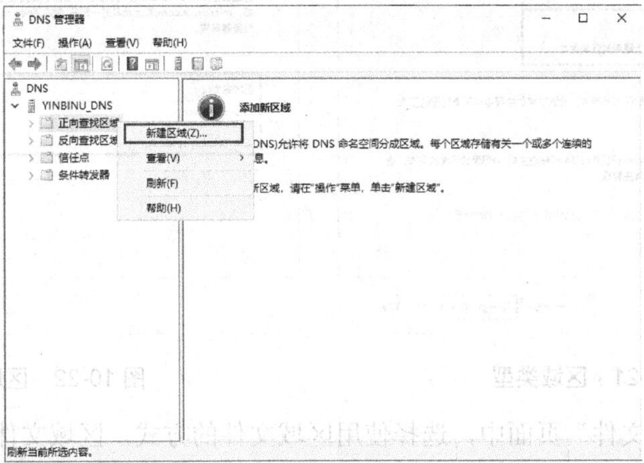

图 10-19 选择“新建区域“命令

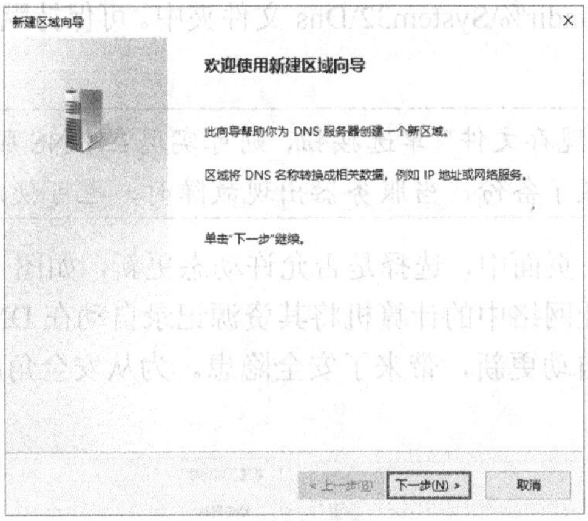

图 10-20 欢迎使用新建区域向导

(3) 在“区域类型”页面中，选择新建区域的类型，Windows Server 2019 支持三种区域类型：主要区域、辅助区域和存根区域。此处选中“主要区域”单选按钮，如图 10-21 所示，创建一台主要 DNS 服务器。

(4) 在“区域名称”页面中，输入企业申请的域名，如宜宾学院申请的域名 yibinu.edu.cn，如图 10-22 所示。

提示： 输入的区域名称可以是企业所申请的三级域名的子域名，如 znzz.yibinu.edu.cn(二级学部智能制造学部网站)。如果正向查找区域的区域名称为 znzz.yibinu.edu.cn，则每台主机的名称都会加上此后缀，如网络与图书情报信息中心的 DNS 域名为 nm.yibinu.edu.cn。

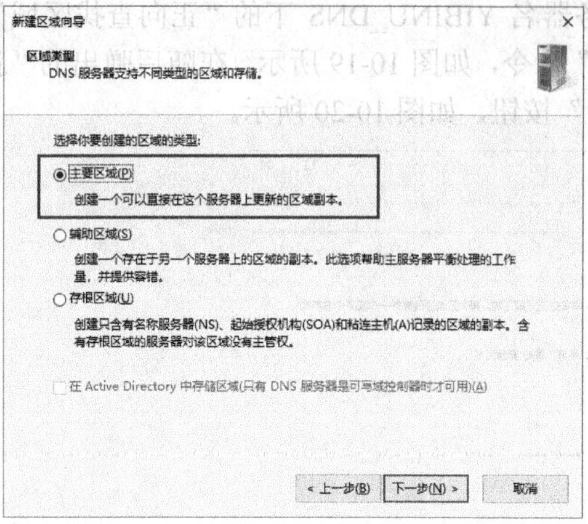

图 10-21　区域类型

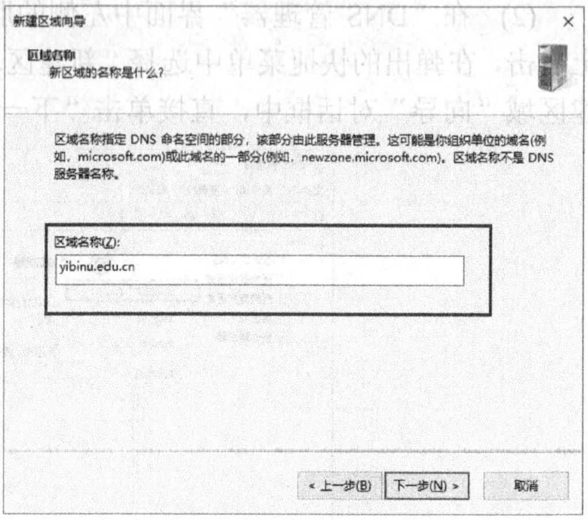

图 10-22　区域名称

(5) 在“区域文件”页面中，选择使用区域文件的方式。区域文件是一个 ASCII 文本文件，用于保存 DNS 区域名称的信息及主机记录，这样可以在不同的 DNS 服务器之间复制区域的信息。默认的区域文件名称是区域名称，扩展名为.dns，如图 10-23 所示。区域文件默认情况下保存在%windir%\System32\Dns 文件夹中。可保持默认值不变，单击“下一步”按钮。

提示： 如果选中“使用此现存文件”单选按钮，则可实现在 DNS 服务器之间复制区域信息。如果对区域文件做了备份，当服务器出现故障时，也可使用此选项来恢复。

(6) 在“动态更新”页面中，选择是否允许动态更新，如图 10-24 所示。虽然 DNS 区域支持动态更新，可以让网络中的计算机将其资源记录自动在 DNS 服务器中更新，但是，不受信任的来源也可以自动更新，带来了安全隐患。为从安全角度出发，我们选择“不允许安全更新”选项。

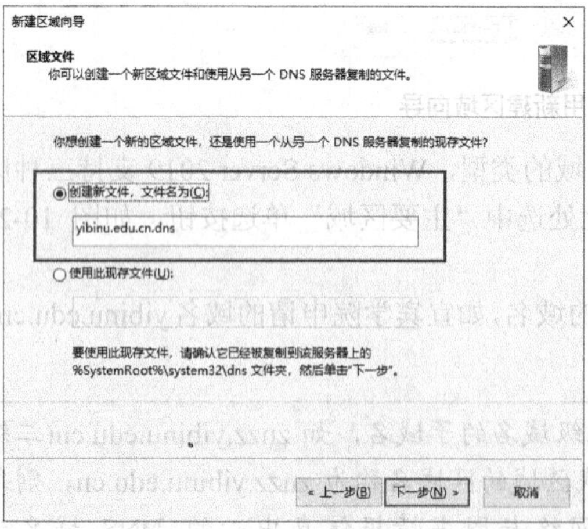

图 10-23　区域文件

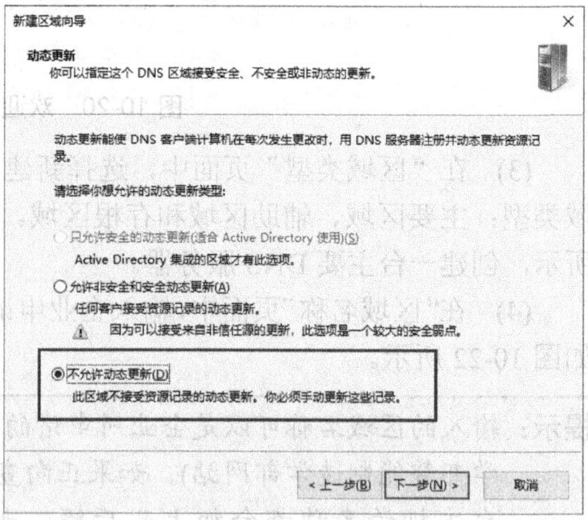

图 10-24　动态更新

(7) 在“正在完成新建区域向导”页面中，如图 10-25 所示，单击“完成”按钮，创建正向查找区域完成。

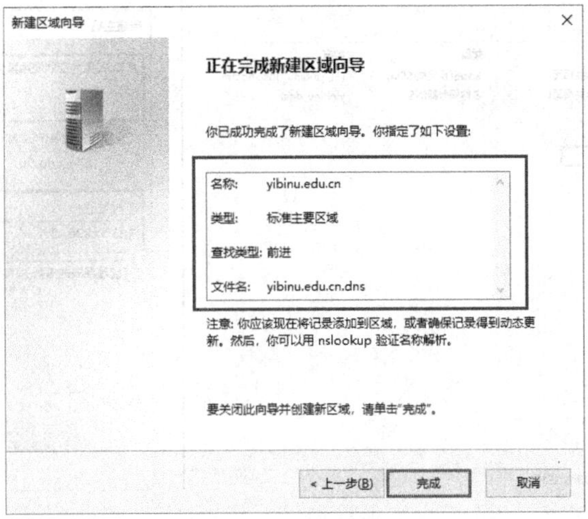

图 10-25　完成新建区域

添加正向查找区域完成后，返回 DNS 管理控制台，可以看到添加的区域，如图 10-26 所示。

图 10-26　标准主要区域

2. 添加资源记录

新建 DNS 区域之后，可在该区域中添加记录，通常是添加主机记录。每个资源记录是 DNS 服务器执行查询的依据。例如，如果创建了名称为 www，IP 地址为 125.64.220.42 的主机记录，当 DNS 客户端查询域名 www.yibinu.edu.cn 时，DNS 服务器会根据正向查找区域 yibinu.edu.cn 的资源记录，将查询结果 125.64.220.42 返回给 DNS 客户端。

(1) 右击添加的正向查找区域 yibinu.edu.cn，在弹出的快捷菜单中选择“新建主机”命令，如图 10-27 所示。

(2) 在“新建主机”对话框中，指定计算机的名称和 IP 地址。如果 IP 地址所在的网络 ID 已经创建了反向查找区域，选中“创建相关的指针(PTR)记录”复选框，则可创建关联的 PTR 指针记录；如果没有创建 DNS 反向查找区域，选中此项时会提示错误。设置完成后单击“添加主机”按钮，即可添加一条主机记录。在此，我们创建一条 www.yibinu.edu.cn 所对应 PTR 记录，如图 10-28 所示。

按照上面的方法，将所有主机都添加进来，如图 10-29 所示。

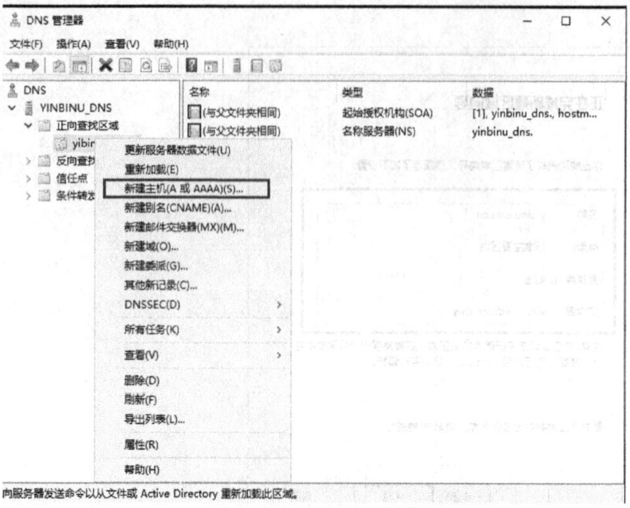

图 10-27 选择“新建主机”命令

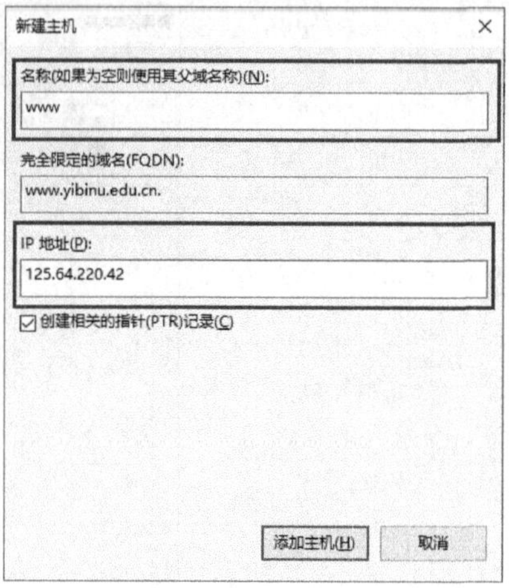

图 10-28 新建主机

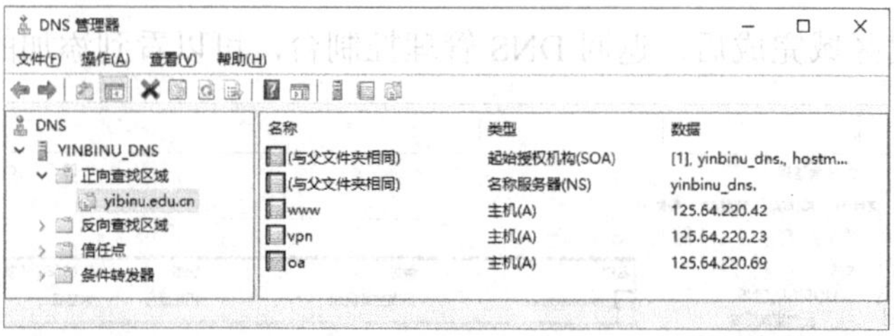

图 10-29 查看添加的记录

10.4.2 创建反向查找区域和记录

依次单击“开始”| Windows Server |“服务器管理器”|“工具”| DNS，或直接在“运行”对话框中输入 dnsmgmt.msc 命令，打开 DNS 管理控制台。

1. 创建反向查找区域

创建反向查找区域的步骤如下。

(1) 在 DNS 管理控制台中，依次选择左侧的 DNS | YIBINU_DNS(服务器名称) |“反向查找区域”选项，并右击“反向查找区域”，在弹出的快捷菜单中选择“新建区域”命令。

(2) 在“欢迎使用新建区域向导”对话框中，直接单击“下一步”按钮。

(3) 在“区域类型”页面中，选择新建区域的类型，反向查找区域同样支持三种区域类型：主要区域、辅助区域和存根区域。此处选中“主要区域”单选按钮，如图 10-30 所示。

(4) 在“反向查找区域名称” 页面中，选择是为 IPv4 还是 IPv6 创建反向区域。此时根据网络情况进行选择，如图 10-31 所示。

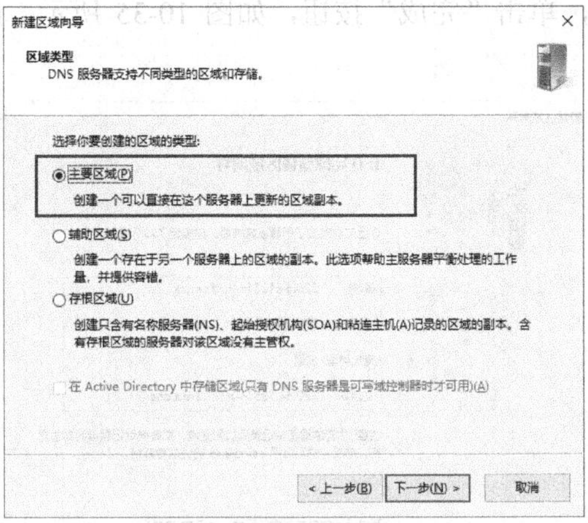

图 10-30　选择区域类型

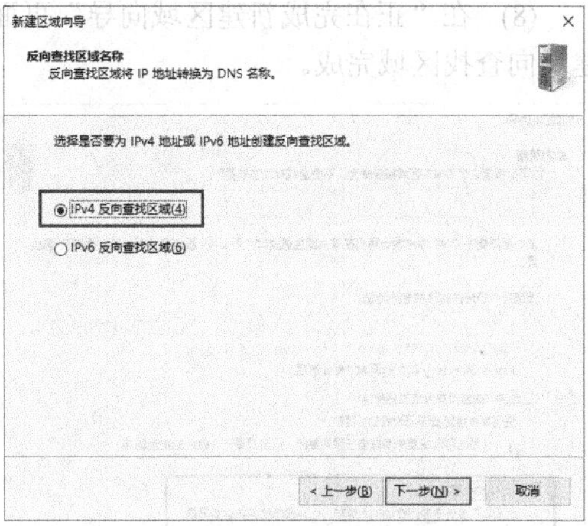

图 10-31　选择 IP 地址类型

(5) 在图 10-32 所示界面中，选中“网络 ID”单选按钮，在文本框中输入需要反向查找网络的网络号。在“反向查找区域名称”下面的文本框中，显示了区域文件名。

提示： IP 地址分为网络号和主机号。网络号是标识计算机所处的网络 ID，主机号则表示该计算机在网络中的具体位置。例如 IP 地址为 125.64.220.20，子网掩码为 255.255.255.0，则网络号为 125.64.220.0，主机号为 20。

(6) 反向查找区域信息及记录是保存在一个文件中，默认的文件名称是网络标识符的倒叙形式，再加上 in-addr.arpa，扩展名为.dns，保存在%windir%\System32\Dns 文件夹中。可保持默认值不变(见图 10-33)，单击“下一步”按钮。

提示： 如果选择“使用此现存文件”，则可实现在 DNS 服务器之间复制区域信息。如果对区域文件做了备份，当服务器出现故障时，也可使用此选项来恢复。

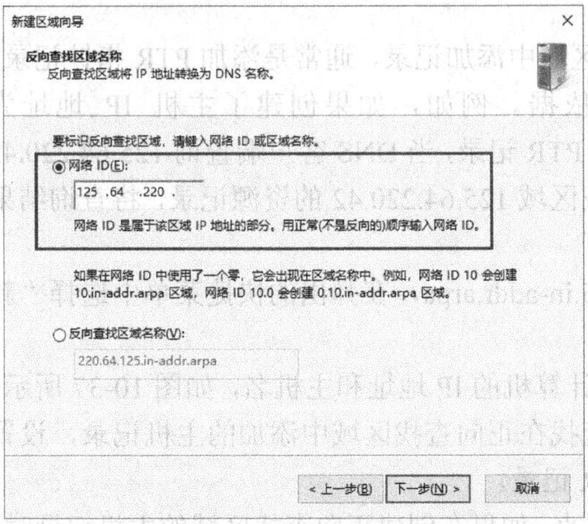

图 10-32　反向查找区域名称

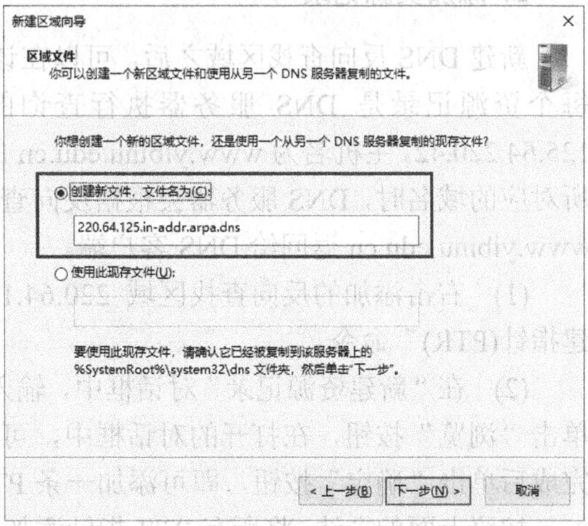

图 10-33　区域文件

(7) 在“动态更新”页面中，选择是否允许动态更新，如图 10-34 所示。

(8) 在“正在完成新建区域向导”页面中，单击“完成”按钮，如图 10-35 所示，创建反向查找区域完成。

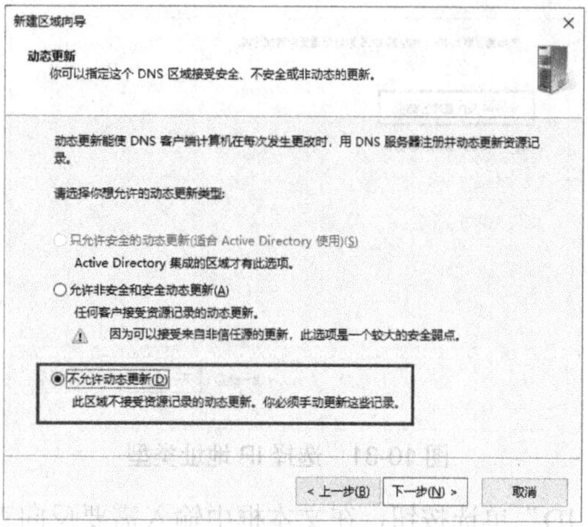

图 10-34 动态更新

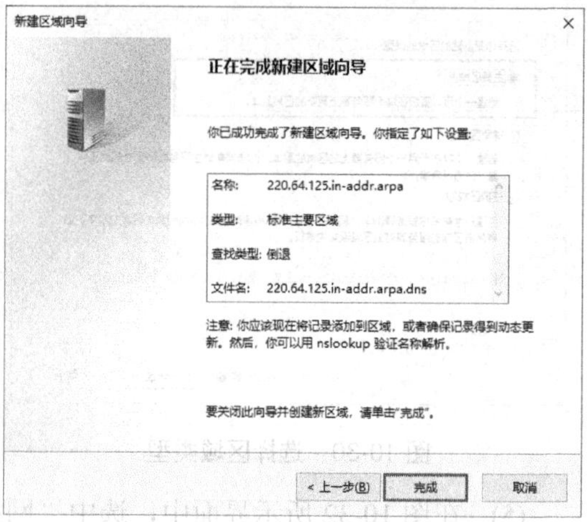

图 10-35 创建反向查找区域完成

添加反向查找区域完成后，返回 DNS 管理控制台，可看到添加的反向区域，如图 10-36 所示。

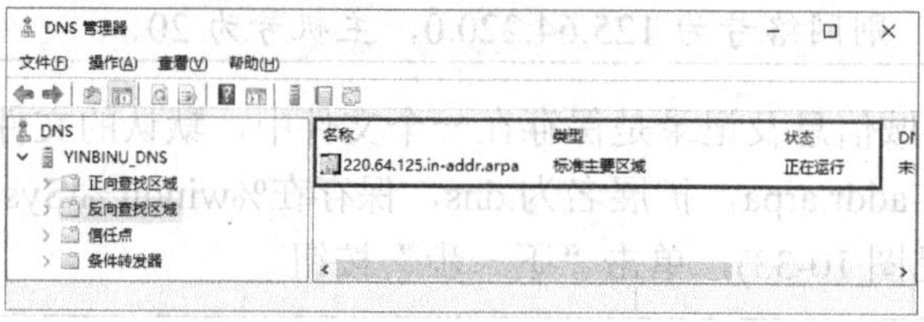

图 10-36 查看添加的反向区域

2. 添加资源记录

新建 DNS 反向查找区域之后，可以在该区域中添加记录，通常是添加 PTR 指针记录。每个资源记录是 DNS 服务器执行查询的依据。例如，如果创建了主机 IP 地址为 125.64.220.42，主机名为 www.yibinu.edu.cn 的 PTR 记录，当 DNS 客户端查询 125.64.220.42 所对应的域名时，DNS 服务器会根据反向查找区域 125.64.220.42 的资源记录，将查询结果 www.yibinu.edu.cn 返回给 DNS 客户端。

(1) 右击添加的反向查找区域 220.64.125.in-addr.arpa，在弹出的快捷菜单中选择“新建指针(PTR)”命令。

(2) 在“新建资源记录”对话框中，输入计算机的 IP 地址和主机名，如图 10-37 所示。单击“浏览”按钮，在打开的对话框中，可查找在正向查找区域中添加的主机记录，设置完成后单击“确定”按钮，即可添加一条 PTR 记录。

按照上面的方法，将所有 PTR 指针添加进来。如果在创建正向查找区域的主机记录时，选中了“创建相关的指针(PTR)记录”复选框，在反向查找区域，可看到自动添加的 PTR 记录，如图 10-38 所示。

提示： 如果选中了“创建相关的指针(PTR)记录”复选框后，在反向查找区域没有看到自动添加的 PTR 记录，可单击工具栏上的“刷新”按钮，刷新显示数据。

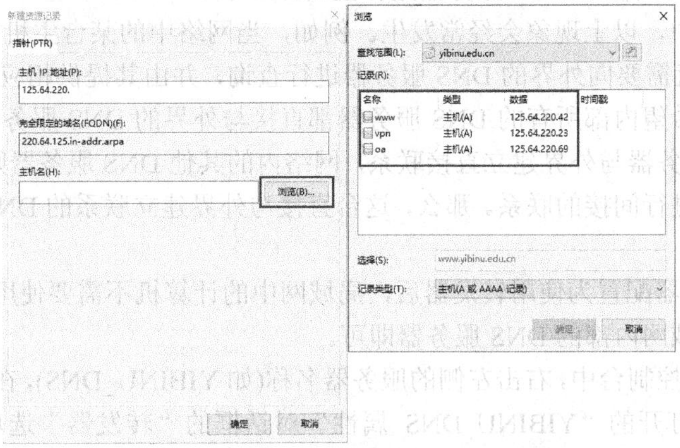

图 10-37　新建主机

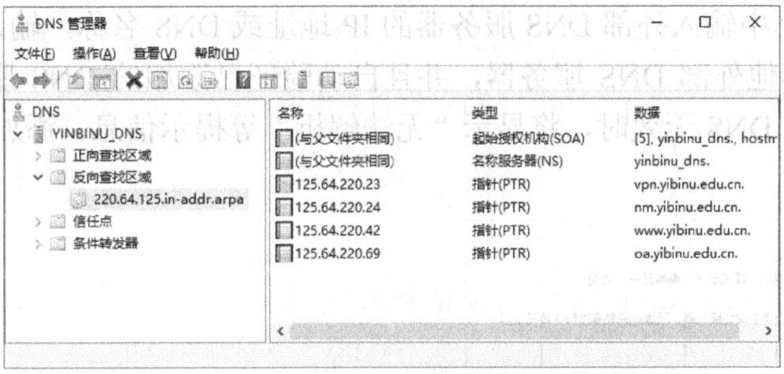

图 10-38　查看添加的 PTR 记录

资源记录除常用的主机记录和 PTR 记录外，还有别名、邮件交换器等其他类型的资源记录。例如可为名称比较复杂的主机定义一个简单的别名。在图 10-39 所示界面中，为 vpn.yibinu.edu.cn 创建一个别名 v。在地址栏中输入 v.yibinu.edu.cn 和 vpn.yibinu.edu.cn 将返回相同的信息。

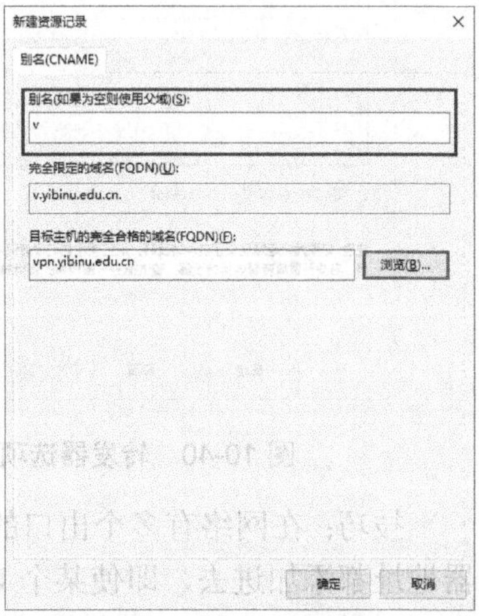

图 10-39　新建别名

10.4.3　设置 DNS 转发器

局域网络中的 DNS 服务器只能解析本地域中添加的主机，而无法解析未知的域名。因此，若想实现对 Internet 中所有域名的解析，就必须将本地无法解析的域名转发给其他域名服务器。被转发的域名服务器通常应当是 ISP 提供的域名服务器。

一般情况下，当 DNS 服务器收到 DNS 客户端的查询请求后，它将在所管辖区域的数据库中寻找是否有该客户端的数据。如果该 DNS 服务器的区域数据库中没有该客户端的数据(即在 DNS 服务器所管辖的区域数据库中并没有该 DNS 客户端所查询的主机名)时，该 DNS 服务器需转向其他的 DNS 服务器进行查询。

在实际应用中，以上现象会经常发生。例如，当网络中的某台主机要与位于本网络外的主机通信时，就需要向外界的 DNS 服务器进行查询，并由其提供相应的数据。但为了安全起见，一般不希望内部所有的 DNS 服务器都直接与外界的 DNS 服务器建立联系，而是只让一台 DNS 服务器与外界建立直接联系，网络内的其他 DNS 服务器则通过这一台 DNS 服务器来与外界进行间接的联系。那么，这台直接与外界建立联系的 DNS 服务器便称为转发器。

将 DNS 服务器配置为使用转发器后，局域网中的计算机不需要使用外部的 DNS 服务器，直接使用局域网内部的 DNS 服务器即可。

在 DNS 管理控制台中，右击左侧的服务器名称(如 YIBINU_DNS)，在名称框中双击“转发器”命令。在打开的“YIBINU_DNS 属性”对话框的“转发器”选项卡中，可以编辑 DNS 服务器的转发器，如图 10-40 所示。

单击“编辑”按钮，在打开的“编辑转发器”对话框中，在“单击此处添加 IP 地址或 DNS 名称”文本框中输入外部 DNS 服务器的 IP 地址或 DNS 名称，输入完成后，按 Enter 键，可继续添加其他外部 DNS 服务器，并且自动验证已添加的 DNS 服务器，如图 10-41 所示。如果输入的 DNS 无效时，将显示“无法解析”等提示信息。添加完成后，单击“确定”按钮即可。

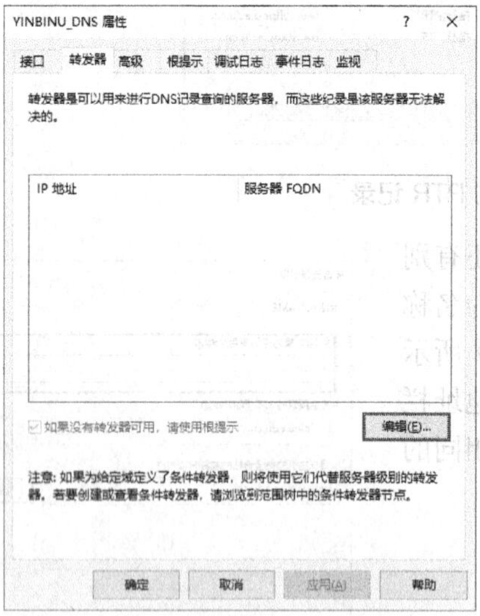

图 10-40　转发器选项卡

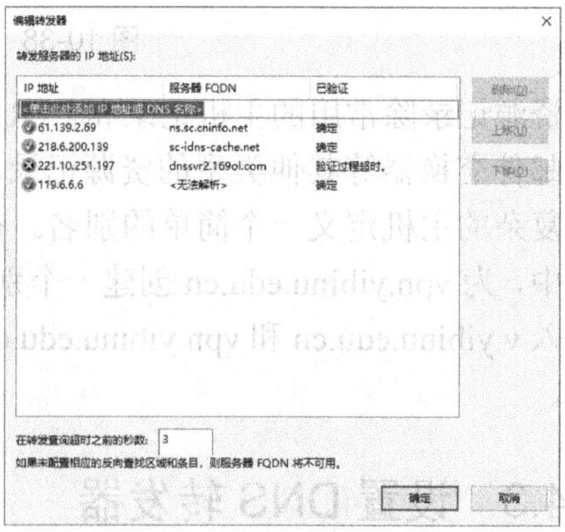

图 10-41　编辑转发器

技巧：在网络有多个出口的情况下，在编辑转发器时，可将多个 ISP 提供的 DNS 服务器地址都添加进去，即使某个 DNS 出现问题，还可以使用其他的 DNS 进行查询。如宜宾学院现有四个网络出口：中国电信、中国联通、中国移动和教育网，可把这四个网络所对应的 DNS 服务器地址都添加进去。

10.4.4　配置 DNS 客户端

客户端要解析 Internet 或内部网络的主机名称，必须设置 DNS 服务器。如果企业有 DNS 服务器，可以将其设置为内部客户端的首选 DNS 服务器，否则设置为 ISP 提供的 DNS 服务器地址。

DNS 客户端的配置方法如图 10-42 所示，在“首选 DNS 服务器”文本框中，输入企业内部的 DNS 服务器 IP 地址，如 10.1.4.90。

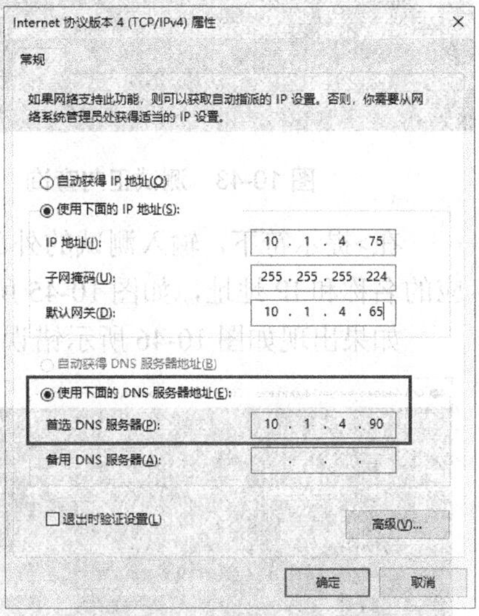

图 10-42　设置客户端 DNS

提示： 如果需要让 Internet 上的其他计算机也能访问我们自定义的域名，如 www.yibinu.edu.cn 和 oa.yibinu.edu.cn 等，可在申请 yibinu.edu.cn 时指定的服务器上(如 125.64.220.20)创建 DNS 服务器，则在客户端的“DNS 服务器”列表中可不输入 125.64.220.20，直接输入 ISP 提供的 DNS，也可访问 www.yibinu.edu.cn 和 oa.yibinu.edu.cn 等。如果创建自定义的域名，如 kkkk.edu.cn，则在客户端的“DNS 服务器”列表中必须输入内部 DNS 服务器 IP 地址。

10.5　测试 DNS

DNS 服务器设置完成之后，管理员可测试 DNS 服务器是否可以正常工作。测试方法包括正向查询测试、反向查询测试和外部域名查询测试。测试 DNS 一般使用 nslookup 命令。验证 DNS 服务器是否有效，通常在 DNS 客户端进行。

nslookup(域名查询)是一个用于查询 Internet 域名信息或诊断 DNS 服务器问题的工具。nslookup 命令支持两种模式。

- 交互模式：输入 nslookup 命令后，再输入需要查询的信息。
- 非交互模式：需要输入完整的命令，如 nslookup www.yibinu.edu.cn。

本节以交互模式，介绍使用 nslookup 测试 DNS。

10.5.1　测试正向查询

nslookup 最简单的用法就是查询域名对应的 IP 地址，包括 A 记录和 CNAME 记录，如果查到的是 CNAME 记录，还会返回别名记录的设置情况。

在命令行窗口中，输入 nslookup 命令，并按 Enter 键，显示默认的 DNS 服务器地址。如果显示的 DNS 地址不是需要测试的 DNS 服务器，可使用 server IP 命令(如 server 10.2.0.51)，指定 DNS 服务器。

在>提示符下，输入测试的域名，如 www.yibinu.edu.cn，如果正常，将显示该域名对应的 IP 地址 125.64.220.42，如图 10-43 所示。

在>提示符下，输入测试的别名，如 v.yibinu.edu.cn，如果正常，将显示该域名对应的名称和 IP 地址，如图 10-44 所示。

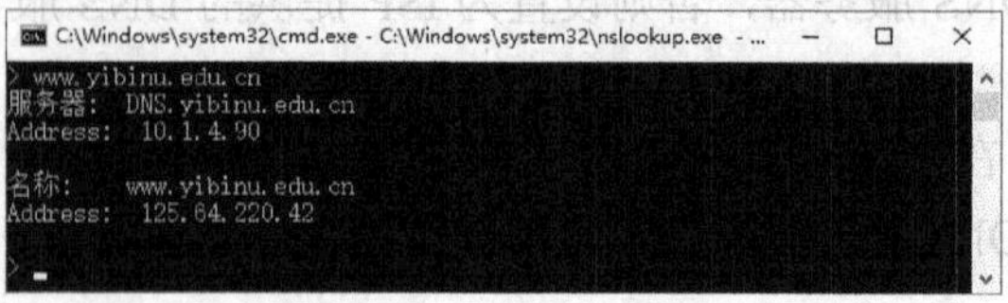

图 10-43　测试正向查询

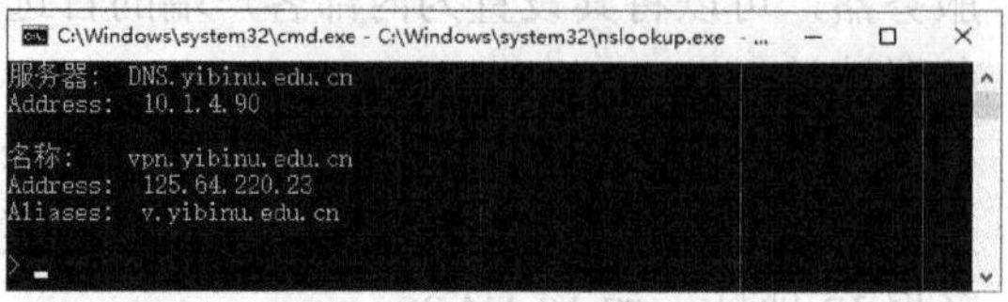

图 10-44　测试别名

在>提示符下，输入测试的外部域名，如 www.baidu.com，如果正常，将显示该域名对应的名称和 IP 地址，如图 10-45 所示。

如果出现如图 10-46 所示错误，请检查域名是否配置正确。

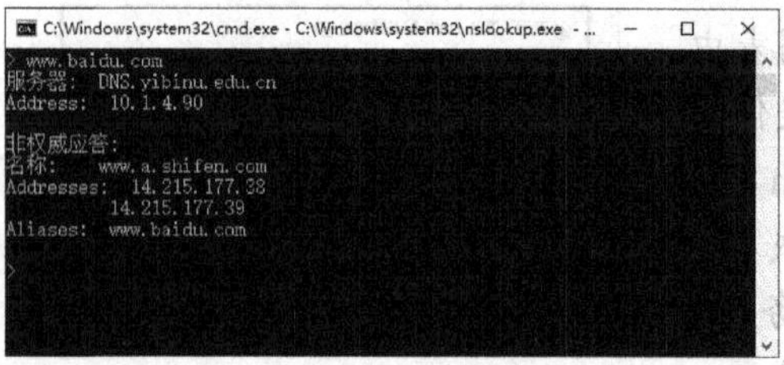

图 10-45　测试外部域名

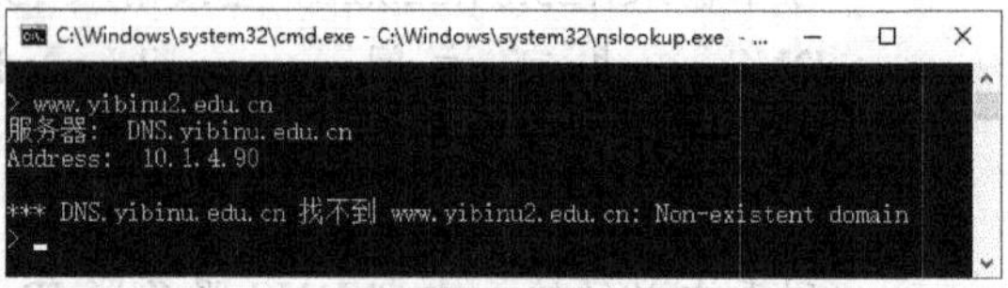

图 10-46　提示错误

10.5.2　测试反向查询

反向查询应用并不多，一般用于测试 DNS 服务器能否正确地提供域名解析功能。

在命令提示符窗口中，输入 nslookup 命令，并按 Enter 键，显示默认的 DNS 服务器地址。如果显示的 DNS 地址不是需要测试的 DNS 服务器，可使用 server IP 命令(如 server 10.1.4.90)，指定 DNS 服务器。

在>提示符下，输入测试的 IP 地址，如 125.64.220.42，如果正常，将显示该 IP 地址对应的域名 nm.yibinu.edu.cn，如图 10-47 所示。

如果出现如图 10-48 所示错误，则 DNS 提示找不到相应信息。

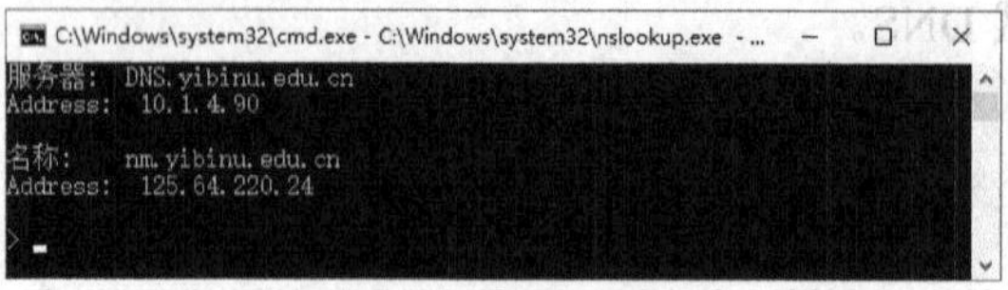

图 10-47　测试反向查询

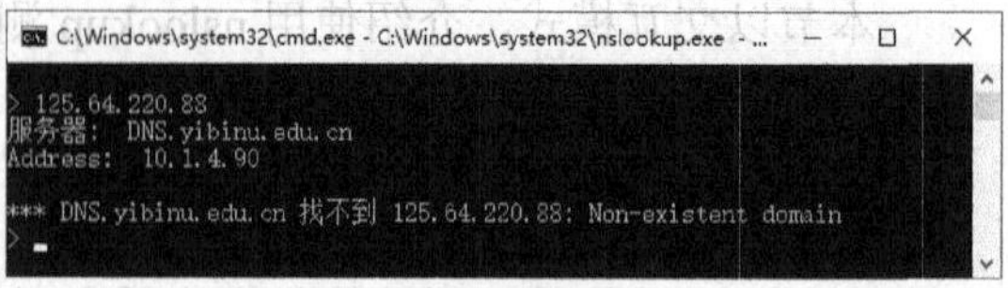

图 10-48　提示错误

使用 nslookup 命令可查询 DNS 服务器上的记录，例如使用 ls 命令，可以列出所有主机记录(A)。ls 的语法是：

```
ls [opt] domain [> file]
```

opt 可以使用的参数如下。

-a：列出区域中所有主机的别名，同-t CNAME。

-t type：列出指定类型的记录，如 A、CNAME 及 NS 等。

-d：列出所有记录。

在>提示符下，输入 ls -t a yibinu.cn 的执行结果如图 10-49 所示。

如果执行 ls -t a yibinu.edu.cn 提示无法列出域，则必须在 DNS 服务器上右击 yibinu.edu.cn 域，在快捷菜单中单击“属性”命令，在打开的“yibinu.edu.cn 属性”对话框的“区域传送”选项卡中，选中“允许区域传送”复选框和“只允许到下列服务器”单选按钮，再单击“编辑”按钮，添加客户端计算机的 IP 地址，如图 10-50 所示。

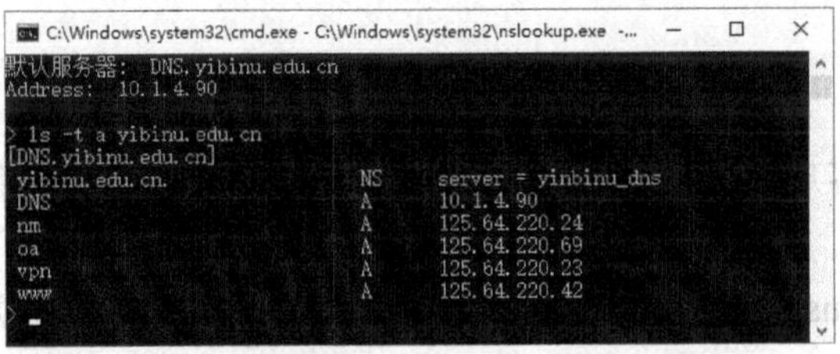

图 10-49　查看 yibinu.edu.cn 域的所有 A 记录

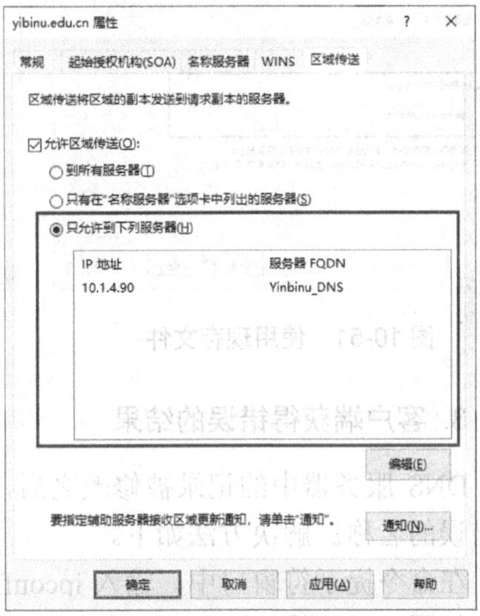

图 10-50　区域传送

10.5.3　DNS 的故障排除

DNS 服务器安装之后，由于某些错误，会导致不能启动服务或域名解析功能。下面是 DNS 经常出现的故障及解决方法。

1. DNS 服务不能正常启动

DNS 服务不能正常启动，主要是遗失了 DNS 服务所需要的文件，或是错误地修改了有关的配置信息。解决的方法如下。

(1) 在%windir%\System32\Dns 文件夹中将域对应的区域文件复制出来，删除并重新安装 DNS 服务，再将区域文件复制到%windir%\System32\Dns 目录中。

(2) 在 DNS 服务器上添加正向查询区域，创建“主要区域”，区域名称为备份的区域名称，并设置“使用此现存文件”，如图 10-51 所示。

(3) 完成新建区域设置以后，可在该区域中看到以前创建的所有记录。这种方法也可用于 DNS 服务器的备份与还原。

2. DNS 服务器返回错误的结果

当 DNS 服务器中的记录被修改之后，DNS 服务器还没有替换缓存的内容，如果这时测试 DNS 服务器，可能会返回给客户端仍是旧的名称。解决方法如下。

在 DNS 管理控制台的左侧，右击服务器名称(如 YIBNU_DNS)，在弹出的快捷菜单中选择“清除缓存”命令，即可清除 DNS 服务器缓存的内容，如图 10-52 所示。

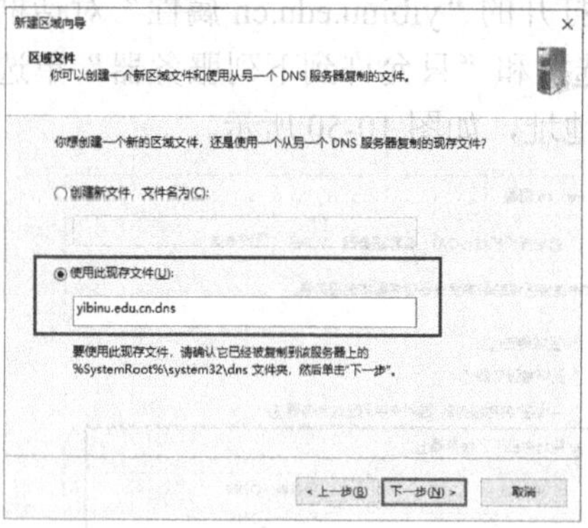

图 10-51　使用现存文件

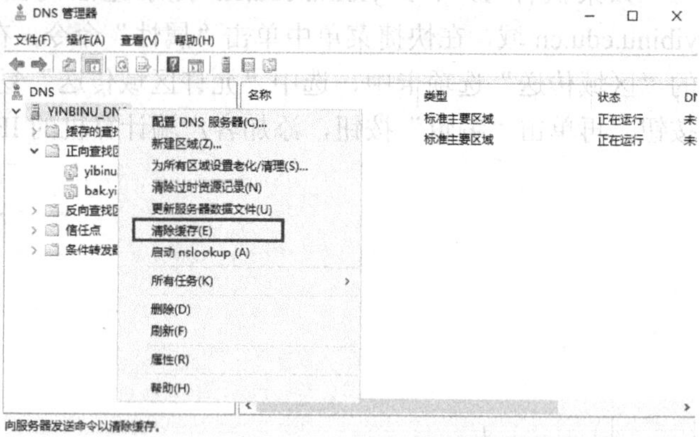

图 10-52　选择“清除缓存”命令

3. 客户端获得错误的结果

DNS 服务器中的记录被修改之后，因客户端的 DNS 解析缓存有该记录，客户端将返回错误的名称。解决方法如下。

在命令提示符窗口中，输入 ipconfig /flushdns 命令，即可清除 DNS 客户端的 DNS 缓存，如图 10-53 所示。

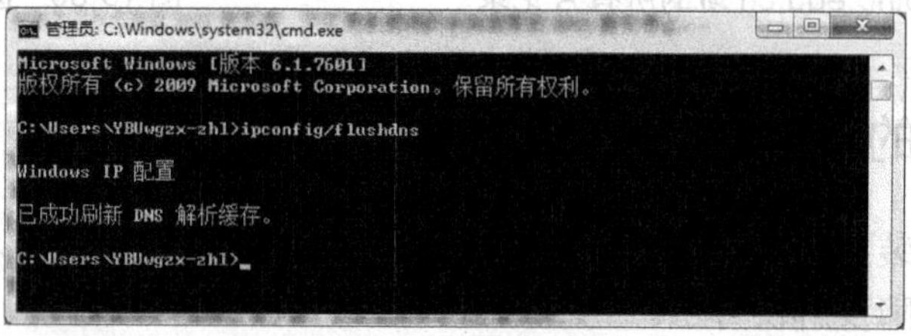

图 10-53　刷新 DNS 解析缓存

4. DNS 服务器不能进行名称解析

首先判断 DNS 服务器和 DNS 服务是否正常启动。如果 DNS 服务器和 DNS 服务都正常，可重新启动 DNS 服务或 DNS 服务器，有时就能解决问题。还要注意服务器上安装的防火墙是否阻止了 DNS 数据通行。

5. 利用 PowerShell 删除 DNS 服务

如果 DNS 服务出现什么问题，我们可以利用 PowerShell 命令直接删除，方便快捷，操作命令为 remove -WindowsFeature -nmae dns，如图 10-54 所示。

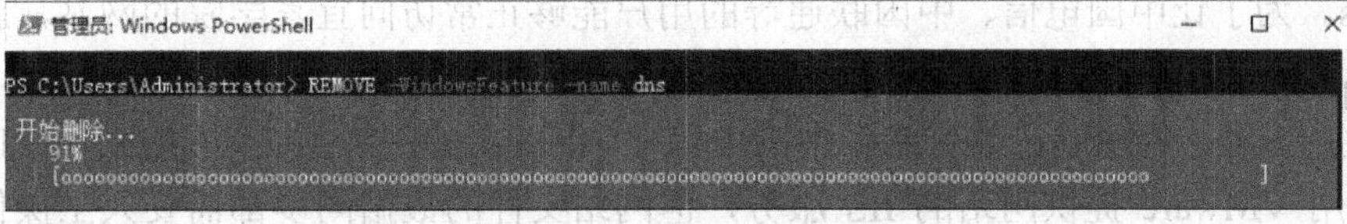

图 10-54　删除 DNS 服务

10.6　使用木云科技智能 DNS 服务器

现在的校园网和企业网中，往往有多个 Internet 出口，比如教育网、中国电信、中国移动、中国联通、广电网络等运营商，如何通过这些运营商的接口来解决全网互联问题？本节主要讲述多线 DNS 在校园网中的应用。

10.6.1　复杂网络的 DNS 需求

随着各高校信息化建设的不断推进和完善，各业务应用跨网络跨终端移动化日趋频繁，绝大部分是基于浏览器的业务，且各部门业务应用平台、资源共享平台的部署数量日益增加，例如电子图书馆，电子财务平台，一卡通系统，安防一体化，智慧教室等。信息化建设在给人们带来方便的同时，也带来了更多了安全隐患，一些挑战存在于电子数据资源的授权访问控制，用户访问日志，信息系统责任人，域名的安全智能解析，IP 地址回收管理、再利用等，因此，在进行信息系统资源建设的同时，作为建设者和管理者的我们，在考虑基础功能实现的同时，应尽可能将老旧和新建的信息系统进行融合管理，从管理的可操作性和安全的可信赖程度两个维度全面加强信息系统的建设，这样后续的网络升级、管理、维护才能事半功倍。校园网络存在的需求可归纳如下。

(1)　网络出口链路众多，但利用率不均衡，网络访问体验有待提升。

(2)　应用服务器数量多，需要实现统一集中的电子化管理制度和流程。

(3)　DNS 解析在多出口链路和多应用服务器的网络环境中尤为重要，不仅需要实现智能的解析，还需要实现智能应用负载，健康监控，高可用机制，多系统联动等。

(4)　等保测评和测评整改迫在眉睫，而当前系统和管理制度无法满足部分要求，可能影响等保的评定。

(5)　资源分散，建设管理情况参差不齐，分散管理成本高，因此需要实现安全管理及集中访问控制。

(6)　关键时刻需要实现快速一键断网，特殊时期需要实现自动上下线操作，需要实现智能化值班和智能化任务提醒。

(7)　根据等保 2.0 的要求，核心业务如 DNS、DHCP、日志存储需要实现高可用机制和数据灾难备份，灾难备份异地存储，快速恢复业务等。

本节将以宜宾学院网站为例，介绍多线 DNS 在校园网中解决异网互访问题的实例。

为了满足师生教学科研的需要，该校的 Internet 出口目前已经从百兆出口向千兆网络转换，现出口链路为 4 个，教育网 50MB/s、联通 500MB/s、中国移动 2000MB/s、中国电信

6000MB/s。为了让中国电信、中国联通等的用户能够正常访问宜宾学院的网站，就必须在中国电信、中国联通、中国移动等的网络中部署和规划网站。为了解决这个问题，最初部署了 3 台服务器，分别放在教育网、中国电信、中国联通的网络中，提供网站的 IIS 服务；改进后使用 VMware 提供网站的 IIS 服务，但网站文件的数据同步都需要人工操作进行，让学校的对外宣传受到阻碍，也采取过使用 WinMyDNS 搭建 DNS 服务器，但不够智能化。以上方式都存在明显的不足，在占用大量的服务器资源和网络资源的同时，也增加了数量众多的重复操作和后期维护工作。为改变现状，我们采取搭建木云科技智能 DNS 服务器的方法，解决了上述问题。

10.6.2 DNS 的原始规划

在部署多线 DNS 以前，DNS 服务采用 Windows Server 2019 自带的 DNS 服务来实现。在正向查找区域的记录里，对域名 www.yibinu.edu.cn 的解析只有一条：125.64.125.42，无论是从中国电信还是中国联通来访问，解析的 IP 只有一个 125.64.125.42。学校为解决异网互联问题，在电信网站主页上存放其他网段的链接，将默认链路优先放在中国电信网络上，让用户先访问到这个网站，根据用户的网络链路情况，再单击相关的中国联通、中国移动或教育网的链接，速度就会变快。但这样会存在一个问题，如果是非电信链路的用户，就不能正常访问到学校网站，也就不能打开里面的中国联通、中国移动或教育网的链接，除非事先知晓学校其他网络链路的 IP 地址。原始的 DNS 规划存在以下缺点。

- 文件传输速度慢：使用电信链路的用户上传/下载文件到联通服务器，速度只有每秒几千字节，甚至 0.1KB/s，而与电信服务器之间的文件上传/下载速度可以高达 128KB/s 以上。
- ping 延时：一般电信服务器之间 ping 的延时是在 40ms 以内(同省网内会更快捷，例如佛山 ping 广州服务器在十几毫秒)；而中国电信到中国联通 ping 延时在 200ms 左右，并且掉包率在 20%以上，这实际就是电信联通互相访问慢的根源。
- 异网线路切换不稳定：一般上网高峰时间(下午和晚上)互联互通瓶颈非常严重，而在凌晨和上午这个时间段，上网人数比较少，不会表现那么严重。

10.6.3 解决方案规划

既然异网之间互访对网站建设者和访问者都存在诸多不便，那么需要采用一定技术手段来解决。双线、多线，中小网站解决南北互访的最佳方案，现在常用的是以下 3 种。

1. 中国电信、中国联通、中国移动镜像

一个网站分别租用三个服务器，分别放在中国电信机房、中国联通机房、中国移动机房，然后让中国电信用户访问电信站点，中国联通用户访问联通站点，中国移动用户访问联通站点，这样，就能让用户获得最佳的网络速度。

2. CDN 网站加速服务

在不同的网络机房，分别放一个缓存服务器，用户实际访问缓存服务器，缓存服务器

从原网站服务器读取内容，并将已读取的内容缓存到本地。

3. 双线或多线主机服务

双线服务器实际是一台服务器分别有中国电信和中国联通两条线路接入，通过对用户IP 地址的智能解析，实现中国电信用户访问电信线路，中国联通用户访问联通线路，这样就能实现双线快速访问的目的。根据不同的机房接入方式，双线服务接入又分单 IP 接入、单网卡双 IP 接入和双网卡双 IP 共 3 种接入方式，其中最好的是双网卡双 IP 接入，分别提供一个中国电信 IP 和中国联通 IP。

根据我校的网络互联情况，采取第三种方式，多网卡多 IP 服务方式。多线则是在一台服务器上有多张网卡，每个网卡连接不同的网络。

10.6.4 配置木云科技智能 DNS 服务器

木云智能 DNS 是为满足用户下一代互联网发展需求而研发的专业域名服务管理系统，该设备集成了 DNS 基础功能模块、安全模块、负载均衡模块、数据分析模块、扩展应用及云解析模块。主要为用户提供域名的智能解析、域名管理、安全防护、日志分析等。使用木云智能 DNS，不仅能提升用户对 IPv4 或 IPv6 网站访问的体验度，同时还加强了 DNS 自身的安全性，为用户带来灵活方便的管理手段和巨大的经济价值。

1. 权威解析

内置多运营商 IP 地址库，提供权威域名内外网智能解析；支持 A、AAAA、CNAME、NS、MX、TXT、PTR、SRV、URL 等记录类型；支持 IPv4、IPv6、IPv4/IPv6 混合解析；实时服务器健康检测、故障自动切换。

2. 递归解析

内置域名库，支持基于域名的应用负载；支持 DNS64、支持解析记录过滤；支持基于区域、线路等多种转发策略；支持与第三方 BRAS 联动，基于用户身份的智能调度。

3. 缓存解析

支持保存最近请求过的数据缓存，提升解析速度；支持按带宽智能回源，可自动根据带宽状况安排解析线路；支持按照文件扩展名对其缓存加速；自定义加速，全网缓存。

4. 分析报表

支持权威解析日志、递归解析日志、系统日志、安全日志、操作日志；支持用户智能分析、用户区域分析、类型分析等自动生成报表报告；支持 TOP 域名、TOP IP、解析类型、缓存命中率、QPS 等统计分析；支持流量监控、负载监控等统计分析。

5. 安全防护

内置防火墙与防 DDoS 攻击模块；支持 DNSSEC、域名拦截、域名重定向；支持 ACL 访问控制、IP 并发数限制；支持黑白名单。

6. 系统管理

支持 Console、Web、HTTP、HTTPS、SSH 等管理；支持主、辅、从三层部署；支持系统状态监测、数据备份与恢复；支持多级用户权限管理，实现分权限管理。

内置完整的各运营商地址库，且可以在线更新，提供权威分线路解析服务，即根据来访者的运营商环境返回其对应运营商线路的值，有效减少跨运营商互联互通问题。同时，基于线路监控与资源监控的智能解析，内网用户若访问外网相关资源，智能 DNS 将为用户解析链路最优的服务器 IP 地址。

解决内网访问外部资源无法根据出口线路做到智能解析，出现访问速度慢、出口拥堵等问题。

通过在网络上的评价与比较，最终选木云科技智能 DNS 服务器来布置新的 DNS。智能 DNS 策略解析能很好地解决上述问题。DNS 策略解析最基本的功能是可以智能地判断访问网站的用户，然后根据不同的访问者，把域名分别解析成不同的 IP 地址。如访问者是中国联通用户，DNS 策略解析服务器会把域名对应的中国联通 IP 地址解析给这个访问者。如果用户是中国电信用户，DNS 策略解析服务器会把域名对应的中国电信 IP 地址解析给这个访问者。如果用户是教育网用户，DNS 策略解析服务器会把域名对应的教育网 IP 地址解析给这个访问者。

使用木云科技智能 DNS 服务器部署 DNS 的过程如下。

1) 安装木云科技智能 DNS 服务器

安装木云科技智能 DNS 服务器，并将原来使用的系统自带的 DNS 服务停止。

2) 获取教育网、中国联通、中国电信、中国移动 IP 地址表

当一个网络连接了多个 Internet 出口时，一般可以向运营商索取其网络所覆盖的 IP 范围列表，也可以到网络上搜索相关资料。我们利用运营商提供的 IP 范围列表，对 DNS 服务器进行相应的配置。

值得一提的是，中国教育和科研计算机网的 IP 地址范围对用户的提供做得比较好，可以在该网络中下载，并且不断更新。

教育网的 IP 范围列表可以在 https://www.nic.edu.cn/member/cindex.html 中的“CERNET 最新 IP 网络地址统计 [聚类结果]”中找到，如图 10-55 所示，只需下载文件 https://www.nic.edu.cn/RS/ipstat/ cernet-ipv4.txt。但是，必须在教育网中才能够正常下载，从其他网中无法正常访问。

3) 配置木云科技智能 DNS

(1) 打开木云科技智能 DNS 服务器管理页面，输入用户名和密码登录后，在“DNS 服务”|“DNS 设置”页面中，添加域名 yibinu.edu.cn，如图 10-56 所示。

(2) 在“DNS 服务”|“线路管理”页面中，根据宜宾学院的实际情况，分为五个网络组：中国电信、中国联通、中国教育网、中国移动和内网解析，如图 10-57 所示，并根据实际需要，开启在线更新 IP 服务，而不用再手工导入，提高了工作效率。

(3) 在“DNS 服务”|“线路管理”页面中，例如，打开 “IP 管理”|“中国电信”页面中，单击“批量导入”选项，可批量更新 IP 分配表里面的数据，也可以等待网络自动更新，如图 10-58 所示。

图 10-55 从教育网网络地址下载

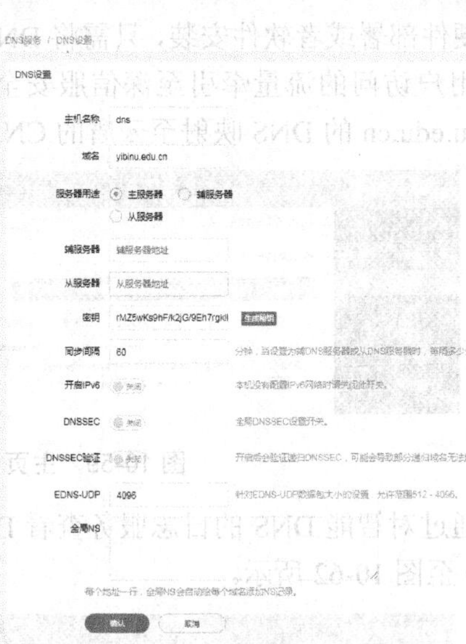

图 10-56 添加域名

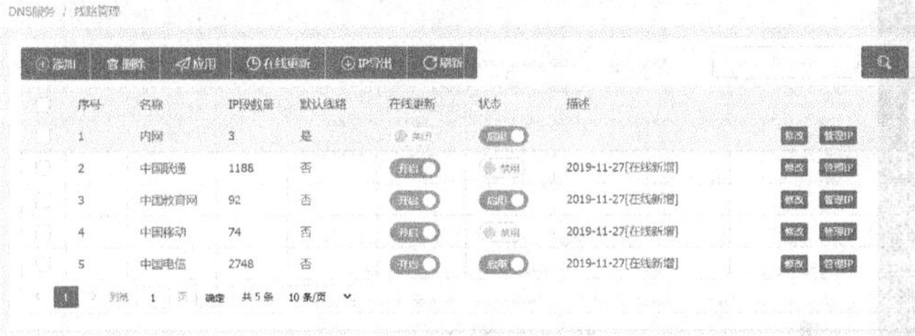

图 10-57 网络组管理

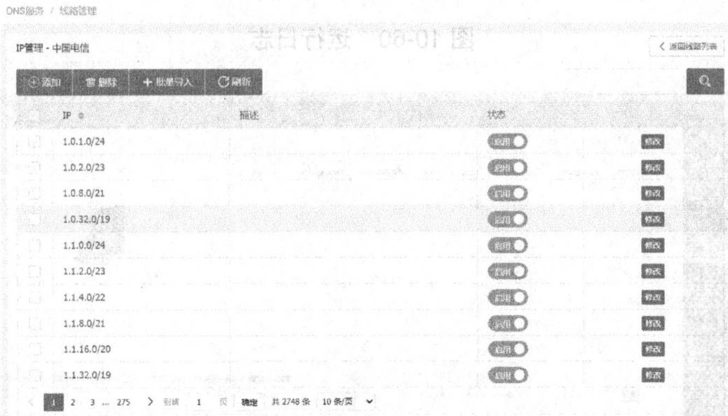

图 10-58 批量添加 IP 分配表

在这里，把前面从运营商得到的各网段最新 IP 地址，分别加入，添加到对应的表中。注意子网掩码的转换，网上下载的 IP 段有的是点分十进制形式，如 255.255.255.0，这里需要用掩码位数表示。

(4) 针对我们学校的主页，为了确保主页的安全性，我们购买了深信服云盾服务，客户端无须硬件部署或者软件安装，只需将 DNS 映射至云盾的 CNAME 别名地址即可，用户仅需要将用户访问的流量牵引至深信服安全云。我们在智能 DNS 的“权威域管理”将 www.yibinu.edu.cn 的 DNS 映射至云盾的 CNAME 别名地址上，如图 10-59 所示。

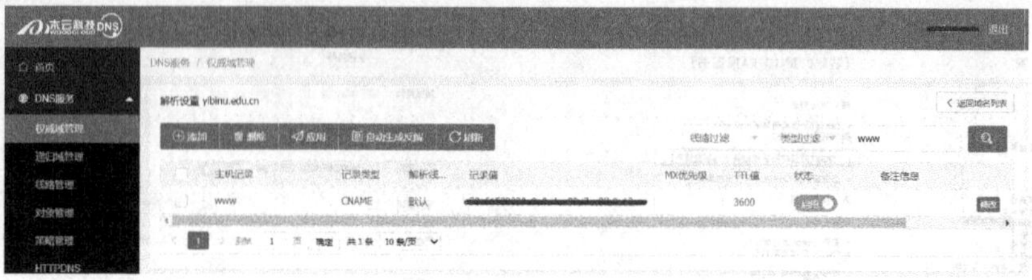

图 10-59　主页 DNS 映射至云盾

(5) 通过对智能 DNS 的日志服务查看 DNS 存在的问题，方便我们应对问题的解决。如图 10-60 至图 10-62 所示。

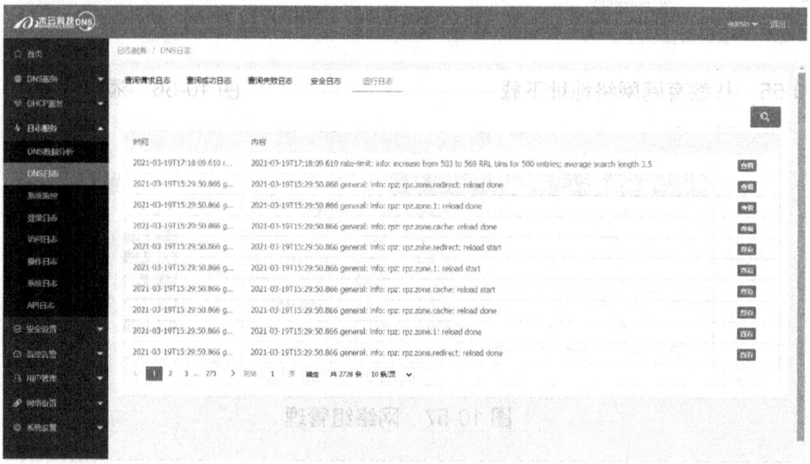

图 10-60　运行日志

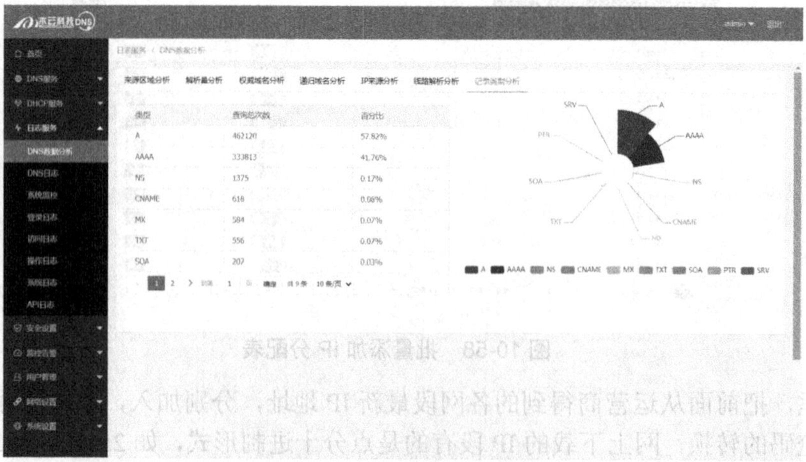

图 10-61　记录类型分析

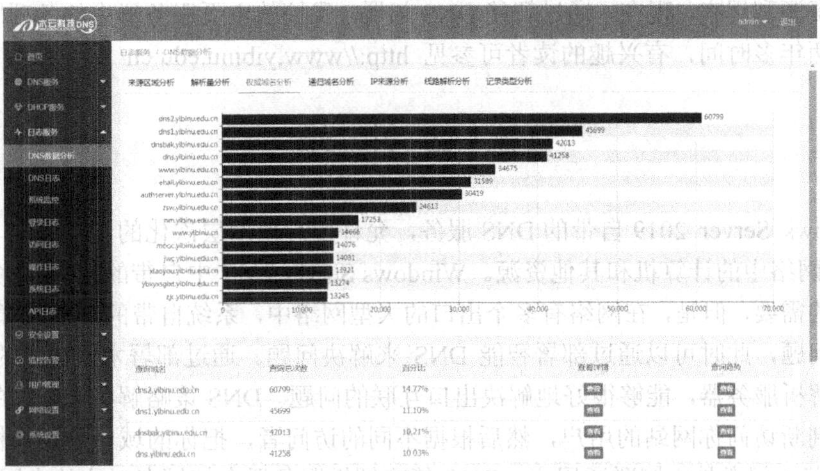

图 10-62 权威域名分析

10.6.5 测试智能 DNS

在实现网站服务器的智能 DNS 规划后，可以用 nslookup 命令来测试 DNS 解析是否正确。在测试时，分别用中国电信、中国联通、中国移动与教育网的 DNS 来解析 www.yibinu.edu.cn 这个域名，验证已经引流至深信服云盾，实践证明解析正确，下面是解析过程举例：图 10-63 所示为中国电信的解析，图 10-64 所示为中国联通的解析。

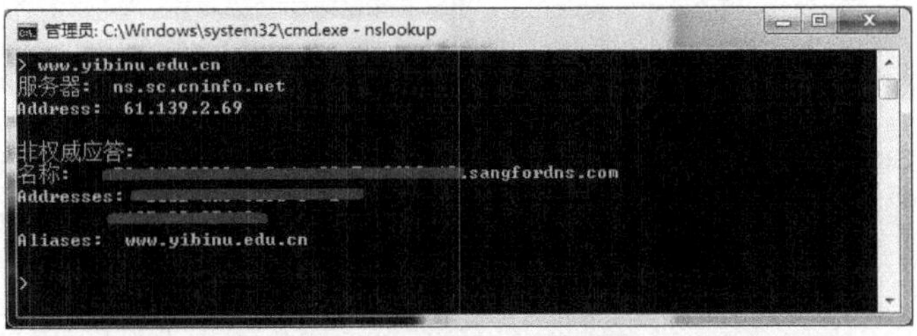

图 10-63 中国电信的解析

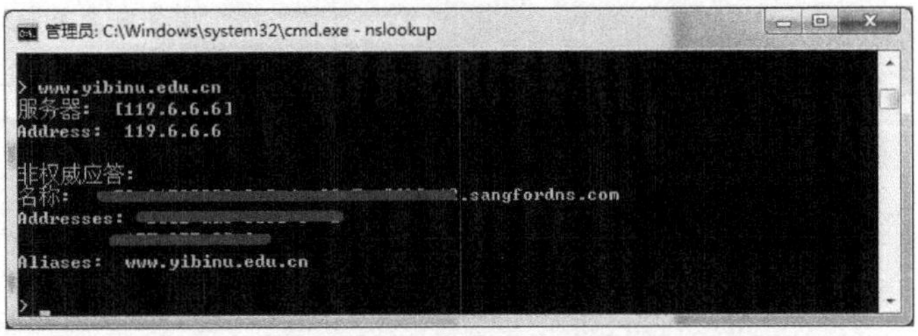

图 10-64 中国联通的解析

通过以上对智能 DNS 服务器的部署，实现了通过一台 DNS 服务器同时为一个域名提供多网段解析，根据访问者来源提供不同的解析 IP，很好地解决了异网互联的差异问题。这样就节约了服务器资源和网络资源，减少了重复操作和后期维护工作量，大大提高了工作效率和资源利用率。现在，通过智能 DNS 部署，我校的主页服务器中的各项服务已经正常运行了两年多时间，有兴趣的读者可参见 http://www.yibinu.edu.cn/。

本 章 小 结

Windows Server 2019 自带的 DNS 服务，允许用户使用层次化的、友好的名字很方便地定位 IP 网络中的计算机和其他资源。Windows Server 2019 中自带的 DNS 服务能够满足小型网络的需要，但是，在网络有多个出口的大型网络中，系统自带的 DNS 不能解决出口之间互联问题，此时可以通过部署智能 DNS 来解决问题。通过部署木云科技的智能 DNS 多线策略解析服务器，能够很好地解决出口互联的问题。DNS 策略解析最基本的功能是可以智能地判断访问你网站的用户，然后根据不同的访问者，把你的域名分别解析成不同的 IP 地址。若访问者是中国联通用户，DNS 策略解析服务器会把域名对应的中国联通 IP 解析给这个访问者；若用户是中国电信用户，DNS 策略解析服务器会把域名对应的中国电信 IP 解析给这个访问者；若用户是教育网用户，DNS 策略解析服务器会把域名对应的教育网 IP 地址解析给这个访问者。

第 11 章　DHCP 服务器配置与管理

本章要点：

- DHCP 服务器概述
- 应用 DHCP 服务器
- 配置 DHCP 服务器的安全性
- 配置 DHCP 中继
- 汇聚层实现 DHCP 服务

在配置网络中计算机的 IP 地址时，有两种方式：一种是手动设置，一种是自动获取。这里的自动获取，便是在 DHCP 服务器上自动获取本机的 IP 地址信息，前提是必须架设 DHCP 服务器，或接入有 DHCP 功能的路由器、交换机等。对于企业网络或校园网络这种大型网络，如果手动设置 IP 地址，是一件非常烦琐的工作，且由于用户的不经意更改，会出现 IP 地址冲突等问题，为解决这个问题，可以架设一台或多台 DHCP 服务器。不过，手动设置 IP 地址，对于实名制上网也有好处，所以在一个大型网络中，可采取手动设置 IP 地址和自动获取 IP 地址的方法共存。如宜宾学院，学生区采用 DHCP 的方式，办公区和家属区则采用手动设置 IP 地址的方法。本章主要介绍在宜宾学院的 DHCP 服务器的配置与管理方法。

11.1　DHCP 服务器概述

动态主机配置协议 DHCP(Dynamic Host Configure Protocol)是一种 IP 标准，旨在通过服务器来集中管理我们网络上使用的 IP 地址和其他相关配置详细信息，以减少管理地址配置的复杂性。DHCP 服务允许服务器计算机充当 DHCP 服务器并配置网络上启用了 DHCP 的客户端计算机。DHCP 通常在局域网(LAN)环境中使用。在局域网中起到对 IP 地址进行集中管理和分配，使网络环境中的主机动态获得 IP 地址、网关地址、DNS 服务器地址等信息，并提升 IP 地址使用率的作用。采用 DHCP 网络服务，有利于对校园网络中的客户机 IP 地址进行有效管理，而不需要逐个手动指定 IP 地址。

11.1.1　DHCP 简介

两台连接到 Internet 上的计算机相互之间通信，必须有各自的 IP 地址，但由于现在的 IP 地址资源有限，宽带接入运营商不能做到给每个宽带用户都分配一个固定的 IP 地址，所以需要采用 DHCP 方式对上网的用户进行临时的地址分配。也就是说，当我们的计算机连接到 Internet 时，DHCP 服务器就从地址池里临时分配一个 IP 地址给用户。用户每次上网分配的 IP 地址可能会不一样，这与当时的 IP 地址资源有关。当我们下线的时候，DHCP

服务器会回收这个地址，并分配给接入网络的其他计算机用户。通过 DHCP 服务，可以有效地节约 IP 地址，既保证了我们的通信要求，又提高 IP 地址的使用率。

DHCP 协议采用 UDP 作为传输协议，客户端发送广播消息到服务器的 68 号端口，服务器回应广播消息给客户端的 67 号端口。

DHCP是 BOOTP 的扩展，是基于 C/S 模式的，它提供了一种动态指定 IP 地址和配置参数的机制。这主要用于大型网络环境和配置比较困难的地方。DHCP服务器自动为客户机指定 IP 地址，它的配置参数使得网络上的计算机通信变得方便而容易实现。

DHCP 使 IP 地址可以租用，对于许多拥有许多台计算机的大型网络来说，每台计算机拥有一个固定 IP 地址是不必要的。租期从 1 分钟到数年不定，当租期到了的时候，服务器可以把这个 IP 地址分配给其他计算机使用。客户也可以请求网络地址及相应的配置参数。

DHCP 包括“多播地址动态客户端分配协议”(MADCAP)，它用于执行多播地址分配。通过 MADCAP 为注册的客户端动态分配了 IP 地址时，这些客户端可以有效地参与数据流过程(例如实时视频或音频网络传输)。

(1) DHCP 服务器上的 IP 地址数据库包含如下项目：

- 互联网上所有客户机的有效配置参数。
- 在缓冲池中指定给客户机的有效 IP 地址，以及手工指定的保留地址。
- 服务器提供租约时间，租约时间即指定 IP 地址可以使用的时间。

(2) 在网络中配置 DHCP 服务器有如下优点：

- 管理员可以集中为整个互联网指定通用和特定子网的 TCP / IP 参数，并且可以定义使用保留地址的客户机的参数。
- 提供安全可信的配置。DHCP 避免了在每台计算机上手工输入数值引起的配置错误，还能防止网络上计算机配置地址的冲突。
- 使用 DHCP 服务器能大大减少配置花费的开销和重新配置网络上计算机的时间，服务器可以在指派地址租约时配置所有的附加配置值。
- 客户机不需手工配置 TCP / IP。
- 客户机在子网间移动时，旧的 IP 地址自动释放以便再次使用。在再次启动客户机时，DHCP 服务器会自动为客户机重新配置 TCP / IP。
- 大部分路由器可以转发 DHCP 配置请求，因此，互联网的每个子网并不都需要 DHCP 服务器。

(3) DHCP 使用术语。

① 作用域。

作用域是一个网络中的所有可分配 IP 地址的连续范围。作用域重点用来定义网络中单一物理子网的 IP 地址范围。作用域是服务器用来管理分配给网络客户的 IP 地址的重要手段。

② 超级作用域。

超级作用域是一组作用域的集合，它用来实现同一个物理子网中包含多个逻辑 IP 子网。在超级作用域中只包含一个成员作用域或子作用域的列表。然而超级作用域并不用于设置具体的范围，子作用域的各种属性需要单独设置。

③ 排除范围。

排除范围是不用于分配的 IP 地址序列。它保证在这个序列中的 IP 地址不会被 DHCP

服务器分配给客户机。

④　地址池。

在用户定义 DHCP 范围及排除范围后，剩余的地址组成了一个地址池，地址池中的地址可以动态地分配给网络中的客户机运用。

⑤　租约。

租约是 DHCP 服务器指定的时间长度，在这个时间范围内，客户机可以运用所获得的 IP 地址。当客户机获得 IP 地址时租约被激活，在租约到期前客户机需要更新 IP 地址的租约，当租约过期或从服务器上删除时则租约停止。

11.1.2　DHCP 服务器的工作原理

DHCP 的前身是 BOOTP，它工作在 OSI 的应用层，是一种帮助计算机从指定的 DHCP 服务器获取配置信息的自举协议。DHCP 分配地址的方式是使用客户/服务器模式，网络管理员建立一个或多个 DHCP 服务器，在这些服务器中保存了可以提供给客户机的 TCP / IP 配置信息。这些信息包括网络客户的有效配置参数、分配给客户的有效 IP 地址池(其中包括为手工配置而保留的地址)、服务器提供的租约持续时间。如果将 TCP / IP 网络上的计算机设定为从 DHCP 服务器获得 IP 地址，这些计算机则成为 DHCP 客户机。启动 DHCP 客户机时，它与 DHCP 服务器通信以接收必要的 TCP / IP 配置信息。该配置信息至少包含一个 IP 地址和子网掩码，以及与配置有关的租约。

DHCP 为客户端分配地址的方法有 3 种，即手工配置、自动配置和动态配置。DHCP 最重要的功能就是动态分配，除了 IP 地址，DHCP 还为客户端提供其他的配置信息，如子网掩码、DNS，从而使得客户端无须用户动手，即可自动配置并连接网络。

- 手工分配：在手工分配中，网络管理员在 DHCP 服务器通过手工方法配置 DHCP 客户机的 IP 地址。当 DHCP 客户机要求网络服务时，DHCP 服务器把手工配置的 IP 地址传递给 DHCP 客户机。
- 自动分配：在自动分配中，不需要进行任何的 IP 地址手工分配。当 DHCP 客户机第一次向 DHCP 服务器租用到 IP 地址后，这个地址就永久地分配给了该 DHCP 客户机，而不会再分配给其他客户机。
- 动态分配：当 DHCP 客户机向 DHCP 服务器租用 IP 地址时，DHCP 服务器只是暂时分配给客户机一个 IP 地址。只要租约到期，这个地址就会还给 DHCP 服务器，以供其他客户机使用。如果 DHCP 客户机仍需要一个 IP 地址来完成工作，则可以再要求另外一个 IP 地址。

动态分配方法是唯一能够自动重复使用 IP 地址的方法，它对于暂时连接到网上的 DHCP 客户机来说尤其方便，对于永久性与网络连接的新主机来说，也是分配 IP 地址的好方法。DHCP 客户机在不再需要时才放弃 IP 地址，如 DHCP 客户机要正常关闭时，它可以把 IP 地址释放给 DHCP 服务器，然后 DHCP 服务器就可以把该 IP 地址分配给申请 IP 地址的 DHCP 客户机。使用动态分配方法可以解决 IP 地址不够用的困扰，例如 C 类网络只能支持 254 台主机，而网络上的主机有三百多台，但如果网上同一时间最多有 200 个用户，此时如果使用手工分配或自动分配，将不能解决这一问题。而动态分配方式的 IP 地址并不固定分配给某一客户机，只要有空闲的 IP 地址，DHCP 服务器就可以将它分配给要求地址的客户机；当客户机不再需要 IP 地址时，就由 DHCP 服务器重新收回。

DHCP 服务器是如何工作的？一般来说，DHCP 服务器是按以下四个步骤进行工作，如图 11-1 所示。如果客户端曾经获得过 DHCP 服务器分配的地址，它将跳过前面四个步骤，直接从第五步开始续约地址。

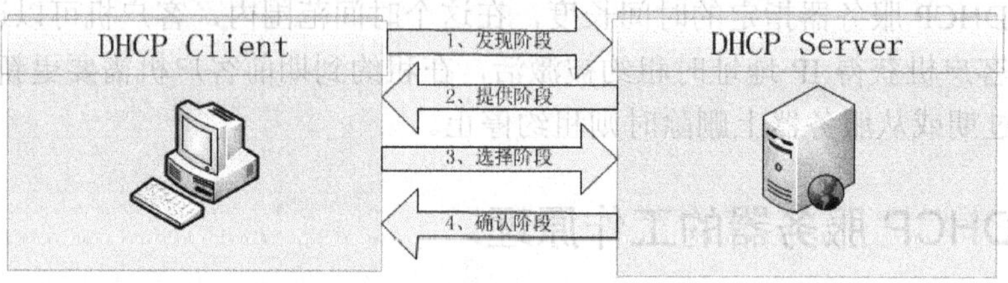

图 11-1 DHCP 服务的四个阶段

1. 发现阶段，即 DHCP 客户机寻找 DHCP 服务器的阶段

DHCP 客户端计算机启动后，如果客户端发现本机上没有任何 IP 地址等相关参数，会使用 0.0.0.0 作为自己的 IP 地址，255.255.255.255 作为服务器的地址，广播发送包括网卡的 MAC 地址和 NetBIOS 名称发送 DHCP discover 发现信息来寻找 DHCP 服务器，即向地址 255.255.255.255 发送特定的广播信息。网络上每一台安装了 TCP/IP 协议的主机都会接收到这种广播信息，但只有 DHCP 服务器才会做出响应。

2. 提供阶段，即提供 IP 地址的阶段

在网络中接收到 DHCP discover 发现信息的 DHCP 服务器都会做出响应，从尚未出租的 IP 地址中挑选一个分配给 DHCP 客户机，向 DHCP 客户机发送一个包含出租的 IP 地址和其他设置的 DHCP offer 提供信息。

3. 选择阶段，即 DHCP 客户机选择某台 DHCP 服务器提供的 IP 地址的阶段

如果有多台 DHCP 服务器向 DHCP 客户机发来的 DHCP offer 提供信息，则 DHCP 客户机只接受第一个收到的 DHCP offer 提供信息，然后它就以广播方式回答一个 DHCP request 请求信息，该信息中包含向它所选定的 DHCP 服务器请求 IP 地址的内容。之所以要以广播方式回答，是为了通知所有的 DHCP 服务器，它将选择某台 DHCP 服务器所提供的 IP 地址。

4. 确认阶段，即 DHCP 服务器工作原理当中，确认所提供的 IP 地址的阶段

当 DHCP 服务器收到 DHCP 客户机回答的 DHCP request 请求信息之后，它便向 DHCP 客户机发送一个包含它所提供的 IP 地址和其他设置的 DHCP ack 确认信息，告诉 DHCP 客户机可以使用它所提供的 IP 地址。然后 DHCP 客户机便将其 TCP/IP 协议与网卡绑定，另外，除 DHCP 客户机选中的服务器外，其他的 DHCP 服务器都将收回曾提供的 IP 地址。

5. 重新登录

以后 DHCP 客户机每次重新登录网络时，就不需要再发送 DHCP discover 发现信息了，

而是直接发送包含前一次所分配的 IP 地址的 DHCP request 请求信息。当 DHCP 服务器收到这一信息后，它会尝试让 DHCP 客户机继续使用原来的 IP 地址，并回答一个 DHCP ack 确认信息。如果此 IP 地址已无法再分配给原来的 DHCP 客户机使用(比如此 IP 地址已分配给其他 DHCP 客户机使用)，则 DHCP 服务器给 DHCP 客户机回答一个 DHCP nack 否认信息。当原来的 DHCP 客户机收到此 DHCP nack 否认信息后，它就必须重新发送 DHCP discover 发现信息，来请求新的 IP 地址。

6. 更新租约

DHCP 服务器向 DHCP 客户机出租的 IP 地址一般都有一个租借期限，一般默认是八天，期满后 DHCP 服务器便会收回出租的 IP 地址。如果 DHCP 客户机要延长其 IP 租约，则必须更新其 IP 租约。DHCP 客户机启动时和 IP 租约期限过一半时，DHCP 客户机都会自动向 DHCP 服务器发送更新其 IP 租约的信息。

11.2　应用 DHCP 服务器

IP 地址是每个网络节点的标识，网络中每一台计算机都需要配置 IP 地址才能接通互联网。但是绝大多数用户都不精通 IP 地址的设置，让用户自行分配地址，不但会降低用户体验，而且，从用户的技术能力上看，也是行不通的。如果让网络管理员来逐台配置客户机的 IP 地址，其工作量非常大，而且容易出现 IP 地址冲突的故障。在上述情况下，配置一台 DHCP 服务器，显得尤为重要。

接下来，我们分享所在的校园网络搭建 DHCP 服务的过程。

11.2.1　安装 DHCP 服务器

DHCP 服务器需要安装在有 Windows Server 2000 以上版本的计算机系统中；并且，作为 DHCP 服务器的计算机系统必须安装使用 TCP/IP 协议，同时需要设置静态的 IP 地址、子网掩码，指定好默认网关地址以及 DNS 服务器地址等。对于 Windows Server 2019 系统来说，在默认状态下，DHCP 服务器并没有被安装，为此可按照以下步骤来将 DHCP 服务器安装成功。

(1) 选择“开始”|“服务器管理器”；打开服务器管理器后，需要等待加载数据。加载完成后，单击上面“1 配置此本地服务器”下面的“2 添加角色和功能”链接，如图 11-2 所示。

注意： 如果 Windows Server 2019 系统没有使用静态 IP 地址时，系统将会在选中“DHCP 服务器”选项之后自动打开提示窗口，提示本地系统没有使用静态 IP 地址，并询问是否要继续安装 DHCP 服务器；此时，必须重新对 Windows Server 2019 系统设置一个合适的静态 IP 地址，而不建议使用动态 IP 地址，因为 DHCP 服务器的 IP 地址如果发生变化时，那么局域网中的客户端将无法连接到 DHCP 服务器上。

(2) 在打开的“开始之前”页面中，请仔细阅读安装 DHCP 之前需要完成的任务，完成后，单击“下一步”按钮，见图 11-3。

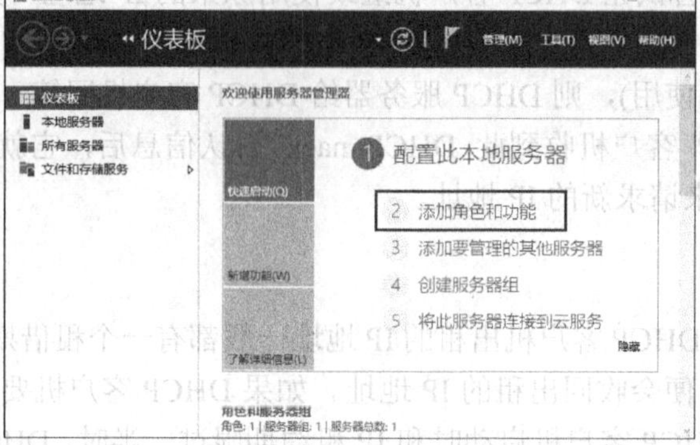

图 11-2　添加角色和功能

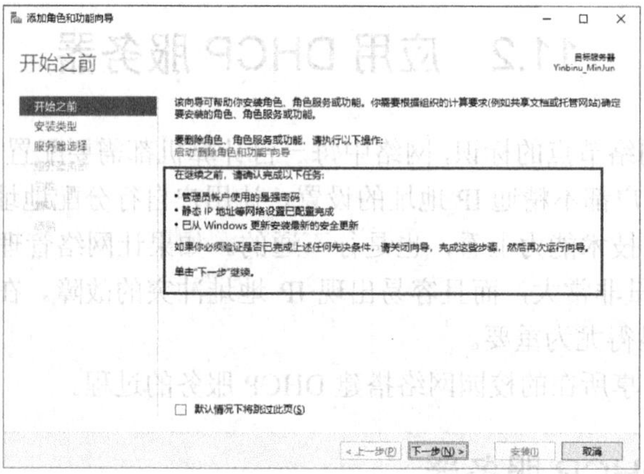

图 11-3　开始之前

(3) 在打开的“选择安装类型”页面，选择安装的类型，在此，我们选择“基于角色或基于功能的安装”，单击 “下一步”按钮，见图 11-4。

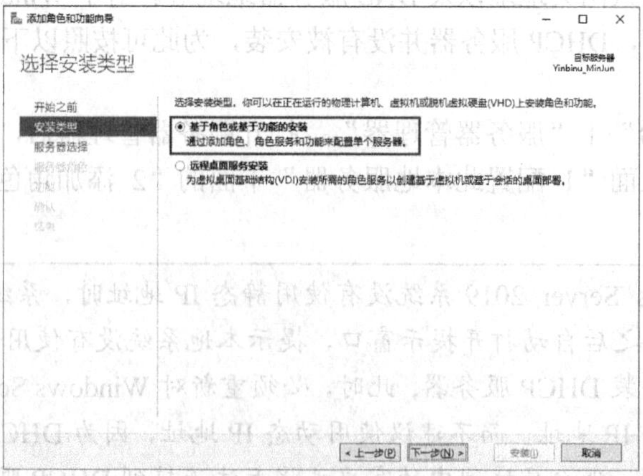

图 11-4　选择安装类型

(4) 在打开的“选择目标服务器”页面中，选择“从服务器池中选择服务器”，指定配置好的服务器，单击“下一步”按钮，见图 11-5。

(5) 在打开的“添加角色和功能向导-添加 DHCP 服务器选择服务器所需的功能”对话框中，选中“包括管理工具”复选框，单击“添加功能”按钮，见图 11-6。

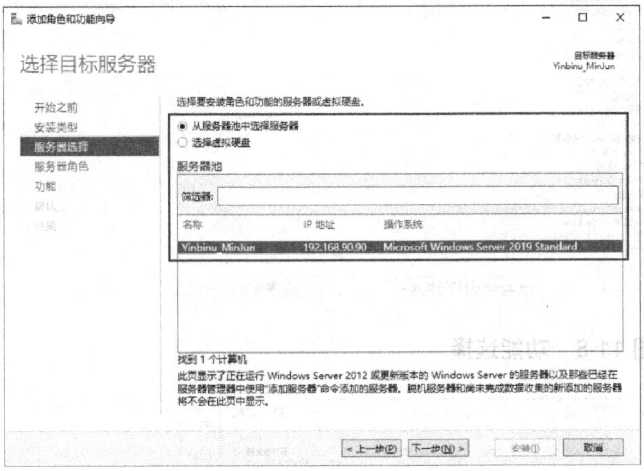

图 11-5 选择目标服务器

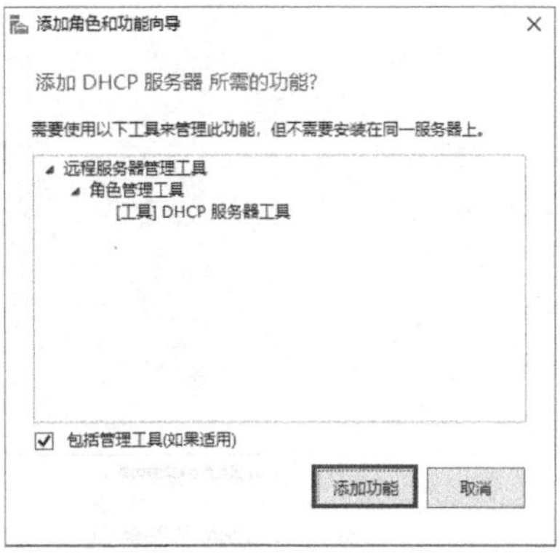

图 11-6 添加功能

(6) 在“选择服务器角色”页面中，查看 DHCP 服务器描述后，选中我们要安装的“DHCP 服务器”，单击“下一步”按钮，如图 11-7 所示。

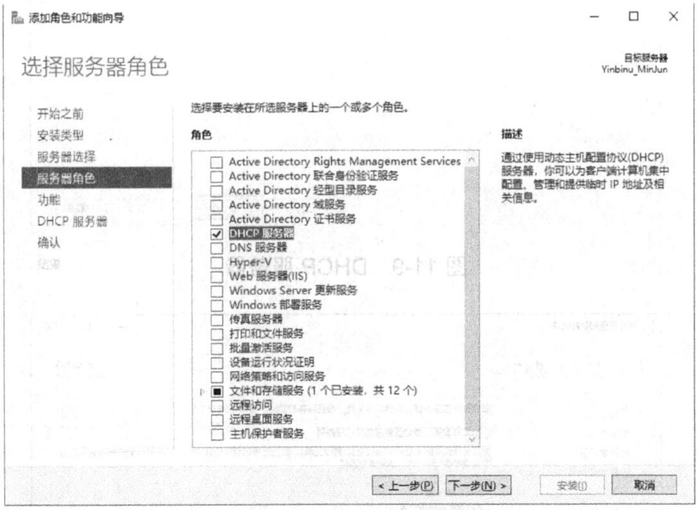

图 11-7 选择 DHCP 服务器

(7) 在“选择功能”页面中，勾选需要的功能，然后单击“下一步”按钮，如图 11-8 所示。

(8) 在“DHCP 服务器”页面中，查看动态主机配置服务的作用及注意事项后，单击“下一步”按钮，如图 11-9 所示。

(9) 在“确认安装所选内容” 页面中，确认需要安装的内容后，单击“安装”按钮，如图 11-10 所示。

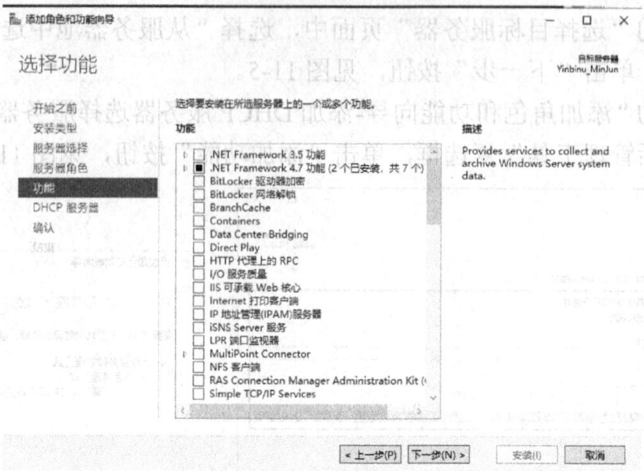

图 11-8　功能选择

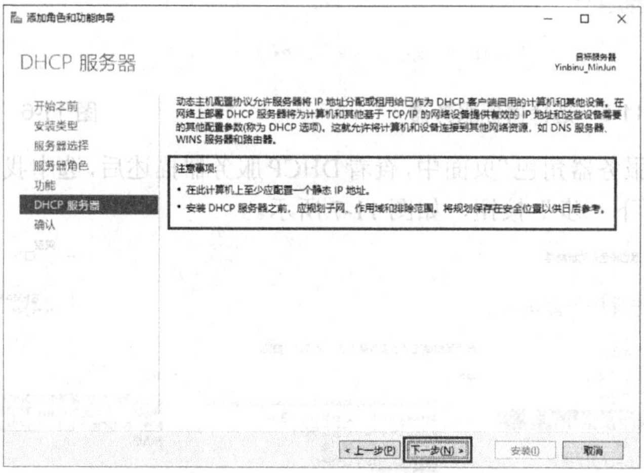

图 11-9　DHCP 服务器

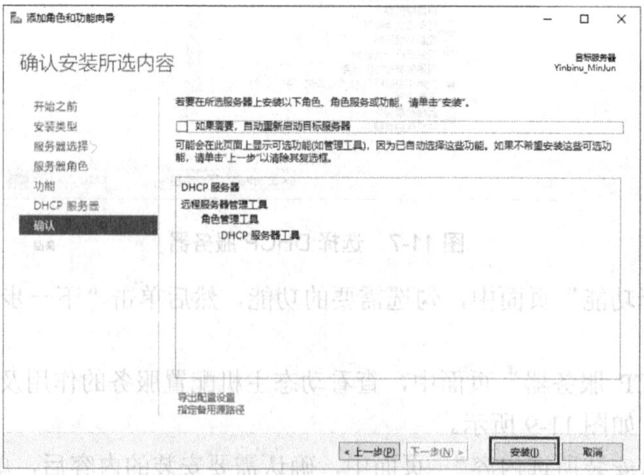

图 11-10　确认安装 DHCP 服务器

(10) 在“安装进度”页面弹出后，我们就耐心等待 DHCP 服务功能的安装，安装成功后，单击“关闭”按钮，如图 11-11 所示。

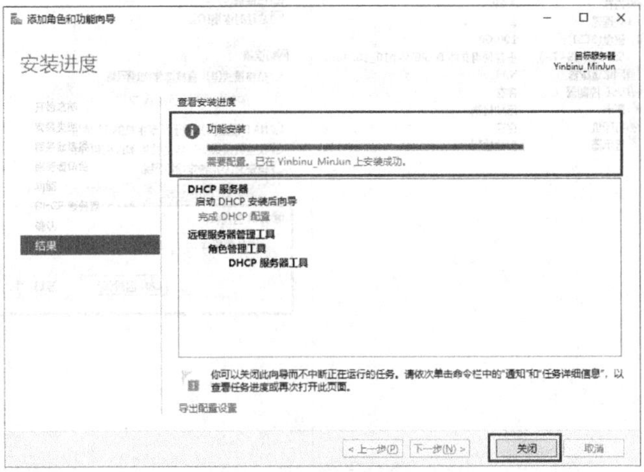

图 11-11　安装进度

(11) 返回“服务器管理器-仪表板”页面，可以看到 DHCP 服务已经成功安装。

同样，我们可以利用第 10 章中提到的命令，即利用 Windows PowerShell 运行命令 install-windowsfeature -name dhcp。在等待一定时间后，DHCP 服务也可以成功安装。

11.2.2　创建作用域

在安装 DHCP 服务器的过程中，没有添加 DHCP 的作用域，现在可对其进行创建，来验证 DHCP 服务器是否搭建成功。

我们在搭建虚拟机测试平台时，Windows Server 2019 虚拟机的网络适配器的网络连接状态是工作在“桥接模式”，即虚拟机直接连接物理网络，来对外进行网络交换。如果我们要测试 DHCP 服务器的有效性，则会与桥接网络中的 DHCP 服务产生冲突。在没有物理网络环境下，又想在虚拟机平台上测试 DHCP 服务是否配置成功，我们可以将虚拟机的网络连接模式配置在“LAN 区段”，采用独立网络模式，解决网络冲突问题，如图 11-12 所示。同时，我们搭建一台 Windows 10 虚拟机，作为 DHCP 客户端角色，来验证 DHCP 服务器配置是否正确，其网络拓扑如图 11-13 所示。

由于测试虚拟机平台下的 DHCP 服务功能，在此网络拓扑中，只有服务器与客户端两台设备，不需要跨网段通信，可以不设置网关及 DNS 服务器地址。

接下来，我们通过以下步骤创建 DHCP 服务器的作用域。

(1) 打开“服务器管理器”，单击右上角“工具” 菜单，在弹出的菜单中选择 DHCP，开始创建 DHCP 服务。

(2) 我们选择 IPv4 为例，创建作用域。在 IPv4 上右击，在弹出的快捷菜单中选择“新建作用域”命令，如图 11-14 所示。

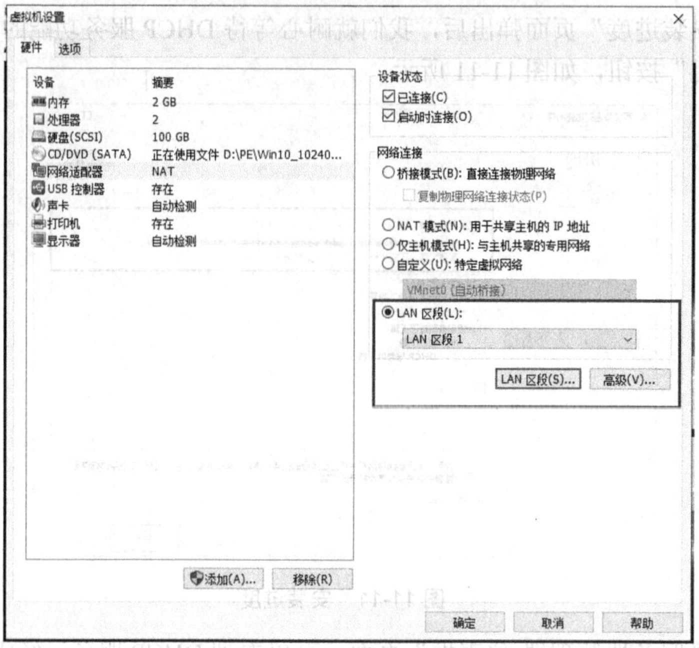

图 11-12 虚拟机网络适配器配置

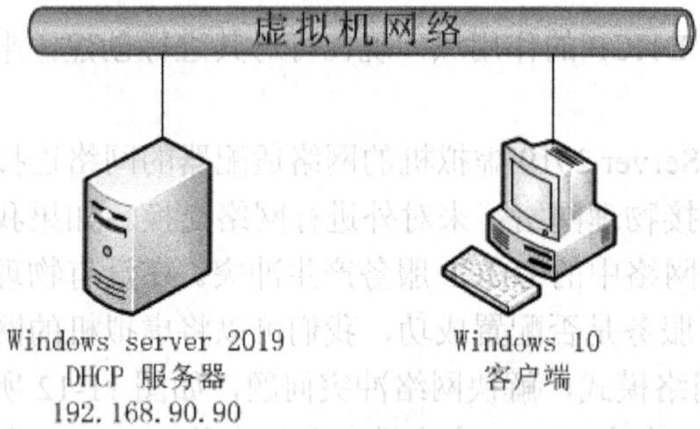

图 11-13 虚拟机网络中 DHCP 服务网络拓扑

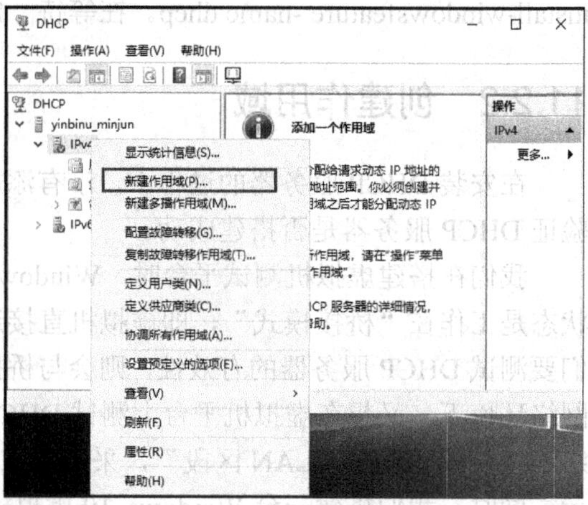

图 11-14 新建作用域

(3) 在弹出的“欢迎使用新建作用域向导”页面中，单击“下一步”按钮，如图 11-15 所示。

(4) 在弹出的“作用域名称”页面中，根据我们作用域的使用情况，填写相应的名称及描述，然后单击“下一步”按钮，如图 11-16 所示。

(5) 在“IP 地址范围”页面中，我们配置 DHCP 服务分配 IP 地址的范围，这里我们指定的 IP 地址范围是 192.168.90.100～192.168.90.200，子网掩码的长度是 24，如图 11-17 所示。

(6) 在“添加排除和延迟”页面中，我们可以把固定分配给某些特定计算机使用的 IP 地址排除在外，DHCP 服务器在分配地址时，会跳过排除地址，同时，我们也避免 DHCP

服务器的负荷，延长 DHCP 服务器的应答时间，如图 11-18 所示。

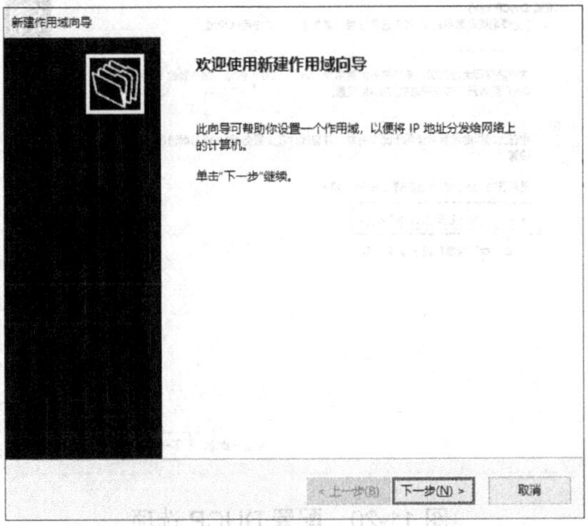

图 11-15　欢迎使用新建作用域向导

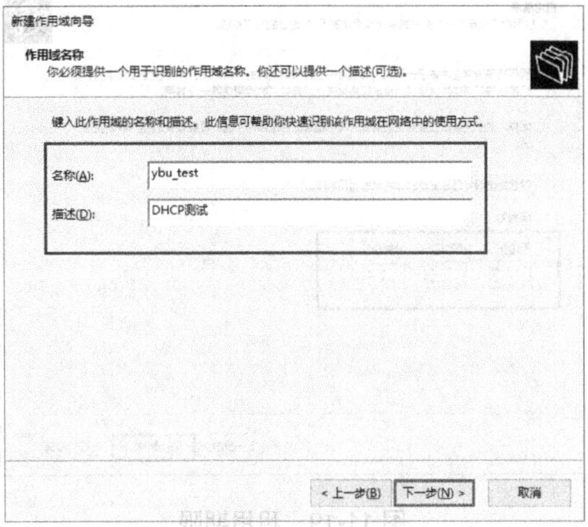

图 11-16　作用域名称

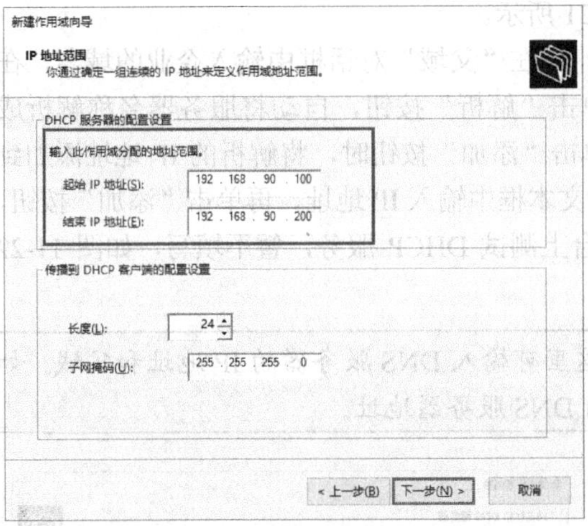

图 11-17　IP 地址范围

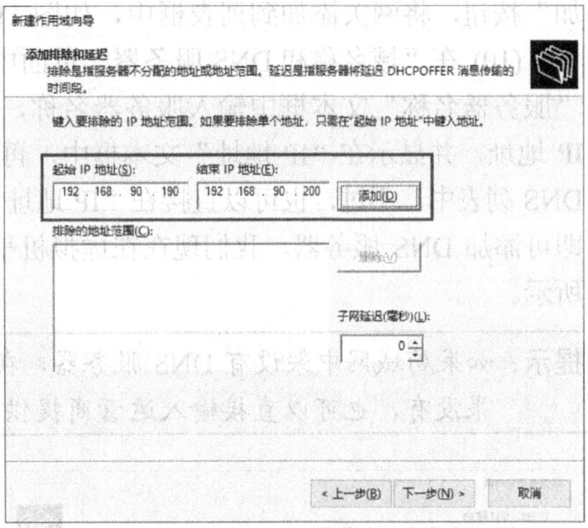

图 11-18　添加排除和延迟

提示：排除是指在"IP 地址范围"中指定的 IP 地址不分配的地址或地址范围。

(7) 在"租用期限"页面中，我们可以配置分配 IP 的使用时间。系统默认是 8 天，我们可以根据网络使用情况，调节 IP 地址的租用期限。在配置时间限制时，更短的租约期限有利于 IP 地址租约的回收，以便为其他客户服务，但是会导致网络中产生更多的 DHCP 流量，造成 DHCP 服务器频繁地进行 IP 地址分配。如果网络客户流动性较小，可以设置相对较长的租约期限；如果网络客户流动性较强，则可以设置较短的租约期限。这里，我们配置的租用时间是 7 天，如图 11-19 所示。

(8) 在"配置 DHCP 选项"页面，选中"是，我想现在配置这些选项"单选按钮，如图 11-20 所示，开始配置作用域的网关、DNS 和 WINS 等信息。

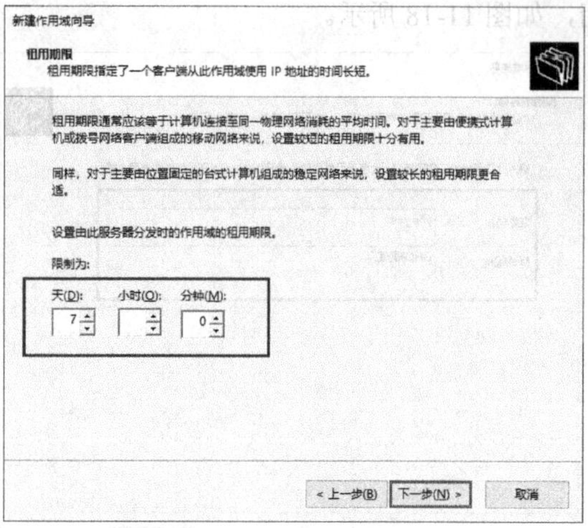

图 11-19　租用期限

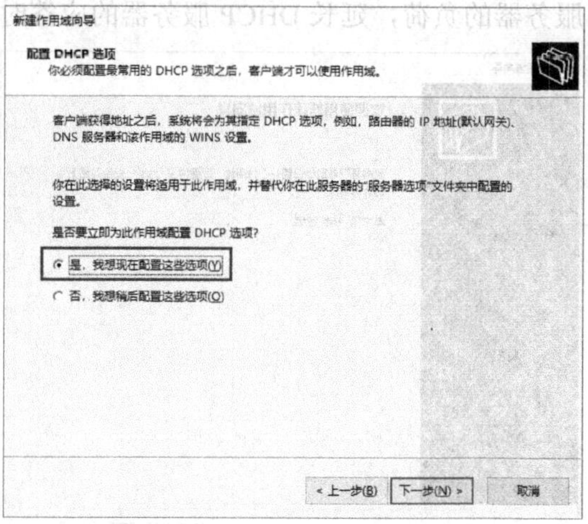

图 11-20　配置 DHCP 选项

(9) 在“路由器(默认网关)”页面中，在“IP 地址”地址栏中输入网关后，单击“添加”按钮，将网关添加到列表框中，如图 11-21 所示。

(10) 在“域名称和 DNS 服务器”页面中，可在“父域”对话框中输入企业的域名，在“服务器名称”文本框中输入服务器名称，单击“解析”按钮，自动将服务器名称解析成 IP 地址，并显示在“IP 地址”文本框中，再单击“添加”按钮时，将解析的 IP 地址添加到 DNS 列表中。不过，也可以直接在“IP 地址”文本框中输入 IP 地址，再单击“添加”按钮，即可添加 DNS 服务器。我们现在在虚拟机平台上测试 DHCP 服务，暂不填写，如图 11-22 所示。

提示： 如果局域网中架设有 DNS 服务器，在这里可输入 DNS 服务器的 IP 地址和父域。如果没有，也可以直接输入运营商提供的 DNS 服务器地址。

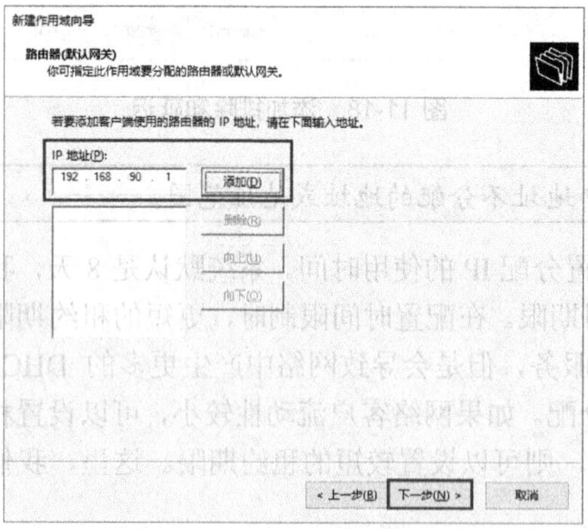

图 11-21　路由器(默认网关)

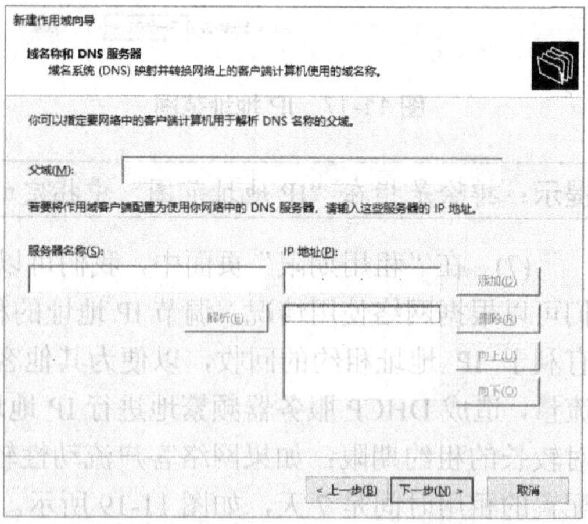

图 11-22　域名称和 DNS 服务器

(11) 在“WINS 服务器”页面中，如果网络中没有 WINS 服务器，直接单击“下一步”按钮，如图 11-23 所示。

(12) 在“激活作用域”页面中，选中“是，我想现在激活此作用域”单选按钮，激活作用域，如图 11-24 所示。

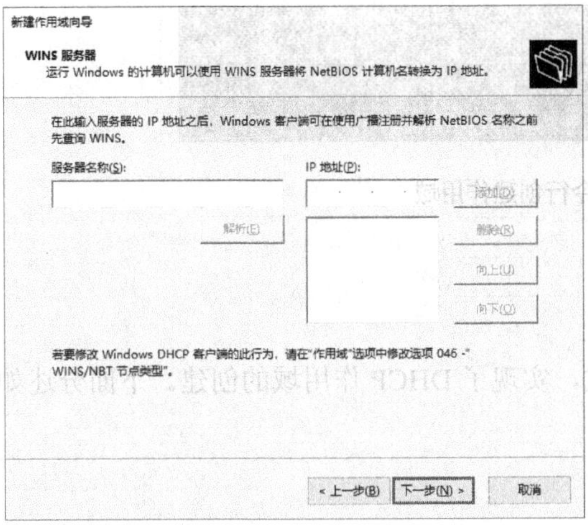

图 11-23　WINS 服务器

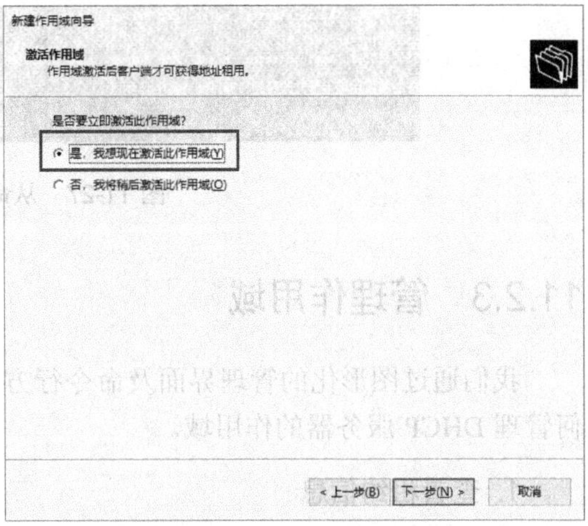

图 11-24　激活作用域

(13) 在“正在完成新建作用域向导”页面中，单击“完成”按钮，建立的作用域就可以正常使用了，如图 11-25 所示。

通过查看 Windows 10 客户端的网络属性，可以看到，DHCP 服务器 192.168.90.90 已经对其分配了 IP 地址 192.168.90.100，如图 11-26 所示。至此，经测试，我们的 DHCP 服务器的搭建成功。

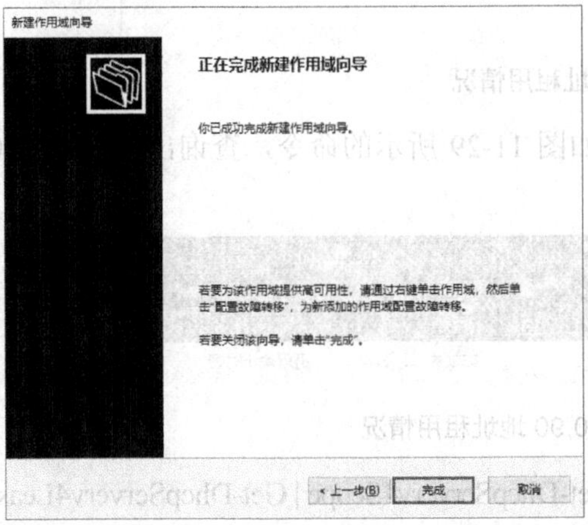

图 11-25　正在完成新建作用域向导

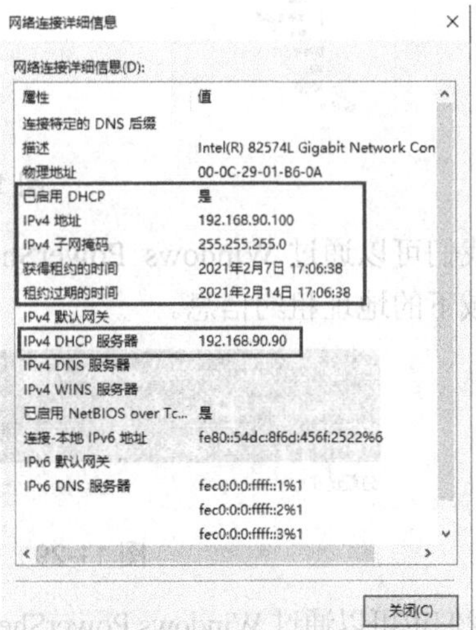

图 11-26　Windows 10 客户端网络连接详细信息

同样，利用 Windows PowerShell，执行如下命令，也可以实现作用域的创建。

(1)　“新建作用域”：netsh dhcp add scope 作用域子网掩码 作用域名称 作用域描述。

(2)　“设置 DHCP 的 IP 范围”：netsh dhcp server scope 作用域 add iprange 起始 IP 地址 结束 IP 地址。

例如：实现上面作用域的创建，可使用如图 11-27 所示的命令，此时，该作用域的租用期限是默认的 8 天。

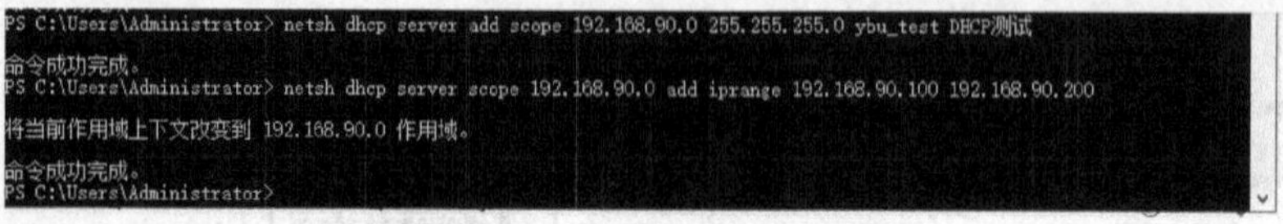

图 11-27　从命令行创建作用域

11.2.3　管理作用域

我们通过图形化的管理界面及命令行方式，实现了 DHCP 作用域的创建。下面分述如何管理 DHCP 服务器的作用域。

1. 查看租约信息

我们在 DHCP 服务器下展开一个作用域，选择下面的“地址租用”选项，在右侧的窗口中将显示详细的地址租用情况。例如 192.168.90.0 作用域的“地址租用”，在图 11-28 所示界面中可以看到客户端 IP 地址分配的情况。

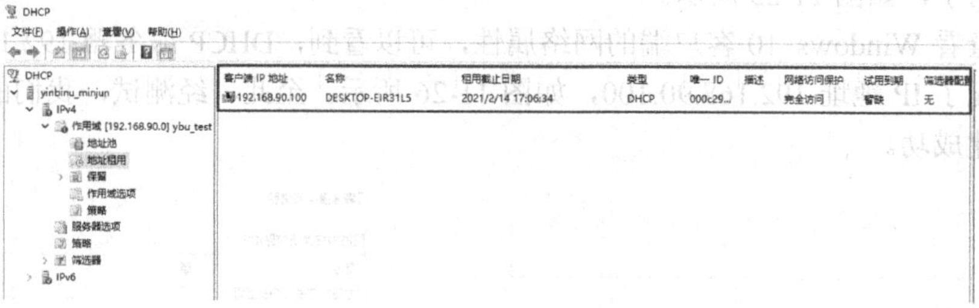

图 11-28　地址租用情况

我们可以通过 Windows PowerShell 执行如图 11-29 所示的命令，查询出 192.168.90.0 作用域下的地址租约信息。

图 11-29　192.168.90.90 地址租用情况

我们也可以通过 Windows PowerShell 执行 Get-DhcpServerv4Scope | Get-DhcpServerv4Lease，即如图 11-30 所示的命令，查询所有作用域下的地址租约信息。

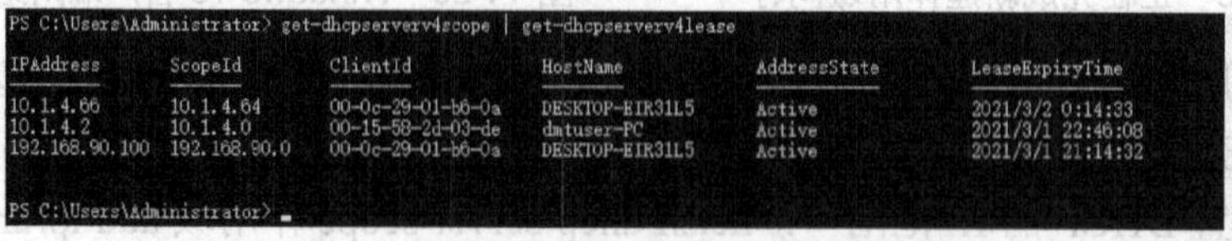

图 11-30　所有作用域地址租用情况

2. 显示统计信息

选中一个作用域并右击，在弹出的快捷菜单中选择“显示统计信息”命令，在打开的“作用域统计”对话框中，可查看作用域的使用情况，如图 11-31 所示。

同样，选中一个作用域并右击，在弹出的快捷菜单中可选择“停用”、“删除”和“协调”等命令来管理作用域。

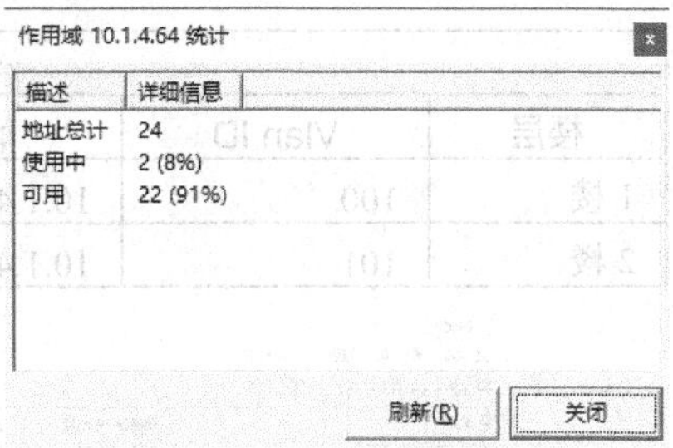

图 11-31　作用域信息统计

11.2.4　学生区作用域创建

我们通过虚拟机平台，测试通过了 DHCP 服务器的功能应用。在一个大型的网络环境中，DHCP 服务器与 DHCP 客户端会位于不同的网段中，由于 DHCP 消息是以广播为主，而连接这两个网络的交换机不会将此广播消息发送到时另外一个网段，因而限制了 DHCP 服务器的有效服务范围。为解决这个问题，我们以学生一舍 1、2 楼的网络结构为例，见图 11-32，利用交换机的 DHCP 中继功能，在 DHCP 服务器上测试学生一舍 1 楼与 2 楼的作用域，利用 DHCP 中继功能，实现 DHCP 服务器跨网段提供 DHCP 服务。

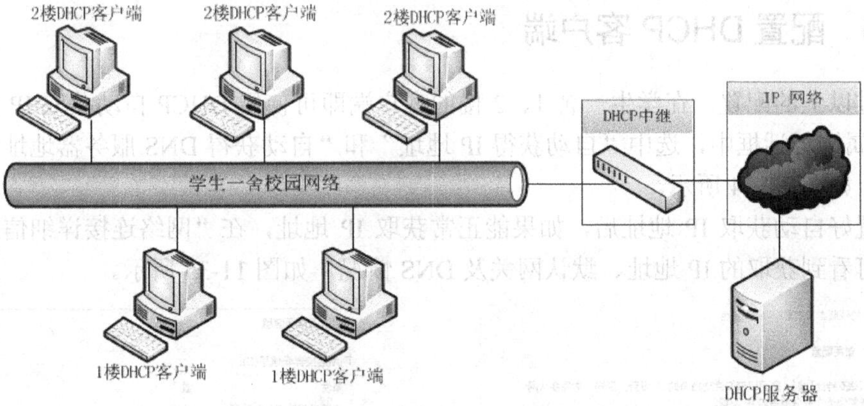

图 11-32　学生一舍 1、2 楼的网络拓扑

作用域的创建方法，在此我们就不再赘述，可以参考 11.2.2 小节的创建作用域方法，把学生一舍 1、2 楼的作用域，根据表中的说明，把需要自动分配的 IP 地址段添加进来，即可完成 DHCP 服务上作用域的创建工作。创建好的作用域工作情况如图 11-33 所示。

根据 DHCP 服务器工作原理，当学生一舍 1、2 楼的交换机接收到 DHCP 客户端发送的 DHCP-DISCOVER 广播消息时，交换机接收到此信息后，利用 DHCP 中继功能转发到另一个网段内，另一个网段内的 DHCP 服务器收到此信息后，直接发出一个 DHCP- OFFER 消息给交换机，交接机将此消息广播给 DHCP 客户端，之后从 DHCP 客户端发出的 DHCP-REQUEST 消息，还有由 DHCP 服务器发出的 DHCP-ACK 消息，都是通过我们的中间媒介 DHCP 中继交换机来转发的，从而实现了 DHCP 服务器服务于不同网段中的客户机的 IP 地址需求。

学生一舍 1、2 楼网络说明				
楼层	Vlan ID	Ip 地址范围	子网掩码	网关
1 楼	100	10.1.4.2-30	255.255.255.224	10.1.4.1
2 楼	101	10.1.4.66-94	255.255.255.224	10.1.4.65

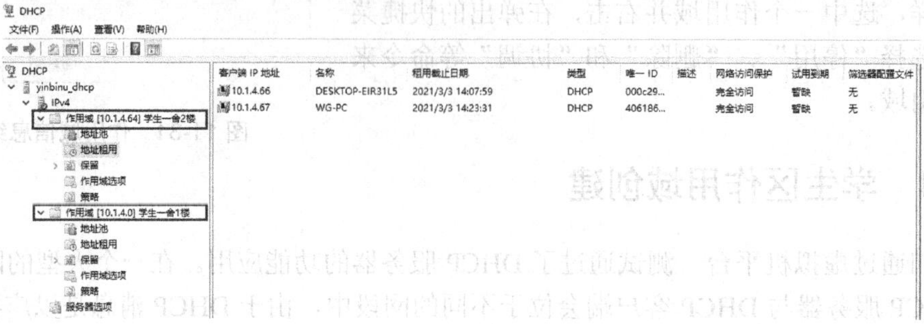

图 11-33　学生一舍 1、2 楼的作用域和工作情况

针对于交换机的配置比较简单，配置方法可以参考 11.4。在配置之前，可以通过产品网站查看所使用的交换机是否支持 DHCP 中继功能，然后通过命令实现 DHCP 请求的转发。

11.2.5　配置 DHCP 客户端

经过以上的配置，在学生一舍 1、2 楼的客户端即可使用 DHCP 自动获取 IP 地址。在 Internet 属性对话框中，选中“自动获得 IP 地址”和“自动获得 DNS 服务器地址”单选按钮即可，如图 11-34 所示。

设置好自动获取 IP 地址后，如果能正常获取 IP 地址，在“网络连接详细信息”对话框中，可看到获取的 IP 地址、默认网关及 DNS 情况，如图 11-35 所示。

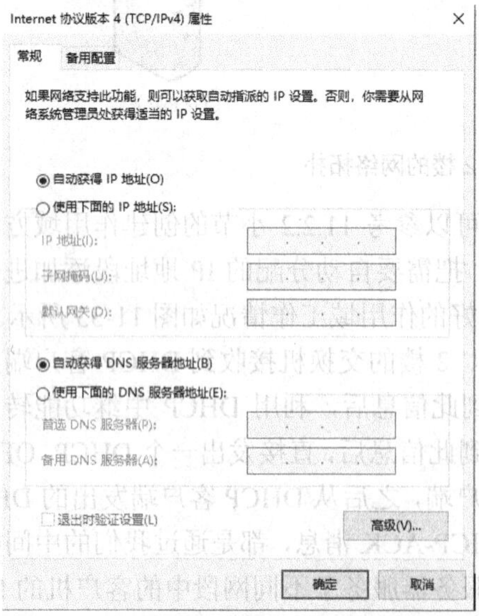

图 11-34　配置 DHCP 客户端

图 11-35　网络连接详细信息

11.2.6　管理超级作用域

超级作用域是运行 Windows Server 2019 动态主机配置协议(DHCP)服务器的一项管理性功能，可以使用 DHCP 管理控制台创建和管理超级作用域。使用超级作用域，可以将多个作用域分组为一个管理实体。

1. 为什么要使用超级作用域

超级作用域是由多个 DHCP 作用域组成的作用域，单个 DHCP 作用域只能包含一个固定的子网，而超级作用域可以包含多个 DHCP 作用域，从而包含多个子网。超级作用域主要用于解决以下问题：

- 当前单个 DHCP 作用域中的可用地址几乎耗尽，而且网络中将添加更多的计算机，需要添加额外的 IP 网络地址范围来扩展同一物理网段的地址空间。
- DHCP 客户端必须迁移到新作用域，例如重新规划 IP 网络编号，从现有的活动作用域中使用的地址范围迁移到使用另一 IP 网络地址范围的新作用域。
- 希望使用两个 DHCP 服务器在同一物理网段上管理分离的逻辑 IP 网络。

注意： 超级作用域选项仅在 DHCP 服务器上至少已创建一个作用域并且该作用域不是超级作用域的一部分时才显示。

2. 超级作用域的创建方法

超级作用域的建立非常简单，接下来，来看看如何创建超级作用域。

(1) 在 DHCP 管理窗口中，选中并右击 IPv4 选项，在弹出的快捷菜单中选择“新建超级作用域”命令。

(2) 在打开的“欢迎使用新建超级作用域向导”页面中，如图 11-36 所示，单击“下一步”按钮。

(3) 在打开的“超级作用域名”页面中，输入一个用于标识超级作用域的名称，如“学生一舍”，如图 11-37 所示。

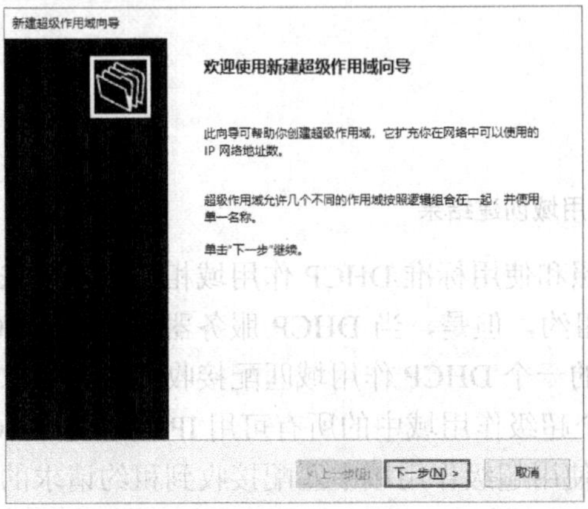

图 11-36　“欢迎使用新建超级作用域向导”页面

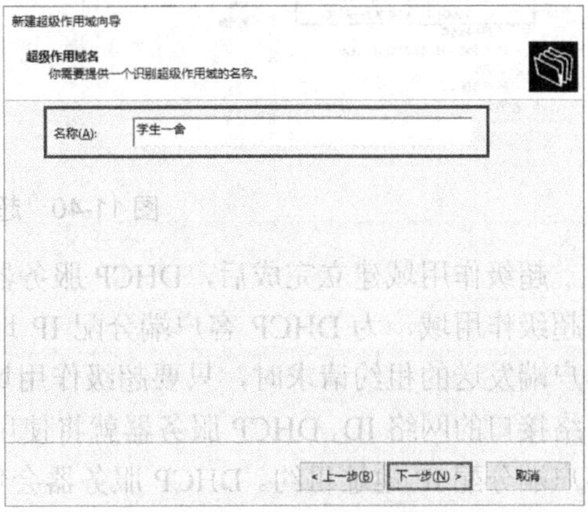

图 11-37　“超级作用域名”页面

(4) 在“选择作用域”页面中，在“可用作用域”列表框中选择需要加入该超级作用域的作用域，如图 11-38 所示。

(5) 在“正在完成新建超级作用域向导”页面中，单击“完成”按钮，如图 11-39 所示。

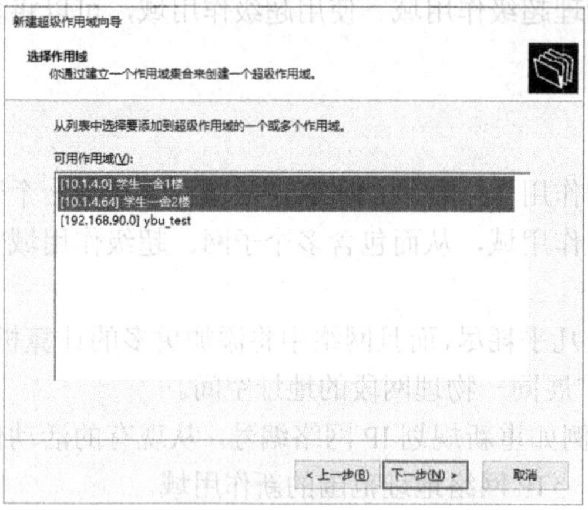

图 11-38 “选择作用域”页面

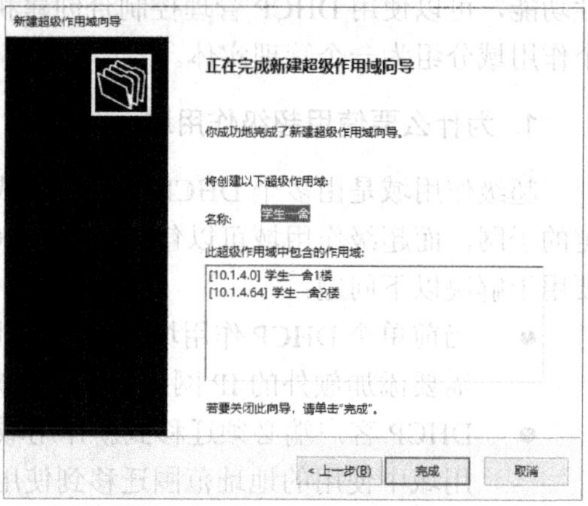

图 11-39 超级作用域创建完成

返回 DHCP 管理控制台，可看到选择的作用域已经加入到了超级作用域中，如图 11-40 所示。

生成超级作用域后，在学生一舍 1、2 楼的客户端向 DHCP 服务器租用 IP 地址时，DHCP 服务器会从超级作用域中的任意一个作用域里选择一个 IP 地址给客户端。

注意： 学生一舍 1、2 楼的网络接口必须设置两个 IP 地址，其网络号分别是 10.1.4.0 与 10.1.4.64，它让学生一舍 1、2 楼内的两个逻辑网络内的计算机之间可以通过交换机来通信。

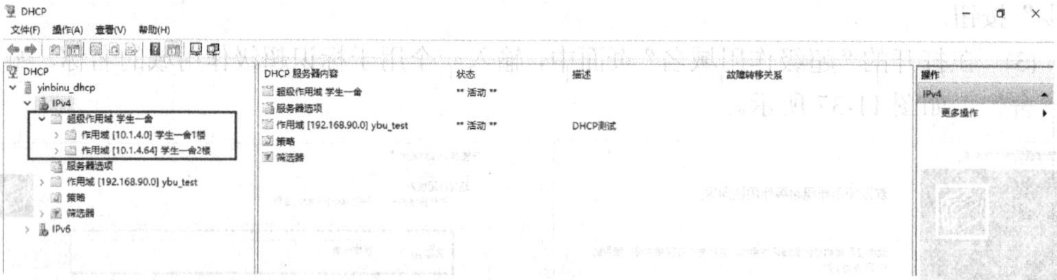

图 11-40 超级作用域创建结果

超级作用域建立完成后，DHCP 服务器按照和使用标准 DHCP 作用域相同的方式来使用超级作用域，为 DHCP 客户端分配 IP 地址租约，但是，当 DHCP 服务器接收到 DHCP 客户端发送的租约请求时，只要超级作用域中的一个 DHCP 作用域匹配接收到租约请求的网络接口的网络 ID，DHCP 服务器就将使用这个超级作用域中的所有可用 IP 地址为 DHCP 客户端分配 IP 地址租约。DHCP 服务器会优先使用超级作用域中匹配接收到租约请求的网络接口的网络 ID 的 DHCP 作用域来为 DHCP 客户端分配 IP 地址租约，如果此 DHCP 作用域中没有可用的 IP 地址，则使用超级作用域中其他具有可用 IP 地址的 DHCP 作用域，而不管此作用域的网络 ID 是否匹配接收到租约请求的网络接口的网络 ID。

3. 管理超级作用域

超级作用域的管理与作用域基本相似，在 DHCP 中右击创建好的超级作用域，在快捷菜单中同样可以设置当前超级作用域的停用、删除、协调和显示统计信息等内容。其操作方法与作用域是一样的，不过针对超级作用域的设置将影响到其包含的所有作用域。超级作用域的优点在于，它能够使用一个操作来激活和停用一个给定超级作用域中所有作用域。

另外，在超级作用域中，同样可以创建新的作用域。其方法是右击超级作用域名称，在弹出的快捷菜单中选择“新建作用域”命令，如图 11-41 所示，这样将打开创建作用域向导对话框，这时创建的作用域将默认包含在该超级作用域中。

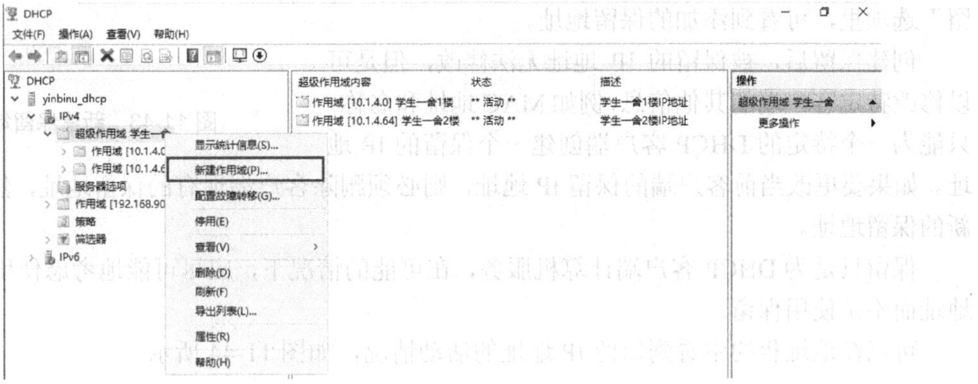

图 11-41　选择“新建作用域”命令

如果要取消某个作用域，只需要在超级作用域中右击该作用域名称，在弹出的快捷菜单中选择“从超级作用域删除”命令即可。此删除操作仅将 DHCP 作用域从超级作用域中独立出来，而不是真正的删除。

当创建好超级作用域后，可以将其他不属于超级作用域的 DHCP 作用域添加到超级作用域中。右击该作用域名称，在弹出的快捷菜单中选择“添加到超级作用域”命令，在打开的对话框中，选择需要加入的超级作用域，如图 11-42 所示。

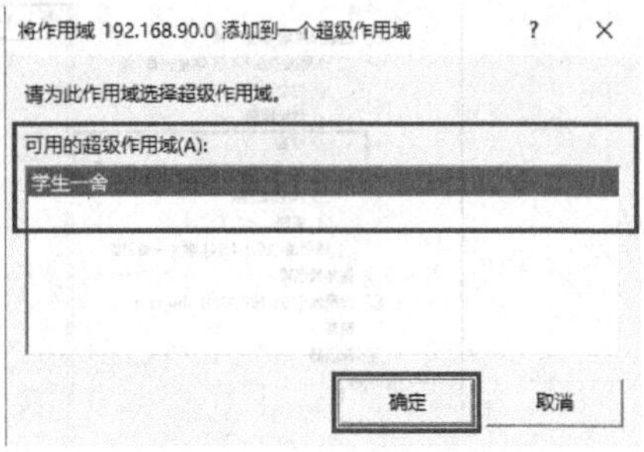

图 11-42　选择超级作用域

通过超级作用域，对 DHCP 服务器中的多个作用域进行统一配置、管理，做到步调一致，能够适应大规模网络环境下的应用需求。

11.2.7　创建保留地址

通过使用保留地址，可以为某个特定 MAC 地址的 DHCP 客户端保留一个特定的 IP 地址，此时保留的 IP 地址将不会用于为其他 DHCP 客户端进行分配。每次当此特定的 DHCP 客户端向此 DHCP 服务器获取 IP 地址时，此 DHCP 服务器总是会将保留的 IP 地址分配给它。即 DHCP 服务器向 DHCP 客户端手工分配 IP 地址。

可以使用作用域地址范围内的任何 IP 地址创建保留，即使此 IP 地址也在排除范围内。

要在某个 DHCP 作用域中创建保留，应执行以下步骤。

(1) 在 DHCP 管理控制台中，展开对应的 DHCP 作用域，右击“保留”选项，在弹出的快捷菜单中选择“新建保留”命令。

(2) 在打开的“新建保留”对话框中，如图 11-43 所示，输入需要建立的保留“IP 地址”和“MAC 地址”，以及“保留名称”后，单击“添加”按钮。

(3) 返回 DHCP 控制台，在当前作用域下的“保留”选项里，可看到添加的保留地址。

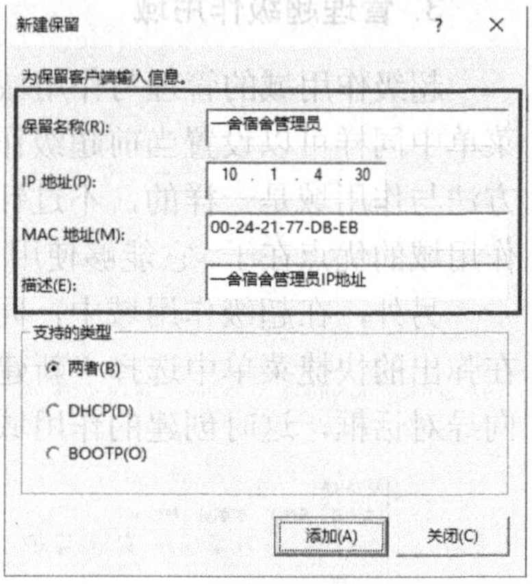

图 11-43　新建保留地址

创建保留后，被保留的 IP 地址无法修改，但是可以修改特定客户端的其他信息，例如 MAC 地址和名称；只能为一个特定的 DHCP 客户端创建一个保留的 IP 地址。如果要更改当前客户端的保留 IP 地址，则必须删除客户端现有的保留地址，然后添加新的保留地址。

保留只是为 DHCP 客户端计算机服务，在可能的情况下，应尽可能地考虑使用静态 IP 地址而不是使用保留。

可以在地址租约中看到保留 IP 地址的活动情况，如图 11-44 所示。

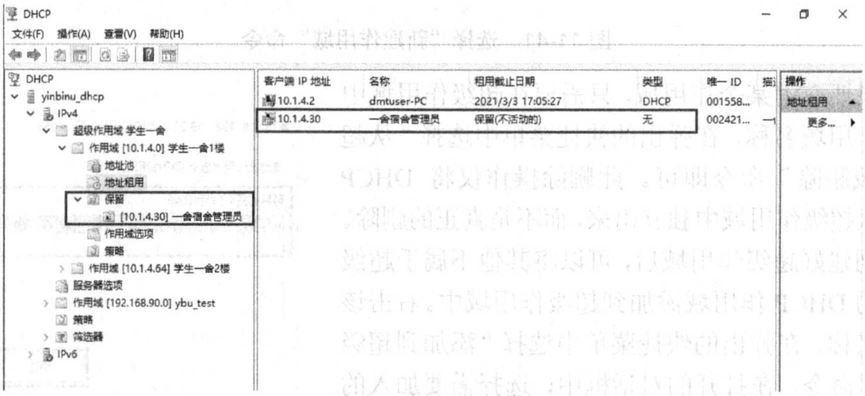

图 11-44　查看地址租约

11.2.8　拆分作用域

如果我们已经架设好一台 DHCP 服务器，且作用域已创建完成，为减轻此台服务器的工作负荷，我们可以架设一台备用的 DHCP 服务器，并采取适当比例分配 IP 地址，例如 80:20 规则，此时我们可以利用 DHCP 拆分作用域配置向导的方式，在备用服务器上创建作用域，并自动将这两台服务器的 IP 地址规则设置好，即可让 DHCP 服务器在一定工作负荷下稳定运行。

1. 80:20 应用规则

若 IP 作用域内的 IP 地址数量不是很多，则创建作用域时可以采用 80:20 的规则。也就是说，我们在主 DHCP 服务器中创建一个范围为 192.168.90.100～192.168.90.200 的作用域，但是将其中的 192.168.90.179～192.168.90.200 排除，也就是主 DHCP 服务器可租用给客户端的 IP 地址占此作用域的 80%，同时在备用 DHCP 服务器内也创建一个相同 IP 地址范围的作用域，但是将其中的 192.168.90.100～192.168.90.180 排除，换句话说，备用 DHCP 服务器可租用给客户端的 IP 地址只占该作用域的 20%。

备用 DHCP 服务器，仅在主 DHCP 服务器故障时提供分配 IP 地址的服务。而主、备服务器建议分放在不同的网络内。

2. 拆分作用域步骤

在拆分作用域之前，我们先确定主服务器的计算机名称为 yibinu_dhcp，备用服务器为 yibinu_dhcp_bak，且将 ybu_test 作为测试拆分作用域。关于拆分作用域的具体操作步骤，接下来我们逐步进行说明。

(1) 选中测试作用域 ybu_test，从右键菜单中选择“高级”|“拆分作用域”命令。

(2) 在弹出的“DHCP 拆分作用域配置向导”对话框中，单击“下一步”按钮，如图 11-45 所示。

(3) 在“其他 DHCP 服务器”界面中，通过单击“添加服务器”按钮，添加备用 DHCP 服务器 yibinu_dhcp_bak，核对主 DHCP 服务器的名称及 IP 地址，然后单击“下一步”按钮，如图 11-46 所示。

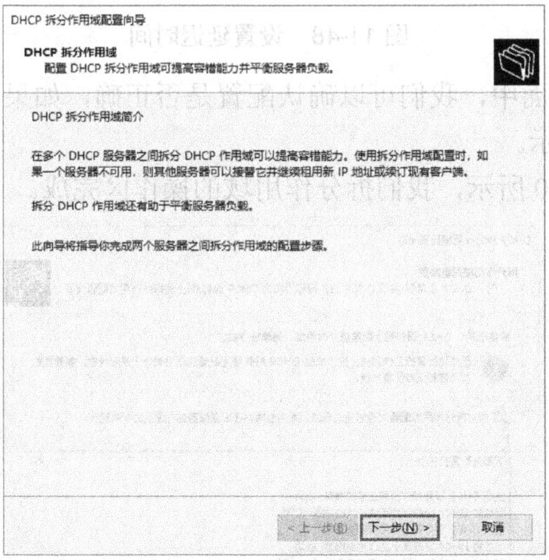

图 11-45　DHCP 拆分作用域

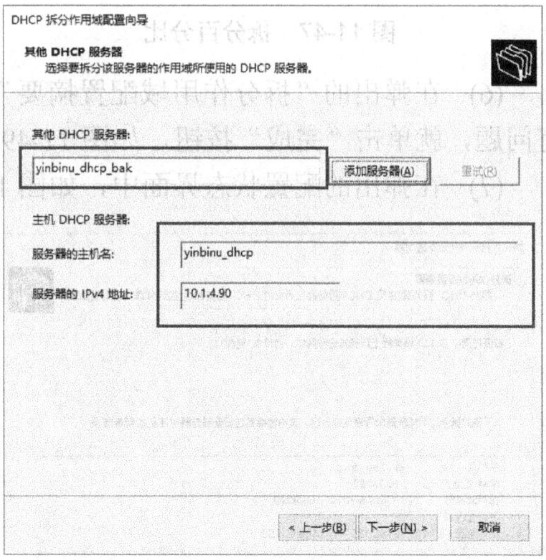

图 11-46　其他 DHCP 服务器

(4) 通过滚动滑块，我们可以选择拆分百分比，此时我们选择拆分百分比为 80:20，你也可能根据网络实际情况进行拆分，拆分完成后，单击“下一步”按钮，如图 11-47 所示。

(5) 设置两台服务器的延迟响应客户端的时间。由于我们采用的是 80：20 的分发 IP 规则，主服务器出租 80%的 IP 地址，备用服务器出租 20%的 IP 地址。我们希望主要由主 DHCP 服务器出租 IP 地址给客户端，当主服务器出现故障，才由备用服务器进行地址分发。

但是，当客户端从备用 DHCP 服务租到 IP 地址，以至于其只占 20%的 IP 地址很快就会分发用完时，此时若主 DHCP 服务器故障无法提供服务，而备用 DHCP 服务器也因为没有 IP 地址可租用，便会失去作为备用服务器的功能。

在这种情况下，可通过子网延迟功能来解决这个问题。也就是当备用 DHCP 服务器收到客户端有地址租用请求时，它会延迟一定时间才响应服务，以便让主 DHCP 服务器可以先租出地址给客户端，也就是让客户端向主 DHCP 服务器请求地址。如图 11-48 所示，添加的 DHCP 服务器即备用服务器，让其延迟时间大于主机 DHCP 服务器，设置好后，单击“下一步”按钮。

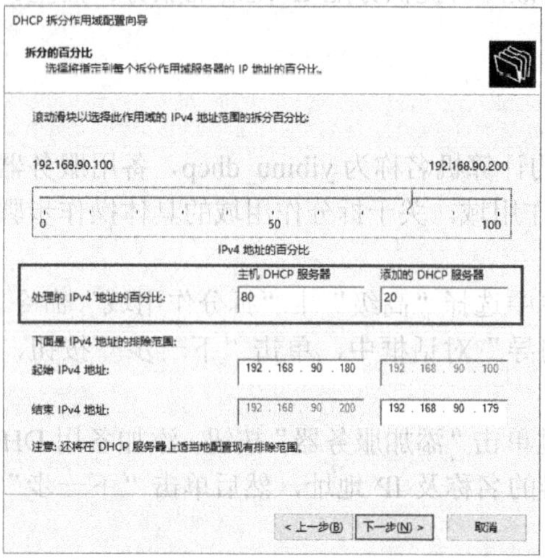

图 11-47　拆分百分比

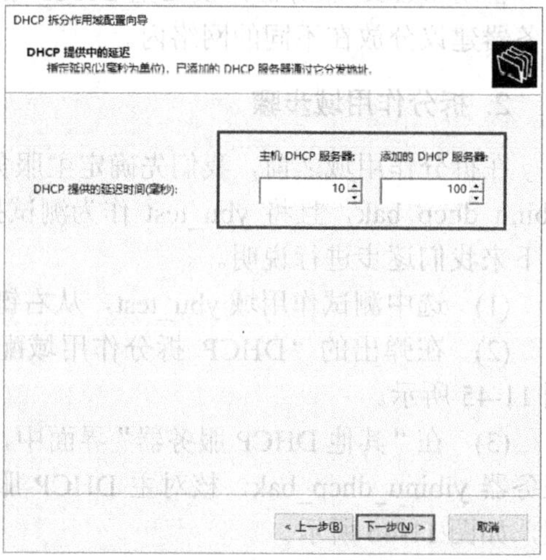

图 11-48　设置延迟时间

(6)　在弹出的“拆分作用域配置摘要”界面中，我们可以确认配置是否正确，如果没有问题，就单击“完成”按钮，如图 11-49 所示。

(7)　在弹出的配置状态界面中，如图 11-50 所示，我们拆分作用域的操作区完成。

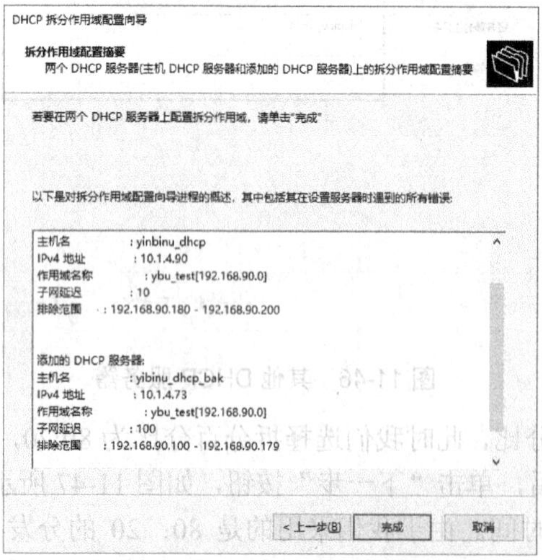

图 11-49　拆分作用域配置摘要

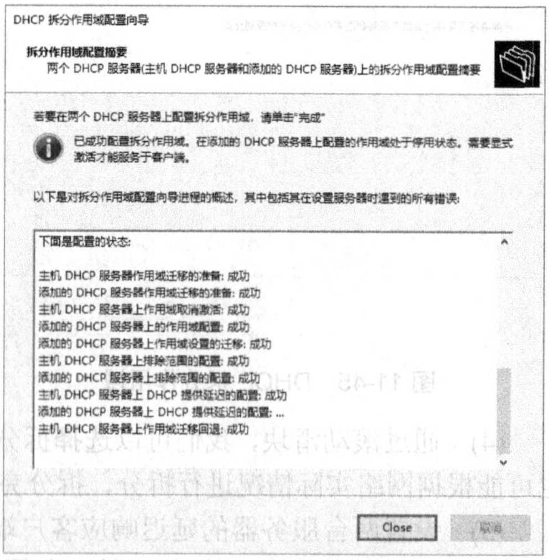

图 11-50　配置状态界面

3. 激活备用 DHCP 服务器的拆分作用域

在备用 DHCP 服务器上，我们可以看到，ybu_test 的作用域已经自动生成，如图 11-51 所示。但是它还处于不活动状态，需要进行激活。我们选中需要激活的作用域，在右键菜单中选择“激活”命令，如图 11-52 所示，此时我们拆分的作用域才会生效。

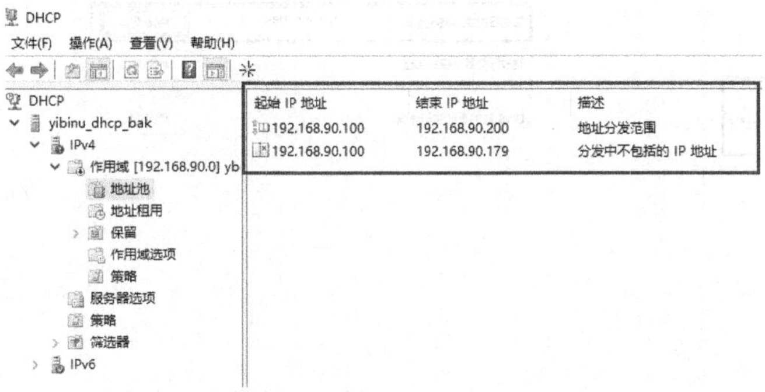

图 11-51　备用 DHCP 服务器

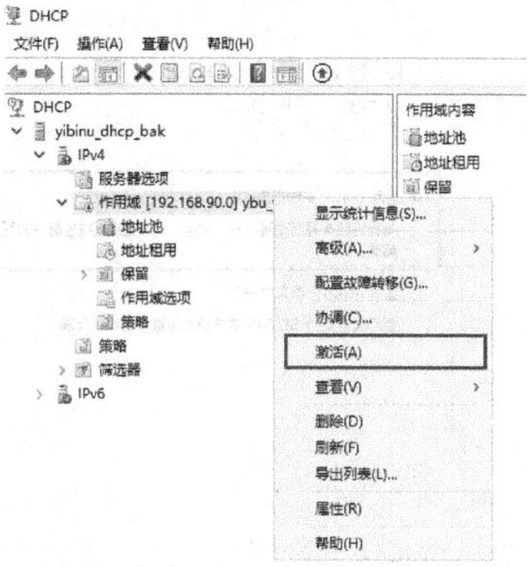

图 11-52　激活拆分作用域

11.3　配置 DHCP 服务器的安全性

现在规模稍大的企业网，一般都使用DHCP服务器为客户机统一分配 TCP/IP 配置信息。这种方式不但减轻了网管人员的维护工作量，而且企业的网络安全性也有一定的提高。但 DHCP 服务器的安全问题却不容忽视，它一旦出现问题，就会影响整个网络的正常运行。本节将从 DHCP 的日志文件和用户限制方面，介绍如何加强对 DHCP 服务器的管理，让 DHCP 服务器更安全。

11.3.1　配置审核对 DHCP 实施监视

DHCP 服务器中到底发生了什么事情，管理员单靠肉眼是无法察觉的，最简单、直接的方法是查看Windows日志，但这时一定要确保启用了 DHCP 服务器的“审核记录”功能，否则，就无法在“事件查看器”中找到相应的记录。

正常情况下，DHCP 审核记录默认会被启用。在 Windows Server 2019 中虽然可以分别为 IPv4 和 IPv6 启用配置记录，不过默认情况下，这两个协议会使用同一个日志文件。DHCP 的日志文件默认保存在 %SystemRoot%\System32\Dhcp 目录下，在此可以针对一周或者每一天找到其对应的日志文件。如果希望查看或者更改记录设置，那么就需要在 DHCP 控制台中进行，具体实现方法如下。

(1)　展开目标服务器节点，右击 IPv4 或 IPv6 子节点，在弹出的快捷菜单中选择“属性”命令，就会打开其属性对话框，如图 11-53 所示。在“常规”选项卡中选中或者取消“启用 DHCP 审核记录”复选框，即可启用或禁止该功能。

(2)　在“高级”选项卡中，在“审核日志文件路径”文本框中显示了日志文件的默认保存位置，如图 11-54 所示。为了防止恶意用户删除日志，可以根据实际需要输入新的保存位置，或者单击“浏览”按钮指定，设置完毕后单击“确定”按钮即可。

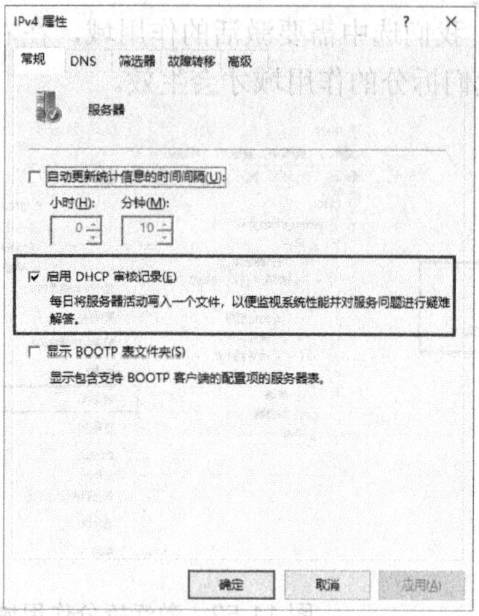

图 11-53　IPv4 属性

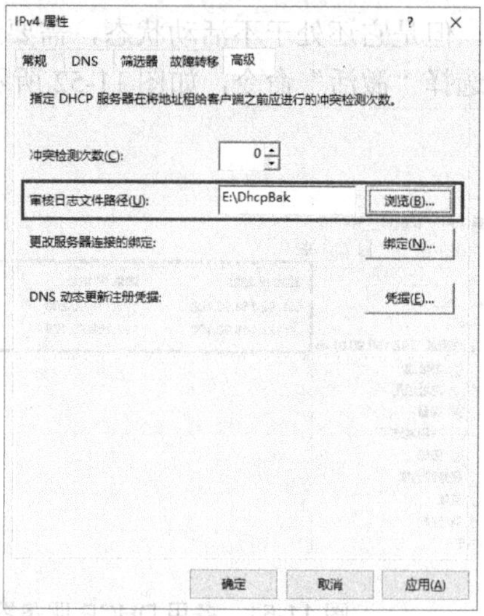

图 11-54　IPv4 高级属性

注意： 如果更改了审核日志文件的位置，Windows Server 2019 需要重新启动 DHCP 服务器服务。

这样，就完成了对 DHCP 审核的启用和日志文件的指定，如果 DHCP 出现问题或者需要排错时，就可以通过事件日志进行分析了。

当启动 DHCP 服务器服务，新的一天开始后，日志文件就会被写入一条标题信息。标题信息对 DHCP 事件和信息提供了概括性的描述。在标题信息后面是和 DHCP 服务器有关的实际事件日志，事件 ID 和描述都会同时被记录下来，这样 DHCP 日志就更加安全了。DHCP 服务器保留最近七天的日志文件。

11.3.2　对 DHCP 管理用户限制

DHCP 服务器安全性设计的第一步，就是要做好管理员账户的安全措施。因为无论是黑客，还是木马或者病毒，其若没有取得管理员权限的话，则其破坏性是有限的。所以，网络管理员第一步需要保证管理员账户的安全性。

1. 在路由器上进行管理

如果是在路由器上采用 DHCP 服务的，则可以进行 IP 地址等限制。因为路由器的话，一般都通过远程来管理 DHCP 服务器，如通过 Telent 或者SSH协议远程连接到服务器上进行管理。因此，可指定一台主机，只有这台主机才可以连接到路由器上进行 DHCP 服务器的管理。我们可以在路由器的防火墙上配置，只允许某个 IP 地址或者MAC地址的主机才能够连接上 DHCP 服务器进行管理。通过这种方式，再加上复杂的用户口令，则可以有效保障管理员账户的安全性。从而不让攻击者有机可乘，破坏 DHCP 服务器的安全与稳定。

2. 配置管理用户

为了加强对 DHCP 服务器的管理，网络管理员要指定一个或若干用户对 DHCP 服务器进行管理。例如要指定账号名为 ybuMinJun 的用户对 DHCP 服务器进行管理，在 Windows Server 2019 服务器中，可以通过以下方法实现。

(1) 在“运行”对话框中，输入 lusrmgr.msc 命令，打开“本地用户和组”管理控制台，单击左侧的“组”选项，在右侧窗口中选中 DHCP Administrators 组，如图 11-55 所示，并双击该组。

图 11-55　选中 DHCP Administrators 组

(2) 在打开的“DHCP Administrators 属性”对话框中，将用户 ybuMinJun 添加到成员列表中，如图 11-56 所示。这样，只有 ybuMinJun 用户才能够管理 DHCP 服务器。

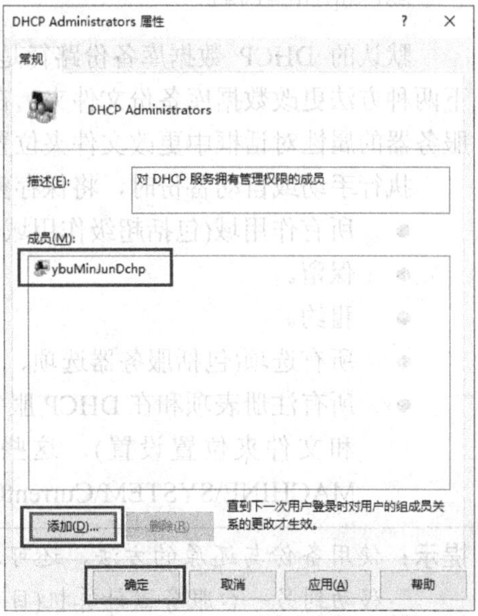

图 11-56　DHCP Administrators 属性

11.3.3　备份与还原 DHCP 服务器

在规模较大的局域网中，网络管理员一般采用 DHCP 服务器为客户机统一分配 TCP/IP 配置信息。然而，天有不测风云，一旦出现人为的误操作或其他一些因素，将会导致 DHCP 服务器的配置信息出错或丢失。如果手工进行恢复，则非常麻烦，而且工作量较大，同时，DHCP 服务器中可能包含多个作用域，并且每个作用域中又包含不同的 IP 地址段、网关地址、DNS 服务器等参数。因此，这就需要备份相关配置信息，一旦出现问题，进行还原即可。

DHCP 服务器内置了备份和还原功能，而且操作非常简单。在 DHCP 控制台窗口中，右击“DHCP 服务器名”选项，在快捷菜单中选择“备份”命令，如图 11-57 所示，接着在打开的“浏览文件夹”对话框中指定备份文件的存放路径，单击“确定”按钮后，就可完成配置信息的备份。

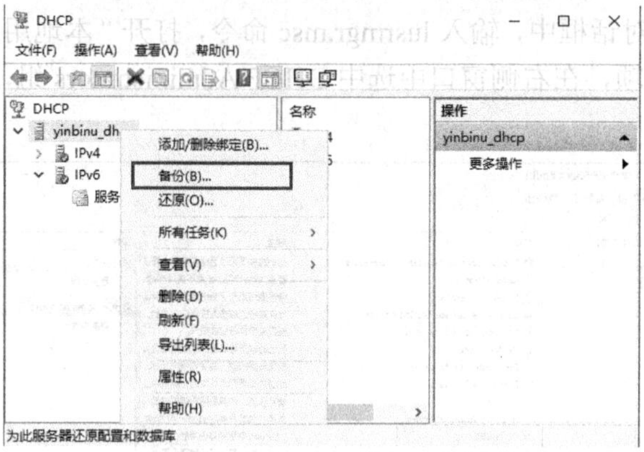

图 11-57 选择“备份”命令

一旦 DHCP 配置信息损坏，需要进行恢复时，可右击“DHCP 服务器名”选项，在快捷菜单中选择“还原”命令，接着在打开的“浏览文件夹”对话框中选择备份文件的存放路径，单击“确定”按钮后，系统会停止 DHCP 服务并重新启动该服务，以实现 DHCP 配置信息的还原。

DHCP 服务器还自动执行同步备份。默认的备份间隔时间是 60 分钟，可以通过编辑下列注册表项来更改备份间隔时间：

```
HKEY_LOCAL_MACHINE\SYSTEM\CurrentControlSet\Services\DHCPServer\Parameters\
BackupInterval
```

默认的 DHCP 数据库备份路径是 %systemroot%\System32\Dhcp\Backup。可以通过以下两种方法更改数据库备份文件夹：在手动备份期间选择不同的本地文件夹，或在 DHCP 服务器的属性对话框中更改文件夹位置。

执行手动或自动备份时，将保存整个 DHCP 数据库，其中包括以下内容：

- 所有作用域(包括超级作用域和多播作用域)。
- 保留。
- 租约。
- 所有选项(包括服务器选项、作用域选项、保留选项和类别选项)。
- 所有注册表项和在 DHCP 服务器属性中设置的其他配置设置(例如，审核日志设置和文件夹位置设置)。这些设置存储在以下注册表子项中：HKEY_LOCAL_MACHINE\SYSTEM\CurrentControlSet\Services\DHCPServer\Parameters。

提示： 使用备份与还原的方法，还可以将 DHCP 数据库从一台服务器计算机(源服务器)移动到另一台服务器计算机(目标服务器)。

11.4　配置 DHCP 中继

前面，我们提到了利用 DHCP 中继，对学生一、二楼的网络环境进行 DHCP 中继测试，根据实验结果，使 DHCP 服务跨网段是成功的。

随着网络规模的不断扩大、网络复杂度的不断提高，网络配置也变得越来越复杂，一个网络常常会被划分成多个不同的子网，以便根据不同的子网的工作需求来实现个性化的管理要求。多个子网的主机都需要 DHCP 服务器来提供地址配置信息，那么可以采用的方法是在每一个子网中安装一台 DHCP 服务器，让它们来为各个子网分配 IP 地址，但在实际的应用中，这样做是不切实际的。

DHCP 服务器建设好之后，DHCP 客户机通过网络广播消息获得 DHCP 服务器的响应后得到 IP 地址，但广播消息是不能跨越子网的。因此，如果 DHCP 客户机和 DHCP 服务器在不同的子网内，客户机还能不能获得 DHCP 服务器提供的服务？答案是肯定的，这就要用到三层交换机的 DHCP 中继代理功能。

为了能够为不同网段的终端系统分配地址，很多网管员在三层交换机上启用了 DHCP 中继功能，局域网中的任何终端系统可以通过该功能，与位于其他网段的 DHCP 服务器进行通信，最终获得有效的上网参数，如 IP 地址、DNS 地址、网关地址等。这样一来，不同网段的终端系统就能共享使用相同的 DHCP 服务器，既能进行集中管理、提升地址管理效率，又能节约建设成本。这里以宜宾学院校园网的学生区为例，介绍 H3C 交换机设置 DHCP 中继的过程。

11.4.1　认识 DHCP 中继

当 DHCP 客户端系统启动运行时，它会自动执行 DHCP 初始化操作，并在本地网段中进行广播操作来请求报文，要是发现本地网段中架设有一台 DHCP 服务器，那么它就能直接从 DHCP 服务器那里获得上网地址以及其他参数，而不需要通过 DHCP 中继功能，就能顺利接入局域网。

要是发现本地网段中没有 DHCP 服务器时，那么位于相同网段中启用了 DHCP 中继功能的三层交换机，在接收到客户端系统发送过来的广播报文后，就会自动进行合适处理，并将相关任务转发给特定的位于其他网段的 DHCP 服务器；目标 DHCP 服务器依照客户端系统的上网申请进行正确的配置，之后再通过 DHCP 中继功能，将具体的配置信息反馈给 DHCP 客户端系统，这样一来，DHCP 服务器就能实现对不同网段的客户端系统集中管理地址的目的，从而提升了地址管理效率。

11.4.2　网络配置环境

宜宾学院校园网整个网络结构分为核心层、汇聚层和接入层三级网络结构，所有用户通过接入层接入校园网，而 DHCP 服务器则部署在核心层设备上，如图 11-58 所示。在汇聚层交换机上，配置了多个 Vlan，用于为客户端分配 IP 地址段。汇聚层交换机为三层交换机。执照整个校园网的规划，学生宿舍的每一个楼层使用一个 A 网段私有地址。

如学生一舍的 IP 地址的正式规划为：

一楼：10.3.64.2~254，其中 10.3.64.1 为网关地址，Vlan 100。

二楼：10.3.65.2~254，其中 10.3.65.1 为网关地址，Vlan 101。

三楼：10.3.66.2~254，其中 10.3.66.1 为网关地址，Vlan 102。

四楼：10.3.67.2~254，其中 10.3.67.1 为网关地址，Vlan 103。

五楼：10.3.68.2~254，其中 10.3.68.1 为网关地址，Vlan 104。

六楼：10.3.69.2~254，其中 10.3.69.1 为网关地址，Vlan 105。

七楼：10.3.70.2~254，其中 10.3.70.1 为网关地址，Vlan 106。

预留：10.3.71.2~254，其中 10.3.71.1 为网关地址，Vlan 107。

根据上面的规划，学生一舍的接入交换机只需要将所有接入端口加入相应的 Vlan 即可，不需要做过多的配置，而汇聚交换机的关于用户 Vlan 的配置如下：

```
interface Vlan-interface100
 ip address 10.3.64.1 255.255.255.0
interface Vlan-interface101
 ip address 10.3.65.1 255.255.255.0
interface Vlan-interface102
 ip address 10.3.66.1 255.255.255.0
interface Vlan-interface103
 ip address 10.3.67.1 255.255.255.0
interface Vlan-interface104
 ip address 10.3.68.1 255.255.255.0
interface Vlan-interface105
 ip address 10.3.69.1 255.255.255.0
interface Vlan-interface106
 ip address 10.3.70.1 255.255.255.0
interface Vlan-interface107
 ip address 10.3.71.1 255.255.255.0
```

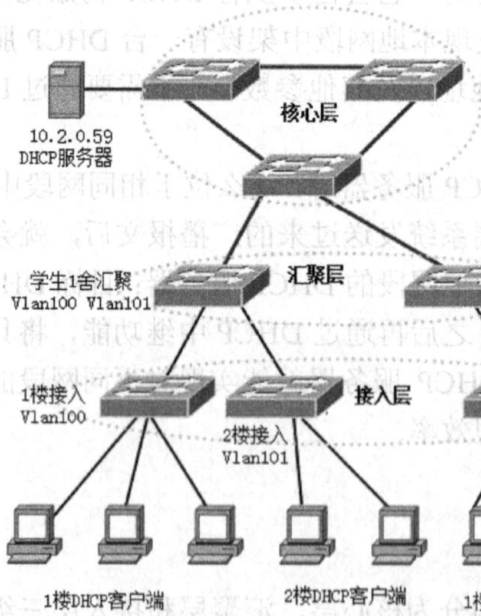

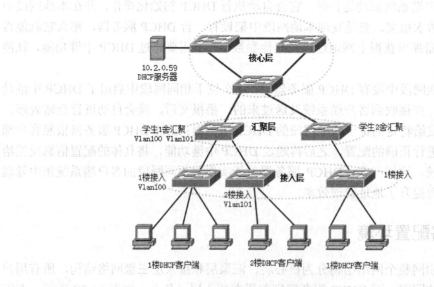

图 11-58　学生区网络结构

11.4.3　配置 DHCP 中继

通过上面的设置，用户能够设置静态 IP 地址上网。如需使用 DHCP 服务器提供的 DHCP 服务，还需要在汇聚交换机上设置 DHCP 中继。在此我们以 H3C E528 以太网交换机为例，设置 Vlan100 的 DHCP 中继的代码如下，其他 Vlan 的 DHCP 中继也可以如法炮制。

```
dhcp enable
dhcp relay server-group 1 ip 10.2.0.59
interface Vlan-interface100
 dhcp select relay
 dhcp relay server-select 1#
```

除了要在汇聚屋交换机上进行相关配置操作外，还需要在 DHCP 服务器所在的主机系统中，将学生宿舍使用的所有网段加入到作用域中。

11.4.4　故障排除

经过上述一系列的配置操作，局域网中的所有终端系统应该能够共享 DHCP 服务器，进行上网访问了。当然，如果在进行测试的时候，发现终端系统无法正常从 DHCP 服务器那里获得有效的上网参数时，可执行以下操作。

(1)　登录到三层交换机配置界面，执行 display dhcp-server 1 命令，查看一下三层交换机指定的 DHCP 服务器地址与实际存在的 DHCP 服务器地址是否相同，如果不相同，必须及时调整过来。

(2)　使用 display vlan 命令和 display ip interface 命令，依次检查三层交换机的 Vlan 配置情况以及对应接口的配置情况，看看它们的配置参数与实际要求的参数是否相同，不相同的话也要及时修改过来。

(3)　在 DHCP 服务器所在主机系统中使用 ping 命令，测试一下各个 Vlan 的接口地址(即网关地址)，看看它是否能够找到 Vlan100、Vlan101 等的接口地址，要是 ping 命令测试不成功的话，那需要检查 DHCP 服务器的 IP 地址配置信息。

(4)　再次执行 display dhcp-server 1 命令，查看三层交换机接收数据报文的情况，要是发现它不能响应数据报文，而只有请求数据报文时，那就意味着 DHCP 服务器所在主机系统没有将数据报文成功发送到三层交换机上，这个时候，需要重点检查 DHCP 服务器所在主机系统的配置是否正确，如果响应数据报文和请求数据报文数量是正常的话，不妨在三层交换机后台系统执行 debugging dhcp-relay 命令，启用 DHCP 中继调试开关功能，对用户申请 IP 地址的过程进行跟踪定位，相信经过这样的排查，就能让三层交换机上的 DHCP 中继功能正确发挥作用了。

(5)　如果 DHCP 配置正常，执行 display dhcp-server 1 命令时，将显示以下信息(其中--后面为注解内容)：

```
<XueSheng1_5100>display dhcp-server 1
 IP address of DHCP server group 1:      10.2.0.59        -- DHCP 服务器组 1 的
                                                             服务器 IP 地址
 IP address of DHCP server group 1:        0.0.0.0
```

```
IP address of DHCP server group 1:          0.0.0.0
IP address of DHCP server group 1:          0.0.0.0
IP address of DHCP server group 1:          0.0.0.0
IP address of DHCP server group 1:          0.0.0.0
IP address of DHCP server group 1:          0.0.0.0
IP address of DHCP server group 1:          0.0.0.0
Messages from this server group: 6782      -- DHCP relay 收到的此 server 组
                                              发来的报文数
Messages to this server group: 6845        -- DHCP relay 发送到此 server 组
                                              的报文数
Messages from clients to this server group: 417    --DHCP relay 收到的
                                                     client 发过来的报文数
Messages from this server group to clients: 356    --DHCP relay 发送到
                                                     client 的报文数
DHCP_OFFER messages: 32               -- DHCP relay 收到的 OFFER 报文数
DHCP_ACK messages: 321                -- DHCP relay 收到的 ACK 报文数
DHCP_NAK messages: 6429               -- DHCP relay 收到的 NAK 报文数
DHCP_DECLINE messages: 0              -- DHCP relay 收到的 DECLINE 报文数
DHCP_DISCOVER messages: 32            -- DHCP relay 收到的 DISCOVER 报文数
DHCP_REQUEST messages: 6702           -- DHCP relay 收到的 REQUEST 报文数
DHCP_INFORM messages: 111             -- DHCP relay 收到的 INFORM 报文数
DHCP_RELEASE messages: 0              -- DHCP relay 收到的 RELEASE 报文数
BOOTP_REQUEST messages: 0             -- BOOTP 请求报文数
BOOTP_REPLY messages: 0               -- BOOTP 响应报文数
```

注意： 使用上面介绍的这种方式为学生区提供 DHCP 服务时，如果学生上网时使用了带有 DHCP 功能的路由器，会使同一网段的学生用户自动获取到这个路由器分配的 IP 地址，而不能获取到正确的 DHCP 服务器提供的 IP 地址，将导致同网段的用户不能正常上网。因此，这种方式下，客户端不能使用带有 DHCP 功能的路由器。

11.4.5 解决 DHCP 环境下私自搭建 DHCP 服务器的方法

在上面我们提到，如果学生区域有同学使用带有 DHCP 功能的路由器，会影响其他同学正常获取有效的 IP 地址。这是由于 DHCP 服务允许在一个子网内存在多台 DHCP 服务器，这就意味着管理员无法保证客户端只能从管理员所设置的 DHCP 服务器中获取合法的 IP 地址，而不从一些用户自建的非法 DHCP 服务器中取得 IP 地址，从而影响 IP 地址的正常分配。

我们可以采用 DHCP 监听的方法解决上述问题。DHCP Snooping 是 DHCP 的安全特性。当交换机开启 DHCP Snooping 后，会对 DHCP 报文进行侦听，并可以从接收到的 DHCP Request 或 DHCP Ack 报文中提取并记录 IP 地址和 MAC 地址信息。

DHCP Snooping 主要实现以下两方面的功能。

(1) 过滤不信任端口上的 DHCP SERVER 的响应消息(抵御 DHCP 服务欺骗攻击)。

(2) 记录用户的 IP 地址和 MAC 地址的绑定关系(抵御 ARP 中间人攻击和 IP/MAC 欺骗攻击)。

宜宾学院校园网学生区交换机使用的型号为锐捷 2910，GigabitEthernet 0/24 是级联口。

以下是配置 DHCP 监听的命令：

```
ip dhcp snooping
interface GigabitEthernet 0/24
 switchport mode trunk
 ip dhcp snooping trust
```

11.5　汇聚层实现 DHCP 服务

我们使用 DHCP 中继环境，在同时给全校 A、B 两区 23 幢学生宿舍提供 IP 服务时发现，由于 DHCP 服务器存在于网络环境中的核心层，当学生区用户需要 IP 地址服务时，需要通过接入层、汇聚层进行中转，才能到达核心层的 10.2.0.59 服务器获取地址，造成网络响应时间延迟过大，对学生区网络服务的畅通性不佳。

11.5.1　通过汇聚层提供 DHCP 服务提高网络响应速度

在实际提供 DHCP 服务时，我们为提高 DHCP 服务的响应速度，采取把 DHCP 服务做在本幢楼宇的汇聚层的方法，这样，汇聚交换机在提供 DHCP 服务时的响应速度很快，网络的畅通性良好，并节约了一个服务器的经费投入。新规划后的学生一舍网络拓扑图如图 11-59 所示。

图 11-59　学生一舍网络结构拓扑图

11.5.2　汇聚层实现 DHCP 的网络配置

根据前面的网络规划，学生一舍的接入交换机只需要将所有接入端口加入相应的 Vlan 即可，对应的 Vlan 创建 DHCP 服务，不需要做过多的配置，而汇聚交换机的关于用户 DHCP 的配置如下：

```
dhcp server ip-pool vlan100      --1 楼有线用户 Vlan100 地址池
network 10.3.64.0 mask 255.255.255.0
gateway-list 10.3.64.1
dns-list 218.6.200.139 61.139.2.69
```

```
#
dhcp server ip-pool vlan101     --2 楼有线用户 Vlan101 地址池
 network 10.3.65.0 mask 255.255.255.0
 gateway-list 10.3.65.1
 dns-list 218.6.200.139 61.139.2.69
#
dhcp server ip-pool vlan102     --3 楼有线用户 Vlan102 地址池
network 10.3.66.0 mask 255.255.255.0
 gateway-list 10.3.66.1
 dns-list 218.6.200.139 61.139.2.69
#
dhcp server ip-pool vlan103    --4 楼有线用户 Vlan103 地址池
 network 10.3.67.0 mask 255.255.255.0
 gateway-list 10.3.67.1
 dns-list 218.6.200.139 61.139.2.69
#
dhcp server ip-pool vlan104     --5 楼有线用户 Vlan103 地址池
 network 10.3.68.0 mask 255.255.255.0
 gateway-list 10.3.68.1
 dns-list 218.6.200.139 61.139.2.69
#
dhcp server ip-pool vlan105     --6 楼有线用户 Vlan103 地址池
 network 10.3.69.0 mask 255.255.255.0
 gateway-list 10.3.69.1
 dns-list 218.6.200.139 61.139.2.69
#
dhcp server ip-pool vlan106     --7 楼有线用户 Vlan103 地址池
 network 10.3.70.0 mask 255.255.255.0
 gateway-list 10.3.70.1.
 dns-list 218.6.200.139 61.139.2.69

dhcp server ip-pool vlan200  --WIFI SSID1 Vlan200 地址池
 network 10.1.68.0 mask 255.255.252.0
 gateway-list 10.1.68.1
 dns-list 218.6.200.139 61.139.2.69
 expired day 0 hour 2
#
dhcp server ip-pool vlan301 --WIFI SSID2 Vlan301 地址池
 network 10.1.88.0 mask 255.255.252.0
 gateway-list 10.1.88.1
 dns-list 218.6.200.139 61.139.2.69
expired day 0 hour 2
```

利用如下命令，可以查看到汇聚交换机 DHCP 地址池中 IP 地址的分配情况。

```
[XueSheng1_5500]dis dhcp server ip-in-use pool vlan200
```

把 DHCP 服务功能作用于汇聚交接机，缩小了 DHCP 服务的范围，提高了 DHCP 服务的分配效率，节约了投入成本，但不易于管理；利用 Windows Server 2019 的 DHCP 服务的图形化界面管理比较清晰、直观。读者可以根据实际的网络环境进行思考，再做出选择。

本 章 小 结

本章针对客户端的不同需求，提供三种基于 DHCP 的 IP 地址分配策略。

① 手工分配地址：由管理员为少数特定客户端(WWW 服务器、宿舍管理员等)静态

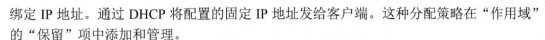

绑定 IP 地址。通过 DHCP 将配置的固定 IP 地址发给客户端。这种分配策略在“作用域”的“保留”项中添加和管理。

② 自动分配地址：DHCP 为客户端分配租期为无限长的 IP 地址。将“租约期限”设置成“无限制”的方法为：在 DHCP 控制台窗口中展开“服务器名称”目录，展开 IPv4 下的“作用域”选项，在右键快捷菜单中单击“属性”命令。在打开的属性对话框中，选中“DHCP 客户端的租约期限”选项组中的“无限制”单选框，并单击“确定”按钮。

③ 动态分配地址：DHCP 为客户端分配具有一定有效期限的 IP 地址，当使用期限到期后，客户端需要重新申请地址。绝大多数客户端得到的都是这种动态分配的地址。

DHCP 客户端从 DHCP 服务器动态获取 IP 地址，主要通过以下 4 个阶段进行。

(1) 发现阶段，即 DHCP 客户端寻找 DHCP 服务器的阶段。客户端以广播方式发送 DHCP-DISCOVER 报文。

(2) 提供阶段，即 DHCP 服务器提供 IP 地址的阶段。DHCP 服务器接收到客户端发送的 DHCP-DISCOVER 报文后，根据 IP 地址分配的优先次序，从地址池中选出一个 IP 地址，与其他参数一起通过 DHCP-OFFER 报文发送给客户端。

(3) 选择阶段，即 DHCP 客户端选择 IP 地址的阶段。如果有多台 DHCP 服务器向该客户端发来 DHCP-OFFER 报文，客户端只接受第一个收到的 DHCP-OFFER 报文，然后以广播方式发送 DHCP-REQUEST 报文，该报文中包含 DHCP 服务器在 DHCP-OFFER 报文中分配的 IP 地址。

(4) 确认阶段，即 DHCP 服务器确认 IP 地址的阶段。DHCP 服务器收到 DHCP 客户端发来的 DHCP-REQUEST 报文后，只有 DHCP 客户端选择的服务器会进行如下操作：如果确认地址分配给该客户端，则返回 DHCP-ACK 报文；否则将返回 DHCP-NAK 报文，表明地址不能分配给该客户端。

DHCP 服务的工作情况，需要根据实际的网络结构进行权衡。

第 12 章　流媒体服务器配置与管理

本章要点：

- 认识流媒体
- Windows Server 的流媒体服务技术
- 利用 Windows Azure Media Services 实现视频直播
- 基于开源软件的本地流媒体直播系统
- 开源流媒体系统的安装配置

随着互联网和宽带技术的飞速发展，流媒体已经成为一种主流的媒体服务技术。流媒体是指采用流式传输在网络上进行影音播放的一种媒体服务技术。流媒体技术不是一种单一的技术，它是网络技术及音视频技术的有机结合，在网络上实现流媒体传输，需要解决流媒体的制作、发布、传输及播放等诸多问题，现在，常见流媒体网络传输协议包括 RTMP、RTSP 等。时过境迁，微软公司已经停止对 WMS 和 IIS Media Services 的更新，将流媒体应用转移到云端，在 Windows Server 2019 中，已无法通过部署 Windows 功能组件来架设流媒体服务器。本章主要介绍 Windows Server 流媒体服务技术，如何用 Windows Azure Media Services 实现视频直播，以及在 Windows Server 2019 中通过开源软件架设本地流媒体系统的具体方法。

12.1　认识流媒体

12.1.1　流媒体的定义

随着信息技术的发展和宽频时代的到来，使得“在线直播、视频点播、远程教育、远程医疗和视频监控系统”的应用越来越广泛。而用于实现上述应用的主要技术——流媒体技术的应用也日趋广泛。

流媒体，Streaming Media，又叫流式媒体，是一种多媒体表现形式，是一种可以使音频、视频和其他多媒体文件能在互联网上以实时的、无须下载等待的方式进行播放的技术。简单来说，就是应用流技术在网络上传输的多媒体文件。而流技术就是把连续的影像和声音信息经过压缩处理后放在网站服务器上，让用户一边下载一边观看、收听，而不需要等整个压缩文件下载到自己的机器后才可以观看的网络传输技术。参见胡泽《流媒体技术与应用》，中国广播电视出版社，2006 年第 1 版，P3-4。

一般来说，流包含两种含义，广义上的流是使音频和视频形成稳定和连续的传输流和回放流的一系列技术、方法和协议的总称。我们习惯上称之为流媒体系统；而狭义上的流是相对于传统的下载-回放方式而言的一种媒体格式。

12.1.2 传统媒体与流媒体对比

从定义我们可以获知，传统媒体与流媒体在传输技术和用户获得感上有极大的差异。

传统方式观看视频文件的过程是：视频文件上传到服务器后，用户通过客户端软件将视频全部下载好后，才能观看视频。

而流媒体方式是：视频文件上传到服务器后，当用户使用客户端软件请求访问(观看)时，数据包通过特殊的压缩方式，将视频文件分成一个个小的数据包，由流媒体服务器向客户端连续、实时地传送到客户端中，这样用户可以一边观看一边下载，不需要等待视频文件全部下载完后才能观看。

本章讲到的流媒体服务器，就是 Windows Server 实现流媒体这一技术的功能组件，以及利用开源软件实现流媒体技术的方案。

12.1.3 相关名词

(1) 采集，是指通过摄像机、网络摄像头和麦克风等前端设备采集音视频数据。

(2) 编码，由于采集到的原始音视频文件通常体积庞大，为了便于在网络中传输，往往会通过压缩技术来处理，在分辨率、码率等参数中找到最优平衡点后进行压缩，以达到体积最小画面和声音质量最佳的效果，这个过程称为编码。

(3) 推流，指的是把采集阶段编码好的内容传输到服务器的过程。其实就是将现场的视频信号传到网络的过程。“推流”对网络要求比较高，如果网络不稳定，直播效果就会很差，观众观看直播时就会发生卡顿等现象，观看体验会很糟糕。

(4) 拉流，是指服务器已有直播内容，用指定地址进行拉取的过程。直播节目内容以流的形式在网络中进行传输。所谓拉流，即从云端将直播流拉取到本地。在终端实现直播的播放。

总之，推流是把数据推送到服务器的过程，而拉流是从服务器中直播的内容用指定的地址去拉取。

(5) 转码，为了适应不同网络对网速的要求和不同终端设备对分辨率的要求，服务器需要对媒体流数据进行不同格式的转换，这个过程称为转码。

(6) 解码，是编码的逆过程，把编码过程中压缩过的音视频数据还原为原始数据。但此时解码还原的原始数据，存在一定的信息丢失，不能完全等同于原始采样数据。

12.1.4 流媒体技术原理

由于 TCP 协议需要较多的开销，因此不太适合传输实时音视频数据。流式传输一般采用 HTTP/TCP 来传输控制信息，RTP(实时传输协议)和 UDP(用户数据报协议)来传输实时数据，其工作流程大致如下(参见 NOWSHUT，《流媒体服务器配置与管理》，中国开发者社区，2020.09，https://blog.csdn.net/NOWSHUT/article/details/108540109)。

用户选择流媒体服务后，Web 浏览器域 Web 服务器间使用 HTTP/TCP 交换控制信息，将需要传输的实时数据从原始数据库中检索出来。

Web 浏览器启动流媒体播放器，使用 HTTP 从 Web 服务器检索的相关参数(包括目录信息，视频的编码类型和服务器地址等信息)对流媒体播放器进行初始化。

流媒体播放器与流媒体服务器运行实时流协议，交换控制信息，实时流协议提供执行播放、快进、快倒，暂停和录制等功能。

流媒体服务器通过 RTP/UDP 协议将视频流数据传输到播放器，一旦数据流抵达客户端，客户端即可播放视频。

整个工作过程主要包含以下环节：采集->编码->推流->转码->拉流->解码。

12.1.5　流媒体传输协议

常用的流媒体协议主要有 HTTP 渐进下载和基于 RTSP/RTP 的实时流媒体协议两类。

在流式传输的实现方案中，一般采用 HTTP/TCP 来传输控制信息，而用 RTP/UDP 来传输实时多媒体数据。常见的有 RTP、RTCP、RSVP、RTMP、RTSP、MMS、HLS，这几种协议都属于互联网 TCP/IP 五层体系结构中的协议。

理论上这几种协议都可以用来做视频直播或点播。但通常来说，直播一般用 RTMP、RTSP，而点播用 HLS。下面分别介绍几者的特点。

1. RTP 与 RTCP

RTP(Real-time Transport Protocol)是 Internet 上针对多媒体数据流的一种传输协议。

RTP 由两个紧密链接部分组成：RTP 负责传送具有实时属性的数据；RTP 控制协议(RTCP)负责监控服务质量并传送正在进行的会话参与者的相关信息。

RTP 协议是建立在 UDP 协议上的。RTP 协议详细说明了在互联网上传递音频和视频的标准数据包格式。RTP 协议常用于流媒体系统(配合 RTCP 协议)、视频会议和视频电话系统(配合 H.263 或 SIP)。RTP 本身并没有提供按时发送机制或其他服务质量(QoS)保证，它依赖于底层服务去实现这一过程。RTP 并不保证传送或防止无序传送，也不确定底层网络的可靠性。RTP 实行有序传送，RTP 中的序列号允许接收方重组发送方的包序列，同时序列号也能用于决定适当的包位置，例如，在视频解码中，就不需要顺序解码。

实时传输控制协议(Real-time Transport Control Protocol，RTCP)是实时传输协议(RTP)的一个姐妹协议。RTCP 为 RTP 媒体流提供信道外控制。RTCP 定期在流多媒体会话参加者之间传输控制数据。RTCP 的主要功能是为 RTP 所提供的服务质量提供反馈。RTCP 收集相关媒体连接的统计信息，例如：传输字节数，传输分组数，丢失分组数，时延抖动，单向和双向网络延迟等。网络应用程序可以利用 RTCP 所提供的信息试图提高服务质量，比如限制信息流量或改用压缩比较小的编解码器。RTCP 本身不提供数据加密或身份认证，其伴生协议 SRTCP(安全实时传输控制协议)则可用于此类用途。

2. RTMP

RTMP(Real Time Messaging Protocol，实时消息传输协议)由 Adobe 公司开发，是基于 TCP 的一个协议族，包括 RTMP 基本协议及 RTMPT/RTMPS/RTMPE 等多种变种。

RTMP 是一种设计用来进行实时数据通信的网络协议，主要用来在 Flash/AIR 平台和支持 RTMP 协议的流媒体/交互服务器之间进行音视频和数据通信，它具有以下特点。

(1) RTMP 协议是采用实时的流式传输，所以不会缓存文件到客户端，这种特性说明用户想下载 RTMP 协议下的视频是比较难的。

(2) 视频流可以随便拖动，既可以从任意时间点向服务器发送请求进行播放，并不需要视频有关键帧。相比而言，HTTP 协议下视频需要有关键帧才可以随意拖动。

(3) RTMP 协议支持点播/回放(通俗点将就是支持把 flv、f4v、mp4 文件放在 RTMP 服务器，客户端可以直接播放)，及直播(边录制视频边播放)。

3. RSVP

RSVP 即资源预订协议，使用 RSVP 预留一部分网络资源(即带宽)，能在一定程度上为流媒体的传输提供 QoS(服务质量)。RSVP、RTSP 与 RTP 协议工作在不同的层次。

RSVP 使用控制数据报，这些数据报在向特定地址传输时，包括了需要由路由器检查(有些时候需要更新)的信息，当路由器需要决定是不是要检查数据报的内容的时候，对上层数据内容进行语法分析。这种分析的代价可不小。现在的情况是，网络终端利用它向网络申请资源，在这种表明“申请”的信号中，包含着如下的信息：业务的种类、使用者类型、什么时间、需要多大带宽、其他参考信息。网络在接收到上类信息后，会根据实际情况为此次连接分配一个优先代码，用户利用优先代码进行信息传递时，网络不需重新对业务进行分析与判别，从另外一个角度来说，利用 RSVP，能从一定程度上减少网络对信息处理的时延，提高网络节点的工作效率，改善信息传输的服务质量(QoS)。实时应用使用 RSVP 是为了在传输路径中保持必要的资源，以保证请求能顺利到达。

RSVP 是 IP 路由器为提供更好的服务质量向前迈进的具有深刻意义的一步。传统上 IP 路由器只负责分组转发，通过路由协议知道邻近路由器的地址。而 RSVP 则类似于电路交换系统的信令协议，为一个数据流通知其所经过的每个节点(IP 路由器)，与端点协商为此数据流提供质量保证。RSVP 协议一出现，立刻获得广泛的认同，基本上较好地解决了资源预留的问题。

4. RTSP

RTSP(Real Time Streaming Protocol)，实时流传输协议，是 TCP/IP 协议体系中的一个应用层协议，基于哥伦比亚大学、网景和 RealNetworks 公司提交的 IETF RFC 标准。该协议定义了一对多应用程序如何有效地通过 IP 网络传送多媒体数据。RTSP 在体系结构上位于 RTP 和 RTCP 之上，它使用 TCP 或 UDP 完成数据传输。

RTSP 是用来控制声音或影像的多媒体串流协议，允许同时多个串流需求控制，传输时所用的网络通信协定并不在其定义的范围内，服务器端可以自行选择使用 TCP 或 UDP 来传送串流内容，它具有以下特点。

(1) RTSP 是流媒体协议。

(2) RTSP 协议是共有协议，并有专门机构做维护。

(3) RTSP 协议一般传输的是 ts、mp4 格式的流。

(4) RTSP 传输一般需要 2～3 个通道，命令和数据通道分离。

5. MMS

MMS(Microsoft Media Server Protocol)是用来访问并流式接收 Window Media 服务器中.asf 文件的一种协议。

MMS 协议用于访问 Windows Media 发布点上的单播内容。MMS 是连接 Windows Media 单播服务的默认方法。若观众在 Windows Media Player 中输入一个 URL 以连接内容，而不是通过超级链接访问内容，则必须是以 MMS 协议引用该流。

6. HLS

HLS(HTTP Live Streaming)，是 Apple(苹果公司)实现的基于 HTTP 的流媒体传输协议，是 Apple 的动态码率自适应技术。主要用于 PC 和 Apple 终端的音视频服务。包括一个 m3u8 的索引文件，TS 媒体分片文件和 key 加密串文件。

相对于常见的流媒体直播协议，HLS 直播最大的不同在于，直播客户端获取到的并不是一个完整的数据流，HLS 协议在服务器端将直播数据流存储为连续的、很短时长的媒体文件(MPEG-TS 格式)，而客户端则不断下载并播放这些小文件，因为服务器总是会将最新的直播数据生成新的小文件，这样客户端只要不停地按顺序播放从服务器获取到的文件，就实现了直播。

由此可见，基本上可以认为，HLS 是以点播的技术方式实现直播。由于数据通过 HTTP 协议传输，所以完全不用考虑防火墙或者代理的问题，而且分段文件的时长很短，客户端可以很快地选择和切换码率，以适应不同带宽条件下的播放。不过 HLS 的这种技术特点，决定了它的延迟一般总是会高于普通的流媒体直播协议。它具有以下显著特点。

(1) HLS 是将视频信息切片后再进行传输。

(2) HLS 包含一个索引文件和若干媒体分片文件。

12.1.6 流媒体传输方式

流式传输定义很广泛，主要指通过网络传送媒体(如视频、音频)的技术总称。其特定含义为通过网络将影视节目传送到 PC 机。实现流式传输有两种方法：实时流式传输(Real Time Streaming)和顺序流式传输(Progressive Streaming)。

顺序流式传输：是顺序下载，在下载文件的同时，用户可观看在线媒体，在给定时刻，用户只能观看已下载的那部分，而不能跳到还未下载的前头部分，顺序流式传输不像实时流式传输在传输期间根据用户连接的速度做调整。由于标准的 HTTP 服务器可发送这种形式的文件，也不需要其他特殊协议，它经常被称作 HTTP 流式传输。

顺序流式传输比较适合高质量的短片段，如片头、片尾和广告，由于该文件在播放前观看的部分是无损下载的，这种方法可保证电影播放的最终质量。这意味着用户在观看前，必须经历延迟，对较慢的连接尤其如此。对通过调制解调器发布短片段，顺序流式传输显得很实用，它允许用比调制解调器更高的数据速率创建视频片段。尽管有延迟，毕竟可让你发布较高质量的视频片段。顺序流式文件是放在标准 HTTP 或 FTP 服务器上，易于管理，基本上与防火墙无关。顺序流式传输不适合长片段和有随机访问要求的视频，如讲座、演说与演示。它也不支持现场广播，严格来说，它是一种点播技术。

实时流式传输：指保证媒体信号带宽与网络连接匹配，使媒体可被实时观看到。实时流与 HTTP 流式传输不同，它需要专用的流媒体服务器与传输协议。实时流式传输总是实时传送，特别适合现场事件，也支持随机访问，用户可快进或后退，以观看前面或后面的内容。理论上，实时流一经播放就可不停止。当然，在实际应用中，由于网络本身的运行状态可能不稳定，实时流可能发生周期暂停。

通常而言，如视频为实时广播，或使用流式传输媒体服务器，或应用如 RTSP 的实时协议，即为实时流式传输。如使用 HTTP 服务器，文件即通过顺序流发送。采用哪种传输方法依赖你的需求。当然，流式文件也支持在播放前完全下载到硬盘。

具体来说，流媒体分为单播、广播和组播三种传播方式。

(1) 单播：单播发送时，客户端与服务器之间要建立一条单独的数据通道，从一台服务器送出的每个数据包只能传送给一个客户机，每个用户必须分别对媒体服务器发送单独的查询，而媒体服务器必须向每个用户发送所申请的数据包拷贝。单播传输可以用在点播播放方式和广播播放方式上。

(2) 广播：网络对其中每一台服务器发出的信号都进行无条件复制并转发，所有客户机都可以接收到所有信息(不管你是否需要)。有线电视网就是典型的广播型网络，防止广播数据影响大面积的计算机，一般只在一个子网中使用。

(3) 组播(多播)：组播发送时，服务器将一组客户请求的流媒体数据发送到支持组播技术的路由器上，然后由路由器一次将数据包根据路由表复制到多个通道上，再向用户发送，属于一对多连接。这时候，媒体服务器只需要发送一个信息包，所有发出请求的客户端都共享同一信息包。组播不会复制数据包的多个拷贝传输到网络上，也不会将数据包发送给不需要它的那些客户，保证了网络上多媒体应用占用网络的最小带宽。但组播不仅需要服务器端支持，更需要有多播路由器乃至整个网络结构的支持。组播传输方式一般只能用作广播播放方式，因为用作点播会存在用户控制问题。

12.1.7　流媒体播放方式

1. 点播方式

将制作好的流媒体节目存储在流媒体服务器上，用户可以在任何需要的时候用浏览器或流媒体播放客户端来播放流媒体文件，用户还可以任意进行前进、倒退、停止等操作。

点播连接时，客户端主动发起与服务器连接，允许用户控制媒体流的播放，比如，用户能够对媒体进行开始、停止、后退、快进或暂停等操作。点播连接提供了对流的最大控制，但是这种方式由于每个客户端各自连接服务器，服务器需要给每个用户建立连接，对服务器负荷和网络带宽的需求都比较大。

2. 广播方式

广播方式属于用户被动接受流。广播又分为实时广播和非实时直播两种。实时广播：顾名思义，用户收看的是现场发生的事件，就比如在收看春节晚会的现场直播。由于是实时的节目，客户端只能被动接收，自然不能进行快进。非实时广播是把制作好的流媒体文件定时播放，就比如看春节晚会的录像回放，但也是不能快进。

广播方式下，服务器把数据包复制发送到网络上所有用户，用户被动接受流，不管用户是否需要。

12.2 Windows Server 的流媒体服务技术

Windows Server 系列操作系统中，先后发布了两种流媒体服务器和一种基于云的媒体技术，分别是 Windows Media Service、IIS Media Services 和 Windows Azure Media Services。

12.2.1 Windows Media Service

Windows Media Service(Windows 媒体服务，简称 WMS)是微软用于在企业 Intranet 和 Internet 上发布数字媒体内容的平台，通过 WMS，用户可以便捷地构架媒体服务器，实现流媒体视频以及音频的点播播放等功能。可以在 32 位和 64 位的 Windows Server 中进行安装。WMS 的应用环境非常广泛，在企业内部应用环境中，可以实现点播方式视频培训，课程发布，广播等。在商业应用中，可以用来发布电影预告片，新闻娱乐，动态插入广告，音频视频服务等。

表 12-1 是微软服务器操作系统与其相应 WMS 的对应关系，WMS 作为一个系统组件，并不集成于 Windows Server 系统中，比如在 Windows Server 2000 和 Windows Server 2003 中，WMS 需要通过操作系统中的“添加删除组件”进行安装，安装时需要系统光盘。而在 Win2008 中，WMS 不再作为一个系统组件而存在，而是作为一个免费系统插件，需要用户下载后进行安装。

表 12-1　微软服务器操作系统与其相应 WMS 的对应关系

操作系统	Windows Media Services 版本
Windows Server 2000	4.0/4.1
Windows Server 2003	9.0
Windows Server 2003 SP1	9.1
Windows Server 2008	Windows Media Services 2008

根据微软官方公布的消息，WMS 最后一版 WMS 2008 是基于 Windows Server 2008 和 IIS 7.0。作者也经过反复测试，在之后的 Windows Server 2012、Windows Server 2016 和 Windows Server 2019 服务器应用列表中已找不到该应用的安装选项。甚至微软官方网站上 WMS 的下载链接也已失效。

12.2.2 IIS Media Services

IIS Media Services 是微软公司用于替代 WMS 的新一代流媒体服务器。相对于 WMS 而言，IIS Media Services 与 IIS 集成性更强，拥有更加强大的管理功能和视频处理能力。该技术是在 IIS 7.0 中集成媒体传输平台 IIS Media Services，实现利用标准 HTTP Web 技术以及高级 Silverlight 功能，确保在互联上传输质量最佳、播放流畅音视频节目。

1. IIS Media Services 技术的特点

平滑流式处理是一种自适应流式处理技术，通过动态监视本地带宽和视频呈现性能，平滑流式处理可实时切换视频质量来优化内容的播放，具有高带宽连接和先进计算机的观众可体验完全高清质量的流，而具有低带宽或较旧计算机的其他观众可接收适合其功能的流。可传送完全高清的按需和实时流而不会出现断断续续的问题。

IIS 比特率限制扩展可控制通过 HTTP 传送媒体的速率，从而能够节省网络带宽费用。

平滑流式处理可以适用于点播(由 IIS 平滑流式处理扩展提供)和实时广播(由 IIS 实时平滑流式处理扩展提供)两种不同应用需求。

2. IIS Media Services 技术的缺点

使用平滑流式处理技术实施直播并不是一个完全免费的方案，它必须使用 Microsoft Expression Encoder Pro 作为流媒体编码器(在之前的流媒体服务器 WMS 解决方案中，Windows Meida Encode 是完全免费的。免费的 Microsoft Expression Encoder 不支持平滑流式处理)，该软件是集成在 Microsoft Expression 中的，是要收取费用的。

IIS Media Services 的安装界面如图 12-1 所示。

图 12-1 IIS Media Services 的安装界面

根据微软官方公布的消息，IIS Media Services 最后更新时间为 2012 年 6 月 27 日，版本为 IIS Media Services 4.1，只能运行在 Windows Server 2008 和 Windows Server 2012 环境下，无法在 Windows Server 2016 和 Windows Server 2019 服务器上安装。

微软官网上，IIS Media Services 的最新介绍已被链接到 Windows Azure Media Services 的页面。

12.2.3 Windows Azure Media Services

微软公司给予 Windows Azure Media Services 的定义是：通过基于云的工作流管理、转换和交付媒体内容。也就是说，微软公司已经将流媒体服务彻底迁移到了云端，不再支持本地部署。Windows Azure Media Services 的管理界面如图 12-2 所示。

图 12-2　Windows Azure Media Services 的管理界面

Windows Azure Media Services 拥有以下特性。

(1)　多通道管道，可以协调视频和音频分析，并将线索结合到单个时间线中。

(2)　Web 界面可实现轻松评估和集成，此外具有易用的 Web 小组件和 REST API。

(3)　借助直观自定义和管理功能，可以训练和调整所选的模型以提高索引准确性。

综上所述，在 Windows Server 2019 上，已不能通过其官方应用部署本地的流媒体服务器。而 Windows Azure Media Services 则需要注册 Azure 账户，再通过其 API 访问其应用来实现流媒体的上传和直播。

接下来我们讲讲如何利用 Windows Azure Media Services 来实现视频直播。另外，由于 Windows Azure Media Services 是一个收费的服务，为此我们再举例说明如何利用免费的开源软件组合来实现本地流媒体服务器的架设。

12.3　利用 Windows Azure Media Services 实现视频直播

Windows Azure Media Services 的媒体服务结构分为三个大类，实时传送(直播)、点播和 Gridwich 媒体处理。

实时传送视频流数字媒体：实时流式处理解决方案用于实时捕获视频，并将其实时广播给使用者，例如在线进行的流式访谈、会议和体育活动。在此解决方案中，摄像机捕获视频，并将视频发送到频道输入终结点。频道接收实时输入流，并使其可通过流式处理终结点流式传输到 Web 浏览器或移动应用。频道还提供了一个预览监视终结点，用于在进一步处理和传送流之前对流进行预览和验证。频道还可以记录和存储引入的内容，以便稍后进行流式处理(视频点播)。

此解决方案基于 Azure 托管服务：媒体服务。这些服务在高可用性环境中运行，经过修补和支持改进，让用户可专注于解决方案而不是其运行环境。

点播视频数字媒体：一个基本的视频点播解决方案，让用户能够将电影、新闻剪辑、体育片段、培训视频和客户支持教程等录制的视频内容流式传输到任何支持视频的终结点设备、移动应用程序或桌面浏览器。视频文件上传到 Azure Blob 存储，编码为多比特率标准格式，然后通过所有主要的自适应比特率流式处理协议(HLS、MPEG-DASH、平滑)分发到 Azure Media Player 客户端。

此解决方案基于 Azure 托管服务：Blob 存储和 Azure Media Player。这些服务在高可用性环境中运行，经过修补和支持改进，让你可专注于解决方案，而不是其运行环境。

Gridwich 媒体处理系统：Gridwich 系统展示了在 Azure 上处理和传送媒体资产的最佳做法。虽然 Gridwich 系统特定于媒体，但消息处理和事件框架可以应用于任何无状态事件处理工作流。

实时传送视频流(直播)服务早已被用于多项重大运动赛事直播，包括英超联赛以及 2014 年冬季奥运会和 2014、2018 年世界杯足球赛期间，Azure Media Services 实时媒体服务同样也被超过 10 家世界性的电视传播公司用来转播比赛。接下来我们就讲讲实现视频直播的简要流程。参见 lzk0431，《Azure 媒体服务 + OBS + CDN 加速实现视频直播》，中国开发者社区，2018.02，https://blog.csdn.net/lzk0431/article/details/79377289/。

12.3.1 准备工作

(1) Azure 的官网地址为 http://www.windowsazure.cn/。

(2) Azure 账户和订阅。如果你还没有 Microsoft Azure 账户，您需要先到上新建一个，您可在购买前免费试用一段时间。

(3) Azure 媒体服务账户。如果你还没有创建媒体服务账户，可参考其官网上的说明新建一个账户。

(4) 连接一个摄像头。我们在服务器上连接上一个摄像头，并让它处于正常工作状态。后面我们就直播这个摄像头的影像。

12.3.2 创建媒体服务基础环境

1. 创建媒体服务

(1) 如图 12-3 所示，登录到 https://portal.azure.cn，选择“更多服务”|“媒体服务”。

(2) 如图 12-4 所示，在媒体服务界面中选择“添加”。

图 12-3 登录 Azure 并选择媒体服务

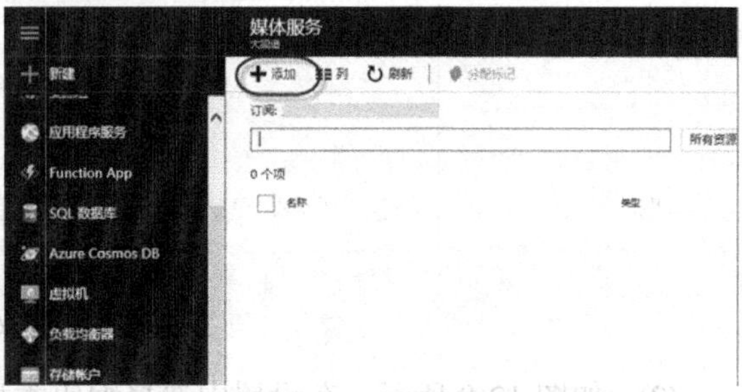

图 12-4 在媒体服务界面中选择“添加”

(3) 如图 12-5 所示，输入账号名称(只能是小写字母)，创建存储账号及其他内容，并单击“创建”按钮。

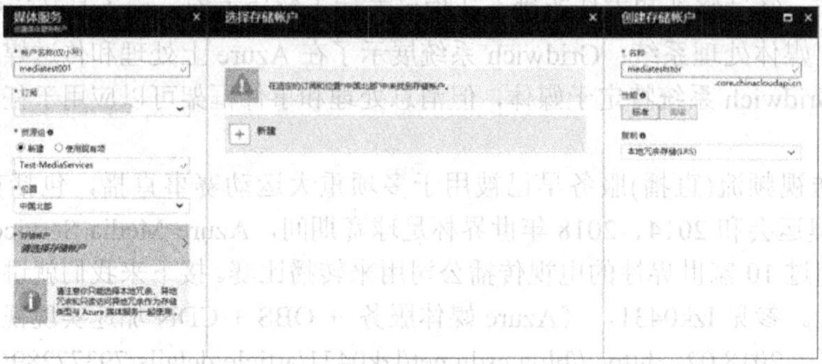

图 12-5　在媒体服务中创建账户

(4) 如图 12-6 所示，表示账户创建完成。

图 12-6　媒体服务中账户创建完成

2. 创建频道

(1) 如图 12-7 所示，进入刚才创建的媒体服务，单击实时传送视频流，选择“自定义创建”。

图 12-7　自定义创建频道

(2) 如图 12-8 所示，在设置中选择编码类型为“传递”，并输入频道名称，选中“创建后自动启动频道”复选框，单击“确定”按钮。

提示： 编码类型有两种，传递表示不进行任何编码，注入什么，就输出什么。而实时编码表示注入单比特率实时编码为多比特率流(自适应各种客户端)，这种类型占用存储空间大，我们这里选择“传递”。

(3) 如图 12-9 所示，在引入中选择协议流为 RTMP。关于 RTMP 协议的描述，前文中已明确，选择理由是因为我们准备做一场现场视频直播。

图 12-8　设置频道基本参数

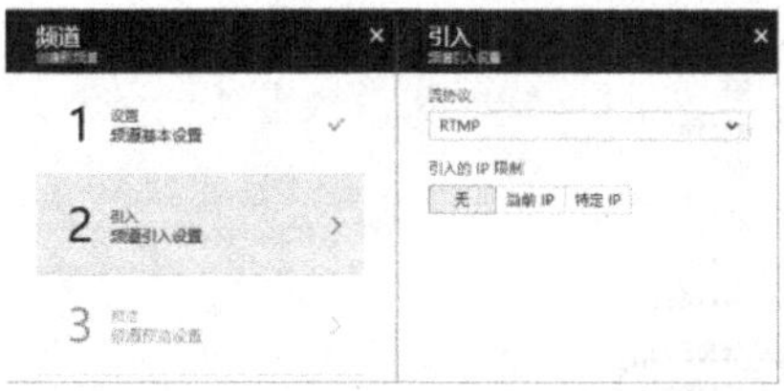

图 12-9　引入中选择对应的协议流

(4) 如图 12-10 所示，设置频道预览参数，通常情况下默认设置即可。

(5) 如图 12-11 所示，完成所有设置后，单击“创建”按钮。

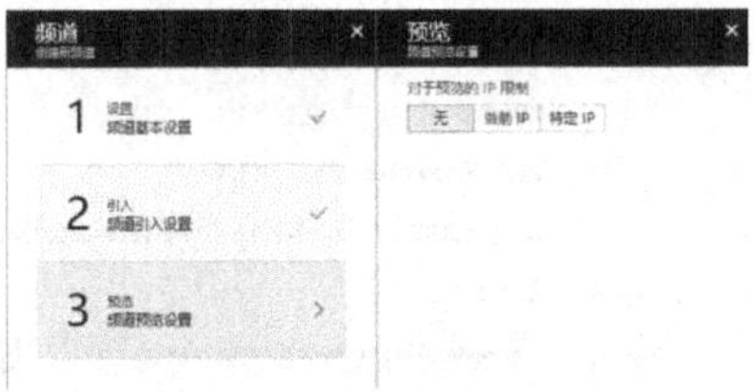

图 12-10　媒体服务频道预览设置

图 12-11　完成媒体服务的频道设置，正式创建

(6) 如图 12-12 所示，频道创建完成。

图 12-12　媒体服务频道创建完成

3. 启用流式处理终结点

(1) 如图 12-13 所示，选择“流式处理终结点”命令，在创建好频道后系统已经默认生成一个流式处理终结点，单击 default。

(2) 如图 12-14 所示，在流式处理终结点详细信息界面中单击“设置”按钮。

图 12-13　启用流式处理终结点

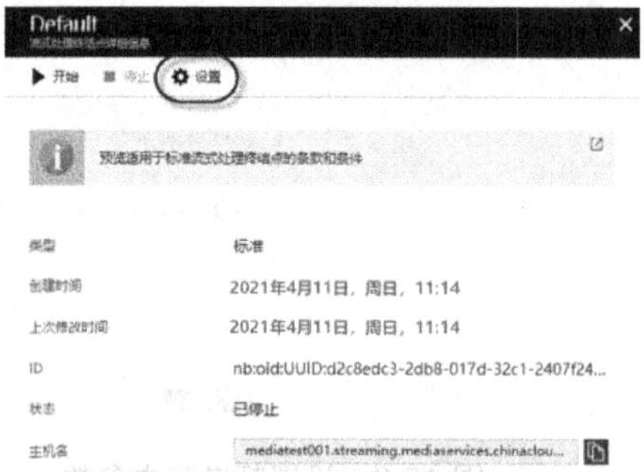

图 12-14　流式处理终结点设置

(3) 如图 12-15 所示，在设置界面中将流式处理终结点的类型由标准改为高级，每个流单元提供 200Mbps 的带宽，单击“保存”按钮。

(4) 如图 12-16 所示，系统返回上一级界面，单击“开始”按钮。

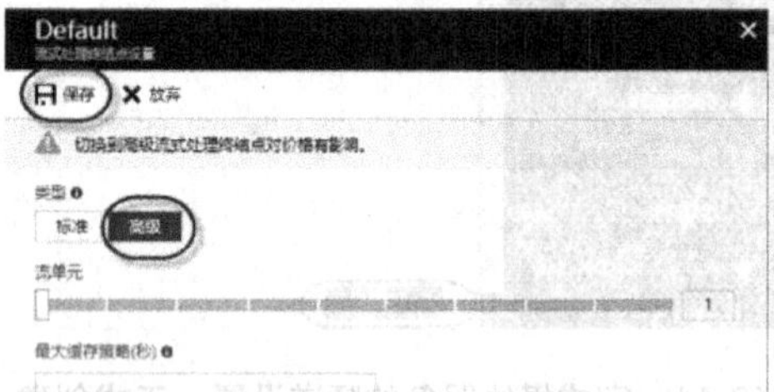

图 12-15　修改流式处理终结点类型

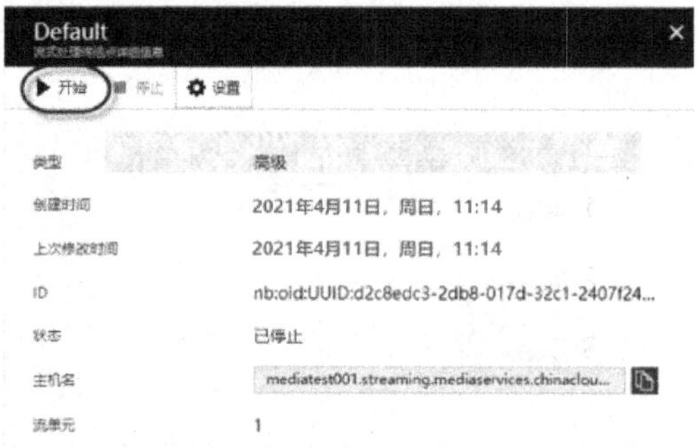

图 12-16　返回流式处理终结点设置，单击“开始”按钮

4. 创建事件(节目)

(1) 如图 12-17 所示，进入频道后，选择“直播事件”。

(2) 如图 12-18 所示，设置直播事件参数，如输入的事件名称等，然后单击“确定”按钮。

(3) 如图 12-19 所示，事件创建成功，至此，我们的媒体服务基础环境已设置完成。

图 12-17　频道中选择“直播事件”

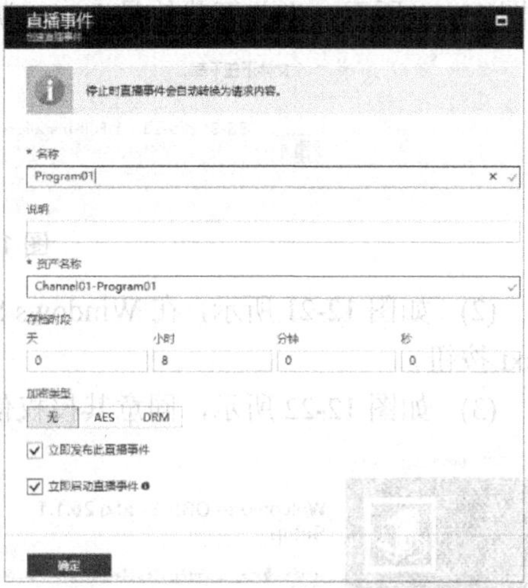

图 12-18　设置直播事件参数

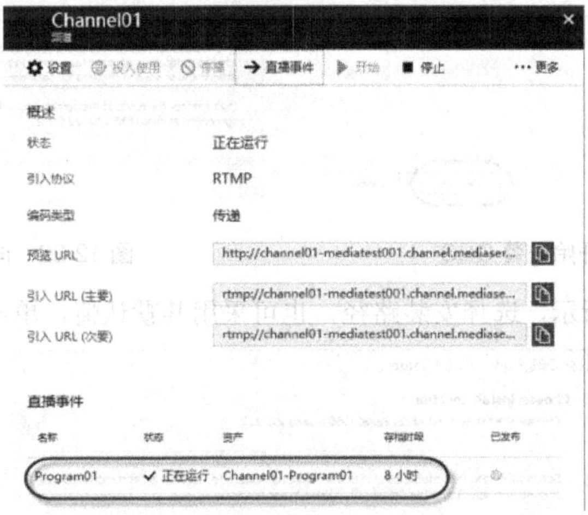

图 12-19　媒体服务基础环境设置完成

12.3.3　注入视频流

Windows Azure Media Services 上可用的流量推广(可简称推流)软件很多，如 Telestream Wirecast、Open Broadcaster Software、NewTek TriCaster、Elemental Live、Adobe Flash Media Live Encoder 等，本例中用 Open Broadcaster Software。

Open Broadcaster Software(OBS)是一个免费的开源的视频录制和视频实时流软件，它有多种功能并广泛使用在视频采集、直播等领域。OBS 支持 H264(X264)和 AAC 编码，支持实时 RTMP 流量推广，支持 MP4 和 FLV 格式输出。

1. 下载和安装 OBS 软件

(1)　OBS 软件的官方网站是 https://obsproject.com/zh-cn/，选择下载其 Windows 版本，

如图 12-20 所示，当前下载的是 26.1.1 版本。

图 12-20　下载软件

(2)　如图 12-21 所示，在 Windows Server 2019 服务器上下载好后运行安装程序，单击 Next 按钮。

(3)　如图 12-22 所示，同意其授权信息，单击 I Agree 按钮。

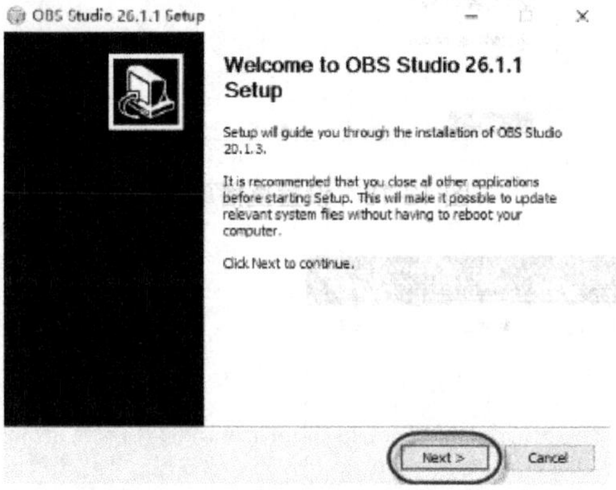

图 12-21　开始安装 OBS

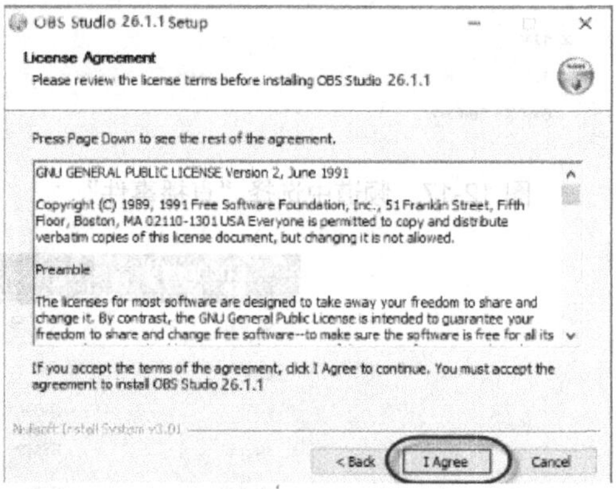

图 12-22　同意授权信息

(4)　如图 12-23 所示，选择安装路径，也可采用其默认值，单击 Next 按钮。

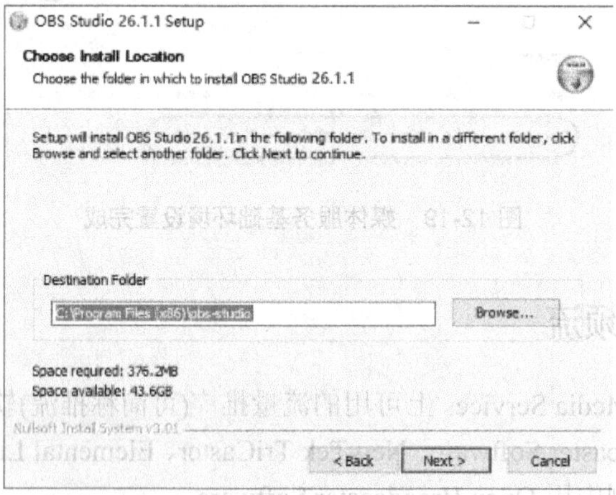

图 12-23　选择安装路径

(5)　如图 12-24 所示，选择 OBS 的功能组件，采用默认值即可，单击 Install 按钮。

(6)　如图 12-25 所示，完成 OBS 的安装。

2. 配置推流

(1)　安装完成启动 OBS，其工作界面如图 12-26 所示。

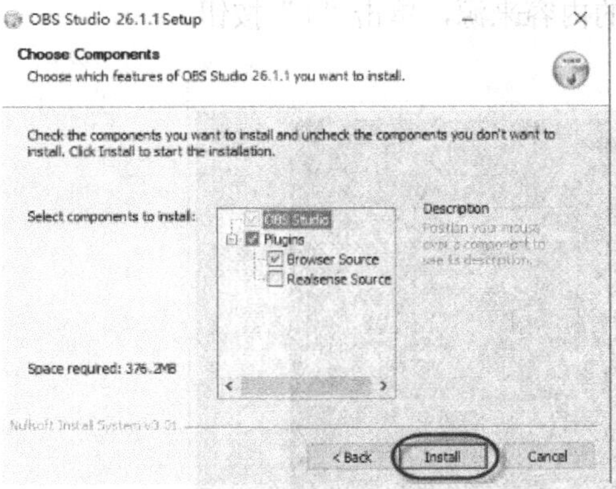

图 12-24　选择功能组件

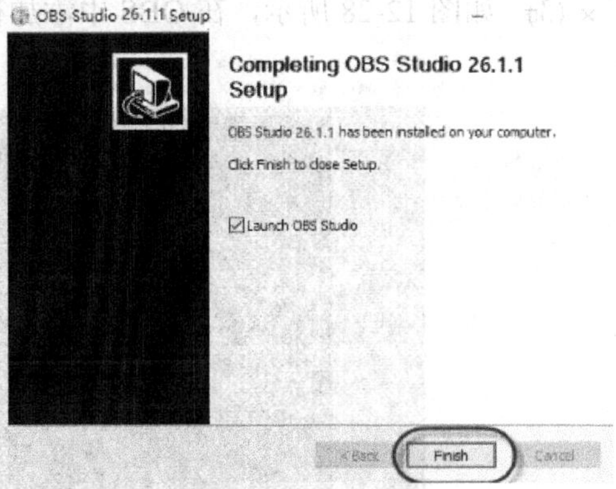

图 12-25　OBS 安装完成

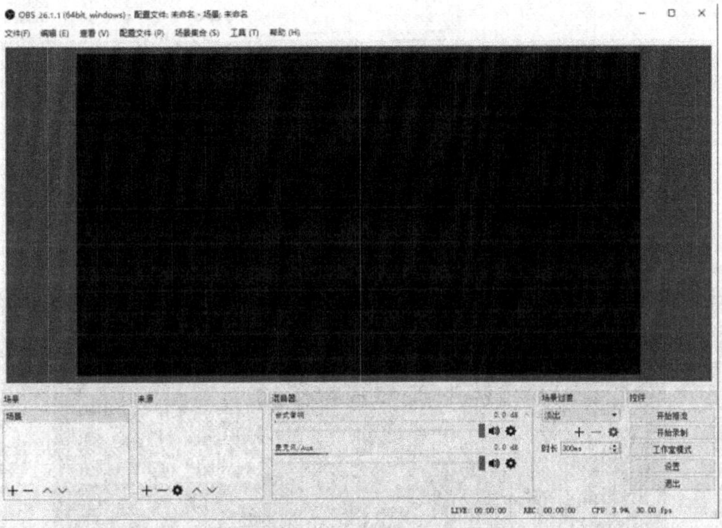

图 12-26　OBS 工作界面

(2)　准备推流，如图 12-27 所示，到 Azure 门户的频道中复制引入 URL(主要)。

图 12-27　在 Azure 门户的频道中复制 URL

(3) 如图 12-28 所示，在 OBS 中添加视频的内容来源，单击“+”按钮。

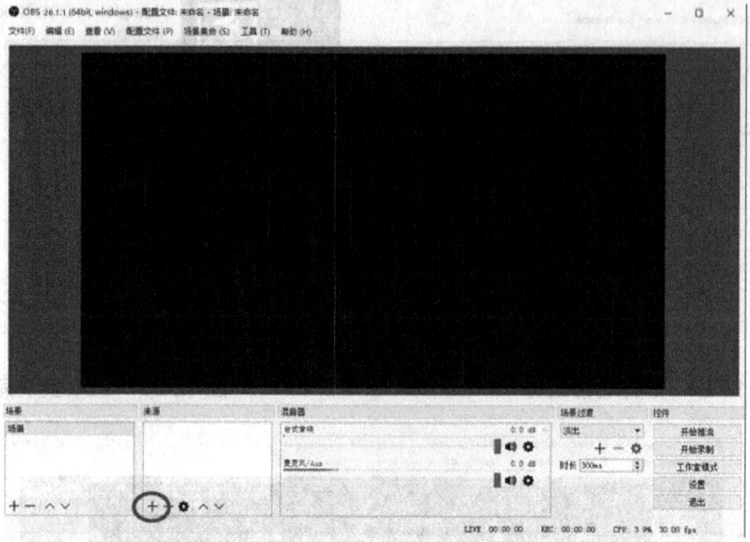

图 12-28　在 OBS 来源中添加

(4) 如图 12-29 所示，在弹出的菜单中选择“视频捕获设备”命令。

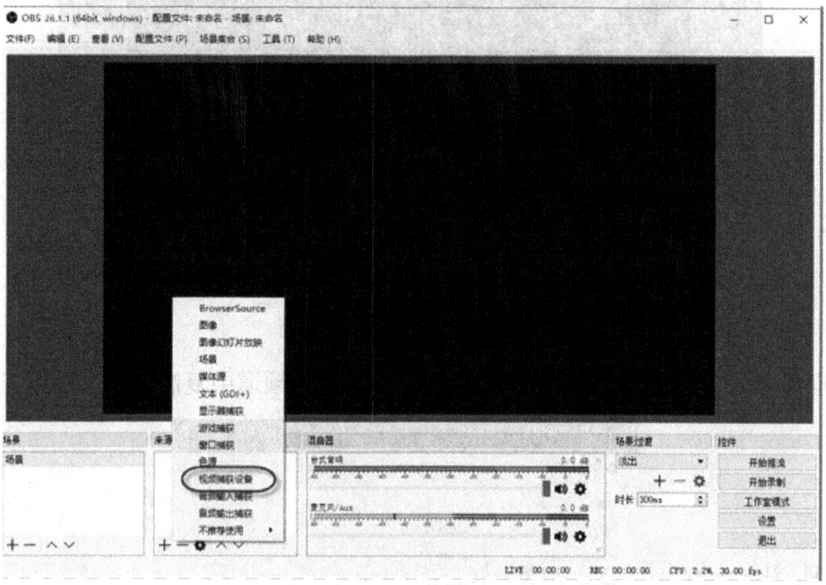

图 12-29　选择“视频捕获设备”

(5) 如图 12-30 所示，在弹出窗口中输入名称并确定。

(6) 选择摄像头设备，单击“确定”按钮。如图 12-31 所示，这个摄像头就是我们在准备工作中已连接好的，能直接看到视频。

(7) 如图 12-32 所示，摄像头接入成功后，拖动调整视频窗口的大小，单击“设置”按钮。

(8) 如图 12-33 所示，打开“流”选项卡，流类型选择自定义流媒体服务器，在 URL

中粘贴刚才复制的引入 URL(主要)，流名称自定义即可，单击“确定”按钮。

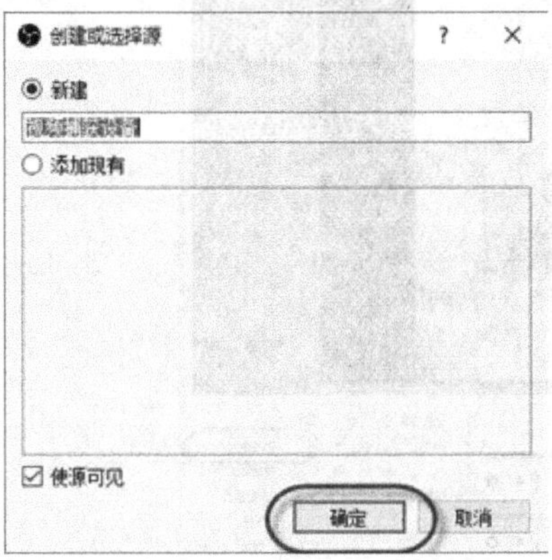

图 12-30　输入“视频捕获设备”的名称

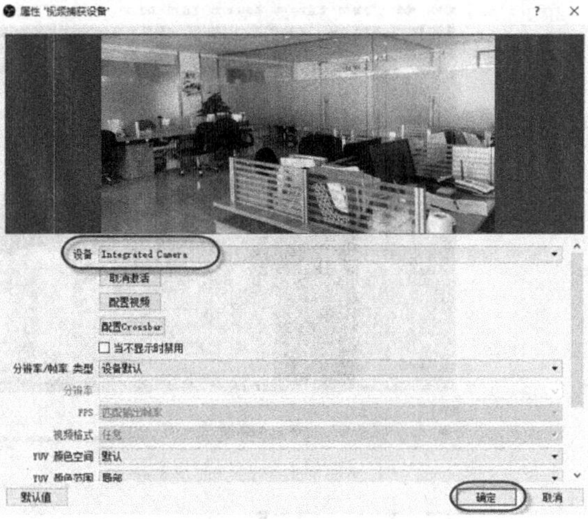

图 12-31　选择摄像头设备

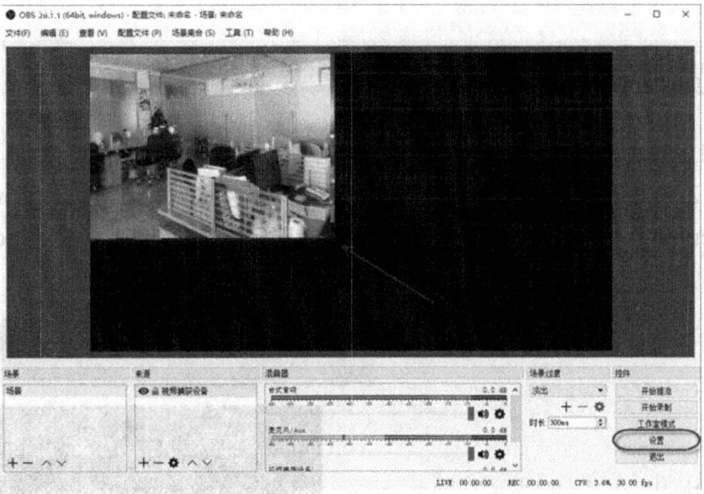

图 12-32　调整视频窗口大小

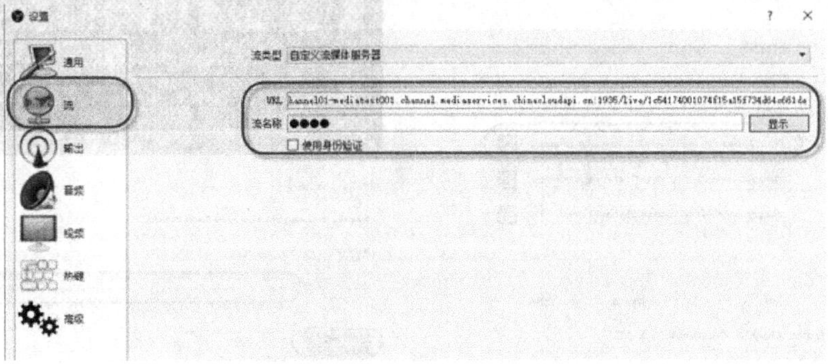

图 12-33　粘贴引入 URL

(9) 如图 12-34 所示，返回上一个界面后，单击“开始推流”按钮。

图 12-34 单击“开始推流”

12.3.4 预览视频

(1) 如图 12-35 所示，在 Azure 门户中复制预览 URL。

(2) 如图 12-36 所示，在浏览器中打开 Azure 媒体服务播放器 http://ampdemo.azureedge.net/azuremediaplayer.html，将复制的预览 URL 粘贴到 URL 的文本框中，单击 Update Player 按钮。

图 12-35 在 Azure 中复制预览 URL

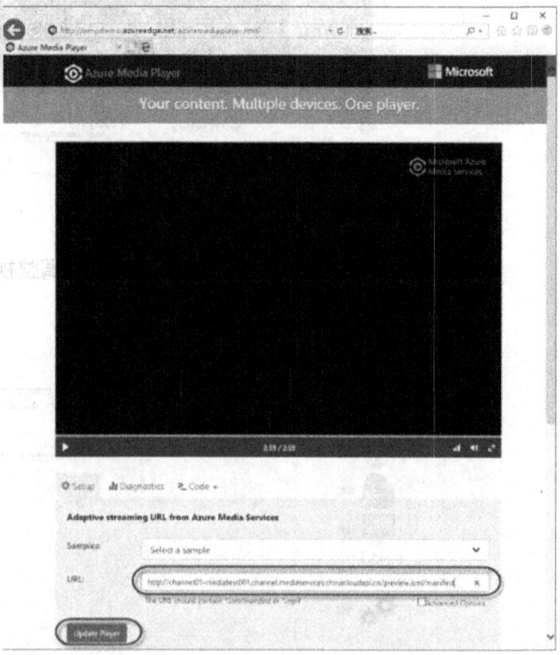

图 12-36 在浏览器中打开 Azure 媒体服务播放器

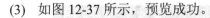

(3) 如图 12-37 所示，预览成功。

图 12-37　预览成功

12.3.5 播放媒体内容

(1) 如图 12-38 所示，预览成功后，就可以直接观看视频了，使用正在播放流媒体的链接，粘贴到 Azure 媒体服务播放器 http://ampdemo.azureedge.net/azuremediaplayer.html 或者嵌入到其他平台中。

图 12-38　使用正在播放流媒体的链接

(2) 如图 12-39 所示，根据终端不同，我们可以选择不同的输出编码流。

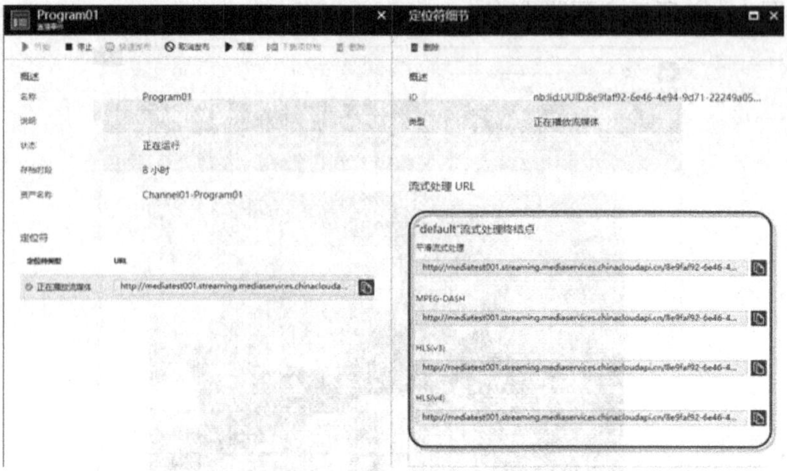

图 12-39　可以选择不同的输出编码流

12.3.6　使用 API 管理流媒体服务

作为开发者，可以利用媒体服务的 REST API(接口服务)或客户端库，与 REST API 交互，以轻松创建、管理和维护自定义媒体工作流。Windows Azure Media Services 的媒体服务 API 基于 OpenAPI 规范。

1. 访问 Azure 媒体服务 API

若要有权访问媒体服务资源和媒体服务 API，必须先进行身份验证。媒体服务支持基于 Azure Active Directory (Azure AD)的身份验证。有两种常用的身份验证选项。

(1) 服务主体身份验证：用于对服务进行身份验证(例如 Web 应用、函数应用、逻辑应用、API 和微服务)。常常使用这种身份验证方法的应用程序是运行守护程序服务、中间层服务或计划作业的应用程序。例如，对于 Web 应用而言，应始终有一个使用服务主体连接到媒体服务的中间层。

(2) 用户身份验证：用于验证使用应用与媒体服务资源进行交互的用户。交互式应用应先提示用户输入用户凭据。例如，授权用户用来监视编码作业或实时传送视频流的管理控制台应用程序。

媒体服务 API 有两个要求：发出 REST API 请求的用户或应用有权访问媒体服务账户资源，这些用户或应用使用“参与者”或“所有者”角色。使用“读者”角色可访问 API，但该角色只能执行“获取”或“列出”操作。

如图 12-40 所示，详细信息请参阅媒体服务账户的 Azure 基于角色的访问控制(Azure RBAC)，链接地址为 https://docs.azure.cn/zh-cn/media-services/latest/security-rbac-concept。

2. 连接 Azure AD 服务主体

Azure AD 应用和服务主体应在同一个租户中。创建应用后，向应用授予对媒体服务账户的“参与者”或“所有者”角色访问权限。

如果不确定自己是否有权创建 Azure AD 应用，请查看需要的权限。其访问地址是：https://docs.azure.cn/zh-cn/active-directory/develop/howto-create-service-principal-portal#permissions-required-for-registering-an-app。

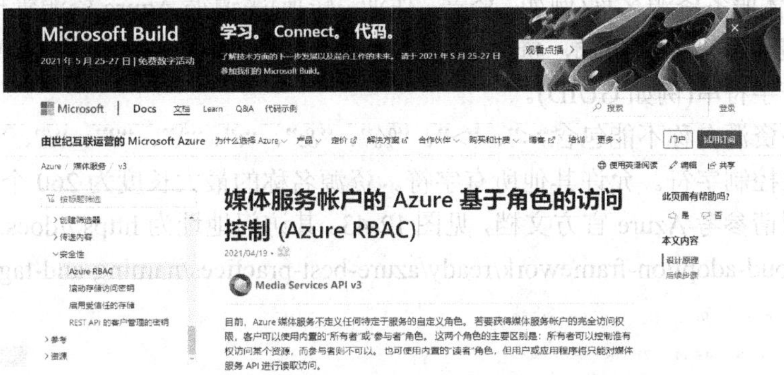

图 12-40 媒体服务参考文档基于角色的访问控制

在图 12-41 所示流程图中，数字表示按时间顺序的请求流。

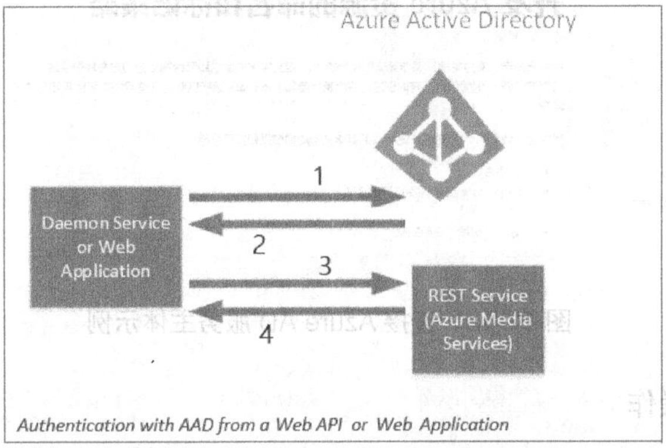

图 12-41 Azure AD 的应用流程

图 12-41 中的数字含义如下。

(1) 中间层应用请求获取包含以下参数的 Azure AD 访问令牌：包含 Azure AD 租户终结点、媒体服务资源 URI、REST 媒体服务的资源 URI、Azure AD 应用值：客户端 ID 和客户端密码。

(2) Azure AD 访问令牌发送到中间层。

(3) 中间层使用 Azure AD 令牌向 Azure 媒体 REST API 发送请求。

(4) 中间层获取媒体服务返回的数据。

3. 语言脚本连接 Azure AD 服务主体示例

如图 12-42 所示，Azure 提供了多种语言接入 Azure AD 服务主体的示例，本书不一一描述。其访问网址是 https://docs.azure.cn/zh-cn/media-services/

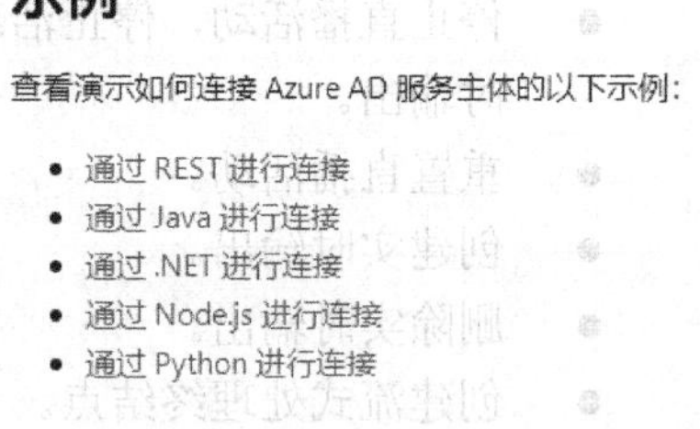

图 12-42 连接 Azure AD 服务主体示例

latest/media-services-apis-overview。

4. 命名约定

Azure 媒体服务资源名称(例如，资产、作业、转换)需遵循 Azure 资源管理器命名约束。根据 Azure 资源管理器的要求，资源名称始终必须唯一。因此，可以为资源名称使用任何唯一的标识符字符串(例如 GUID)。

媒体服务资源名称不能包含“<”、“>”、“%”、“&”、“:”、“\”、“?”、“/”、“*”、“+”、“.”、单引号或任何控制字符。允许其他所有字符。资源名称的最大长度为 260 个字符。

具体说明请参考 Azure 官方文档，见图 12-43。其访问地址为 https://docs.microsoft.com/zh-cn/azure/cloud-adoption-framework/ready/azure-best-practices/naming-and-tagging。

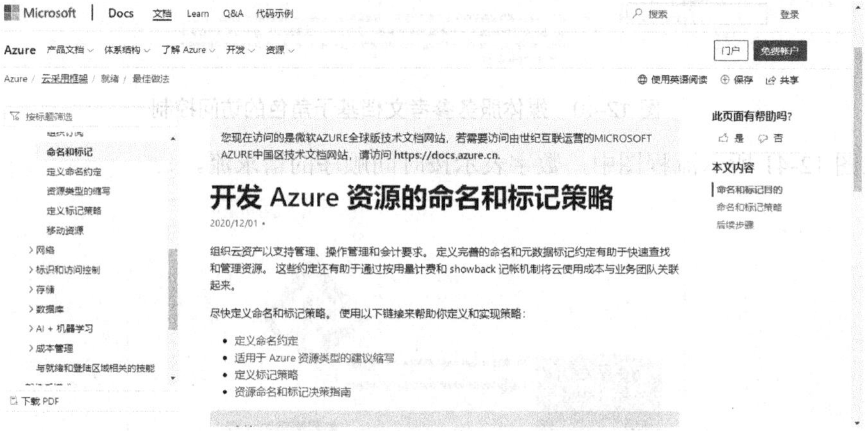

图 12-43 连接 Azure AD 服务主体示例

5. 长期运行的操作

在 Azure 媒体服务的 swagger 文件中标记有 x-ms-long-running-operation 的操作为长期运行的操作。

媒体服务拥有以下长期运行的操作：

- 创建直播活动。
- 更新直播活动。
- 删除直播活动。
- 启动直播活动。
- 停止直播活动，停止活动时，使用 removeOutputsOnStop 参数删除所有关联的实时输出。
- 重置直播活动。
- 创建实时输出。
- 删除实时输出。
- 创建流式处理终结点。
- 更新流式处理终结点。
- 删除流式处理终结点。

- 启动流式处理终结点。
- 停止流式处理终结点。
- 缩放流式处理终结点。

如图 12-44 所示，以上操作的具体说明请参考其说明官方文档，访问地址为 https://docs.microsoft.com/rest/api/media/liveevents/create。

图 12-44　长期运行操作指令的参考文档

成功提交长时间运行的操作后，你会收到“201 已创建”；必须使用返回的操作 ID 轮询操作的完成状态。

对于给定的直播活动或任何与之相关的实时输出，仅支持一个长期运行的操作。启动长期运行的操作后，必须先完成该操作，再为同一个直播活动或任何关联的实时输出启动下一个长期运行的操作。对于拥有多个实时输出的直播活动，你必须等到对某个实时输出的长期运行的操作完成后，才能为另一个实时输出触发长期运行的操作。

12.4　基于开源软件的本地流媒体直播系统

接下来，我们准备在 Windows Server 2019 上搭建一个本地的简易视频直播系统，要实现这样一个简易的视频直播系统，需要分别实现三个环节：流媒体服务器、推流端、拉流端，因为利用 Windows 功能组件已无法实现，我们可以采用一些开源软件进行搭配来建设。目前类似的开源软件有不少，其组合方案也很多，这里以相对易于实现的 EasyDarwin+FFmpeg+VLC 组合来架设流媒体服务器。

12.4.1　软件介绍

(1) EasyDarwin：EasyDarwin 是一款开源的流媒体服务器软件。

EasyDarwin 开源流媒体服务器，是高性能开源 RTSP 流媒体服务器，基于 Go 语言研发、维护和优化：RTSP 推模式转发、RTSP 拉模式转发、录像、检索、回放、关键帧缓存、秒开画面、RESTful 接口、Web 后台管理、分布式负载均衡等功能。

下载地址为 https://github.com/EasyDarwin/EasyDarwin。

(2) FFmpeg：FFmpeg 是完整的跨平台解决方案，用于记录、转换和流传输音频和视频。

下载地址为 https://ffmpeg.org/。

(3) VLC：VLC 是一个免费的开源跨平台多媒体播放器和框架，可播放大多数多媒体文件以及 DVD、音频 CD、VCD 和各种流协议。

下载地址为 https://www.videolan.org/vlc/index.html。

12.4.2 实现思路

我们这个方案中，把 EasyDarwin 作为流媒体服务器，使用 FFmpeg 作为推流端，将视频推流到流媒体服务器 EasyDarwin，最后使用 VLC 作为拉流端来实现流媒体的播放。

具体思路是：在 Windows Server 2019 服务器中使用 FFmpeg 将视频转换为流，然后转发(推流)到 EasyDarwin 服务中，在访问终端上使用 VLC 对流媒体服务器中的视频进行拉流，实现观看视频的效果。

12.5 开源流媒体系统的安装配置

基于上述开源软件方案，我们来实现流媒体的安装及配置。同时再次说明一点，这种组合方式不是唯一，只是相对易于实现的一个方案。

12.5.1 安装和配置 EasyDarwin

(1) 下载 EasyDarwin。

从其官网中下载 EasyDarwin 的 Windows 端安装包(链接地址见 12.4.1 小节)，打开 EasyDarwin 安装文件夹，文件夹中包括下面几个文件和文件夹，如图 12-45 所示。

图 12-45 EasyDarwin 的安装文件夹内容

其中 logs 文件夹用于存放 EasyDarwin 服务日志信息，www 文件夹用于存放 EasyDarwin 的 Web UI 源码，easydarwin.db 文件存放的是 EasyDarwin 的数据，EasyDarwin.exe 是执行

程序，easydarwin.ini 是配置文件，ServiceInstall-EasyDarwin.exe 是服务安装程序，ServiceUninstall-EasyDarwin.exe 是服务卸载程序。

(2)　设置 EasyDarwin 配置文件。

如图 12-46 所示，用文本编辑工具编辑 easydarwin.ini，修改相关选项：

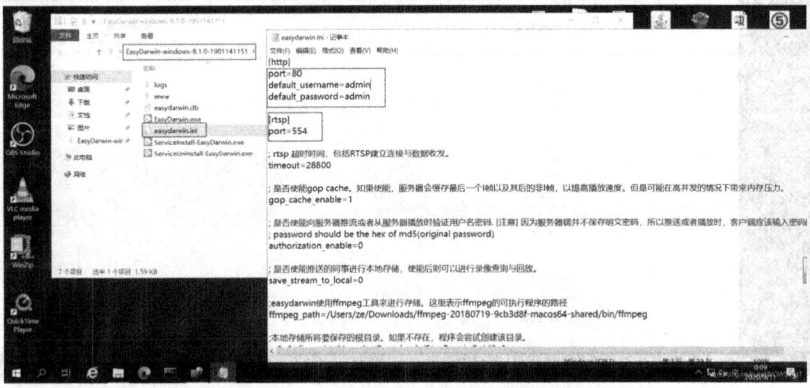

图 12-46　编辑 EasyDarwi 的配置文件

需要注意的是，[http]下的 port 指 EasyDarwin 的 Web 控制 UI 的端口号，默认为 10008，根据实际需求修改，这里改成 80。

default_username 和 default_password 是 Web 控制 UI 的登录用户名和密码，默认均为 admin，应根据实际需求修改。

[rtsp]下的 port 指 RTSP 协议使用的端口号，默认为 554，根据实际需求修改。

(3)　启动 EasyDarwin 服务。

如图 12-47 所示，双击运行 ServiceInstall-EasyDarwin.exe，安装 EasyDarwin 服务，出现命令提示符，加载完成后按任意键即可，这时 EasyDarwin 服务已经安装在“服务”中并在后台运行，同时开机后自动开启服务。

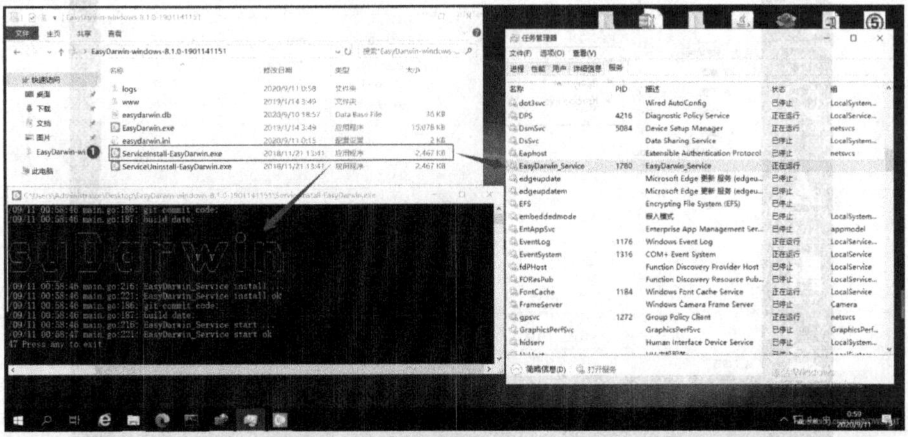

图 12-47　启动 EasyDarwin 服务

(4)　查看 Web 控制台。

打开浏览器，在地址栏输入服务器地址或本机 IP 地址，如 http://127.0.0.1，使用第 2

步配置文件中设置的用户名和密码登录。我们这里使用的是 http://192.168.82.228，如图 12-48 所示，至此 EasyDarwin 的安装完成。

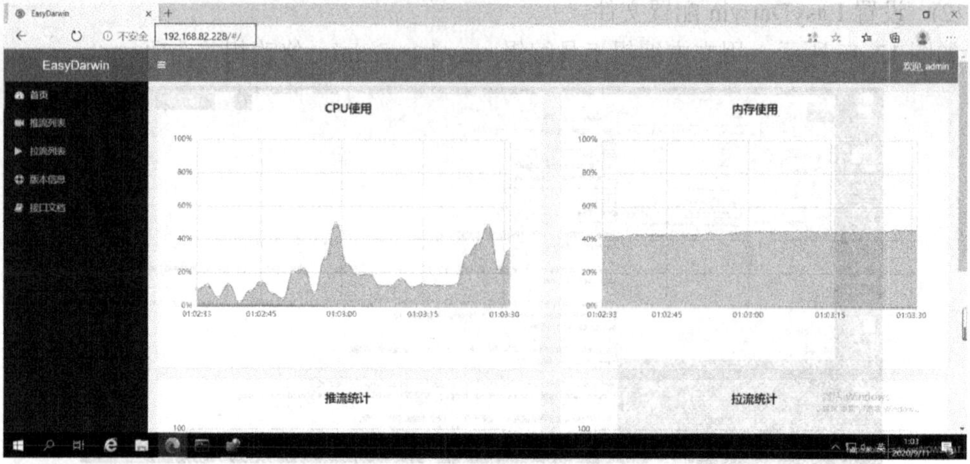

图 12-48　查看 EasyDarwin 的 Web 控制台

12.5.2　安装 FFmpeg

(1)　下载 FFmpeg。

从其官网下载 FFmpeg Builds(链接地址见 12.4.1 小节)，将文件夹放在相应的目录中(为设置环境变量做准备)，打开 ffmpeg 文件夹，选择 bin 目录，看到三个应用程序，其中 ffmpeg.exe 是用来推流的，如图 12-49 所示。

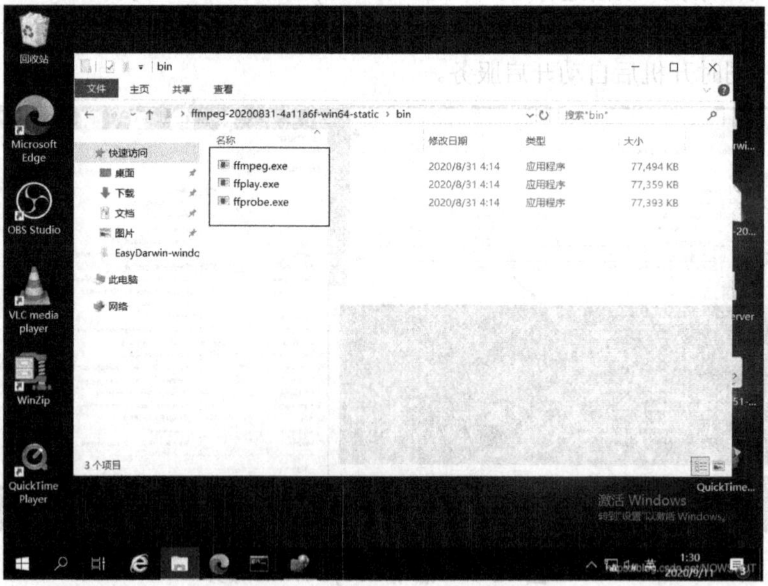

图 12-49　FFmpeg 的文件夹

(2) 设置环境变量。

提示：为 FFmpeg 设置了环境变量，即能方便地在 Windows Server 2019 中调用 FFmpeg，否则可能会出现“ffmpeg 不是一个命令”的错误提示。

如图 12-50 所示，依次单击“控制面板”|“系统和安全”|“系统”|“高级系统设置”|“环境变量”|“系统变量”|“Path”|“新建”，输入上一个步骤中 bin 文件夹的完整物理目录即可，最后单击“确定”按钮。

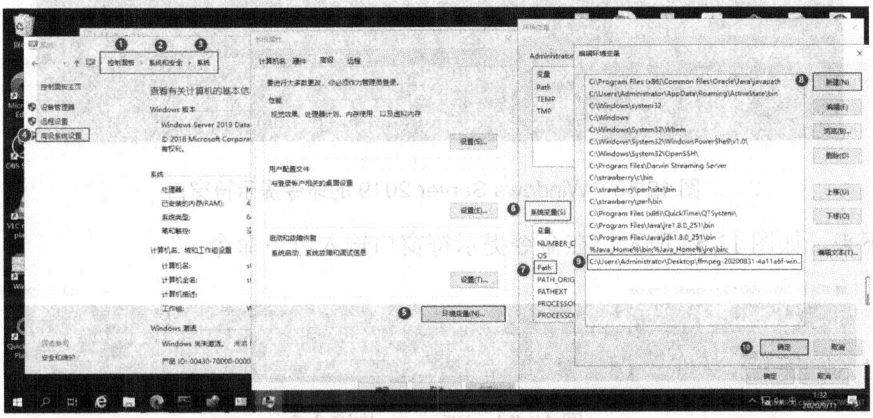

图 12-50　为 FFmpeg 设置环境变量

12.5.3　使用 FFmepg 推流

(1) 准备工作：在 C 盘中创建一个名为 Videos 的文件夹，将准备好的视频 1.mp4 和 2.mp4 移动到该目录下。

(2) 开始推流：首先是在 Windows Server 2019 开始菜单中找到“命令提示符”，如图 12-51 所示。或者使用快捷键 Windows+R，调出“运行”对话框，在对话框中输入“cmd”，如图 12-52 所示。两个操作均可，目的是为了调出 Windows Server 2019 的命令提示符窗口，如图 12-53 所示。

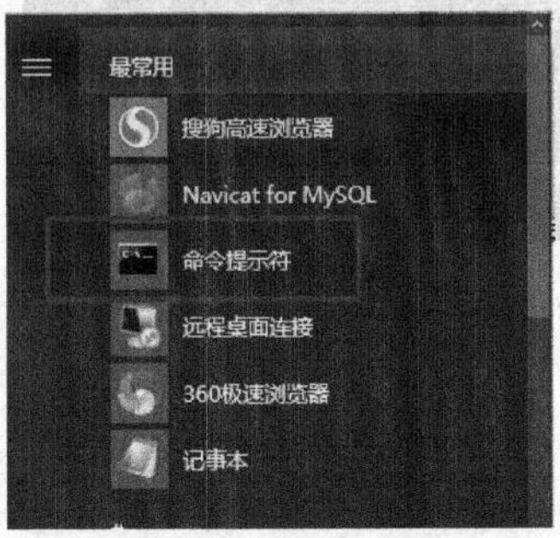

图 12-51　在开始菜单中找到“命令提示符”

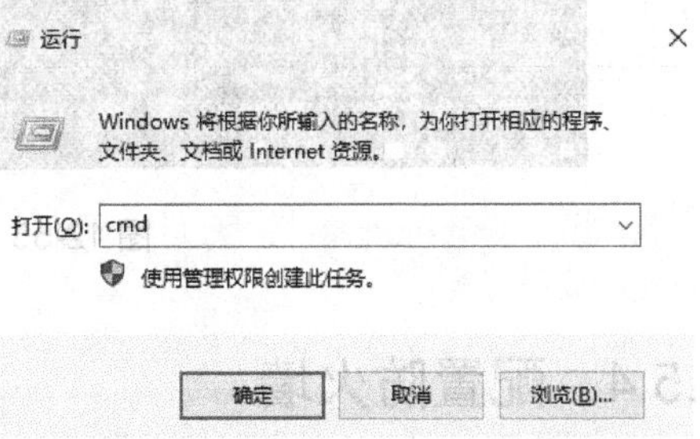

图 12-52　调出“运行”对话框

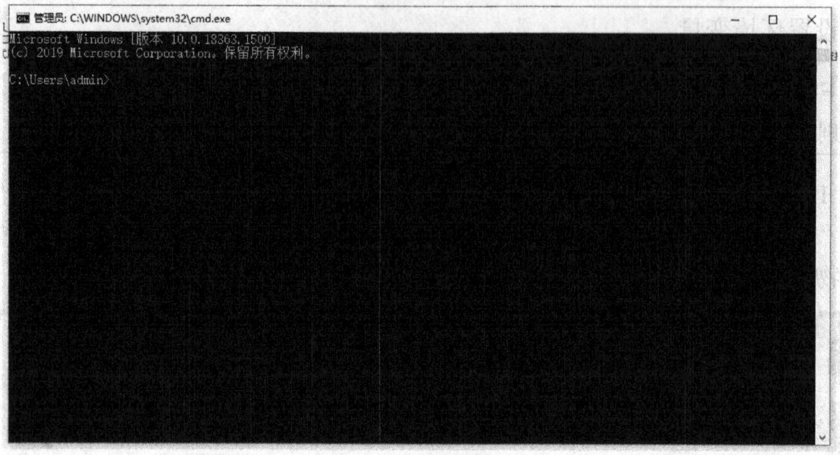

图 12-53　Windows Server 2019 的命令提示符窗口

接下来，如图 12-54 所示，在命令提示符窗口输入以下命令。

图 12-54　FFmpeg 推流命令

此命令的作用，是调用 FFmpeg，把指定目录内的 mp4 视频文件转换为标准的 H264 格式的流媒体文件，若 FFmpeg 环境参数配置正确，则会出现转码推流的信息，如图 12-55 所示。

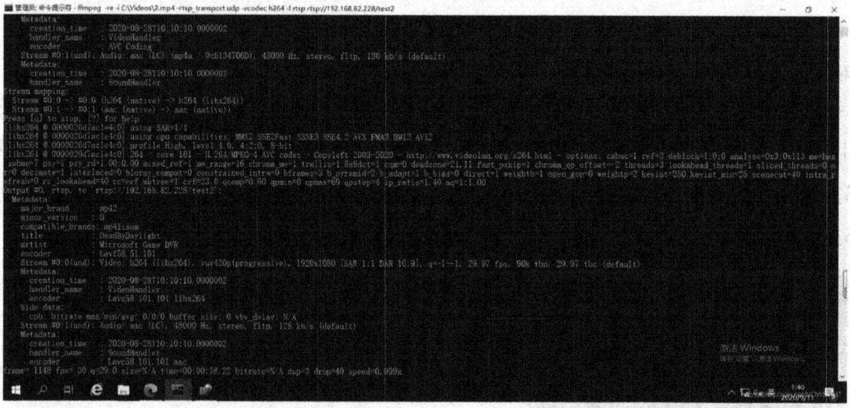

图 12-55　FFmpeg 开始推流

12.5.4　配置防火墙

(1)　如图 12-56 所示，在“开始”菜单中选择“设置”命令。

(2)　如图 12-57 所示，在“Windows 设置页面”选择“更新和安全”。

(3)　如图 12-58 所示，后在“安全和更新界面”选择“Windows 安全中心”。在“Windows

安全中心”界面选择“打开 Windows 安全中心”或者选择“防火墙和网络保护”(若选择的是“打开 Windows 安全中心”继续选择“防火墙和网络保护”)。

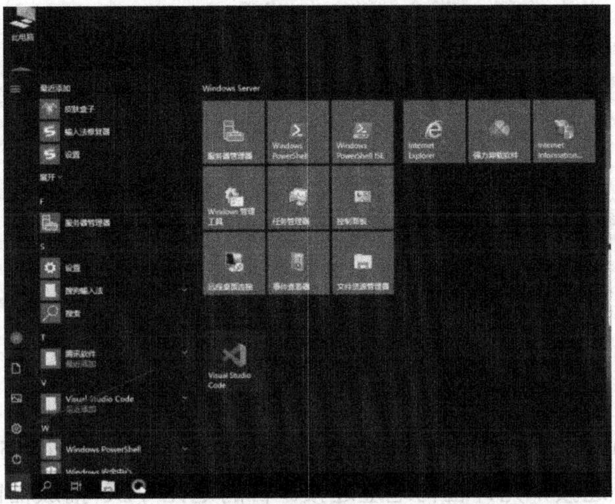

图 12-56　在“开始”菜单中选择“设置”命令

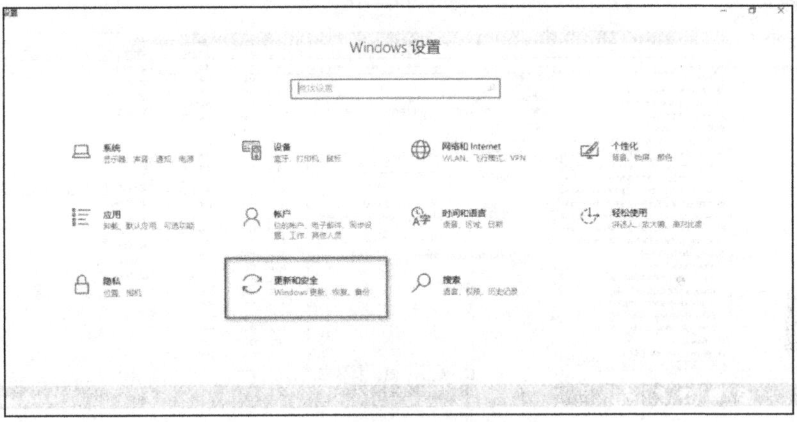

图 12-57　“Windows 设置”页面

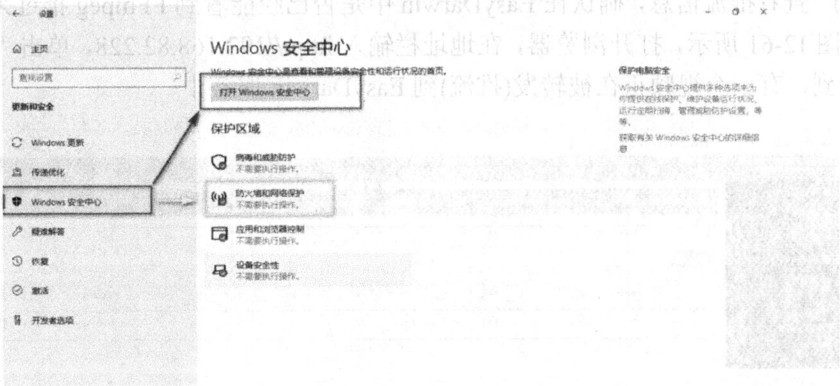

图 12-58　“Windows 安全中心”页面

(4) 如图 12-59 所示，打开防火墙管理界面里面的“高级设置”。

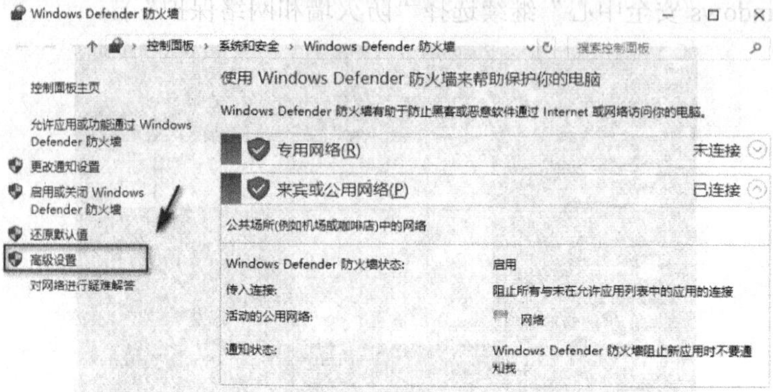

图 12-59　Windows Defender 防火墙页面

(5) 如图 12-60 所示，配置“入站规则”，增加一条名为 VLC 554 的入站策略，选择特定端口 554，TCP 连接，允许任何地址连接。目的是让 VLC 播放器能正常访问服务器的 554 端口。

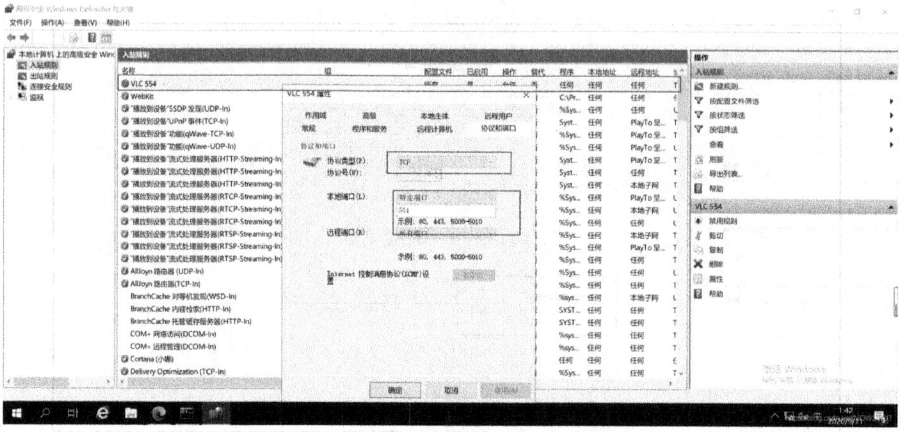

图 12-60　配置入站规则

(6) 查看推流信息，确认在 EasyDarwin 中是否已经能看到 FFmpeg 推过来的流媒体文件，如图 12-61 所示，打开浏览器，在地址栏输入 http://192.168.82.228，单击“推流列表”，可以看到，有一个视频正在被转发(推流)到 EasyDarwin 服务中。

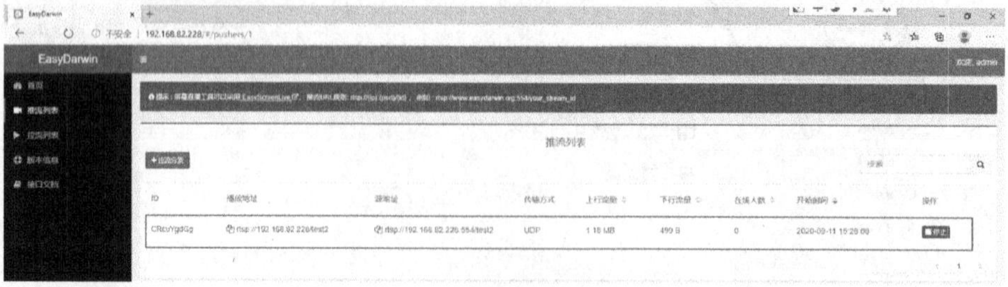

图 12-61　“HTTP 重定向”选项

12.5.5　使用 VLC 拉流

(1)　在客户端中安装 VLC media player，并打开运行(此步骤较简单，故省略)。

(2)　在 VLC 中选择“媒体” | “打开网络串流”命令，如图 12-62 所示。

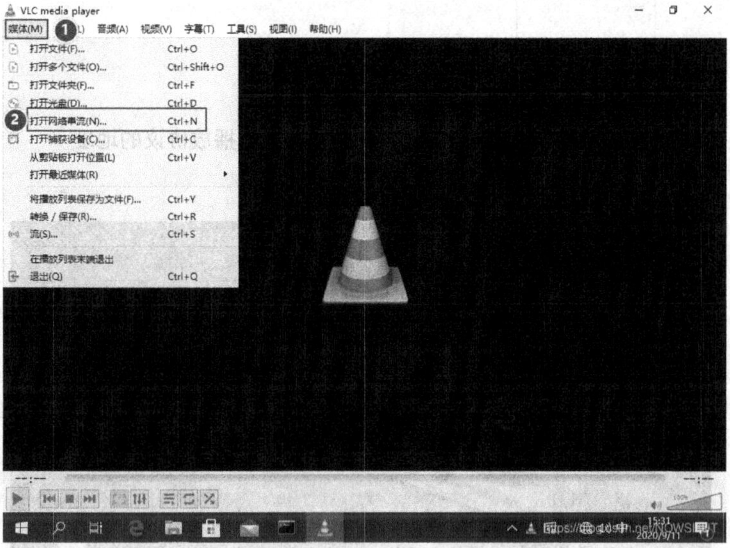

图 12-62　VLC 播放器运行界面

(3)　在弹出的窗口中输入流媒体的地址，如图 12-63 所示。这个地址在 EasyDarwin 的 Web 管理页面中可以看到，如图 12-64 所示。

(4)　如图 12-65 所示，VLC 会自动从流媒体服务器中拉取数据流，经过 VLC 转化为视频播放。

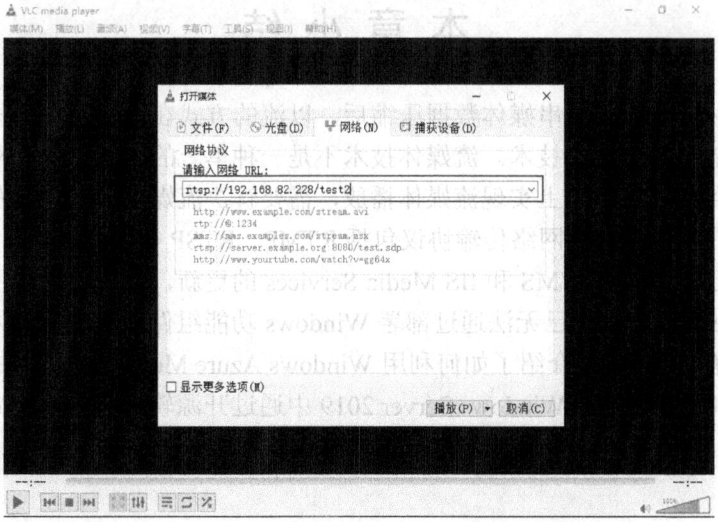

图 12-63　VLC 中输入流媒体播放协议地址

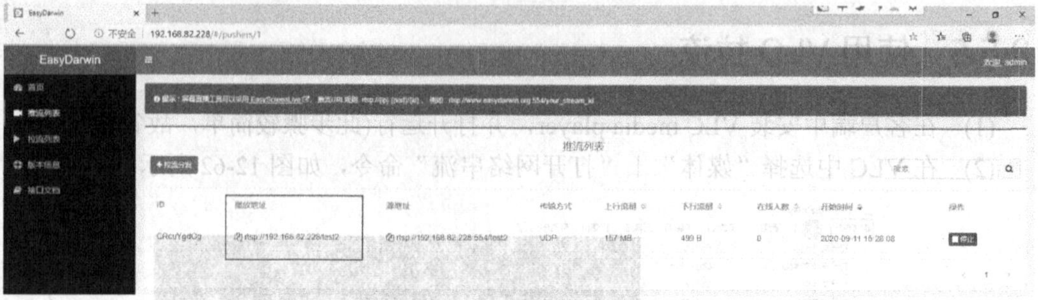

图 12-64　在 EasyDarwin 中查看流媒体播放协议的地址

图 12-65　VLC 最终实现了流媒体的播放

本 章 小 结

流媒体技术是指将连续串媒体数据压缩后，以流的方式在网络中分段传送，实现在网络上实时播放音视频的一种技术。流媒体技术不是一种单一的技术，它是网络技术及音视频技术的有机结合，在网络上实现流媒体播放，需要解决流媒体的制作、发布、传输及播放等诸多问题，常见流媒体网络传输协议包括 RTMP、RTSP 等。

微软公司已经停止对 WMS 和 IIS Media Services 的更新，将流媒体应用转移到云端，在 Windows Server 2019 中已无法通过部署 Windows 功能组件来架设流媒体服务器。解决该问题的方案有多种，本章介绍了如何利用 Windows Azure Media Services 进行视频直播的方法，也详细说明了如何在 Windows Server 2019 中通过开源软件架设本地流媒体系统的具体步骤。

第 13 章　Windows Server 2019 Core 简介

本章要点：

- 安装前的准备工作
- 全新安装 Windows Server 2019 Core
- Windows Server 2019 Core 管理工具选择
- Windows Server 2019 Core 初始化配置
- Windows Admin Center 安装部署
- 在 Windows Admin Center 中添加管理节点
- 使用 Windows Admin Center 管理服务器

为了进一步提高 Windows Server 操作系统的安全性、可靠性和稳定性，微软早在 Windows Server 2008 时，便开始提供不含图形界面的 Windows Server Core 操作系统。作为微软发布的最新服务器操作系统，Windows Server 2019 为用户提供了 3 种不同的部署模式，桌面体验版本、Core 和 Nano(主要用于云计算、物联网)。在很多使用场景，出于对服务器安全性、可靠性和稳定性的考虑，微软更推荐使用体积更小、速度更快、补丁更少的 Windows Server Core 模式，本章将对 Windows Server 2019 Core(简称 Win2019Core)的安装部署和配置管理进行简单介绍。

13.1　安装前的准备工作

Windows Server 2019 Core 的安装过程比 Windows Server 2019 桌面体验更为简便快捷。在开始安装之前做好准备工作，会起到事半功倍的作用。

13.1.1　创建虚拟机

为了安装 Windows Server 2019 Core，我们在 ESXi 服务器上创建一台新的虚拟机，并设置为随 ESXi 服务器一起启动。

(1)　登录 ESXi 6.5 的 Web 管理界面，参照本书 2.3.2 小节的介绍，创建一台新的虚拟机，比如 100G-BtoD-Win2019atC-Core，各种参数可以参照前面介绍的 100G-BtoD-Win2019atC，见图 13-1。

(2)　为提高效率，在左侧选择“主机”|“管理”，在右侧选择“系统”|“自动启动”，参照本书 3.3.1 小节的介绍，将新建的虚拟机 100G-BtoD-Win2019atC-Core 设置为随 ESXi 服务器一起启动，见图 13-2。

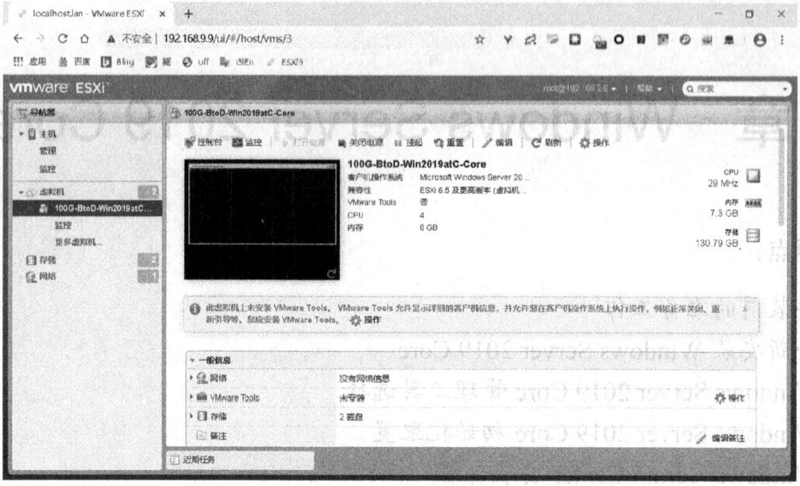

图 13-1　创建新的虚拟机

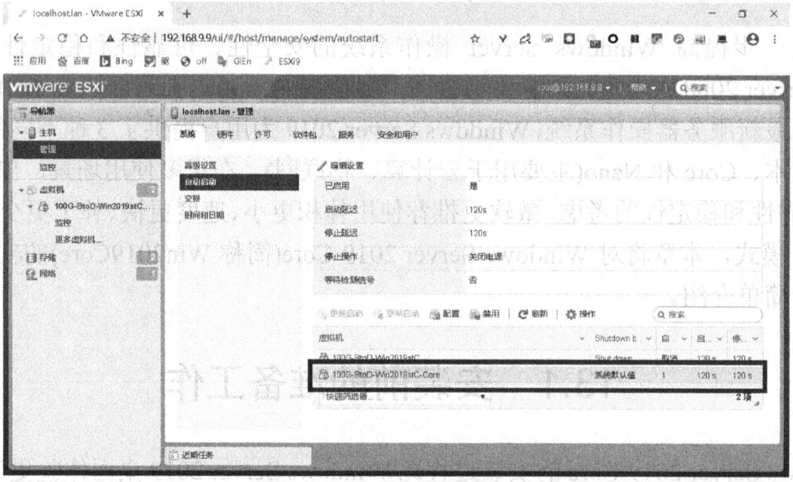

图 13-2　设置虚拟机自动启动

13.1.2　上传和挂载光盘映像

1. 将光盘映像上传到 ESXi 数据存储中

这里，我们仍然选择以“SW_”开头的批量许可安装映像为例进行介绍(参见本书 3.2.1 小节)。参照本书前面 2.3.1 小节和 2.3.3 小节的介绍，确定已经上传下面的安装映像到 ESXi 数据存储的/vmfs/volumes/WD1000G/OS/目录中：

```
SW_DVD9_Win_Server_STD_CORE_2019_1809.5_64Bit_ChnSimp_DC_STD_MLF_X22-343
32.ISO
```

2. 为虚拟机挂载光盘映像

(1) 首先参照前面的方法，打开虚拟机“100G-BtoD-Win2019atC-Core”|“编辑设置”

界面，单击“添加其他设备”为该虚拟机新添加一个 CD/DVD 驱动器。

(2) 为 CD/DVD 驱动器挂载光盘映像。打开虚拟机“100G-BtoD-Win2019atC-Core”|“编辑设置”界面，单击“CD/DVD 驱动器 1”右侧第一行，选择“数据存储 ISO 文件”(默认是“主机设备”)，并定位到前面上传到数据存储中的光盘映像/vmfs/volumes/WD1000G/OS/SW_DVD9_Win_Server_STD_CORE_2019_1809.5_64Bit_ChnSimp_DC_STD_MLF_X22-34332.ISO。

(3) 务必记住在“CD/DVD 驱动器 1”的“状态”一行勾选“打开电源时自动连接”，否则虚拟机启动时无法使用该光驱，见图 13-3。

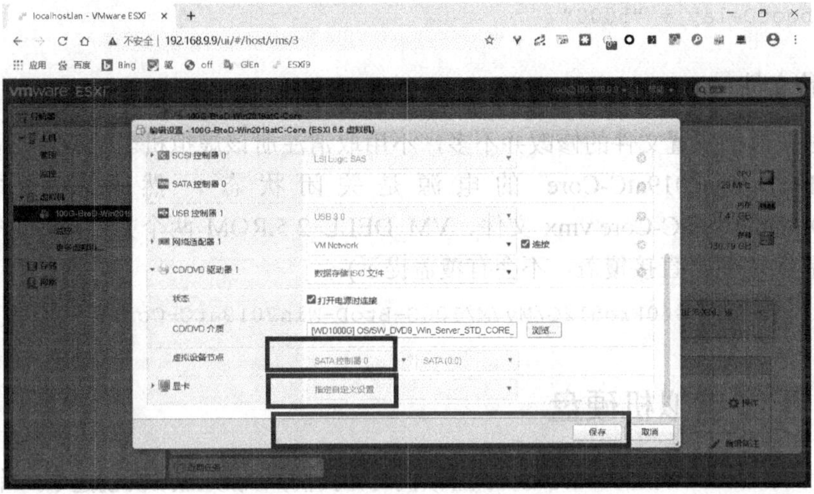

图 13-3 为虚拟机光驱挂载光盘映像

13.1.3 配置虚拟机启动参数

1. 准备 OEM SLIC 永久激活

(1) 用 Chrome 登录 ESXi 6.5 的 Web 管理界面，单击左侧“存储”，及右侧“数据存储浏览器”按钮，打开“数据存储浏览器”界面。请参照本书 2.3.3 小节的介绍，将下面文件下载到本地：

```
/vmfs/volumes/860Pro512G/MyVM/100G-BtoD-Win2019atC-Core
/100G-BtoD-Win2019atC-Core.vmx
```

(2) 请先备份 100G-BtoD-Win2019atC-Core.vmx，然后再用文本编辑软件编辑该文件，在末尾加上下面一行，让虚拟机启动时加载包含 SLIC 2.5 信息的 BIOS：

```
bios440.filename = "VM_DELL_2.5.ROM"
```

2. 修改虚拟机启动延迟时间

(1) ESXi 的虚拟机启动界面一闪而过，要想进入 BIOS 很困难，即使你狂按 F2 或 Esc 键(Esc 选择启动项目；F2 进入 BIOS Setup)，绝大部分时候都无法进入 BIOS。这是因为虚拟机启动界面默认显示时间太短、系统无法识别按键而直接启动系统。使用 ESXi 6.5 之前附带的 VMware vSphere Client 版本，或 VMware Workstation 等工具，可以设置虚拟机启动时强制进入 BIOS，但 ESXi 6.5 的 Web 控制台则不行。

(2) 解决 ESXi 6.5 虚拟机进入 BIOS 困难的问题，还有一种方法，是修改虚拟机配置文件，一种方法是添加 bios.forceSetupOnce = "TRUE"一行，强制开机进入 BIOS，不过，用完后还需要再手动改回 FALSE；另一种方法是添加 bios.bootDelay = "5000"(毫秒)一行，修改启动画面的等待时间。若用户需要，可以在虚拟机配置文件末尾加一行(延迟时间可以根据实际情况调整)：

```
bios.bootDelay = "5000"
```

3. 上传文件

这里对虚拟机配置文件的修改并不多，不用取消注册该虚拟机。修改好后，确定虚拟机 100G-BtoD-Win2019atC-Core 的电源是关闭状态，然后将已经修改的 100G-BtoD-Win2019atC-Core.vmx 文件、VM_DELL_2.5.ROM 两个文件一并上传到下面路径并覆盖原有文件(会直接覆盖，不会有覆盖提示)：

```
/vmfs/volumes/860Pro512G/MyVM/100G-BtoD-Win2019atC-Core/
```

13.1.4 配置虚拟机硬盘

创建 100G-BtoD-Win2019atC-Core 虚拟机时，我们只为该虚拟机创建了一个 100GB 的主硬盘。为便于维护和备份，可以参照本书 3.2.3 小节的介绍，创建一个 279GB 的工具硬盘，挂载到该虚拟机上(279GB 的容量主要是为了便于区分，具体容量可以根据实际情况调整)，保存到数据存储的/vmfs/volumes/WD1000G/Tools/目录中。若已有工具硬盘，只需断开该工具硬盘与其他虚拟机的连接，再将已有硬盘挂载到该虚拟机上即可，见图 13-4。

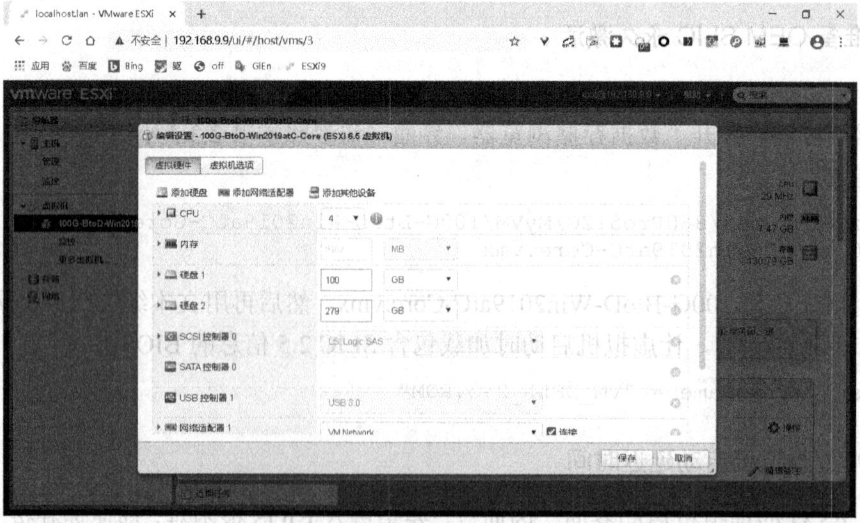

图 13-4 配置虚拟机 100G-BtoD-Win2019atC-Core 硬盘

13.1.5　第一次打开虚拟机电源

前面我们已经在 ESXi 6.5 服务器上创建好虚拟机 100G-BtoD-Win2019atC-Core，并为其做好了各种配置，现在便可以启动该虚拟机。

(1) 登录 ESXi 6.5 的 Web 管理界面，单击左侧“虚拟机”，便可以查看和管理已有虚拟机，选中上面创建的虚拟机 100G-BtoD-Win2019atC-Core，然后单击“打开电源”按钮，见图 13-5。

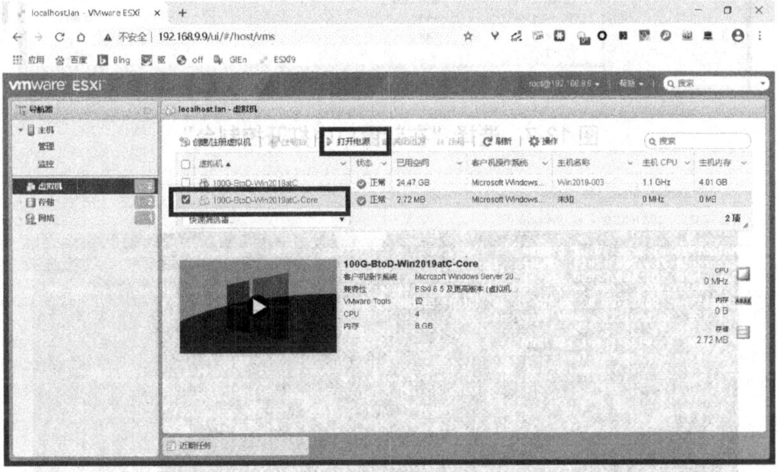

图 13-5　开启虚拟机电源

(2) 如果询问“此虚拟机可能已被移动或复制？”，选择“我已复制”，此选项会为虚拟机网卡生成新的 MAC 地址(避免冲突)，以便顺利启动虚拟机，见图 13-6。

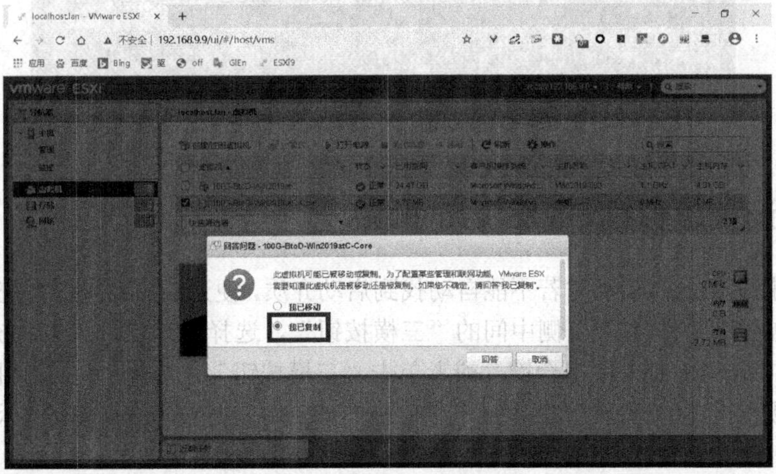

图 13-6　第一次打开虚拟机电源时选择“我已复制”

(3) 等待虚拟机电源开启完成后，再单击“控制台”|“在新窗口中打开控制台”按钮(便于管理控制)，见图 13-7，就会在新窗口中打开虚拟机控制台，见图 13-8。

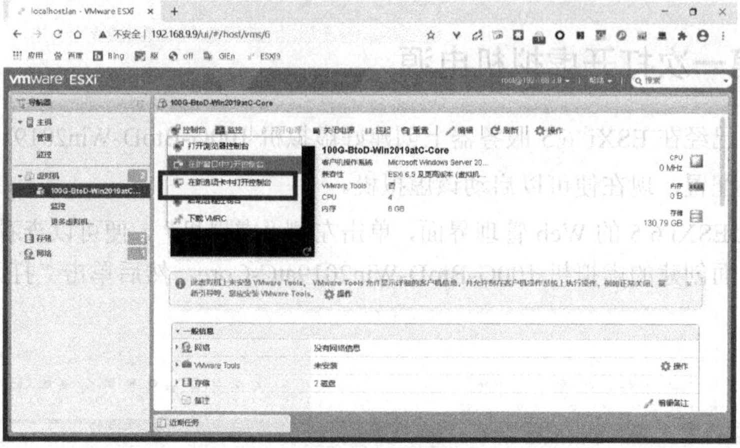

图 13-7　选择“在新窗口中打开控制台”

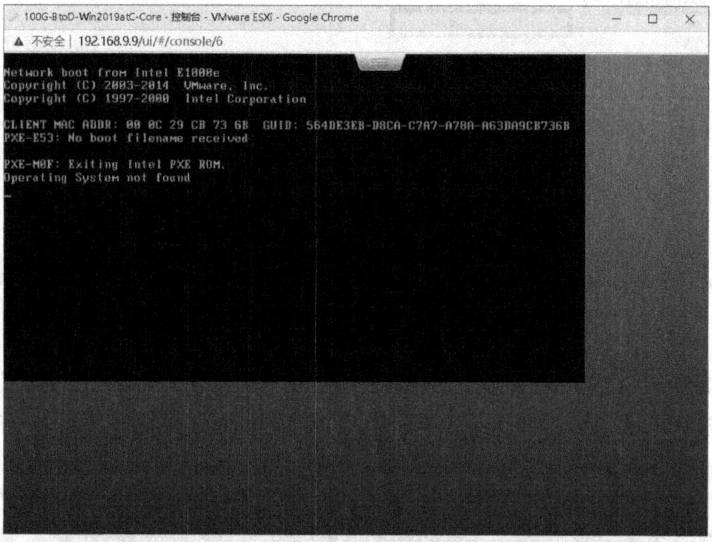

图 13-8　在新窗口中打开虚拟机控制台

13.1.6　设置虚拟机 BIOS 启动顺序

(1) 虚拟机第一次启动时若不能自动找到启动介质，便无法启动操作系统，见图 13-8。可以单击“虚拟机控制台”上侧中间的“三横按钮”，选择“客户机操作系统”|“发送键值”，按 Ctrl+Alt+Delete 组合键，或者单击“三横按钮”，选择“电源”|“重置”重启虚拟机，见图 13-9，并注意在虚拟机重启画面显示时及时按下 Esc 键(显示启动菜单)或 F2 键(直接启动到 BIOS)，进入 BIOS，见图 13-10。

(2) 在 BIOS 设置界面，使用箭头键移动到 Boot 选项卡，选中需要调整的项目，再按“+”号键上移，将 CD-ROM Drive 上移到最上面，Hard Drive 移到第二位，见图 13-11；然后按 F10 键(可点上面“三横按钮”发送键值 F10)，选择 Yes 确认，下次虚拟机便会从 CD-ROM 开始启动了。

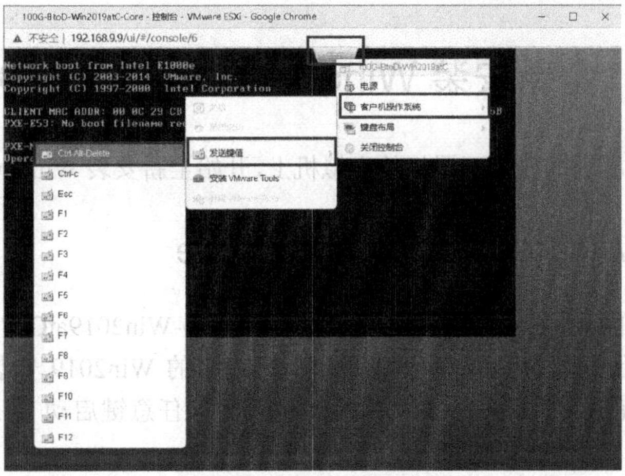

图 13-9　重新启动虚拟机

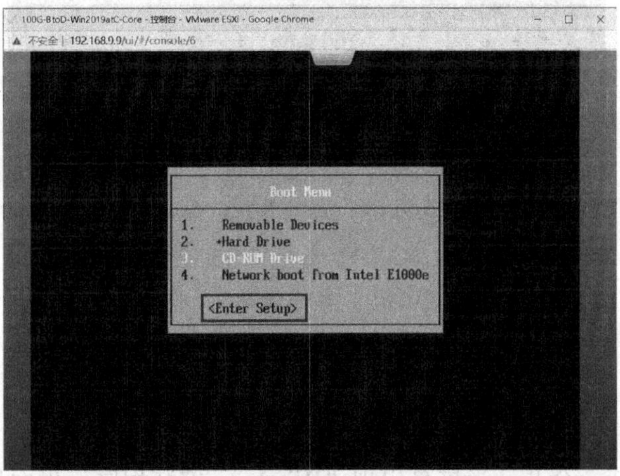

图 13-10　重新启动虚拟机进入 BIOS 设置界面

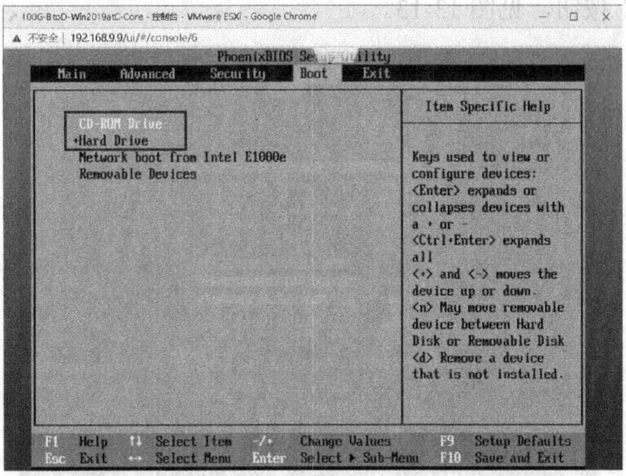

图 13-11　在 BIOS 设置界面调整启动顺序

13.2　全新安装 Windows Server 2019 Core

接下来，我们将在前面已经配置好的虚拟机上，开始全新安装 Windows Server 2019 Core。

13.2.1　安装 Windows Server 2019 Core

(1)　通过上面的设置准备，现在虚拟机 100G-BtoD-Win2019atC-Core 启动后，便会首先从 CD-ROM 开始启动，启动到我们前面挂载光盘中的 Win2019 安装程序，当屏幕出现 Press any key to boot from CD or DVD….提示时，及时按任意键启动 Win2019 安装程序，见图 13-12。

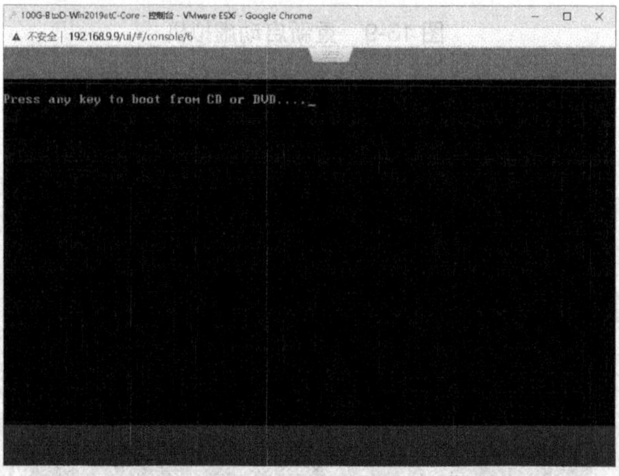

图 13-12　虚拟机首先从 CD-ROM 开始启动

(2)　请耐心等待一会儿，当屏幕出现“Windows 安装程序”界面后，选择好“要安装的语言”、“时间和货币格式”、“键盘和输入方法”这 3 个选项，一般使用默认即可，然后单击“下一步”按钮，见图 13-13。

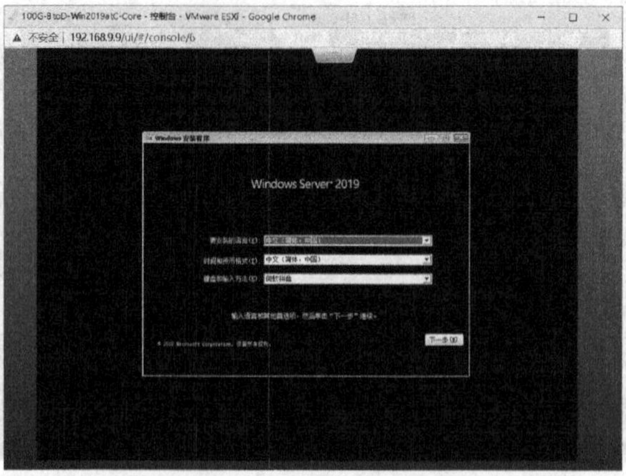

图 13-13　开始安装 Windows Server 2019

(3) 在弹出的“Windows 安装程序”对话框中，直接单击“现在安装”按钮，见图 13-14。

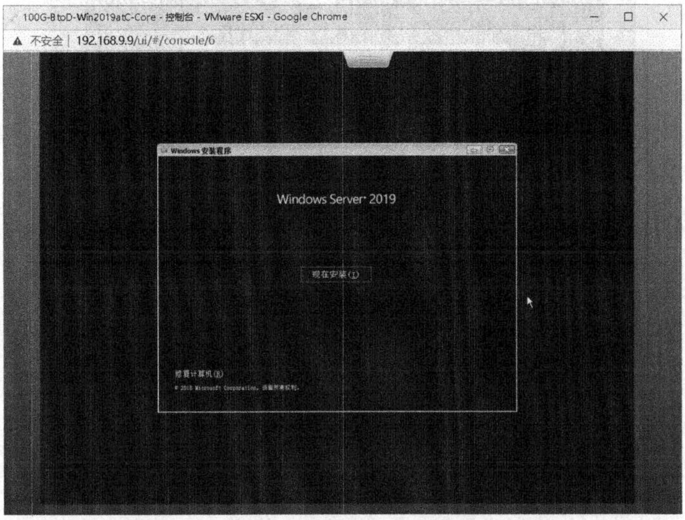

图 13-14　现在安装 Windows Server 2019

(4) 等待一段时间后，将弹出版本选择对话框，我们选择安装第 3 项，不带桌面体验的 Windows Server 2019 Datacenter，单击“下一步”按钮，见图 13-15。

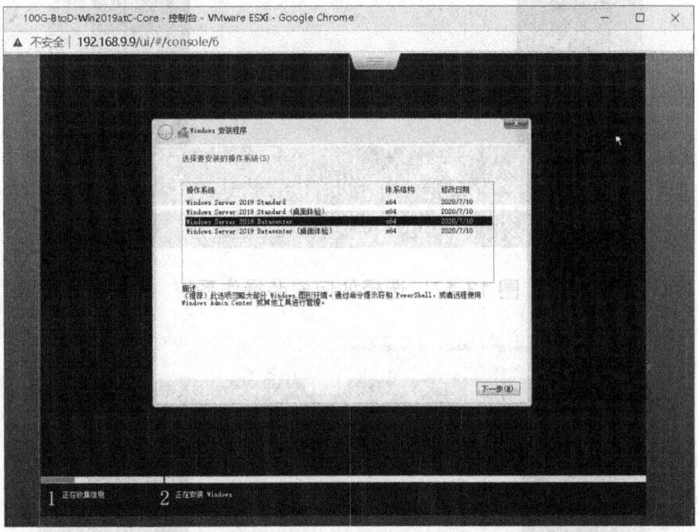

图 13-15　选择安装不带桌面体验的 Windows Server 2019 Datacenter

(5) 在图 13-16 所示界面中，选中“我接受许可条款”复选框，接受微软许可条款，单击“下一步”按钮。

(6) 提示选择安装类型时，单击“自定义：仅安装 Windows(高级)”选项，进入下一步，见图 13-17。

(7) 接下来，需要选择安装操作系统的磁盘分区。这里我们就选择安装到准备好的 100GB 硬盘中，单击“下一步”按钮，见图 13-18。

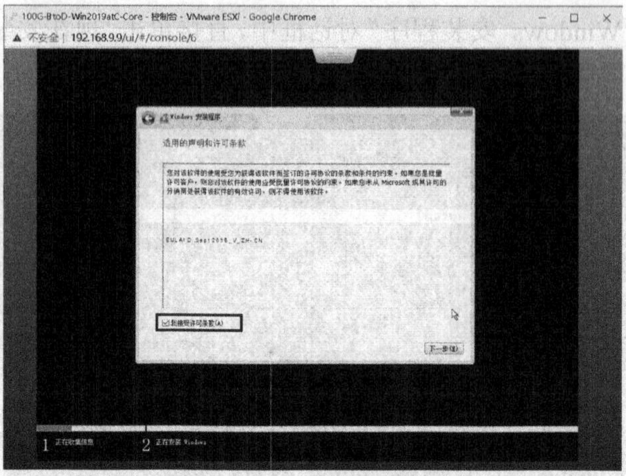

图 13-16　接受许可条款

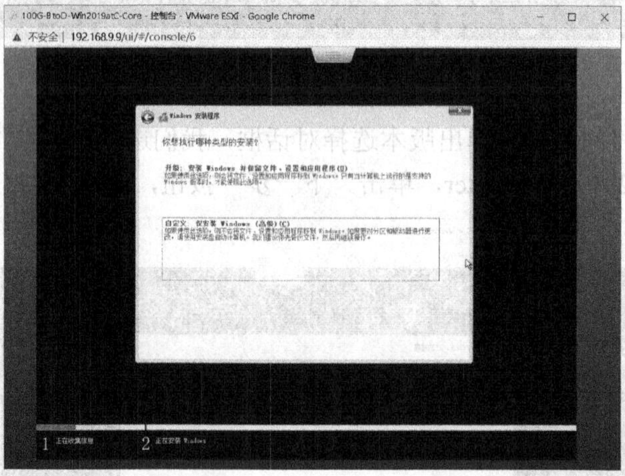

图 13-17　选择如何安装操作系统

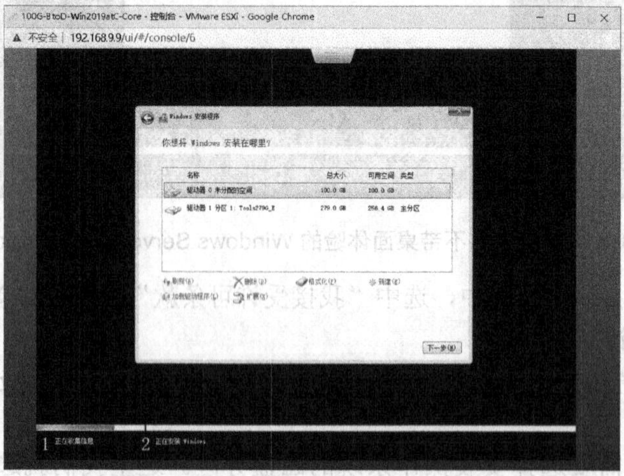

图 13-18　选择安装操作系统的磁盘分区

(8) 接下来，便开始安装操作系统，并显示安装进度，安装过程中会自动重新启动两次，此间都无须用户干预，请耐心等待，见图 13-19。

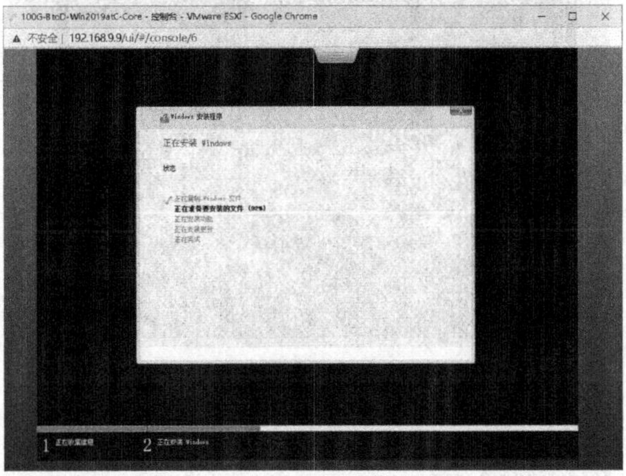

图 13-19 正在安装 Windows 系统

(9) 当提示需要重启计算机时，记着断开虚拟机 CD/DVD 驱动器的连接，不然又会从光盘开始启动，见图 13-20。

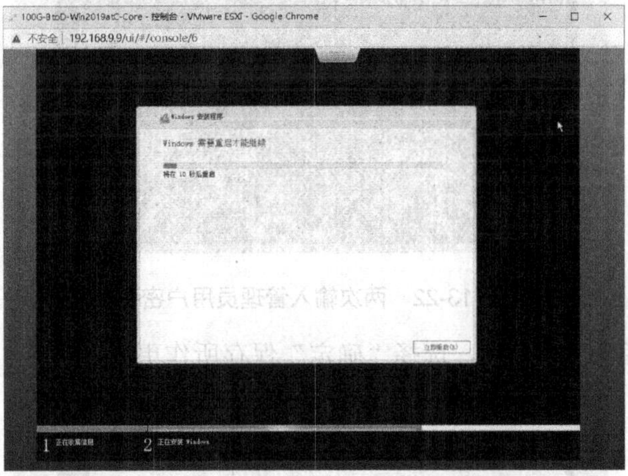

图 13-20 安装过程中会自动重新启动两次

13.2.2 第一次登录 Windows Server 2019 Core

(1) 等待几分钟后，系统便安装完成。由于我们安装的是不带图形界面的 Core 版本，所以首次登录之前，会出现一个 CMD 命令行窗口，提示必须更改管理员用户密码，见图 13-21。

(2) 用键盘选择“确定”按 Enter 键，两次输入 Administrator 用户密码。注意，中文版系统需要按 Ctrl+Space 关闭中文输入法(或者按左侧的 Shift 键切换到英文状态)，两次输入的密码要一致，密码要有一定复杂程度，至少 8 位，要包含大小写字母、数字和特殊符号，比如 Abcd$1234，见图 13-22。

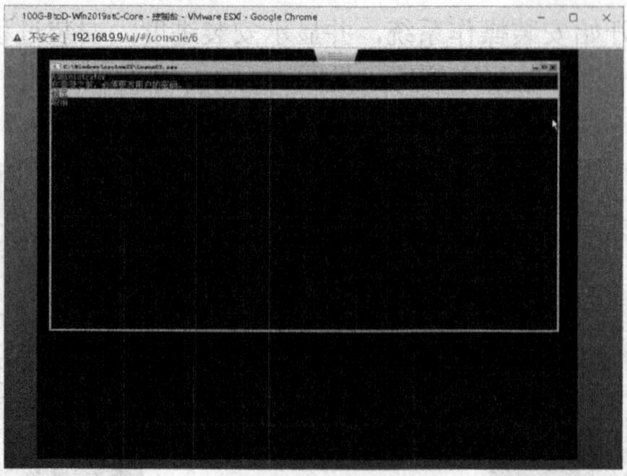

图 13-21　提示必须更改管理员用户密码

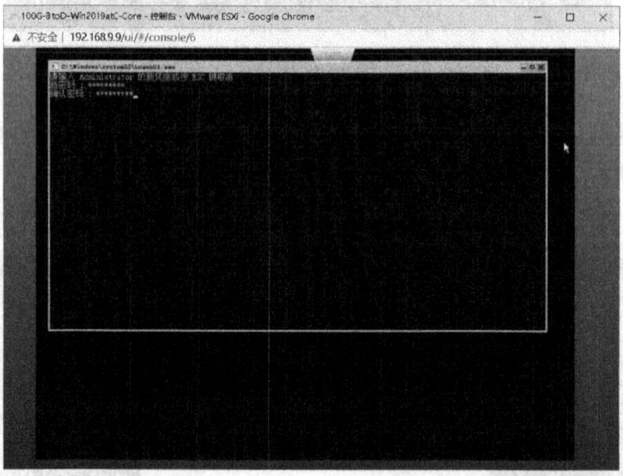

图 13-22　两次输入管理员用户密码

(3) 输入完成后按 Enter 键，选择“确定”保存所作更改，见图 13-23。

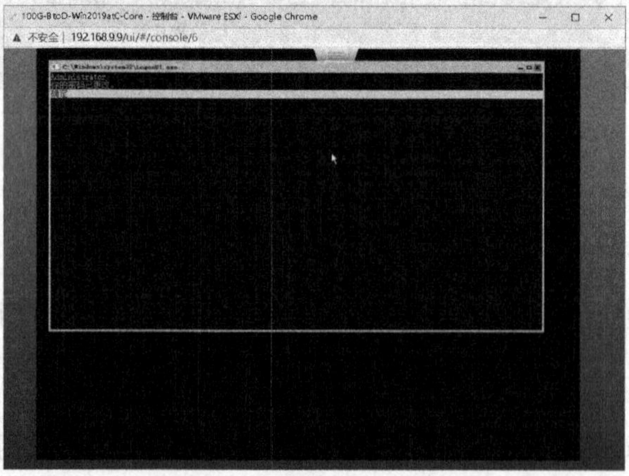

图 13-23　保存管理员用户密码

(4) 接下来，便会自动以 Administrator 用户登录系统，登录后会自动打开一个 CMD 窗口，见图 13-24。

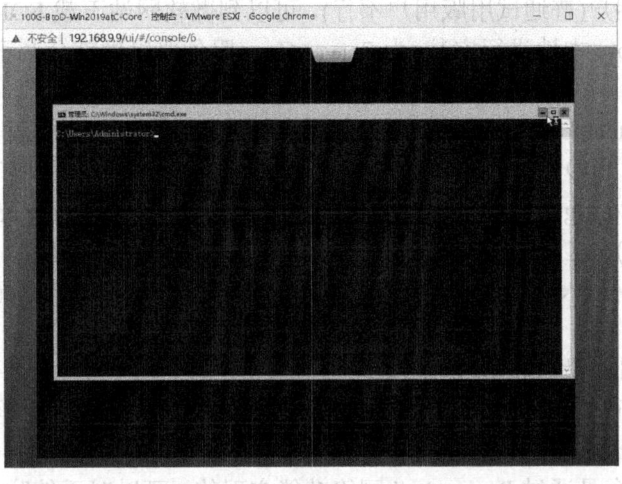

图 13-24 登录 Windows Server 2019 Core 后会自动打开 CMD 窗口

至此，全新安装 Windows Sever 2019 Core 便已经完成。

13.2.3 使用 ATIH2018x32 进行全新备份

Windows Server 2019 Core 全新安装完成后，建议及时使用 ATIH2018x32 进行增量备份，以备恢复。可参见 6.3 节的介绍，使用 3.2.1 小节上传的 Win10_10240_PE_x64_11.7-OK20-Wait_3S.iso 启动光盘，启动到 Win10PE64 中，使用 ATIH2018x32 进行备份。

13.3 Windows Server 2019 Core 管理工具选择

前面我们安装桌面体验版本的 Windows Server 2019 后，用户可以直接使用系统自带的图形化管理工具进行系统初始化和管理配置。但是，对于这里安装的 Windows Server 2019 Core，登录后只会打开一个“黑乎乎”的 CMD 窗口，系统没有附带图形化的管理工具，微软为用户提供了以下几种可以选择的管理方式。

13.3.1 Windows Server 2019 Core 可以选择的管理方式

(1) MMC RPC(Microsoft Management Console，Remote Procedure Call，基于远程过程调用的微软管理控制台)，是在其他 Windows Server 2000 及以上 Windows Server 版本的计算机中通过 MMC 远程管理 Windows Server 服务器，可以在内部网络中提供基于图形界面的后期管理维护功能，但在外网中使用会有一些相应的限制。

(2) RSAT(Remote Server Administration Tools，远程服务器管理工具)，需要在另外一台 Windows 10 系列的计算机上到微软网站下载安装 RSAT，通过 MMC RPC，或者 Powershell 对服务器进行远程管理。RSAT 不能对系统防火墙进行自动配置，许多功能的管理设置很烦琐，只能在内部网络中提供部分基于图形界面的后期管理维护功能。

(3) FOD(Feature on Demand，有限的图形管理界面)。如果你是微软批量许可正版用户或者 MSDN 订阅用户(普通试用版用户不行)，可以到微软网站下载 FOD 安装光盘，然后在已安装的 Server Core 本地进行安装，为 Server Core 服务器提供部分基于图形界面的后期维护管理功能。

(4) RDP(Remote Desktop Protocol，远程桌面协议)，可以实现远程桌面管理功能。对于 Windows Server 2019 Core 系统，通过远程桌面登录后，默认还是只有 CMD 命令行界面。

(5) Sconfig(Configuration script used to setup a machine for remote configuration，服务器远程配置脚本工具)，这是从 Windows Server 2008 之后的系统自带的命令行基本配置工具，可以完成修改计算机名、IP 地址、加入域、添加管理员用户等初始化配置，但不具备后期管理维护功能。

(6) Powershell，是微软重点发展、功能强大的全能命令行管理工具，能够对系统防火墙进行自动配置，可以对服务器进行初始化配置和后期管理维护，但学习成本很高。

(7) WAC(Windows Admin Center，Windows 管理中心)，微软提供的基于 Web 的图形化管理平台，其后台是通过 Powershell 网络功能实现的，可以对系统防火墙进行自动配置，功能强大，安装维护较为简捷高效。可以对服务器进行后期维护管理，但不具备系统初始化功能。

13.3.2 推荐使用 Sconfig 和 Windows Admin Center

为了快速部署和管理 Windows Server 2019 Core，降低学习使用成本，当 Win2019Core 安装好后，我们推荐使用系统自带的 Sconfig 命令行进行初始化配置。等服务器的计算机名、IP 地址等配置好后，再安装 Windows Admin Center，然后通过 WAC 对 Win2019Core 服务器进行管理维护，下面将介绍具体的操作步骤。

13.4 Windows Server 2019 Core 初始化配置

Windows Server 2019 Core 安装好后，首先使用系统自带的 Sconfig 命令行进行初始化配置，具体操作步骤如下。

13.4.1 修改计算机名称

(1) 登录 ESXi 6.5 的 Web 管理界面，单击“控制台”|“在新窗口中打开控制台”按钮(参见图 13-7)，在新窗口中打开虚拟机控制台。用 Administrator 用户登录后，在 CMD 窗口运行 sconfig 命令，便会列出该命令的可选项信息。注意，中文版系统需要按 Ctrl+Space 关闭中文输入法(或者按左 Shift 键切换到英文状态)，见图 13-25。

(2) 首先修改计算机名。输入数字 2 按 Enter 键，再输入新的计算机名，比如 Win2019Core01，按 Enter 键，当提示时单击“是”按钮重启计算机，见图 13-26。

(3) 等计算机重启后，在 CMD 窗口中再次登录运行 sconfig 命令，便会看到计算机名称已经改为 Win2019Core01，见图 13-27。

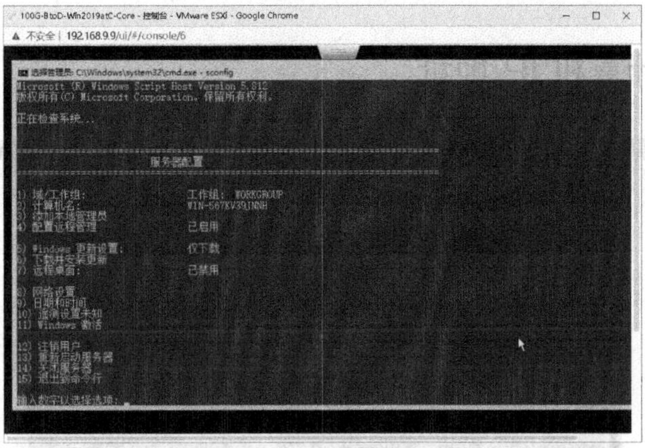

图 13-25　sconfig 命令的可选项信息

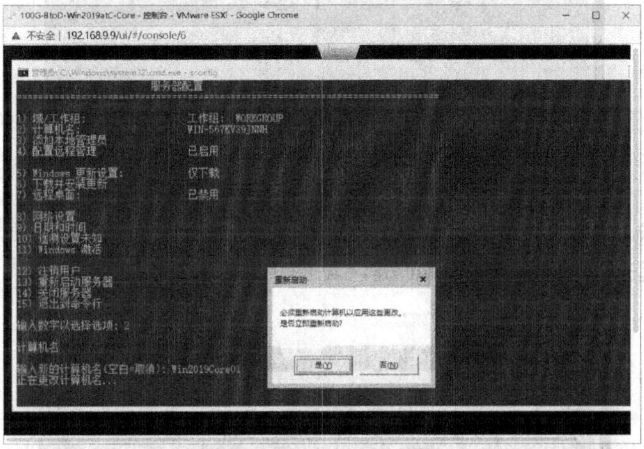

图 13-26　修改计算机名

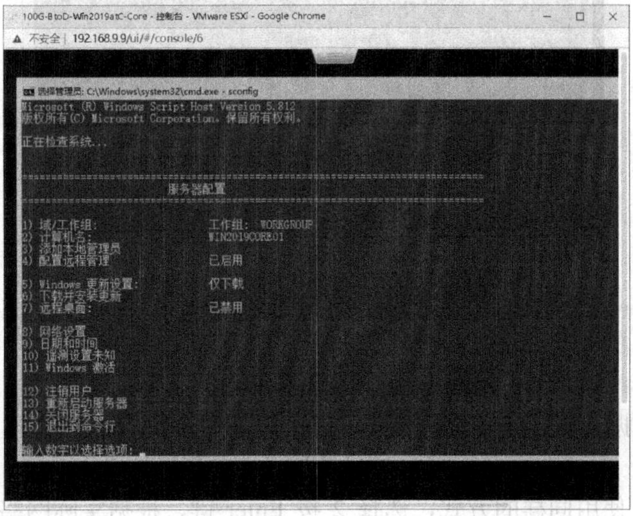

图 13-27　计算机名称已经改为 Win2019Core01

13.4.2 修改计算机 IP 地址

(1) 要修改计算机的 IP 地址，可以在图 13-27 中输入数字 8 按 Enter 键，见图 13-28。

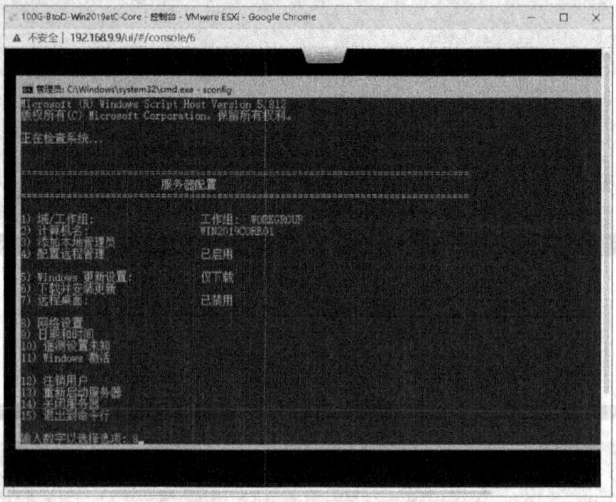

图 13-28 修改计算机 IP 地址

(2) 接下来会列出计算机已经安装的网卡，网卡已有的 IP 地址是通过网络 DHCP 获取的，不用管它。选择 1 号网卡按 Enter 键，见图 13-29。

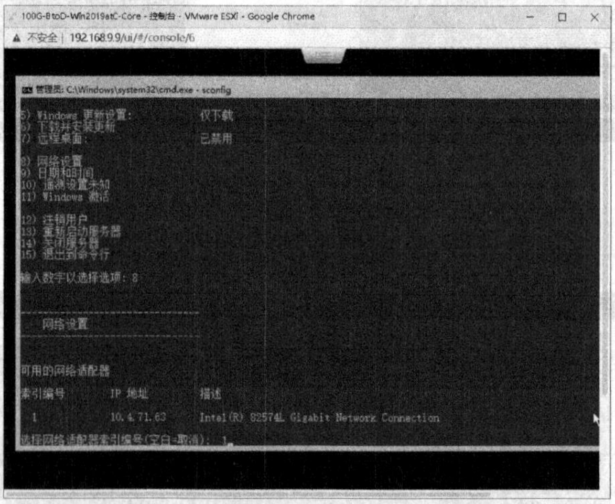

图 13-29 选择 1 号网卡进行配置

(3) 在网卡 1 的“网络适配器设置”界面，输入 1 按 Enter 键设置 IP 地址，当提示时选择 s 按 Enter 键，选择设置静态 IP 地址，见图 13-30。

(4) 然后，根据实际网络环境，按提示依次输入 IP 地址、子网掩码、默认网关按 Enter 键，见图 13-31。

(5) 接下来，使用同样的方式，选择 2 按 Enter 键，根据实际网络环境，按提示依次输入首选 DNS、备用 DNS 按 Enter 键，见图 13-32。

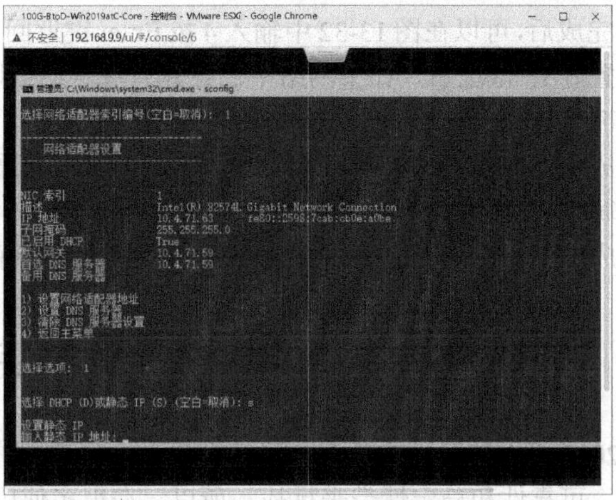

图 13-30　选择设置静态 IP 地址

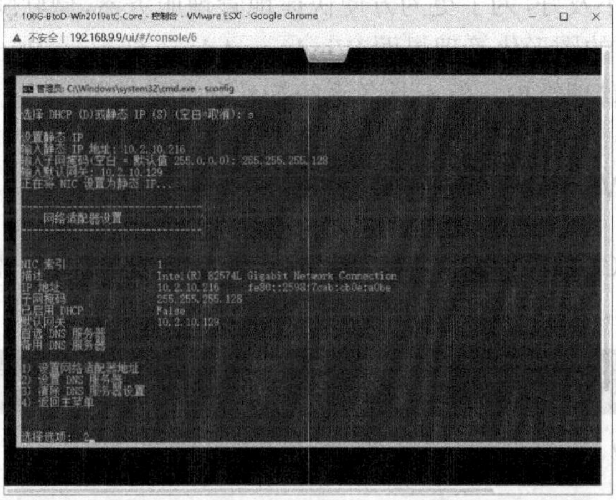

图 13-31　设置网卡的 IP 地址、子网掩码和默认网关

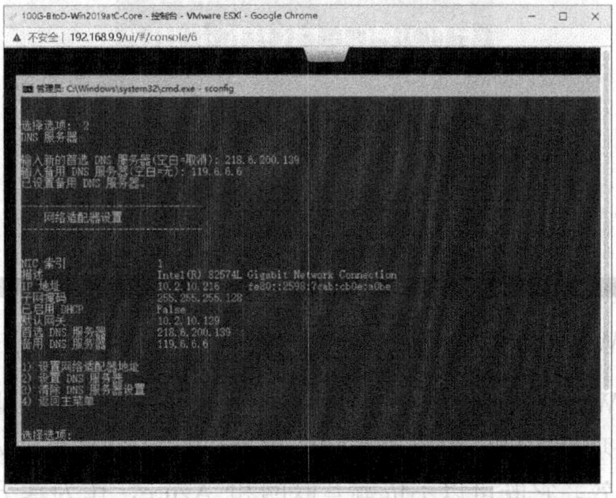

图 13-32　设置网卡的首选 DNS 和备用 DNS

(6) IP 地址设置完成后，可以在图 13-32 中输入 4 按 Enter 键返回主菜单，参见图 13-27。

(7) 为服务器配置好 IP 地址后，如果网络中已经建有域，还可以在图 13-27 中选择 1 按 Enter 键，按提示将计算机加入已有域，参见图 13-27。

(8) 全部设置完成后，在图 13-27 中输入 15 按 Enter 键退出配置界面返回 CMD 命令行。还可以在 CMD 命令行运行 logoff 注销当前用户，参见图 13-27。

至此，我们便完成了 Windows Server 2019 Core 服务器的初始化配置。

13.5 Windows Admin Center 安装部署

Windows Server 2019 桌面体验版本带有图形管理界面，管理维护更为方便快捷，但是会对服务器的安全性、可靠性和稳定性带来挑战，所以，在很多使用场景，微软更推荐使用体积更小、速度更快、补丁更少的 Windows Server Core 模式。不过，Windows Server Core 的命令行管理方式并不友好，为了更为方便快捷地管理服务器，微软随 Windows Server 2019 一起发布了基于 Web 的图形化管理界面 Windows Admin Center。Windows Admin Center 可以对服务器进行后期管理维护，但不具备系统初始化功能。

13.5.1 Windows Admin Center 概述

Windows Admin Center(WAC)之前叫 Honolulu(火奴鲁鲁，即“檀香山”，美国夏威夷州的首府和港口城市)，是由 Windows Server 系统管理工具演化而来的，见图 13-33。

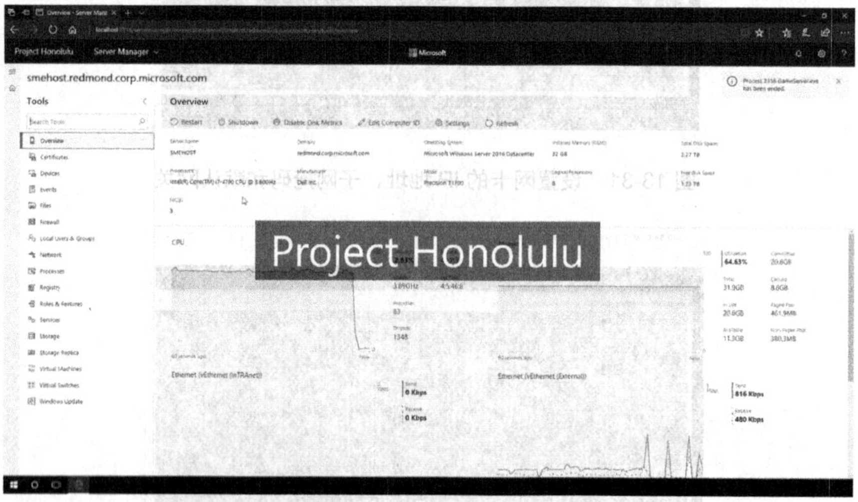

图 13-33 Windows Admin Center 由 Windows Server 系统管理工具演化而来

WAC 在统一的 Web 图形化界面中集成了本地和远程服务器管理的各种工具，其后台通过 Powershell 网络功能实现，可以对系统防火墙进行自动配置，安全可靠、功能强大，安装维护较为简捷高效。它既可以不依赖互联网和 Azure，作为基于浏览器的管理方式部署在本地，也可以部署在公网和 Azure 中，用于管理图形界面的 Windows Server 2019、2016、2012R2、2012、2008R2、Windows 10 version 1709 or newer，以及 Windows Server Core 版本的 Semi-Annual Channel、2019、2016、2012R2、2012 等操作系统，同时还提供 SDK 支持 HP、Dell、Lenovo、Fujitsu、Cisco 等第三方厂商开发的硬件设备扩展模块。具体介绍，用户可以参见 https://www.microsoft.com/zh-cn/windows-server/windows-admin-center。

注意，Windows Admin Center 需要 PowerShell 网络功能的支持，若是在 Windows Server 2008 R2、2012 和 2012 R2 系统中，用户需要安装 Windows Management Framework(WMF，Windows 管理框架)5.1 或更高版本。用户可以在 PowerShell 中输入$PSVersiontable，验证是否安装了 WMF 并且版本是否为 5.1 或更高版本。如果未安装 WMF，可以到微软网站下载安装 WMF 5.1(https://www.microsoft.com/en-us/download/details.aspx?id=54616)。

13.5.2　Windows Admin Center 的几种部署方式

Windows Admin Center 可以安装到图形界面和 Core 版本的 Windows Server 2016～2019、Windows Server Semi-Annual Channel，以及图形界面的 Windows 10 version 1709 or newer(有限功能)之中。Windows Admin Center 的部署方式很灵活，用户可以选择以下几种方式进行安装部署，见图 13-34，可参见 https://docs.microsoft.com/zh-cn/windows-server/manage/windows-admin-center/plan/installation-options#installation-supported-operating-systems。

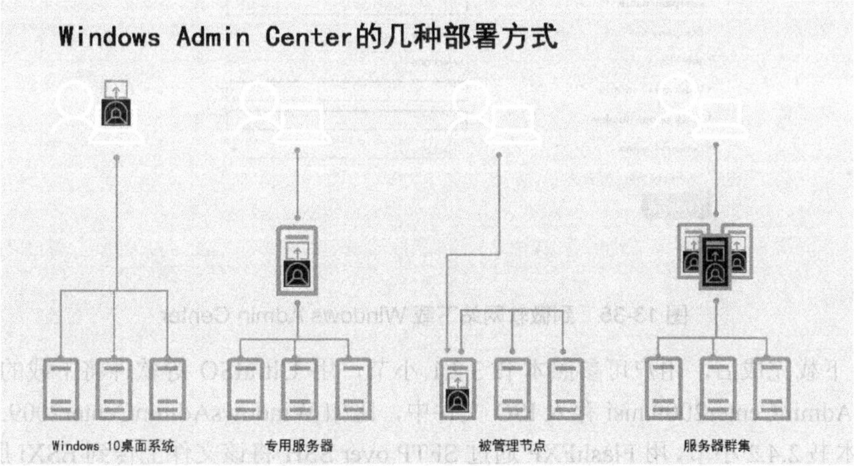

图 13-34　Windows Admin Center 的几种部署方式

(1)　将 WAC 安装到管理人员的个人计算机上，通过管理计算机上的 WAC 去管理各种服务器，见图 13-34 左起第 1 种部署方式。

(2)　将 WAC 安装到一台专门的服务器中，管理人员通过浏览器访问 WAC 服务器来管理各种服务器，见图 13-34 左起第 2 种部署方式。

(3)　将 WAC 安装到其中一台被管理的服务器中，管理人员通过浏览器访问该服务器上的 WAC 来管理各种服务器，见图 13-34 左起第 3 种部署方式。

(4)　当需要管理的服务器数量众多时，可以将 WAC 安装部署到服务器群集中，管理人员通过浏览器访问该服务器群集中的 WAC 来管理各种服务器，见图 13-34 左起第 4 种部署方式。

13.5.3 安装 Windows Admin Center

这里，我们选择上面提到的第 3 种部署方式，将 WAC 安装到其中一台被管理的服务器中，管理人员通过浏览器访问该服务器上的 WAC 来管理各种服务器，具体操作步骤如下。

(1) 访问 https://www.microsoft.com/en-us/evalcenter/evaluate-windows-admin-center，找到 Windows Admin Center，按网站提示输入相关的用户信息，便可以下载 https://download.microsoft.com/download/1/0/5/1059800B-F375-451C-B37E-758FFC7C8C8B/WindowsAdminCenter2009.msi。若访问速度很慢，可以使用代理上网，见图 13-35。

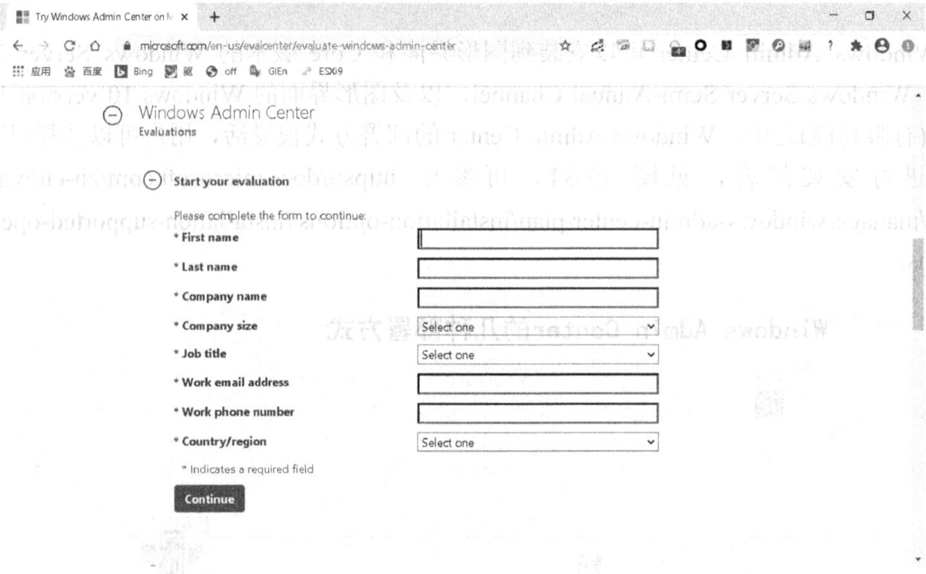

图 13-35 到微软网站下载 Windows Admin Center

(2) 下载完成后，用户可参照本书 3.2.1 小节，用 UltraISO 等软件将下载的安装文件 WindowsAdminCenter2009.msi 存入 ISO 文件中，比如 WindowsAdminCenter2009.iso；接下来，参照本书 2.4.2 小节，用 FlashFXP 通过 SFTP over SSH 将该文件上传到 ESXi 服务器上，比如上传到/vmfs/volumes/WD1000G/OS/目录中。

(3) 然后登录 ESXi 的 Web 管理界面，将该文件挂载到 100G-BtoD-Win2019atC-Core 虚拟机光驱中，记着选中“打开电源时连接”复选框，见图 13-36。

(4) 在 ESXi 的 Web 管理界面，选择 100G-BtoD-Win2019atC-Core 虚拟机，并“在新窗口中打开控制台”，登录已经安装好的 Windows Server 2019 Core，切换到光盘驱动器中，直接运行光盘上的安装程序 WindowsAdminCenter2009.msi，见图 13-37。

(5) 在出现的“Windows Admin Center 安装程序”界面，选中“接受这些条款”，单击“下一步”按钮，见图 13-38。

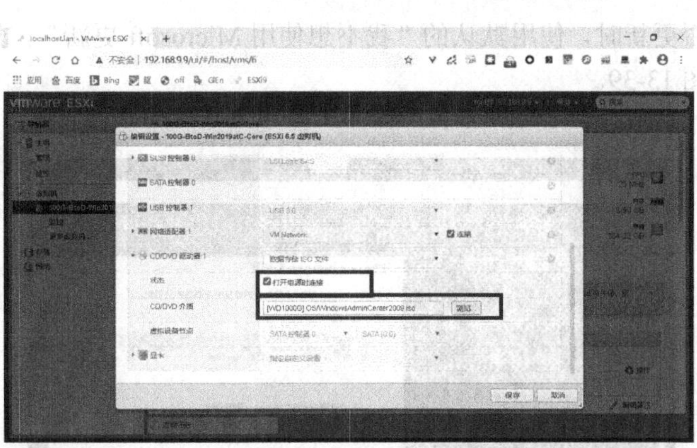

图 13-36　将 WindowsAdminCenter2009.iso 挂载到虚拟机光驱中

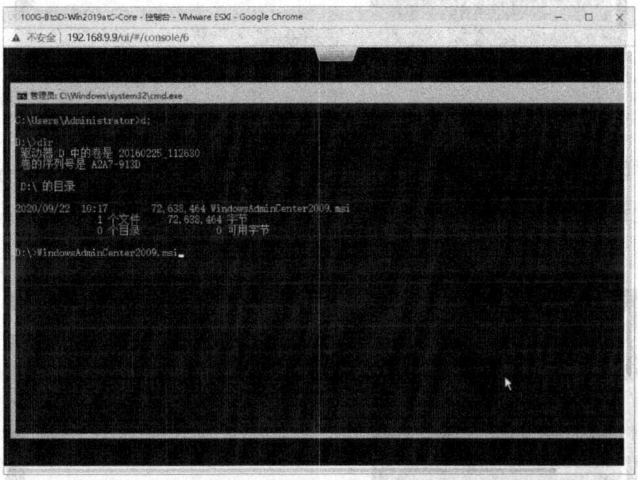

图 13-37　运行安装程序 WindowsAdminCenter2009.msi

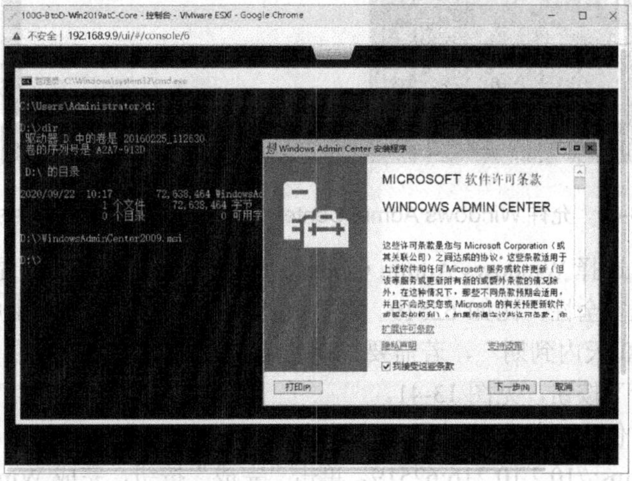

图 13-38　接受许可条款

(6) 提示是否更新时，使用默认的“我不想使用 Microsoft 更新”，然后依次单击“下一步”按钮，见图 13-39。

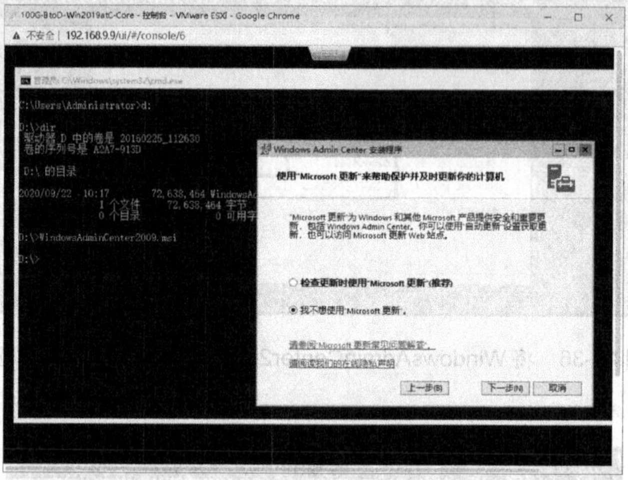

图 13-39　不使用 Microsoft 更新

(7) 当出现“配置网关端点”时，使用默认的“允许 Windows Admin Center 修改此计算机的受信任主机设置”，单击“下一步”按钮，见图 13-40。

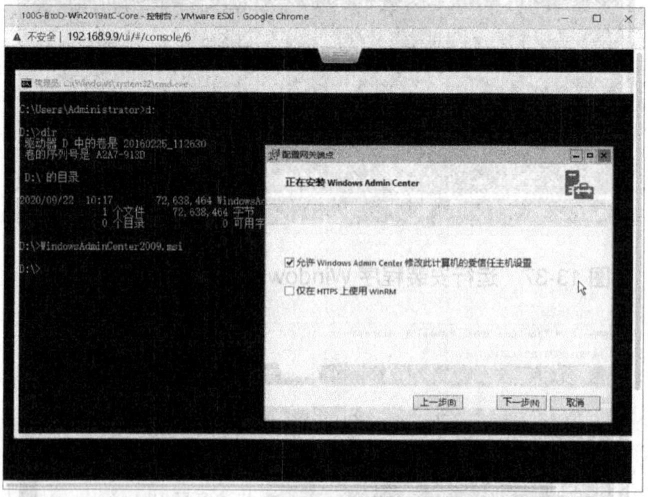

图 13-40　允许 Windows Admin Center 修改此计算机的受信任主机设置

(8) 当提示“选择 Windows Admin Center 站点的端口”时，默认是 443，建议改为不常用端口号以增强安全性，比如 62519。注意，我们这里选择的是“生成自签名的 SSL 证书，此证书将在 60 天内到期”，若需要长期使用，必须去申请正式的 SSL 证书。设置好后，单击“下一步”按钮，见图 13-41。

(9) 接下来，便会开始安装过程，见图 13-42。安装完成后会出现“准备从电脑连接”的提示，网址为 https://10.2.10.216:62519，单击“完成”按钮，完成 Windows Admin Center 的安装过程，见图 13-43。

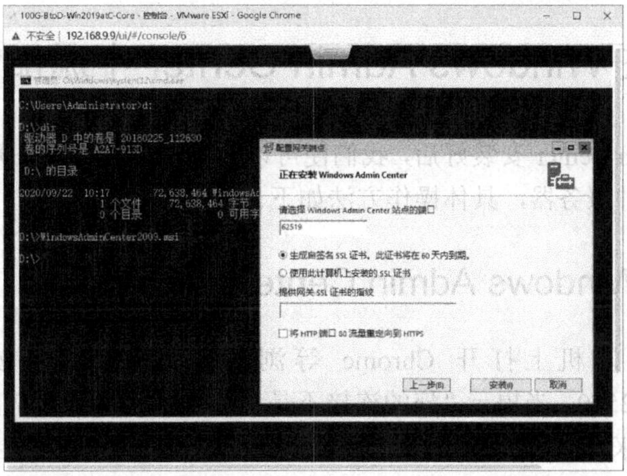

图 13-41　设置 Windows Admin Center 站点的端口

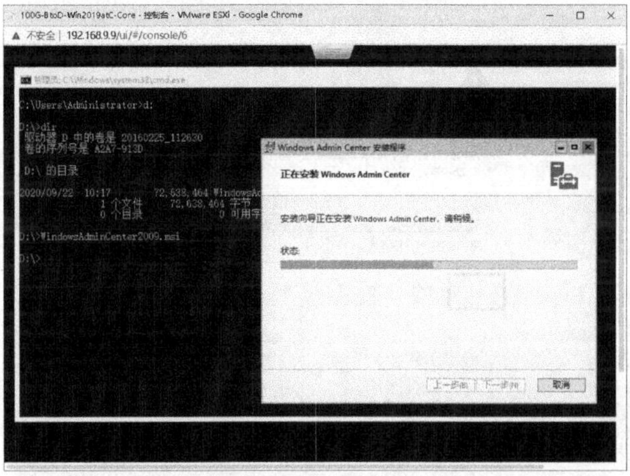

图 13-42　正在安装 Windows Admin Center

图 13-43　Windows Admin Center 安装完成

13.6 在 Windows Admin Center 中添加管理节点

Windows Admin Center 安装好后，我们便可以通过浏览器访问服务器上的 WAC 网站，添加需要管理的各种服务器，具体操作方法如下。

13.6.1 访问 Windows Admin Center 网站

(1) 在一台计算机上打开 Chrome 等浏览器，访问上面安装的 WAC 网站 https://10.2.10.216:62519。当提示“您的连接不是私密连接”时，单击下面的“高级”按钮，见图 13-44；在接下来的页面，单击下面的“继续前往 10.2.10.216(不安全)”链接，见图 13-45。

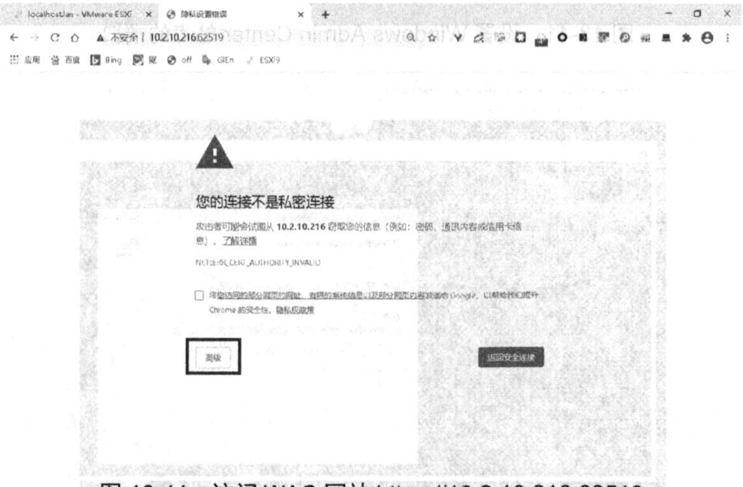

图 13-44　访问 WAC 网站 https://10.2.10.216:62519

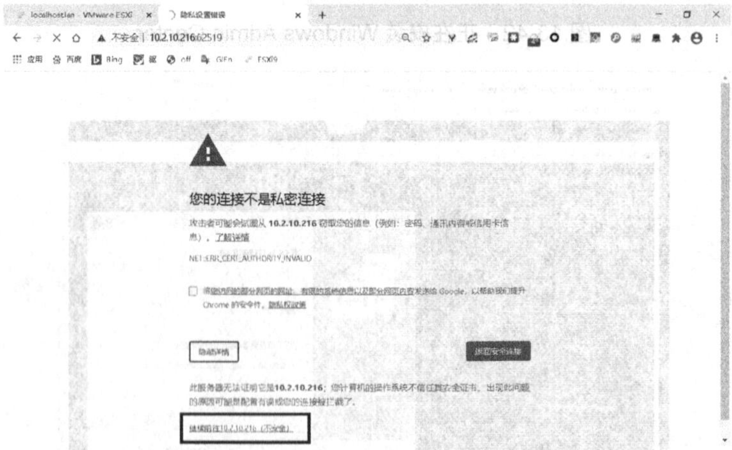

图 13-45　继续前往 10.2.10.216(不安全)

(2) 当弹出登录界面时，输入安装 WAC 的宿主服务器上的管理员用户信息进行登录，见图 13-46。

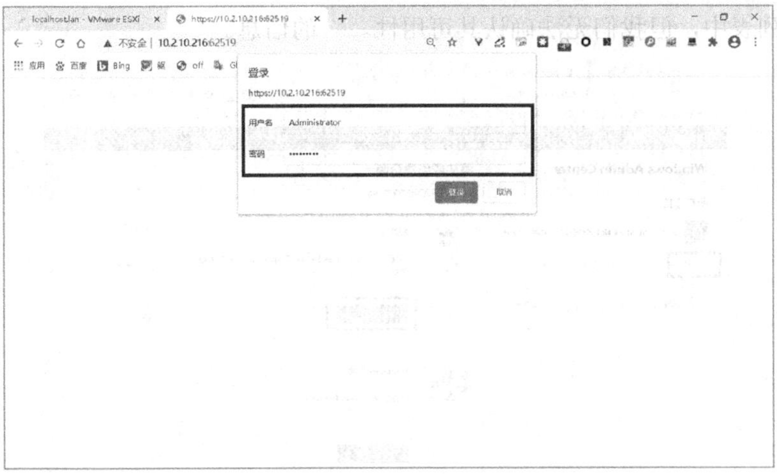

图 13-46 登录 WAC 网站

(3) 登录成功后，便会出现 Windows Admin Center 的管理界面，WAC 已经自动将宿主服务器“Win2019Core01[网关]”添加到管理列表中，后面跟有“网关”字样，说明 WAC 是安装在该服务器上，见图 13-47。

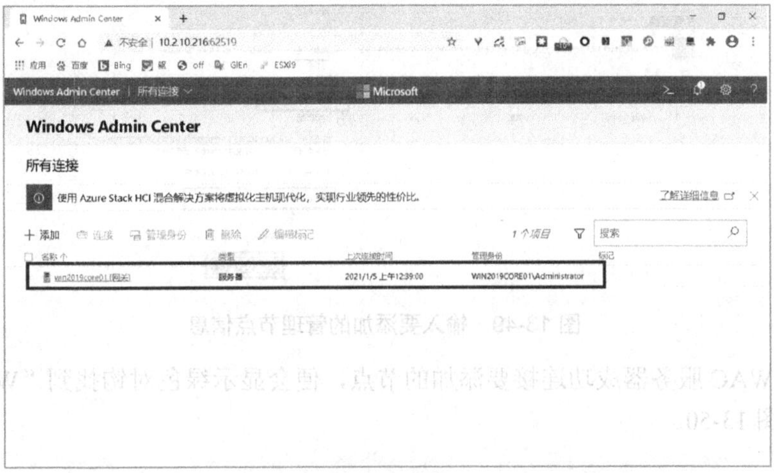

图 13-47 WAC 已经自动将宿主服务器添加到管理列表中

13.6.2 添加管理节点和查看扩展模块

(1) 登录 WAC 网站后，我们便可以添加需要管理的节点。单击左侧的“添加”按钮，可以选择添加 Windows Server 2008 R2-2019 服务器，或者 Windows 10 计算机，我们这里选择添加一台服务器，单击“服务器”栏的“添加”按钮，见图 13-48。

(2) 在出现的“添加标记”界面的“服务器名称”栏，输入节点的 IP 地址(若网络中已经创建了域并且要添加的管理节点已经加入域，可以输入域名)；等 WAC 查找结束后，选择“使用另一个账户进行此连接”，输入该节点的管理员用户信息，单击“使用凭据添加”按钮，见图 13-49。若没有找到添加的节点，便会显示红色惊叹号“你可以将此服务器添加到连接列表中，但我们无法确认其可用性。”的信息。

图 13-48　在 WAC 网站中添加管理节点

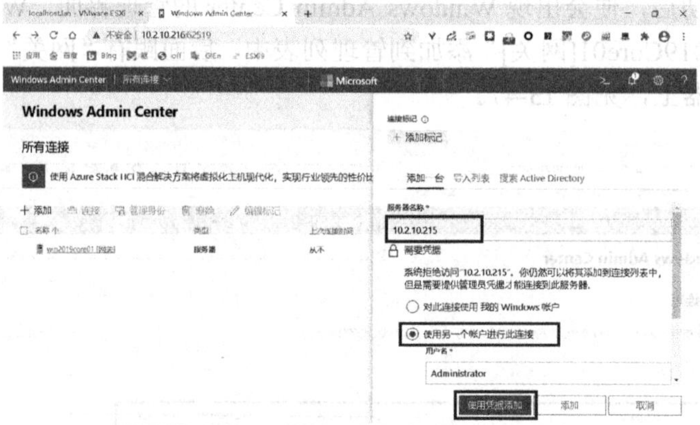

图 13-49　输入要添加的管理节点信息

(3) 若 WAC 服务器成功连接要添加的节点，便会显示绿色对钩找到“Win 2019.003”的信息，见图 13-50。

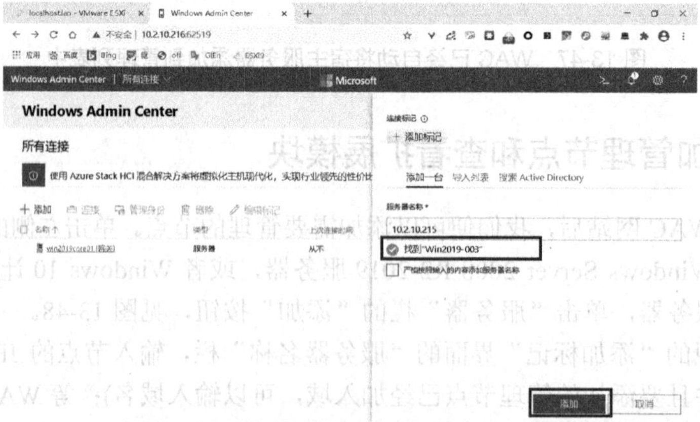

图 13-50　WAC 成功连接要添加的节点

(4)　在图 13-50 所示界面中单击“添加”按钮，便可以将找到的节点添加到 WAC 服务器中。使用同样的方法，还可以添加其他的管理节点，见图 13-51。

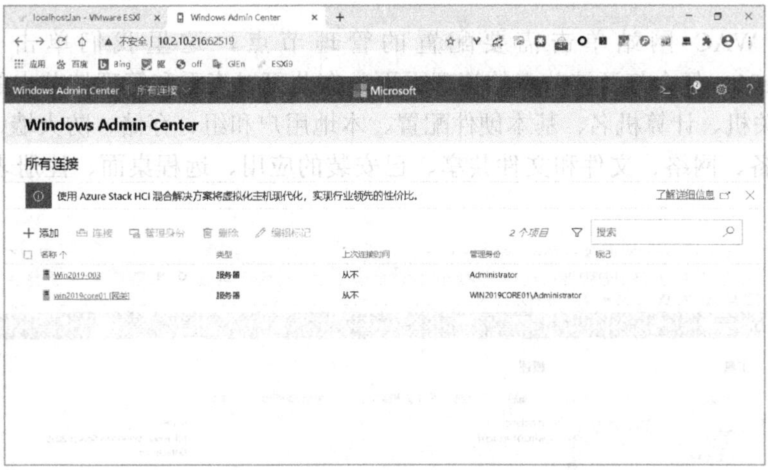

图 13-51　成功将节点添加到 WAC 服务器中

(5)　在 WAC 管理页面，单击右上角齿轮状的“设置”按钮，在打开的“设置”页面中，左侧选择“扩展”，右侧便会列出“可用扩展”、“已安装的扩展”和“源”等项目，用户可以在此查看和配置这些扩展模块，见图 13-52。

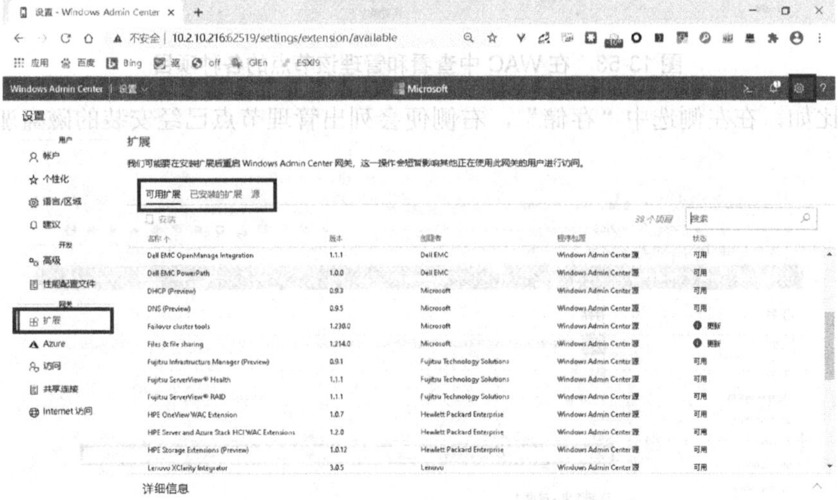

图 13-52　在 WAC 中查看和配置扩展模块

13.7　使用 Windows Admin Center 管理服务器

在 Windows Admin Center 中添加管理节点后，我们便可以通过 WAC 的 Web 图形界面管理维护各种服务器，下面介绍一些常用管理项目的具体操作方法。

13.7.1 配置管理节点的存储

(1) 在 WAC 网站单击需要配置的管理节点，这里我们单击上面安装的 Win2019Core01，便会打开该节点的管理页面，在此可以查看和管理该节点的各种项目。包括重启和关机、计算机名、基本硬件配置、本地用户和组、存储、防火墙、服务、角色和功能、设备、网络、文件和文件共享、已安装的应用、远程桌面、注册表等项目，见图 13-53。

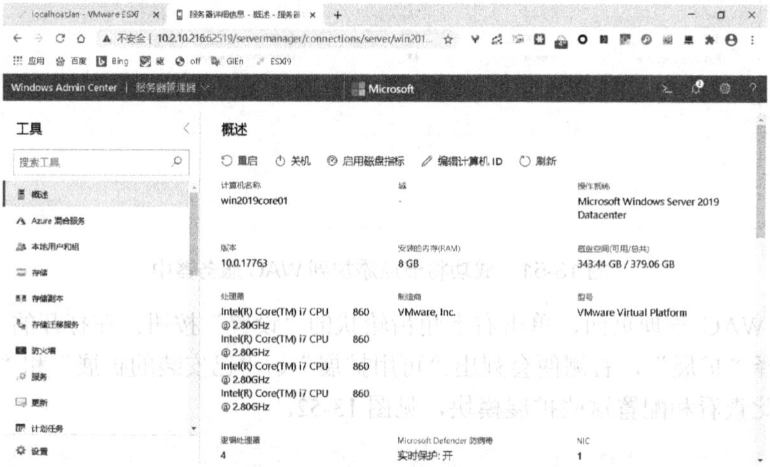

图 13-53 在 WAC 中查看和管理该节点的各种项目

(2) 比如，在左侧选中“存储”，右侧便会列出管理节点已经安装的磁盘驱动器，见图 13-54。

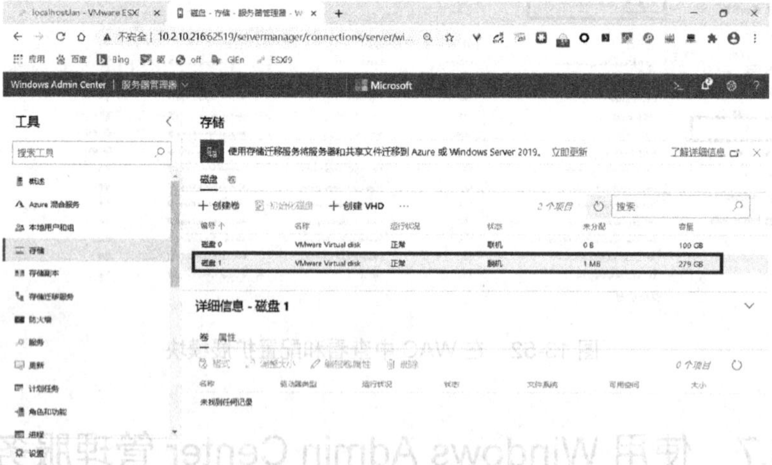

图 13-54 在 WAC 中配置管理节点的存储

(3) 在此显示，前面挂载的 279GB 的工具盘还处于脱机状态。用户可以选中 279GB 的工具盘，再单击中间的“...”按钮，在弹出的菜单中选择“使联机”命令，见图 13-55。

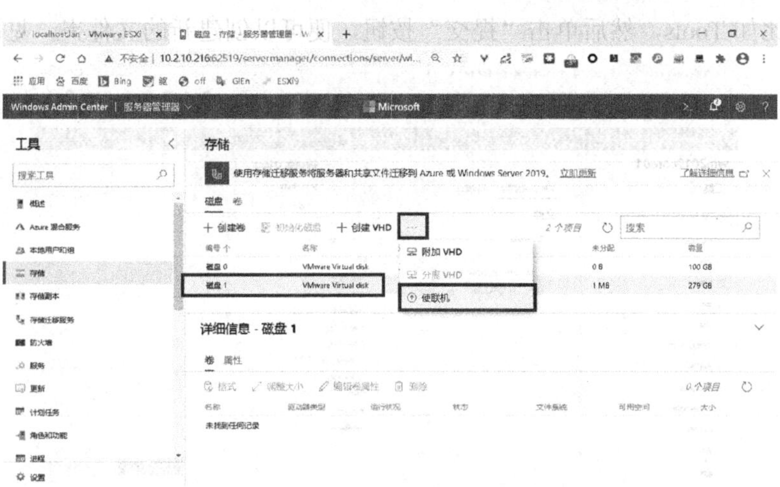

图 13-55 联机 279GB 工具盘

(4) 联机之后，需要切换到其他页面(比如“概述”)，再返回“存储”页面，便会显示前面挂载的 279GB 的工具盘已经联机，下面的“详细信息-磁盘 1”便会显示该磁盘的分区并自动分配盘符 E，见图 13-56。

图 13-56 279GB 工具盘已联机并自动分配盘符 E

(5) 在存储页面，还可以进行格式化、分配盘符、修改卷标、调整大小等相关操作。

13.7.2 与管理节点之间传送文件

1. 上传文件到管理节点

(1) 在 WAC 管理页面选择 Win2019Core01，打开该节点的管理界面。在左侧选中下面的“文件和文件共享”，右侧便会列出管理节点已有的磁盘驱动器。我们可以选择需要上传文件的目标磁盘，比如 C 盘，单击“新建文件夹”按钮，在弹出的对话框中输入新文件夹名称，比如 Tools，然后单击“提交”按钮，便可以创建新的文件夹，见图 13-57。

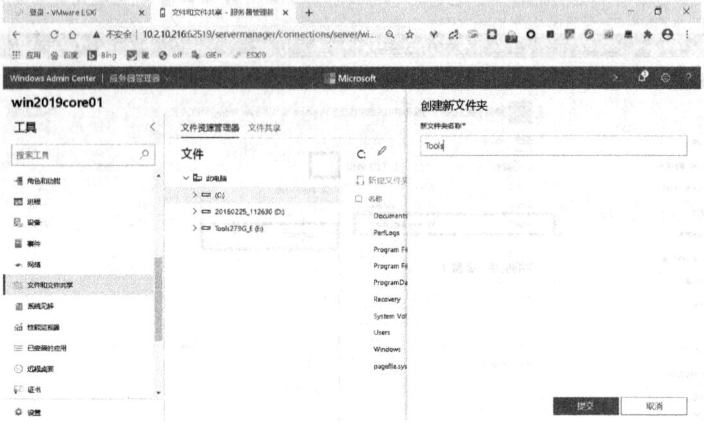

图 13-57　新建文件夹

(2) 在左侧展开 C 盘目录，选中新创建的 Tools 目录，在右侧单击“...”按钮，在弹出的菜单中选择“上传”命令，见图 13-58。

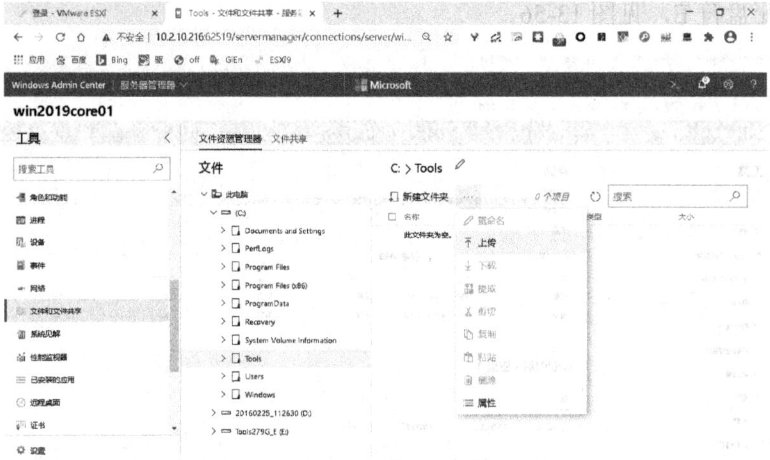

图 13-58　选择目标目录进行上传操作

(3) 在弹出的页面中单击“选择文件”按钮，选择需要上传的文件。不能选择文件夹，但一次可以选择上传多个文件，选择好后，单击“提交”按钮开始上传，见图 13-59。

(4) 上传速度很快，在千兆网中可以达到 300MB 左右，等待提示上传完成后，单击右上侧的刷新按钮，便可以看到上传文件的信息，见图 13-60。

2. 从管理节点下载文件

(1) 下载文件操作也类似。在 WAC 页面打开 Win2019Core01 节点的管理页面，在左侧选中“文件和文件共享”页面，右侧选择需要下载的目录位置，然后在最右侧勾选需要下载的项目，可以同时选中目录和文件；选择好后，再单击中间的“...”按钮，在弹出的菜单中选择“下载”命令，见图 13-61。

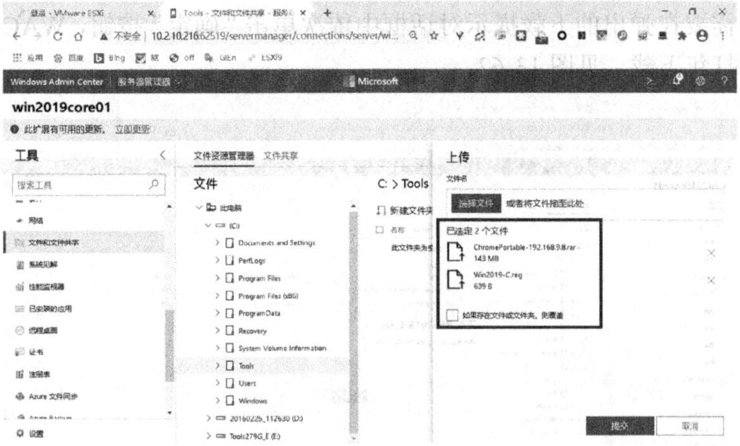

图 13-59　选择需要上传的文件

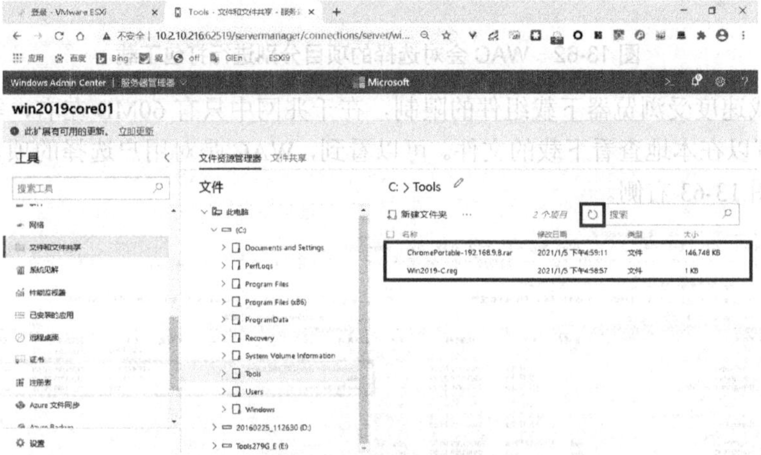

图 13-60　刷新后便可以看到已经上传的文件

图 13-61　选择需要下载的目录和文件

(2) 用户需要在弹出的下载提示对话框中依次单击“确定”按钮，WAC 便会对选择的项目分别进行打包下载，见图 13-62。

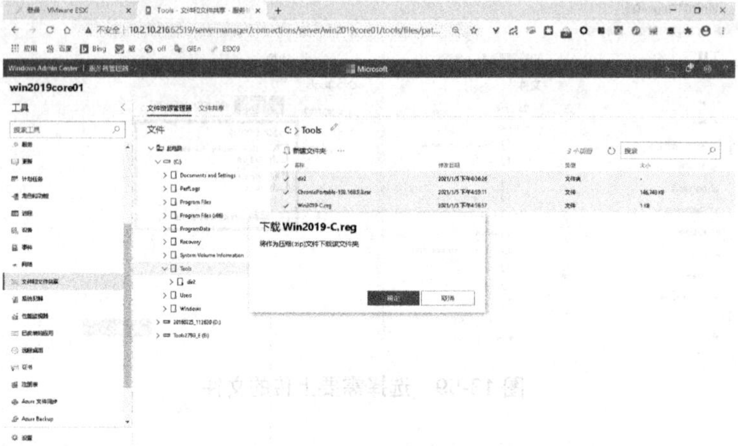

图 13-62 WAC 会对选择的项目分别进行打包下载

(3) 下载速度受浏览器下载组件的限制，在千兆网中只有 60MB 左右，等待提示下载完成后，便可以在本地查看下载的文件。可以看到，WAC 是对用户选择的项目分别进行打包下载，见图 13-63 右侧。

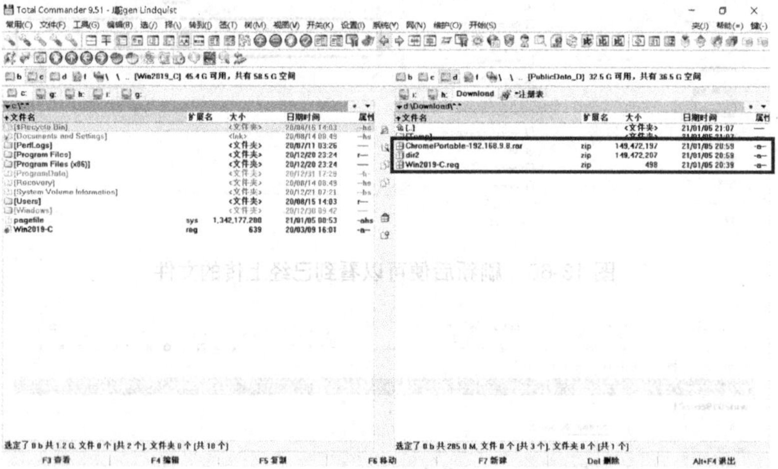

图 13-63 在本地查看下载的文件

13.7.3 启用管理节点的远程桌面

(1) 在 WAC 管理页面单击 Win2019Core01，打开该节点的管理界面。在左侧选中最下面的“设置”，右侧选择“远程桌面”，见图 13-64。

(2) Windows Server 2019 安装之后，默认选择是“不允许远程连接到此计算机”。要启用“远程桌面”功能，可以在此选择“允许远程连接到此计算机”，然后单击“保存”按钮，完成后左上角会有提示“已经成功保存远程桌面设置”，见图 13-65。

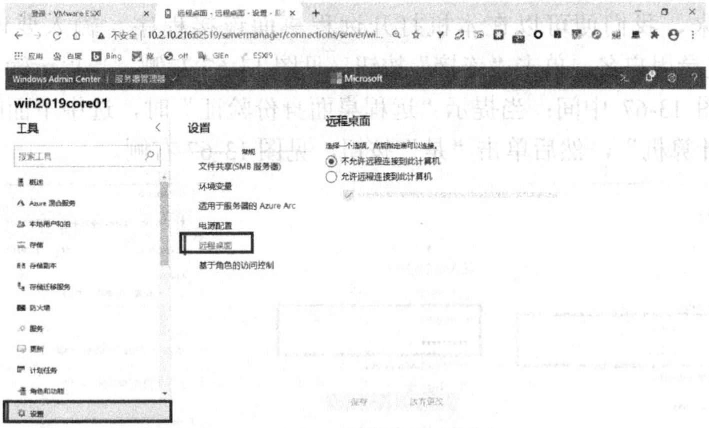

图 13-64　打开管理节点的“设置”页面

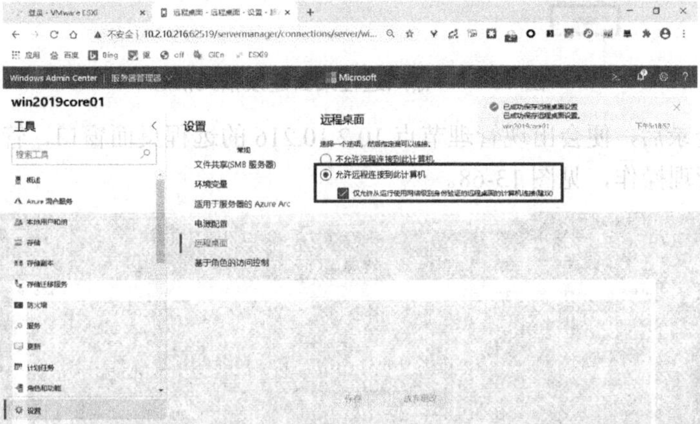

图 13-65　选择“允许远程连接到此计算机”

(3)　新版本的 WAC 已经修复了对中文版的支持，保存远程桌面设置后，WAC 会自动启用系统防火墙“传入规则”中“远程桌面”的相关规则，见图 13-66。

图 13-66　WAC 会自动启用系统防火墙中“远程桌面”的相关规则

(4) 接下来，我们便可以在本机打开远程桌面连接程序，输入要连接的 IP 地址 10.2.10.216、登录用户名，单击“连接”按钮，见图 13-67 左侧；当提示输入凭据时，输入用户密码，见图 13-67 中间；当提示“远程桌面身份验证”时，选中下面的“不再询问我是否连接到此计算机”，然后单击“是”按钮，见图 13-67 右侧。

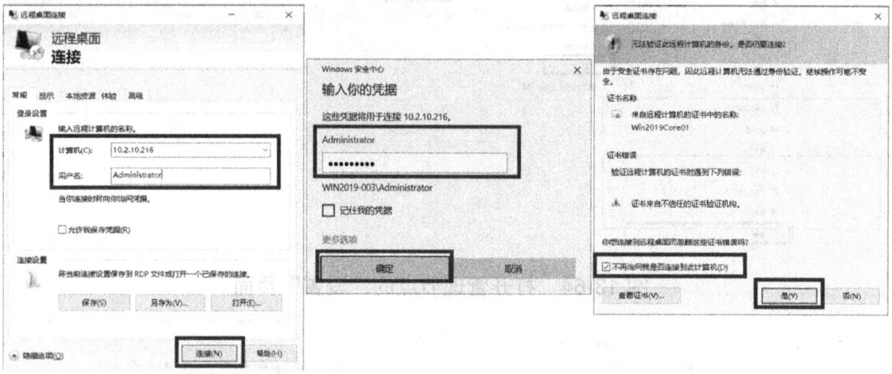

图 13-67　输入远程桌面连接相关信息

(5) 成功登录后，便会出现管理节点 10.2.10.216 的远程桌面窗口，管理员可以对该节点进行相关的管理操作，见图 13-68。

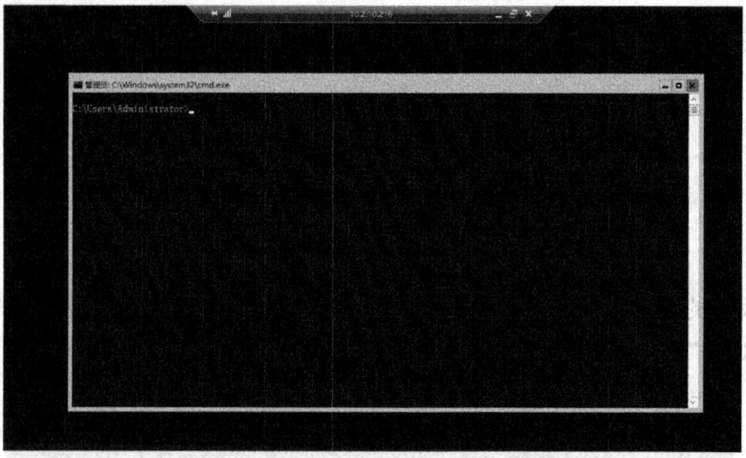

图 13-68　管理节点的远程桌面窗口

13.7.4　为管理节点添加角色和功能

(1) 在 WAC 管理页面单击 Win2019Core01，打开该节点的管理界面。在左侧选中下面的“角色和功能”；右侧选中需要添加的项目，比如选中“Web 服务器”及其相关子项目；选择好后，单击上面的“安装”按钮，见图 13-69。

(2) 等待右侧出现的“安装角色和功能”界面，选中下面的“如果需要，自动重新启动服务器”选项，再单击“是”按钮，见图 13-70。

(3) 安装完成后，右上角会出现已成功安装角色和功能的提示信息，见图 13-71。

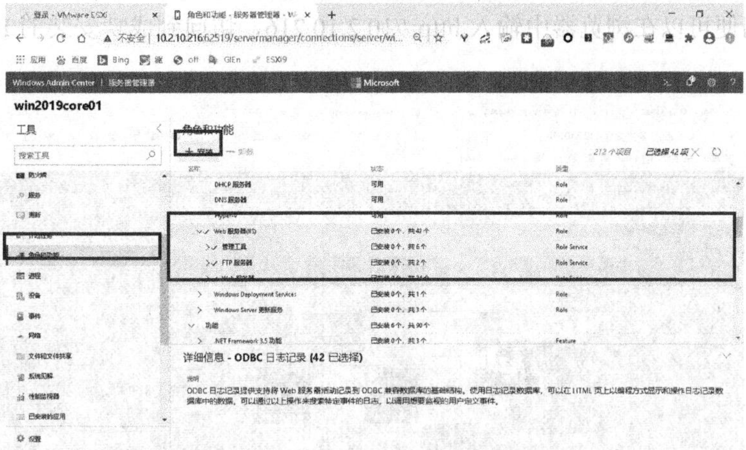

图 13-69　选择需要添加的“角色和功能”

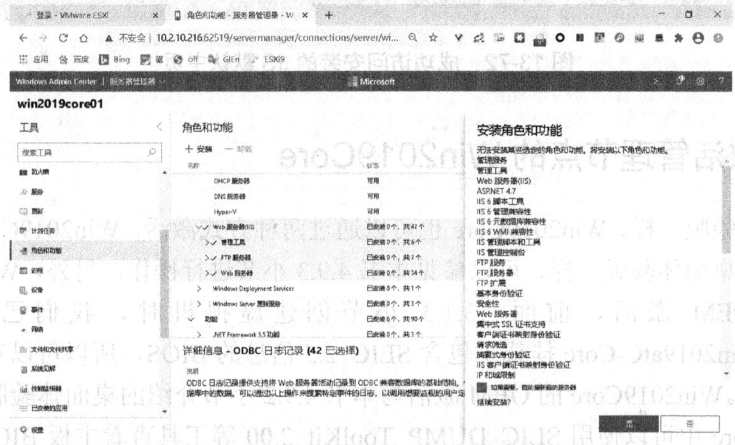

图 13-70　“安装角色和功能”界面

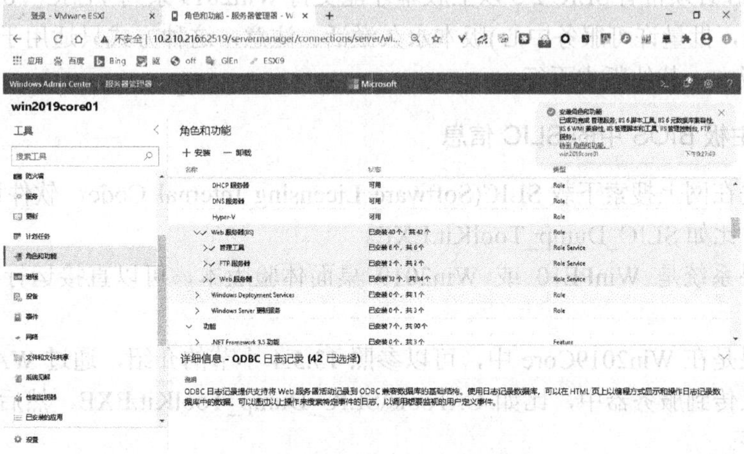

图 13-71　成功安装角色和功能

(4) 新版本的 WAC 会自动启用系统防火墙“传入规则”中的相关规则，不用再做其他设置，我们便可以在浏览器中输入 http://10.2.10.216，访问到成功安装的 IIS 默认主页，见图 13-72。

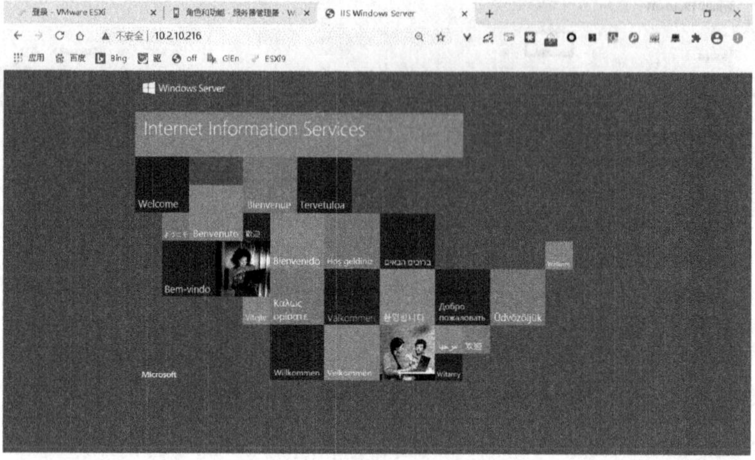

图 13-72　成功访问安装的 IIS 默认主页

13.7.5　激活管理节点的 Win2019Core

与桌面体验版一样，Win2019Core 也可以通过两种方式激活，Win2019Core 的 KMS 在线激活方式与桌面体验版一样，可以参见本书 4.9.3 小节进行操作。另外，Win2019Core 也可以进行 OEM 激活，前面 13.1.3 小节创建虚拟机时，我们已经为虚拟机 100G-BtoD-Win2019atC-Core 挂载了包含 SLIC 2.5 信息的 BIOS，所以可以直接使用 OEM 方式永久激活。Win2019Core 的 OEM 激活与本书 4.9.2 小节介绍的桌面体验版本略有不同，在 Win2019Core 中可以使用 SLIC_DUMP_ToolKit 2.00 等工具查看主板 BIOS 中是否包含 SLIC，以及 SLIC 品牌、SLIC 版本等信息。

主板 BIOS 必须带有 SLIC 2.5 以上版本才能支持 Win2019 系列 VLSC(Volume Licensing Service Center，批量许可服务中心)版本永久激活。注意，这种方式只适用于激活 Win2019 系列 VLSC 版本，其他版本不行。

1. 查看主板 BIOS 中的 SLIC 信息

(1)　首先在网上搜索下载 SLIC(Software Licensing Internal Code，软件许可内部码)信息查看工具，比如 SLIC_Dump_ToolKit.EXE。

(2)　如果系统是 WinPE10 或 Win2019 桌面体验版本，可以直接运行 SLIC_Dump_ToolKit.EXE。

(3)　如果是在 Win2019Core 中，可以参照 13.5.4 小节的介绍，通过 WAC 将 SLIC 信息查看工具上传到服务器中，比如 C:\Tools\SLIC_Dump_ToolKit.EXE，然后在 CMD 窗口中运行该程序。

(4)　如果当前计算机带有 SLIC 信息，在弹出的 SLIC_Dump_ToolKit 窗口中，下侧的状态栏便会显示 SLIC 状态信息。状态信息中显示当前计算机的 BIOS 品牌为 Dell，如果显示“SLIC 版本”为 2.5，那么该计算机便可以使用对应品牌的 OEM 产品密钥和证书激活 Win2019 系列 VLSC 版本，见图 13-73。

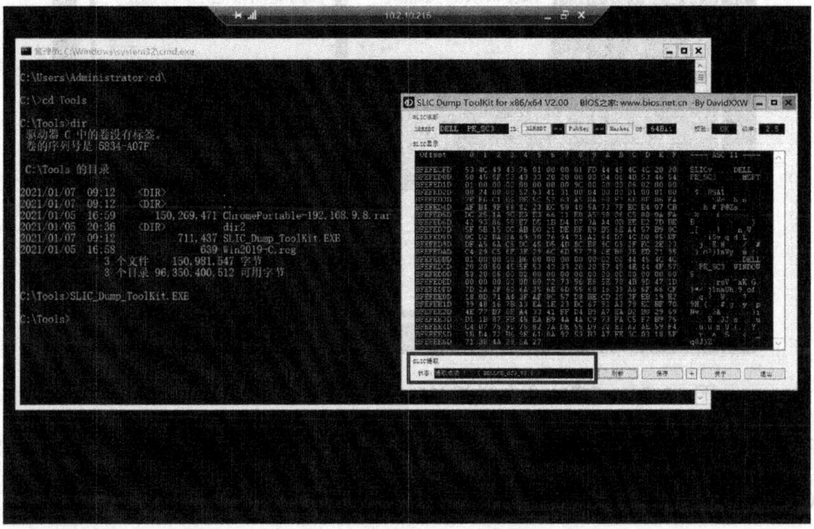

图 13-73 查看主板 BIOS 中的 SLIC 信息

2. OEM 激活 Win2019Core VLSC 版本

确认服务器 BIOS 中包含 SLIC 2.5 信息后，便可以通过下面步骤永久激活 Win2019 系列 VLSC 版本，其他版本不行。下面我们以 Win2019Core 为例进行说明，桌面体验版本也类似。

(1) 重启 Win2019Core 系统。

(2) 准备好与 BIOS SLIC 2.5 信息对应的厂商 VL(Volume Licensing)批量许可证书文件，前面查看 BIOS 品牌为 Dell，便需要 Dell 的证书文件，比如 DELL-DD981F15.XRM-MS(2,731 Bytes)。

(3) 我们可以将 OEM 激活的几条命令编辑为一个 cmd 文件，比如 DELL-DD981F15-Active.CMD，其内容如下：

```
slmgr -ilc DELL-DD981F15.XRM-MS
slmgr -ipk X2YVN-CPD6T-2MHH4-DGR7T-RRJWC
slmgr -ato
slmgr -xpr
```

(4) 在 Win2019Core 中，参照 13.5.4 小节的介绍，通过 WAC 将上面准备好的两个文件 DELL-DD981F15.XRM-MS、DELL-DD981F15-Active.CMD 都上传到服务器中，比如上传到 C:\Active 目录下面。

(5) 在 CMD 窗口中，切换到 C:\Active 目录，运行 DELL-DD981F15-Active.CMD 命令。

(6) 上述 4 条命令运行成功后，会依次显示“成功安装了许可证文件” 对话框、“成功安装了产品密钥”对话框、“成功地激活了产品” 对话框、“计算机已永久激活”对话框，用户只需依次单击“确定”按钮即可。接下来重启计算机，便可一劳永逸地永久激活 Win2019Core VLSC 版本操作系统，见图 13-74。

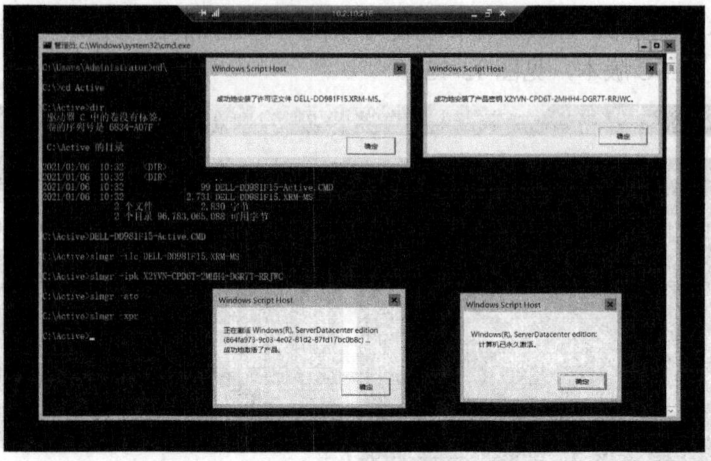

图 13-74　OEM 永久激活 Windows Server 2019 VLSC 版本

以上只是简单介绍了使用 Windows Admin Center 管理服务器的一些常用项目，Windows Admin Center 可以管理的项目还很多，用户可以根据实际需要进行选择使用，这里不再一一说明，用户可参见 https://www.microsoft.com/zh-cn/windows-server/windows-admin-center。

13.7.6　使用 ATIH2018x32 进行增量备份

Windows Server 2019 Core 配置完成后，建议及时使用 ATIH2018x32 在前面备份的基础上进行增量备份，以备恢复。可参见 6.3 小节的介绍，使用 3.2.1 小节上传的 Win10_10240_PE_x64_11.7-OK20-Wait_3S.iso 启动光盘，启动到 Win10PE64 中，使用 ATIH2018x32 进行备份。

本 章 小 结

服务器的主要作用是提供各种网络服务，对服务器操作系统的安全性、可靠性和稳定性要求很高。Windows Server 2019 为用户提供了桌面体验版本、Core 和 Nano(主要用于云计算、物联网)三种不同的部署模式，在很多使用场景，出于对服务器安全性、可靠性和稳定性的考虑，微软推荐使用体积更小、速度更快、补丁更少的 Windows Server Core 模式。本章对 Windows Server 2019 Core 的安装部署和配置管理进行了简单介绍，包括安装前的准备工作、系统安装过程、初始化配置、系统备份，以及 Windows Admin Center 的安装部署、使用 Windows Admin Center 管理服务器等相关内容。